U0873682

21世纪数学教育信息化精品教材

大学数学立体化教材

线性代数

| 经管类·第6版 |

主编　吴赣昌　数苑团队

中国人民大学出版社

·北京·

内容简介

本书依据高等院校普通本科经管类专业线性代数课程的教学大纲编写，系统涵盖行列式、矩阵、线性方程组、矩阵的特征值以及二次型等核心内容，并特别强化了数学建模与数学实验环节. 通过由浅入深的理论推导与案例剖析，读者可以更好地理解线性代数在解决实际问题与支撑现代技术中的关键作用.

在延续前五版优秀内容的基础上，本书第6版进行了全面升级完善. 作者团队借助先进的人工智能大模型，深度挖掘并拓展线性代数相关概念、定理的背景、意义与应用，使其紧密契合经济、管理、金融等领域的前沿发展，助力读者深化知识理解. 全书新增53个应用案例，涉及经济、金融、市场营销、人工智能、生产运营等经管实际领域，覆盖宏观经济分析、市场营销策略等多个方面，展现线性代数在经管中的多元应用. 同时，拓展案例转化为习题，围绕经管实际问题设计，衔接抽象理论与现实场景，帮助读者理解线性代数的内在规律，提升用数学方法解决经管问题的思维与实践能力.

为了更好地适应现代教学与自主学习需求，作者团队在网络学习空间（系统支持公式编辑与AI互动）中配套建设了在线学习系统与习题辅导系统，并提供了手机端服务. 书中各处设置的二维码为不同专业背景与基础水平的读者提供个性化的学习路径，可帮助读者随时随地在线学习，并针对性地进行在线训练与自主测评，显著提升学习效率与兴趣.

本书既可作为高等院校经济、管理等非数学专业的教材与教学参考书，也适用于对线性代数感兴趣的其他专业的读者自主学习、综合训练与考研进阶. 通过系统学习本书内容，读者不仅能掌握线性代数的重要理论与方法，而且可以灵活运用这些知识在各自领域中拓展更广阔的应用空间.

前 言

数学是自然科学的基本语言, 是应用模型探索现实世界物质运动机理的主要手段. 对于大学非数学专业的学生而言, 线性代数 (大学数学基础课程) 的教育, 其意义远不仅仅是学习一种专业工具而已. 中外大量教育实践表明: 优秀的数学教育, 能培育人的理性思维品格和思辨能力, 启迪智慧, 开发潜在的能动性与创造力, 其价值非一般专业技术教育可比.

自2017年第5版问世以来, 人工智能理论和技术实现快速突破, 并在各行业得到了广泛应用. 人工智能是引领新一轮科技革命和产业变革的重要驱动力, 正深刻改变着人们的生产、生活、学习方式, 推动人类社会迎来人机协同、跨界融合、共创分享的智能时代. 作为机器学习与大数据分析的基础, 线性代数对大学生理解并掌握人工智能至关重要. 在此背景下, 对本书进行全面升级与完善、推出第 6 版具有非常现实的紧迫性与必要性.

本书依据我国高等院校经管类专业线性代数课程的教学大纲编写, 系统涵盖行列式、矩阵、线性方程组、矩阵特征值、二次型等关键内容, 并特别强化了数学建模与数学实验环节. 通过由浅入深的理论推导与案例剖析, 读者可以更好地理解线性代数在解决实际问题与支撑现代技术中的关键作用.

在保留前五版优秀内容的基础上, 本书第 6 版进行了全面升级:

1. 作者团队借助先进的人工智能大模型, 深度挖掘拓展线性代数相关概念、定理的背景、意义与应用, 使其紧密契合经济、管理、金融等领域的前沿发展, 助力读者深刻理解知识本质. 全书新增53个应用案例, 广泛来源于经济、金融、市场营销、人工智能、生产运营等经管相关领域, 涵盖经济模型构建、投资组合分析、广告投放策略优化、生产成本控制等多个方面. 同时, 相应拓展了在实际经济与商业场景中的应用案例, 旨在让读者通过案例学习, 将抽象的数学理论与经管实际问题紧密联结, 深入掌握线性代数在经管领域的内在规律与应用场景, 进一步提升运用数学思维进行经济分析与管理决策的能力.

2. 本书的重要创新还体现在: 作者团队与数苑合作为其配套建设了系统支持人工智能交互与公式编辑解析的网络学习空间, 形成了“线上 + 线下”的全新学习生态. 该空间的建设包括在线学习系统、习题辅导系统与自主测评系统.

(1) 在线学习系统: 该系统充分利用了数字化时代的技术优势, 以超越纸质教材的容量和形式展示了更丰富的教学内容、教学动画以及相关知识点的交互式链接. 读者只需使用手机端或其他智能设备扫描书中设置的二维码, 即可直接进入相关内容的学习. 通过这种随时随地的“沉浸式”互动学习方式, 读者可以及时回顾课程重点, 观看演示动画, 参与模拟实验, 以更有趣、更直观、更自主的方式来夯实对理论知识的掌握, 实现对抽象概念的动态感知. 对于背景与基础水平各不相同的读者而言, 该系统还能根据个人需求与进度, 提供个性化的学习路径建议, 大幅提升自主学习的效率与兴趣.

(2) 习题辅导系统: 该系统首先对各章节所学知识进行总结; 然后为读者进阶训练安排典型例题剖析, 衔接教材基础训练与考研训练; 最后为每章节的习题与总习题提供详解, 解答过程按逻辑推理关系分步组织, 并配备相关知识点的交互式链接, 让读者不仅知其然, 还知其所以然. 帮助读者追踪解题的完整思路, 清晰地理解如何将抽象概念、定理与技巧落到实际运算与推理上; 帮助不同层次与需求的读者循序渐进地提升解决问题的能力, 以期显著提升学习质量与效果. 该系统属增值模块, 供用户自行选用.

(3) 自主测评系统: 该系统帮助读者随时随地对学习效果与质量进行自我测评. 作者团队借助先进的人工智能平台, 在试题库中建设了大量用于在线测评的子母题, 其中每个子母题均按解题的思维链分步解答, 由此实现强大的即时评估与反馈功能. 读者完成测评后, 系统会即时给出定量与定性相结合的反馈, 并就薄弱环节提出针对性的训练建议和资源推荐. 这种个性化的反馈机制对于帮助读者做到"查漏补缺"至关重要, 一方面, 测评结果能提示读者在概念理解、运算技巧或逻辑推理等方面的不足; 另一方面, 系统还可针对性地给出下一步的学习路径及提高建议, 令读者在最短的时间内高效提升, 从而循序渐进地稳步达到更高水平. 对于自我要求较高的读者, 该模块也可以作为后续深化训练的工具, 通过定制难度较大的题目来挑战思维极限, 不断突破自身瓶颈. 自主测评系统属教材的增值模块, 供有需求的读者自行选用.

(4) 公式编辑与AI互动: 数学公式是科学的基本语言, 在网络上便捷地进行公式编辑交互是长期以来没有得到很好解决的问题, 作者团队集成数苑的公式在线编辑软件MathPlay, 在上述网络学习空间各系统页面中接入领先的人工智能软件, 提供"AI互动"功能. 该功能实质上为读者在课程学习过程中打开了通向科学的大门, 提供了与AI互动的无尽可能.

本书既可作为高等院校经管类等非数学专业的教材与教学参考书, 也适合对线性代数感兴趣的其他专业的读者自主学习与考研进阶. 通过系统学习本书的理论与案例, 读者不仅能够培养高效的解题思维, 还能将数学思想灵活运用于经济、管理、金融等领域, 助力在未来的学术研究或职业发展中赢得优势.

致读者

在本书的学习过程中, 读者可通过封面提供的网址、账号与密码, 登录数苑网络学习空间. 该空间不仅提供了在线学习系统、习题辅导系统和自主测评系统三大功能模块, 还通过手机端服务, 让你随时随地获取教材配套的延伸内容与实践资源. 书中各处的二维码则构建了纸质教材与数字平台的无缝衔接, 帮助你根据自身学习进度与兴趣点, 在恰当的时机快速获取相关知识、解题思路或学习资源, 从而显著提高学习效率、兴趣与质量.

在进入高校后即将学习的所有大学课程中, 微积分、线性代数、概率论与数理统计这些大学数学基础课程最为有用且最值得你努力学习, 无论怎样评价其重要性都不为过, 而学好这些课程, 你将终生受益. 在学习大学数学的过程中, 主动把握好从"看数学"到"做数学"的转变这一点尤为重要, 不要以为在课堂教学过程中听懂了就等于学到了, 事实上, 你需要在课后花更多的时间去主动学习、训练并测评学习效果, 才能真正掌握所学知识.

致教师

使用本书的教师同样可通过封面提供的网址、账号和密码, 登录数苑网络学习空间. 作者团队在那里为教师提供了与本书配套建设的教学课件、备课资源、在线教学系统与习题辅导系统. 此外, 作者团队还开发了与本书配套建设的在线学习平台、在线题库系统、在线考评系统及其预约管理系统等增值模块, 供院校教师选用.

正如美国《托马斯微积分》的作者 G. B. 托马斯教授指出的, “一套教材不能构成一门课; 教师和学生在一起才能构成一门课”, 教学的本质在于师生共同构建的“活的”课程, 教材本身只是一个强有力的支撑与参考. 我们衷心期望, 通过本书及其配套资源的有机结合, 教师可以在教学过程中更好地发挥引导与启发作用, 帮助学生富有成效地学习、扎实掌握线性代数, 并将他们的学习热情与创造力充分激发出来. 爱尔兰诗人、诺贝尔文学奖得主威廉 · 巴特勒 · 叶芝 (William Butler Yeats) 曾说过:

“教育不是注满一桶水, 而是点燃一把火.”

这句名言抓住了教育的本质. 教育不是灌输知识, 而是激发兴趣. 教育的永恒目标是点燃学习者心中的火焰. 教育最核心的目标不在于填塞更多知识点, 而在于唤醒对未知世界的探索欲与创新意识. 我们希望本书及其配套建设作为教学路上的一把“火”, 能够在每一位读者和教师的心中持续燃烧, 助力您在数学与科技的无垠海洋里乘风破浪, 迎接更加美好、更加智慧的未来.

目 录

第1章 行列式

§1.1 二阶与三阶行列式 …… 1

§1.2 n阶行列式 …… 7

§1.3 行列式的性质 …… 15

§1.4 行列式按行 (列) 展开 …… 26

§1.5 克莱姆法则 …… 38

总习题一 …… 44

第2章 矩 阵

§2.1 矩阵的概念 …… 50

§2.2 矩阵的运算 …… 58

§2.3 逆矩阵 …… 84

§2.4 分块矩阵 …… 99

§2.5 矩阵的初等变换 …… 110

§2.6 矩阵的秩 …… 132

总习题二 …… 142

第3章 线性方程组

§3.1 消元法 …… 148

§3.2 向量组的线性组合 …… 162

§3.3 向量组的线性相关性 …… 175

§3.4 向量组的秩 …… 187

§3.5 向量空间 …… 198

§3.6 线性方程组解的结构 …… 211

*§3.7 线性方程组的应用 …… 232

总习题三 …… 250

第4章 矩阵的特征值

§4.1 向量的内积 …… 256

§4.2 矩阵的特征值与特征向量 …… 269

§4.3 相似矩阵 …… 282

§4.4 实对称矩阵的对角化 …… 301

§4.5 矩阵特征值的应用 …… 312
总习题四 …… 325

第5章 二次型

§5.1 二次型及其矩阵 …… 329
§5.2 化二次型为标准形 …… 337
§5.3 正定二次型 …… 351
总习题五 …… 365

习题答案

第 1 章 答案 …… 368
第 2 章 答案 …… 370
第 3 章 答案 …… 376
第 4 章 答案 …… 383
第 5 章 答案 …… 389

第1章　行列式

从本质上讲,行列式是将若干数值按一定形式排列成数表,并依据特定法则计算得到的一个数. 日本数学家关孝和与德国数学家莱布尼茨先后在1683年与1693年分别独立地提出了行列式的概念. 在此后很长一段时间内,行列式主要应用于对线性方程组的研究. 大约一个半世纪后,行列式逐步发展成为线性代数的一个独立的理论分支. 1750年,瑞士数学家克莱姆在他的论文中提出了利用行列式求解线性方程组的著名法则——克莱姆法则. 随后,1812年,法国数学家柯西发现了行列式在解析几何中的应用,这一发现极大激发了人们对行列式在解析几何及其他领域的应用的研究热情,相关研究前后持续了近100年.

行列式在解析几何以及数学的其他分支中都扮演着很重要的角色. 如今,由于计算机和计算软件的发展,在常见的高阶行列式计算中,行列式的数值意义已经不大. 但是,行列式公式依然可以给出构成行列式的数表的重要信息. 在线性代数的某些应用中,行列式的知识依然非常有用. 特别是在本课程中,它是研究后面的线性方程组、矩阵及向量组的线性相关性的一种重要工具.

§1.1　二阶与三阶行列式

行列式源于线性方程组的求解问题. 在我国,二阶行列式与三阶行列式的雏形见于《九章算术》,后在《测圆海镜》中以"天元术"形式出现,它们广泛应用于计算平面的面积与空间立体的体积. 本节主要对这些知识进行总结,它们是我们学习和讨论更高阶行列式计算的基础.

一、二阶行列式

定义1　代数和 $a_{11}a_{22}-a_{12}a_{21}$ 称为**二阶行列式**,记作

$$\begin{vmatrix} a_{11} & a_{12} \\ a_{21} & a_{22} \end{vmatrix} = a_{11}a_{22}-a_{12}a_{21},$$

其中数 $a_{11}, a_{12}, a_{21}, a_{22}$ 称为行列式的**元素**,横排称为**行**,竖排称为**列**. 元素 a_{ij} 中的第一个下标 i 称为**行标**,表明该元素位于第 i 行;第二个下标 j 称为**列标**,表明该元素位于第 j 列. 由上述定义可知,二阶行列式是由4个数按一定的规律运算所得的代数和. 这个规律性表现在

行列式的记号中就是**“对角线法则”**, 如图 1－1－1 所示, 我们把 a_{11} 到 a_{22} 的连线称为**主对角线**, 把 a_{12} 到 a_{21} 的连线称为**副对角线**. 这样, 二阶行列式等于主对角线元素之积减去副对角线元素之积.

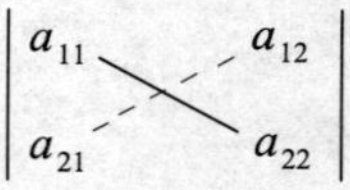

图 1－1－1

例如, 计算二阶行列式 $D=\begin{vmatrix} 4 & -3 \\ 5 & 2 \end{vmatrix}$. 按定义, 有

$$D=4\times 2-5\times(-3)=23.$$

又如, 设 $D=\begin{vmatrix} \lambda^2 & \lambda \\ 3 & 1 \end{vmatrix}$, 按定义可得: $D=\lambda^2-3\lambda$. 若令 $D=0$, 即有 $\lambda^2-3\lambda=0$, 解得 $\lambda=0$, $\lambda=3$. 所以, 当 $\lambda=0$ 或 $\lambda=3$ 时, $D=0$.

二、二元线性方程组

二元线性方程组源于对两个变量之间线性关系的研究, 它广泛应用于几何学 (如求两条直线的交点)、经济学 (如解决供需平衡问题) 和工程学 (如电路分析) 等领域. 通过二元线性方程组, 人们可以直观地描述和解决现实中两个变量的相互关系问题.

用消元法求解二元线性方程组

$$\begin{cases} a_{11}x_1+a_{12}x_2=b_1 & (1.1) \\ a_{21}x_1+a_{22}x_2=b_2 & (1.2) \end{cases},$$

式 (1.1) $\times a_{22}-$ 式 (1.2) $\times a_{12}$, 得

$$(a_{11}a_{22}-a_{12}a_{21})x_1=b_1a_{22}-b_2a_{12}, \tag{1.3}$$

式 (1.2) $\times a_{11}-$ 式 (1.1) $\times a_{21}$, 得

$$(a_{11}a_{22}-a_{12}a_{21})x_2=b_2a_{11}-b_1a_{21}, \tag{1.4}$$

若按照二阶行列式的定义, 记

$$D=a_{11}a_{22}-a_{12}a_{21}=\begin{vmatrix} a_{11} & a_{12} \\ a_{21} & a_{22} \end{vmatrix},$$

$$D_1=b_1a_{22}-b_2a_{12}=\begin{vmatrix} b_1 & a_{12} \\ b_2 & a_{22} \end{vmatrix},\ D_2=b_2a_{11}-b_1a_{21}=\begin{vmatrix} a_{11} & b_1 \\ a_{21} & b_2 \end{vmatrix},$$

则式 (1.3) 与式 (1.4) 可改写为

$$\begin{cases} Dx_1=D_1 \\ Dx_2=D_2 \end{cases},$$

于是, 在行列式 $D\neq 0$ 的条件下, 我们可以得到式 (1.1) 与式 (1.2) 的唯一解:

$$x_1=\frac{D_1}{D},\ x_2=\frac{D_2}{D}.$$

从形式上看，这里分母D是由式(1.1)与式(1.2)构成的方程组的系数所确定的二阶行列式(称为**系数行列式**)；x_1的分子D_1是用常数项b_1，b_2替换D中x_1的系数a_{11}，a_{21}所得的二阶行列式；x_2的分子D_2是用常数项b_1，b_2替换D中x_2的系数a_{12}，a_{22}所得的二阶行列式. 本节后面讨论的三元线性方程组亦有类似的规律性. 请读者学习时注意比较.

例 1　解二元线性方程组$\begin{cases}2x_1+3x_2=8\\ x_1-2x_2=-3\end{cases}$.

解　利用二元线性方程组的求解公式，我们先分别计算以下三个二阶行列式：

$$D=\begin{vmatrix}2 & 3\\ 1 & -2\end{vmatrix}=2\times(-2)-3\times 1=-7,$$

$$D_1=\begin{vmatrix}8 & 3\\ -3 & -2\end{vmatrix}=8\times(-2)-3\times(-3)=-7,$$

$$D_2=\begin{vmatrix}2 & 8\\ 1 & -3\end{vmatrix}=2\times(-3)-8\times 1=-14,$$

因系数行列式$D\neq 0$，故题设方程组有唯一解：

$$x_1=\frac{D_1}{D}=\frac{-7}{-7}=1,\ x_2=\frac{D_2}{D}=\frac{-14}{-7}=2.$$

三、三阶行列式

定义 2　代数和

$$a_{11}a_{22}a_{33}+a_{12}a_{23}a_{31}+a_{13}a_{21}a_{32}-a_{13}a_{22}a_{31}-a_{11}a_{23}a_{32}-a_{12}a_{21}a_{33}$$

称为**三阶行列式**，记作

$$\begin{vmatrix}a_{11} & a_{12} & a_{13}\\ a_{21} & a_{22} & a_{23}\\ a_{31} & a_{32} & a_{33}\end{vmatrix}=a_{11}a_{22}a_{33}+a_{12}a_{23}a_{31}+a_{13}a_{21}a_{32}\\ -a_{13}a_{22}a_{31}-a_{11}a_{23}a_{32}-a_{12}a_{21}a_{33}.$$

由上述定义可见，三阶行列式共有6项，每一项均为不同行、不同列的三个元素之积再冠以正负号，其运算的规律可以用“对角线法则”(见图1－1－2)或“沙路法则”(见图1－1－3)来描述(仅适用于二阶和三阶行列式).

(1) 对角线法则：

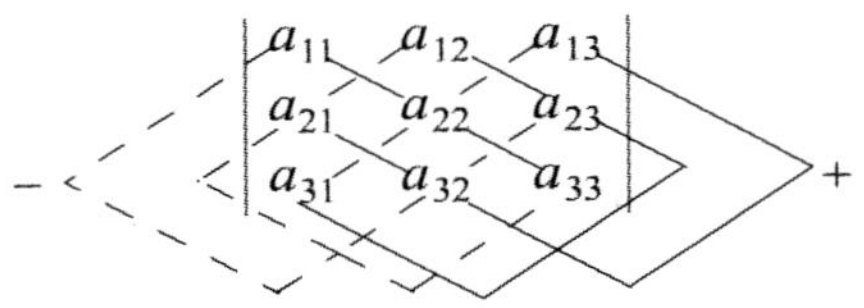

图1－1－2

(2) 沙路法则:

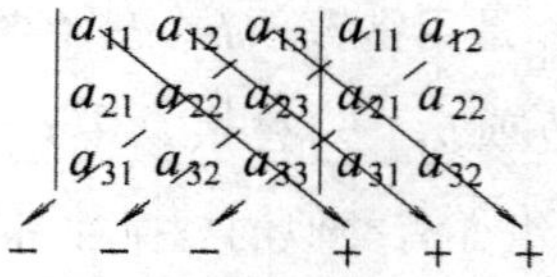

图1-1-3

例 2 计算三阶行列式$D=\begin{vmatrix} 1 & 2 & 3 \\ 4 & 0 & 5 \\ -1 & 0 & 6 \end{vmatrix}$.

解 将行列式D按对角线法则(或沙路法则)展开, 计算得

$$D=1\times 0\times 6+2\times 5\times(-1)+3\times 4\times 0-3\times 0\times(-1)-1\times 5\times 0-2\times 4\times 6$$
$$=-10-48=-58.$$

例 3 求解方程$D=\begin{vmatrix} 1 & 1 & 1 \\ 2 & 3 & x \\ 4 & 9 & x^2 \end{vmatrix}=0$.

解 将行列式D按对角线法则(或沙路法则)展开, 得D的表达式为

$$D=3x^2+4x+18-12-9x-2x^2=x^2-5x+6,$$

令$D=x^2-5x+6=0$, 解得$x=2$或$x=3$.

四、三元线性方程组

三元线性方程组源于对多变量关系的研究, 最早可追溯到古代数学, 它广泛应用于求解天文学和工程学领域的多变量关系问题. 在现代, 三元线性方程组广泛应用于物理学、工程学和经济学中. 例如, 它可用于描述三维空间中的平面交点、物体平衡力分析, 以及多维系统的优化问题, 是研究多变量系统的基础工具之一, 因此在各个领域中都具有重要意义.

类似于对二元线性方程组的讨论, 对于三元线性方程组

$$\begin{cases} a_{11}x_1+a_{12}x_2+a_{13}x_3=b_1 \\ a_{21}x_1+a_{22}x_2+a_{23}x_3=b_2, \\ a_{31}x_1+a_{32}x_2+a_{33}x_3=b_3 \end{cases}$$

记其系数行列式为$D=\begin{vmatrix} a_{11} & a_{12} & a_{13} \\ a_{21} & a_{22} & a_{23} \\ a_{31} & a_{32} & a_{33} \end{vmatrix}$, 且

$$D_1=\begin{vmatrix} b_1 & a_{12} & a_{13} \\ b_2 & a_{22} & a_{23} \\ b_3 & a_{32} & a_{33} \end{vmatrix},\ D_2=\begin{vmatrix} a_{11} & b_1 & a_{13} \\ a_{21} & b_2 & a_{23} \\ a_{31} & b_3 & a_{33} \end{vmatrix},\ D_3=\begin{vmatrix} a_{11} & a_{12} & b_1 \\ a_{21} & a_{22} & b_2 \\ a_{31} & a_{32} & b_3 \end{vmatrix}.$$

若$D\neq 0$,则该线性方程组有唯一解:

$$x_1=\frac{D_1}{D},\ x_2=\frac{D_2}{D},\ x_3=\frac{D_3}{D}.$$

相比二元情形,三元线性方程组引入第三个变量后,解法思路类似,但计算更为复杂.

例 4　解三元线性方程组$\begin{cases} x_1-2x_2+\ x_3=-2 \\ 2x_1+\ x_2-3x_3=1 \\ -x_1+\ x_2-\ x_3=0 \end{cases}$.

解　利用三元线性方程组的求解公式,先分别计算如下四个三阶行列式,得

$$\begin{aligned} D=&\begin{vmatrix} 1 & -2 & 1 \\ 2 & 1 & -3 \\ -1 & 1 & -1 \end{vmatrix} \\ =&1\times1\times(-1)+(-2)\times(-3)\times(-1)+1\times2\times1 \\ &-1\times1\times(-1)-1\times(-3)\times1-(-2)\times2\times(-1) \\ =&-5\neq 0, \end{aligned}$$

$$D_1=\begin{vmatrix} -2 & -2 & 1 \\ 1 & 1 & -3 \\ 0 & 1 & -1 \end{vmatrix}=-5,\ D_2=\begin{vmatrix} 1 & -2 & 1 \\ 2 & 1 & -3 \\ -1 & 0 & -1 \end{vmatrix}=-10,\ D_3=\begin{vmatrix} 1 & -2 & -2 \\ 2 & 1 & 1 \\ -1 & 1 & 0 \end{vmatrix}=-5.$$

因系数行列式$D\neq 0$,故所求方程组有唯一解:

$$x_1=\frac{D_1}{D}=1,\ x_2=\frac{D_2}{D}=2,\ x_3=\frac{D_3}{D}=1.$$

例 5　设$A(x_1, y_1)$, $B(x_2, y_2)$, $C(x_3, y_3)$分别是平面直角坐标系中ΔABC的三个顶点,记该三角形的面积为$S_{\Delta ABC}$,试证:

$$S_{\Delta ABC}=\frac{1}{2}|D|,\ D=\begin{vmatrix} x_1 & y_1 & 1 \\ x_2 & y_2 & 1 \\ x_3 & y_3 & 1 \end{vmatrix}.$$

证明　设向量$\overrightarrow{AB}=(x_2-x_1, y_2-y_1)$, $\overrightarrow{AC}=(x_3-x_1, y_3-y_1)$,则三角形面积为

$$S_{\Delta ABC}=\frac{1}{2}\left|\overrightarrow{AB}\times\overrightarrow{AC}\right|,$$

其中叉乘

$$\overrightarrow{AB}\times\overrightarrow{AC}=(x_2-x_1)(y_3-y_1)-(x_3-x_1)(y_2-y_1).$$

计算三阶行列式D:

$$D=x_1(y_2-y_3)-y_1(x_2-x_3)+(x_2y_3-x_3y_2)$$

$$=(x_2-x_1)(y_3-y_1)-(x_3-x_1)(y_2-y_1)$$

即行列式的值等于$\overrightarrow{AB}\times\overrightarrow{AC}$.

结合面积公式,得

$$S_{\Delta ABC}=\frac{1}{2}\left|\overrightarrow{AB}\times\overrightarrow{AC}\right|=\frac{1}{2}|D|.$$

证毕.

例 6　设$A(1,-2)$, $B(-1,2)$, $C(3,5)$分别是平面直角坐标系中ΔABC的三个顶点, 试求该三角形的面积$S_{\Delta ABC}$.

解　利用例5的结论, 有

$$\begin{aligned}D&=\begin{vmatrix}1&-2&1\\-1&2&1\\3&5&1\end{vmatrix}\\&=1\times2\times1+(-2)\times1\times3+1\times(-1)\times5\\&\quad-1\times2\times3-(-1)\times(-2)\times1-1\times5\times1\\&=-22.\end{aligned}$$

所以

$$S_{\Delta ABC}=\frac{1}{2}|D|=\frac{1}{2}\times|-22|=11.$$

习题 1-1

1. 计算下列二阶行列式:

(1) $\begin{vmatrix}1&3\\1&4\end{vmatrix}$;　(2) $\begin{vmatrix}2&1\\-1&2\end{vmatrix}$;　(3) $\begin{vmatrix}a&b\\a^2&b^2\end{vmatrix}$;

(4) $\begin{vmatrix}x-1&1\\x^2&x^2+x+1\end{vmatrix}$;　(5) $\begin{vmatrix}\sin x&\cos x\\-\cos x&\sin x\end{vmatrix}$;　(6) $\begin{vmatrix}1&\log_b a\\\log_a b&1\end{vmatrix}$.

2. 计算下列三阶行列式:

(1) $\begin{vmatrix}1&2&3\\3&1&2\\2&3&1\end{vmatrix}$;　(2) $\begin{vmatrix}1&1&1\\3&1&4\\8&9&5\end{vmatrix}$;　(3) $\begin{vmatrix}1&0&-1\\3&5&0\\0&4&1\end{vmatrix}$;

(4) $\begin{vmatrix}2&0&1\\1&-4&-1\\-1&8&3\end{vmatrix}$;　(5) $\begin{vmatrix}0&a&0\\b&0&c\\0&d&0\end{vmatrix}$;　(6) $\begin{vmatrix}a&b&c\\b&c&a\\c&a&b\end{vmatrix}$;

(7) $\begin{vmatrix} 1 & 1 & 1 \\ a & b & c \\ a^2 & b^2 & c^2 \end{vmatrix}$;　　(8) $\begin{vmatrix} x & y & x+y \\ y & x+y & x \\ x+y & x & y \end{vmatrix}$.

3. 证明下列等式:

$$\begin{vmatrix} a_1 & b_1 & c_1 \\ a_2 & b_2 & c_2 \\ a_3 & b_3 & c_3 \end{vmatrix} = a_1\begin{vmatrix} b_2 & c_2 \\ b_3 & c_3 \end{vmatrix} - b_1\begin{vmatrix} a_2 & c_2 \\ a_3 & c_3 \end{vmatrix} + c_1\begin{vmatrix} a_2 & b_2 \\ a_3 & b_3 \end{vmatrix}.$$

4. 用行列式解下列方程组:

(1) $\begin{cases} x+y=2 \\ 2x-y=1 \end{cases}$;　　(2) $\begin{cases} x+2y-z=2 \\ x+2y-2z=-1 \\ x+y-2z=-3 \end{cases}$;

(3) $\begin{cases} x+2y-z=3 \\ x+2y-2z=5 \\ y+z=-2 \end{cases}$;　　(4) $\begin{cases} bx+ay+2ab=0 \\ 2cy+3bz-bc=0 \\ cx+az=0 \end{cases}$.

5. 解下列关于 x 的方程:

(1) $\begin{vmatrix} x & 1 & 1 \\ 1 & x & 1 \\ 1 & 1 & x \end{vmatrix}=0$;　　(2) $\begin{vmatrix} x & -1 \\ 2 & 1-x \end{vmatrix} = \begin{vmatrix} 1 & 0 & -3 \\ 2 & x & -6 \\ 1 & 3 & x-5 \end{vmatrix}$.

6. 已知 ΔABC 的三个顶点分别为 $A(2,-3)$, $B(-3,1)$, $C(1,5)$, 求 ΔABC 的面积.

7. 某企业计划生产三种不同类型的产品, 它们的产量分别记为 x, y, z. 假设在资源 (如人力与原材料) 和市场 (如需求或销售指标) 等多重约束下, 三种产品的产量需满足下列方程组:

$$\begin{cases} x+2y+3z=22 \\ 2x+y+4z=25 \\ 3x+4y+z=25 \end{cases}.$$

求该企业应生产的各产品的产量 x, y, z.

§1.2　n 阶行列式

行列式最初源于对线性方程组的求解, 尤其是二阶与三阶情形, 广泛应用于描述平面或空间中的几何关系. 但在实际问题中, 往往需要处理更高维的线性方程组以及复杂的离散系统, 需要对高 (n) 阶行列式进行研究.

n 阶行列式可以通过递归定义, 将其计算归结为若干低阶行列式的运算, 从而大大简化高阶行列式的求解过程. 这种推广不仅保证了行列式在求解线性方程组中的核心功能, 同时使行列式在矩阵论、线性变换、特征值计算等方面的应用也得到了进一步拓展. n 阶行列式的引入, 为研究高维几何、多元函数的解析性质与物理模型的线性系统奠定了理论基础.

从三阶行列式的定义, 我们看到:

(1) 三阶行列式共有 $3! = 6$ 项;

(2) 行列式中的每项都是取自不同行不同列的三个元素的乘积;

(3) 行列式中每项的符号均与该项元素下标的排列顺序有关.

受此启示, 我们可以进一步引入 n 阶行列式的定义. 此外, 在本节中, 我们还要了解几个今后常用的特殊的 n 阶行列式 (对角行列式与三角形行列式等) 及其计算方法.

一、排序与逆序

定义 1 由自然数 $1,2,\cdots,n$ 组成的不重复的每一种有确定次序的排列, 称为一个 **n 级排列** (简称为**排序**).

例如, 1234 和 4312 都是 4 级排列, 而 24315 是一个 5 级排列.

定义 2 在一个 n 级排列 $(i_1 i_2 \cdots i_t \cdots i_s \cdots i_n)$ 中, 若数 $i_t > i_s$, 则称数 i_t 与 i_s 构成一个**逆序**. 一个 n 级排列中逆序的总数称为该排列的**逆序数**, 记为 $N(i_1 i_2 \cdots i_n)$.

根据上述定义, 可按如下方法计算排列的逆序数:

设在一个 n 级排列 $i_1 i_2 \cdots i_n$ 中, 比 i_k $(k=1,2,\cdots,n)$ 大的且排在 i_k 前面的数共有 t_k 个, 则 i_k 的逆序的个数为 t_k, 而该排列中所有自然数的逆序的个数之和就是该排列的逆序数, 即

$$N(i_1 i_2 \cdots i_n) = t_1 + t_2 + \cdots + t_n = \sum_{k=1}^{n} t_k.$$

例 1 计算排列 32514 的逆序数.

解 按定义, 因 3 排在首位, 故其逆序的个数等于 0.

在 2 前面且比 2 大的数有 1 个, 故其逆序的个数等于 1.

在 5 前面且比 5 大的数有 0 个, 故其逆序的个数等于 0.

在 1 前面且比 1 大的数有 3 个, 故其逆序的个数等于 3.

在 4 前面且比 4 大的数有 1 个, 故其逆序的个数等于 1.

将上述结果排成如下形式:

$$\begin{array}{cccccc} \text{排列} & 3 & 2 & 5 & 1 & 4 \\ & \downarrow & \downarrow & \downarrow & \downarrow & \downarrow \\ t_k & 0 & 1 & 0 & 3 & 1 \end{array}$$

易见所求排列的逆序数

$$N(32514) = 0+1+0+3+1 = 5.$$

定义 3 逆序数为奇数的排列称为**奇排列**; 逆序数为偶数的排列称为**偶排列**.

例如, 4321 的逆序数为 6, 是偶排列; 而 32514 的逆序数为 5 (见例 1), 是奇排列.

例 2 求排列 10 9 8 ⋯ 3 2 1 的逆序数, 并讨论其奇偶性.

解 类似例 1 的讨论, 可排出下表:

$$\begin{array}{cccccccc} \text{排列} & 10 & 9 & 8 & \cdots & 3 & 2 & 1 \\ & \downarrow & \downarrow & \downarrow & \downarrow & \downarrow & \downarrow & \downarrow \\ t_k & 0 & 1 & 2 & \cdots & 7 & 8 & 9 \end{array}$$

则所求逆序数

$$0+1+2+\cdots+8+9=\frac{(0+9)\times 10}{2}=45.$$

故该排列是奇排列.

二、n 阶行列式的定义

观察三阶行列式:

$$\begin{vmatrix} a_{11} & a_{12} & a_{13} \\ a_{21} & a_{22} & a_{23} \\ a_{31} & a_{32} & a_{33} \end{vmatrix} = a_{11}a_{22}a_{33}+a_{12}a_{23}a_{31}+a_{13}a_{21}a_{32} \\ -a_{13}a_{22}a_{31}-a_{11}a_{23}a_{32}-a_{12}a_{21}a_{33}.$$

(1) 三阶行列式共有 $3!$ 项;

(2) 每项都是取自不同行不同列的三个元素的乘积;

(3) 每项的符号: 当该项元素的行标按自然数顺序排列后, 若对应的列标构成的排列是偶排列则取正号, 是奇排列则取负号.

故三阶行列式可定义为

$$\begin{vmatrix} a_{11} & a_{12} & a_{13} \\ a_{21} & a_{22} & a_{23} \\ a_{31} & a_{32} & a_{33} \end{vmatrix} = \sum_{j_1 j_2 j_3} (-1)^{N(j_1 j_2 j_3)} a_{1j_1} a_{2j_2} a_{3j_3},$$

其中 $\sum\limits_{j_1 j_2 j_3}$ 表示对所有三级排列 $j_1\, j_2\, j_3$ 求和, $N(j_1\, j_2\, j_3)$ 表示排列 $j_1\, j_2\, j_3$ 的逆序数.

定义 4　由 n^2 个元素 $a_{ij}\ (i, j=1,2,\cdots,n)$ 组成的记号

$$\begin{vmatrix} a_{11} & a_{12} & \cdots & a_{1n} \\ a_{21} & a_{22} & \cdots & a_{2n} \\ \vdots & \vdots & & \vdots \\ a_{n1} & a_{n2} & \cdots & a_{nn} \end{vmatrix}$$

称为 ***n* 阶行列式**, 其中横排称为**行**, 竖排称为**列**. 它表示所有可能取自不同行不同列的 n 个元素乘积 $a_{1j_1}a_{2j_2}\cdots a_{nj_n}$ 的代数和, 各项的符号: 当该项元素的行标按自然数顺序排列后, 若对应的列标构成的排列是偶排列则取正号, 是奇排列则取负号, 即

$$\begin{vmatrix} a_{11} & a_{12} & \cdots & a_{1n} \\ a_{21} & a_{22} & \cdots & a_{2n} \\ \vdots & \vdots & & \vdots \\ a_{n1} & a_{n2} & \cdots & a_{nn} \end{vmatrix} = \sum_{j_1 j_2 \cdots j_n} (-1)^{N(j_1 j_2 \cdots j_n)} a_{1j_1} a_{2j_2} \cdots a_{nj_n},$$

其中 $\sum\limits_{j_1j_2\cdots j_n}$ 表示对所有n级排列 $j_1j_2\cdots j_n$ 求和. 行列式有时也简记为$\det(a_{ij})$或$|a_{ij}|$, 这里数 a_{ij} 称为行列式$\det(a_{ij})$的**元素**, 称$(-1)^{N(j_1j_2\cdots j_n)}a_{1j_1}a_{2j_2}\cdots a_{nj_n}$为行列式的**一般项**.

注: (1) n阶行列式是$n!$项的代数和, 且冠以正号的项和冠以负号的项(不包括元素本身所带的符号)各占一半, 因此行列式实际上是一种特殊定义的数;

(2) 项$a_{1j_1}a_{2j_2}\cdots a_{nj_n}$的符号为$(-1)^{N(j_1j_2\cdots j_n)}$(不包括元素本身所带的符号);

(3) 一阶行列式$|a|=a$, 不要与绝对值记号相混淆.

例 3 计算行列式$D=\begin{vmatrix}0&0&0&1\\0&0&2&0\\0&3&0&0\\4&0&0&0\end{vmatrix}$.

解 行列式的一般项为$(-1)^{N(j_1j_2j_3j_4)}a_{1j_1}a_{2j_2}a_{3j_3}a_{4j_4}$. 现考察其不为零的项. a_{1j_1}取自第1行, 但只有$a_{14}\neq 0$, 故必有$j_1=4$; 同理可知$j_2=3$, $j_3=2$, $j_4=1$. 因此行列式中不为零的项只有$(-1)^{N(4321)}1\times2\times3\times4=24$, 所以, $D=24$.

三、对角行列式

对一个n阶行列式, 如果其非主对角线元素全为0, 则称其为**主对角行列式**. 如果其非副对角线元素全为0, 则称其为**副对角行列式**. 这两类特殊的行列式的结果可以直接按定义方式求出.

1. 主对角行列式

$$\begin{vmatrix}a_{11}&0&\cdots&0\\0&a_{22}&\cdots&0\\\vdots&\vdots&&\vdots\\0&0&\cdots&a_{nn}\end{vmatrix}=a_{11}a_{22}\cdots a_{nn}.$$

2. 副对角行列式

$$\begin{vmatrix}0&\cdots&0&a_{1n}\\0&\cdots&a_{2\,n-1}&0\\\vdots&&\vdots&\vdots\\a_{n1}&\cdots&0&0\end{vmatrix}=(-1)^{\frac{n(n-1)}{2}}a_{1n}a_{2\,n-1}\cdots a_{n1}.$$

特别地, 除了对角行列式外, 主对角线以下(以上)的元素全为0的行列式称为**上(下)三角形行列式**.

例4　计算上三角形行列式$\begin{vmatrix} a_{11} & a_{12} & \cdots & a_{1n} \\ 0 & a_{22} & \cdots & a_{2n} \\ \vdots & \vdots & & \vdots \\ 0 & 0 & \cdots & a_{nn} \end{vmatrix}$ $(a_{11}a_{22}\cdots a_{nn}\neq 0)$.

解　行列式的一般项为$(-1)^{N(j_1j_2\cdots j_n)}a_{1j_1}a_{2j_2}\cdots a_{nj_n}$. 现考虑不为零的项. a_{nj_n}取自第n行, 但只有$a_{nn}\neq 0$, 故必有$j_n=n$; $a_{n-1\,j_{n-1}}$取自第$n-1$行, 其中只有$a_{n-1\,n-1}$及$a_{n-1\,n}$不为零, 因为a_{nn}取自第n列, 故$a_{n-1\,j_{n-1}}$不能取自第n列, 从而$j_{n-1}=n-1$.

同理可得$j_{n-2}=n-2$, $\cdots$, $j_1=1$, 故题设行列式中不为零的项只有

$$(-1)^{N(12\cdots n)}a_{11}a_{22}\cdots a_{nn}=a_{11}a_{22}\cdots a_{nn},$$

所以,

$$\begin{vmatrix} a_{11} & a_{12} & \cdots & a_{1n} \\ 0 & a_{22} & \cdots & a_{2n} \\ \vdots & \vdots & & \vdots \\ 0 & 0 & \cdots & a_{nn} \end{vmatrix}=a_{11}a_{22}\cdots a_{nn}.$$

注: 类似可得下三角形行列式

$$D=\begin{vmatrix} a_{11} & 0 & \cdots & 0 \\ a_{21} & a_{22} & \cdots & 0 \\ \vdots & \vdots & & \vdots \\ a_{n1} & a_{n2} & \cdots & a_{nn} \end{vmatrix}=a_{11}a_{22}\cdots a_{nn}.$$

四、对换

因为在行列式定义中, 每一项的符号由对应排列的奇偶性决定, 而对换是改变排列奇偶性的一个基本操作, 所以有必要先讨论对换与奇偶性的联系.

定义5　在一个排列中, 仅将任意两个元素对调 (其余元素位置保持不变) 的操作称为**对换**. 若对调的这两个元素在排列中相邻, 则称为**相邻对换**.

例如, 在排列21354中将1和4对换, 得到24351; 若将3和5相邻对换, 得到21534.

定理1　任意一个排列经过一个对换后, 其奇偶性改变.

证明　先证相邻对换的情形.

设排列为$a_1\cdots a_l abb_1\cdots b_m$, 对换$a$与$b$变为$a_1\cdots a_l bab_1\cdots b_m$.

显然, $a_1, \cdots, a_l$与$b_1, \cdots, b_m$中这些元素的逆序的个数经过对换并未改变, 因这些元素

本身在排列中的相对顺序和位置均未变动. 而a, b两元素的逆序的个数则发生了改变:

当$a<b$时, 经过对换后, a的逆序的个数增加1而b的逆序的个数不变;

当$a>b$时, 经过对换后, a的逆序的个数不变而b的逆序的个数减少1.

所以, 排列 $a_1\cdots a_l abb_1\cdots b_m$ 与排列 $a_1\cdots a_l bab_1\cdots b_m$ 的逆序数相差1, 排列的奇偶性改变.

再证一般对换的情形.

设排列为$a_1\cdots a_l ab_1\cdots b_m bc_1\cdots c_n$, 对它做$m$次相邻对换, 变成排列

$$a_1\cdots a_l abb_1\cdots b_m c_1\cdots c_n,$$

再做$m+1$次相邻对换, 变成$a_1\cdots a_l bb_1\cdots b_m ac_1\cdots c_n$. 经$2m+1$次相邻对换, 排列

$$a_1\cdots a_l ab_1\cdots b_m bc_1\cdots c_n$$

变成排列$a_1\cdots a_l bb_1\cdots b_m ac_1\cdots c_n$, 所以, 这两个排列的奇偶性相反. 证毕.

推论 1 奇排列变成自然数顺序排列的对换次数为奇数, 偶排列变成自然数顺序排列的对换次数为偶数.

证明 由定理1知, 对换的次数就是排列的奇偶性的变化次数, 而自然数顺序排列是偶排列 (逆序数为0), 因此结论成立. 证毕.

定理 2 n个自然数 $(n>1)$ 共有$n!$个n级排列, 其中奇偶排列各占一半.

证明 n级排列的总数为$n\cdot(n-1)\cdot(n-2)\cdot\ \cdots\ \cdot 2\cdot 1=n!$. 设其中奇排列为$p$个, 偶排列为$q$个. 合计$p+q=n!$, 因为每个奇排列都能与一个偶排列对换且一一对应, 所以, 一个排列中奇排列的个数与偶排列的个数相等, 即$p=q$, 从而$p=q=\dfrac{n!}{2}$.证毕.

定理 3 n阶行列式也可定义为$D=\sum(-1)^S a_{i_1j_1}a_{i_2j_2}\cdots a_{i_nj_n}$, 其中$S$为行标与列标的逆序数之和, 即$S=N(i_1i_2\cdots i_n)+N(j_1j_2\cdots j_n)$.

证明 根据n阶行列式的定义, 有

$$D=\sum_{\overline{j_1}\overline{j_2}\cdots\overline{j_n}}(-1)^{N(\overline{j_1}\overline{j_2}\cdots\overline{j_n})}a_{1\overline{j_1}}a_{2\overline{j_2}}\cdots a_{n\overline{j_n}}, \tag{2.1}$$

令

$$D_1=\sum(-1)^{N(i_1i_2\cdots i_n)+N(j_1j_2\cdots j_n)}a_{i_1j_1}a_{i_2j_2}\cdots a_{i_nj_n}. \tag{2.2}$$

证毕.

注意到交换式 (2.2) 的一般项中两元素的位置, 相当于同时进行一个行标的对换和一个列标的对换. 故交换位置后一般项的两下标排列的逆序数之和的奇偶性保持不变, 即交换式 (2.2) 的一般项中两元素的位置, 其符号保持不变. 这样, 我们总可以经过有限次的位置交换, 使其行标换为自然数顺序排列, 即变为式 (2.1) 中的一般项, 因此, 行列式D的一般项也可以记为式 (2.2) 的形式.

推论 2 n阶行列式也可以定义为

$$D=\sum(-1)^{N(i_1i_2\cdots i_n)}a_{i_11}a_{i_22}\cdots a_{i_nn}.$$

例 5 在六阶行列式中, 下列两项各带什么符号?

(1) $a_{23}a_{31}a_{42}a_{56}a_{14}a_{65}$; (2) $a_{32}a_{43}a_{14}a_{51}a_{66}a_{25}$.

解 (1) 按定义 4 计算, 因为

$$a_{23}a_{31}a_{42}a_{56}a_{14}a_{65}=a_{14}a_{23}a_{31}a_{42}a_{56}a_{65},$$

而 431265 的逆序数 $N=0+1+2+2+0+1=6$, 所以, $a_{23}a_{31}a_{42}a_{56}a_{14}a_{65}$ 前边应带正号.

(2) 按定理 3 计算, 因为行标排列 341562 的逆序数为

$$N=0+0+2+0+0+4=6,$$

列标排列 234165 的逆序数为

$$N=0+0+0+3+0+1=4,$$

所以, $a_{32}a_{43}a_{14}a_{51}a_{66}a_{25}$ 前边应带正号.

行列式的值可看作不同行不同列的所有元素乘积的加权和, 其中加权系数为 ±1, 由该乘积对应的排列的奇偶性决定, 即奇排列取 -1, 偶排列取 $+1$. 这种排列的奇偶性确保了行列式的性质.

例 6 用行列式的定义计算 $D=\begin{vmatrix} a_{11} & a_{12} & a_{13} & a_{14} & a_{15} \\ a_{21} & a_{22} & a_{23} & a_{24} & a_{25} \\ a_{31} & a_{32} & 0 & 0 & 0 \\ a_{41} & a_{42} & 0 & 0 & 0 \\ a_{51} & a_{52} & 0 & 0 & 0 \end{vmatrix}$.

解 根据行列式的定义, 有

$$D=(-1)^{N(j_1j_2j_3j_4j_5)}a_{1j_1}a_{2j_2}a_{3j_3}a_{4j_4}a_{5j_5},$$

而 j_1,j_2,j_3,j_4,j_5 是 1, 2, 3, 4, 5 的一个排列, 于是, 在排列 j_3,j_4,j_5 中至少有一个是数字 3, 4, 5 中的一个. 又因为

$$a_{33}=a_{34}=a_{35}=a_{43}=a_{44}=a_{45}=a_{53}=a_{54}=a_{55}=0,$$

所以, $a_{3j_3}a_{4j_4}a_{5j_5}$ 中至少有一个是 0, 从而 $a_{1j_1}a_{2j_2}a_{3j_3}a_{4j_4}a_{5j_5}=0$, 即所求行列式

$$D=(-1)^{N(j_1j_2j_3j_4j_5)}a_{1j_1}a_{2j_2}a_{3j_3}a_{4j_4}a_{5j_5}=0.$$

例 7 用行列式的定义计算

$$D_n=\begin{vmatrix} 0 & 0 & \cdots & 0 & 1 & 0 \\ 0 & 0 & \cdots & 2 & 0 & 0 \\ \vdots & \vdots & & \vdots & \vdots & \vdots \\ n-1 & 0 & \cdots & 0 & 0 & 0 \\ 0 & 0 & \cdots & 0 & 0 & n \end{vmatrix}.$$

解　根据行列式的定义, 有

$$D_n=(-1)^N a_{1\,n-1}a_{2\,n-2}\cdots a_{n-1\,1}a_{nn}=(-1)^N(n-1)\cdot\cdots\cdot 1\cdot 2\cdot n$$
$$=(-1)^N 1\cdot 2\cdot\cdots\cdot(n-1)\cdot n=(-1)^N n!,$$

其中 $N=N[(n-1)\,(n-2)\cdots 2\;1\;n]=0+1+\cdots+(n-2)+0=\dfrac{(n-1)(n-2)}{2}$, 所以

$$D_n=(-1)^{\frac{(n-1)(n-2)}{2}}n!.$$

例 8　已知

$$f(x)=\begin{vmatrix} -x & 3 & 1 & 3 & 0 \\ x & 3 & 2x & 11 & 4 \\ -1 & x & 0 & 4 & 3x \\ 2 & 21 & 4 & x & 5 \\ 1 & -7x & 3 & -1 & 2 \end{vmatrix},$$

求 $f(x)$ 中 x^4 的系数.

解　题设函数 $f(x)$ 中含因子 x 的元素有

$$a_{11}=-x,\ a_{21}=x,\ a_{23}=2x,\ \ a_{32}=x,\ a_{35}=3x,\ a_{44}=x,\ a_{52}=-7x,$$

即含因子 x^4 的元素 a_{ij} 的列下标只能取

$$j_1=1,\ j_2=3,\ j_3=2,\ j_4=4\ \text{和}\ j_2=1,\ j_3=5,\ j_4=4,\ j_5=2,$$

根据行列式的定义, 其对应的项为

$$a_{11}a_{23}a_{32}a_{44}a_{55}\ \text{和}\ a_{13}a_{21}a_{35}a_{44}a_{52},$$

由逆序数的定义, 算得含 x^4 的项分别为

$$(-1)^{N(13245)}a_{11}a_{23}a_{32}a_{44}a_{55}=(-1)a_{11}a_{23}a_{32}a_{44}a_{55}=4x^4,$$
$$(-1)^{N(31542)}a_{13}a_{21}a_{35}a_{44}a_{52}=(-1)a_{13}a_{21}a_{35}a_{44}a_{52}=21x^4.$$

所以, 函数 $f(x)$ 中 x^4 的系数合计为25.

习题 1-2

1. 求下列排列的逆序数:

(1) 4132;　(2) 2413;　(3) 36715284;

(4) 3712456;　(5) $13\cdots(2n-1)\,24\cdots(2n)$;　(6) $13\cdots(2n-1)(2n)(2n-2)\cdots 2$.

2. 设排列 $x_1x_2\cdots x_{n-1}x_n$ 的逆序数为 k, 求排列 $x_nx_{n-1}\cdots x_2x_1$ 的逆序数.

3. 写出四阶行列式中含有因子 $a_{11}a_{23}$ 的项.

4. 在六阶行列式 $|a_{ij}|$ 中, 下列各元素乘积应取什么符号?

(1) $a_{15}a_{23}a_{32}a_{44}a_{51}a_{66}$;　(2) $a_{11}a_{26}a_{32}a_{44}a_{53}a_{65}$;　(3) $a_{21}a_{53}a_{16}a_{42}a_{65}a_{34}$.

5. 选择 k, l, 使 $a_{13}a_{2k}a_{34}a_{42}a_{5l}$ 成为五阶行列式 $|a_{ij}|$ 中带有负号的项.

6. 设 n 阶行列式中有 n^2-n 个以上的元素为零, 证明该行列式为零.

7. 用行列式的定义计算行列式 :

(1) $\begin{vmatrix} 0 & 0 & 1 & 0 \\ 0 & 1 & 0 & 0 \\ 0 & 0 & 0 & 1 \\ 1 & 0 & 0 & 0 \end{vmatrix}$;　(2) $\begin{vmatrix} 1 & 1 & 1 & 0 \\ 0 & 1 & 0 & 1 \\ 0 & 1 & 1 & 1 \\ 0 & 0 & 1 & 0 \end{vmatrix}$;　(3) $\begin{vmatrix} 0 & 0 & \cdots & 0 & 1 \\ 0 & 0 & \cdots & 2 & 0 \\ \vdots & \vdots & & \vdots & \vdots \\ 0 & n-1 & \cdots & 0 & 0 \\ n & 0 & \cdots & 0 & 0 \end{vmatrix}$;

(4) $\begin{vmatrix} 0 & 1 & 0 & \cdots & 0 \\ 0 & 0 & 2 & \cdots & 0 \\ \vdots & \vdots & \vdots & & \vdots \\ 0 & 0 & 0 & \cdots & n-1 \\ n & 0 & 0 & \cdots & 0 \end{vmatrix}$;　(5) $\begin{vmatrix} a_{11} & \cdots & a_{1\,n-1} & a_{1n} \\ a_{21} & \cdots & a_{2\,n-1} & 0 \\ \vdots & & \vdots & \vdots \\ a_{n1} & \cdots & 0 & 0 \end{vmatrix}$;

(6) $\begin{vmatrix} 0 & x+2 & 0 & 0 & 0 & 0 \\ 1 & 0 & 0 & 0 & 0 & 0 \\ 0 & 2 & 0 & 0 & 0 & 1 \\ 0 & 0 & -1 & 0 & 0 & 0 \\ 0 & 0 & 0 & -5 & 0 & 0 \\ 0 & 0 & 0 & 0 & 1 & 0 \end{vmatrix}$;　(7) $\begin{vmatrix} 0 & a_{12} & a_{13} & 0 & 0 \\ a_{21} & a_{22} & a_{23} & a_{24} & a_{25} \\ a_{31} & a_{32} & a_{33} & a_{34} & a_{35} \\ 0 & a_{42} & a_{43} & 0 & 0 \\ 0 & a_{52} & a_{53} & 0 & 0 \end{vmatrix}$.

§1.3　行列式的性质

行列式的奥妙在于对行列式的行或列进行了某些变换 (例如, 行与列的互换、交换两行 (列) 的位置、某行 (列) 乘以某个数、某行 (列) 乘以某数后加到另一行 (列) 上, 等等) 后, 虽然行列式的元素会发生相应的变化, 但变换前后两个行列式的值仍保持严格的线性关系, 这意味着, 我们可以利用这些关系大幅简化高阶行列式的计算. 本节我们首先讨论行列式在这方面的重要性质, 然后进一步讨论如何利用这些性质计算高阶行列式的值.

一、行列式的性质

一般地, 我们将行列式 D 的行与列互换后得到的行列式, 称为行列式 D 的**转置行列式**,

记为D^{T}或D'，即若$D=\begin{vmatrix} a_{11} & a_{12} & \cdots & a_{1n} \\ a_{21} & a_{22} & \cdots & a_{2n} \\ \vdots & \vdots & & \vdots \\ a_{n1} & a_{n2} & \cdots & a_{nn} \end{vmatrix}$，则

$$D^{\mathrm{T}}=\begin{vmatrix} a_{11} & a_{21} & \cdots & a_{n1} \\ a_{12} & a_{22} & \cdots & a_{n2} \\ \vdots & \vdots & & \vdots \\ a_{1n} & a_{2n} & \cdots & a_{nn} \end{vmatrix}.$$

性质 1　行列式与它的转置行列式相等，即$D=D^{\mathrm{T}}$.

证明　按定义，行列式D的一般项为$(-1)^{N(j_1 j_2 \cdots j_n)} a_{1j_1} a_{2j_2} \cdots a_{nj_n}$，它的元素在$D$中位于不同行不同列，因而在$D^{\mathrm{T}}$中位于不同列不同行，故这$n$个元素的乘积在$D^{\mathrm{T}}$中应为$a_{j_1 1} a_{j_2 2} \cdots a_{j_n n}$，易知其符号也是$(-1)^{N(j_1 j_2 \cdots j_n)}$. 因此，$D$与$D^{\mathrm{T}}$是具有相同项的行列式，即$D=D^{\mathrm{T}}$. 证毕.

注：由性质 1 可知，行列式的行与列具有相同的地位，行列式的行具有的性质，它的列也同样具有.

性质 2　交换行列式的两行(列)，行列式变号.

证明　交换n阶行列式D第i行和第j行的对应元素$(1 \leqslant i<j \leqslant n)$得行列式$D_1$，即

$$D=\begin{vmatrix} a_{11} & a_{12} & \cdots & a_{1n} \\ \vdots & \vdots & & \vdots \\ a_{i1} & a_{i2} & \cdots & a_{in} \\ \vdots & \vdots & & \vdots \\ a_{j1} & a_{j2} & \cdots & a_{jn} \\ \vdots & \vdots & & \vdots \\ a_{n1} & a_{n2} & \cdots & a_{nn} \end{vmatrix},\ D_1=\begin{vmatrix} a_{11} & a_{12} & \cdots & a_{1n} \\ \vdots & \vdots & & \vdots \\ a_{j1} & a_{j2} & \cdots & a_{jn} \\ \vdots & \vdots & & \vdots \\ a_{i1} & a_{i2} & \cdots & a_{in} \\ \vdots & \vdots & & \vdots \\ a_{n1} & a_{n2} & \cdots & a_{nn} \end{vmatrix}.$$

乘积$a_{1p_1} \cdots a_{ip_i} \cdots a_{jp_j} \cdots a_{np_n}$在行列式$D$和$D_1$中都是取自不同行不同列的$n$个元素的积，而符号分别为$(-1)^{s+t}$和$(-1)^{s'+t}$，其中$s$为$D$中行标排列$1 \cdots i \cdots j \cdots n$的逆序数，$s'$为$D_1$中行标排列$1 \cdots j \cdots i \cdots n$的逆序数. 而$D$和$D_1$中列标排列的逆序数均为$t$，没有变化. 显然

$$(-1)^{s+t}=-(-1)^{s'+t},$$

即行列式D和D_1中一般项的奇偶性相反，由这两点即得$D=-D_1$. 证毕.

注：交换i，j两行 (列) 记为$r_i \leftrightarrow r_j$ $(c_i \leftrightarrow c_j)$.

推论 1　如果行列式中有两行 (列) 的对应元素相同, 那么该行列式必为零.

证明　互换相同的两行 (列), 行列式变号, 从而 $D=-D$, 所以, $D=0$. 证毕.

性质 3　用数 k 乘行列式的某一行 (列), 等于用 k 乘此行列式, 即

$$D_1=\begin{vmatrix} a_{11} & a_{12} & \cdots & a_{1n} \\ \vdots & \vdots & & \vdots \\ ka_{i1} & ka_{i2} & \cdots & ka_{in} \\ \vdots & \vdots & & \vdots \\ a_{n1} & a_{n2} & \cdots & a_{nn} \end{vmatrix}=k\begin{vmatrix} a_{11} & a_{12} & \cdots & a_{1n} \\ \vdots & \vdots & & \vdots \\ a_{i1} & a_{i2} & \cdots & a_{in} \\ \vdots & \vdots & & \vdots \\ a_{n1} & a_{n2} & \cdots & a_{nn} \end{vmatrix}=kD.$$

证明　根据行列式的定义, 第 i 行乘以数 k 后, 行列式:

$$\begin{aligned} D_1&=\sum(-1)^{N(j_1\cdots j_i\cdots j_n)}a_{1j_1}\cdots(ka_{ij_i})\cdots a_{nj_n} \\ &=k\sum(-1)^{N(j_1\cdots j_i\cdots j_n)}a_{1j_1}\cdots a_{ij_i}\cdots a_{nj_n}=kD, \end{aligned}$$

即 $D_1=kD$, 亦即将行列式的某一行 (列) 乘以 k 后, 其结果等于原行列式乘以 k. 证毕.

注: 第 i 行 (列) 乘以 k, 记为 $r_i\times k$ (或 $c_i\times k$).

推论 2　行列式的某一行 (列) 中所有元素的公因子可以提到行列式符号的外面.

推论 3　在一个行列式中, 如果有两行 (列) 元素成比例, 则这个行列式必等于零.

例如, 对行列式 $D=\begin{vmatrix} 2 & -4 & 1 \\ 3 & -6 & 3 \\ -5 & 10 & 4 \end{vmatrix}$, 因其第 1 列与第 2 列的对应元素成比例, 由推论3, 可直接得到 $D=0$.

例 1　设 $\begin{vmatrix} a_{11} & a_{12} & a_{13} \\ a_{21} & a_{22} & a_{23} \\ a_{31} & a_{32} & a_{33} \end{vmatrix}=1$, 求 $\begin{vmatrix} 6a_{11} & -2a_{12} & -10a_{13} \\ -3a_{21} & a_{22} & 5a_{23} \\ -3a_{31} & a_{32} & 5a_{33} \end{vmatrix}$.

解　利用推论2, 计算得

$$\begin{aligned} \begin{vmatrix} 6a_{11} & -2a_{12} & -10a_{13} \\ -3a_{21} & a_{22} & 5a_{23} \\ -3a_{31} & a_{32} & 5a_{33} \end{vmatrix}&=-2\begin{vmatrix} -3a_{11} & a_{12} & 5a_{13} \\ -3a_{21} & a_{22} & 5a_{23} \\ -3a_{31} & a_{32} & 5a_{33} \end{vmatrix} \\ &=-2\times(-3)\times5\begin{vmatrix} a_{11} & a_{12} & a_{13} \\ a_{21} & a_{22} & a_{23} \\ a_{31} & a_{32} & a_{33} \end{vmatrix}=30. \end{aligned}$$

一般地, 形如

$$\begin{vmatrix} 0 & a_{12} & a_{13} & \cdots & a_{1n} \\ -a_{12} & 0 & a_{23} & \cdots & a_{2n} \\ -a_{13} & -a_{23} & 0 & \cdots & a_{3n} \\ \vdots & \vdots & \vdots & & \vdots \\ -a_{1n} & -a_{2n} & -a_{3n} & \cdots & 0 \end{vmatrix}$$

的行列式称为**反对称行列式**, 它具有如下特征:

$$a_{ij}=-a_{ji}\ (i\neq j);\ a_{ij}=0\ (i=j).$$

例 2　试证明奇数阶反对称行列式的值为零.

证明　设 D 为反对称行列式, 即

$$D=\begin{vmatrix} 0 & a_{12} & a_{13} & \cdots & a_{1n} \\ -a_{12} & 0 & a_{23} & \cdots & a_{2n} \\ -a_{13} & -a_{23} & 0 & \cdots & a_{3n} \\ \vdots & \vdots & \vdots & & \vdots \\ -a_{1n} & -a_{2n} & -a_{3n} & \cdots & 0 \end{vmatrix},$$

则利用行列式的性质 1 与推论 2, 有

$$D=D^{\mathrm{T}}=(-1)^n\begin{vmatrix} 0 & a_{12} & a_{13} & \cdots & a_{1n} \\ -a_{12} & 0 & a_{23} & \cdots & a_{2n} \\ -a_{13} & -a_{23} & 0 & \cdots & a_{3n} \\ \vdots & \vdots & \vdots & & \vdots \\ -a_{1n} & -a_{2n} & -a_{3n} & \cdots & 0 \end{vmatrix}=(-1)^n D.$$

当 n 为奇数时, 有 $D=-D$, 所以, $D=0$. 证毕.

性质 4　如果行列式的某一行 (列) 的元素都是两数之和, 设

$$D=\begin{vmatrix} a_{11} & a_{12} & \cdots & a_{1n} \\ \vdots & \vdots & & \vdots \\ b_{i1}+c_{i1} & b_{i2}+c_{i2} & \cdots & b_{in}+c_{in} \\ \vdots & \vdots & & \vdots \\ a_{n1} & a_{n2} & \cdots & a_{nn} \end{vmatrix},$$

那么

$$D=\begin{vmatrix} a_{11} & a_{12} & \cdots & a_{1n} \\ \vdots & \vdots & & \vdots \\ b_{i1} & b_{i2} & \cdots & b_{in} \\ \vdots & \vdots & & \vdots \\ a_{n1} & a_{n2} & \cdots & a_{nn} \end{vmatrix}+\begin{vmatrix} a_{11} & a_{12} & \cdots & a_{1n} \\ \vdots & \vdots & & \vdots \\ c_{i1} & c_{i2} & \cdots & c_{in} \\ \vdots & \vdots & & \vdots \\ a_{n1} & a_{n2} & \cdots & a_{nn} \end{vmatrix}=D_1+D_2 .$$

证明 根据n阶行列式的定义, 有

$$\begin{aligned} D&=\sum(-1)^{N(j_1\cdots j_i\cdots j_n)}a_{1j_1}\cdots(b_{ij_i}+c_{ij_i})\cdots a_{nj_n} \\ &=\sum(-1)^{N(j_1\cdots j_i\cdots j_n)}a_{1j_1}\cdots b_{ij_i}\cdots a_{nj_n}+\sum(-1)^{N(j_1\cdots j_i\cdots j_n)}a_{1j_1}\cdots c_{ij_i}\cdots a_{nj_n} \\ &=D_1+D_2, \end{aligned}$$

即$D=D_1+D_2$. 证毕.

注: 上述结果可推广到有限个数的和的情形.

例 3 已知$\begin{vmatrix} \lambda & \rho & \theta \\ a & b & c \\ x & y & z \end{vmatrix}=5$, 计算行列式$D=\begin{vmatrix} a-x & b-y & c-z \\ 4x & 4y & 4z \\ -2\lambda & -2\rho & -2\theta \end{vmatrix}$.

解 利用行列式的性质4与推论2和推论3, 得

$$D=\begin{vmatrix} a & b & c \\ 4x & 4y & 4z \\ -2\lambda & -2\rho & -2\theta \end{vmatrix}+\begin{vmatrix} -x & -y & -z \\ 4x & 4y & 4z \\ -2\lambda & -2\rho & -2\theta \end{vmatrix}=\begin{vmatrix} a & b & c \\ 4x & 4y & 4z \\ -2\lambda & -2\rho & -2\theta \end{vmatrix}$$

$$=4\times(-2)\times\begin{vmatrix} a & b & c \\ x & y & z \\ \lambda & \rho & \theta \end{vmatrix}=(-8)\times(-1)^2\times\begin{vmatrix} \lambda & \rho & \theta \\ a & b & c \\ x & y & z \end{vmatrix}=(-8)\times 5=-40.$$

性质 5 将行列式的某一行(列) 的所有元素都乘以数k后加到另一行(列)对应位置的元素上, 行列式的值不变.

例如, 以数k乘第 j列加到第i列上, 则有

$$D=\begin{vmatrix} a_{11} & \cdots & a_{1i} & \cdots & a_{1j} & \cdots & a_{1n} \\ a_{21} & \cdots & a_{2i} & \cdots & a_{2j} & \cdots & a_{2n} \\ \vdots & & \vdots & & \vdots & & \vdots \\ a_{n1} & \cdots & a_{ni} & \cdots & a_{nj} & \cdots & a_{nn} \end{vmatrix}=\begin{vmatrix} a_{11} & \cdots & a_{1i}+ka_{1j} & \cdots & a_{1j} & \cdots & a_{1n} \\ a_{21} & \cdots & a_{2i}+ka_{2j} & \cdots & a_{2j} & \cdots & a_{2n} \\ \vdots & & \vdots & & \vdots & & \vdots \\ a_{n1} & \cdots & a_{ni}+ka_{nj} & \cdots & a_{nj} & \cdots & a_{nn} \end{vmatrix}$$

$$=D_1\ (i\neq j).$$

证明　根据行列式的性质 4 与推论3, 有

$$D_1=\begin{vmatrix} a_{11} & \cdots & a_{1i} & \cdots & a_{1j} & \cdots & a_{1n} \\ \vdots & & \vdots & & \vdots & & \vdots \\ a_{n1} & \cdots & a_{ni} & \cdots & a_{nj} & \cdots & a_{nn} \end{vmatrix}+\begin{vmatrix} a_{11} & \cdots & ka_{1j} & \cdots & a_{1j} & \cdots & a_{1n} \\ \vdots & & \vdots & & \vdots & & \vdots \\ a_{n1} & \cdots & ka_{nj} & \cdots & a_{nj} & \cdots & a_{nn} \end{vmatrix}$$

$$=D+0=D.$$

即 $D_1=D$. 证毕.

注: 以数 k 乘行列式的第 j 行后加到第 i 行上, 记作 r_i+kr_j ; 以数 k 乘行列式的第 j 列后加到第 i 列上, 记作 c_i+kc_j .

例 4　计算 n 阶行列式 $D=\begin{vmatrix} 1-n & 1 & 1 & \cdots & 1 \\ 1 & 1-n & 1 & \cdots & 1 \\ \vdots & \vdots & \vdots & & \vdots \\ 1 & 1 & 1 & \cdots & 1-n \end{vmatrix}$.

解　利用行列式的性质 5 , 将第 2 至第 n 列加到第 1 列, 得

$$D\xlongequal{c_1+(c_2+c_3+\cdots+c_n)}\begin{vmatrix} 0 & 1 & 1 & \cdots & 1 \\ 0 & 1-n & 1 & \cdots & 1 \\ \vdots & \vdots & \vdots & & \vdots \\ 0 & 1 & 1 & \cdots & 1-n \end{vmatrix}=0.$$

二、利用三角化方法计算行列式

计算行列式时, 常利用行列式的性质, 将其化为三角形行列式来计算. 例如, 将行列式化为上三角形行列式的基本步骤是:

如果第1列第一个元素为 0 ,先将第1行与其他行交换使得第1列第一个元素不为0; 然后, 把第1行分别乘以适当的数加到其他各行, 使得第1列除第一个元素外其余元素全为0; 再用同样的方法处理除去第1行和第1列后余下的低一阶的行列式, 如此继续下去, 直至将它化为上三角形行列式, 这时主对角线元素的乘积就是行列式的值.

利用三角化方法计算行列式时, 要使得行列式中非主对角线元素归零, 确保行列式的值不变或仅改变符号. 三角形行列式的值等于其对角线元素的乘积, 因此可以显著简化计算过程, 使得计算更高效. 此方法广泛应用于后续求解线性方程组和特征值等问题.

注: 当今大部分用于计算一般行列式的计算机程序都是按上述方法进行设计的. 可以证明, 利用上述方法计算 n 阶行列式需要大约 $2n^3/3$ 次算术运算. 任何一台现代微型计算机都

可以在几分之一秒内计算出50阶行列式的值，运算量大约为83 300次. 如果用行列式的定义来计算，其运算量大约为$49\times 50!$次，这显然是个非常大的数值.

例 5 计算行列式$D=\begin{vmatrix} 3 & 1 & -1 & 2 \\ -5 & 1 & 3 & -4 \\ 2 & 0 & 1 & -1 \\ 1 & -5 & 3 & -3 \end{vmatrix}$.

解 利用行列式的性质将题设行列式化为上三角形行列式，得

$$D\xlongequal{c_1\leftrightarrow c_2}-\begin{vmatrix} 1 & 3 & -1 & 2 \\ 1 & -5 & 3 & -4 \\ 0 & 2 & 1 & -1 \\ -5 & 1 & 3 & -3 \end{vmatrix}\xlongequal[r_4+5r_1]{r_2-r_1}-\begin{vmatrix} 1 & 3 & -1 & 2 \\ 0 & -8 & 4 & -6 \\ 0 & 2 & 1 & -1 \\ 0 & 16 & -2 & 7 \end{vmatrix}$$

$$\xlongequal{r_2\leftrightarrow r_3}\begin{vmatrix} 1 & 3 & -1 & 2 \\ 0 & 2 & 1 & -1 \\ 0 & -8 & 4 & -6 \\ 0 & 16 & -2 & 7 \end{vmatrix}\xlongequal[r_4-8r_2]{r_3+4r_2}\begin{vmatrix} 1 & 3 & -1 & 2 \\ 0 & 2 & 1 & -1 \\ 0 & 0 & 8 & -10 \\ 0 & 0 & -10 & 15 \end{vmatrix}$$

$$\xlongequal{r_4+\frac{5}{4}r_3}\begin{vmatrix} 1 & 3 & -1 & 2 \\ 0 & 2 & 1 & -1 \\ 0 & 0 & 8 & -10 \\ 0 & 0 & 0 & 5/2 \end{vmatrix}=40.$$

例 6 计算行列式$D=\begin{vmatrix} 3 & 1 & 1 & 1 \\ 1 & 3 & 1 & 1 \\ 1 & 1 & 3 & 1 \\ 1 & 1 & 1 & 3 \end{vmatrix}$.

解 注意到行列式的各行 (列) 4个数之和都是6，因此，可通过将第2，3，4行同时加到第1行，提出公因子6，然后各行减去第1行化为上三角形行列式来计算，即有

$$D\xlongequal{r_1+r_2+r_3+r_4}\begin{vmatrix} 6 & 6 & 6 & 6 \\ 1 & 3 & 1 & 1 \\ 1 & 1 & 3 & 1 \\ 1 & 1 & 1 & 3 \end{vmatrix}=6\begin{vmatrix} 1 & 1 & 1 & 1 \\ 1 & 3 & 1 & 1 \\ 1 & 1 & 3 & 1 \\ 1 & 1 & 1 & 3 \end{vmatrix}\xlongequal[\substack{r_3-r_1\\ r_4-r_1}]{r_2-r_1}6\begin{vmatrix} 1 & 1 & 1 & 1 \\ 0 & 2 & 0 & 0 \\ 0 & 0 & 2 & 0 \\ 0 & 0 & 0 & 2 \end{vmatrix}=48.$$

注: 仿照上述方法可得到更一般的结果:

$$\begin{vmatrix} a & b & b & \cdots & b \\ b & a & b & \cdots & b \\ \vdots & \vdots & \vdots & & \vdots \\ b & b & b & \cdots & a \end{vmatrix}=[a+(n-1)b](a-b)^{n-1}.$$

例 7　计算行列式$D=\begin{vmatrix} a_1 & -a_1 & 0 & 0 \\ 0 & a_2 & -a_2 & 0 \\ 0 & 0 & a_3 & -a_3 \\ 1 & 1 & 1 & 1 \end{vmatrix}$.

解　观察题设行列式的特点, 可先将其第 1 列加至第 2 列, 然后将第 2 列加至第 3 列, 再将第 3 列加至第 4 列, 目的就是使行列式D中的零元素增多, 便于将其三角化. 即

$$D_4\overset{c_2+c_1}{=\!=\!=}\begin{vmatrix} a_1 & 0 & 0 & 0 \\ 0 & a_2 & -a_2 & 0 \\ 0 & 0 & a_3 & -a_3 \\ 1 & 2 & 1 & 1 \end{vmatrix}\overset{c_3+c_2}{=\!=\!=}\begin{vmatrix} a_1 & 0 & 0 & 0 \\ 0 & a_2 & 0 & 0 \\ 0 & 0 & a_3 & -a_3 \\ 1 & 2 & 3 & 1 \end{vmatrix}\overset{c_4+c_3}{=\!=\!=}\begin{vmatrix} a_1 & 0 & 0 & 0 \\ 0 & a_2 & 0 & 0 \\ 0 & 0 & a_3 & 0 \\ 1 & 2 & 3 & 4 \end{vmatrix}$$

$$=4a_1a_2a_3.$$

注: 读者可尝试将此题进一步推广到n阶情形.

例 8　计算行列式$D=\begin{vmatrix} a & b & c & d \\ a & a+b & a+b+c & a+b+c+d \\ a & 2a+b & 3a+2b+c & 4a+3b+2c+d \\ a & 3a+b & 6a+3b+c & 10a+6b+3c+d \end{vmatrix}$.

解　利用行列式的性质, 从第 4 行开始, 后一行减前一行, 将D化为上三角形行列式, 得

$$D\overset{\substack{r_4-r_3\\r_3-r_2\\r_2-r_1}}{=\!=\!=}\begin{vmatrix} a & b & c & d \\ 0 & a & a+b & a+b+c \\ 0 & a & 2a+b & 3a+2b+c \\ 0 & a & 3a+b & 6a+3b+c \end{vmatrix}\overset{\substack{r_4-r_3\\r_3-r_2}}{=\!=\!=}\begin{vmatrix} a & b & c & d \\ 0 & a & a+b & a+b+c \\ 0 & 0 & a & 2a+b \\ 0 & 0 & a & 3a+b \end{vmatrix}$$

$$\overset{r_4-r_3}{=\!=\!=}\begin{vmatrix} a & b & c & d \\ 0 & a & a+b & a+b+c \\ 0 & 0 & a & 2a+b \\ 0 & 0 & 0 & a \end{vmatrix}=a^4.$$

例 9　设行列式

$$D=\begin{vmatrix} a_{11} & \cdots & a_{1k} & 0 & \cdots & 0 \\ \vdots & & \vdots & \vdots & & \vdots \\ a_{k1} & \cdots & a_{kk} & 0 & \cdots & 0 \\ c_{11} & \cdots & c_{1k} & b_{11} & \cdots & b_{1n} \\ \vdots & & \vdots & \vdots & & \vdots \\ c_{n1} & \cdots & c_{nk} & b_{1n} & \cdots & b_{nn} \end{vmatrix},\ D_1=\begin{vmatrix} a_{11} & \cdots & a_{1k} \\ \vdots & & \vdots \\ a_{k1} & \cdots & a_{kk} \end{vmatrix},\ D_2=\begin{vmatrix} b_{11} & \cdots & b_{1n} \\ \vdots & & \vdots \\ b_{n1} & \cdots & b_{nn} \end{vmatrix},$$

试证: $D=D_1D_2$.

证明　利用行列式的性质, 对 D_1 作运算 r_i+lr_j, 将 D_1 化为下三角形行列式, 记为

$$D_1=\begin{vmatrix} p_{11} & & 0 \\ \vdots & \ddots & \\ p_{k1} & \cdots & p_{kk} \end{vmatrix}=p_{11}\cdots p_{kk};$$

对 D_2 作运算 c_i+mc_j, 将 D_2 化为下三角形行列式, 记为

$$D_2=\begin{vmatrix} q_{11} & & 0 \\ \vdots & \ddots & \\ q_{n1} & \cdots & q_{nn} \end{vmatrix}=q_{11}\cdots q_{nn}.$$

这样, 对 D 的前 k 行作与对 D_1 所作的相同的运算 r_i+lr_j, 再对后 n 列作与对 D_2 所作的相同的运算 c_i+mc_j, 即可将题设行列式 D 化为下三角形行列式:

$$D=\begin{vmatrix} p_{11} & & & & & \\ \vdots & \ddots & & & 0 & \\ p_{k1} & \cdots & p_{kk} & & & \\ c_{11} & \cdots & c_{1k} & q_{11} & & \\ \vdots & & \vdots & \vdots & \ddots & \\ c_{n1} & \cdots & c_{nk} & q_{n1} & \cdots & q_{nn} \end{vmatrix},$$

所以, $D=p_{11}\cdots p_{kk}q_{11}\cdots q_{nn}=D_1D_2$. 证毕.

例 10　设 $a_1\neq 0$, 解方程

$$\begin{vmatrix} a_1 & a_2 & a_3 & \cdots & a_{n-1} & a_n \\ a_1 & a_1+a_2-x & a_3 & \cdots & a_{n-1} & a_n \\ a_1 & a_2 & a_2+a_3-x & \cdots & a_{n-1} & a_n \\ \vdots & \vdots & \vdots & & \vdots & \vdots \\ a_1 & a_2 & a_3 & \cdots & a_{n-2}+a_{n-1}-x & a_n \\ a_1 & a_2 & a_3 & \cdots & a_{n-1} & a_{n-1}+a_n-x \end{vmatrix}=0.$$

解　对左端行列式, 从第 2 行开始每一行都减去第 1 行, 则题设方程变为

$$\begin{vmatrix} a_1 & a_2 & a_3 & \cdots & a_{n-1} & a_n \\ 0 & a_1-x & 0 & \cdots & 0 & 0 \\ 0 & 0 & a_2-x & \cdots & 0 & 0 \\ \vdots & \vdots & \vdots & & \vdots & \vdots \\ 0 & 0 & 0 & \cdots & a_{n-2}-x & 0 \\ 0 & 0 & 0 & \cdots & 0 & a_{n-1}-x \end{vmatrix}$$

$$=a_1(a_1-x)(a_2-x)\cdots(a_{n-2}-x)(a_{n-1}-x)=0.$$

解得方程的$n-1$个根:

$$x_1=a_1,\ x_2=a_2,\ \cdots,\ x_{n-2}=a_{n-2},\ x_{n-1}=a_{n-1}.$$

习题 1-3

1. 用行列式的性质计算下列行列式:

(1) $\begin{vmatrix} 34\,215 & 35\,215 \\ 28\,092 & 29\,092 \end{vmatrix}$;　　(2) $\begin{vmatrix} -ab & ac & ae \\ bd & -cd & de \\ bf & cf & -ef \end{vmatrix}$;

(3) $\begin{vmatrix} 1+a & 1 & 1 \\ 1 & 1+b & 1 \\ 1 & 1 & 1+c \end{vmatrix}$;　　(4) $\begin{vmatrix} 1 & 1 & 1 & 1 \\ -1 & 1 & 1 & 1 \\ -1 & -1 & 1 & 1 \\ -1 & -1 & -1 & 1 \end{vmatrix}$.

2. 把下列行列式化为上三角形行列式, 并计算其值:

(1) $\begin{vmatrix} -2 & 2 & -4 & 0 \\ 4 & -1 & 3 & 5 \\ 3 & 1 & -2 & -3 \\ 2 & 0 & 5 & 1 \end{vmatrix}$;　　(2) $\begin{vmatrix} 1 & 2 & 3 & 4 \\ 2 & 3 & 4 & 1 \\ 3 & 4 & 1 & 2 \\ 4 & 1 & 2 & 3 \end{vmatrix}$;　　(3) $\begin{vmatrix} 3 & 1 & -1 & 2 \\ -5 & 1 & 3 & -4 \\ 2 & 0 & 1 & 1 \\ 1 & -5 & 3 & -3 \end{vmatrix}$.

3. 设行列式 $|a_{ij}|=m\,(i,j=1,2,\cdots,5)$, 依下列次序对 $|a_{ij}|$ 进行变换后, 求其结果:

交换第 1 行与第 5 行, 再转置, 用 2 乘所有元素, 再用 -3 乘第 2 列后加到第 4 列, 最后用 4 除第 2 行各元素.

4. 用行列式的性质证明下列等式:

(1) $\begin{vmatrix} a_1+kb_1 & b_1+c_1 & c_1 \\ a_2+kb_2 & b_2+c_2 & c_2 \\ a_3+kb_3 & b_3+c_3 & c_3 \end{vmatrix}=\begin{vmatrix} a_1 & b_1 & c_1 \\ a_2 & b_2 & c_2 \\ a_3 & b_3 & c_3 \end{vmatrix}$;　　(2) $\begin{vmatrix} y+z & z+x & x+y \\ x+y & y+z & z+x \\ z+x & x+y & y+z \end{vmatrix}=2\begin{vmatrix} x & y & z \\ z & x & y \\ y & z & x \end{vmatrix}$.

5. 计算下列行列式:

(1) $\begin{vmatrix} x & a & \cdots & a \\ a & x & \cdots & a \\ \vdots & \vdots & & \vdots \\ a & a & \cdots & x \end{vmatrix}$;　　(2) $\begin{vmatrix} 1 & 2 & 3 & \cdots & n-1 & n \\ -1 & 0 & 3 & \cdots & n-1 & n \\ -1 & -2 & 0 & \cdots & n-1 & n \\ \vdots & \vdots & \vdots & & \vdots & \vdots \\ -1 & -2 & -3 & \cdots & 0 & n \\ -1 & -2 & -3 & \cdots & -(n-1) & 0 \end{vmatrix}$;

(3) $\begin{vmatrix} 1 & x & x^2 & x^3 \\ a & 1 & x & x^2 \\ p & b & 1 & x \\ q & r & c & 1 \end{vmatrix}$;　　(4) $\begin{vmatrix} a_0 & 1 & 1 & \cdots & 1 \\ 1 & a_1 & 0 & \cdots & 0 \\ 1 & 0 & a_2 & \cdots & 0 \\ \vdots & \vdots & \vdots & & \vdots \\ 1 & 0 & 0 & \cdots & a_n \end{vmatrix} (a_i \neq 0)$;

(5) $\begin{vmatrix} 1+a & 1 & 1 & \cdots & 1 \\ 2 & 2+a & 2 & \cdots & 2 \\ \vdots & \vdots & \vdots & & \vdots \\ n & n & n & \cdots & n+a \end{vmatrix}$;　　(6) $\begin{vmatrix} 1 & a_1 & a_2 & \cdots & a_n \\ 1 & a_1+b_1 & a_2 & \cdots & a_n \\ 1 & a_1 & a_2+b_2 & \cdots & a_n \\ \vdots & \vdots & \vdots & & \vdots \\ 1 & a_1 & a_2 & \cdots & a_n+b_n \end{vmatrix}$.

6. 解下列方程:

(1) $\begin{vmatrix} 0 & x & y \\ y & 0 & x \\ x & y & 0 \end{vmatrix} = 0$;　　(2) $\begin{vmatrix} x & 1 & 1 & 1 \\ 1 & x & 1 & 1 \\ 1 & 1 & x & 1 \\ 1 & 1 & 1 & x \end{vmatrix} = 0$;　　(3) $\begin{vmatrix} 1 & x & x \\ -x & -2 & x \\ -x & -x & -3 \end{vmatrix} = 0$;

(4) $\begin{vmatrix} x & y & 0 & 0 \\ 0 & x & y & 0 \\ 0 & 0 & x & y \\ y & 0 & 0 & x \end{vmatrix} = 0$;　　(5) $\begin{vmatrix} 1 & x & x^2 & x^3 \\ x & x^2 & x^3 & 1 \\ x^2 & x^3 & 1 & x \\ x^3 & 1 & x & x^2 \end{vmatrix} = 0$;　　(6) $\begin{vmatrix} 1 & 1 & 2 & 3 \\ 1 & 2-x^2 & 2 & 3 \\ 2 & 3 & 1 & 5 \\ 2 & 3 & 1 & 9-x^2 \end{vmatrix} = 0$;

(7) $\begin{vmatrix} 1 & 1 & 1 & \cdots & 1 & 1 \\ 1 & 1-x & 1 & \cdots & 1 & 1 \\ 1 & 1 & 2-x & \cdots & 1 & 1 \\ \vdots & \vdots & \vdots & & \vdots & \vdots \\ 1 & 1 & 1 & \cdots & (n-2)-x & 1 \\ 1 & 1 & 1 & \cdots & 1 & (n-1)-x \end{vmatrix} = 0$.

7. 如果 $\begin{vmatrix} a & b & c \\ p & q & r \\ x & y & z \end{vmatrix}=6$, 求 $D=\begin{vmatrix} a+x & b+y & c+z \\ 3x & 3y & 3z \\ -p & -q & -r \end{vmatrix}$.

8. 设 n 阶行列式 $D=\det(a_{ij})$, 把该行列式 D 上下翻转, 或逆时针旋转 90°, 或依副对角线翻转, 依次得

$$D_1=\begin{vmatrix} a_{n1} & \cdots & a_{nn} \\ \vdots & & \vdots \\ a_{11} & \cdots & a_{1n} \end{vmatrix},\ D_2=\begin{vmatrix} a_{1n} & \cdots & a_{nn} \\ \vdots & & \vdots \\ a_{11} & \cdots & a_{n1} \end{vmatrix},\ D_3=\begin{vmatrix} a_{nn} & \cdots & a_{1n} \\ \vdots & & \vdots \\ a_{n1} & \cdots & a_{11} \end{vmatrix},$$

证明: $D_1=D_2=(-1)^{\frac{n(n-1)}{2}}D$, $D_3=D$.

9. 已知 255, 459, 527 都能被 17 整除, 不求行列式的值, 证明行列式

$$D=\begin{vmatrix} 2 & 4 & 5 \\ 5 & 5 & 2 \\ 5 & 9 & 7 \end{vmatrix}$$

能被 17 整除.

10. 不直接求行列式, 证明 $\begin{vmatrix} \sin\alpha & \cos\alpha & \sin(\alpha+\delta) \\ \sin\beta & \cos\beta & \sin(\beta+\delta) \\ \sin\gamma & \cos\gamma & \sin(\gamma+\delta) \end{vmatrix}=0$.

§1.4　行列式按行 (列) 展开

行列式展开定理是线性代数课程中的核心定理, 其重要意义在于, 它为行列式的计算提供了一种系统的方法, 同时揭示了行列式与代数结构之间的深层联系. 在解决线性方程组等问题的过程中, 数学家发现行列式具有描述数表代数特性的重要作用. 通过行列式展开定理, 人们可以将高阶行列式分解为低阶行列式的组合, 这样就奠定了递归计算的基础.

引例　观察三阶行列式 $D=\begin{vmatrix} a_{11} & a_{12} & a_{13} \\ a_{21} & a_{22} & a_{23} \\ a_{31} & a_{32} & a_{33} \end{vmatrix}$, 按定义, 有

$$\begin{aligned} D&=a_{11}a_{22}a_{33}+a_{12}a_{23}a_{31}+a_{13}a_{21}a_{32}-a_{11}a_{23}a_{32}-a_{12}a_{21}a_{33}-a_{13}a_{22}a_{31} \\ &=a_{11}(a_{22}a_{33}-a_{23}a_{32})+a_{12}(a_{23}a_{31}-a_{21}a_{33})+a_{13}(a_{21}a_{32}-a_{22}a_{31}) \\ &=a_{11}\begin{vmatrix} a_{22} & a_{23} \\ a_{32} & a_{33} \end{vmatrix}-a_{12}\begin{vmatrix} a_{21} & a_{23} \\ a_{31} & a_{33} \end{vmatrix}+a_{13}\begin{vmatrix} a_{21} & a_{22} \\ a_{31} & a_{32} \end{vmatrix}. \end{aligned}$$

从中可得到这样的启示: 三阶行列式可按第 1 行展开, 对上式进行适当的重新组合, 易见该三阶行列式也可按其他行或列展开, 从而将三阶行列式的计算转化为低一阶行列式的

计算.

一、行列式按一行(列)展开

为从更一般的角度来考虑用低阶行列式表示高阶行列式的问题,先引入余子式和代数余子式的概念.

定义 1 在n阶行列式D中,去掉元素a_{ij}所在的第i行和第j列后,余下的$n-1$阶行列式,称为D中元素a_{ij}的**余子式**,记为M_{ij};而$A_{ij}=(-1)^{i+j}M_{ij}$则称元素a_{ij}的**代数余子式**.

例如,在四阶行列式

$$D=\begin{vmatrix} a_{11} & a_{12} & a_{13} & a_{14} \\ a_{21} & a_{22} & a_{23} & a_{24} \\ a_{31} & a_{32} & a_{33} & a_{34} \\ a_{41} & a_{42} & a_{43} & a_{44} \end{vmatrix}$$

中,元素a_{32}的余子式和代数余子式分别为

$$M_{32}=\begin{vmatrix} a_{11} & a_{13} & a_{14} \\ a_{21} & a_{23} & a_{24} \\ a_{41} & a_{43} & a_{44} \end{vmatrix},\ A_{32}=(-1)^{3+2}M_{32}=-M_{32}.$$

注:若记$D=\begin{vmatrix} a_{11} & a_{12} & a_{13} \\ a_{21} & a_{22} & a_{23} \\ a_{31} & a_{32} & a_{33} \end{vmatrix}$,则引例的结果可表示为$D=a_{11}A_{11}+a_{12}A_{12}+a_{13}A_{13}$.

例1 设行列式$D=\begin{vmatrix} 2 & 3 & -1 & 1 \\ -3 & 2 & 0 & 3 \\ 3 & -2 & 1 & 0 \\ 3 & -2 & 1 & 4 \end{vmatrix}$,求下列余子式和代数余子式:

(1) M_{32}和A_{32}; (2) M_{44}和A_{44}; (3) M_{41}和A_{41}; (4) M_{24}和A_{24}.

解 根据余子式与代数余子式的定义,利用行列式的性质,计算得

(1) $M_{32}=\begin{vmatrix} 2 & -1 & 1 \\ -3 & 0 & 3 \\ 3 & 1 & 4 \end{vmatrix}=-30$, $A_{32}=(-1)^{3+2}\times(-30)=30$;

(2) $M_{44}=\begin{vmatrix} 2 & 3 & -1 \\ -3 & 2 & 0 \\ 3 & -2 & 1 \end{vmatrix}=13$, $A_{44}=(-1)^{4+4}\times 13=13$;

(3) $M_{41}=\begin{vmatrix}3 & -1 & 1\\ 2 & 0 & 3\\ -2 & 1 & 0\end{vmatrix}=-1$, $A_{41}=(-1)^{4+1}\times(-1)=1$;

(4) $M_{24}=\begin{vmatrix}2 & 3 & -1\\ 3 & -2 & 1\\ 3 & -2 & 1\end{vmatrix}=0$, $A_{24}=(-1)^{2+4}\times 0=0$.

为对更一般的情形进行讨论, 先证明一个引理:

引理 1　一个 n 阶行列式 D, 若其中第 i 行所有元素除 a_{ij} 外都为零, 则该行列式等于 a_{ij} 与它的代数余子式的乘积, 即 $D=a_{ij}A_{ij}$.

证明　设 a_{ij} 位于 D 的第 1 行第 1 列, 则

$$D=\begin{vmatrix}a_{11} & 0 & \cdots & 0\\ a_{21} & a_{22} & \cdots & a_{2n}\\ \vdots & \vdots & & \vdots\\ a_{n1} & a_{n2} & \cdots & a_{nn}\end{vmatrix}.$$

根据§1.3 例 9 的结果, 有

$$D=a_{11}M_{11}=a_{11}(-1)^{1+1}M_{11}=a_{11}A_{11}.$$

再证一般情形, 设

$$D=\begin{vmatrix}a_{11} & \cdots & a_{1j} & \cdots & a_{1n}\\ \vdots & & \vdots & & \vdots\\ 0 & \cdots & a_{ij} & \cdots & 0\\ \vdots & & \vdots & & \vdots\\ a_{n1} & \cdots & a_{nj} & \cdots & a_{nn}\end{vmatrix}.$$

将行列式 D 的第 i 行依次与第 $i-1, \cdots, 2, 1$ 行交换后换到第 1 行, 再将其第 j 列依次与 $j-1, \cdots, 2, 1$ 列交换后换到第 1 列, 则总共经过 $i+j-2$ 次交换后, 可将 a_{ij} 交换到 D 的左上角, 故所得行列式

$$D_1=(-1)^{i+j-2}D=(-1)^{i+j}D,$$

而元素 a_{ij} 在 D_1 中的余子式仍为 a_{ij} 在 D 中的余子式 M_{ij}. 利用前面的结果, 则有

$$D_1=a_{ij}M_{ij},$$

所以

$$(-1)^{i+j}D=a_{ij}M_{ij},$$

上式两边同乘以 $(-1)^{i+j}$, 得

$$D=a_{ij}(-1)^{i+j}M_{ij}=a_{ij}A_{ij}.$$

证毕.

定理 1 行列式等于它的任一行 (列) 的各元素与其对应的代数余子式乘积之和, 即

$$D=a_{i1}A_{i1}+a_{i2}A_{i2}+\cdots+a_{in}A_{in} \text{ 或 } D=a_{1j}A_{1j}+a_{2j}A_{2j}+\cdots+a_{nj}A_{nj},$$

其中 $i, j=1, 2, \cdots, n$.

证明 利用行列式的性质, 有

$$D=\begin{vmatrix} a_{11} & a_{12} & \cdots & a_{1n} \\ \vdots & \vdots & & \vdots \\ a_{i1}+0+\cdots+0 & 0+a_{i2}+0+\cdots+0 & \cdots & 0+\cdots+0+a_{in} \\ \vdots & \vdots & & \vdots \\ a_{n1} & a_{n2} & \cdots & a_{nn} \end{vmatrix}$$

$$=\begin{vmatrix} a_{11} & a_{12} & \cdots & a_{1n} \\ \vdots & \vdots & & \vdots \\ a_{i1} & 0 & \cdots & 0 \\ \vdots & \vdots & & \vdots \\ a_{n1} & a_{n2} & \cdots & a_{nn} \end{vmatrix}+\begin{vmatrix} a_{11} & a_{12} & \cdots & a_{1n} \\ \vdots & \vdots & & \vdots \\ 0 & a_{i2} & \cdots & 0 \\ \vdots & \vdots & & \vdots \\ a_{n1} & a_{n2} & \cdots & a_{nn} \end{vmatrix}+\cdots+\begin{vmatrix} a_{11} & a_{12} & \cdots & a_{1n} \\ \vdots & \vdots & & \vdots \\ 0 & 0 & \cdots & a_{in} \\ \vdots & \vdots & & \vdots \\ a_{n1} & a_{n2} & \cdots & a_{nn} \end{vmatrix}$$

$$=a_{i1}A_{i1}+a_{i2}A_{i2}+\cdots+a_{in}A_{in} \quad (i=1, 2, \cdots, n).$$

这就是行列式 D **按行展开的公式**. 同理可证得, 行列式 D **按列展开的公式**:

$$D=a_{1j}A_{1j}+a_{2j}A_{2j}+\cdots+a_{nj}A_{nj} \quad (i=1, 2, \cdots, n).$$

推论 1 行列式某一行 (列) 的每个元素与另一行 (列) 对应元素的代数余子式乘积之和等于零, 即

$$a_{i1}A_{j1}+a_{i2}A_{j2}+\cdots+a_{in}A_{jn}=0 \ (i\neq j) \text{ 或 } a_{1i}A_{1j}+a_{2i}A_{2j}+\cdots+a_{ni}A_{nj}=0 \ (i\neq j).$$

证明 将行列式 $D=\det(a_{ij})$ 中第 j 行的元素换成第 i 行的元素, 再按第 j 行展开, 有

$$0=\begin{vmatrix} a_{11} & \cdots & a_{1n} \\ \vdots & & \vdots \\ a_{i1} & \cdots & a_{in} \\ \vdots & & \vdots \\ a_{i1} & \cdots & a_{in} \\ \vdots & & \vdots \\ a_{n1} & \cdots & a_{nn} \end{vmatrix}=a_{i1}A_{j1}+a_{i2}A_{j2}+\cdots+a_{in}A_{jn} \quad (i\neq j),$$

同理可得 $a_{1i}A_{1j}+a_{2i}A_{2j}+\cdots+a_{ni}A_{nj}=0\ (i\neq j)$. 证毕.

综上所述, 可得到有关代数余子式的一个**重要性质**:

$$\sum_{k=1}^{n}a_{ki}A_{kj}=D\delta_{ij}=\begin{cases}D, & i=j\\0, & i\neq j\end{cases} \text{ 或 } \sum_{k=1}^{n}a_{ik}A_{jk}=D\delta_{ij}=\begin{cases}D, & i=j\\0, & i\neq j\end{cases}, \text{其中 } \delta_{ij}=\begin{cases}1, & i=j\\0, & i\neq j\end{cases}.$$

例 2　在一个三部门经济模型中, 产出 (x_1, x_2, x_3) 满足下列线性关系:

$$\begin{cases}0.6x_1+0.1x_2+0.3x_3=d_1\\0.2x_1+0.7x_2+0.1x_3=d_2\\0.3x_1+0.2x_2+0.5x_3=d_3\end{cases},$$

其中 d_1, d_2, d_3 为外生需求. 记其系数行列式为 D, 试利用行列式展开定理判断该模型在给定外生需求下产出 (x_1, x_2, x_3) 有唯一的解, 并利用行列式展开定理计算 D.

解　利用行列式的性质与行列式展开定理, 计算得

$$D=\begin{vmatrix}0.6 & 0.1 & 0.3\\0.2 & 0.7 & 0.1\\0.3 & 0.2 & 0.5\end{vmatrix}=\begin{vmatrix}0.1 & -0.8 & -0.3\\0 & 2.0 & 0\\0 & 0.3 & 0.7\end{vmatrix}$$

$$=(-1)^{1+1}\times 0.1\times\begin{vmatrix}2.0 & 0\\0.3 & 0.7\end{vmatrix}=0.14.$$

因题设方程组的系数行列式 $D\neq 0$, 故由克莱姆法则知, 题设方程组有唯一解, 即三部门经济模型在给定外生需求 d_1, d_2, d_3 下产出 (x_1, x_2, x_3) 有唯一确定的解.

例 3　用行列式展开定理求行列式 $D=\begin{vmatrix}a & 0 & 0 & 0\\u & b & 0 & 0\\v & w & c & 0\\x & y & z & d\end{vmatrix}$.

解　由行列式展开定理, 先将 D 按第 1 行展开, 对降阶后的行列式仍按第 1 行展开, 得

$$D=a\begin{vmatrix}b & 0 & 0\\w & c & 0\\y & z & d\end{vmatrix}=ab\begin{vmatrix}c & 0\\z & d\end{vmatrix}=abcd.$$

例 4　试按第 3 列展开计算行列式 $D=\begin{vmatrix}1 & 2 & 3 & 4\\1 & 0 & 1 & 2\\3 & -1 & -1 & 0\\1 & 2 & 0 & -5\end{vmatrix}$.

解　将 D 按第 3 列展开, 得

$$D=a_{13}A_{13}+a_{23}A_{23}+a_{33}A_{33}+a_{43}A_{43},$$

其中 $a_{13}=3$, $a_{23}=1$, $a_{33}=-1$, $a_{43}=0$, 而

$$A_{13}=(-1)^{1+3}\begin{vmatrix}1&0&2\\3&-1&0\\1&2&-5\end{vmatrix}=19,\ A_{23}=(-1)^{2+3}\begin{vmatrix}1&2&4\\3&-1&0\\1&2&-5\end{vmatrix}=-63,$$

$$A_{33}=(-1)^{3+3}\begin{vmatrix}1&2&4\\1&0&2\\1&2&-5\end{vmatrix}=18,\quad A_{43}=(-1)^{4+3}\begin{vmatrix}1&2&4\\1&0&2\\3&-1&0\end{vmatrix}=-10,$$

所以,

$$D=3\times19+1\times(-63)+(-1)\times18+0\times(-10)=-24.$$

二、用降阶法计算行列式

利用行列式展开定理,通过按行 (列) 展开将高阶行列式分解为低阶行列式的组合来计算行列式的方法称为**降阶法**.

行列式的计算复杂度随着阶数的增加而急剧上升,直接展开高阶行列式需要计算大量的代数余子式. 而降阶法通过将高阶行列式分解为低阶行列式的组合,递归计算,显著减少了计算量,有助于直观理解行列式的递归性质和代数结构,如对称性、反对称性和线性性质. 降阶法通常结合行列式的性质来简化其结构,如化为上 (下) 三角形行列式或对角行列式等. 这种简化过程中不改变行列式的值 (或值的符号),能快速得出计算结果,尤其适合手算或简化数值计算.

在实际计算中,一般可先根据行列式的性质将行列式中某一行 (列) 化为仅含有一个非零元素,再按此行 (列) 展开,化为低一阶的行列式,如此继续下去,直至化为三阶或二阶行列式.

例 5　计算行列式 $D=\begin{vmatrix}1&2&3&4\\1&0&1&2\\3&-1&-1&0\\1&2&0&-5\end{vmatrix}$.

解　采用降阶法,利用行列式的性质与行列式展开定理,计算得

$$D=\begin{vmatrix}1&2&3&4\\1&0&1&2\\3&-1&-1&0\\1&2&0&-5\end{vmatrix}\xlongequal[r_4+2r_3]{r_1+2r_3}\begin{vmatrix}7&0&1&4\\1&0&1&2\\3&-1&-1&0\\7&0&-2&-5\end{vmatrix}$$

$$=(-1)\times(-1)^{3+2}\begin{vmatrix}7&1&4\\1&1&2\\7&-2&-5\end{vmatrix}\xlongequal[r_3+2r_2]{r_1-r_2}\begin{vmatrix}6&0&2\\1&1&2\\9&0&-1\end{vmatrix}$$

$$=1\times(-1)^{2+2}\begin{vmatrix}6&2\\9&-1\end{vmatrix}=-6-18=-24.$$

例 6　计算行列式$D=\begin{vmatrix}5&3&-1&2&0\\1&7&2&5&2\\0&-2&3&1&0\\0&-4&-1&4&0\\0&2&3&5&0\end{vmatrix}$.

解　采用降阶法, 利用行列式的性质与行列式展开定理, 计算得

$$D=\begin{vmatrix}5&3&-1&2&0\\1&7&2&5&2\\0&-2&3&1&0\\0&-4&-1&4&0\\0&2&3&5&0\end{vmatrix}=2\times(-1)^{2+5}\begin{vmatrix}5&3&-1&2\\0&-2&3&1\\0&-4&-1&4\\0&2&3&5\end{vmatrix}$$

$$=-10\begin{vmatrix}-2&3&1\\-4&-1&4\\2&3&5\end{vmatrix}\xlongequal[r_3+r_1]{r_2-2r_1}-10\begin{vmatrix}-2&3&1\\0&-7&2\\0&6&6\end{vmatrix}=-10\times(-2)\begin{vmatrix}-7&2\\6&6\end{vmatrix}$$

$$=20\times(-42-12)=-1\,080.$$

例 7　试证: $\begin{vmatrix}1&2&3&4&\cdots&n\\1&1&2&3&\cdots&n-1\\1&x&1&2&\cdots&n-2\\1&x&x&1&\cdots&n-3\\\vdots&\vdots&\vdots&\vdots&&\vdots\\1&x&x&x&\cdots&2\\1&x&x&x&\cdots&1\end{vmatrix}=(-1)^{n+1}x^{n-2}$.

证明　采用三角化方法, 利用行列式的性质, 即可证得:

$$\begin{vmatrix}1&2&3&4&\cdots&n\\1&1&2&3&\cdots&n-1\\1&x&1&2&\cdots&n-2\\1&x&x&1&\cdots&n-3\\\vdots&\vdots&\vdots&\vdots&&\vdots\\1&x&x&x&\cdots&2\\1&x&x&x&\cdots&1\end{vmatrix}\xlongequal[i=2,\cdots,n]{r_{i-1}-r_i}\begin{vmatrix}0&1&1&1&\cdots&1&1\\0&1-x&1&1&\cdots&1&1\\0&0&1-x&1&\cdots&1&1\\0&0&0&1-x&\cdots&1&1\\\vdots&\vdots&\vdots&\vdots&&\vdots&\vdots\\0&0&0&0&\cdots&1-x&1\\1&x&x&x&\cdots&x&1\end{vmatrix}$$

$$=(-1)^{n+1}\begin{vmatrix}1&1&1&\cdots&1&1\\1-x&1&1&\cdots&1&1\\0&1-x&1&\cdots&1&1\\0&0&1-x&\cdots&1&1\\\vdots&\vdots&\vdots&&\vdots&\vdots\\0&0&0&\cdots&1-x&1\end{vmatrix}$$

$$\xlongequal[i=2,\cdots,n-1]{r_{i-1}-r_i}(-1)^{n+1}\begin{vmatrix} x & 0 & 0 & \cdots & 0 & 0 \\ 1-x & x & 0 & \cdots & 0 & 0 \\ 0 & 1-x & x & \cdots & 0 & 0 \\ 0 & 0 & 1-x & \cdots & 0 & 0 \\ \vdots & \vdots & \vdots & & \vdots & \vdots \\ 0 & 0 & 0 & \cdots & x & 0 \\ 0 & 0 & 0 & \cdots & 1-x & 1 \end{vmatrix}=(-1)^{n+1}x^{n-2}.$$

例 8 证明范德蒙(Vandermonde)行列式

$$D_n=\begin{vmatrix} 1 & 1 & \cdots & 1 \\ x_1 & x_2 & \cdots & x_n \\ x_1^2 & x_2^2 & \cdots & x_n^2 \\ \vdots & \vdots & & \vdots \\ x_1^{n-1} & x_2^{n-1} & \cdots & x_n^{n-1} \end{vmatrix}=\prod_{1\leqslant j<i\leqslant n}(x_i-x_j),$$

其中记号“$\prod$”表示全体同类因子的乘积.

证明 利用数学归纳法. 当 $n=2$ 时, 有

$$D_2=\begin{vmatrix} 1 & 1 \\ x_1 & x_2 \end{vmatrix}=x_2-x_1=\prod_{1\leqslant j<i\leqslant 2}(x_i-x_j).$$

假设所证等式对于 $n-1$ 阶范德蒙行列式成立, 接下来要证明所证等式对 n 阶范德蒙行列式也成立. 为此采用降阶法: 从第 n 行开始, 后一行减去前一行的 x_1 倍, 得

$$D_n\xlongequal[i=n,n-1,\cdots,2]{r_i-x_1r_{i-1}}\begin{vmatrix} 1 & 1 & 1 & \cdots & 1 \\ 0 & x_2-x_1 & x_3-x_1 & \cdots & x_n-x_1 \\ 0 & x_2(x_2-x_1) & x_3(x_3-x_1) & \cdots & x_n(x_n-x_1) \\ \vdots & \vdots & \vdots & & \vdots \\ 0 & x_2^{n-2}(x_2-x_1) & x_3^{n-2}(x_3-x_1) & \cdots & x_n^{n-2}(x_n-x_1) \end{vmatrix}.$$

对上式右端行列式按第 1 列展开, 并提出每列的公因子 (x_i-x_1), 得到

$$D_n=(x_2-x_1)(x_3-x_1)\cdots(x_n-x_1)\begin{vmatrix} 1 & 1 & \cdots & 1 \\ x_2 & x_3 & \cdots & x_n \\ \vdots & \vdots & & \vdots \\ x_2^{n-2} & x_3^{n-2} & \cdots & x_n^{n-2} \end{vmatrix}.$$

上式右端的行列式是 $n-1$ 阶范德蒙行列式, 按归纳假设, 它等于所有因子 (x_i-x_j) 的乘积, 其中 $2\leqslant j<i\leqslant n$. 所以

$$D_n=(x_2-x_1)(x_3-x_1)\cdots(x_n-x_1)\prod_{2\leqslant j<i\leqslant n}(x_i-x_j)=\prod_{1\leqslant j<i\leqslant n}(x_i-x_j).$$

故由数学归纳法知, 题设范德蒙行列式的结论正确. 证毕.

例 9 设行列式 $D=\begin{vmatrix} 3 & -5 & 2 & 1 \\ 1 & 1 & 0 & -5 \\ -1 & 3 & 1 & 3 \\ 2 & -4 & -1 & -3 \end{vmatrix}$, D 中元素 a_{ij} 的余子式和代数余子式依次记作 M_{ij} 和 A_{ij}, 求 $A_{11}+A_{12}+A_{13}+A_{14}$ 及 $M_{11}+M_{21}+M_{31}+M_{41}$.

解 注意到 $A_{11}+A_{12}+A_{13}+A_{14}$ 等于用1, 1, 1, 1 替代 D 的第1行所得的行列式, 再进一步利用降阶法与行列式的性质, 得

$$A_{11}+A_{12}+A_{13}+A_{14}=\begin{vmatrix} 1 & 1 & 1 & 1 \\ 1 & 1 & 0 & -5 \\ -1 & 3 & 1 & 3 \\ 2 & -4 & -1 & -3 \end{vmatrix} \xlongequal[r_3-r_1]{r_4+r_3} \begin{vmatrix} 1 & 1 & 1 & 1 \\ 1 & 1 & 0 & -5 \\ -2 & 2 & 0 & 2 \\ 1 & -1 & 0 & 0 \end{vmatrix}$$

$$=\begin{vmatrix} 1 & 1 & -5 \\ -2 & 2 & 2 \\ 1 & -1 & 0 \end{vmatrix} \xlongequal{c_2+c_1} \begin{vmatrix} 1 & 2 & -5 \\ -2 & 0 & 2 \\ 1 & 0 & 0 \end{vmatrix}=\begin{vmatrix} 2 & -5 \\ 0 & 2 \end{vmatrix}=4.$$

又按余子式与代数余子式的关系, 得

$$M_{11}+M_{21}+M_{31}+M_{41}=A_{11}-A_{21}+A_{31}-A_{41}$$

$$=\begin{vmatrix} 1 & -5 & 2 & 1 \\ -1 & 1 & 0 & -5 \\ 1 & 3 & 1 & 3 \\ -1 & -4 & -1 & -3 \end{vmatrix} \xlongequal{r_4+r_3} \begin{vmatrix} 1 & -5 & 2 & 1 \\ -1 & 1 & 0 & -5 \\ 1 & 3 & 1 & 3 \\ 0 & -1 & 0 & 0 \end{vmatrix}$$

$$=(-1)\begin{vmatrix} 1 & 2 & 1 \\ -1 & 0 & -5 \\ 1 & 1 & 3 \end{vmatrix} \xlongequal{r_1-2r_3} (-1)\begin{vmatrix} -1 & 0 & -5 \\ -1 & 0 & -5 \\ 1 & 1 & 3 \end{vmatrix}=0.$$

*三、拉普拉斯定理

拉普拉斯定理 (行列式按任意行或列展开) 是行列式理论的重要基础. 它揭示了行列式的递归计算规律, 其意义在于为高阶行列式的计算提供了一种系统的方法, 通过按行或列展开, 将高阶行列式分解为低阶行列式的组合, 便于分析和计算. 此外, 拉普拉斯定理还揭示了行列式与代数余子式之间的深层联系. 在应用上, 拉普拉斯定理广泛用于后续的矩阵可逆性、线性方程组与矩阵特征值等问题, 它是线性代数、解析几何和工程计算中的重要工具.

定义 2 在 n 阶行列式 D 中, 任意选定 k 行 k 列 $(1\leqslant k\leqslant n)$, 位于这些行和列交叉处的 k^2 个元素, 按原来的顺序构成一个 k 阶行列式 M, 称为 D 的一个 ***k* 阶子式** (若该子式的对角线与原矩阵的对角线重合, 则称其为**主子式**). 划去这 k 行 k 列, 余下的元素按原来的顺序构成一个 $n-k$ 阶行列式, 在其前面冠以符号

$$(-1)^{i_1+i_2+\cdots+i_k+j_1+j_2+\cdots+j_k},$$

称为M的**代数余子式**,其中$i_1, i_2, \cdots, i_k$为k阶子式M在D中的各**行标**, $j_1, j_2, \cdots, j_k$为M在D中的各**列标**.

注:行列式的k阶子式与其代数余子式之间有类似行列式按行(列)展开的性质.

定理2 (拉普拉斯定理)　在n阶行列式D中,任意取定k行(列)$(1 \leqslant k \leqslant n-1)$,由这$k$行(列)组成的所有$k$阶子式与它们的代数余子式的乘积之和等于行列式$D$.

证明　略.

注:行列式按一行(列)展开是该定理中$k=1$的特殊情况.

例10　利用拉普拉斯定理计算行列式

$$D=\begin{vmatrix} 2 & 3 & 0 & 0 \\ 1 & 2 & 3 & 0 \\ 0 & 1 & 2 & 3 \\ 0 & 0 & 1 & 2 \end{vmatrix}.$$

解　根据拉普拉斯定理,将题设行列式按第1行和第2行展开,得

$$\begin{aligned} D &= \begin{vmatrix} 2 & 3 \\ 1 & 2 \end{vmatrix} \times (-1)^{1+2+1+2} \begin{vmatrix} 2 & 3 \\ 1 & 2 \end{vmatrix} + \begin{vmatrix} 2 & 0 \\ 1 & 3 \end{vmatrix} \times (-1)^{1+2+1+3} \begin{vmatrix} 1 & 3 \\ 0 & 2 \end{vmatrix} \\ &\quad + \begin{vmatrix} 3 & 0 \\ 2 & 3 \end{vmatrix} \times (-1)^{1+2+2+3} \begin{vmatrix} 0 & 3 \\ 0 & 2 \end{vmatrix} \\ &= 1-12+0=-11. \end{aligned}$$

例11　设下列$2n$阶行列式中未写出的元素均为0,试计算行列式:

$$D_{2n}=\overbrace{\begin{vmatrix} a & & & & & b \\ & \ddots & & & \iddots & \\ & & a & b & & \\ & & c & d & & \\ & \iddots & & & \ddots & \\ c & & & & & d \end{vmatrix}}^{2n}.$$

解　先利用行列式的性质,将行列式D_{2n}中的第$2n$行依次与第$2n-1$行, $\cdots$,第2行对调(作$2n-2$次相邻对换),然后,将其第$2n$列依次与第$2n-1$列, $\cdots$,第2列对调,再利用拉普拉斯定理,可得

$$D_{2n}=(-1)^{2(2n-2)} \begin{array}{|cccccc|} & & & \overbrace{\qquad\qquad\qquad}^{2(n-1)} & & \\ a & b & 0 & \cdots & \cdots & 0 \\ c & d & 0 & \cdots & \cdots & 0 \\ 0 & 0 & a & & & b \\ \vdots & \vdots & & \ddots & \iddots & \\ \vdots & \vdots & & a & b & \\ & & & c & d & \\ \vdots & \vdots & & \iddots & \ddots & \\ 0 & 0 & c & & & d \end{array} = D_2 D_{2(n-1)} = (ad-bc) D_{2(n-1)}.$$

以此作递推公式, 可得

$$D_{2n}=(ad-bc)D_{2(n-1)}=\cdots=(ad-bc)^{n-1}D_2=(ad-bc)^n.$$

注: 从以上几节的学习中, 我们看到一般行列式的计算量是非常大的, 仅依赖手工计算能解决的问题很有限. 所以, 在课程学习中, 我们主要学习和掌握行列式的定义与性质, 重点掌握运用这些性质解决问题的方法. 而在实际应用中, 更复杂的工作可交由先进的计算软件来解决.

下面的数学实验给出了几个利用计算软件来计算行列式的示例, 用户通过微信扫描右侧相应的二维码即可进行计算实验 (详见教材配套的网络学习空间).

*数学实验

实验 1.1　试用计算软件计算下列行列式:

(1) $\begin{vmatrix} \frac{1}{2} & \frac{1}{3} & \frac{1}{4} & \frac{1}{5} & \frac{1}{6} & \frac{1}{7} \\ \frac{1}{3} & \frac{1}{4} & \frac{1}{5} & \frac{1}{6} & \frac{1}{7} & \frac{1}{8} \\ \frac{1}{4} & \frac{1}{5} & \frac{1}{6} & \frac{1}{7} & \frac{1}{8} & \frac{1}{9} \\ \frac{1}{5} & \frac{1}{6} & \frac{1}{7} & \frac{1}{8} & \frac{1}{9} & \frac{1}{10} \\ \frac{1}{6} & \frac{1}{7} & \frac{1}{8} & \frac{1}{9} & \frac{1}{10} & \frac{1}{11} \\ \frac{1}{7} & \frac{1}{8} & \frac{1}{9} & \frac{1}{10} & \frac{1}{11} & \frac{1}{12} \end{vmatrix}$;

(2) $\begin{vmatrix} y+x & xy & 0 & 0 & 0 & 0 & 0 & 0 \\ 1 & y+x & xy & 0 & 0 & 0 & 0 & 0 \\ 0 & 1 & y+x & xy & 0 & 0 & 0 & 0 \\ 0 & 0 & 1 & y+x & xy & 0 & 0 & 0 \\ 0 & 0 & 0 & 1 & y+x & xy & 0 & 0 \\ 0 & 0 & 0 & 0 & 1 & y+x & xy & 0 \\ 0 & 0 & 0 & 0 & 0 & 1 & y+x & xy \\ 0 & 0 & 0 & 0 & 0 & 0 & 1 & y+x \end{vmatrix}$;

(3) $\begin{vmatrix} a^2+1 & ab & ac & ad & ae & af \\ ab & b^2+1 & bc & bd & be & bf \\ ac & bc & c^2+1 & cd & ce & cf \\ ad & bd & cd & d^2+1 & de & df \\ ae & be & ce & de & e^2+1 & ef \\ af & bf & cf & df & ef & f^2+1 \end{vmatrix}$.

计算实验

习题 1-4

1. 求行列式$\begin{vmatrix} -3 & 0 & 4 \\ 5 & 0 & 3 \\ 2 & -2 & 1 \end{vmatrix}$中元素2和$-2$的代数余子式.

2. 设行列式$D=\begin{vmatrix} 4 & -1 & 1 & 6 \\ 0 & 0 & -3 & 3 \\ 4 & 1 & 0 & 14 \\ 4 & 1 & 3 & 2 \end{vmatrix}$，求下列余子式和代数余子式:

(1) M_{13}和A_{13}；　(2) M_{23}和A_{23}；　(3) M_{22}和A_{22}；　(4) M_{21}和A_{21}.

3. 已知四阶行列式D中第3列元素依次为-1, 2, 0, 1, 它们的余子式依次为5, 3, -7, 4, 求D.

4. 按第3列展开行列式, 并计算其值.

(1) $\begin{vmatrix} 1 & 0 & a & 1 \\ 0 & -1 & b & -1 \\ -1 & -1 & c & -1 \\ -1 & 1 & d & 0 \end{vmatrix}$；　(2) $\begin{vmatrix} a_{11} & a_{12} & a_{13} & a_{14} & a_{15} \\ a_{21} & a_{22} & a_{23} & a_{24} & a_{25} \\ a_{31} & a_{32} & 0 & 0 & 0 \\ a_{41} & a_{42} & 0 & 0 & 0 \\ a_{51} & a_{52} & 0 & 0 & 0 \end{vmatrix}$.

5. 证明: $\begin{vmatrix} 1 & 1 & 1 & 1 \\ a & b & c & d \\ a^2 & b^2 & c^2 & d^2 \\ a^4 & b^4 & c^4 & d^4 \end{vmatrix}=(a-b)(a-c)(a-d)(b-c)(b-d)(c-d)(a+b+c+d)$.

6. 用降阶法计算行列式:

(1) $\begin{vmatrix} 1+x & 1 & 1 & 1 \\ 1 & 1-x & 1 & 1 \\ 1 & 1 & 1+y & 1 \\ 1 & 1 & 1 & 1-y \end{vmatrix}$；　(2) $\begin{vmatrix} 0 & a & b & a \\ a & 0 & a & b \\ b & a & 0 & a \\ a & b & a & 0 \end{vmatrix}$；

(3) $\begin{vmatrix} 0 & 3 & 0 & 1 \\ a & d & e & f \\ 0 & 1 & b & 2 \\ 0 & 0 & 0 & c \end{vmatrix}$；　(4) $\begin{vmatrix} a_1b_1 & a_1b_2 & a_1b_3 & a_2b_4 \\ a_1b_2 & a_2b_2 & a_2b_3 & a_2b_4 \\ a_1b_3 & a_2b_3 & a_3b_3 & a_3b_4 \\ a_1b_4 & a_2b_4 & a_3b_4 & a_4b_4 \end{vmatrix}$；

(5) $\begin{vmatrix} x & y & 0 & \cdots & 0 & 0 \\ 0 & x & y & \cdots & 0 & 0 \\ \vdots & \vdots & \vdots & & \vdots & \vdots \\ 0 & 0 & 0 & \cdots & x & y \\ y & 0 & 0 & \cdots & 0 & x \end{vmatrix}$;　　(6) $\begin{vmatrix} -a_1 & a_1 & 0 & \cdots & 0 & 0 \\ 0 & -a_2 & a_2 & \cdots & 0 & 0 \\ \vdots & \vdots & \vdots & & \vdots & \vdots \\ 0 & 0 & 0 & \cdots & -a_n & a_n \\ 1 & 1 & 1 & \cdots & 1 & 1 \end{vmatrix}$.

7. 计算行列式 (D_k 为 k 阶行列式):

(1) $D_n=\det(a_{ij})$, 其中 $a_{ij}=|i-j|$;

(2) $D_{n+1}=\begin{vmatrix} a^n & (a-1)^n & \cdots & (a-n)^n \\ a^{n-1} & (a-1)^{n-1} & \cdots & (a-n)^{n-1} \\ \vdots & \vdots & & \vdots \\ a & a-1 & \cdots & a-n \\ 1 & 1 & \cdots & 1 \end{vmatrix}$;

(3) $D_{2n}=\begin{vmatrix} a_n & & & & & b_n \\ & \ddots & & 0 & \iddots & \\ & & a_1 & b_1 & & \\ 0 & & & & & 0 \\ & & c_1 & d_1 & & \\ & \iddots & & 0 & \ddots & \\ c_n & & & & & d_n \end{vmatrix}$.

8. 已知四阶行列式 D 中第 1 行元素分别为 1, 2, 0, -4, 第 3 行元素的余子式依次为 6, x, 19, 2, 试求 x 的值.

9. 设行列式 $D=\begin{vmatrix} 2 & 1 & 4 & 1 \\ 3 & -4 & 2 & 1 \\ 1 & 2 & -3 & 2 \\ 5 & 0 & 6 & 2 \end{vmatrix}$, 求 $4A_{12}+2A_{22}-3A_{32}+6A_{42}$.

§1.5　克莱姆法则

克莱姆法则是线性代数中求解线性方程组的经典方法. 它利用行列式的性质, 通过构造特定的行列式直接求解方程组的每个未知数. 具体而言, 通过替换系数矩阵中某列为常数向量, 计算其行列式的比值即可得到相应解.

克莱姆法则的重要意义在于该法则提供了从行列式角度理解线性方程组解法的直观途

径, 揭示了解的唯一性与行列式非零条件之间的联系. 此外, 该法则证明了行列式在线性代数理论中的核心地位, 促进了线性代数的进一步发展.

克莱姆法则广泛应用于小规模线性方程组的解析与计算, 尤其在理论分析中扮演着重要角色, 例如研究解的唯一性条件、灵敏度分析和参数依赖性等. 在经济学 (如线性投入产出模型)、物理学 (如力的平衡问题) 和工程学 (如电路分析) 中, 克莱姆法则为问题的解析解及其构造提供了重要工具.

引例 三元线性方程组

$$\begin{cases} a_{11}x_1 + a_{12}x_2 + a_{13}x_3 = b_1 \\ a_{21}x_1 + a_{22}x_2 + a_{23}x_3 = b_2 \\ a_{31}x_1 + a_{32}x_2 + a_{33}x_3 = b_3 \end{cases},$$

在其系数行列式 $D \neq 0$ 的条件下, 有唯一解:

$$x_1 = \frac{D_1}{D},\ x_2 = \frac{D_2}{D},\ x_3 = \frac{D_3}{D},$$

其中系数行列式

$$D = \begin{vmatrix} a_{11} & a_{12} & a_{13} \\ a_{21} & a_{22} & a_{23} \\ a_{31} & a_{32} & a_{33} \end{vmatrix},$$

且

$$D_1 = \begin{vmatrix} b_1 & a_{12} & a_{13} \\ b_2 & a_{22} & a_{23} \\ b_3 & a_{32} & a_{33} \end{vmatrix},\ D_2 = \begin{vmatrix} a_{11} & b_1 & a_{13} \\ a_{21} & b_2 & a_{23} \\ a_{31} & b_3 & a_{33} \end{vmatrix},\ D_3 = \begin{vmatrix} a_{11} & a_{12} & b_1 \\ a_{21} & a_{22} & b_2 \\ a_{31} & a_{32} & b_3 \end{vmatrix}.$$

注: 这个解可通过消元法直接求出.

对更一般的线性方程组是否有引例那样类似的结果?

答案是肯定的. 在引入克莱姆法则之前, 我们先介绍 n 元线性方程组的有关概念. 含有 n 个未知数 $x_1, x_2, \cdots, x_n$ 的线性方程组

$$\begin{cases} a_{11}x_1 + a_{12}x_2 + \cdots + a_{1n}x_n = b_1 \\ a_{21}x_1 + a_{22}x_2 + \cdots + a_{2n}x_n = b_2 \\ \cdots\cdots \\ a_{n1}x_1 + a_{n2}x_2 + \cdots + a_{nn}x_n = b_n \end{cases} \tag{5.1}$$

称为 ***n* 元线性方程组**. 当其右端的常数项 $b_1, b_2, \cdots, b_n$ 不全为零时, 方程组 (5.1) 称为**非齐次线性方程组**; 当 $b_1, b_2, \cdots, b_n$ 全为零时, 方程组 (5.1) 称为**齐次线性方程组**, 即

$$\begin{cases} a_{11}x_1 + a_{12}x_2 + \cdots + a_{1n}x_n = 0 \\ a_{21}x_1 + a_{22}x_2 + \cdots + a_{2n}x_n = 0 \\ \quad \cdots\cdots \\ a_{n1}x_1 + a_{n2}x_2 + \cdots + a_{nn}x_n = 0 \end{cases}. \tag{5.2}$$

线性方程组 (5.1) 的系数 a_{ij} 构成的行列式称为该方程组的**系数行列式**, 即

$$D = \begin{vmatrix} a_{11} & a_{12} & \cdots & a_{1n} \\ a_{21} & a_{22} & \cdots & a_{2n} \\ \vdots & \vdots & & \vdots \\ a_{n1} & a_{n2} & \cdots & a_{nn} \end{vmatrix}.$$

定理1 (克莱姆法则)　若线性方程组 (5.1) 的系数行列式 $D \neq 0$, 则线性方程组 (5.1) 有唯一解, 其解为

$$x_j = \frac{D_j}{D} \quad (j = 1, 2, \cdots, n), \tag{5.3}$$

其中 D_j $(j = 1, 2, \cdots, n)$ 是把 D 中第 j 列元素 $a_{1j}, a_{2j}, \cdots, a_{nj}$ 对应地换为常数项 $b_1, b_2, \cdots, b_n$, 而其余各列保持不变所得的行列式.

注: 这个定理的证明将在§2.4中给出.

例 1　用克莱姆法则解方程组 $\begin{cases} 2x_1 + x_2 - 5x_3 + x_4 = 8 \\ x_1 - 3x_2 - 6x_4 = 9 \\ 2x_2 - x_3 + 2x_4 = -5 \\ x_1 + 4x_2 - 7x_3 + 6x_4 = 0 \end{cases}$.

解　利用行列式的性质与计算行列式的降阶法, 题设线性方程组的系数行列式:

$$D = \begin{vmatrix} 2 & 1 & -5 & 1 \\ 1 & -3 & 0 & -6 \\ 0 & 2 & -1 & 2 \\ 1 & 4 & -7 & 6 \end{vmatrix} \xlongequal[r_4 - r_2]{r_1 - 2r_2} \begin{vmatrix} 0 & 7 & -5 & 13 \\ 1 & -3 & 0 & -6 \\ 0 & 2 & -1 & 2 \\ 0 & 7 & -7 & 12 \end{vmatrix}$$

$$= -\begin{vmatrix} 7 & -5 & 13 \\ 2 & -1 & 2 \\ 7 & -7 & 12 \end{vmatrix} \xlongequal[c_3 + 2c_2]{c_1 + 2c_2} -\begin{vmatrix} -3 & -5 & 3 \\ 0 & -1 & 0 \\ -7 & -7 & -2 \end{vmatrix} = \begin{vmatrix} -3 & 3 \\ -7 & -2 \end{vmatrix} = 27.$$

同理可依次计算得:

$$D_1 = \begin{vmatrix} 8 & 1 & -5 & 1 \\ 9 & -3 & 0 & -6 \\ -5 & 2 & -1 & 2 \\ 0 & 4 & -7 & 6 \end{vmatrix} = 81, \quad D_2 = \begin{vmatrix} 2 & 8 & -5 & 1 \\ 1 & 9 & 0 & -6 \\ 0 & -5 & -1 & 2 \\ 1 & 0 & -7 & 6 \end{vmatrix} = -108,$$

$$D_3=\begin{vmatrix}2&1&8&1\\1&-3&9&-6\\0&2&-5&2\\1&4&0&6\end{vmatrix}=-27,\quad D_4=\begin{vmatrix}2&1&-5&8\\1&-3&0&9\\0&2&-1&-5\\1&4&-7&0\end{vmatrix}=27.$$

所以, 根据克莱姆法则可得题设线性方程组的解:

$$x_1=\frac{D_1}{D}=\frac{81}{27}=3,\ x_2=\frac{D_2}{D}=\frac{-108}{27}=-4,\ x_3=\frac{D_3}{D}=\frac{-27}{27}=-1,\ x_4=\frac{D_4}{D}=\frac{27}{27}=1.$$

例 2 设曲线 $y=a_0+a_1x+a_2x^2+a_3x^3$ 通过四点 (1, 3), (2, 4), (3, 3), (4, −3), 求该曲线表达式中的系数 a_0, a_1, a_2, a_3.

解 将题设四个点的坐标代入题设曲线方程, 得线性方程组:

$$\begin{cases}a_0+a_1+a_2+a_3=3\\a_0+2a_1+4a_2+8a_3=4\\a_0+3a_1+9a_2+27a_3=3\\a_0+4a_1+16a_2+64a_3=-3\end{cases},$$

易见其系数行列式

$$D=\begin{vmatrix}1&1&1&1\\1&2&4&8\\1&3&9&27\\1&4&16&64\end{vmatrix}=\begin{vmatrix}1&1&1&1\\1&2&2^2&2^3\\1&3&3^2&3^3\\1&4&4^2&4^3\end{vmatrix}$$

是一个范德蒙行列式的转置, 按§1.4 例 8 的结论, 可得

$$D=1\times2\times3\times1\times2\times1=12.$$

而利用行列式的性质与计算行列式的降阶法, 计算得

$$D_1=\begin{vmatrix}3&1&1&1\\4&2&4&8\\3&3&9&27\\-3&4&16&64\end{vmatrix}\xlongequal[c_1-3c_2]{\substack{c_4-c_3\\c_3-c_2}}\begin{vmatrix}0&1&0&0\\-2&2&2&4\\-6&3&6&18\\-15&4&12&48\end{vmatrix}$$

$$=(-1)^3\begin{vmatrix}-2&2&4\\-6&6&18\\-15&12&48\end{vmatrix}\xlongequal{c_1+c_2}-\begin{vmatrix}0&2&4\\0&6&18\\-3&12&48\end{vmatrix}=-(-3)\begin{vmatrix}2&4\\6&18\end{vmatrix}=36.$$

同理依次可得:

$$D_2=\begin{vmatrix}1&3&1&1\\1&4&4&8\\1&3&9&27\\1&-3&16&64\end{vmatrix}=-18,\ D_3=\begin{vmatrix}1&1&3&1\\1&2&4&8\\1&3&3&27\\1&4&-3&64\end{vmatrix}=24,$$

$$D_4=\begin{vmatrix}1&1&1&3\\1&2&4&4\\1&3&9&3\\1&4&16&-3\end{vmatrix}=-6.$$

所以,根据克莱姆法则可得所求系数:

$$a_0=3,\ a_1=-\frac{3}{2},\ a_2=2,\ a_3=-\frac{1}{2},$$

即曲线方程为 $y=3-\dfrac{3}{2}x+2x^2-\dfrac{1}{2}x^3$.

一般来说,用克莱姆法则求线性方程组的解时,计算量是比较大的. 对具体的数值线性方程组,当未知数较多时往往可用计算机来求解. 目前用计算机解线性方程组已经有了一套成熟的方法.

克莱姆法则在一定条件下给出了线性方程组解的存在性与唯一性,与其在计算方面的作用相比,克莱姆法则具有更重大的理论价值. 在判断线性方程组解的情况时,根据四种命题及其关系,克莱姆法则有以下几种常用表述.

定理 2　如果线性方程组 (5.1) 的系数行列式 $D\neq 0$,那么线性方程组 (5.1) 一定有解,且解是唯一的.

在解题或证明中,常用到定理 2 的逆否定理:

定理 2′　如果线性方程组 (5.1) 无解或解不是唯一的,那么它的系数行列式必为零.

对齐次线性方程组 (5.2),易见 $x_1=x_2=\cdots=x_n=0$ 一定是该方程组的解,称其为齐次线性方程组 (5.2) 的**零解**. 把定理 2 应用于齐次线性方程组 (5.2),可得到如下结论.

定理 3　如果齐次线性方程组 (5.2) 的系数行列式 $D\neq 0$,那么齐次线性方程组 (5.2) 只有零解.

定理 3′　如果齐次线性方程组 (5.2) 有非零解,那么它的系数行列式 $D=0$.

注: 在第 3 章中还将进一步证明,如果齐次线性方程组的系数行列式 $D=0$,则齐次线性方程组 (5.2) 有非零解.

例 3　λ 为何值时,齐次线性方程组 $\begin{cases}(1-\lambda)x_1-2x_2+4x_3=0\\2x_1+(3-\lambda)x_2+x_3=0\\x_1+x_2+(1-\lambda)x_3=0\end{cases}$ 有非零解?

解　由定理 3′ 可知,若所给齐次线性方程组有非零解,则其系数行列式 $D=0$. 而

$$D=\begin{vmatrix}1-\lambda & -2 & 4\\ 2 & 3-\lambda & 1\\ 1 & 1 & 1-\lambda\end{vmatrix}\xlongequal{c_2-c_1}\begin{vmatrix}1-\lambda & -3+\lambda & 4\\ 2 & 1-\lambda & 1\\ 1 & 0 & 1-\lambda\end{vmatrix}$$

$$=(1-\lambda)^3+(\lambda-3)-4(1-\lambda)-2(1-\lambda)(-3+\lambda)$$

$$=(1-\lambda)^3+2(1-\lambda)^2+\lambda-3=\lambda(\lambda-2)(3-\lambda),$$

令$D=0$,解得当$\lambda=0$或$\lambda=2$或$\lambda=3$时,齐次线性方程组有非零解.

习题 1-5

1. 用克莱姆法则解下列线性方程组:

(1) $\begin{cases}2x+5y=1\\3x+7y=2\end{cases}$;　　(2) $\begin{cases}3x_1-2x_2=5\\5x_1+7x_2=29\end{cases}$.

2. 已知$\begin{cases}x=3a-4b\\y=4a+3b\end{cases}$,利用克莱姆法则,用$x, y$表示$a, b$.

3. 用克莱姆法则解下列线性方程组:

(1) $\begin{cases}x+y-2z=-3\\5x-2y+7z=22\\2x-5y+4z=4\end{cases}$;　　(2) $\begin{cases}bx-ay+2ab=0\\-2cy+3bz-bc=0\\cx+az=0\end{cases}$,其中$abc\neq 0$.

4. 用克莱姆法则解下列线性方程组:

(1) $\begin{cases}2x_1+x_2-5x_3+x_4=8\\x_1-3x_2-6x_4=9\\2x_2-x_3+2x_4=-5\\x_1+4x_2-7x_3+6x_4=0\end{cases}$;　　(2) $\begin{cases}2x_1+3x_2+11x_3+5x_4=6\\x_1+x_2+5x_3+2x_4=2\\2x_1+x_2+3x_3+4x_4=2\\x_1+x_2+3x_3+4x_4=2\end{cases}$.

5. 变量x_1, x_2, x_3, x_4与变量y_1, y_2, y_3, y_4有下面的线性关系:

$$x_1=a_{11}y_1+a_{12}y_2+a_{13}y_3+a_{14}y_4,$$
$$x_2=a_{21}y_1+a_{22}y_2+a_{23}y_3+a_{24}y_4,$$
$$x_3=a_{31}y_1+a_{32}y_2+a_{33}y_3+a_{34}y_4,$$
$$x_4=a_{41}y_1+a_{42}y_2+a_{43}y_3+a_{44}y_4.$$

已知其系数行列式不等于0,将y_1, y_2, y_3, y_4用x_1, x_2, x_3, x_4表示.

6. 判断齐次线性方程组$\begin{cases}2x_1+2x_2-x_3=0\\x_1-2x_2+4x_3=0\\5x_1+8x_2-2x_3=0\end{cases}$是否仅有零解.

7. λ, μ 取何值时, 齐次线性方程组 $\begin{cases}\lambda x_1+x_2+x_3=0\\ x_1+\mu x_2+x_3=0\\ x_1+2\mu x_2+x_3=0\end{cases}$ 有非零解?

8. 一个糖果店提供三种尺寸的糖果礼盒, 包括巧克力、牛轧糖和软糖. 规格如下:

每个小型礼盒包含 1 块巧克力、3 块牛轧糖和 3 块软糖;

每个中型礼盒包含 2 块巧克力、4 块牛轧糖和 6 块软糖;

每个大型礼盒包含 4 块巧克力、8 块牛轧糖和 6 块软糖.

某日糖果店总共使用了 30 块巧克力、64 块牛轧糖和 54 块软糖来满足这三种礼盒的订单. 求当日全部订单中每种礼盒的数量.

9. 下表记录了 2021—2023 年某通信公司的用户数量 (单位: 百万):

年份	2021	2022	2023
用户数量	128.5	156.4	195.6

(1) 根据数据创建一个线性方程组用于拟合曲线 $y=at^2+bt+c$, 其中 y 是用户数量, t 是年份, $t=1$ 对应于 2021 年;

(2) 使用克莱姆法则解 (1) 中创建的线性方程组.

10. 大学生在饮食方面存在很多问题, 多数大学生不重视吃早餐, 日常饮食也没有规律. 为了身体的健康需制定营养改善计划, 大学生每天需要摄入一定量的蛋白质、脂肪和碳水化合物, 下表给出了这三种食物提供的营养成分以及大学生正常所需的营养量 (它们的质量以适当的单位计量):

营养成分	单位食物所含的营养量			所需营养量
	食物一	食物二	食物三	
蛋白质	36	51	13	33
脂肪	0	7	1.1	3
碳水化合物	52	34	74	45

试根据这个问题建立一个线性方程组, 并通过求解方程组来确定每天需要摄入的上述三种食物的量.

总习题一

1. 用行列式的定义计算

$$D=\begin{vmatrix} 0 & 0 & \cdots & 0 & 1 & 0 \\ 0 & 0 & \cdots & 2 & 0 & 0 \\ \vdots & \vdots & & \vdots & \vdots & \vdots \\ 2\,015 & 0 & \cdots & 0 & 0 & 0 \\ 0 & 0 & \cdots & 0 & 0 & 2\,016 \end{vmatrix}.$$

2. 计算下列行列式:

(1) $D_5=\begin{vmatrix}2&1&0&0&0\\1&2&1&0&0\\0&1&2&1&0\\0&0&1&2&1\\0&0&0&1&2\end{vmatrix}$;　　(2) $D=\begin{vmatrix}0&4&5&-1&2\\-5&0&2&0&1\\7&2&0&3&-4\\-3&1&-1&-5&0\\2&-3&0&1&3\end{vmatrix}$;

(3) $D_n=\begin{vmatrix}2&1&1&\cdots&1\\1&2&1&\cdots&1\\1&1&2&\cdots&1\\\vdots&\vdots&\vdots&&\vdots\\1&1&1&\cdots&2\end{vmatrix}$;　　(4) $D_{n+1}=\begin{vmatrix}x&a_1&a_2&a_3&\cdots&a_n\\a_1&x&a_2&a_3&\cdots&a_n\\a_1&a_2&x&a_3&\cdots&a_n\\\vdots&\vdots&\vdots&\vdots&&\vdots\\a_1&a_2&a_3&a_4&\cdots&x\end{vmatrix}$.

3. 利用行列式的性质证明:

$$\begin{vmatrix}a^2&(a+1)^2&(a+2)^2&(a+3)^2\\b^2&(b+1)^2&(b+2)^2&(b+3)^2\\c^2&(c+1)^2&(c+2)^2&(c+3)^2\\d^2&(d+1)^2&(d+2)^2&(d+3)^2\end{vmatrix}=0.$$

4. 设 $a_1a_2a_3a_4=1$, 计算行列式:

$$D=\begin{vmatrix}a_1^2+\dfrac{1}{a_1^2}&a_1&\dfrac{1}{a_1}&1\\a_2^2+\dfrac{1}{a_2^2}&a_2&\dfrac{1}{a_2}&1\\a_3^2+\dfrac{1}{a_3^2}&a_3&\dfrac{1}{a_3}&1\\a_4^2+\dfrac{1}{a_4^2}&a_4&\dfrac{1}{a_4}&1\end{vmatrix}.$$

5. 已知整数2 128, 2 394, 4 997, 8 588都能被19整除, 不计算行列式的值, 试证

$$D=\begin{vmatrix}2&1&2&8\\2&3&9&4\\4&9&9&7\\8&5&5&5\end{vmatrix}$$

能被19整除.

6. 设行列式

$$D_1=\begin{vmatrix}a_{11}&a_{12}&\cdots&a_{1n}\\a_{21}&a_{22}&\cdots&a_{2n}\\\vdots&\vdots&&\vdots\\a_{n1}&a_{n2}&\cdots&a_{nn}\end{vmatrix},\ D_2=\begin{vmatrix}a_{11}&a_{12}b^{-1}&\cdots&a_{1n}b^{1-n}\\a_{21}b&a_{22}&\cdots&a_{2n}b^{2-n}\\\vdots&\vdots&&\vdots\\a_{n1}&a_{n2}&\cdots&a_{nn}\end{vmatrix},$$

证明: $D_1=D_2$.

7. 设四阶行列式 $D=\begin{vmatrix} -1 & 0 & x & 1 \\ 1 & 1 & -1 & -1 \\ 1 & -1 & 1 & -1 \\ 1 & -1 & -1 & 1 \end{vmatrix}$，试求 D 中 x 的系数.

8. 计算行列式 $D=\begin{vmatrix} 103 & 100 & 204 \\ 199 & 200 & 395 \\ 301 & 300 & 600 \end{vmatrix}$.

9. 计算下列行列式：

(1) $\begin{vmatrix} a & b & c & d \\ b & a & d & c \\ c & d & a & b \\ d & c & b & a \end{vmatrix}$；　(2) $\begin{vmatrix} a_1 & 0 & 0 & b_1 \\ 0 & a_2 & b_2 & 0 \\ 0 & b_3 & a_3 & 0 \\ b_4 & 0 & 0 & a_4 \end{vmatrix}$；

(3) $\begin{vmatrix} 0 & 0 & \cdots & 0 & \alpha & \beta \\ 0 & 0 & \cdots & \alpha & \beta & 0 \\ \vdots & \vdots & & \vdots & \vdots & \vdots \\ \alpha & \beta & \cdots & 0 & 0 & 0 \\ \beta & 0 & \cdots & 0 & 0 & \alpha \end{vmatrix}$；　(4) $\begin{vmatrix} 1 & 1 & 3 & 4 \\ 1 & 10-x^2 & 3 & 4 \\ 5 & 6 & 7 & 2 \\ 5 & 6 & 7 & 6-x^2 \end{vmatrix}$；

(5) $\begin{vmatrix} a^2+x & ab & ac & ad \\ ab & b^2+x & bc & bd \\ ac & bc & c^2+x & cd \\ ad & bd & cd & d^2+x \end{vmatrix}$.

10. 计算下列行列式：

(1) $\begin{vmatrix} 1 & 2 & 3 & \cdots & n \\ 2 & 3 & 4 & \cdots & 1 \\ 3 & 4 & 5 & \cdots & 2 \\ \vdots & \vdots & \vdots & & \vdots \\ n & 1 & 2 & \cdots & n-1 \end{vmatrix}$；　(2) $\begin{vmatrix} x-2 & x-1 & x-2 & x-3 \\ 2x-2 & 2x-1 & 2x-2 & 2x-3 \\ 3x-3 & 3x-2 & 4x-5 & 3x-5 \\ 4x & 4x-3 & 5x-7 & 4x-3 \end{vmatrix}$；

(3) $\begin{vmatrix} 0 & 1 & 1 & \cdots & 1 \\ 1 & 2 & 0 & \cdots & 0 \\ 1 & 0 & 3 & \cdots & 0 \\ \vdots & \vdots & \vdots & & \vdots \\ 1 & 0 & 0 & \cdots & n \end{vmatrix}$；　(4) $\begin{vmatrix} a_0 & b_1 & b_2 & \cdots & b_{n-1} & b_n \\ c_1 & a_1 & 0 & \cdots & 0 & 0 \\ c_2 & 0 & a_2 & \cdots & 0 & 0 \\ \vdots & \vdots & \vdots & & \vdots & \vdots \\ c_n & 0 & 0 & \cdots & 0 & a_n \end{vmatrix}$ $(a_i \neq 0)$.

11. 计算下列行列式:

(1) $D_n=\begin{vmatrix} 5 & 3 & 0 & \cdots & 0 & 0 \\ 2 & 5 & 3 & \cdots & 0 & 0 \\ 0 & 2 & 5 & \cdots & 0 & 0 \\ \vdots & \vdots & \vdots & & \vdots & \vdots \\ 0 & 0 & 0 & \cdots & 5 & 3 \\ 0 & 0 & 0 & \cdots & 2 & 5 \end{vmatrix}$; (2) $D_n=\begin{vmatrix} \cos\alpha & 1 & 0 & \cdots & 0 & 0 \\ 1 & 2\cos\alpha & 1 & \cdots & 0 & 0 \\ 0 & 1 & 2\cos\alpha & \cdots & 0 & 0 \\ \vdots & \vdots & \vdots & & \vdots & \vdots \\ 0 & 0 & 0 & \cdots & 2\cos\alpha & 1 \\ 0 & 0 & 0 & \cdots & 1 & 2\cos\alpha \end{vmatrix}$;

(3) $D_n=\begin{vmatrix} x & -1 & 0 & \cdots & 0 & 0 \\ 0 & x & -1 & \cdots & 0 & 0 \\ \vdots & \vdots & \vdots & & \vdots & \vdots \\ 0 & 0 & 0 & \cdots & x & -1 \\ a_n & a_{n-1} & a_{n-2} & \cdots & a_2 & a_1 \end{vmatrix}$; (4) $D_n=\begin{vmatrix} x & -1 & 0 & \cdots & 0 & 0 \\ 0 & x & -1 & \cdots & 0 & 0 \\ \vdots & \vdots & \vdots & & \vdots & \vdots \\ 0 & 0 & 0 & \cdots & x & -1 \\ a_n & a_{n-1} & a_{n-2} & \cdots & a_2 & a_1+x \end{vmatrix}$.

12. 试证: $\begin{vmatrix} 1 & 1 & 1 \\ x_1^2 & x_2^2 & x_3^2 \\ x_1^3 & x_2^3 & x_3^3 \end{vmatrix}=(x_1x_2+x_2x_3+x_3x_1)\prod_{1\leqslant j<i\leqslant 3}(x_i-x_j)$.

13. 设 $a_1a_2a_3\cdots a_n\neq 0$, 试证:

$$\begin{vmatrix} 1+a_1 & 1 & 1 & \cdots & 1 & 1 \\ 1 & 1+a_2 & 1 & \cdots & 1 & 1 \\ 1 & 1 & 1+a_3 & \cdots & 1 & 1 \\ \vdots & \vdots & \vdots & & \vdots & \vdots \\ 1 & 1 & 1 & \cdots & 1 & 1+a_n \end{vmatrix}=a_1a_2\cdots a_n\left(1+\sum_{i=1}^{n}\frac{1}{a_i}\right).$$

14. 计算 $n+1$ 阶行列式

$$\begin{vmatrix} a_1^n & a_1^{n-1}b_1 & \cdots & a_1b_1^{n-1} & b_1^n \\ a_2^n & a_2^{n-1}b_2 & \cdots & a_2b_2^{n-1} & b_2^n \\ \vdots & \vdots & & \vdots & \vdots \\ a_{n+1}^n & a_{n+1}^{n-1}b_{n+1} & \cdots & a_{n+1}b_{n+1}^{n-1} & b_{n+1}^n \end{vmatrix},$$

其中 $a_i\neq 0\,(i=1, 2, \cdots, n+1)$.

15. 已知四阶行列式

$$|a_{ij}|_{4\times 4}=\begin{vmatrix} 3 & 6 & 9 & 12 \\ 2 & 4 & 6 & 8 \\ 1 & 2 & 0 & 3 \\ 5 & 6 & 4 & 3 \end{vmatrix},$$

求$A_{41}+2A_{42}+3A_{44}$，其中A_{4j}为元素a_{4j} $(j=1,2,4)$的代数余子式．

16. 已知四阶行列式

$$D_4=\begin{vmatrix} 1 & 2 & 3 & 4 \\ 3 & 3 & 4 & 4 \\ 1 & 5 & 6 & 7 \\ 1 & 1 & 2 & 2 \end{vmatrix}=-6,$$

求$A_{41}+A_{42}$，$A_{43}+A_{44}$，其中A_{4j} $(j=1,2,3,4)$是D_4中第4行第j个元素的代数余子式．

17. 已知n阶行列式

$$D=\begin{vmatrix} 1 & 3 & 5 & \cdots & 2n-1 \\ 1 & 2 & 0 & \cdots & 0 \\ 1 & 0 & 3 & \cdots & 0 \\ \vdots & \vdots & \vdots & & \vdots \\ 1 & 0 & 0 & \cdots & n \end{vmatrix},$$

求其代数余子式$A_{11}+A_{12}+\cdots+A_{1n}$之和．

18. 用克莱姆法则解下列线性方程组：

(1) $\begin{cases} x_1+x_2+x_3+x_4=0 \\ x_2+x_3+x_4+x_5=0 \\ x_1+2x_2+3x_3=2 \\ x_2+2x_3+3x_4=-2 \\ x_3+2x_4+3x_5=2 \end{cases}$；　　(2) $\begin{cases} 5x_1+6x_2=1 \\ x_1+5x_2+6x_3=0 \\ x_2+5x_3+6x_4=0 \\ x_3+5x_4+6x_5=0 \\ x_4+5x_5=1 \end{cases}$．

19. 设$f(x)=\begin{vmatrix} 1 & 1 & 1 & \cdots & 1 & 1 \\ 1 & 2 & 3 & \cdots & n & x \\ 1 & 4 & 9 & \cdots & n^2 & x^2 \\ \vdots & \vdots & \vdots & & \vdots & \vdots \\ 1 & 2^n & 3^n & \cdots & n^n & x^n \end{vmatrix}$，求导函数$f'(x)$的零点个数及所在区间．

20. 证明平面上三条不同的直线

$$ax+by+c=0,\ bx+cy+a=0,\ cx+ay+b=0$$

相交于一点的充分必要条件是$a+b+c=0$．

21. 设$f(x)=c_0+c_1x+c_2x^2+\cdots+c_nx^n$，试用克莱姆法则证明：若$f(x)$有$n+1$个互不相同的根，则

$f(x)$ 是零多项式.

22. 某足球邀请赛有 A, B, C 共 3 个城市参加, 每市派甲、乙两队参赛. 根据比赛规则, 每两个队之间至多比赛一场, 并且同一城市的两个队之间不进行比赛. 比赛若干天后进行统计, 发现除 A 市的甲队外, 其他各队已比赛过的场次各不相同. 问此时 A 市乙队已赛过多少场?

23. 根据国家统计局的数据, 2010 年中国人口约为 13.41 亿, 2020 年中国人口约为 14.11 亿. 许多预测显示, 中国人口将在 2030 年达到峰值, 约为 14.2 亿, 然后开始缓慢下降.

(1) 创建一个线性方程组以拟合曲线 $y=at^2+bt+c$, 其中 t 是年份, $t=1$ 对应2010年, y 是人口 (亿);

(2) 用克莱姆法则求解这个方程组;

(3) 研究拟合曲线, 预测何时人口开始下降.

第2章　矩　阵

矩阵源于对线性方程组的研究. 18世纪, 为解决多个变量的线性方程组问题, 数学家提出了一种将系数以规则排列的二维数组形式表示的工具, 这便是矩阵的雏形. 19世纪, 英国数学家凯莱 (Arthur Cayley) 首次系统研究了矩阵及其性质, 并提出了矩阵乘法和逆矩阵等重要概念, 为矩阵理论奠定了基础. 随着线性代数的发展, 矩阵逐渐演变为研究向量空间及其变换的核心工具.

矩阵的广泛应用极大地推动了现代科学技术的发展. 在物理学中, 矩阵用来描述物体运动的线性关系、电场和磁场的分布, 以及表示量子力学中的态和算符. 在计算机科学中, 矩阵用于图像处理、机器学习、深度学习和计算机视觉, 例如, 用矩阵表示像素数据以进行图像压缩或分类等. 在大数据分析中, 矩阵帮助高效地处理和分析多维数据, 提取出有价值的模型和信息. 在工程学领域, 矩阵在电路分析、结构力学和控制系统中有着重要作用, 能够通过矩阵方法求解复杂的工程问题. 此外, 在经济学和社会科学中, 矩阵模型用来分析和预测经济系统的行为, 例如投入产出分析和人口迁移模型等. 总之, 矩阵作为一种统一表达和操作多维数据的数学工具, 不仅简化了复杂问题的处理过程, 还为跨学科研究提供了强大的理论支持和计算手段.

矩阵是研究线性变换、向量的线性相关性及线性方程组的解法等的有力且不可替代的工具, 在线性代数中具有重要地位. 本章我们首先引入矩阵的概念, 然后深入讨论矩阵的运算、矩阵的变换以及矩阵的某些内在特征.

§2.1　矩阵的概念

本节中的几个例子展示了如何将某个数学问题或实际应用问题与一张数表——矩阵联系起来, 这实际上是对一个数学问题或实际应用问题进行数学建模的第一步.

一、引例

引例 1　线性方程组

$$\begin{cases} a_{11}x_1 + a_{12}x_2 + \cdots + a_{1n}x_n = b_1 \\ a_{21}x_1 + a_{22}x_2 + \cdots + a_{2n}x_n = b_2 \\ \quad \cdots\cdots \\ a_{n1}x_1 + a_{n2}x_2 + \cdots + a_{nn}x_n = b_n \end{cases}$$

的系数 $a_{ij}\ (i, j=1, 2, \cdots, n)$, $b_i\ (i=1, 2, \cdots, n)$ 按原位置构成如下数表:

$$\begin{pmatrix} a_{11} & a_{12} & \cdots & a_{1n} & b_1 \\ a_{21} & a_{22} & \cdots & a_{2n} & b_2 \\ \vdots & \vdots & & \vdots & \vdots \\ a_{n1} & a_{n2} & \cdots & a_{nn} & b_n \end{pmatrix}.$$

根据克莱姆法则, 该数表决定了上述方程组是否有解, 以及如果有解, 解是什么等问题. 因此, 研究这个数表就很有必要.

引例 2 某航空公司在 A, B, C, D 四城市之间开辟了若干航线, 图 2－1－1 表示四城市间的航班情况, 若从 A 到 B 有航班, 则用带箭头的线连接 A 与 B.

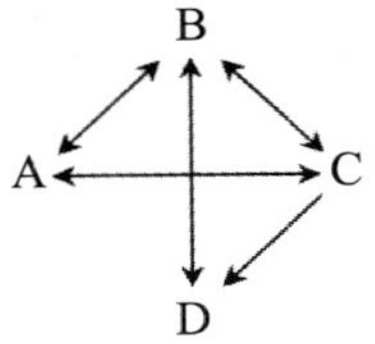

图 2－1－1

用表格表示如下:

列标表示到站

行标表示发站	A	B	C	D
A		√	√	
B	√		√	√
C	√	√		√
D		√		

⟷

0	1	1	0
1	0	1	1
1	1	0	1
0	1	0	0

其中√表示有航班.

为便于研究, 记表中√为1, 空白处为0, 则得到一个数表. 该数表反映了四城市间的航班往来情况.

引例 3 某企业生产 4 种产品, 各种产品的季度产值(单位: 万元) 见下表:

季度	产值			
	A	B	C	D
1	80	75	75	78
2	98	70	85	84
3	90	75	90	90
4	88	70	82	80

数表 $\begin{pmatrix} 80 & 75 & 75 & 78 \\ 98 & 70 & 85 & 84 \\ 90 & 75 & 90 & 90 \\ 88 & 70 & 82 & 80 \end{pmatrix}$ 具体描述了这家企业各种产品各季度的产值, 同时也揭示了产值随季度变化的规律、季度增长率和年产量等情况.

二、矩阵的有关概念

定义 1 由 $m \times n$ 个数 a_{ij} $(i=1, 2, \cdots, m; j=1, 2, \cdots, n)$ 排列成的 m 行 n 列的数表

$$\begin{matrix} a_{11} & a_{12} & \cdots & a_{1n} \\ a_{21} & a_{22} & \cdots & a_{2n} \\ \vdots & \vdots & & \vdots \\ a_{m1} & a_{m2} & \cdots & a_{mn} \end{matrix}$$

称为 **m 行 n 列矩阵**, 简称 **$m \times n$ 矩阵**. 为表示它是一个整体, 总是加一个括弧, 并用大写黑体字母表示, 记为

$$\boldsymbol{A} = \begin{pmatrix} a_{11} & a_{12} & \cdots & a_{1n} \\ a_{21} & a_{22} & \cdots & a_{2n} \\ \vdots & \vdots & & \vdots \\ a_{m1} & a_{m2} & \cdots & a_{mn} \end{pmatrix}. \tag{1.1}$$

这 $m \times n$ 个数称为矩阵 $\boldsymbol{A}$ 的**元素**, a_{ij} 称为矩阵 $\boldsymbol{A}$ 的**第 i 行第 j 列元素**. $m \times n$ 矩阵 $\boldsymbol{A}$ 也可简记为 $\boldsymbol{A} = \boldsymbol{A}_{m \times n} = (a_{ij})_{m \times n}$ 或 $\boldsymbol{A} = (a_{ij})$.

元素是实数的矩阵称为**实矩阵**, 而元素是复数的矩阵称为**复矩阵**, 本书中的矩阵都是指实矩阵 (除非有特殊说明).

所有元素均为零的矩阵称为**零矩阵**, 记为 $\boldsymbol{O}$.

所有元素均为非负数的矩阵称为**非负矩阵**.

如果矩阵 $\boldsymbol{A} = (a_{ij})$ 的行数与列数都等于 n, 那么称 $\boldsymbol{A}$ 为 **n 阶方阵**, 记为 $\boldsymbol{A}_n$.

注: 本书后面的“n 阶矩阵”即指“n 阶方阵”.

如果两个矩阵具有相同的行数与相同的列数, 则称这两个矩阵为**同型矩阵**.

定义 2 若 $\boldsymbol{A}, \boldsymbol{B}$ 为同型矩阵, 且对应元素均相等, 则称矩阵 $\boldsymbol{A}$ 与矩阵 $\boldsymbol{B}$ **相等**, 记为

$$\boldsymbol{A} = \boldsymbol{B}.$$

即若矩阵 $\boldsymbol{A} = (a_{ij})$, $\boldsymbol{B} = (b_{ij})$, 且

$$a_{ij} = b_{ij} \ (i=1, 2, \cdots, m; j=1, 2, \cdots, n),$$

则 $\boldsymbol{A} = \boldsymbol{B}$.

例 1 设 $\boldsymbol{A} = \begin{pmatrix} 1 & 2-x & 3 \\ 2 & 6 & 5z \end{pmatrix}$, $\boldsymbol{B} = \begin{pmatrix} 1 & x & 3 \\ y & 6 & z-8 \end{pmatrix}$, 已知 $\boldsymbol{A} = \boldsymbol{B}$, 求 x, y, z.

解 根据定义 2, 两矩阵相等, 即其对应元素都相等, 因此

$$2-x=x, \ 2=y, \ 5z=z-8,$$

由上解得: $x=1$, $y=2$, $z=-2$.

三、矩阵概念的应用

矩阵概念的应用十分广泛，这里，我们先展示矩阵的概念在解决逻辑判断问题中的一个应用. 某些逻辑判断问题的条件往往有很多，看上去错综复杂，但如果我们能恰当地设计一些矩阵，则有助于我们把所给条件的头绪厘清，在此基础上再进行推理，能达到简化问题的目的.

例 2 甲、乙、丙、丁、戊五人各从图书馆借来一本小说，他们约定读完后互相交换，这五本书的厚度以及他们五人的阅读速度差不多，因此，五人总是同时交换书，经四次交换后，他们五人读完了这五本书，现已知：

(1) 甲最后读的书是乙读的第二本书；

(2) 丙最后读的书是乙读的第四本书；

(3) 丙读的第二本书甲在一开始就读了；

(4) 丁最后读的书是丙读的第三本书；

(5) 乙读的第四本书是戊读的第三本书；

(6) 丁第三次读的书是丙一开始读的那本书.

试根据以上情况说出丁读的第二本书是谁一开始读的书.

解 设甲、乙、丙、丁、戊最后读的书的代号依次为 A, B, C, D, E，则由题设条件可列出下列初始矩阵：

$$\begin{array}{c} \\ 1 \\ 2 \\ 3 \\ 4 \\ 5 \end{array}\begin{array}{c} \begin{array}{ccccc} \text{甲} & \text{乙} & \text{丙} & \text{丁} & \text{戊} \end{array} \\ \begin{pmatrix} x & & y & & \\ & A & x & & \\ & & D & y & C \\ & C & & & \\ A & B & C & D & E \end{pmatrix} \end{array}.$$

上述矩阵中的变量 x, y 表示尚未确定的书的代号. 同一字母代表同一本书.

由题意知，经五次阅读后乙将五本书全都阅读了，则从上述矩阵可以看出，乙读的第三本书不可能是 A, B 或 C. 另外由于丙读的第三本书是 D，所以，乙读的第三本书也不可能是 D，因此，乙读的第三本书是 E，从而乙读的第一本书是 D. 同理可推出甲读的第三本书是 B. 因此上述矩阵中的 y 为 A，x 为 E. 由此可确定每个人的阅读顺序，如下述矩阵所示：

$$\begin{array}{c} \\ 1 \\ 2 \\ 3 \\ 4 \\ 5 \end{array}\begin{array}{c} \begin{array}{ccccc} \text{甲} & \text{乙} & \text{丙} & \text{丁} & \text{戊} \end{array} \\ \begin{pmatrix} E & D & A & C & B \\ C & A & E & B & D \\ B & E & D & A & C \\ D & C & B & E & A \\ A & B & C & D & E \end{pmatrix} \end{array}.$$

由此矩阵知，丁读的第二本书是戊一开始读的那本书.

例 3 设A, B, C 三人进行某项体育比赛 (不取并列名次)，已知

(1) A是第2名或第3名; (2) B是第1名或第3名; (3) C的名次在B之前. 问A, B, C三人的名次到底如何?

解 依题意, 以三人A, B, C作行, 名次1, 2, 3 作列, 利用矩阵的概念, 设

$$\boldsymbol{M}=(a_{ij})_{3\times 3}=\begin{array}{c} \begin{matrix} 1 & \ \ 2 & \ \ 3 \end{matrix} \\ \begin{pmatrix} a_{11} & a_{12} & a_{13} \\ a_{21} & a_{22} & a_{23} \\ a_{31} & a_{32} & a_{33} \end{pmatrix}\begin{matrix} \mathrm{A} \\ \mathrm{B} \\ \mathrm{C} \end{matrix} \end{array},$$

其中矩阵的元素 $a_{ij}=1$ 或 0.

由条件 (1) 知, 可令 $a_{12}=1$ 或 $a_{13}=1$, 且 $a_{11}=0$.

由条件 (2) 知, 可令 $a_{21}=1$ 或 $a_{23}=1$, 且 $a_{22}=0$.

由条件 (3) 知, $a_{21}\neq 1$, 即 $a_{21}=0$, $a_{31}=1$.

依次对矩阵添1补0得到最终矩阵的过程为

$$\boldsymbol{M}=\begin{pmatrix} 0 & a_{12} & a_{13} \\ 0 & 0 & a_{23} \\ 1 & a_{32} & a_{33} \end{pmatrix}=\begin{pmatrix} 0 & 1 & a_{13} \\ 0 & 0 & 1 \\ 1 & a_{32} & a_{33} \end{pmatrix}=\begin{pmatrix} 0 & 1 & 0 \\ 0 & 0 & 1 \\ 1 & 0 & 0 \end{pmatrix}.$$

从上可见, A是第2名, B是第3名, C是第1名.

四、几种特殊的矩阵

(1) 只有一行的矩阵 $\boldsymbol{A}=(a_1\ \ a_2\ \ \cdots\ \ a_n)$ 称为**行矩阵**或**行向量**. 为避免元素混淆, 行矩阵也记作 $\boldsymbol{A}=(a_1,\ a_2,\ \cdots,\ a_n)$.

(2) 只有一列的矩阵 $\boldsymbol{B}=\begin{pmatrix} b_1 \\ b_2 \\ \vdots \\ b_n \end{pmatrix}$ 称为**列矩阵**或**列向量**.

行矩阵与列矩阵是矩阵的特殊形式. 行矩阵常用于表示多变量数据的单个观测值, 列矩阵则常用于描述向量或系统状态. 行(列)矩阵在线性代数中常用于矩阵的分解、转置及向量空间研究. 在数据分析与机器学习中, 行矩阵用于表示特征向量, 列矩阵用于表示目标变量或特定的方向向量, 广泛应用于建模、计算和优化问题.

(3) n 阶方阵 $\begin{pmatrix} \lambda_1 & 0 & \cdots & 0 \\ 0 & \lambda_2 & \cdots & 0 \\ \vdots & \vdots & & \vdots \\ 0 & 0 & \cdots & \lambda_n \end{pmatrix}$ 称为 ***n* 阶对角矩阵**, 也记为 $\boldsymbol{A}=\mathrm{diag}(\lambda_1,\lambda_2,\cdots,\lambda_n)$.

对角矩阵也是方阵的一种特殊形式, 其中仅主对角线元素可能非零, 其余非主对角线元素全为零. 对角矩阵运算简单 (只需操作主对角线元素), 因其计算的便捷性以及在众多领域中的广泛应用, 已成为数学与工程领域中的重要工具.

(4) n 阶方阵 $\begin{pmatrix} 1 & 0 & \cdots & 0 \\ 0 & 1 & \cdots & 0 \\ \vdots & \vdots & & \vdots \\ 0 & 0 & \cdots & 1 \end{pmatrix}$ 称为 **n 阶单位矩阵**, 也记为 $\boldsymbol{E}=\boldsymbol{E}_n$ (或 $\boldsymbol{I}=\boldsymbol{I}_n$).

由上可见, 单位矩阵的主对角线元素全为 1, 它是矩阵乘法的单位元; 任何矩阵与同阶的单位矩阵相乘结果不变. 单位矩阵广泛应用于线性代数、计算机图形学和工程计算, 特别是在后续描述线性变换的恒等操作、求解矩阵方程和计算逆矩阵时具有重要作用.

(5) 当一个 n 阶对角矩阵 $\boldsymbol{A}$ 的对角线元素全部等于数 a 时, 称 $\boldsymbol{A}$ 为 **n 阶数量矩阵**, 即

$$\boldsymbol{A}=\begin{pmatrix} a & 0 & \cdots & 0 \\ 0 & a & \cdots & 0 \\ \vdots & \vdots & & \vdots \\ 0 & 0 & \cdots & a \end{pmatrix}.$$

数量矩阵是单位矩阵的拓展形式, 单位矩阵是数量矩阵当 $a=1$ 时的特例. 数量矩阵的意义在于它能够将数量乘法拓展为矩阵运算, 它在矩阵运算中类似于数与单位矩阵的结合, 是数量与矩阵关系的桥梁.

此外, 上 (下) 三角形矩阵的定义与上 (下) 三角形行列式的定义类似.

(6) **邻接矩阵** (adjacency matrix) 是图论中表示图结构的一种常用形式. 其本质是通过一个矩阵来描述二维图中顶点之间的连接关系. 它广泛应用于图的表示和存储、路径与连通性分析、图算法的实现、图形的特征分析以及社会网络、交通网络、通信网络等.

一般地, 对一个具有 n 个顶点的平面图, 其邻接矩阵 $\boldsymbol{A}$ 是一个 n 阶方阵, 其中:

对**无向图**: 如果顶点 v_i 和 v_j 之间有边相连, 则 $a_{ij}=1$; 否则 $a_{ij}=0$. 由于无向图的边没有方向性, 故其邻接矩阵的所有元素关于主对角线对称, 即 $a_{ij}=a_{ji}$.

对**有向图**: 如果存在从顶点 v_i 指向顶点 v_j 的有向边, 则 $a_{ij}=1$; 否则 $a_{ij}=0$. 有向图的邻接矩阵的元素关于主对角线一般不对称.

对**加权图**: 邻接矩阵中的元素表示权重. 如果两顶点之间没有边相连, 可以用 0 或者无穷大 (取决于具体应用) 表示.

例 4　试确定下列图形的邻接矩阵.

(1)

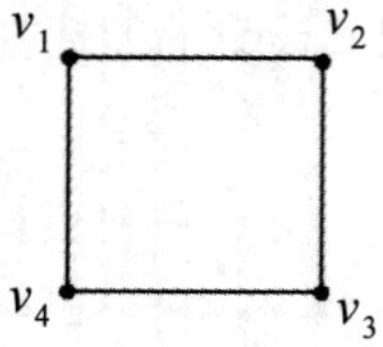

(2)

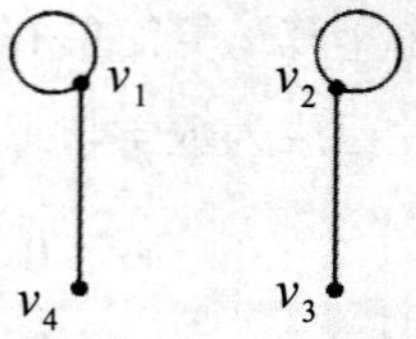

(3)

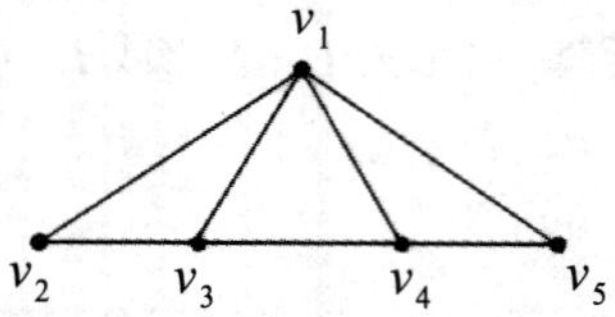

(4)

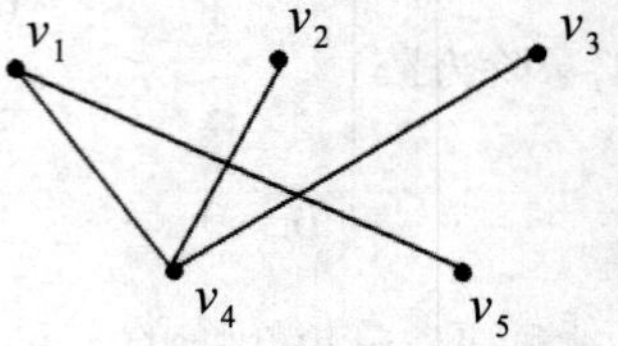

解　(1) 该图的四个顶点分别为 v_1, v_2, v_3, v_4. 无向边为

$$v_1 \leftrightarrow v_2, v_2 \leftrightarrow v_3, v_3 \leftrightarrow v_4, v_4 \leftrightarrow v_1.$$

所以, 该图的邻接矩阵为

$$A = \begin{pmatrix} 0 & 1 & 0 & 1 \\ 1 & 0 & 1 & 0 \\ 0 & 1 & 0 & 1 \\ 1 & 0 & 1 & 0 \end{pmatrix}.$$

(2) 该图的四个顶点分别为 v_1, v_2, v_3, v_4. 带自环的无向边为

$$v_1 \leftrightarrow v_1, v_1 \leftrightarrow v_4, v_2 \leftrightarrow v_2, v_2 \leftrightarrow v_3.$$

所以, 该图的邻接矩阵为

$$A = \begin{pmatrix} 1 & 0 & 0 & 1 \\ 0 & 1 & 1 & 0 \\ 0 & 1 & 0 & 0 \\ 1 & 0 & 0 & 0 \end{pmatrix}.$$

(3) 该图的五个顶点分别为 v_1, v_2, v_3, v_4, v_5. 无向边为

$$v_1 \leftrightarrow v_2, v_1 \leftrightarrow v_3, v_1 \leftrightarrow v_4, v_1 \leftrightarrow v_5, v_2 \leftrightarrow v_3, v_3 \leftrightarrow v_4, v_4 \leftrightarrow v_5.$$

所以, 该图的邻接矩阵为

$$A = \begin{pmatrix} 0 & 1 & 1 & 1 & 1 \\ 1 & 0 & 1 & 0 & 0 \\ 1 & 1 & 0 & 1 & 0 \\ 1 & 0 & 1 & 0 & 1 \\ 1 & 0 & 0 & 1 & 0 \end{pmatrix}.$$

(4) 该图的五个顶点分别为 v_1, v_2, v_3, v_4, v_5. 无向边为

$$v_1 \leftrightarrow v_4, v_1 \leftrightarrow v_5, v_2 \leftrightarrow v_4, v_3 \leftrightarrow v_4.$$

所以, 该图的邻接矩阵为

$$A = \begin{pmatrix} 0 & 0 & 0 & 1 & 1 \\ 0 & 0 & 0 & 1 & 0 \\ 0 & 0 & 0 & 1 & 0 \\ 1 & 1 & 1 & 0 & 0 \\ 1 & 0 & 0 & 0 & 0 \end{pmatrix}.$$

习题 2-1

1. 二人零和对策问题. 两儿童玩石头剪刀布的游戏, 每人的出法只能在{石头, 剪刀, 布}中选择一种, 当他们各选定一种出法 (亦称策略) 时, 就确定了一个“局势”, 也就决定了各自的输赢. 若规定胜者得 1 分, 负者得 −1 分, 平手各得零分, 则对于各自可能的局势 (每一局势得分之和为零, 即零和), 试用矩阵表示他们的输赢状况.

2. 有 6 名选手参加乒乓球比赛, 成绩如下: 选手 1 胜选手 2, 4, 5, 6, 负于选手 3; 选手 2 胜选手 4, 5, 6, 负于选手 1, 3; 选手 3 胜选手 1, 2, 4, 负于选手 5, 6; 选手 4 胜选手 5, 6, 负于选手 1, 2, 3; 选手 5 胜选手 3, 6, 负于选手 1, 2, 4. 若胜一场得 1 分, 负一场得零分, 试用矩阵表示输赢状况, 并排序.

3. 在时装表演中, 编号为 1, 2, 3, 4 的不同样式的时装由四个编号同样为 1, 2, 3, 4 的不同体型的模特在四场表演中交换着展示, 每个模特都只能穿衣服编号小于等于体型编号的衣服, 且每场表演中只能展示编号与此表演的出场序号一样的衣服(即第一场表演中只能有编号为 1 的衣服展示). 试用矩阵表示四场表演中模特的出席情况 (1 表示出席, 0 表示没有出席).

4. 某饮料公司生产 4 种不同的饮料, 这些饮料全部由 5 种基本原料 (除水外) 制成. 该公司希望建立一个简单的数据结构, 以便快速从中提取以下问题的答案:

(1) 一种给定饮料包含多少种原料?

(2) 两种给定原料一起用于多少种饮料?

(3) 两种给定饮料包含多少种共同原料?

(4) 一种给定原料可用于多少种饮料?

请建立一个矩阵, 以便轻松快速地提取上述任何问题的答案.

5. 某食品公司生产 38 种食品, 这些食品全部由 89 种基本原料制成. 公司想要建立一个简单的数据结构, 以便快速回答以下问题:

(1) 某种食品包含多少种原料?

(2) 两种特定的原料在多少种食品中同时使用?

(3) 两种特定的食品有多少种相同原料?

(4) 某种原料可用于多少种食品?

公司想要建立一个单一表格, 使得:

(1) 上述任意问题都能轻松快速地通过表格 (允许矩阵运算) 得出答案;

(2) 如果一种原料加入食品或从食品中去除, 只需修改表格中的一个条目即可.

能否做到? 请解释.

6. 根据下列矩阵方程求 a,b,c 和 d.

$$\begin{pmatrix} a-b & b+c \\ 3d+c & 2a-4d \end{pmatrix} = \begin{pmatrix} 8 & 1 \\ 7 & 6 \end{pmatrix}.$$

7. 在下列图中, 确定其邻接矩阵.

(1) 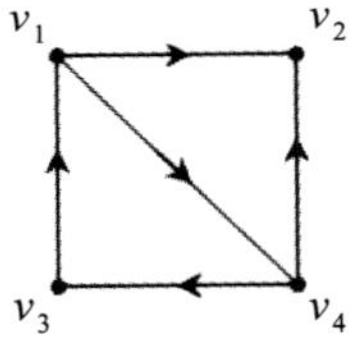

(2) 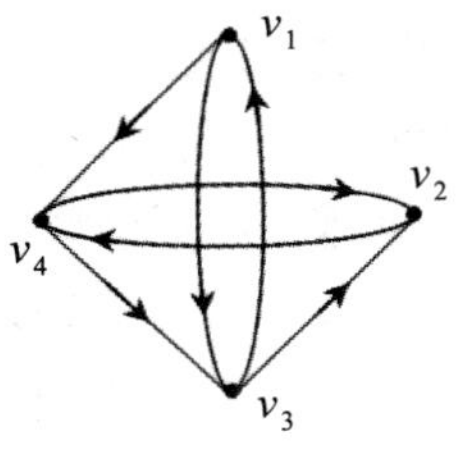

(3)
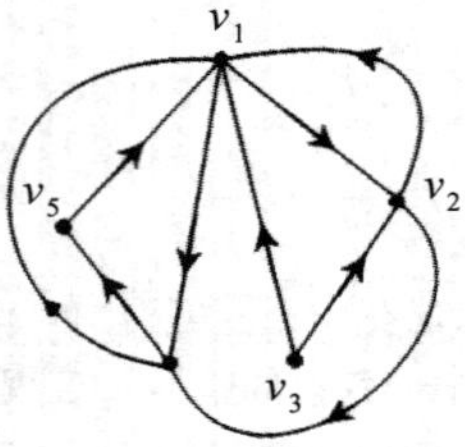

(4)
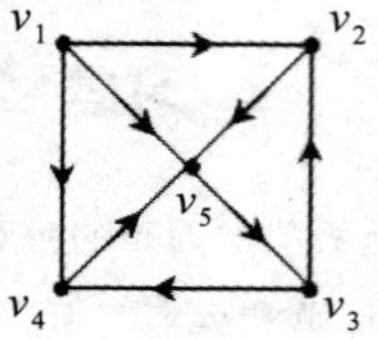

8. 能源利用系统表示为加权有向图 (如题 8 图所示), 试用矩阵表示.

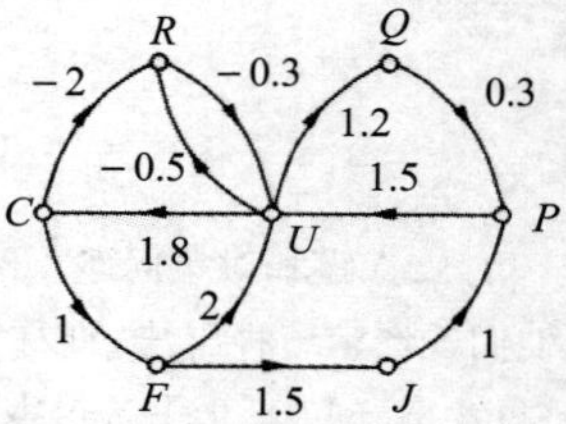

题8图

§2.2　矩阵的运算

一、矩阵的线性运算

矩阵的线性运算包括加法、减法与数乘运算. 这些运算都是基于矩阵的元素逐位操作的, 运算的结果保持了矩阵原有的结构特性.

定义 1　设有两个 $m\times n$ 矩阵 $\boldsymbol{A}=(a_{ij})$ 和 $\boldsymbol{B}=(b_{ij})$, 矩阵 $\boldsymbol{A}$ 与 $\boldsymbol{B}$ 的**加法运算**记作 $\boldsymbol{A}+\boldsymbol{B}$, 规定为

$$\boldsymbol{A}+\boldsymbol{B}=(a_{ij}+b_{ij})=\begin{pmatrix} a_{11}+b_{11} & a_{12}+b_{12} & \cdots & a_{1n}+b_{1n} \\ a_{21}+b_{21} & a_{22}+b_{22} & \cdots & a_{2n}+b_{2n} \\ \vdots & \vdots & & \vdots \\ a_{m1}+b_{m1} & a_{m2}+b_{m2} & \cdots & a_{mn}+b_{mn} \end{pmatrix}.$$

注: 只有两个矩阵是同型矩阵时, 才能进行矩阵的加法运算. 两个同型矩阵的和即为两个矩阵对应位置的元素相加得到的矩阵.

设矩阵 $\boldsymbol{A}=(a_{ij})$, 记 $-\boldsymbol{A}=(-a_{ij})$, 称 $-\boldsymbol{A}$ 为矩阵 $\boldsymbol{A}$ 的**负矩阵**, 显然有

$$\boldsymbol{A}+(-\boldsymbol{A})=\boldsymbol{O}.$$

由此规定**矩阵的减法**为 $\boldsymbol{A}-\boldsymbol{B}=\boldsymbol{A}+(-\boldsymbol{B})$.

定义 2　数 k 与 $m\times n$ 矩阵 $\boldsymbol{A}$ 的乘积记作 $k\boldsymbol{A}$ 或 $\boldsymbol{A}k$, 规定

$$k\boldsymbol{A}=\boldsymbol{A}k=(ka_{ij})=\begin{pmatrix} ka_{11} & ka_{12} & \cdots & ka_{1n} \\ ka_{21} & ka_{22} & \cdots & ka_{2n} \\ \vdots & \vdots & & \vdots \\ ka_{m1} & ka_{m2} & \cdots & ka_{mn} \end{pmatrix}.$$

数与矩阵的乘积运算称为**数乘运算**.

矩阵的加法与矩阵的数乘两种运算统称为**矩阵的线性运算**. 它满足下列运算规律.

设 $\boldsymbol{A}, \boldsymbol{B}, \boldsymbol{C}, \boldsymbol{O}$ 都是同型矩阵, k, l 是常数, 则

(1) $\boldsymbol{A}+\boldsymbol{B}=\boldsymbol{B}+\boldsymbol{A}$;　　(2) $(\boldsymbol{A}+\boldsymbol{B})+\boldsymbol{C}=\boldsymbol{A}+(\boldsymbol{B}+\boldsymbol{C})$;

(3) $\boldsymbol{A}+\boldsymbol{O}=\boldsymbol{A}$;　　(4) $\boldsymbol{A}+(-\boldsymbol{A})=\boldsymbol{O}$;

(5) $1\boldsymbol{A}=\boldsymbol{A}$; (6) $k(l\boldsymbol{A})=(kl)\boldsymbol{A}$;

(7) $(k+l)\boldsymbol{A}=k\boldsymbol{A}+l\boldsymbol{A}$; (8) $k(\boldsymbol{A}+\boldsymbol{B})=k\boldsymbol{A}+k\boldsymbol{B}$.

在数学中，把满足上述八条规律的运算称为**线性运算**.

上一节我们引入了数量矩阵的概念，它是单位矩阵的拓展形式，单位矩阵是数量矩阵当$a=1$时的特例. 利用数乘运算的概念，易见对于n阶数量矩阵$\boldsymbol{A}$与单位矩阵$\boldsymbol{E}_n$（或$\boldsymbol{E}$），有

$$\boldsymbol{A}=\begin{pmatrix} a & 0 & \cdots & 0 \\ 0 & a & \cdots & 0 \\ \vdots & \vdots & & \vdots \\ 0 & 0 & \cdots & a \end{pmatrix}=a\boldsymbol{E}_n=a\boldsymbol{E}.$$

例 1 已知$\boldsymbol{A}=\begin{pmatrix} -1 & 2 & 3 & 1 \\ 0 & 3 & -2 & 1 \\ 4 & 0 & 3 & 2 \end{pmatrix}$, $\boldsymbol{B}=\begin{pmatrix} 4 & 3 & 2 & -1 \\ 5 & -3 & 0 & 1 \\ 1 & 2 & -5 & 0 \end{pmatrix}$，求$3\boldsymbol{A}-2\boldsymbol{B}$.

解 根据矩阵的线性运算，计算得

$$3\boldsymbol{A}-2\boldsymbol{B}=3\begin{pmatrix} -1 & 2 & 3 & 1 \\ 0 & 3 & -2 & 1 \\ 4 & 0 & 3 & 2 \end{pmatrix}-2\begin{pmatrix} 4 & 3 & 2 & -1 \\ 5 & -3 & 0 & 1 \\ 1 & 2 & -5 & 0 \end{pmatrix}$$

$$=\begin{pmatrix} -3-8 & 6-6 & 9-4 & 3+2 \\ 0-10 & 9+6 & -6-0 & 3-2 \\ 12-2 & 0-4 & 9+10 & 6-0 \end{pmatrix}=\begin{pmatrix} -11 & 0 & 5 & 5 \\ -10 & 15 & -6 & 1 \\ 10 & -4 & 19 & 6 \end{pmatrix}.$$

例 2 已知$\boldsymbol{A}=\begin{pmatrix} 3 & -1 & 2 & 0 \\ 1 & 5 & 7 & 9 \\ 2 & 4 & 6 & 8 \end{pmatrix}$, $\boldsymbol{B}=\begin{pmatrix} 7 & 5 & -2 & 4 \\ 5 & 1 & 9 & 7 \\ 3 & 2 & -1 & 6 \end{pmatrix}$，且$\boldsymbol{A}+2\boldsymbol{X}=\boldsymbol{B}$，求$\boldsymbol{X}$.

解 根据矩阵的线性运算规律，得

$$\boldsymbol{X}=\frac{1}{2}(\boldsymbol{B}-\boldsymbol{A})=\frac{1}{2}\begin{pmatrix} 4 & 6 & -4 & 4 \\ 4 & -4 & 2 & -2 \\ 1 & -2 & -7 & -2 \end{pmatrix}=\begin{pmatrix} 2 & 3 & -2 & 2 \\ 2 & -2 & 1 & -1 \\ 1/2 & -1 & -7/2 & -1 \end{pmatrix}.$$

二、矩阵的乘法

定义 3 设矩阵

$$\boldsymbol{A}=(a_{ij})_{m\times s}=\begin{pmatrix} a_{11} & a_{12} & \cdots & a_{1s} \\ a_{21} & a_{22} & \cdots & a_{2s} \\ \vdots & \vdots & & \vdots \\ a_{m1} & a_{m2} & \cdots & a_{ms} \end{pmatrix}, \boldsymbol{B}=(b_{ij})_{s\times n}=\begin{pmatrix} b_{11} & b_{12} & \cdots & b_{1n} \\ b_{21} & b_{22} & \cdots & b_{2n} \\ \vdots & \vdots & & \vdots \\ b_{s1} & b_{s2} & \cdots & b_{sn} \end{pmatrix}.$$

矩阵$\boldsymbol{A}$与$\boldsymbol{B}$的**乘法运算**记作$\boldsymbol{AB}$，规定为

$$AB=(c_{ij})_{m\times n}=\begin{pmatrix} c_{11} & c_{12} & \cdots & c_{1n} \\ c_{21} & c_{22} & \cdots & c_{2n} \\ \vdots & \vdots & & \vdots \\ c_{m1} & c_{m2} & \cdots & c_{mn} \end{pmatrix},$$

其中 $c_{ij}=a_{i1}b_{1j}+a_{i2}b_{2j}+\cdots+a_{is}b_{sj}=\sum_{k=1}^{s}a_{ik}b_{kj}\ (i=1,2,\cdots,m;\ j=1,2,\cdots,n)$. 记号 $\boldsymbol{AB}$ 常读作 $\boldsymbol{A}$ 左乘 $\boldsymbol{B}$ 或 $\boldsymbol{B}$ 右乘 $\boldsymbol{A}$.

若 $\boldsymbol{C}=\boldsymbol{AB}$, 则矩阵 $\boldsymbol{C}$ 的元素 c_{ij} 即为矩阵 $\boldsymbol{A}$ 的第 i 行元素与矩阵 $\boldsymbol{B}$ 的第 j 列对应元素乘积的和, 即

$$c_{ij}=(a_{i1}\ \ a_{i2}\ \ \cdots\ \ a_{is})\begin{pmatrix} b_{1j} \\ b_{2j} \\ \vdots \\ b_{sj} \end{pmatrix}=a_{i1}b_{1j}+a_{i2}b_{2j}+\cdots+a_{is}b_{sj}.$$

矩阵乘法是一种不可交换的运算, 只有当左边矩阵的列数等于右边矩阵的行数时, 两个矩阵才能进行乘法运算. 矩阵乘法是现代数学与工程领域的重要工具. 在线性代数中, 矩阵乘法可用于表示和简化线性方程组; 在计算机图形学中, 可描述多个变换的叠加效果, 用于图形的旋转、缩放等操作; 在机器学习中, 常用于特征与权重的交互计算、提取模型结果等.

例 3　若 $\boldsymbol{A}=\begin{pmatrix} 2 & 3 \\ 1 & -2 \\ 3 & 1 \end{pmatrix}$, $\boldsymbol{B}=\begin{pmatrix} 1 & -2 & -3 \\ 2 & -1 & 0 \end{pmatrix}$, 求 $\boldsymbol{AB}$.

解　根据矩阵的乘法运算, 计算得

$$\begin{aligned} \boldsymbol{AB}&=\begin{pmatrix} 2 & 3 \\ 1 & -2 \\ 3 & 1 \end{pmatrix}\begin{pmatrix} 1 & -2 & -3 \\ 2 & -1 & 0 \end{pmatrix} \\ &=\begin{pmatrix} 2\times1+3\times2 & 2\times(-2)+3\times(-1) & 2\times(-3)+3\times0 \\ 1\times1+(-2)\times2 & 1\times(-2)+(-2)\times(-1) & 1\times(-3)+(-2)\times0 \\ 3\times1+1\times2 & 3\times(-2)+1\times(-1) & 3\times(-3)+1\times0 \end{pmatrix} \\ &=\begin{pmatrix} 8 & -7 & -6 \\ -3 & 0 & -3 \\ 5 & -7 & -9 \end{pmatrix}. \end{aligned}$$

就此例顺便求一下 $\boldsymbol{BA}$.

$$\begin{aligned} \boldsymbol{BA}&=\begin{pmatrix} 1 & -2 & -3 \\ 2 & -1 & 0 \end{pmatrix}\begin{pmatrix} 2 & 3 \\ 1 & -2 \\ 3 & 1 \end{pmatrix} \\ &=\begin{pmatrix} 1\times2+(-2)\times1+(-3)\times3 & 1\times3+(-2)\times(-2)+(-3)\times1 \\ 2\times2+(-1)\times1+0\times3 & 2\times3+(-1)\times(-2)+0\times1 \end{pmatrix}=\begin{pmatrix} -9 & 4 \\ 3 & 8 \end{pmatrix}. \end{aligned}$$

显然 $\boldsymbol{AB} \neq \boldsymbol{BA}$.

例 4 下表记录了一家服装店 5 月和 6 月的单位销售额. 设 $\boldsymbol{M}$ 表示 5 月销售额的 4×3 矩阵, $\boldsymbol{J}$ 表示 6 月销售额的 4×3 矩阵.

种类	5月			6月		
	小	中	大	小	中	大
衬衫	45	60	75	30	33	40
牛仔裤	30	30	40	21	23	25
西装	12	65	45	9	12	11
雨衣	15	40	35	8	10	9

(1) 矩阵 $\boldsymbol{M}+\boldsymbol{J}$ 和 $\boldsymbol{M}-\boldsymbol{J}$ 分别代表什么?

(2) 求一个列向量 $\boldsymbol{x}$, 使 $\boldsymbol{Mx}$ 表示 5 月销售的衬衫、牛仔裤、西装和雨衣的数量列表;

(3) 求一个行向量 $\boldsymbol{y}$, 使 $\boldsymbol{yM}$ 表示 5 月销售的小号、中号和大号商品的数量列表;

(4) 对于(2) (3)所得向量, $\boldsymbol{yMx}$ 代表什么?

解 根据矩阵的线性运算与乘法运算, 得

(1) 矩阵 $\boldsymbol{M}+\boldsymbol{J}$ 表示 5 月和 6 月的销售总额, $\boldsymbol{M}-\boldsymbol{J}$ 表示 5 月和 6 月的销售差额.

(2) 令列向量 $\boldsymbol{x}=\begin{pmatrix}1\\1\\1\end{pmatrix}$, 则 $\boldsymbol{Mx}$ 表示 5 月销售的衬衫、牛仔裤、西装和雨衣的数量列表.

(3) 令行向量 $\boldsymbol{y}=(1\ \ 1\ \ 1\ \ 1)$, 则 $\boldsymbol{yM}$ 表示 5 月销售的小号、中号和大号商品的数量列表.

(4) $\boldsymbol{yMx}$ 表示 5 月的销售总额.

例 5 设某地区有四个工厂 Ⅰ、Ⅱ、Ⅲ、Ⅳ, 生产甲、乙、丙三种产品, 矩阵 $\boldsymbol{A}$ 表示一年中各工厂生产各种产品的数量, 矩阵 $\boldsymbol{B}$ 表示各种产品的单位价格 (元) 及单位利润 (元), 矩阵 $\boldsymbol{C}$ 表示各工厂的总收入及总利润.

$$\boldsymbol{A}=\underset{\begin{matrix}\text{甲} & \quad\text{乙} & \quad\text{丙}\end{matrix}}{\begin{pmatrix}a_{11} & a_{12} & a_{13}\\ a_{21} & a_{22} & a_{23}\\ a_{31} & a_{32} & a_{33}\\ a_{41} & a_{42} & a_{43}\end{pmatrix}}\begin{matrix}\text{Ⅰ}\\ \text{Ⅱ}\\ \text{Ⅲ}\\ \text{Ⅳ}\end{matrix},\quad \boldsymbol{B}=\underset{\begin{matrix}\text{单位价格} & \text{单位利润}\end{matrix}}{\begin{pmatrix}b_{11} & b_{12}\\ b_{21} & b_{22}\\ b_{31} & b_{32}\end{pmatrix}}\begin{matrix}\text{甲}\\ \text{乙}\\ \text{丙}\end{matrix},\quad \boldsymbol{C}=\underset{\begin{matrix}\text{总收入} & \text{总利润}\end{matrix}}{\begin{pmatrix}c_{11} & c_{12}\\ c_{21} & c_{22}\\ c_{31} & c_{32}\\ c_{41} & c_{42}\end{pmatrix}}\begin{matrix}\text{Ⅰ}\\ \text{Ⅱ}\\ \text{Ⅲ}\\ \text{Ⅳ}\end{matrix},$$

其中, $a_{ik}\ (i=1, 2, 3, 4; k=1, 2, 3)$ 是第 i 个工厂生产第 k 种产品的数量, b_{k1} 及 $b_{k2}\ (k=1, 2, 3)$ 分别是第 k 种产品的单位价格及单位利润, c_{i1} 及 $c_{i2}\ (i=1, 2, 3, 4)$ 分别是第 i 个工厂生产三种产品的总收入及总利润, 则矩阵 $\boldsymbol{A}, \boldsymbol{B}, \boldsymbol{C}$ 的元素之间有下列关系:

$$\begin{pmatrix} a_{11}b_{11}+a_{12}b_{21}+a_{13}b_{31} & a_{11}b_{12}+a_{12}b_{22}+a_{13}b_{32} \\ a_{21}b_{11}+a_{22}b_{21}+a_{23}b_{31} & a_{21}b_{12}+a_{22}b_{22}+a_{23}b_{32} \\ a_{31}b_{11}+a_{32}b_{21}+a_{33}b_{31} & a_{31}b_{12}+a_{32}b_{22}+a_{33}b_{32} \\ a_{41}b_{11}+a_{42}b_{21}+a_{43}b_{31} & a_{41}b_{12}+a_{42}b_{22}+a_{43}b_{32} \end{pmatrix} = \begin{pmatrix} c_{11} & c_{12} \\ c_{21} & c_{22} \\ c_{31} & c_{32} \\ c_{41} & c_{42} \end{pmatrix},$$

总收入　　　　总利润

其中 $c_{ij}=a_{i1}b_{1j}+a_{i2}b_{2j}+a_{i3}b_{3j}\ (i=1,2,3,4;\ j=1,2)$，即 $\boldsymbol{C}=\boldsymbol{AB}$.

矩阵的乘法满足下列运算规律(假定运算都是可行的):

(1) $(\boldsymbol{AB})\boldsymbol{C}=\boldsymbol{A}(\boldsymbol{BC})$;　　(2) $(\boldsymbol{A}+\boldsymbol{B})\boldsymbol{C}=\boldsymbol{AC}+\boldsymbol{BC}$;

(3) $\boldsymbol{C}(\boldsymbol{A}+\boldsymbol{B})=\boldsymbol{CA}+\boldsymbol{CB}$;　　(4) $k(\boldsymbol{AB})=(k\boldsymbol{A})\boldsymbol{B}=\boldsymbol{A}(k\boldsymbol{B})$.

证明 先证(2). 设 $\boldsymbol{A}=(a_{ik})_{m\times s}$, $\boldsymbol{B}=(b_{ik})_{m\times s}$, $\boldsymbol{C}=(c_{kj})_{s\times n}$, 利用矩阵的加法和乘法运算, 得

$$\begin{aligned}(\boldsymbol{A}+\boldsymbol{B})\boldsymbol{C}&=((a_{ik})_{m\times s}+(b_{ik})_{m\times s})(c_{kj})_{s\times n}=(a_{ik}+b_{ik})_{m\times s}(c_{kj})_{s\times n}\\&=\left(\sum_{k=1}^{s}(a_{ik}+b_{ik})c_{kj}\right)_{m\times n}=\left(\sum_{k=1}^{s}a_{ik}c_{kj}\right)_{m\times n}+\left(\sum_{k=1}^{s}b_{ik}c_{kj}\right)_{m\times n}\\&=\boldsymbol{AC}+\boldsymbol{BC};\end{aligned}$$

同理可证(1)(3)(4)成立. 证毕.

例 6 小赵、小张、小李、小王四名学生会演奏各种乐器——大提琴、钢琴、吉他和小提琴, 但每人只会演奏一种乐器; 他们又各懂且只懂一种外语——英语、法语、德语、俄语. 且已知:

(1) 会演奏吉他的学生懂俄语;

(2) 小赵和小张不会演奏小提琴也不会演奏大提琴, 且不懂英语;

(3) 懂德语的学生不会演奏大提琴;

(4) 小李懂法语但不会演奏小提琴.

问这几名学生分别会演奏什么乐器? 分别懂什么外语?

解 用三个矩阵分别表示学生与乐器、乐器与外语以及学生与外语之间的关系, 则有

$$\boldsymbol{A}=(a_{ij})_{4\times4}=\begin{pmatrix} a_{11} & a_{12} & a_{13} & a_{14} \\ a_{21} & a_{22} & a_{23} & a_{24} \\ a_{31} & a_{32} & a_{33} & a_{34} \\ a_{41} & a_{42} & a_{43} & a_{44} \end{pmatrix}\begin{matrix}\text{小赵}\\\text{小张}\\\text{小李}\\\text{小王}\end{matrix},$$

大提琴　钢琴　吉他　小提琴

$$\boldsymbol{B}=(b_{ij})_{4\times4}=\begin{pmatrix} b_{11} & b_{12} & b_{13} & b_{14} \\ b_{21} & b_{22} & b_{23} & b_{24} \\ b_{31} & b_{32} & b_{33} & b_{34} \\ b_{41} & b_{42} & b_{43} & b_{44} \end{pmatrix}\begin{matrix}\text{大提琴}\\\text{钢琴}\\\text{吉他}\\\text{小提琴}\end{matrix},$$

英语　法语　德语　俄语

$$C=(c_{ij})_{4\times4}=\begin{pmatrix} c_{11} & c_{12} & c_{13} & c_{14} \\ c_{21} & c_{22} & c_{23} & c_{24} \\ c_{31} & c_{32} & c_{33} & c_{34} \\ c_{41} & c_{42} & c_{43} & c_{44} \end{pmatrix}\begin{matrix}小赵\\小张\\小李\\小王\end{matrix}.$$

英语　法语　德语　俄语

对上述矩阵中的元素,我们用"1"表示肯定关系,用"0"表示否定关系. 则由条件(1)知, $b_{34}=1$; 由条件(2)知, $a_{11}=0, a_{21}=0, a_{14}=0, a_{24}=0, c_{11}=0, c_{21}=0$; 由条件(3)知, $b_{13}=0$; 由条件(4)知, $c_{32}=1, a_{34}=0$. 由上述讨论结果,得

$$A=\begin{pmatrix} 0 & a_{12} & a_{13} & 0 \\ 0 & a_{22} & a_{23} & 0 \\ 1 & 0 & 0 & 0 \\ 0 & 0 & 0 & 1 \end{pmatrix}, B=\begin{pmatrix} b_{11} & b_{12} & 0 & 0 \\ b_{21} & b_{22} & b_{23} & 0 \\ 0 & 0 & 0 & 1 \\ b_{41} & b_{42} & b_{43} & 0 \end{pmatrix}, C=\begin{pmatrix} 0 & 0 & c_{13} & c_{14} \\ 0 & 0 & c_{23} & c_{24} \\ 0 & 1 & 0 & 0 \\ 1 & 0 & 0 & 0 \end{pmatrix},$$

根据矩阵的乘法,得

$$AB=(a_{ij})_{n\times m}\cdot(b_{ij})_{m\times n}=(c_{ij})_{n\times n},$$

其中 $c_{ij}=a_{i1}b_{1j}+a_{i2}b_{2j}+\cdots+a_{im}b_{mj}$, 所以

$$1=c_{41}=a_{41}b_{11}+a_{42}b_{21}+a_{43}b_{31}+a_{44}b_{41}=0\cdot b_{11}+0\cdot b_{21}+0\times0+1\cdot b_{41},$$

解得 $b_{41}=1$.

同理, 由 $c_{42}=0, c_{43}=0 \Rightarrow b_{42}=0, b_{43}=0$; 由 $c_{31}=0 \Rightarrow b_{11}=0$; 由 $c_{32}=1 \Rightarrow b_{12}=1$.

由于乐器和学生一一对应,学生和外语一一对应,故乐器和外语也是一一对应,因此

$$B=\begin{pmatrix} 0 & 1 & 0 & 0 \\ b_{21} & b_{22} & b_{23} & 0 \\ 0 & 0 & 0 & 1 \\ 1 & 0 & 0 & 0 \end{pmatrix}=\begin{pmatrix} 0 & 1 & 0 & 0 \\ 0 & 0 & 1 & 0 \\ 0 & 0 & 0 & 1 \\ 1 & 0 & 0 & 0 \end{pmatrix}.$$

若令 $a_{12}=1$, 则有

$$A=\begin{pmatrix} 0 & 1 & a_{13} & 0 \\ 0 & a_{22} & a_{23} & 0 \\ 1 & 0 & 0 & 0 \\ 0 & 0 & 0 & 1 \end{pmatrix}=\begin{pmatrix} 0 & 1 & 0 & 0 \\ 0 & 0 & 1 & 0 \\ 1 & 0 & 0 & 0 \\ 0 & 0 & 0 & 1 \end{pmatrix}, C=\begin{pmatrix} 0 & 0 & 1 & 0 \\ 0 & 0 & 0 & 1 \\ 0 & 1 & 0 & 0 \\ 1 & 0 & 0 & 0 \end{pmatrix}.$$

若令 $a_{12}=0$, 又有

$$A=\begin{pmatrix} 0 & 0 & a_{13} & 0 \\ 0 & a_{22} & a_{23} & 0 \\ 1 & 0 & 0 & 0 \\ 0 & 0 & 0 & 1 \end{pmatrix}=\begin{pmatrix} 0 & 0 & 1 & 0 \\ 0 & 1 & 0 & 0 \\ 1 & 0 & 0 & 0 \\ 0 & 0 & 0 & 1 \end{pmatrix}, C=\begin{pmatrix} 0 & 0 & 0 & 1 \\ 0 & 0 & 1 & 0 \\ 0 & 1 & 0 & 0 \\ 1 & 0 & 0 & 0 \end{pmatrix}.$$

所以, 最终结果有两种情形:

(1) 小赵会演奏钢琴、懂德语, 小张会演奏吉他、懂俄语, 小李会演奏大提琴、懂法语, 小王会演奏小提琴、懂英语;

(2) 小赵会演奏吉他、懂俄语, 小张会演奏钢琴、懂德语, 小李会演奏大提琴、懂法语, 小王会演奏小提琴、懂英语.

例 7 设矩阵 $\boldsymbol{A}=\begin{pmatrix}1&2\\3&4\end{pmatrix}$, $\boldsymbol{B}=\begin{pmatrix}2&3\\4&1\end{pmatrix}$, $\boldsymbol{C}=\begin{pmatrix}3&4\\1&2\end{pmatrix}$, 试验证:

(1) $\boldsymbol{ABC}=\boldsymbol{A}(\boldsymbol{BC})$; (2) $\boldsymbol{A}(\boldsymbol{B}+\boldsymbol{C})=\boldsymbol{AB}+\boldsymbol{AC}$; (3) $(\boldsymbol{A}+\boldsymbol{B})\boldsymbol{C}=\boldsymbol{AC}+\boldsymbol{BC}$.

证明 (1) 依题设, 根据矩阵的乘法运算, 分别计算得

$$\boldsymbol{ABC}=(\boldsymbol{AB})\boldsymbol{C}=\begin{pmatrix}10&5\\22&13\end{pmatrix}\begin{pmatrix}3&4\\1&2\end{pmatrix}=\begin{pmatrix}35&50\\79&114\end{pmatrix},$$

$$\boldsymbol{A}(\boldsymbol{BC})=\begin{pmatrix}1&2\\3&4\end{pmatrix}\begin{pmatrix}9&14\\13&18\end{pmatrix}=\begin{pmatrix}35&50\\79&114\end{pmatrix},$$

所以, $\boldsymbol{ABC}=\boldsymbol{A}(\boldsymbol{BC})$.

(2) 同上计算, 得

$$\boldsymbol{A}(\boldsymbol{B}+\boldsymbol{C})=\begin{pmatrix}1&2\\3&4\end{pmatrix}\begin{pmatrix}5&7\\5&3\end{pmatrix}=\begin{pmatrix}15&13\\35&33\end{pmatrix},$$

$$\boldsymbol{AB}+\boldsymbol{AC}=\begin{pmatrix}10&5\\22&13\end{pmatrix}+\begin{pmatrix}5&8\\13&20\end{pmatrix}=\begin{pmatrix}15&13\\35&33\end{pmatrix},$$

所以, $\boldsymbol{A}(\boldsymbol{B}+\boldsymbol{C})=\boldsymbol{AB}+\boldsymbol{AC}$.

(3) 同理可得

$$(\boldsymbol{A}+\boldsymbol{B})\boldsymbol{C}=\begin{pmatrix}3&5\\7&5\end{pmatrix}\begin{pmatrix}3&4\\1&2\end{pmatrix}=\begin{pmatrix}14&22\\26&38\end{pmatrix},$$

$$\boldsymbol{AC}+\boldsymbol{BC}=\begin{pmatrix}5&8\\13&20\end{pmatrix}+\begin{pmatrix}9&14\\13&18\end{pmatrix}=\begin{pmatrix}14&22\\26&38\end{pmatrix},$$

所以, $(\boldsymbol{A}+\boldsymbol{B})\boldsymbol{C}=\boldsymbol{AC}+\boldsymbol{BC}$. 证毕.

矩阵的乘法一般不满足交换律, 即 $\boldsymbol{AB}\neq\boldsymbol{BA}$.

例如, 设 $\boldsymbol{A}=\begin{pmatrix}-2&4\\1&-2\end{pmatrix}$, $\boldsymbol{B}=\begin{pmatrix}2&4\\-3&-6\end{pmatrix}$, 则

$$\boldsymbol{AB}=\begin{pmatrix}-2&4\\1&-2\end{pmatrix}\begin{pmatrix}2&4\\-3&-6\end{pmatrix}=\begin{pmatrix}-16&-32\\8&16\end{pmatrix},$$

$$\boldsymbol{BA}=\begin{pmatrix}2&4\\-3&-6\end{pmatrix}\begin{pmatrix}-2&4\\1&-2\end{pmatrix}=\begin{pmatrix}0&0\\0&0\end{pmatrix},$$

显然, $\boldsymbol{AB}\neq\boldsymbol{BA}$, 且 $\boldsymbol{BA}=\boldsymbol{O}$.

从上例还可看出: 两个非零矩阵相乘, 结果可能是零矩阵, 故不能从 $\boldsymbol{AB}=\boldsymbol{O}$ 必然推出 $\boldsymbol{A}=\boldsymbol{O}$ 或 $\boldsymbol{B}=\boldsymbol{O}$.

不过, 也要注意并非所有矩阵的乘法都不能交换, 例如, 设

$$\boldsymbol{A}=\begin{pmatrix}1&1\\0&1\end{pmatrix},\quad \boldsymbol{B}=\begin{pmatrix}1&2\\0&1\end{pmatrix},$$

则 $\boldsymbol{AB}=\begin{pmatrix}1&1\\0&1\end{pmatrix}\begin{pmatrix}1&2\\0&1\end{pmatrix}=\begin{pmatrix}1&3\\0&1\end{pmatrix}=\begin{pmatrix}1&2\\0&1\end{pmatrix}\begin{pmatrix}1&1\\0&1\end{pmatrix}=\boldsymbol{BA}$.

此外, 矩阵乘法一般也不满足消去律, 即不能从 $\boldsymbol{AC}=\boldsymbol{BC}$ 必然推出 $\boldsymbol{A}=\boldsymbol{B}$. 例如, 设

$$\boldsymbol{A}=\begin{pmatrix}1&2\\0&3\end{pmatrix},\ \boldsymbol{B}=\begin{pmatrix}1&0\\0&4\end{pmatrix},\ \boldsymbol{C}=\begin{pmatrix}1&1\\0&0\end{pmatrix},$$

则 $\boldsymbol{AC}=\begin{pmatrix}1&2\\0&3\end{pmatrix}\begin{pmatrix}1&1\\0&0\end{pmatrix}=\begin{pmatrix}1&1\\0&0\end{pmatrix}=\begin{pmatrix}1&0\\0&4\end{pmatrix}\begin{pmatrix}1&1\\0&0\end{pmatrix}=\boldsymbol{BC}$, 但 $\boldsymbol{A}\neq\boldsymbol{B}$.

定义 4 如果两矩阵相乘, 有 $\boldsymbol{AB}=\boldsymbol{BA}$, 则称矩阵 $\boldsymbol{A}$ 与矩阵 $\boldsymbol{B}$ **可交换**, 简称 $\boldsymbol{A}$ 与 $\boldsymbol{B}$ **可换**.

注: 对于单位矩阵 $\boldsymbol{E}$, 易证明:

$$\boldsymbol{E}_m\boldsymbol{A}_{m\times n}=\boldsymbol{A}_{m\times n},\ \boldsymbol{A}_{m\times n}\boldsymbol{E}_n=\boldsymbol{A}_{m\times n},$$

或简写成 $\boldsymbol{EA}=\boldsymbol{AE}=\boldsymbol{A}$. 可见单位矩阵 $\boldsymbol{E}$ 在矩阵乘法中的作用类似数 1.

例 8 求与矩阵 $\boldsymbol{A}=\begin{pmatrix}0&1&0&0\\0&0&1&0\\0&0&0&1\\0&0&0&0\end{pmatrix}$ 可交换的一切矩阵.

解 设与 $\boldsymbol{A}$ 可交换的矩阵为 $\boldsymbol{B}=\begin{pmatrix}a&b&c&d\\a_1&b_1&c_1&d_1\\a_2&b_2&c_2&d_2\\a_3&b_3&c_3&d_3\end{pmatrix}$, 则

$$\boldsymbol{AB}=\begin{pmatrix}0&1&0&0\\0&0&1&0\\0&0&0&1\\0&0&0&0\end{pmatrix}\begin{pmatrix}a&b&c&d\\a_1&b_1&c_1&d_1\\a_2&b_2&c_2&d_2\\a_3&b_3&c_3&d_3\end{pmatrix}=\begin{pmatrix}a_1&b_1&c_1&d_1\\a_2&b_2&c_2&d_2\\a_3&b_3&c_3&d_3\\0&0&0&0\end{pmatrix},$$

$$\boldsymbol{BA}=\begin{pmatrix}a&b&c&d\\a_1&b_1&c_1&d_1\\a_2&b_2&c_2&d_2\\a_3&b_3&c_3&d_3\end{pmatrix}\begin{pmatrix}0&1&0&0\\0&0&1&0\\0&0&0&1\\0&0&0&0\end{pmatrix}=\begin{pmatrix}0&a&b&c\\0&a_1&b_1&c_1\\0&a_2&b_2&c_2\\0&a_3&b_3&c_3\end{pmatrix},$$

由 $\boldsymbol{AB}=\boldsymbol{BA}$, 即得

$$a_1=0,\ b_1=a,\ c_1=b,\ d_1=c,$$
$$a_2=0,\ b_2=a_1=0,\ c_2=b_1=a,\ d_2=c_1=b,$$
$$a_3=0,\ b_3=a_2=0,\ c_3=b_2=0,\ d_3=c_2=a.$$

于是, 可得 $\boldsymbol{B}=\begin{pmatrix} a & b & c & d \\ 0 & a & b & c \\ 0 & 0 & a & b \\ 0 & 0 & 0 & a \end{pmatrix}$, 其中 a, b, c, d 为任意实数.

例 9 证明: 如果 $\boldsymbol{CA}=\boldsymbol{AC}$, $\boldsymbol{CB}=\boldsymbol{BC}$, 则有

$$(\boldsymbol{A}+\boldsymbol{B})\boldsymbol{C}=\boldsymbol{C}(\boldsymbol{A}+\boldsymbol{B});\quad (\boldsymbol{AB})\boldsymbol{C}=\boldsymbol{C}(\boldsymbol{AB}).$$

证明 因为 $\boldsymbol{CA}=\boldsymbol{AC}$, $\boldsymbol{CB}=\boldsymbol{BC}$, 所以, 利用乘法的运算规律, 可证得

$$(\boldsymbol{A}+\boldsymbol{B})\boldsymbol{C}=\boldsymbol{AC}+\boldsymbol{BC}=\boldsymbol{CA}+\boldsymbol{CB}=\boldsymbol{C}(\boldsymbol{A}+\boldsymbol{B});$$
$$(\boldsymbol{AB})\boldsymbol{C}=\boldsymbol{A}(\boldsymbol{BC})=\boldsymbol{A}(\boldsymbol{CB})=(\boldsymbol{AC})\boldsymbol{B}=(\boldsymbol{CA})\boldsymbol{B}=\boldsymbol{C}(\boldsymbol{AB}).$$

*数学实验

实验 2.1 设

$$\boldsymbol{A}=\begin{pmatrix} 1 & 2 & 3 & 4 & 5 & 6 & 5 & 4 \\ 3 & 2 & 1 & 2 & 3 & 4 & 5 & 6 \\ 7 & 6 & 5 & 4 & 3 & 2 & 1 & 2 \\ 3 & 4 & 5 & 6 & 7 & 8 & 7 & 6 \\ 5 & 4 & 3 & 2 & 1 & 2 & 3 & 4 \\ 5 & 6 & 7 & 8 & 9 & 8 & 7 & 6 \\ 5 & 4 & 3 & 2 & 1 & 2 & 3 & 4 \\ 5 & 6 & 7 & 8 & 9 & 10 & 9 & 8 \end{pmatrix},\ \boldsymbol{B}=\begin{pmatrix} 3 & 4 & 4 & 5 & 6 & 6 & 7 & 8 \\ 8 & 9 & 1 & 1 & 2 & 3 & 3 & 4 \\ 5 & 5 & 6 & 7 & 7 & 8 & 9 & 9 \\ 1 & 2 & 2 & 3 & 4 & 4 & 5 & 6 \\ 6 & 7 & 8 & 8 & 9 & 8 & 7 & 7 \\ 6 & 5 & 5 & 4 & 3 & 3 & 2 & 1 \\ 1 & 2 & 2 & 3 & 4 & 4 & 5 & 6 \\ 6 & 7 & 8 & 8 & 9 & 8 & 7 & 5 \end{pmatrix},\ \boldsymbol{C}=\begin{pmatrix} 9 & 8 & 7 & 4 & 3 & 4 & 5 & 2 \\ 8 & 7 & 6 & 5 & 2 & 3 & 4 & 1 \\ 7 & 6 & 5 & 6 & 1 & 2 & 3 & 2 \\ 6 & 5 & 4 & 7 & 2 & 1 & 2 & 3 \\ 5 & 4 & 3 & 6 & 3 & 2 & 1 & 2 \\ 4 & 3 & 2 & 5 & 4 & 3 & 2 & 1 \\ 3 & 2 & 1 & 4 & 5 & 4 & 3 & 2 \\ 2 & 1 & 2 & 3 & 6 & 5 & 4 & 3 \end{pmatrix},$$

试利用计算软件计算:

(1) $\boldsymbol{AB}$;

(2) $(3\boldsymbol{A}-2\boldsymbol{B})\boldsymbol{C}$.

微信扫描右侧的二维码即可进行计算实验 (详见教材配套的网络学习空间).

计算实验

三、线性方程组的矩阵表示

对线性方程组

$$\begin{cases} a_{11}x_1+a_{12}x_2+\cdots+a_{1n}x_n=b_1 \\ a_{21}x_1+a_{22}x_2+\cdots+a_{2n}x_n=b_2 \\ \quad\cdots\cdots \\ a_{m1}x_1+a_{m2}x_2+\cdots+a_{mn}x_n=b_m \end{cases}, \tag{2.1}$$

若记

$$A=\begin{pmatrix} a_{11} & a_{12} & \cdots & a_{1n} \\ a_{21} & a_{22} & \cdots & a_{2n} \\ \vdots & \vdots & & \vdots \\ a_{m1} & a_{m2} & \cdots & a_{mn} \end{pmatrix},\ x=\begin{pmatrix} x_1 \\ x_2 \\ \vdots \\ x_n \end{pmatrix},\ b=\begin{pmatrix} b_1 \\ b_2 \\ \vdots \\ b_m \end{pmatrix},$$

则利用矩阵的乘法, 线性方程组 (2.1) 可表示为矩阵形式:

$$\boldsymbol{A}\boldsymbol{x}=\boldsymbol{b}, \tag{2.2}$$

其中 $\boldsymbol{A}$ 称为方程组 (2.1) 的**系数矩阵**, 方程 (2.2) 称为**矩阵方程**.

注: 对行 (列) 矩阵, 为与后面章节的符号一致, 常按行 (列) 向量的记法, 用小写黑体字母 $\boldsymbol{\alpha}$, $\boldsymbol{\beta}$, $\boldsymbol{a}$, $\boldsymbol{b}$, $\boldsymbol{x}$, $\boldsymbol{y}$, … 表示.

如果 $x_j=c_j$ ($j=1, 2, \cdots, n$) 是方程组 (2.1) 的解, 并记

$$\boldsymbol{\eta}=\begin{pmatrix} c_1 \\ c_2 \\ \vdots \\ c_n \end{pmatrix},$$

则 $\boldsymbol{A}\boldsymbol{\eta}=\boldsymbol{b}$, 这时也称 $\boldsymbol{\eta}$ 是矩阵方程 (2.2) 的解; 反之, 若列矩阵 $\boldsymbol{\eta}$ 是矩阵方程 (2.2) 的解, 即矩阵等式 $\boldsymbol{A}\boldsymbol{\eta}=\boldsymbol{b}$ 成立, 则 $\boldsymbol{x}=\boldsymbol{\eta}$, 即 $x_j=c_j$ ($j=1, 2, \cdots, n$) 也是线性方程组 (2.1) 的解. 这样对线性方程组 (2.1) 的讨论便等价于对矩阵方程 (2.2) 的讨论.

特别地, 齐次线性方程组可以表示为 $\boldsymbol{A}\boldsymbol{x}=\boldsymbol{0}$.

将线性方程组表示成矩阵方程具有以下显著好处: 形式简洁紧凑, 比逐一书写多个方程更直观易读, 尤其适合表示大规模问题. 矩阵形式统一了问题的表达, 便于从整体上分析问题的性质, 提升了分析和求解的效率, 是现代数学和工程科学的基础工具.

例 10　解矩阵方程 $\begin{pmatrix} 2 & 1 \\ 1 & 2 \end{pmatrix}\boldsymbol{X}=\begin{pmatrix} 1 & 2 \\ -1 & 4 \end{pmatrix}$, 其中 $\boldsymbol{X}$ 为二阶矩阵.

解　设 $\boldsymbol{X}=\begin{pmatrix} x_{11} & x_{12} \\ x_{21} & x_{22} \end{pmatrix}$, 根据矩阵的乘法运算, 有

$$\begin{pmatrix} 2 & 1 \\ 1 & 2 \end{pmatrix}\begin{pmatrix} x_{11} & x_{12} \\ x_{21} & x_{22} \end{pmatrix}=\begin{pmatrix} 1 & 2 \\ -1 & 4 \end{pmatrix},\ \text{即}\ \begin{pmatrix} 2x_{11}+x_{21} & 2x_{12}+x_{22} \\ x_{11}+2x_{21} & x_{12}+2x_{22} \end{pmatrix}=\begin{pmatrix} 1 & 2 \\ -1 & 4 \end{pmatrix},$$

又根据矩阵相等的概念, 由上可得方程组:

$$\begin{cases} 2x_{11}+x_{21}=1 \\ x_{11}+2x_{21}=-1 \end{cases},\ \begin{cases} 2x_{12}+x_{22}=2 \\ x_{12}+2x_{22}=4 \end{cases}.$$

分别求解上述两个方程组, 得 $x_{11}=1,\ x_{21}=-1,\ x_{12}=0,\ x_{22}=2$, 故

$$\boldsymbol{X}=\begin{pmatrix}1 & 0\\ -1 & 2\end{pmatrix}.$$

四、线性变换的概念

变量 $x_1, x_2, \cdots, x_n$ 与变量 $y_1, y_2, \cdots, y_m$ 之间的关系式

$$\begin{cases} y_1=a_{11}x_1+a_{12}x_2+\cdots+a_{1n}x_n \\ y_2=a_{21}x_1+a_{22}x_2+\cdots+a_{2n}x_n \\ \quad\cdots\cdots \\ y_m=a_{m1}x_1+a_{m2}x_2+\cdots+a_{mn}x_n \end{cases} \tag{2.3}$$

称为从变量 $x_1, x_2, \cdots, x_n$ 到变量 $y_1, y_2, \cdots, y_m$ 的**线性变换**, 其中 $a_{ij}\ (i=1, 2, \cdots, m;\ j=1, 2, \cdots, n)$ 为常数. 线性变换 (2.3) 的系数 a_{ij} 构成的矩阵 $\boldsymbol{A}=(a_{ij})_{m\times n}$ 称为线性变换 (2.3) 的**系数矩阵**. 若记

$$\boldsymbol{A}=\begin{pmatrix} a_{11} & a_{12} & \cdots & a_{1n}\\ a_{21} & a_{22} & \cdots & a_{2n}\\ \vdots & \vdots & & \vdots\\ a_{m1} & a_{m2} & \cdots & a_{mn}\end{pmatrix},\ \boldsymbol{x}=\begin{pmatrix}x_1\\ x_2\\ \vdots\\ x_n\end{pmatrix},\quad \boldsymbol{y}=\begin{pmatrix}y_1\\ y_2\\ \vdots\\ y_m\end{pmatrix},$$

则变换关系式 (2.3) 可表示为矩阵形式:

$$\boldsymbol{y}=\boldsymbol{A}\boldsymbol{x}. \tag{2.4}$$

易见线性变换与其系数矩阵之间存在一一对应的关系. 因而可利用矩阵来研究线性变换, 亦可利用线性变换来研究矩阵.

易知, 当一线性变换的系数矩阵为单位矩阵 $\boldsymbol{E}$ 时, 线性变换 $\boldsymbol{y}=\boldsymbol{E}\boldsymbol{x}$ 称为**恒等变换**, 因为 $\boldsymbol{E}\boldsymbol{x}=\boldsymbol{x}$.

从矩阵运算的角度来看, 线性变换式 (2.4) 实际上建立了一种从矩阵 $\boldsymbol{x}$ 到矩阵 $\boldsymbol{A}\boldsymbol{x}$ 的**矩阵变换**关系: $\boldsymbol{x}\to\boldsymbol{A}\boldsymbol{x}$.

注: 如果将通常的函数概念加以推广, 我们也可以把从 $\boldsymbol{x}$ 到 $\boldsymbol{A}\boldsymbol{x}$ 的对应关系看作从一个向量集合到另一个向量集合的变换 (或映射) $\boldsymbol{y}=\boldsymbol{A}\boldsymbol{x}$, 此时, 常把 $\boldsymbol{x}$ 称为源, $\boldsymbol{y}$ 称为像. 有关线性变换的内容, 我们将在第 6 章进一步讨论.

例 11 设有线性变换 $\boldsymbol{y}=\boldsymbol{A}\boldsymbol{x}$, 其中 $\boldsymbol{A}=\begin{pmatrix}1 & 2\\ 0 & 1\end{pmatrix}$, $\boldsymbol{x}=\begin{pmatrix}1\\ 1\end{pmatrix}$, 试求出向量 $\boldsymbol{y}$, 并指出该变换的几何意义.

解 根据矩阵的乘法, $\boldsymbol{y}=\boldsymbol{A}\boldsymbol{x}=\begin{pmatrix}1 & 2\\ 0 & 1\end{pmatrix}\begin{pmatrix}1\\ 1\end{pmatrix}=\begin{pmatrix}3\\ 1\end{pmatrix}$, 其几何意义是: 线性变换 $\boldsymbol{y}=\boldsymbol{A}\boldsymbol{x}$ 将

平面 x_1Ox_2 上的向量 $\boldsymbol{x}=\begin{pmatrix}1\\1\end{pmatrix}$ 变换为该平面上的另一向量 $\boldsymbol{y}=\begin{pmatrix}3\\1\end{pmatrix}$(见图 2 − 2 − 1).

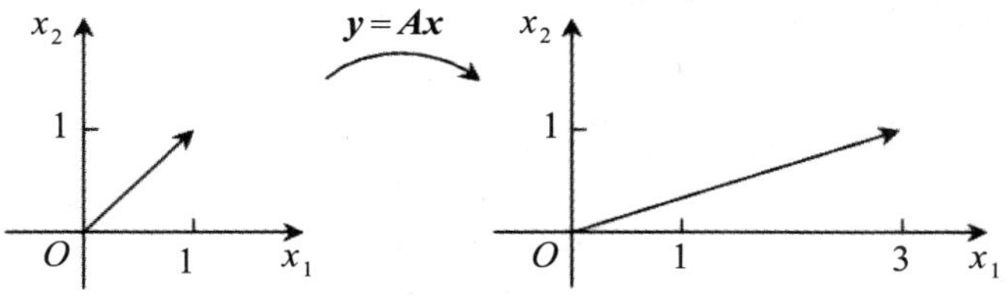

图 2 − 2 − 1

易见, 在线性变换 $\boldsymbol{y}=\boldsymbol{Ax}$ 下, 向量 $\boldsymbol{y}$ 实际上就是对向量 $\boldsymbol{x}$ 进行缩放与旋转变换的结果.

我们可以对本例的结果做进一步的延伸, 来看看线性变换在图像处理中的应用. 事实上, 计算机图像处理中的缩放与旋转变换就是一种线性变换.

这里, 我们以极坐标函数 $\rho=\sin(2.9\theta)\mathrm{e}^{\sin^4(4.9\theta)}$ 图像的线性变换为例来说明, 先用计算机生成该函数在指定区间上的图像 (见图 2 − 2 − 2 中的原图 $\boldsymbol{A}$, 该图像的计算实验可参见作者的《高等数学 (理工类·第 6 版)》(上册) § 1.1 的实验 1.4 (4)), 若以矩阵 $\boldsymbol{A}$ 表示该图像所有像素点信息构成的数值矩阵, 给定下列三个线性变换:

$$\boldsymbol{y}=\begin{pmatrix}0.8 & 0\\0 & 0.7\end{pmatrix}\boldsymbol{x},\quad \boldsymbol{y}=\frac{\sqrt{2}}{2}\begin{pmatrix}1 & 1\\-1 & 1\end{pmatrix}\boldsymbol{x},\ \boldsymbol{y}=\begin{pmatrix}-0.6 & 0.6\sqrt{3}\\-0.4\sqrt{3} & 0.4\end{pmatrix}\boldsymbol{x},$$

则可分别得到原图 $\boldsymbol{A}$ 在上述三个线性变换下的图像, 即变换图 $\boldsymbol{A}_1$、变换图 $\boldsymbol{A}_2$ 与变换图 $\boldsymbol{A}_3$, 如图 2 − 2 − 2 所示.

原图 $\boldsymbol{A}$

变换图 $\boldsymbol{A}_1=\begin{pmatrix}0.8 & 0\\0 & 0.7\end{pmatrix}\boldsymbol{A}$

变换图 $\boldsymbol{A}_2=\frac{\sqrt{2}}{2}\begin{pmatrix}1 & 1\\-1 & 1\end{pmatrix}\boldsymbol{A}$

变换图 $\boldsymbol{A}_3=\begin{pmatrix}-0.6 & 0.6\sqrt{3}\\-0.4\sqrt{3} & 0.4\end{pmatrix}\boldsymbol{A}$

图 2 − 2 − 2

例如, 一个公司生产两种产品 A 和 B. 生产价值 1 元的产品 A 需花费原材料 0.3 元、劳动力 0.35 元、管理费 0.15 元; 生产价值 1 元的产品 B 需花费原材料 0.35 元、劳动力 0.25 元、管理费 0.2 元. 构造“单位成本”矩阵 $\boldsymbol{U}=(\boldsymbol{a}, \boldsymbol{b})$, 其列向量表示产品的“一元产出成本”.

$$\begin{array}{cc} & \begin{array}{cc} \text{A} & \text{B} \end{array} \\ \boldsymbol{U}= & \begin{pmatrix} 0.3 & 0.35 \\ 0.35 & 0.25 \\ 0.15 & 0.2 \end{pmatrix} \begin{array}{l} \text{原材料} \\ \text{劳动力} \\ \text{管理费} \end{array} \end{array}.$$

设 $\boldsymbol{x}=\begin{pmatrix} x_1 \\ x_2 \end{pmatrix}$ 是“产量”向量, 代表 x_1 元的产品 A 和 x_2 元的产品 B, 此外定义变换 $\boldsymbol{y}=\boldsymbol{U}\boldsymbol{x}$ 如下:

$$\boldsymbol{y}=\boldsymbol{U}\boldsymbol{x}=x_1\begin{pmatrix} 0.3 \\ 0.35 \\ 0.15 \end{pmatrix}+x_2\begin{pmatrix} 0.35 \\ 0.25 \\ 0.2 \end{pmatrix}=\begin{pmatrix} \text{原材料总成本} \\ \text{劳动力总成本} \\ \text{管理费总成本} \end{pmatrix},$$

线性变换 $\boldsymbol{y}=\boldsymbol{U}\boldsymbol{x}$ 把一列产量 (单位: 元) 转换成一列总成本.

例 12 一所大学的宿舍里住着 200 名学生. 某天看电视 1 小时或更长时间的学生, 第二天看电视的时间通常不会超过 1 小时; 某天看电视时间不到 1 小时的学生中, 有 1/4 的人第二天会看电视 1 小时或更长时间. 今天有一半的学生看电视的时间超过 1 小时, 明天有多少人会看电视 1 小时或更长时间? 2 天后呢?

解 定义两个状态:

状态 H: 学生某天看电视的时间为 1 小时或更长时间;

状态 L: 学生某天看电视的时间少于 1 小时.

依题意, 我们可以构建状态转移矩阵 $\boldsymbol{P}$:

$$\boldsymbol{P}=\begin{pmatrix} P_{HH} & P_{LH} \\ P_{HL} & P_{LL} \end{pmatrix}=\begin{pmatrix} 0 & 0.25 \\ 1 & 0.75 \end{pmatrix},$$

今天有一半的学生在状态 H, 即 $\boldsymbol{x}_0=\begin{pmatrix} 100 \\ 100 \end{pmatrix}$, 则明天的状态为

$$\boldsymbol{x}_1=\boldsymbol{P}\boldsymbol{x}_0=\begin{pmatrix} 0 & 0.25 \\ 1 & 0.75 \end{pmatrix}\begin{pmatrix} 100 \\ 100 \end{pmatrix}=\begin{pmatrix} 25 \\ 175 \end{pmatrix},$$

即明天有 25 人会看电视 1 小时或更长时间. 同理, 2 天后的状态为

$$\boldsymbol{x}_2=\boldsymbol{P}\boldsymbol{x}_1=\begin{pmatrix} 0 & 0.25 \\ 1 & 0.75 \end{pmatrix}\begin{pmatrix} 25 \\ 175 \end{pmatrix}=\begin{pmatrix} 43.75 \\ 156.25 \end{pmatrix},$$

即 2 天后约有 44 人会看电视 1 小时或更长时间.

五、矩阵的转置

定义 5 把矩阵 $\boldsymbol{A}$ 的行换成同序数的列得到的新矩阵, 称为矩阵 $\boldsymbol{A}$ 的**转置矩阵**, 记作

A^{T} (或 A').

即若 $A=\begin{pmatrix} a_{11} & a_{12} & \cdots & a_{1n} \\ a_{21} & a_{22} & \cdots & a_{2n} \\ \vdots & \vdots & & \vdots \\ a_{m1} & a_{m2} & \cdots & a_{mn} \end{pmatrix}$, 则 $A^{\mathrm{T}}=\begin{pmatrix} a_{11} & a_{21} & \cdots & a_{m1} \\ a_{12} & a_{22} & \cdots & a_{m2} \\ \vdots & \vdots & & \vdots \\ a_{1n} & a_{2n} & \cdots & a_{mn} \end{pmatrix}$.

例如, 若 $A=\begin{pmatrix} 1 & 2 & 3 \\ 3 & 2 & 1 \end{pmatrix}$, 则 $A^{\mathrm{T}}=\begin{pmatrix} 1 & 3 \\ 2 & 2 \\ 3 & 1 \end{pmatrix}$; 若 $B=\begin{pmatrix} 1 & 0 & 0 \\ 2 & 1 & 0 \\ 3 & 2 & 1 \end{pmatrix}$, 则 $B^{\mathrm{T}}=\begin{pmatrix} 1 & 2 & 3 \\ 0 & 1 & 2 \\ 0 & 0 & 1 \end{pmatrix}$.

矩阵的转置满足以下运算规律(假设运算都是可行的):

(1) $(A^{\mathrm{T}})^{\mathrm{T}}=A$; (2) $(A+B)^{\mathrm{T}}=A^{\mathrm{T}}+B^{\mathrm{T}}$; (3) $(kA)^{\mathrm{T}}=kA^{\mathrm{T}}$; (4) $(AB)^{\mathrm{T}}=B^{\mathrm{T}}A^{\mathrm{T}}$.

证明 (1) (2) (3) 显然成立, 现证 (4) 成立. 设 $A=(a_{ij})_{m\times s}$, $B=(b_{ij})_{s\times n}$. 则 $(AB)^{\mathrm{T}}$ 与 $B^{\mathrm{T}}A^{\mathrm{T}}$ 均为 $n\times m$ 矩阵. 矩阵 $(AB)^{\mathrm{T}}$ 的第 j 行第 i 列元素是 AB 的第 i 行第 j 列元素

$$\sum_{k=1}^{s} a_{ik}b_{kj}=a_{i1}b_{1j}+a_{i2}b_{2j}+\cdots+a_{is}b_{sj},$$

而矩阵 $B^{\mathrm{T}}A^{\mathrm{T}}$ 的第 j 行第 i 列元素, 应为矩阵 B^{T} 的第 j 行元素与 A^{T} 的第 i 列对应元素乘积的和, 即矩阵 B 的第 j 列元素与矩阵 A 的第 i 行对应元素乘积的和

$$\sum_{k=1}^{s} b_{kj}a_{ik}=b_{1j}a_{i1}+b_{2j}a_{i2}+\cdots+b_{sj}a_{is},$$

所以,

$$(AB)^{\mathrm{T}}=B^{\mathrm{T}}A^{\mathrm{T}}.$$

证毕.

例 13 已知 $A=\begin{pmatrix} 2 & 0 & -1 \\ 1 & 3 & 2 \end{pmatrix}$, $B=\begin{pmatrix} 1 & 7 & -1 \\ 4 & 2 & 3 \\ 2 & 0 & 1 \end{pmatrix}$, 求 $(AB)^{\mathrm{T}}$.

解 我们可以先计算矩阵的乘积 AB, 再求转置 $(AB)^{\mathrm{T}}$. 因为

$$AB=\begin{pmatrix} 2 & 0 & -1 \\ 1 & 3 & 2 \end{pmatrix}\begin{pmatrix} 1 & 7 & -1 \\ 4 & 2 & 3 \\ 2 & 0 & 1 \end{pmatrix}=\begin{pmatrix} 0 & 14 & -3 \\ 17 & 13 & 10 \end{pmatrix},$$

所以,

$$(AB)^{\mathrm{T}}=\begin{pmatrix} 0 & 17 \\ 14 & 13 \\ -3 & 10 \end{pmatrix}.$$

也可以先求 A^{T}, B^{T}, 再求矩阵乘积的转置 $(AB)^{\mathrm{T}}$, 即

$$(\boldsymbol{AB})^{\mathrm{T}}=\boldsymbol{B}^{\mathrm{T}}\boldsymbol{A}^{\mathrm{T}}=\begin{pmatrix}1&4&2\\7&2&0\\-1&3&1\end{pmatrix}\begin{pmatrix}2&1\\0&3\\-1&2\end{pmatrix}=\begin{pmatrix}0&17\\14&13\\-3&10\end{pmatrix}.$$

例 14 设 $\boldsymbol{A}=\begin{pmatrix}3&2&1\\2&4&3\\1&2&1\end{pmatrix}$, $\boldsymbol{B}=\begin{pmatrix}2&1&2\\1&3&1\\2&3&2\end{pmatrix}$, $\boldsymbol{C}=\begin{pmatrix}2&2&-1\\3&1&2\\1&-2&3\end{pmatrix}$, 求 $\boldsymbol{AC}^{\mathrm{T}}-(2\boldsymbol{CB})^{\mathrm{T}}$.

解 根据矩阵的转置与矩阵的线性运算, 得

$$\begin{aligned}\boldsymbol{AC}^{\mathrm{T}}-(2\boldsymbol{CB})^{\mathrm{T}}&=\boldsymbol{AC}^{\mathrm{T}}-2\boldsymbol{B}^{\mathrm{T}}\boldsymbol{C}^{\mathrm{T}}=(\boldsymbol{A}-2\boldsymbol{B}^{\mathrm{T}})\boldsymbol{C}^{\mathrm{T}}\\&=\begin{pmatrix}-1&0&-3\\0&-2&-3\\-3&0&-3\end{pmatrix}\begin{pmatrix}2&3&1\\2&1&-2\\-1&2&3\end{pmatrix}\\&=\begin{pmatrix}1&-9&-10\\-1&-8&-5\\-3&-15&-12\end{pmatrix}.\end{aligned}$$

六、方阵的幂

定义 6 设方阵 $\boldsymbol{A}=(a_{ij})_{m\times n}$, 规定

$$\boldsymbol{A}^0=\boldsymbol{E},\ \boldsymbol{A}^k=\overbrace{\boldsymbol{A}\cdot\boldsymbol{A}\cdot\cdots\cdot\boldsymbol{A}}^{k个}\ (k为自然数),$$

$\boldsymbol{A}^k$ 称为 $\boldsymbol{A}$ 的 **k 次幂**.

方阵的幂满足以下运算规律:

(1) $\boldsymbol{A}^m\boldsymbol{A}^n=\boldsymbol{A}^{m+n}$ (m, n 为非负整数); (2) $(\boldsymbol{A}^m)^n=\boldsymbol{A}^{mn}$.

方阵的幂是矩阵乘法的自然拓展, 类似于标量的指数运算, 它在图论、动力学、数据科学等领域有广泛应用, 也为分析和建模提供了强大的工具.

注: 一般地, $(\boldsymbol{AB})^m\neq\boldsymbol{A}^m\boldsymbol{B}^m$ (m 为自然数). 但若 $\boldsymbol{A}, \boldsymbol{B}$ 均为 n 阶方阵, 且 $\boldsymbol{AB}=\boldsymbol{BA}$, 则可证明 $(\boldsymbol{AB})^m=\boldsymbol{A}^m\boldsymbol{B}^m$, 其中 m 为自然数.

例 15 设 $\boldsymbol{A}=\begin{pmatrix}\lambda&1&0\\0&\lambda&1\\0&0&\lambda\end{pmatrix}$, 求 $\boldsymbol{A}^3$.

解 依题设, 根据方阵的幂运算与矩阵的乘法运算, 计算得

$$\boldsymbol{A}^2=\begin{pmatrix}\lambda&1&0\\0&\lambda&1\\0&0&\lambda\end{pmatrix}\begin{pmatrix}\lambda&1&0\\0&\lambda&1\\0&0&\lambda\end{pmatrix}=\begin{pmatrix}\lambda^2&2\lambda&1\\0&\lambda^2&2\lambda\\0&0&\lambda^2\end{pmatrix},$$

$$A^3=A^2A=\begin{pmatrix}\lambda^2 & 2\lambda & 1\\ 0 & \lambda^2 & 2\lambda\\ 0 & 0 & \lambda^2\end{pmatrix}\begin{pmatrix}\lambda & 1 & 0\\ 0 & \lambda & 1\\ 0 & 0 & \lambda\end{pmatrix}=\begin{pmatrix}\lambda^3 & 3\lambda^2 & 3\lambda\\ 0 & \lambda^3 & 3\lambda^2\\ 0 & 0 & \lambda^3\end{pmatrix}.$$

例 16　设$\boldsymbol{A}=\begin{pmatrix}a & 0 & 0\\ 0 & b & 0\\ 0 & 0 & c\end{pmatrix}$, 求$\boldsymbol{A}^4$.

解　依题设, 根据方阵的幂运算、矩阵的乘法运算与对角矩阵的性质, 计算得

$$\boldsymbol{A}^2=\begin{pmatrix}a & 0 & 0\\ 0 & b & 0\\ 0 & 0 & c\end{pmatrix}\begin{pmatrix}a & 0 & 0\\ 0 & b & 0\\ 0 & 0 & c\end{pmatrix}=\begin{pmatrix}a^2 & 0 & 0\\ 0 & b^2 & 0\\ 0 & 0 & c^2\end{pmatrix},$$

$$\boldsymbol{A}^4=\boldsymbol{A}^2\boldsymbol{A}^2=\begin{pmatrix}a^2 & 0 & 0\\ 0 & b^2 & 0\\ 0 & 0 & c^2\end{pmatrix}\begin{pmatrix}a^2 & 0 & 0\\ 0 & b^2 & 0\\ 0 & 0 & c^2\end{pmatrix}=\begin{pmatrix}a^4 & 0 & 0\\ 0 & b^4 & 0\\ 0 & 0 & c^4\end{pmatrix}.$$

例 17　设$\boldsymbol{A}=\begin{pmatrix}0 & 1 & 0 & 0\\ 0 & 0 & 1 & 0\\ 0 & 0 & 0 & 1\\ 0 & 0 & 0 & 0\end{pmatrix}$, 求$\boldsymbol{A}^3$.

解　依题设, 根据方阵的幂运算与矩阵的乘法运算, 计算得

$$\boldsymbol{A}^2=\begin{pmatrix}0 & 1 & 0 & 0\\ 0 & 0 & 1 & 0\\ 0 & 0 & 0 & 1\\ 0 & 0 & 0 & 0\end{pmatrix}\begin{pmatrix}0 & 1 & 0 & 0\\ 0 & 0 & 1 & 0\\ 0 & 0 & 0 & 1\\ 0 & 0 & 0 & 0\end{pmatrix}=\begin{pmatrix}0 & 0 & 1 & 0\\ 0 & 0 & 0 & 1\\ 0 & 0 & 0 & 0\\ 0 & 0 & 0 & 0\end{pmatrix},$$

$$\boldsymbol{A}^3=\boldsymbol{A}^2\boldsymbol{A}=\begin{pmatrix}0 & 0 & 1 & 0\\ 0 & 0 & 0 & 1\\ 0 & 0 & 0 & 0\\ 0 & 0 & 0 & 0\end{pmatrix}\begin{pmatrix}0 & 1 & 0 & 0\\ 0 & 0 & 1 & 0\\ 0 & 0 & 0 & 1\\ 0 & 0 & 0 & 0\end{pmatrix}=\begin{pmatrix}0 & 0 & 0 & 1\\ 0 & 0 & 0 & 0\\ 0 & 0 & 0 & 0\\ 0 & 0 & 0 & 0\end{pmatrix}.$$

例 18　给出如图2－2－3所示的有向图, 写出与此有向图相关联的矩阵, 并找出从2到4的三步方法数和五步方法数.

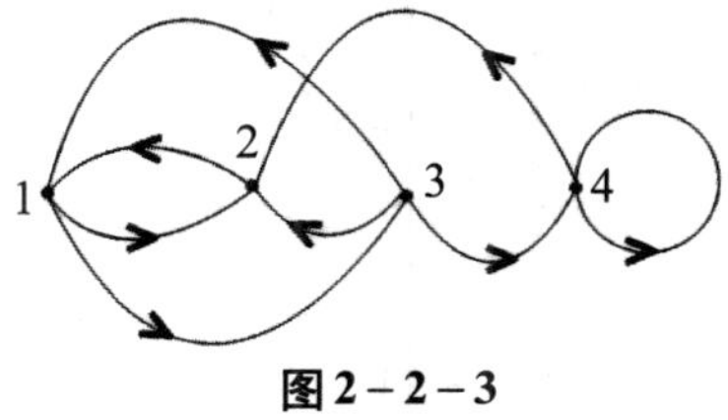

图2－2－3

解　根据图中的有向图，其邻接矩阵为:

$$\boldsymbol{A}=\begin{pmatrix}0&1&1&0\\1&0&0&0\\1&1&0&1\\0&1&0&1\end{pmatrix}.$$

要找到答案,只需要计算这个矩阵的三次幂,并查看第2行第4列的值. 根据方阵的幂运算与矩阵的乘法运算,计算得

$$\boldsymbol{A}^3=\begin{pmatrix}0&1&1&0\\1&0&0&0\\1&1&0&1\\0&1&0&1\end{pmatrix}^3=\begin{pmatrix}1&3&2&1\\2&1&0&1\\3&3&1&2\\1&2&1&1\end{pmatrix},$$

所以,从2到4的三步方法只有1种. 同理

$$\boldsymbol{A}^5=\begin{pmatrix}0&1&1&0\\1&0&0&0\\1&1&0&1\\0&1&0&1\end{pmatrix}^5=\begin{pmatrix}5&9&5&4\\5&4&1&3\\9&10&4&6\\4&6&3&3\end{pmatrix},$$

所以,从2到4的五步方法有3种.

注: 利用数学归纳法,对任意正整数 n,可以证明(详见本节习题13(3)):

$$\begin{pmatrix}a&0&0\\0&b&0\\0&0&c\end{pmatrix}^n=\begin{pmatrix}a^n&0&0\\0&b^n&0\\0&0&c^n\end{pmatrix}.$$

更一般地,对于任意实对角矩阵,我们还可以证明:

$$\begin{pmatrix}a_1&0&\cdots&0\\0&a_2&\cdots&0\\\vdots&\vdots&&\vdots\\0&0&\cdots&a_m\end{pmatrix}^n=\begin{pmatrix}a_1^n&0&\cdots&0\\0&a_2^n&\cdots&0\\\vdots&\vdots&&\vdots\\0&0&\cdots&a_m^n\end{pmatrix}.$$

这个结论在后续内容的学习中有着重要的应用.

*数学实验

实验 2.2 试计算下列方阵的幂.

(1) $\begin{pmatrix}0.95&0.12\\0.05&0.88\end{pmatrix}^{20}$;

(2) $\begin{pmatrix}3&-10&4\\4&-19&8\\8&-40&17\end{pmatrix}^{120}$;

(3) $\begin{pmatrix} -11 & 6 & 3 & 1 & -15 & 29 \\ -9 & 4 & 3 & 1 & -11 & 17 \\ 56 & -38 & -7 & -2 & 65 & -153 \\ 48 & -30 & -9 & -2 & 57 & -123 \\ 54 & -36 & -9 & -3 & 65 & -144 \\ 18 & -12 & -3 & -1 & 21 & -46 \end{pmatrix}^9$.

计算实验

微信扫描右侧的二维码即可进行计算实验 (详见教材配套的网络学习空间).

七、方阵的行列式

定义 7 由 n 阶方阵 $\boldsymbol{A}$ 的元素所构成的行列式(各元素的位置不变), 称为**方阵 $\boldsymbol{A}$ 的行列式**, 记作 $|\boldsymbol{A}|$ 或 $\det\boldsymbol{A}$.

注: 方阵与行列式是两个不同的概念, n 阶方阵是 n^2 个数按一定方式排成的数表, 而 n 阶行列式则是这些数按一定的运算法则所确定的一个数值(实数或复数).

方阵 $\boldsymbol{A}$ 的行列式 $|\boldsymbol{A}|$ 满足以下运算规律(设 $\boldsymbol{A}$, $\boldsymbol{B}$ 为 n 阶方阵, k 为常数):

(1) $|\boldsymbol{A}^{\mathrm{T}}| = |\boldsymbol{A}|$ (行列式性质 1); (2) $|k\boldsymbol{A}| = k^n|\boldsymbol{A}|$; (3) $|\boldsymbol{AB}| = |\boldsymbol{A}||\boldsymbol{B}|$.

证明 (1) (2)显然, 现证明(3). 设 $\boldsymbol{A}=(a_{ij})$, $\boldsymbol{B}=(b_{ij})$, 构建 $2n$ 阶行列式

$$D=\begin{vmatrix} a_{11} & \cdots & a_{1n} & & & \\ \vdots & & \vdots & & \boldsymbol{O} & \\ a_{n1} & \cdots & a_{nn} & & & \\ -1 & & & b_{11} & \cdots & b_{1n} \\ & \ddots & & \vdots & & \vdots \\ & & -1 & b_{n1} & \cdots & b_{nn} \end{vmatrix} = \begin{vmatrix} \boldsymbol{A} & \boldsymbol{O} \\ -\boldsymbol{E} & \boldsymbol{B} \end{vmatrix},$$

由拉普拉斯定理知, $D=|\boldsymbol{A}||\boldsymbol{B}|$. 而在行列式 D 中以 b_{1j} 乘第 1 列, b_{2j} 乘第 2 列, $\cdots$, b_{nj} 乘第 n 列, 都加到第 $n+j$ 列上 ($j=1, 2, \cdots, n$), 得

$$D=\begin{vmatrix} \boldsymbol{A} & \boldsymbol{C} \\ -\boldsymbol{E} & \boldsymbol{O} \end{vmatrix},$$

其中 $\boldsymbol{C}=(c_{ij})$, $c_{ij}=b_{1j}a_{i1}+b_{2j}a_{i2}+\cdots+b_{nj}a_{in}$, 所以, $\boldsymbol{C}=\boldsymbol{AB}$.

再对 D 的行作变换 $r_i \leftrightarrow r_{n+i}$ ($i=1, 2, \cdots, n$), 进一步计算得

$$D=(-1)^n\begin{vmatrix} -\boldsymbol{E} & \boldsymbol{O} \\ \boldsymbol{A} & \boldsymbol{C} \end{vmatrix}=(-1)^n|-\boldsymbol{E}||\boldsymbol{C}|=(-1)^n(-1)^n|\boldsymbol{C}|=|\boldsymbol{C}|=|\boldsymbol{AB}|,$$

所以, $|\boldsymbol{AB}|=|\boldsymbol{A}||\boldsymbol{B}|$. 证毕.

注: 由方阵的行列式的运算规律(3)知, 对于 n 阶矩阵 $\boldsymbol{A}, \boldsymbol{B}$, 虽然一般 $\boldsymbol{AB}\neq\boldsymbol{BA}$, 但

$$|\boldsymbol{AB}|=|\boldsymbol{A}||\boldsymbol{B}|=|\boldsymbol{B}||\boldsymbol{A}|=|\boldsymbol{BA}|.$$

例 19　设 $A^2+AB-A=O$, 其中 $A=\begin{pmatrix}1&-1&-1&-1\\-1&1&-1&-1\\-1&-1&1&-1\\-1&-1&-1&1\end{pmatrix}$, 求 $|AB|$ 的值.

解　根据矩阵的乘法运算与线性运算, 计算得

$$A^2=A\cdot A=\begin{pmatrix}1&-1&-1&-1\\-1&1&-1&-1\\-1&-1&1&-1\\-1&-1&-1&1\end{pmatrix}\begin{pmatrix}1&-1&-1&-1\\-1&1&-1&-1\\-1&-1&1&-1\\-1&-1&-1&1\end{pmatrix}=4E,$$

$$AB=A-4E=\begin{pmatrix}-3&-1&-1&-1\\-1&-3&-1&-1\\-1&-1&-3&-1\\-1&-1&-1&-3\end{pmatrix},$$

再利用方阵的行列式的运算规律, 得

$$|AB|=6\begin{vmatrix}1&1&1&1\\1&3&1&1\\1&1&3&1\\1&1&1&3\end{vmatrix}=6\begin{vmatrix}1&1&1&1\\0&2&0&0\\0&0&2&0\\0&0&0&2\end{vmatrix}=6\times1\times2\times2\times2=48.$$

例 20　设 $A=\begin{pmatrix}1&2&-3&1\\1&-2&1&1\\0&1&-1&2\\3&0&2&4\end{pmatrix}$, 求行列式 $|A^2|$ 的值.

解　根据 n 阶行列式的计算方法, 得

$$|A|=\begin{vmatrix}1&2&-3&1\\1&-2&1&1\\0&1&-1&2\\3&0&2&4\end{vmatrix}=40,$$

再利用方阵的行列式及其运算规律, 得

$$|A^2|=|A|^2=1\,600.$$

例 21　设 $\alpha, \beta, \gamma_1, \gamma_2$ 均为三维行向量, 矩阵

$$A=\begin{pmatrix}\alpha\\2\gamma_1\\3\gamma_2\end{pmatrix},\ B=\begin{pmatrix}\beta\\\gamma_1\\\gamma_2\end{pmatrix},$$

已知 $|\boldsymbol{A}|=18$, $|\boldsymbol{B}|=2$, 求 $|\boldsymbol{A}-\boldsymbol{B}|$.

解　根据矩阵的线性运算, 得

$$\boldsymbol{A}-\boldsymbol{B}=\begin{pmatrix}\boldsymbol{\alpha}-\boldsymbol{\beta}\\ \boldsymbol{\gamma}_1\\ 2\boldsymbol{\gamma}_2\end{pmatrix},$$

再由方阵行列式的运算规律, 得

$$|\boldsymbol{A}-\boldsymbol{B}|=\begin{vmatrix}\boldsymbol{\alpha}-\boldsymbol{\beta}\\ \boldsymbol{\gamma}_1\\ 2\boldsymbol{\gamma}_2\end{vmatrix}=\begin{vmatrix}\boldsymbol{\alpha}\\ \boldsymbol{\gamma}_1\\ 2\boldsymbol{\gamma}_2\end{vmatrix}-\begin{vmatrix}\boldsymbol{\beta}\\ \boldsymbol{\gamma}_1\\ 2\boldsymbol{\gamma}_2\end{vmatrix}=\begin{vmatrix}\boldsymbol{\alpha}\\ 2\boldsymbol{\gamma}_1\\ \boldsymbol{\gamma}_2\end{vmatrix}-2\begin{vmatrix}\boldsymbol{\beta}\\ \boldsymbol{\gamma}_1\\ \boldsymbol{\gamma}_2\end{vmatrix}$$

$$=\frac{1}{3}\begin{vmatrix}\boldsymbol{\alpha}\\ 2\boldsymbol{\gamma}_1\\ 3\boldsymbol{\gamma}_2\end{vmatrix}-2\begin{vmatrix}\boldsymbol{\beta}\\ \boldsymbol{\gamma}_1\\ \boldsymbol{\gamma}_2\end{vmatrix}=\frac{1}{3}|\boldsymbol{A}|-\mathbf{2}|\boldsymbol{B}|=2.$$

例 22　设 a, b, c, d 是不全为零的实数, 证明线性方程组

$$\begin{cases}ax_1+bx_2+cx_3+dx_4=0\\ bx_1-ax_2+dx_3-cx_4=0\\ cx_1-dx_2-ax_3+bx_4=0\\ dx_1+cx_2-bx_3-ax_4=0\end{cases}$$

仅有零解.

证明　题设线性方程组的系数矩阵为

$$\boldsymbol{A}=\begin{pmatrix}a&b&c&d\\ b&-a&d&-c\\ c&-d&-a&b\\ d&c&-b&-a\end{pmatrix},$$

因此, 利用矩阵的转置与矩阵的乘法运算, 计算得

$$\boldsymbol{A}\boldsymbol{A}^{\mathrm{T}}=\begin{pmatrix}a&b&c&d\\ b&-a&d&-c\\ c&-d&-a&b\\ d&c&-b&-a\end{pmatrix}\begin{pmatrix}a&b&c&d\\ b&-a&-d&c\\ c&d&-a&-b\\ d&-c&b&-a\end{pmatrix}$$

$$=\begin{pmatrix}a^2+b^2+c^2+d^2&0&0&0\\ 0&a^2+b^2+c^2+d^2&0&0\\ 0&0&a^2+b^2+c^2+d^2&0\\ 0&0&0&a^2+b^2+c^2+d^2\end{pmatrix},$$

进一步利用行列式的性质 1 与方阵的行列式的运算规律, 有

$$|\boldsymbol{A}|^2=|\boldsymbol{A}||\boldsymbol{A}^{\mathrm{T}}|=|\boldsymbol{A}\boldsymbol{A}^{\mathrm{T}}|=(a^2+b^2+c^2+d^2)^4 .$$

因题设 a, b, c, d 是不全为零的实数, 故

$$|\boldsymbol{A}|^2 \neq 0,$$

从而 $|\boldsymbol{A}| \neq 0$, 根据克莱姆法则知, 线性方程组仅有零解. 证毕.

*数学实验

实验 2.3　试计算下列行列式 (详见教材配套的网络学习空间):

$$(1)\begin{vmatrix} 0&1&0&3&0&0&0&0\\ 0&0&0&2&0&0&0&6\\ 0&0&4&0&0&8&0&0\\ 3&0&0&0&4&0&7&0\\ 0&6&0&0&0&0&8&0\\ 0&0&2&0&7&0&9&0\\ 5&0&0&1&0&0&0&0\\ 0&0&2&0&0&9&0&3 \end{vmatrix};\quad (2)\begin{vmatrix} 7&6&2&2&3&1&1&0\\ 9&1&6&3&3&4&8&9\\ 3&8&3&0&0&1&1&0\\ 0&2&3&0&2&4&6&5\\ 0&1&8&3&1&4&3&6\\ 1&1&1&5&5&4&9&7\\ 6&4&5&8&2&3&0&0\\ 1&3&5&0&3&0&2&2 \end{vmatrix}.$$

计算实验

实验 2.4　试通过下列方程组的系数行列式, 判断下列方程组解的情况.

$$(1)\begin{cases} 5x_2+x_3+6x_4+3x_5+x_6+x_7+2x_8=1\\ 4x_1+x_2+7x_4+x_5+2x_7=2\\ x_1+x_2+x_4+x_7+x_8=7\\ 6x_1+x_4+x_5+x_6+x_7+x_8=2\\ 5x_2+x_4+4x_6+x_7+3x_8=3\\ x_2+6x_4=1\\ x_2+x_3+x_4+7x_5+2x_7+6x_8=8\\ x_2+7x_5+3x_8=5 \end{cases};$$

计算实验

$$(2)\begin{cases} (1-k)x_1+(1+k)x_2-2x_3+3x_4+x_5-6x_6+4x_7-x_8=-1\\ (3-k)x_3+x_4-x_5+2x_6+3x_7+(5-k)x_8=11\\ (1-k)x_1+3x_2-x_3+2x_4+3x_5-3x_6+x_7+(8-k)x_8=9\\ (3-k)x_3+x_4-x_5+2x_6+3x_7-3x_8=3\\ (k-2)x_2-x_3+(5-k)x_4+(k-6)x_5-5x_6+(k+3)x_7-x_8=-10\\ (6-k)x_6+x_7-x_8=6\\ (2-k)x_2+x_3-x_4+(7-k)x_5+4x_6+(k-11)x_7-2x_8=0\\ (7-k)x_7+x_8=7 \end{cases}.$$

微信扫描右侧相应的二维码即可进行计算实验 (详见教材配套的网络学习空间).

八、对称矩阵

定义 8　设 $\boldsymbol{A}$ 为 n 阶方阵, 若 $\boldsymbol{A}^{\mathrm{T}}=\boldsymbol{A}$, 即 $a_{ij}=a_{ji}\ (i, j=1, 2, \cdots, n)$, 则称 $\boldsymbol{A}$ 为**对称矩阵**.

由定义可见, 对称矩阵的元素关于主对角线对称, 这种对称性使得对称矩阵在理论分析和实际应用中占据着核心地位. 例如, 在物理学与工程学领域中, 对称矩阵常用于描述系统的能量、惯性张量和刚度; 在机器学习与数据科学中, 用于分析变量间相关性的协方差矩阵是典型的对称矩阵; 在图论中, 无向图的邻接矩阵即为对称矩阵. 总之, 对称矩阵因其对称特性, 在数学建模、科学计算和数据分析中广泛应用.

例如, 矩阵 $\begin{pmatrix} 0 & -1 \\ -1 & 0 \end{pmatrix}$, $\begin{pmatrix} 8 & 6 & 1 \\ 6 & 9 & 0 \\ 1 & 0 & 5 \end{pmatrix}$ 均为对称矩阵.

若 $\boldsymbol{A}^{\mathrm{T}}=-\boldsymbol{A}$, 则称 $\boldsymbol{A}$ 为**反对称矩阵**.

例 23　设 $\boldsymbol{A}$ 与 $\boldsymbol{B}$ 是两个 n 阶反对称矩阵, 证明: 当且仅当 $\boldsymbol{AB}=-\boldsymbol{BA}$ 时, $\boldsymbol{AB}$ 是反对称矩阵.

证明　因 $\boldsymbol{A}$ 与 $\boldsymbol{B}$ 是反对称矩阵, 故

$$\boldsymbol{A}=-\boldsymbol{A}^{\mathrm{T}},\ \boldsymbol{B}^{\mathrm{T}}=-\boldsymbol{B}.$$

若 $\boldsymbol{AB}=-\boldsymbol{BA}$, 则利用矩阵转置的运算规律, 有

$$(\boldsymbol{AB})^{\mathrm{T}}=\boldsymbol{B}^{\mathrm{T}}\boldsymbol{A}^{\mathrm{T}}=-\boldsymbol{B}(-\boldsymbol{A})=\boldsymbol{BA}=-\boldsymbol{AB},$$

即 $\boldsymbol{AB}$ 是反对称矩阵.

反之, 设 $\boldsymbol{AB}$ 是反对称矩阵, 即 $(\boldsymbol{AB})^{\mathrm{T}}=-\boldsymbol{AB}$, 由此证得:

$$\boldsymbol{AB}=-(\boldsymbol{AB})^{\mathrm{T}}=-\boldsymbol{B}^{\mathrm{T}}\boldsymbol{A}^{\mathrm{T}}=-(-\boldsymbol{B})(-\boldsymbol{A})=-\boldsymbol{BA}.$$

例 24　设列矩阵 $\boldsymbol{X}=(x_1, x_2, \cdots, x_n)^{\mathrm{T}}$ 满足 $\boldsymbol{X}^{\mathrm{T}}\boldsymbol{X}=1$, $\boldsymbol{E}$ 为 n 阶单位矩阵, 而

$$\boldsymbol{H}=\boldsymbol{E}-2\boldsymbol{XX}^{\mathrm{T}},$$

试证: $\boldsymbol{H}$ 是对称矩阵, 且 $\boldsymbol{HH}^{\mathrm{T}}=\boldsymbol{E}$.

证明　依题设, 利用矩阵转置的运算规律, 有

$$\boldsymbol{H}^{\mathrm{T}}=(\boldsymbol{E}-2\boldsymbol{XX}^{\mathrm{T}})^{\mathrm{T}}=\boldsymbol{E}^{\mathrm{T}}-2(\boldsymbol{XX}^{\mathrm{T}})^{\mathrm{T}}=\boldsymbol{E}-2\boldsymbol{XX}^{\mathrm{T}}=\boldsymbol{H},$$

所以, $\boldsymbol{H}$ 是对称矩阵, 进一步证得:

$$\boldsymbol{HH}^{\mathrm{T}}=\boldsymbol{H}^2=(\boldsymbol{E}-2\boldsymbol{XX}^{\mathrm{T}})^2=\boldsymbol{E}-4\boldsymbol{XX}^{\mathrm{T}}+4(\boldsymbol{XX}^{\mathrm{T}})(\boldsymbol{XX}^{\mathrm{T}})=\boldsymbol{E}-4\boldsymbol{XX}^{\mathrm{T}}+4\boldsymbol{X}(\boldsymbol{X}^{\mathrm{T}}\boldsymbol{X})\boldsymbol{X}^{\mathrm{T}}=\boldsymbol{E}.$$

九、共轭矩阵

定义 9　设 $\boldsymbol{A}=(a_{ij})$ 为复(数)矩阵, 记 $\overline{\boldsymbol{A}}=(\overline{a_{ij}})$, 其中 $\overline{a_{ij}}$ 表示 a_{ij} 的共轭复数, 称 $\overline{\boldsymbol{A}}$ 为矩阵 $\boldsymbol{A}$ 的**共轭矩阵**.

共轭矩阵满足以下运算规律 (设 $\boldsymbol{A}$, $\boldsymbol{B}$ 为复矩阵, λ 为复数, 且运算都是可行的):

(1) $\overline{A+B}=\overline{A}+\overline{B}$;　　(2) $\overline{\lambda A}=\overline{\lambda}\,\overline{A}$;　　(3) $\overline{AB}=\overline{A}\,\overline{B}$;　　(4) $\overline{(A^{\mathrm{T}})}=(\overline{A})^{\mathrm{T}}$.

习题 2-2

1. 计算:

(1) $\begin{pmatrix}1&6&4\\-4&2&8\end{pmatrix}+\begin{pmatrix}-2&0&1\\2&-3&4\end{pmatrix}$;　　(2) $\begin{pmatrix}1&2\\0&1\end{pmatrix}-\begin{pmatrix}2&-2\\0&3\end{pmatrix}$.

2. 设 $A=\begin{pmatrix}1&2&1&2\\2&1&2&1\\1&2&3&4\end{pmatrix}$, $B=\begin{pmatrix}4&3&2&1\\-2&1&-2&1\\0&-1&0&-1\end{pmatrix}$.

(1) 求 $3A-B$;　　(2) 求 $2A+3B$;　　(3) 若 X 满足 $A+X=B$, 求 X.

3. 设 $A=\begin{pmatrix}x&0\\7&y\end{pmatrix}$, $B=\begin{pmatrix}u&v\\y&2\end{pmatrix}$, $C=\begin{pmatrix}3&-4\\x&v\end{pmatrix}$, 且 $A+2B-C=O$, 求 x, y, u, v 的值.

4. 计算:

(1) $\begin{pmatrix}4&3&1\\1&-2&3\\5&7&0\end{pmatrix}\begin{pmatrix}7\\2\\1\end{pmatrix}$;　　(2) $(1\ \ 2\ \ 3)\begin{pmatrix}3\\2\\1\end{pmatrix}$;　　(3) $\begin{pmatrix}3\\2\\1\end{pmatrix}(1\ \ 2\ \ 3)$;

(4) $\begin{pmatrix}1&2&3\\2&4&6\\3&6&9\end{pmatrix}\begin{pmatrix}-1&-2&-4\\-1&-2&-4\\1&2&4\end{pmatrix}$;　　(5) $\begin{pmatrix}1&2&3\\-2&1&2\end{pmatrix}\begin{pmatrix}1&2&0\\0&1&1\\3&0&-1\end{pmatrix}$;

(6) $\begin{pmatrix}\frac{2}{\sqrt{5}}&\frac{1}{\sqrt{5}}\\\frac{1}{\sqrt{5}}&-\frac{2}{\sqrt{5}}\end{pmatrix}\begin{pmatrix}\frac{1}{\sqrt{5}}&-\frac{2}{\sqrt{5}}\\\frac{2}{\sqrt{5}}&\frac{1}{\sqrt{5}}\end{pmatrix}$;　　(7) $(x_1\ \ x_2\ \ x_3)\begin{pmatrix}a_{11}&a_{12}&a_{13}\\a_{12}&a_{22}&a_{23}\\a_{13}&a_{23}&a_{33}\end{pmatrix}\begin{pmatrix}x_1\\x_2\\x_3\end{pmatrix}$;

(8) $\begin{pmatrix}1&-2&3\\3&2&-1\\2&3&1\end{pmatrix}\begin{pmatrix}1&0&0\\0&3&0\\0&0&2\end{pmatrix}+\begin{pmatrix}1&0&0\\0&3&0\\0&0&2\end{pmatrix}\begin{pmatrix}3&2&1\\1&-2&1\\2&3&3\end{pmatrix}$.

5. 设 $A=\begin{pmatrix}1&1&1\\1&1&-1\\1&-1&1\end{pmatrix}$, $B=\begin{pmatrix}1&2&3\\-1&-2&4\\0&5&1\end{pmatrix}$, 求 $3AB-2A$ 及 $A^{\mathrm{T}}B$.

6. 设有线性变换 $y=Ax$, 其中系数矩阵 A 分别取 $\begin{pmatrix}1&0\\0&0\end{pmatrix}$, $\begin{pmatrix}1&0\\0&-1\end{pmatrix}$ 时, 试求出向量 $x=\begin{pmatrix}1\\1\end{pmatrix}$ 在相应变换下对应的新变量 y, 并指出该变换的几何意义.

7. 已知两个线性变换

$$\begin{cases}x_1 = 2y_1 + y_3\\ x_2 = -2y_1+3y_2+2y_3\\ x_3 = 4y_1+y_2+5y_3\end{cases},\quad \begin{cases}y_1 = -3z_1+z_2\\ y_2 = 2z_1 + z_3\\ y_3 = -z_2+3z_3\end{cases},$$

求从 z_1, z_2, z_3 到 x_1, x_2, x_3 的线性变换.

8. 某企业某年出口到三个国家的两种货物的数量以及两种货物的单位价格、重量、体积见下表:

货物	出口数量			单位价格 (万元)	单位重量 (吨)	单位体积 (m^3)
	美国	德国	日本			
A_1	3 000	1 500	2 000	0.5	0.04	0.2
A_2	1 400	1 300	800	0.4	0.06	0.4

利用矩阵的乘法计算该企业出口到三个国家的货物的总价值、总重量、总体积.

9. 某商店一周内甲、乙、丙三种商品的日销售量及单位价格如下表所示:

商品	日销售量							位价格(元)
	日	一	二	三	四	五	六	
甲	11	9	3	0	10	7	2	4
乙	12	7	5	8	11	9	0	3
丙	10	6	4	5	6	10	3	2

试用矩阵计算并表示三种商品每天的销售额.

10. 解下列矩阵方程, 求出未知矩阵 $\boldsymbol{X}$.

(1) $\begin{pmatrix}2 & 5\\ 1 & 3\end{pmatrix}\boldsymbol{X}=\begin{pmatrix}4 & -6\\ 2 & 1\end{pmatrix}$;　　(2) $\begin{pmatrix}1 & 1 & -1\\ -2 & 1 & 1\\ 1 & 1 & 1\end{pmatrix}\boldsymbol{X}=\begin{pmatrix}2\\ 3\\ 6\end{pmatrix}$.

11. 设 $\boldsymbol{A}=\begin{pmatrix}1 & 1\\ 0 & 1\end{pmatrix}$, 求所有与 $\boldsymbol{A}$ 可交换的矩阵.

12. 已知 $\boldsymbol{A}=(a_{ij})$ 为 n 阶方阵, 写出:

(1) $\boldsymbol{A}^2$ 的第 k 行第 l 列元素;　　(2) $\boldsymbol{A}\boldsymbol{A}^{\mathrm{T}}$ 的第 k 行第 l 列元素.

13. 计算下列矩阵 (其中 n 为正整数).

(1) $\begin{pmatrix}1 & 1\\ 0 & 0\end{pmatrix}^n$;　　(2) $\begin{pmatrix}1 & 0\\ \lambda & 1\end{pmatrix}^n$;　　(3) $\begin{pmatrix}a & 0 & 0\\ 0 & b & 0\\ 0 & 0 & c\end{pmatrix}^n$;　　(4) $\begin{pmatrix}\lambda & 1 & 0\\ 0 & \lambda & 1\\ 0 & 0 & \lambda\end{pmatrix}^n$.

14. 设 $\boldsymbol{A}=\begin{pmatrix}0 & -1 & 0\\ 1 & 0 & 0\\ 0 & 0 & -1\end{pmatrix}$, 求 $\boldsymbol{A}^2$, $\boldsymbol{A}^4$.

15. 已知 $\boldsymbol{\alpha}=(1, 2, 3)$, $\boldsymbol{\beta}=\left(1, \frac{1}{2}, \frac{1}{3}\right)$, 设矩阵 $\boldsymbol{A}=\boldsymbol{\alpha}^{\mathrm{T}}\boldsymbol{\beta}$, 其中 $\boldsymbol{\alpha}^{\mathrm{T}}$ 是 $\boldsymbol{\alpha}$ 的转置, 求 $\boldsymbol{A}^n$ (n 为正整数).

16. 计算行列式 $D=\begin{vmatrix} a & b & c & d \\ -b & a & -d & c \\ -c & d & a & -b \\ -d & -c & b & a \end{vmatrix}$.

17. 设 $\boldsymbol{A}^2+\boldsymbol{AB}-\boldsymbol{A}^3=\boldsymbol{E}$, $\boldsymbol{A}=\begin{pmatrix} 1 & -1 & -1 & -1 \\ -1 & 1 & -1 & -1 \\ -1 & -1 & 1 & -1 \\ -1 & -1 & -1 & 1 \end{pmatrix}$, 求 $|\boldsymbol{AB}|$.

18. 设 $\boldsymbol{A}$ 是 n 阶矩阵, 满足 $\boldsymbol{AA}^{\mathrm{T}}=\boldsymbol{E}$, $|\boldsymbol{A}|<1$, 证明 $|\boldsymbol{A}+\boldsymbol{E}|=0$.

19. 设 $\boldsymbol{A}=\begin{pmatrix} 1 & 2 \\ 2 & 0 \\ 1 & -1 \\ -2 & 3 \end{pmatrix}$, $\boldsymbol{B}=\begin{pmatrix} 0 & 3 & 1 & -2 \\ 1 & 2 & 0 & -1 \end{pmatrix}$, 求 $|-\boldsymbol{AB}|$ 和 $|\boldsymbol{BA}|$.

20. 设二阶矩阵 $\boldsymbol{A}=(\boldsymbol{\alpha}\ \ \boldsymbol{\beta})$, $\boldsymbol{B}=\boldsymbol{\alpha\beta}^{\mathrm{T}}-\boldsymbol{\beta\alpha}^{\mathrm{T}}$. 若 $|\boldsymbol{A}|=-2$, 求 $|\boldsymbol{B}|$.

21. 设 $\boldsymbol{A}, \boldsymbol{B}$ 都是 n 阶对称矩阵, 证明 $\boldsymbol{AB}$ 为对称矩阵的充分必要条件是 $\boldsymbol{AB}=\boldsymbol{BA}$.

22. 证明: 对任意 $m\times n$ 矩阵 $\boldsymbol{A}$, $\boldsymbol{A}^{\mathrm{T}}\boldsymbol{A}$ 及 $\boldsymbol{AA}^{\mathrm{T}}$ 都是对称矩阵.

23. 已知 $\boldsymbol{A}=\begin{pmatrix} 0 & 2a-3b+c & 3a-5b+5c \\ -2 & 0 & 5a-8b+6c \\ -3 & -5 & d \end{pmatrix}$ 是反对称矩阵, 求 a, b, c, d 的值.

24. 设矩阵 $\boldsymbol{A}$ 为三阶矩阵, 且已知 $|\boldsymbol{A}|=m$, 求 $|-m\boldsymbol{A}|$.

25. 下表记录了一家服装店 9 月和 10 月的销售额. 设 $\boldsymbol{A}$ 表示 9 月销售额的 4×3 矩阵, $\boldsymbol{B}$ 表示 10 月销售额的 4×3 矩阵.

种类	9月			10月		
	小	中	大	小	中	大
衬衫	53	72	61	43	56	38
牛仔裤	45	56	50	23	31	30
西装	22	45	39	11	15	13
雨衣	18	25	21	10	16	12

(1) 矩阵 $\boldsymbol{A}+\boldsymbol{B}$ 和 $\boldsymbol{A}-\boldsymbol{B}$ 分别代表什么?

(2) 求一个列向量 $\boldsymbol{x}$, 使 $\boldsymbol{Ax}$ 表示 9 月销售的衬衫、牛仔裤、西装和雨衣的数量列表;

(3) 求一个行向量 $\boldsymbol{y}$, 使 $\boldsymbol{yA}$ 表示 9 月销售的小号、中号和大号商品的数量列表;

(4) 对于(2) (3)所得向量, $\boldsymbol{yAx}$ 代表什么?

26. 假设 A 类物品的单价为 1 万元, B 类物品的单价为 2 万元, C 类物品的单价为 3 万元. 下表记录了一年中前四个月购买的每种物品的数量 (单位: 件):

月份	数量		
	A类	B类	C类
1月	3	4	3
2月	5	6	0
3月	2	9	4
4月	1	1	7

问乘积$\begin{pmatrix} 3 & 4 & 3 \\ 5 & 6 & 0 \\ 2 & 9 & 4 \\ 1 & 1 & 7 \end{pmatrix}\begin{pmatrix} 1 \\ 2 \\ 3 \end{pmatrix}$代表什么？

27. 某公司为了技术更新，计划对职工实行分批脱产轮训. 已知该公司现有2 000人正在脱产轮训，而不脱产职工有8 000人. 若每年从不脱产职工中抽调30%的人脱产轮训，同时又有60%脱产轮训的职工结业回到生产岗位. 设职工总数不变，令

$$\boldsymbol{A}=\begin{pmatrix} 0.7 & 0.6 \\ 0.3 & 0.4 \end{pmatrix},\ \boldsymbol{X}=\begin{pmatrix} 8\,000 \\ 2\,000 \end{pmatrix},$$

用$\boldsymbol{A}$与$\boldsymbol{X}$通过矩阵运算表示一年后和两年后的职工状况，并据此计算届时不脱产职工与脱产职工各有多少人.

28. 一家工厂生产三种产品并将它们运送到两个仓库进行存储. 运送到每个仓库的每种产品的数量由矩阵$\boldsymbol{A}=\begin{pmatrix} 200 & 75 \\ 150 & 100 \\ 100 & 125 \end{pmatrix}$给出（其中$a_{ij}$是运送到仓库$j$的产品$i$的数量，产品按字母顺序排列）. 用卡车运送每单位产品的成本分别为2.50元、2.00元和3.00元，通过火车运输的相应单位成本分别为2.75元、2.50元和2.00元. 将这些成本组织成矩阵$\boldsymbol{B}$，然后使用矩阵乘法来比较通过卡车和火车将产品运送到两个仓库的成本.

29. 在某个乳品超市，矩阵$\boldsymbol{A}$显示了某周的周五、周六和周日销售的高钙牛奶、全脂牛奶和脱脂牛奶的升数，而矩阵$\boldsymbol{B}$给出了销售的三种牛奶每升的销售价格和每升的利润.

$$\boldsymbol{A}=\begin{pmatrix} 40 & 64 & 52 \\ 60 & 82 & 76 \\ 76 & 96 & 84 \end{pmatrix},\ \boldsymbol{B}=\begin{pmatrix} 3.32 & 1.32 \\ 3.22 & 1.07 \\ 3.12 & 0.92 \end{pmatrix}.$$

(1) 求矩阵$\boldsymbol{AB}$，并说明$\boldsymbol{AB}$的含义；

(2) 求出这家乳品超市周五至周日的总利润.

30. 一位医学研究人员正在研究病毒在1 000只实验室小鼠群体中的传播情况. 在任何一周内，感染病毒的小鼠战胜病毒的概率为80%，而在同一周内，未感染病毒的小鼠被感染的概率为10%. 目前有100只小鼠感染了该病毒. 下周会有多少只小鼠被感染？两周后会有多少只小鼠被感染？

31. 制造厂的市场研究部门确定, 在任何一个月购买工厂产品的人中, 有 20% 的人不会在下个月购买该产品. 另外, 在任何一个月不购买该产品的人中, 30% 的人会在下个月购买该产品. 在 1 000 人的群体中, 本月有 100 人购买了该产品, 下个月会有多少人购买该产品? 两个月后呢?

§2.3 逆矩阵

一、逆矩阵的概念

回顾一下实数的乘法逆元, 对于数 $a\neq 0$, 总存在唯一的乘法逆元 a^{-1}, 使得

$$a\cdot a^{-1}=1 \text{ 且 } a^{-1}\cdot a=1. \tag{3.1}$$

数的逆元在解方程时起着重要作用. 例如, 解一元一次方程 $ax=b$, 当 $a\neq 0$ 时, 其解为 $x=a^{-1}b$.

由于矩阵乘法不满足交换律, 因此将逆元的概念推广到矩阵时, 式 (3.1) 中的两个方程需同时满足. 此外, 根据两矩阵乘积的定义, 仅当我们所讨论的矩阵是方阵时, 才有可能得到一个完全的推广.

定义 1 对于 n 阶矩阵 $\boldsymbol{A}$, 若存在一个 n 阶矩阵 $\boldsymbol{B}$, 使得 $\boldsymbol{AB}=\boldsymbol{BA}=\boldsymbol{E}$, 则称矩阵 $\boldsymbol{A}$ 为**可逆矩阵**, 而矩阵 $\boldsymbol{B}$ 称为 $\boldsymbol{A}$ 的**逆矩阵**. 矩阵 $\boldsymbol{A}$ 的逆矩阵常记为 $\boldsymbol{A}^{-1}$.

注: 对于 n 阶矩阵 $\boldsymbol{A}$ 与 $\boldsymbol{B}$, 若 $\boldsymbol{AB}=\boldsymbol{BA}=\boldsymbol{E}$, 则称矩阵 $\boldsymbol{A}$ 与 $\boldsymbol{B}$ 互为**逆矩阵**, 又称矩阵 $\boldsymbol{A}$ 与 $\boldsymbol{B}$ 是**互逆**的.

例如, 矩阵 $\begin{pmatrix}1&2&4\\0&1&2\\1&0&1\end{pmatrix}$ 和 $\begin{pmatrix}1&-2&0\\2&-3&-2\\-1&2&1\end{pmatrix}$ 是互逆的, 因为

$$\begin{pmatrix}1&2&4\\0&1&2\\1&0&1\end{pmatrix}\begin{pmatrix}1&-2&0\\2&-3&-2\\-1&2&1\end{pmatrix}=\begin{pmatrix}1&0&0\\0&1&0\\0&0&1\end{pmatrix},$$

$$\begin{pmatrix}1&-2&0\\2&-3&-2\\-1&2&1\end{pmatrix}\begin{pmatrix}1&2&4\\0&1&2\\1&0&1\end{pmatrix}=\begin{pmatrix}1&0&0\\0&1&0\\0&0&1\end{pmatrix}.$$

命题 1 若矩阵 $\boldsymbol{A}$ 是可逆的, 则 $\boldsymbol{A}$ 的逆矩阵是唯一的.

事实上, 设 $\boldsymbol{B}$ 和 $\boldsymbol{C}$ 都是 $\boldsymbol{A}$ 的逆矩阵, 则有

$$\boldsymbol{AB}=\boldsymbol{BA}=\boldsymbol{E},\ \boldsymbol{AC}=\boldsymbol{CA}=\boldsymbol{E},\ \boldsymbol{B}=\boldsymbol{EB}=(\boldsymbol{CA})\boldsymbol{B}=\boldsymbol{C}(\boldsymbol{AB})=\boldsymbol{CE}=\boldsymbol{C},$$

所以, 矩阵 $\boldsymbol{A}$ 的逆矩阵唯一, 记为 $\boldsymbol{A}^{-1}$.

定义 2 若 n 阶矩阵 $\boldsymbol{A}$ 的行列式 $|\boldsymbol{A}|\neq 0$, 则称 $\boldsymbol{A}$ 为**非奇异的**, 否则称 $\boldsymbol{A}$ 为**奇异的**.

逆矩阵在数学和工程领域中具有重要意义, 是线性代数的核心概念之一. 在矩阵的运算

中，逆矩阵可以帮助解决线性方程组问题，尤其在系数矩阵非奇异时，对矩阵方程 $\boldsymbol{Ax}=\boldsymbol{b}$，可通过其逆矩阵 $\boldsymbol{A}^{-1}$ 直接计算解向量 $\boldsymbol{x}=\boldsymbol{A}^{-1}\boldsymbol{b}$.

逆矩阵在计算几何中常用于坐标变换，例如，旋转、缩放和平移变换的逆运算. 它还广泛应用于图像处理、机器学习和信号处理等领域，在优化和数据拟合中起着关键作用. 此外，逆矩阵在控制论中用于设计逆控制系统，在经济学中用于模型求解与参数估计. 通过逆矩阵，可以方便地分析多变量系统的动态行为并解决相关问题.

例 1 如果 $\boldsymbol{A}=\begin{pmatrix} a_1 & 0 & \cdots & 0 \\ 0 & a_2 & \cdots & 0 \\ \vdots & \vdots & & \vdots \\ 0 & 0 & \cdots & a_n \end{pmatrix}$，其中 $a_i \neq 0\ (i=1, 2, \cdots, n)$，试求 $\boldsymbol{A}^{-1}$.

解 根据逆矩阵的定义，因为

$$\begin{pmatrix} a_1 & 0 & \cdots & 0 \\ 0 & a_2 & \cdots & 0 \\ \vdots & \vdots & & \vdots \\ 0 & 0 & \cdots & a_n \end{pmatrix}\begin{pmatrix} a_1^{-1} & 0 & \cdots & 0 \\ 0 & a_2^{-1} & \cdots & 0 \\ \vdots & \vdots & & \vdots \\ 0 & 0 & \cdots & a_n^{-1} \end{pmatrix}=\begin{pmatrix} a_1^{-1} & 0 & \cdots & 0 \\ 0 & a_2^{-1} & \cdots & 0 \\ \vdots & \vdots & & \vdots \\ 0 & 0 & \cdots & a_n^{-1} \end{pmatrix}\begin{pmatrix} a_1 & 0 & \cdots & 0 \\ 0 & a_2 & \cdots & 0 \\ \vdots & \vdots & & \vdots \\ 0 & 0 & \cdots & a_n \end{pmatrix}=\boldsymbol{E}_n,$$

所以，$\boldsymbol{A}^{-1}=\begin{pmatrix} a_1^{-1} & 0 & \cdots & 0 \\ 0 & a_2^{-1} & \cdots & 0 \\ \vdots & \vdots & & \vdots \\ 0 & 0 & \cdots & a_n^{-1} \end{pmatrix}$.

二、伴随矩阵及其与逆矩阵的关系

定义 3 行列式 $|\boldsymbol{A}|$ 的各个代数余子式 A_{ij} 按下列排列方式构成的新矩阵

$$\boldsymbol{A}^*=\begin{pmatrix} A_{11} & A_{21} & \cdots & A_{n1} \\ A_{12} & A_{22} & \cdots & A_{n2} \\ \vdots & \vdots & & \vdots \\ A_{1n} & A_{2n} & \cdots & A_{nn} \end{pmatrix}, \tag{3.2}$$

称为矩阵 $\boldsymbol{A}$ 的**伴随矩阵**.

例 2 设矩阵 $\boldsymbol{A}=\begin{pmatrix} 1 & 0 & 1 \\ 2 & 1 & 0 \\ -3 & 2 & -5 \end{pmatrix}$，求矩阵 $\boldsymbol{A}$ 的伴随矩阵 $\boldsymbol{A}^*$.

解 根据伴随矩阵的定义, 利用行列式展开定理与二阶行列式的计算, 得

$$A_{11}=\begin{vmatrix}1 & 0\\ 2 & -5\end{vmatrix}=1\times(-5)-2\times 0=-5.$$

同理可得 $A_{12}=10$, $A_{13}=7$, $A_{21}=2$, $A_{22}=-2$, $A_{23}=-2$, $A_{31}=-1$, $A_{32}=2$, $A_{33}=1$, 所以

$$\boldsymbol{A}^*=\begin{pmatrix}-5 & 2 & -1\\ 10 & -2 & 2\\ 7 & -2 & 1\end{pmatrix}.$$

定理 1 n 阶矩阵 $\boldsymbol{A}$ 可逆的充分必要条件是其行列式 $|\boldsymbol{A}|\neq 0$, 且当 $\boldsymbol{A}$ 可逆时, 有

$$\boldsymbol{A}^{-1}=\frac{1}{|\boldsymbol{A}|}\boldsymbol{A}^*, \tag{3.3}$$

其中 $\boldsymbol{A}^*$ 为 $\boldsymbol{A}$ 的伴随矩阵.

证明 必要性. 由 $\boldsymbol{A}$ 可逆知, 存在 n 阶方阵 $\boldsymbol{B}$, 满足 $\boldsymbol{AB}=\boldsymbol{E}$, 从而

$$|\boldsymbol{A}||\boldsymbol{B}|=|\boldsymbol{AB}|=|\boldsymbol{E}|=1\neq 0.$$

因此 $|\boldsymbol{A}|\neq 0$, 同时 $|\boldsymbol{B}|\neq 0$.

充分性. 设 $\boldsymbol{A}=(a_{ij})_{m\times n}$, 利用矩阵的乘法运算与行列式展开定理, 得

$$\boldsymbol{AA}^*=\begin{pmatrix}a_{11} & a_{12} & \cdots & a_{1n}\\ a_{21} & a_{22} & \cdots & a_{2n}\\ \vdots & \vdots & & \vdots\\ a_{n1} & a_{n2} & \cdots & a_{nn}\end{pmatrix}\begin{pmatrix}A_{11} & A_{21} & \cdots & A_{n1}\\ A_{12} & A_{22} & \cdots & A_{n2}\\ \vdots & \vdots & & \vdots\\ A_{1n} & A_{2n} & \cdots & A_{nn}\end{pmatrix}=\begin{pmatrix}|\boldsymbol{A}| & 0 & \cdots & 0\\ 0 & |\boldsymbol{A}| & \cdots & 0\\ \vdots & \vdots & & \vdots\\ 0 & 0 & \cdots & |\boldsymbol{A}|\end{pmatrix}=|\boldsymbol{A}|\boldsymbol{E}.$$

且当 $|\boldsymbol{A}|\neq 0$ 时, 有 $\boldsymbol{A}\left(\dfrac{1}{|\boldsymbol{A}|}\boldsymbol{A}^*\right)=\boldsymbol{E}$. 所以, $\boldsymbol{A}^{-1}=\dfrac{1}{|\boldsymbol{A}|}\boldsymbol{A}^*$. 证毕.

根据上述定理, 当 $|\boldsymbol{A}|\neq 0$ 时, 在式 (3.3) 两端右乘方阵 $\boldsymbol{A}$ 得: $\boldsymbol{A}^*\boldsymbol{A}=|\boldsymbol{A}|\boldsymbol{E}$.

伴随矩阵是与矩阵的逆运算密切相关的重要工具. 在方阵 $\boldsymbol{A}$ 非奇异的情况下, 其逆矩阵 $\boldsymbol{A}^{-1}$ 可以通过伴随矩阵 $\boldsymbol{A}^*$ 和矩阵的行列式 $|\boldsymbol{A}|$ 按定理 1 的式 (3.3) 计算得到. 利用定理 1 求逆矩阵的方法称为**伴随矩阵法**.

伴随矩阵是由原矩阵的代数余子式构造而成的. 它提供了一种直接计算逆矩阵的方法, 尤其在手算或特殊矩阵形式下十分便利. 伴随矩阵和逆矩阵的关系在应用中也非常重要. 例如, 在解线性方程组时, 伴随矩阵用于表达解的形式; 在矩阵分析和线性代数中, 它用于研究矩阵特性, 如本书后续的特征值和特征向量. 此外, 在物理学和工程学中, 伴随矩阵用于线性变换的逆运算和复杂系统建模, 是理论研究与实际计算的重要桥梁.

由定理1的证明得到伴随矩阵的一个基本性质:

$$AA^*=A^*A=|A|E. \tag{3.4}$$

推论 1　若 $AB=E$ (或 $BA=E$), 则 $B=A^{-1}$.

证明　依题设, $AB=E$, 两端取行列式, 得 $|A||B|=1$, $|A|\neq 0$, 故 A^{-1} 存在, 且

$$B=EB=(A^{-1}A)B=A^{-1}(AB)=A^{-1}E=A^{-1},$$

即 $B=A^{-1}$. 证毕.

例 3　求例2中矩阵 A 的逆矩阵 A^{-1}.

解　利用行列式的性质与行列式展开定理, 计算得

$$|A|=\begin{vmatrix}1&0&1\\2&1&0\\-3&2&-5\end{vmatrix}=\begin{vmatrix}1&0&0\\2&1&-2\\-3&2&-2\end{vmatrix}=\begin{vmatrix}1&-2\\2&-2\end{vmatrix}=2\neq 0,$$

故矩阵 A 可逆, 由例2的结果, 已知 $A^*=\begin{pmatrix}-5&2&-1\\10&-2&2\\7&-2&1\end{pmatrix}$, 所以

$$A^{-1}=\frac{1}{|A|}A^*=\frac{1}{2}\begin{pmatrix}-5&2&-1\\10&-2&2\\7&-2&1\end{pmatrix}=\begin{pmatrix}-5/2&1&-1/2\\5&-1&1\\7/2&-1&1/2\end{pmatrix}.$$

例 4　求矩阵 $A=\begin{pmatrix}\mathrm{e}^t&0&0\\0&\cos t&\sin t\\0&\cos t-\sin t&\cos t+\sin t\end{pmatrix}$ 的逆.

解　依题设, 利用行列式的性质与三角函数的基本公式, 有

$$|A|=\mathrm{e}^t\neq 0,$$

再由利用伴随矩阵求逆矩阵的公式(3.3), 计算得

$$A^{-1}=\frac{1}{|A|}A^*=\begin{pmatrix}\mathrm{e}^{-t}&0&0\\0&\sin t+\cos t&-\sin t\\0&\sin t-\cos t&\cos t\end{pmatrix}.$$

例 5　设 $A=(a_{ij})$ 是三阶非零矩阵, $|A|$ 为 A 的行列式, A_{ij} 为 a_{ij} 的代数余子式, 若

$$a_{ij}+A_{ij}=0\ (i,j=1,2,3),$$

试证: $|A^*|=|A|^2$.

证明　依题设, 由伴随矩阵的定义, 得

$$A^* = \begin{pmatrix} A_{11} & A_{21} & A_{31} \\ A_{12} & A_{22} & A_{32} \\ A_{13} & A_{23} & A_{33} \end{pmatrix} = \begin{pmatrix} -a_{11} & -a_{21} & -a_{31} \\ -a_{12} & -a_{22} & -a_{32} \\ -a_{13} & -a_{23} & -a_{33} \end{pmatrix} = -A^{\mathrm{T}},$$

两边取方阵的行列式, 得

$$|A^*| = |-A^{\mathrm{T}}| = (-1)^3|A^{\mathrm{T}}| = -|A|,$$

再根据伴随矩阵的性质, 得

$$AA^* = |A|E \Rightarrow |A||A^*| = |A|^3 \Rightarrow |A^*| = |A|^2.$$

证毕.

例 6 设矩阵 $A = \begin{pmatrix} 2 & 1 & 0 \\ 1 & 2 & 0 \\ 0 & 0 & 1 \end{pmatrix}$, 矩阵 B 满足 $ABA^* = 2BA^* + E$, 其中 A^* 为 A 的伴随矩阵, E 是单位矩阵, 求 $|B|$.

解 利用矩阵多项式及其运算, 将题设矩阵方程变形为

$$(A-2E)BA^* = E,$$

再根据方阵的行列式及其运算规律, 得

$$|A-2E|\cdot|B|\cdot|A^*| = |E| = 1, \tag{3.5}$$

利用行列式的定义与行列式展开定理, 得

$$|A-2E| = \begin{vmatrix} 0 & 1 & 0 \\ 1 & 0 & 0 \\ 0 & 0 & -1 \end{vmatrix} = 1,$$

$$|A| = \begin{vmatrix} 2 & 1 & 0 \\ 1 & 2 & 0 \\ 0 & 0 & 1 \end{vmatrix} = \begin{vmatrix} 2 & 1 \\ 1 & 2 \end{vmatrix} = 3,$$

根据伴随矩阵的性质, 得 $|A^*| = |A|^{3-1} = 9$, 将上述结果代入式 (3.5), 即得 $|B| = \dfrac{1}{9}$.

例 7 已知 $A = \begin{pmatrix} 1 & 0 & 0 & 0 & 0 \\ 0 & 2 & 0 & 0 & 0 \\ 0 & 0 & 3 & 0 & 0 \\ 0 & 0 & 0 & 4 & 0 \\ 0 & 0 & 0 & 0 & 5 \end{pmatrix}$, 试用伴随矩阵法求 A^{-1}.

解 因行列式 $|A| = 5! \neq 0$, 故矩阵 A 的逆矩阵 A^{-1} 存在. 因此, 根据伴随矩阵法, 得

$$A^{-1} = \frac{A^*}{|A|} = \frac{1}{5!}\begin{pmatrix} 2\times3\times4\times5 & 0 & 0 & 0 & 0 \\ 0 & 1\times3\times4\times5 & 0 & 0 & 0 \\ 0 & 0 & 1\times2\times4\times5 & 0 & 0 \\ 0 & 0 & 0 & 1\times2\times3\times5 & 0 \\ 0 & 0 & 0 & 0 & 1\times2\times3\times4 \end{pmatrix}$$

$$=\begin{pmatrix}1&0&0&0&0\\0&1/2&0&0&0\\0&0&1/3&0&0\\0&0&0&1/4&0\\0&0&0&0&1/5\end{pmatrix}.$$

***数学实验**

实验 2.5　试用伴随矩阵法, 求下列矩阵的逆矩阵.

$$(1)\begin{pmatrix}4&7&1&2&1&1&2&7\\6&7&6&3&0&1&3&1\\1&1&3&2&1&3&1&2\\6&8&7&1&4&3&2&1\\2&7&2&2&2&1&2&3\\1&2&0&1&1&2&1&1\\1&4&4&2&7&1&1&2\\2&1&6&0&0&2&2&2\end{pmatrix};\quad (2)\begin{pmatrix}8&8&2&2&4&1&2&1\\9&2&8&4&3&5&8&9\\4&8&4&1&0&2&1&0\\1&2&4&1&2&6&8&8\\1&1&8&4&1&6&4&8\\2&2&2&8&8&7&9&8\\8&5&8&8&2&3&1&1\\2&3&8&1&4&1&3&2\end{pmatrix}.$$

计算实验

微信扫描右侧的二维码即可进行计算实验 (详见教材配套的网络学习空间).

三、逆矩阵的运算性质

(1) 若矩阵 $\boldsymbol{A}$ 可逆, 则其逆矩阵 $\boldsymbol{A}^{-1}$ 也可逆, 且 $(\boldsymbol{A}^{-1})^{-1}=\boldsymbol{A}$.

(2) 若矩阵 $\boldsymbol{A}$ 可逆, 数 $k\neq 0$, 则 $(k\boldsymbol{A})^{-1}=\dfrac{1}{k}\boldsymbol{A}^{-1}$.

(3) 两个同阶可逆矩阵 $\boldsymbol{A}, \boldsymbol{B}$ 的乘积是可逆矩阵, 且 $(\boldsymbol{AB})^{-1}=\boldsymbol{B}^{-1}\boldsymbol{A}^{-1}$.

证明　根据矩阵乘法的运算规律与逆矩阵的概念, 因为

$$\boldsymbol{AB}(\boldsymbol{B}^{-1}\boldsymbol{A}^{-1})=\boldsymbol{A}(\boldsymbol{BB}^{-1})\boldsymbol{A}^{-1}=\boldsymbol{AEA}^{-1}=\boldsymbol{AA}^{-1}=\boldsymbol{E},$$

所以, $(\boldsymbol{AB})^{-1}=\boldsymbol{B}^{-1}\boldsymbol{A}^{-1}$. 证毕.

注: 此性质可推广至任意有限个同阶可逆矩阵的情形, 即若 $\boldsymbol{A}_1, \boldsymbol{A}_2, \cdots, \boldsymbol{A}_n$ 均是 n 阶可逆矩阵, 则 $\boldsymbol{A}_1\boldsymbol{A}_2\cdots\boldsymbol{A}_n$ 可逆, 且 $(\boldsymbol{A}_1\boldsymbol{A}_2\cdots\boldsymbol{A}_n)^{-1}=\boldsymbol{A}_n^{-1}\boldsymbol{A}_{n-1}^{-1}\cdots\boldsymbol{A}_1^{-1}$.

(4) 若矩阵 $\boldsymbol{A}$ 可逆, 则 $\boldsymbol{A}^{\mathrm{T}}$ 可逆, 且 $(\boldsymbol{A}^{\mathrm{T}})^{-1}=(\boldsymbol{A}^{-1})^{\mathrm{T}}$.

证明　因 $\boldsymbol{A}^{\mathrm{T}}(\boldsymbol{A}^{-1})^{\mathrm{T}}=(\boldsymbol{A}^{-1}\boldsymbol{A})^{\mathrm{T}}=\boldsymbol{E}^{\mathrm{T}}=\boldsymbol{E}$, 故 $(\boldsymbol{A}^{\mathrm{T}})^{-1}=(\boldsymbol{A}^{-1})^{\mathrm{T}}$. 证毕.

(5) 若矩阵 $\boldsymbol{A}$ 可逆, 则 $|\boldsymbol{A}^{-1}|=|\boldsymbol{A}|^{-1}$.

证明　因 $\boldsymbol{AA}^{-1}=\boldsymbol{E}$, 故 $|\boldsymbol{A}||\boldsymbol{A}^{-1}|=1$, 从而 $|\boldsymbol{A}^{-1}|=|\boldsymbol{A}|^{-1}$. 证毕.

熟练掌握逆矩阵的运算性质具有以下几方面的好处: 显著提升解线性方程组问题的效率; 快速简化矩阵求逆与矩阵变换等复杂运算; 在工程学、物理学、经济学等领域, 有助于快速构建实际问题的数学模型并求解; 在矩阵理论与数值分析等领域, 有助于提高对基础理

论的研究能力.

例 8 设$A=\begin{pmatrix}1&0&0\\2&2&0\\3&4&5\end{pmatrix}$, A^*是A的伴随矩阵, 求$(A^*)^{-1}$.

解 依题设, 由下三角形行列式知, $|A|=10\neq 0$, 即A可逆, 故由伴随矩阵的性质与逆矩阵的运算性质, 得

$$(A^*)^{-1}=(|A|A^{-1})^{-1}=\frac{1}{|A|}A,$$

再由矩阵的数乘运算, 即得

$$(A^*)^{-1}=\frac{1}{|A|}A=\frac{1}{10}A=\begin{pmatrix}1/10&0&0\\1/5&1/5&0\\3/10&2/5&1/2\end{pmatrix}.$$

例 9 设矩阵$A=\begin{pmatrix}0&0&1\\0&1&0\\1&0&0\end{pmatrix}$, $C=\begin{pmatrix}1&-1&0\\0&1&0\\0&0&1\end{pmatrix}$, $D=\begin{pmatrix}1&2&3\\0&2&3\\0&0&3\end{pmatrix}$, 且三阶矩阵$B$满足$B=A^{-1}DC^{-1}$, 求$|B^{-1}|$.

解 根据逆矩阵的运算性质与矩阵的乘法, 有

$$B^{-1}=(A^{-1}DC^{-1})^{-1}=CD^{-1}A,$$

再利用方阵行列式的运算规律, 计算得

$$|B^{-1}|=|C|\cdot|D|^{-1}\cdot|A|=1\times\frac{1}{6}\times(-1)=-\frac{1}{6}.$$

四、矩阵方程

对标准矩阵方程$AX=B$, $XA=B$, $AXB=C$, 利用矩阵乘法的运算规律与逆矩阵的运算性质, 通过在方程两端左乘或右乘相应矩阵的逆矩阵, 可分别求出其解:

$$X=A^{-1}B,\quad X=BA^{-1},\quad X=A^{-1}CB^{-1},$$

而对其他形式的矩阵方程, 则可利用矩阵的有关运算性质转化为标准矩阵方程后求解.

例 10 设A, B, C是同阶矩阵, 且A可逆, 下列结论如果正确, 试证明; 如果不正确, 试举反例说明.

(1) 若$AB=AC$, 则$B=C$; (2) 若$AB=CB$, 则$A=C$.

解 (1) 正确. 事实上, 由$AB=AC$及A可逆, 在等式两边左乘A^{-1}, 得

$$A^{-1}AB=A^{-1}AC,$$

从而有$EB=EC$, 即$B=C$.

(2) 不正确. 例如, 设$\boldsymbol{A}=\begin{pmatrix}1&2\\0&1\end{pmatrix}$, $\boldsymbol{B}=\begin{pmatrix}1&1\\1&1\end{pmatrix}$, $\boldsymbol{C}=\begin{pmatrix}3&0\\0&1\end{pmatrix}$, 则

$$\boldsymbol{AB}=\begin{pmatrix}1&2\\0&1\end{pmatrix}\begin{pmatrix}1&1\\1&1\end{pmatrix}=\begin{pmatrix}3&3\\1&1\end{pmatrix},\ \boldsymbol{CB}=\begin{pmatrix}3&0\\0&1\end{pmatrix}\begin{pmatrix}1&1\\1&1\end{pmatrix}=\begin{pmatrix}3&3\\1&1\end{pmatrix},$$

显然有$\boldsymbol{AB}=\boldsymbol{CB}$, 但 $\boldsymbol{A}\neq\boldsymbol{C}$.

例 11　求解线性方程组$\begin{cases}x_1+2x_2+4x_3=3\\ \qquad\ \ x_2+2x_3=1\\ x_1+\qquad\ \ x_3=3\end{cases}$.

解　将题设方程组改写为矩阵形式$\boldsymbol{Ax}=\boldsymbol{b}$, 其中

$$\boldsymbol{A}=\begin{pmatrix}1&2&4\\0&1&2\\1&0&1\end{pmatrix},\ \boldsymbol{x}=\begin{pmatrix}x_1\\x_2\\x_3\end{pmatrix},\ \boldsymbol{b}=\begin{pmatrix}3\\1\\3\end{pmatrix},$$

在方程$\boldsymbol{Ax}=\boldsymbol{b}$两端左乘矩阵$\boldsymbol{A}$的逆矩阵$\boldsymbol{A}^{-1}$(见本节定义1后的注例), 得所求方程组的解为

$$\boldsymbol{x}=\boldsymbol{A}^{-1}\boldsymbol{b}=\begin{pmatrix}1&2&4\\0&1&2\\1&0&1\end{pmatrix}^{-1}\begin{pmatrix}3\\1\\3\end{pmatrix}=\begin{pmatrix}1&-2&0\\2&-3&-2\\-1&2&1\end{pmatrix}\begin{pmatrix}3\\1\\3\end{pmatrix}=\begin{pmatrix}1\\-3\\2\end{pmatrix}.$$

例 12　在一个简化的两部门经济模型中, 设两个部门分别为部门1(如农业部门)与部门2(如制造业部门). 已知投入产出系数矩阵为

$$\boldsymbol{A}=\begin{pmatrix}0.3&0.2\\0.4&0.1\end{pmatrix},$$

且最终需求向量为$\boldsymbol{f}=\begin{pmatrix}200\\180\end{pmatrix}$. 若记总产出向量为$\boldsymbol{x}=(x_1, x_2)^{\mathrm{T}}$, 假定系统满足经典投入产出平衡方程$\boldsymbol{x}=\boldsymbol{Ax}+\boldsymbol{f}$. 试求该两部门的总产出$\boldsymbol{x}$.

解　根据题设投入产出平衡方程 $\boldsymbol{x}=\boldsymbol{Ax}+\boldsymbol{f}$, 有

$$\boldsymbol{x}-\boldsymbol{Ax}=\boldsymbol{f}\Rightarrow(\boldsymbol{E}-\boldsymbol{A})\boldsymbol{x}=\boldsymbol{f}\Rightarrow\boldsymbol{x}=(\boldsymbol{E}-\boldsymbol{A})^{-1}\boldsymbol{f},$$

其中$\boldsymbol{E}$表示2×2单位矩阵. 欲求$\boldsymbol{x}$, 需先求 $(\boldsymbol{E}-\boldsymbol{A})^{-1}$. 由

$$\boldsymbol{E}-\boldsymbol{A}=\begin{pmatrix}1-0.3&0-0.2\\0-0.4&1-0.1\end{pmatrix}=\begin{pmatrix}0.7&-0.2\\-0.4&0.9\end{pmatrix}.$$

为求该矩阵的逆, 先计算其行列式:

$$|\boldsymbol{E}-\boldsymbol{A}|=0.7\times0.9-(-0.2)\times(-0.4)=0.63-0.08=0.55.$$

利用伴随矩阵求逆公式 (二阶情形), 计算得

$$(\boldsymbol{E}-\boldsymbol{A})^{-1}=\frac{1}{|\boldsymbol{E}-\boldsymbol{A}|}\begin{pmatrix} a_{22} & -a_{12} \\ -a_{21} & a_{11} \end{pmatrix}$$

$$=\frac{1}{0.55}\begin{pmatrix} 0.9 & 0.2 \\ 0.4 & 0.7 \end{pmatrix}=\begin{pmatrix} \frac{0.9}{0.55} & \frac{0.2}{0.55} \\ \frac{0.4}{0.55} & \frac{0.7}{0.55} \end{pmatrix}.$$

将上式代入所求向量表达式, 得

$$\boldsymbol{x}=(\boldsymbol{E}-\boldsymbol{A})^{-1}\boldsymbol{f}=\begin{pmatrix} \frac{0.9}{0.55} & \frac{0.2}{0.55} \\ \frac{0.4}{0.55} & \frac{0.7}{0.55} \end{pmatrix}\begin{pmatrix} 200 \\ 180 \end{pmatrix}$$

$$=\begin{pmatrix} \frac{0.9\times200+0.2\times180}{0.55} \\ \frac{0.4\times200+0.7\times180}{0.55} \end{pmatrix}=\begin{pmatrix} \frac{180+36}{0.55} \\ \frac{80+126}{0.55} \end{pmatrix}=\begin{pmatrix} \frac{216}{0.55} \\ \frac{206}{0.55} \end{pmatrix}.$$

最后可得到数值解:

$$\boldsymbol{x}\approx\begin{pmatrix} 392.73 \\ 374.55 \end{pmatrix}\text{(保留两位小数)}.$$

上述模型利用矩阵来表示部门之间的投入产出关系, 通过矩阵运算快速求出各部门的总产出. 从简单的两部门模型到更复杂的多部门模型, 都需要依赖矩阵运算来进行系统性的定量研究.

例 13 设$\boldsymbol{A}=\begin{pmatrix} 1 & 2 & 3 \\ 2 & 2 & 1 \\ 3 & 4 & 3 \end{pmatrix}$, $\boldsymbol{B}=\begin{pmatrix} 2 & 1 \\ 5 & 3 \end{pmatrix}$, $\boldsymbol{C}=\begin{pmatrix} 1 & 3 \\ 2 & 0 \\ 3 & 1 \end{pmatrix}$, 求矩阵$\boldsymbol{X}$, 使得$\boldsymbol{AXB}=\boldsymbol{C}$.

解 依题设, 利用行列式的性质, 计算得

$$|\boldsymbol{A}|=\begin{vmatrix} 1 & 2 & 3 \\ 2 & 2 & 1 \\ 3 & 4 & 3 \end{vmatrix}=2\neq0,\quad |\boldsymbol{B}|=\begin{vmatrix} 2 & 1 \\ 5 & 3 \end{vmatrix}=1\neq0,$$

所以, 逆矩阵 $\boldsymbol{A}^{-1}$, $\boldsymbol{B}^{-1}$ 均存在. 进一步利用求逆矩阵的伴随矩阵法, 可求得

$$\boldsymbol{A}^{-1}=\begin{pmatrix} 1 & 3 & -2 \\ -3/2 & -3 & 5/2 \\ 1 & 1 & -1 \end{pmatrix},\ \boldsymbol{B}^{-1}=\begin{pmatrix} 3 & -1 \\ -5 & 2 \end{pmatrix}.$$

再在题设方程$AXB=C$两端分别左乘A^{-1}、右乘B^{-1}，得$X=A^{-1}CB^{-1}$，求矩阵的乘积，得

$$X=A^{-1}CB^{-1}=\begin{pmatrix}1&3&-2\\-3/2&-3&5/2\\1&1&-1\end{pmatrix}\begin{pmatrix}1&3\\2&0\\3&1\end{pmatrix}\begin{pmatrix}3&-1\\-5&2\end{pmatrix}=\begin{pmatrix}-2&1\\10&-4\\-10&4\end{pmatrix}.$$

例 14 设$P=\begin{pmatrix}1&2\\1&4\end{pmatrix}$，$\Lambda=\begin{pmatrix}1&0\\0&2\end{pmatrix}$，且$AP=P\Lambda$，求$A^n$.

解 依题设，利用行列式的性质，得行列式$|P|=2\neq0$，故由求逆矩阵的伴随矩阵法，得

$$P^{-1}=\frac{1}{2}\begin{pmatrix}4&-2\\-1&1\end{pmatrix}.$$

在题设方程$AP=P\Lambda$两端右乘P^{-1}，得$A=P\Lambda P^{-1}$，再由矩阵幂运算与逆矩阵的运算性质，有

$$A^2=P\Lambda P^{-1}P\Lambda P^{-1}=P\Lambda^2P^{-1}，\cdots，A^n=P\Lambda^nP^{-1}.$$

而利用对角矩阵的幂运算性质，有$\Lambda^n=\begin{pmatrix}1&0\\0&2\end{pmatrix}^n=\begin{pmatrix}1&0\\0&2^n\end{pmatrix}$. 综上，利用矩阵的乘法运算，得

$$A^n=P\Lambda^nP^{-1}=\begin{pmatrix}1&2\\1&4\end{pmatrix}\begin{pmatrix}1&0\\0&2^n\end{pmatrix}\left(\frac{1}{2}\begin{pmatrix}4&-2\\-1&1\end{pmatrix}\right)$$

$$=\frac{1}{2}\begin{pmatrix}1&2^{n+1}\\1&2^{n+2}\end{pmatrix}\begin{pmatrix}4&-2\\-1&1\end{pmatrix}=\frac{1}{2}\begin{pmatrix}4-2^{n+1}&2^{n+1}-2\\4-2^{n+2}&2^{n+2}-2\end{pmatrix}=\begin{pmatrix}2-2^n&2^n-1\\2-2^{n+1}&2^{n+1}-1\end{pmatrix}.$$

例 15 在某个城镇中，据往年统计，每年有15%的已婚女性离婚，20%的单身女性结婚. 该城镇现有7 000位已婚女性和3 000位单身女性. 假设女性的总人数不变，则一年后有多少位已婚女性和单身女性？两年后呢？

解 依题意，可以构造如下矩阵A：其第1行表示年末还未离婚的女性和已结婚的单身女性的比例，即$1-15\%$和20%；其第2行表示已离婚的女性和未结婚的单身女性的比例，即15%和$1-20\%$. 于是

$$A=\begin{pmatrix}0.85&0.2\\0.15&0.8\end{pmatrix}.$$

令$x=\begin{pmatrix}7\ 000\\3\ 000\end{pmatrix}$，则一年后已婚女性和单身女性人数为

$$Ax=\begin{pmatrix}0.85&0.2\\0.15&0.8\end{pmatrix}\begin{pmatrix}7\ 000\\3\ 000\end{pmatrix}=\begin{pmatrix}6\ 550\\3\ 450\end{pmatrix};$$

两年后已婚女性和单身女性人数为

$$A^2x=\begin{pmatrix}0.85&0.2\\0.15&0.8\end{pmatrix}^2\begin{pmatrix}7\ 000\\3\ 000\end{pmatrix}=\begin{pmatrix}6\ 257.5\\3\ 742.5\end{pmatrix}.$$

一般地, n 年后已婚女性和单身女性人数可以由 $\boldsymbol{A}^n\boldsymbol{x}$ 求得.

例 16 设方阵 $\boldsymbol{A}$ 满足方程 $a\boldsymbol{A}^2+b\boldsymbol{A}+c\boldsymbol{E}=\boldsymbol{O}$, 证明 $\boldsymbol{A}$ 为可逆矩阵, 并求 $\boldsymbol{A}^{-1}$ (a, b, c 为常数, $c\neq 0$).

证明 利用矩阵的线性运算性质, 由题设等式得 $a\boldsymbol{A}^2+b\boldsymbol{A}=-c\boldsymbol{E}$, 因 $c\neq 0$, 故

$$-\frac{a}{c}\boldsymbol{A}^2-\frac{b}{c}\boldsymbol{A}=\boldsymbol{E},$$

即

$$\left(-\frac{a}{c}\boldsymbol{A}-\frac{b}{c}\boldsymbol{E}\right)\boldsymbol{A}=\boldsymbol{E},$$

由推论 1 知, 此时矩阵 $\boldsymbol{A}$ 可逆, 且其逆矩阵 $\boldsymbol{A}^{-1}=-\frac{a}{c}\boldsymbol{A}-\frac{b}{c}\boldsymbol{E}$. 证毕.

例 17 由煤炭和钢铁两个行业组成的系统具有以下投入要求:

(1) 为了生产价值 1.00 元的产品, 煤炭行业需要 0.10 元的自身产品和 0.80 元的钢铁;

(2) 为了生产价值 1.00 元的产品, 钢铁行业需要 0.10 元的自身产品和 0.20 元的煤炭.

构造该系统的投入产出矩阵 $\boldsymbol{D}$, 然后求解方程 $\boldsymbol{X}=\boldsymbol{D}\boldsymbol{X}+\boldsymbol{A}$ 中的输出矩阵 $\boldsymbol{X}$, 其中外部需求为

$$\boldsymbol{A}=\begin{pmatrix}10\,000\\20\,000\end{pmatrix}.$$

解 依题意, 投入产出矩阵 $\boldsymbol{D}$ 可以表示为

$$\boldsymbol{D}=\begin{pmatrix}0.10 & 0.80\\0.20 & 0.10\end{pmatrix},$$

根据矩阵的线性运算与逆矩阵的运算性质, 得

$$\boldsymbol{X}=\boldsymbol{D}\boldsymbol{X}+\boldsymbol{A}\ \Rightarrow\ (\boldsymbol{E}-\boldsymbol{D})\boldsymbol{X}=\boldsymbol{A}\ \Rightarrow\ \boldsymbol{X}=(\boldsymbol{E}-\boldsymbol{D})^{-1}\boldsymbol{A},$$

再根据求逆的伴随矩阵法, 得

$$|\boldsymbol{E}-\boldsymbol{D}|=\begin{vmatrix}0.90 & -0.80\\-0.20 & 0.90\end{vmatrix}=0.65,$$

$$(\boldsymbol{E}-\boldsymbol{D})^{-1}=\frac{1}{|\boldsymbol{E}-\boldsymbol{D}|}(\boldsymbol{E}-\boldsymbol{D})^*=\frac{1}{0.65}\times\begin{pmatrix}0.90 & 0.80\\0.20 & 0.90\end{pmatrix}\approx\begin{pmatrix}1.384\,6 & 1.230\,8\\0.307\,7 & 1.384\,6\end{pmatrix},$$

所以

$$\boldsymbol{X}=(\boldsymbol{E}-\boldsymbol{D})^{-1}\boldsymbol{A}\approx\begin{pmatrix}1.384\,6 & 1.230\,8\\0.307\,7 & 1.384\,6\end{pmatrix}\begin{pmatrix}10\,000\\20\,000\end{pmatrix}=\begin{pmatrix}38\,462\\30\,769\end{pmatrix},$$

这表示煤炭行业需要有 38 462 元的产出, 而钢铁行业需要有 30 769 元的产出, 以满足外部需求和其内部的相互需求.

五、矩阵多项式及其运算

设 $\varphi(x)=a_0+a_1x+\cdots+a_mx^m$ 为 x 的 m 次多项式, $\boldsymbol{A}$ 为 n 阶矩阵, 记

$$\varphi(\boldsymbol{A})=a_0\boldsymbol{E}+a_1\boldsymbol{A}+\cdots+a_m\boldsymbol{A}^m,$$

则称 $\varphi(\boldsymbol{A})$ 为矩阵 $\boldsymbol{A}$ 的 **m 次多项式**.

因为矩阵 $\boldsymbol{A}^k$, $\boldsymbol{A}^l$ (k, l 为正整数)与 $\boldsymbol{E}$ 都是可交换的, 所以, 矩阵 $\boldsymbol{A}$ 的任意两个多项式 $f(\boldsymbol{A})$ 和 $g(\boldsymbol{A})$ 总是可交换的, 即总有

$$f(\boldsymbol{A})g(\boldsymbol{A})=g(\boldsymbol{A})f(\boldsymbol{A}),$$

从而 $\boldsymbol{A}$ 的多项式可以像数 x 的多项式一样相乘或分解因式. 例如:

$$(\boldsymbol{E}+\boldsymbol{A})(2\boldsymbol{E}-\boldsymbol{A})=2\boldsymbol{E}+\boldsymbol{A}-\boldsymbol{A}^2,\ (\boldsymbol{E}-\boldsymbol{A})^3=\boldsymbol{E}-3\boldsymbol{A}+3\boldsymbol{A}^2-\boldsymbol{A}^3.$$

矩阵多项式运算是线性代数中的重要内容, 涉及将数系中多项式的运算规则拓展到矩阵多项式的运算. 其重要意义在于通过矩阵多项式表达复杂的线性变换关系, 揭示矩阵的本质性质与行为, 它为复杂系统建模提供了强大的工具.

若 $\boldsymbol{\Lambda}$ 为对角矩阵, 且 $\boldsymbol{A}=\boldsymbol{P\Lambda P}^{-1}$, 则常用例 14 中计算 $\boldsymbol{A}^k$ 的方法来计算 $\boldsymbol{A}$ 的多项式 $\varphi(\boldsymbol{A})$.

(1) 若 $\boldsymbol{A}=\boldsymbol{P\Lambda P}^{-1}$, 则 $\boldsymbol{A}^k=\boldsymbol{P\Lambda}^k\boldsymbol{P}^{-1}$, 从而

$$\begin{aligned}\varphi(\boldsymbol{A})&=a_0\boldsymbol{E}+a_1\boldsymbol{A}+\cdots+a_m\boldsymbol{A}^m\\&=\boldsymbol{P}\cdot a_0\boldsymbol{E}\boldsymbol{P}^{-1}+\boldsymbol{P}\cdot a_1\boldsymbol{\Lambda}\boldsymbol{P}^{-1}+\cdots+\boldsymbol{P}\cdot a_m\boldsymbol{\Lambda}^m\boldsymbol{P}^{-1}=\boldsymbol{P}\varphi(\boldsymbol{\Lambda})\boldsymbol{P}^{-1}.\end{aligned}$$

(2) 若 $\boldsymbol{\Lambda}=\operatorname{diag}(\lambda_1, \lambda_2, \cdots, \lambda_n)$ 为对角矩阵, 则 $\boldsymbol{\Lambda}^k=\operatorname{diag}(\lambda_1^k, \lambda_2^k, \cdots, \lambda_n^k)$, 从而

$$\begin{aligned}\varphi(\boldsymbol{\Lambda})&=a_0\boldsymbol{E}+a_1\boldsymbol{\Lambda}+\cdots+a_m\boldsymbol{\Lambda}^m\\&=a_0\begin{pmatrix}1&&&\\&1&&\\&&\ddots&\\&&&1\end{pmatrix}+a_1\begin{pmatrix}\lambda_1&&&\\&\lambda_2&&\\&&\ddots&\\&&&\lambda_n\end{pmatrix}+\cdots+a_m\begin{pmatrix}\lambda_1^m&&&\\&\lambda_2^m&&\\&&\ddots&\\&&&\lambda_n^m\end{pmatrix}\\&=\begin{pmatrix}\varphi(\lambda_1)&&&\\&\varphi(\lambda_2)&&\\&&\ddots&\\&&&\varphi(\lambda_n)\end{pmatrix}.\end{aligned}$$

例 18 设 $\boldsymbol{A}$ 为三阶矩阵, $\boldsymbol{E}$ 为三阶单位矩阵, 且 $(\boldsymbol{A}-\boldsymbol{E})^{-1}=\boldsymbol{A}^2+\boldsymbol{A}+\boldsymbol{E}$, 求行列式 $|\boldsymbol{A}|$.

解 依题设, $\boldsymbol{E}$ 为单位矩阵, 且三阶矩阵 $\boldsymbol{A}$ 满足

$$(\boldsymbol{A}-\boldsymbol{E})^{-1}=\boldsymbol{A}^2+\boldsymbol{A}+\boldsymbol{E},$$

在上式两端右乘矩阵 $\boldsymbol{A}-\boldsymbol{E}$, 得

$$(A^2+A+E)(A-E)=E,$$

根据矩阵多项式的运算, 得 $A^3-E=E \Rightarrow A^3=2E$, 再利用方阵的行列式的运算规律, 得

$$|A|^3=|2E|=2^3 \Rightarrow |A|=2.$$

例 19 设 $A=\begin{pmatrix} 1 & 0 & 0 & 0 \\ -2 & 3 & 0 & 0 \\ 0 & -4 & 5 & 0 \\ 0 & 0 & -6 & 7 \end{pmatrix}$, E 为四阶单位矩阵, 且

$$B=(E+A)^{-1}(E-A),$$

求逆矩阵 $(E+B)^{-1}$.

解 在题设矩阵方程两边左乘矩阵 $E+A$, 得 $(E+A)B=E-A$, 根据矩阵乘法的分配律与矩阵多项式的运算, 得

$$AB+A+B+E=2E,$$

$$\frac{1}{2}(A+E)(B+E)=\frac{1}{2}(A+E)(E+B)=E,$$

故由逆矩阵的定义, 有

$$(E+B)^{-1}=\frac{1}{2}(A+E)=\begin{pmatrix} 1 & 0 & 0 & 0 \\ -1 & 2 & 0 & 0 \\ 0 & -2 & 3 & 0 \\ 0 & 0 & -3 & 4 \end{pmatrix}.$$

例 20 设 $A=\begin{pmatrix} a & 0 & 0 \\ 0 & b & 0 \\ 0 & 0 & c \end{pmatrix}$, $B=\begin{pmatrix} a-1 & 0 & 0 \\ 0 & b-1 & 0 \\ 0 & 0 & c-1 \end{pmatrix}$, 且

$$D=A^9+A^8+\cdots+A+E,$$

求 DB.

解 依题设, 根据矩阵多项式的运算, 得

$$DB=(A^9+A^8+\cdots+A+E)(A-E)=A^{10}-E,$$

再利用方阵的幂, 有

$$DB=\begin{pmatrix} a^{10}-1 & 0 & 0 \\ 0 & b^{10}-1 & 0 \\ 0 & 0 & c^{10}-1 \end{pmatrix}.$$

例 21 已知 A, B 为三阶矩阵, 且满足 $2A^{-1}B=B-4E$, 其中 E 是三阶单位矩阵. 证明: 矩阵 $A-2E$ 可逆.

证明　利用矩阵的线性运算与矩阵的乘法运算, 在题设矩阵方程两边左乘矩阵 $\boldsymbol{A}$, 得

$$2\boldsymbol{B}=\boldsymbol{AB}-4\boldsymbol{A} \Rightarrow \boldsymbol{AB}-2\boldsymbol{B}-4\boldsymbol{A}=\boldsymbol{O},$$

题意欲证矩阵 $\boldsymbol{A}-2\boldsymbol{E}$ 可逆, 故由矩阵多项式的运算, 得

$$\begin{aligned}&\boldsymbol{AB}-2\boldsymbol{B}-4\boldsymbol{A}+8\boldsymbol{E}-8\boldsymbol{E}=\boldsymbol{O}\\ \Rightarrow\ &(\boldsymbol{A}-2\boldsymbol{E})\boldsymbol{B}-4(\boldsymbol{A}-2\boldsymbol{E})=8\boldsymbol{E}\\ \Rightarrow\ &(\boldsymbol{A}-2\boldsymbol{E})(\boldsymbol{B}-4\boldsymbol{E})=8\boldsymbol{E}\\ \Rightarrow\ &(\boldsymbol{A}-2\boldsymbol{E})\cdot\frac{1}{8}(\boldsymbol{B}-4\boldsymbol{E})=\boldsymbol{E}.\end{aligned}$$

由逆矩阵的定义知, $\boldsymbol{A}-2\boldsymbol{E}$ 可逆, 且

$$(\boldsymbol{A}-2\boldsymbol{E})^{-1}=\frac{1}{8}(\boldsymbol{B}-4\boldsymbol{E}).$$

证毕.

习题 2-3

1. 求下列矩阵的逆矩阵:

(1) $\begin{pmatrix}1&2\\2&5\end{pmatrix}$;　(2) $\begin{pmatrix}1&2&-1\\3&4&-2\\5&-4&1\end{pmatrix}$;　(3) $\begin{pmatrix}1&2&3&4\\0&1&2&3\\0&0&1&2\\0&0&0&1\end{pmatrix}$;

(4) $\begin{pmatrix}\cos\theta&\sin\theta\\-\sin\theta&\cos\theta\end{pmatrix}$;　(5) $\begin{pmatrix}\mathrm{e}^t&\cos t&\sin t\\\mathrm{e}^t&-\sin t&\cos t\\\mathrm{e}^t&-\cos t&-\sin t\end{pmatrix}$.

2. 用逆矩阵解下列矩阵方程:

(1) $\begin{pmatrix}2&5\\1&3\end{pmatrix}\boldsymbol{X}=\begin{pmatrix}4&-6\\2&1\end{pmatrix}$;　(2) $\begin{pmatrix}1&4\\-1&2\end{pmatrix}\boldsymbol{X}\begin{pmatrix}2&0\\-1&1\end{pmatrix}=\begin{pmatrix}3&1\\0&-1\end{pmatrix}$;

(3) $\begin{pmatrix}0&1&0\\1&0&0\\0&0&1\end{pmatrix}\boldsymbol{X}\begin{pmatrix}1&0&0\\0&0&1\\0&1&0\end{pmatrix}=\begin{pmatrix}1&-4&3\\2&0&-1\\1&-2&0\end{pmatrix}$.

3. 已知 $\boldsymbol{X}=\boldsymbol{AX}+\boldsymbol{B}$, 其中 $\boldsymbol{A}=\begin{pmatrix}0&1&0\\-1&1&1\\-1&0&-1\end{pmatrix}$, $\boldsymbol{B}=\begin{pmatrix}1&-1\\2&0\\5&-3\end{pmatrix}$, 求矩阵 $\boldsymbol{X}$.

4. 已知线性变换 $\begin{cases}x_1=2y_1+2y_2+y_3\\x_2=3y_1+y_2+5y_3\\x_3=3y_1+2y_2+3y_3\end{cases}$, 求从变量 x_1, x_2, x_3 到变量 y_1, y_2, y_3 的线性变换.

5. 利用逆矩阵解下列线性方程组:

(1) $\begin{cases} x_1+2x_2+3x_3=1 \\ 2x_1+2x_2+5x_3=2 \\ 3x_1+5x_2+x_3=3 \end{cases}$;　　(2) $\begin{cases} x_1-x_2-x_3=2 \\ 2x_1-x_2-3x_3=1 \\ 3x_1+2x_2-5x_3=0 \end{cases}$.

6. 若 $\boldsymbol{A}^k=\boldsymbol{O}$ (k 是正整数), 证明: $(\boldsymbol{E}-\boldsymbol{A})^{-1}=\boldsymbol{E}+\boldsymbol{A}+\boldsymbol{A}^2+\cdots+\boldsymbol{A}^{k-1}$.

7. 若 $\boldsymbol{A}$ 可逆, 证明: $\boldsymbol{A}^k$ 也可逆 (k 是自然数), 且 $(\boldsymbol{A}^k)^{-1}=(\boldsymbol{A}^{-1})^k$ (以后记 $(\boldsymbol{A}^{-1})^k=\boldsymbol{A}^{-k}$).

8. 设 $\boldsymbol{A}$ 是一个 n 阶上三角形矩阵, 主对角线元素 $a_{ii}\neq 0\ (i=1,2,\cdots,n)$, 证明 $\boldsymbol{A}$ 可逆, 且 $\boldsymbol{A}^{-1}$ 也是上三角形矩阵.

9. 设矩阵 $\boldsymbol{A}$ 可逆, 证明其伴随矩阵 $\boldsymbol{A}^*$ 也可逆, 且 $(\boldsymbol{A}^*)^{-1}=(\boldsymbol{A}^{-1})^*$.

10. 设 $\boldsymbol{A}$ 为三阶方阵, $\boldsymbol{A}^*$ 是 $\boldsymbol{A}$ 的伴随矩阵, 若 $|\boldsymbol{A}|=2$, 求 $|\boldsymbol{A}^*|$.

11. 设 $\boldsymbol{A}=(a_{ij})$ 是三阶非零矩阵, $|\boldsymbol{A}|$ 为 $\boldsymbol{A}$ 的行列式, A_{ij} 为 a_{ij} 的代数余子式, 若

$$a_{ij}+A_{ij}=0\ (i,j=1,2,3),$$

试证: $|\boldsymbol{A}^*|=-|\boldsymbol{A}|$.

12. 设矩阵 $\boldsymbol{A}=\begin{pmatrix} 2 & 1 & 0 \\ 1 & 2 & 0 \\ 0 & 0 & 1 \end{pmatrix}$, 试求 $|\boldsymbol{A}|$, $|\boldsymbol{A}^*|$, $|\boldsymbol{A}-2\boldsymbol{E}|$.

13. 设 $\boldsymbol{A}=\begin{pmatrix} 1 & 0 & 0 \\ 10 & 2 & 0 \\ 20 & 30 & 5 \end{pmatrix}$, $\boldsymbol{A}^*$ 是 $\boldsymbol{A}$ 的伴随矩阵, 求 $(\boldsymbol{A}^*)^{-1}$.

14. 设矩阵 $\boldsymbol{A}=\begin{pmatrix} 1 & 0 & 0 \\ 0 & 1/2 & 3/2 \\ 0 & 1 & 5/2 \end{pmatrix}$, $\boldsymbol{A}^*$ 是 $\boldsymbol{A}$ 的伴随矩阵, 求 $[(\boldsymbol{A}^*)^{\mathrm{T}}]^{-1}$.

15. 设有 A, B, C 三个部门, x_1, x_2, x_3 分别代表这三个部门的总产值 (单位: 百万元). 现给出如下线性关系模型, 表示部门间的相互投入与外部需求约束:

$$\begin{cases} x_1-0.2x_2-0.1x_3=50 \\ -0.1x_1+x_2-0.2x_3=60 \\ -0.1x_1-0.2x_2+x_3=40 \end{cases},$$

试用伴随矩阵法求出上述方程组系数矩阵的逆, 并进一步计算各部门的总产值 x_1, x_2, x_3.

16. 设 $\boldsymbol{A}=\begin{pmatrix} 1 & 0 & 1 \\ 0 & 2 & 0 \\ 1 & 0 & 1 \end{pmatrix}$, $\boldsymbol{AB}+\boldsymbol{E}=\boldsymbol{A}^2+\boldsymbol{B}$, 求 $\boldsymbol{B}$.

17. 设 $\boldsymbol{A}=\begin{pmatrix} 1 & 0 \\ 1 & 0 \end{pmatrix}$, $\boldsymbol{B}=\begin{pmatrix} 1 & 1 \\ 1 & 0 \end{pmatrix}$, 求 $(\boldsymbol{A}+\boldsymbol{B})^2-(\boldsymbol{A}^2+2\boldsymbol{AB}+\boldsymbol{B}^2)$.

18. 设三阶方阵 $\boldsymbol{A}$ 和 $\boldsymbol{B}$ 满足关系式 $\boldsymbol{A}^{-1}\boldsymbol{BA}=6\boldsymbol{A}+\boldsymbol{BA}$, 其中 $\boldsymbol{A}=\begin{pmatrix} 1/3 & 0 & 0 \\ 0 & 1/4 & 0 \\ 0 & 0 & 1/7 \end{pmatrix}$, 求 $\boldsymbol{B}$.

19. 设 $\boldsymbol{A}, \boldsymbol{B}$ 满足 $\boldsymbol{ABA}^* = \boldsymbol{E} - \boldsymbol{AB}$, 其中 $\boldsymbol{A} = \begin{pmatrix} 1 & 0 & 0 \\ 0 & -2 & 0 \\ 0 & 0 & 3 \end{pmatrix}$, $\boldsymbol{E}$ 为单位矩阵, $\boldsymbol{A}^*$ 为 $\boldsymbol{A}$ 的伴随矩阵, 求 $\boldsymbol{B}$.

20. 设 $\boldsymbol{B} = \begin{pmatrix} 1 & 2 & -3 & -2 \\ 0 & 1 & 2 & -3 \\ 0 & 0 & 1 & 2 \\ 0 & 0 & 0 & 1 \end{pmatrix}$, $\boldsymbol{C} = \begin{pmatrix} 1 & 2 & 0 & 1 \\ 0 & 1 & 2 & 0 \\ 0 & 0 & 1 & 2 \\ 0 & 0 & 0 & 1 \end{pmatrix}$, 且四阶矩阵 $\boldsymbol{A}$ 满足 $(2\boldsymbol{E} - \boldsymbol{C}^{-1}\boldsymbol{B})\boldsymbol{A}^{\mathrm{T}} = \boldsymbol{C}^{-1}$, 求 $\boldsymbol{A}$.

21. 设 $\boldsymbol{B} = \begin{pmatrix} 1 & -1 & 0 & 0 \\ 0 & 1 & -1 & 0 \\ 0 & 0 & 1 & -1 \\ 0 & 0 & 0 & 1 \end{pmatrix}$, $\boldsymbol{C} = \begin{pmatrix} 2 & 1 & 3 & 4 \\ 0 & 2 & 1 & 3 \\ 0 & 0 & 2 & 1 \\ 0 & 0 & 0 & 2 \end{pmatrix}$, 且四阶矩阵 $\boldsymbol{A}$ 满足关系式:

$$\boldsymbol{A}(\boldsymbol{E} - \boldsymbol{C}^{-1}\boldsymbol{B})^{\mathrm{T}}\boldsymbol{C}^{\mathrm{T}} = \boldsymbol{E}.$$

将上述关系式化简并求矩阵 $\boldsymbol{A}$.

22. 设矩阵 $\boldsymbol{A} = \begin{pmatrix} 109 & -198 \\ 60 & -109 \end{pmatrix}$, $\boldsymbol{B} = \begin{pmatrix} 108 & -198 \\ 60 & -110 \end{pmatrix}$, 且 $\boldsymbol{C} = \boldsymbol{E} + \boldsymbol{A} + \boldsymbol{A}^2 + \cdots + \boldsymbol{A}^{10}$, 求 $\boldsymbol{BC}$.

23. 设 $\boldsymbol{A}, \boldsymbol{B}, \boldsymbol{C}$ 为同阶矩阵, 且 $\boldsymbol{C}$ 非奇异, 满足 $\boldsymbol{C}^{-1}\boldsymbol{AC} = \boldsymbol{B}$, 求证: $\boldsymbol{C}^{-1}\boldsymbol{A}^m\boldsymbol{C} = \boldsymbol{B}^m$ (m 为正整数).

24. 设 $\boldsymbol{AP} = \boldsymbol{P\Lambda}$, 其中 $\boldsymbol{P} = \begin{pmatrix} 1 & 1 & 1 \\ 1 & 0 & -2 \\ 1 & -1 & 1 \end{pmatrix}$, $\boldsymbol{\Lambda} = \begin{pmatrix} -1 & & \\ & 1 & \\ & & 5 \end{pmatrix}$, 求 $\varphi(\boldsymbol{A}) = \boldsymbol{A}^8(5\boldsymbol{E} - 6\boldsymbol{A} + \boldsymbol{A}^2)$.

25. 设矩阵 $\boldsymbol{A}, \boldsymbol{B}$ 及 $\boldsymbol{A} + \boldsymbol{B}$ 都可逆, 证明 $\boldsymbol{A}^{-1} + \boldsymbol{B}^{-1}$ 也可逆, 并求其逆矩阵.

26. 设 $\boldsymbol{A}$ 为 n 阶非零实矩阵, $\boldsymbol{A}^* = \boldsymbol{A}^{\mathrm{T}}$, 其中 $\boldsymbol{A}^*$ 为 $\boldsymbol{A}$ 的伴随矩阵. 证明: $\boldsymbol{A}$ 可逆.

27. 在日常生活中, 我们常用不同的模型来表示颜色. 例如, XYZ 模型用于表示颜色的光学分量 (X, Y 和 Z), 而 ABC 模型是一种假想的模型, 用于将颜色分为三种基础成分 (A, B 和 C). 从 ABC 模型到 XYZ 模型的转换可以用以下矩阵方程表示:

$$\begin{pmatrix} X \\ Y \\ Z \end{pmatrix} = \begin{pmatrix} 2 & 1 & 0 \\ 1 & 1 & 1 \\ 1 & 1 & 2 \end{pmatrix} \begin{pmatrix} A \\ B \\ C \end{pmatrix}.$$

问: 如果已知 XYZ 模型的值, 如何通过矩阵运算将其转换为 ABC 模型? 请写出对应的矩阵.

§2.4　分块矩阵

一、分块矩阵的概念

分块矩阵是线性代数和矩阵理论中的重要工具, 其产生主要源于对复杂矩阵和大规模线性系统的需求. 例如, 在处理高维矩阵时, 为了简化计算和理论分析, 将矩阵划分为若干小块, 使得每块的运算更易理解和操作; 在控制理论、信号处理等领域, 系统常涉及多个变量或子系统, 分块矩阵用于描述这些子系统之间的耦合关系; 在数值分析中, 直接操作大规模矩阵计算量大, 通过分块方式利用稀疏性、对称性等结构特点, 可显著提高效率; 在并行与分布式计算中, 分块操作可以将计算分配到多个处理单元, 从而提升总效率. 总之, 分块矩阵的产生背景与其在复杂系统中的数学建模需求密切相关, 其应用遍及科学计算、工程设计和数据分析等领域.

具体而言, 对于行数和列数较高的矩阵, 为了简化运算, 常采用分块法, 将大矩阵的运算转化成若干小矩阵间的运算, 同时也使原矩阵的结构显得简单而清晰. 其做法是: 将大矩阵 $\boldsymbol{A}$ 用若干条纵线和横线分成多个小矩阵. 每个小矩阵称为 $\boldsymbol{A}$ 的**子块**. 以子块为元素的形式上的矩阵称为**分块矩阵**.

矩阵的分块有多种方式, 可根据具体需要而定. 例如, 矩阵

$$\boldsymbol{A}=\begin{pmatrix}1&0&0&3\\0&1&0&-1\\0&0&1&0\\0&0&0&1\end{pmatrix},$$

既可分成 $\begin{pmatrix}\boldsymbol{E}_3&\boldsymbol{B}\\\boldsymbol{O}&\boldsymbol{E}_1\end{pmatrix}$, 其中 $\boldsymbol{B}=\begin{pmatrix}3\\-1\\0\end{pmatrix}$; 也可分成 $\begin{pmatrix}\boldsymbol{E}_2&\boldsymbol{C}\\\boldsymbol{O}&\boldsymbol{E}_2\end{pmatrix}$, 其中 $\boldsymbol{C}=\begin{pmatrix}0&3\\0&-1\end{pmatrix}$.

又如, 对矩阵 $\boldsymbol{A}=\begin{pmatrix}1&2&1\\3&4&0\\0&0&2\end{pmatrix}$ 与 $\boldsymbol{B}=\begin{pmatrix}1&2&3&1\\4&5&6&1\\0&0&0&1\end{pmatrix}$, 可采用如下分块方法:

$$\boldsymbol{A}=\begin{pmatrix}\boldsymbol{A}_1\\\boldsymbol{A}_2\end{pmatrix},\ \text{其中}\ \boldsymbol{A}_1=\begin{pmatrix}1&2&1\\3&4&0\end{pmatrix},\ \boldsymbol{A}_2=\begin{pmatrix}0&0&2\end{pmatrix};$$

$$\boldsymbol{B}=(\boldsymbol{B}_1\ \ \boldsymbol{B}_2),\ \text{其中}\ \boldsymbol{B}_1=\begin{pmatrix}1&2&3\\4&5&6\\0&0&0\end{pmatrix},\ \boldsymbol{B}_2=\begin{pmatrix}1\\1\\1\end{pmatrix};\ \text{等等}.$$

特别地, 一个矩阵也可看作以 $m\times n$ 个元素为一阶子块的分块矩阵.

二、分块矩阵的运算

分块矩阵的运算与普通矩阵的运算规则相似. 矩阵分块时要注意的是: 运算的两矩阵按块能运算, 并且参与运算的子块也能运算, 即内外都能运算.

(1) **加法运算**: 设矩阵 $\boldsymbol{A}$ 与 $\boldsymbol{B}$ 的行数相同、列数相同, 且采用相同的分块法, 则 $\boldsymbol{A}+\boldsymbol{B}$ 的每个分块都是 $\boldsymbol{A}$ 与 $\boldsymbol{B}$ 中对应分块之和.

(2) **数乘运算**: 设 $\boldsymbol{A}$ 是一个分块矩阵, k 为一实数, 则 $k\boldsymbol{A}$ 的每个子块都是 k 与 $\boldsymbol{A}$ 中相应子块的数乘.

(3) **乘法运算**: 两分块矩阵 $\boldsymbol{A}$ 与 $\boldsymbol{B}$ 的乘积依然按照普通矩阵的乘积进行运算, 即把矩阵 $\boldsymbol{A}$ 与 $\boldsymbol{B}$ 中的子块当作数量来对待, 但对于乘积 $\boldsymbol{AB}$, $\boldsymbol{A}$ 中列的划分必须与 $\boldsymbol{B}$ 中行的划分一致.

例 1　设 $\boldsymbol{A}=\begin{pmatrix}1&0&1&3\\0&1&2&4\\0&0&-1&0\\0&0&0&-1\end{pmatrix}$, $\boldsymbol{B}=\begin{pmatrix}1&2&0&0\\2&0&0&0\\6&3&1&0\\0&-2&0&1\end{pmatrix}$. 用分块矩阵求 $k\boldsymbol{A}$, $\boldsymbol{A}+\boldsymbol{B}$.

解　依题设, 可将矩阵 $\boldsymbol{A}$, $\boldsymbol{B}$ 分块如下:

$$\boldsymbol{A}=\begin{pmatrix}1&0&1&3\\0&1&2&4\\0&0&-1&0\\0&0&0&-1\end{pmatrix}=\begin{pmatrix}\boldsymbol{E}_2&\boldsymbol{C}\\\boldsymbol{O}&-\boldsymbol{E}_2\end{pmatrix},\ \boldsymbol{B}=\begin{pmatrix}1&2&0&0\\2&0&0&0\\6&3&1&0\\0&-2&0&1\end{pmatrix}=\begin{pmatrix}\boldsymbol{D}&\boldsymbol{O}\\\boldsymbol{F}&\boldsymbol{E}_2\end{pmatrix},$$

则由分块矩阵的运算规则与矩阵的线性运算法则, 有

$$k\boldsymbol{A}=k\begin{pmatrix}\boldsymbol{E}_2&\boldsymbol{C}\\\boldsymbol{O}&-\boldsymbol{E}_2\end{pmatrix}=\begin{pmatrix}k\boldsymbol{E}_2&k\boldsymbol{C}\\\boldsymbol{O}&-k\boldsymbol{E}_2\end{pmatrix}=\begin{pmatrix}k&0&k&3k\\0&k&2k&4k\\0&0&-k&0\\0&0&0&-k\end{pmatrix},$$

$$\boldsymbol{A}+\boldsymbol{B}=\begin{pmatrix}\boldsymbol{E}_2&\boldsymbol{C}\\\boldsymbol{O}&-\boldsymbol{E}_2\end{pmatrix}+\begin{pmatrix}\boldsymbol{D}&\boldsymbol{O}\\\boldsymbol{F}&\boldsymbol{E}_2\end{pmatrix}=\begin{pmatrix}\boldsymbol{E}_2+\boldsymbol{D}&\boldsymbol{C}\\\boldsymbol{F}&\boldsymbol{O}\end{pmatrix}=\begin{pmatrix}2&2&1&3\\2&1&2&4\\6&3&0&0\\0&-2&0&0\end{pmatrix}.$$

例 2　设 $\boldsymbol{A}=\begin{pmatrix}1&0&0&0\\0&1&0&0\\-1&2&1&0\\1&1&0&1\end{pmatrix}$, $\boldsymbol{B}=\begin{pmatrix}1&0&1&0\\-1&2&0&1\\1&0&4&1\\-1&-1&2&0\end{pmatrix}$, 用分块矩阵计算 $\boldsymbol{AB}$.

解　依题设, 可将矩阵 $\boldsymbol{A}$, $\boldsymbol{B}$ 分块如下:

$$\boldsymbol{A}=\begin{pmatrix}1&0&0&0\\0&1&0&0\\-1&2&1&0\\1&1&0&1\end{pmatrix}=\begin{pmatrix}\boldsymbol{E}_2&\boldsymbol{O}\\\boldsymbol{A}_1&\boldsymbol{E}_2\end{pmatrix},\ \boldsymbol{B}=\begin{pmatrix}1&0&1&0\\-1&2&0&1\\1&0&4&1\\-1&-1&2&0\end{pmatrix}=\begin{pmatrix}\boldsymbol{B}_{11}&\boldsymbol{E}_2\\\boldsymbol{B}_{21}&\boldsymbol{B}_{22}\end{pmatrix},$$

则由分块矩阵的运算规则与矩阵的线性运算法则, 有

$$\boldsymbol{AB}=\begin{pmatrix}\boldsymbol{E}_2&\boldsymbol{O}\\\boldsymbol{A}_1&\boldsymbol{E}_2\end{pmatrix}\begin{pmatrix}\boldsymbol{B}_{11}&\boldsymbol{E}_2\\\boldsymbol{B}_{21}&\boldsymbol{B}_{22}\end{pmatrix}=\begin{pmatrix}\boldsymbol{B}_{11}&\boldsymbol{E}_2\\\boldsymbol{A}_1\boldsymbol{B}_{11}+\boldsymbol{B}_{21}&\boldsymbol{A}_1+\boldsymbol{B}_{22}\end{pmatrix},$$

进一步利用矩阵的乘法运算, 得

$$A_1B_{11}+B_{21}=\begin{pmatrix}-1&2\\1&1\end{pmatrix}\begin{pmatrix}1&0\\-1&2\end{pmatrix}+\begin{pmatrix}1&0\\-1&-1\end{pmatrix}=\begin{pmatrix}-2&4\\-1&1\end{pmatrix},$$

$$A_1+B_{22}=\begin{pmatrix}-1&2\\1&1\end{pmatrix}+\begin{pmatrix}4&1\\2&0\end{pmatrix}=\begin{pmatrix}3&3\\3&1\end{pmatrix},$$

将上述结果代入前式, 即得

$$AB=\begin{pmatrix}1&0&1&0\\-1&2&0&1\\-2&4&3&3\\-1&1&3&1\end{pmatrix}.$$

例 3　设矩阵 $A=\begin{pmatrix}1&2&1\\3&4&0\\0&0&2\end{pmatrix}$, $B=\begin{pmatrix}1&2&3&1\\4&5&6&1\\0&0&0&1\end{pmatrix}$, 用分块矩阵计算 AB.

解　对题设矩阵 A, B, 采用如下分块方法:

$$A=\begin{pmatrix}A_1\\A_2\end{pmatrix},\ 其中 A_1=\begin{pmatrix}1&2&1\\3&4&0\end{pmatrix},\ A_2=\begin{pmatrix}0&0&2\end{pmatrix};$$

$$B=(B_1\ \ B_2),\ 其中 B_1=\begin{pmatrix}1&2&3\\4&5&6\\0&0&0\end{pmatrix},\ B_2=\begin{pmatrix}1\\1\\1\end{pmatrix}.$$

则由分块矩阵的运算规则与矩阵的乘法运算法则, 有

$$AB=\begin{pmatrix}A_1\\A_2\end{pmatrix}\begin{pmatrix}B_1&B_2\end{pmatrix}=\begin{pmatrix}A_1B_1&A_1B_2\\A_2B_1&A_2B_2\end{pmatrix}.$$

分别计算上式右端分块矩阵中的各子块, 得

$$A_1B_1=\begin{pmatrix}1&2&1\\3&4&0\end{pmatrix}\begin{pmatrix}1&2&3\\4&5&6\\0&0&0\end{pmatrix}=\begin{pmatrix}9&12&15\\19&26&33\end{pmatrix},\ A_1B_2=\begin{pmatrix}1&2&1\\3&4&0\end{pmatrix}\begin{pmatrix}1\\1\\1\end{pmatrix}=\begin{pmatrix}4\\7\end{pmatrix},$$

$$A_2B_1=\begin{pmatrix}0&0&2\end{pmatrix}\begin{pmatrix}1&2&3\\4&5&6\\0&0&0\end{pmatrix}=\begin{pmatrix}0&0&0\end{pmatrix},\ A_2B_2=\begin{pmatrix}0&0&2\end{pmatrix}\begin{pmatrix}1\\1\\1\end{pmatrix}=\begin{pmatrix}2\end{pmatrix}.$$

将上述结果代入前式, 即得

$$AB=\begin{pmatrix}9&12&15&4\\19&26&33&7\\0&0&0&2\end{pmatrix}.$$

一般地, 如果将任意的 $m\times n$ 矩阵 $\boldsymbol{A}_{m\times n}$ 与 n 阶单位矩阵 $\boldsymbol{E}_n$ 分块如下:

$$\boldsymbol{A}=\begin{pmatrix} a_{11} & a_{12} & \cdots & a_{1n} \\ a_{21} & a_{22} & \cdots & a_{2n} \\ \vdots & \vdots & & \vdots \\ a_{m1} & a_{m2} & \cdots & a_{mn} \end{pmatrix}=(\boldsymbol{A}_1, \boldsymbol{A}_2, \cdots, \boldsymbol{A}_n),$$

$$\boldsymbol{E}_n=\begin{pmatrix} 1 & 0 & \cdots & 0 \\ 0 & 1 & \cdots & 0 \\ \vdots & \vdots & & \vdots \\ 0 & 0 & \cdots & 1 \end{pmatrix}=(\boldsymbol{\varepsilon}_1, \boldsymbol{\varepsilon}_2, \cdots, \boldsymbol{\varepsilon}_n),$$

则由分块矩阵的运算规则与矩阵的乘法运算法则, 有

$$\boldsymbol{A}\boldsymbol{E}_n=\boldsymbol{A}(\boldsymbol{\varepsilon}_1, \boldsymbol{\varepsilon}_2, \cdots, \boldsymbol{\varepsilon}_n)=(\boldsymbol{A}\boldsymbol{\varepsilon}_1, \boldsymbol{A}\boldsymbol{\varepsilon}_2, \cdots, \boldsymbol{A}\boldsymbol{\varepsilon}_n)=(\boldsymbol{A}_1, \boldsymbol{A}_2, \cdots, \boldsymbol{A}_n),$$

所以, $\boldsymbol{A}\boldsymbol{\varepsilon}_j=\boldsymbol{A}_j\ (j=1, 2, \cdots, n)$. 这个结果表明: 单位列向量 $\boldsymbol{\varepsilon}_j\ (j=1, 2, \cdots, n)$ 是线性方程组 $\boldsymbol{A}\boldsymbol{x}=\boldsymbol{A}_j$ 的解向量.

(4) **分块矩阵的转置**: 设 $\boldsymbol{A}=\begin{pmatrix} \boldsymbol{A}_{11} & \cdots & \boldsymbol{A}_{1t} \\ \vdots & & \vdots \\ \boldsymbol{A}_{s1} & \cdots & \boldsymbol{A}_{st} \end{pmatrix}$, 则

$$\boldsymbol{A}^{\mathrm{T}}=\begin{pmatrix} \boldsymbol{A}_{11}^{\mathrm{T}} & \cdots & \boldsymbol{A}_{s1}^{\mathrm{T}} \\ \vdots & & \vdots \\ \boldsymbol{A}_{1t}^{\mathrm{T}} & \cdots & \boldsymbol{A}_{st}^{\mathrm{T}} \end{pmatrix}.$$

(5) **分块对角矩阵的运算**: 设 $\boldsymbol{A}$ 为 n 阶矩阵, 若 $\boldsymbol{A}$ 的分块矩阵只在主对角线上有非零子块, 其余子块都为零矩阵, 且在对角线上的子块都是方阵, 即

$$\boldsymbol{A}=\begin{pmatrix} \boldsymbol{A}_1 & & & \boldsymbol{O} \\ & \boldsymbol{A}_2 & & \\ & & \ddots & \\ \boldsymbol{O} & & & \boldsymbol{A}_s \end{pmatrix},$$

其中 $\boldsymbol{A}_i\ (i=1, 2, \cdots, s)$ 都是方阵, 则称 $\boldsymbol{A}$ 为**分块对角矩阵**.

分块对角矩阵具有下述性质:

① 若 $|\boldsymbol{A}_i|\neq 0\ (i=1, 2, \cdots, s)$, 则 $|\boldsymbol{A}|\neq 0$, 且 $|\boldsymbol{A}|=|\boldsymbol{A}_1||\boldsymbol{A}_2|\cdots|\boldsymbol{A}_s|$.

② 矩阵 $\boldsymbol{A}$ 的逆矩阵

$$\boldsymbol{A}^{-1}=\begin{pmatrix} \boldsymbol{A}_1^{-1} & & & \boldsymbol{O} \\ & \boldsymbol{A}_2^{-1} & & \\ & & \ddots & \\ \boldsymbol{O} & & & \boldsymbol{A}_s^{-1} \end{pmatrix}.$$

③ 同结构的分块对角矩阵的和、差、积、数乘及其逆仍是分块对角矩阵, 且运算表现为对应子块的运算.

(6) **分块上 (下) 三角形矩阵的运算**: 形如

$$\begin{pmatrix} \boldsymbol{A}_{11} & \boldsymbol{A}_{12} & \cdots & \boldsymbol{A}_{1s} \\ \boldsymbol{O} & \boldsymbol{A}_{22} & \cdots & \boldsymbol{A}_{2s} \\ \vdots & \vdots & & \vdots \\ \boldsymbol{O} & \boldsymbol{O} & \cdots & \boldsymbol{A}_{ss} \end{pmatrix} \text{或} \begin{pmatrix} \boldsymbol{A}_{11} & \boldsymbol{O} & \cdots & \boldsymbol{O} \\ \boldsymbol{A}_{21} & \boldsymbol{A}_{22} & \cdots & \boldsymbol{O} \\ \vdots & \vdots & & \vdots \\ \boldsymbol{A}_{s1} & \boldsymbol{A}_{s2} & \cdots & \boldsymbol{A}_{ss} \end{pmatrix}$$

的分块矩阵, 分别称为**分块上三角形矩阵**或**分块下三角形矩阵**, 其中 $\boldsymbol{A}_{ii}$ $(i=1, 2, \cdots, s)$ 是方阵. 同结构的分块上 (下) 三角形矩阵的和、差、积、数乘及逆仍是分块上 (下) 三角形矩阵.

例 4 设矩阵

$$\boldsymbol{A}=\begin{pmatrix} 1 & 2 & 1 & 0 & 0 & 0 \\ 2 & 2 & 1 & 0 & 0 & 0 \\ 1 & 1 & 0 & 0 & 0 & 0 \\ 0 & 0 & 0 & 1 & 3 & -5 \\ 0 & 0 & 0 & 1 & -1 & 1 \\ 0 & 0 & 0 & -1 & -1 & 3 \end{pmatrix}, \boldsymbol{B}=\begin{pmatrix} -2 & 1 & 0 & 0 & 0 & 0 \\ 2 & -1 & -3 & 0 & 0 & 0 \\ 0 & 1 & 6 & 0 & 0 & 0 \\ 0 & 0 & 0 & 1 & 2 & 1 \\ 0 & 0 & 0 & 2 & 1 & 3 \\ 0 & 0 & 0 & 1 & 1 & 2 \end{pmatrix},$$

试用矩阵的分块法计算 $(\boldsymbol{AB})^4$.

解 对题设矩阵进行分块, 得

$$\boldsymbol{A}=\begin{pmatrix} \boldsymbol{A}_1 & \boldsymbol{O} \\ \boldsymbol{O} & \boldsymbol{A}_2 \end{pmatrix}, \boldsymbol{B}=\begin{pmatrix} \boldsymbol{B}_1 & \boldsymbol{O} \\ \boldsymbol{O} & \boldsymbol{B}_2 \end{pmatrix},$$

再根据矩阵乘法的定义, 得

$$\boldsymbol{A}_1\boldsymbol{B}_1=\begin{pmatrix} 1 & 2 & 1 \\ 2 & 2 & 1 \\ 1 & 1 & 0 \end{pmatrix}\begin{pmatrix} -2 & 1 & 0 \\ 2 & -1 & -3 \\ 0 & 1 & 6 \end{pmatrix}=\begin{pmatrix} 2 & 0 & 0 \\ 0 & 1 & 0 \\ 0 & 0 & -3 \end{pmatrix},$$

$$\boldsymbol{A}_2\boldsymbol{B}_2=\begin{pmatrix} 1 & 3 & -5 \\ 1 & -1 & 1 \\ -1 & -1 & 3 \end{pmatrix}\begin{pmatrix} 1 & 2 & 1 \\ 2 & 1 & 3 \\ 1 & 1 & 2 \end{pmatrix}=\begin{pmatrix} 2 & 0 & 0 \\ 0 & 2 & 0 \\ 0 & 0 & 2 \end{pmatrix},$$

所以, 利用分块对角矩阵的性质, 得

$$AB=\begin{pmatrix} A_1B_1 & O \\ O & A_2B_2 \end{pmatrix}=\begin{pmatrix} 2 & & & & & \\ & 1 & & & & \\ & & -3 & & & \\ & & & 2 & & \\ & & & & 2 & \\ & & & & & 2 \end{pmatrix},$$

$$(AB)^4=\begin{pmatrix} 16 & & & & & \\ & 1 & & & & \\ & & 81 & & & \\ & & & 16 & & \\ & & & & 16 & \\ & & & & & 16 \end{pmatrix}.$$

例 5 设矩阵 $A=\begin{pmatrix} 5 & 0 & 0 \\ 0 & 3 & 1 \\ 0 & 2 & 1 \end{pmatrix}$, 求 A^{-1}.

解 对题设矩阵 A, 采用如下分块方法:

$$A=\begin{pmatrix} 5 & 0 & 0 \\ 0 & 3 & 1 \\ 0 & 2 & 1 \end{pmatrix}=\begin{pmatrix} A_1 & O \\ O & A_2 \end{pmatrix},$$

其中

$$A_1=(5),\ A_2=\begin{pmatrix} 3 & 1 \\ 2 & 1 \end{pmatrix}.$$

于是, 利用伴随矩阵求逆法, 计算得

$$A_1^{-1}=\left(\frac{1}{5}\right),\quad A_2^{-1}=\frac{A_2^*}{|A_2|}=\begin{pmatrix} 1 & -1 \\ -2 & 3 \end{pmatrix},$$

所以, 根据分块对角矩阵的运算性质, 得

$$A^{-1}=\begin{pmatrix} A_1^{-1} & O \\ O & A_2^{-1} \end{pmatrix}=\begin{pmatrix} 1/5 & 0 & 0 \\ 0 & 1 & -1 \\ 0 & -2 & 3 \end{pmatrix}.$$

例 6 设矩阵 $A=\begin{pmatrix} 1 & 2 & 0 & 0 \\ 0 & 1 & 0 & 0 \\ 0 & 0 & 3 & 4 \\ 0 & 0 & 4 & -3 \end{pmatrix}$, 求: (1) $|A|^n$; (2) $|A|^{2n}$.

解　根据题设矩阵的特征, 可将矩阵 $\boldsymbol{A}$ 分块为 $\boldsymbol{A}=\begin{pmatrix}\boldsymbol{A}_1 & \boldsymbol{O}\\ \boldsymbol{O} & \boldsymbol{A}_2\end{pmatrix}$, 其中

$$\boldsymbol{A}_1=\begin{pmatrix}1 & 2\\ 0 & 1\end{pmatrix},\ \boldsymbol{A}_2=\begin{pmatrix}3 & 4\\ 4 & -3\end{pmatrix}.$$

(1) 由分块对角矩阵与方阵行列式的运算, 有

$$|\boldsymbol{A}|^n=(|\boldsymbol{A}_1|\cdot|\boldsymbol{A}_2|)^n=|\boldsymbol{A}_1|^n\cdot|\boldsymbol{A}_2|^n,$$

所以, $|\boldsymbol{A}|^n=|\boldsymbol{A}_1|^n\cdot|\boldsymbol{A}_2|^n=(-25)^n$.

(2) 与 (1) 同理, 可得

$$|\boldsymbol{A}|^{2n}=(|\boldsymbol{A}_1|\cdot|\boldsymbol{A}_2|)^{2n}=|\boldsymbol{A}_1|^{2n}\cdot|\boldsymbol{A}_2|^{2n},$$

所以, $|\boldsymbol{A}|^{2n}=|\boldsymbol{A}_1|^{2n}\cdot|\boldsymbol{A}_2|^{2n}=(-25)^{2n}=5^{4n}$.

例 7　设 $\boldsymbol{A}^{\mathrm{T}}\boldsymbol{A}=\boldsymbol{O}$, 证明 $\boldsymbol{A}=\boldsymbol{O}$.

证明　设 $\boldsymbol{A}=(a_{ij})_{m\times n}$, 把 $\boldsymbol{A}$ 按列分块为 $\boldsymbol{A}=(\boldsymbol{a}_1, \boldsymbol{a}_2, \cdots, \boldsymbol{a}_n)$, 则

$$\boldsymbol{A}^{\mathrm{T}}\boldsymbol{A}=\begin{pmatrix}\boldsymbol{a}_1^{\mathrm{T}}\\ \boldsymbol{a}_2^{\mathrm{T}}\\ \vdots\\ \boldsymbol{a}_n^{\mathrm{T}}\end{pmatrix}(\boldsymbol{a}_1, \boldsymbol{a}_2, \cdots, \boldsymbol{a}_n)=\begin{pmatrix}\boldsymbol{a}_1^{\mathrm{T}}\boldsymbol{a}_1 & \boldsymbol{a}_1^{\mathrm{T}}\boldsymbol{a}_2 & \cdots & \boldsymbol{a}_1^{\mathrm{T}}\boldsymbol{a}_n\\ \boldsymbol{a}_2^{\mathrm{T}}\boldsymbol{a}_1 & \boldsymbol{a}_2^{\mathrm{T}}\boldsymbol{a}_2 & \cdots & \boldsymbol{a}_2^{\mathrm{T}}\boldsymbol{a}_n\\ \vdots & \vdots & & \vdots\\ \boldsymbol{a}_n^{\mathrm{T}}\boldsymbol{a}_1 & \boldsymbol{a}_n^{\mathrm{T}}\boldsymbol{a}_2 & \cdots & \boldsymbol{a}_n^{\mathrm{T}}\boldsymbol{a}_n\end{pmatrix},$$

即 $\boldsymbol{A}^{\mathrm{T}}\boldsymbol{A}$ 的第 i 行第 j 列元素为 $\boldsymbol{a}_i^{\mathrm{T}}\boldsymbol{a}_j$, 因 $\boldsymbol{A}^{\mathrm{T}}\boldsymbol{A}=\boldsymbol{O}$, 故 $\boldsymbol{a}_i^{\mathrm{T}}\boldsymbol{a}_j=0\ (i, j=1, 2, \cdots, n)$, 特别地, 有 $\boldsymbol{a}_j^{\mathrm{T}}\boldsymbol{a}_j=0\ (j=1, 2, \cdots, n)$, 而

$$\boldsymbol{a}_j^{\mathrm{T}}\boldsymbol{a}_j=(a_{1j}, a_{2j}, \cdots, a_{mj})\begin{pmatrix}a_{1j}\\ a_{2j}\\ \vdots\\ a_{mj}\end{pmatrix}=a_{1j}^2+a_{2j}^2+\cdots+a_{mj}^2,$$

由 $a_{1j}^2+a_{2j}^2+\cdots+a_{mj}^2=0$, 得

$$a_{1j}=a_{2j}=\cdots=a_{mj}=0\ (j=1, 2, \cdots, n),$$

即 $\boldsymbol{A}=\boldsymbol{O}$. 证毕.

例 8　某小型经济体包含两大产业群: 第一产业群 (I) 包括农林 (A_1) 与渔业 (A_2), 第二产业群 (II) 包括制造业 (B_1) 和服务业 (B_2). 在研究产业间的相互依存度时, 可将投入产出矩阵按产业群进行分块. 设产业间的直接消耗系数矩阵为

$$\begin{pmatrix}\boldsymbol{A} & \boldsymbol{B}\\ \boldsymbol{C} & \boldsymbol{D}\end{pmatrix},$$

其中, 子块矩阵 $\boldsymbol{A}$ 对应 ($\mathrm{A}_1, \mathrm{A}_2$) 内部的投入产出关系, $\boldsymbol{D}$ 对应 ($\mathrm{B}_1, \mathrm{B}_2$) 内部的投入产出关

系, $\boldsymbol{B}$ 表示 $(\mathrm{A}_1, \mathrm{A}_2)$ 对 $(\mathrm{B}_1, \mathrm{B}_2)$ 的投入需求, $\boldsymbol{C}$ 表示 $(\mathrm{B}_1, \mathrm{B}_2)$ 对 $(\mathrm{A}_1, \mathrm{A}_2)$ 的投入需求. 如果给定的最终需求 (外部需求) 向量为

$$\boldsymbol{F}=(\boldsymbol{F}_{\mathrm{I}}, \boldsymbol{F}_{\mathrm{II}})^{\mathrm{T}},$$

试求各行业 (或产业群) 的总产出向量 $\boldsymbol{X}=(\boldsymbol{X}_{\mathrm{I}}, \boldsymbol{X}_{\mathrm{II}})^{\mathrm{T}}$, 并通过分块矩阵的逆运算探讨其经济意义.

解 令 $\boldsymbol{X}_{\mathrm{I}}$ 代表第一产业群 $(\mathrm{A}_1, \mathrm{A}_2)$ 的产出向量, $\boldsymbol{X}_{\mathrm{II}}$ 代表第二产业群 $(\mathrm{B}_1, \mathrm{B}_2)$ 的产出向量. 则原投入产出模型可写为

$$\begin{pmatrix} \boldsymbol{X}_{\mathrm{I}} \\ \boldsymbol{X}_{\mathrm{II}} \end{pmatrix}=\begin{pmatrix} \boldsymbol{A} & \boldsymbol{B} \\ \boldsymbol{C} & \boldsymbol{D} \end{pmatrix}\begin{pmatrix} \boldsymbol{X}_{\mathrm{I}} \\ \boldsymbol{X}_{\mathrm{II}} \end{pmatrix}+\begin{pmatrix} \boldsymbol{F}_{\mathrm{I}} \\ \boldsymbol{F}_{\mathrm{II}} \end{pmatrix}.$$

整理, 得

$$\left(\boldsymbol{E}-\begin{pmatrix} \boldsymbol{A} & \boldsymbol{B} \\ \boldsymbol{C} & \boldsymbol{D} \end{pmatrix}\right)\begin{pmatrix} \boldsymbol{X}_{\mathrm{I}} \\ \boldsymbol{X}_{\mathrm{II}} \end{pmatrix}=\begin{pmatrix} \boldsymbol{F}_{\mathrm{I}} \\ \boldsymbol{F}_{\mathrm{II}} \end{pmatrix}.$$

若 $\left(\boldsymbol{E}-\begin{pmatrix} \boldsymbol{A} & \boldsymbol{B} \\ \boldsymbol{C} & \boldsymbol{D} \end{pmatrix}\right)$ 可逆, 则

$$\begin{pmatrix} \boldsymbol{X}_{\mathrm{I}} \\ \boldsymbol{X}_{\mathrm{II}} \end{pmatrix}=\left(\boldsymbol{E}-\begin{pmatrix} \boldsymbol{A} & \boldsymbol{B} \\ \boldsymbol{C} & \boldsymbol{D} \end{pmatrix}\right)^{-1}\begin{pmatrix} \boldsymbol{F}_{\mathrm{I}} \\ \boldsymbol{F}_{\mathrm{II}} \end{pmatrix}.$$

运用分块矩阵的求逆公式, 可进一步展开并得到对 $\boldsymbol{X}_{\mathrm{I}}$ 与 $\boldsymbol{X}_{\mathrm{II}}$ 的具体解读, 例如, 在分析 $\boldsymbol{E}-\boldsymbol{A}$ 的影响和 $\boldsymbol{E}-\boldsymbol{D}$ 的影响时, 可看出第一产业群与第二产业群如何通过矩阵 $\boldsymbol{B}$ 和 $\boldsymbol{C}$ 交互影响对方. 从经济意义上看, 当 $\boldsymbol{A}$ 和 $\boldsymbol{D}$ 较小 (内部依存度低) 而 $\boldsymbol{B}$ 和 $\boldsymbol{C}$ 较大 (跨产业群依存度高) 时, 任何一方的外部需求都会带动另一方的产量增长.

该案例展示了在投入产出模型中, 利用分块矩阵来描述和分析产业群内部与之间的投入产出关系的思路. 通过分块矩阵的逆的运算方法, 能更直观地剖析产业之间的依赖结构, 从而更精细地理解经济体系对外部需求变化的响应机制.

这种分块矩阵分析方法有助于识别各产业群与外部需求之间的联系, 并为政策决策和产业规划提供量化的参考. 例如, 如果第一产业群的外部需求增加, 则可以通过这种模型评估第二产业群的产出如何变化, 反之亦然.

例 9 设 $\boldsymbol{A}, \boldsymbol{B}$ 为 n 阶可逆矩阵, $\boldsymbol{A}^*, \boldsymbol{B}^*$ 分别为 $\boldsymbol{A}, \boldsymbol{B}$ 对应的伴随矩阵, 分块矩阵

$$\boldsymbol{C}=\begin{pmatrix} \boldsymbol{A} & \boldsymbol{O} \\ \boldsymbol{O} & \boldsymbol{B} \end{pmatrix},$$

求 $\boldsymbol{C}$ 的伴随矩阵 $\boldsymbol{C}^*$.

解 因为矩阵 $\boldsymbol{A}, \boldsymbol{B}$ 可逆, 所以矩阵 $\boldsymbol{C}$ 亦可逆. 于是, 根据伴随矩阵的性质, 有

$$\boldsymbol{C}^*=|\boldsymbol{C}|\boldsymbol{C}^{-1}.$$

根据分块对角矩阵的性质, 有 $|\boldsymbol{C}|=|\boldsymbol{A}|\cdot|\boldsymbol{B}|$, 且

$$\boldsymbol{C}^{-1}=\begin{pmatrix}\boldsymbol{A} & \boldsymbol{O}\\ \boldsymbol{O} & \boldsymbol{B}\end{pmatrix}^{-1}=\begin{pmatrix}\boldsymbol{A}^{-1} & \boldsymbol{O}\\ \boldsymbol{O} & \boldsymbol{B}^{-1}\end{pmatrix}.$$

因此, 根据矩阵的运算性质, 有

$$\begin{aligned}\boldsymbol{C}^{*}&=|\boldsymbol{C}|\boldsymbol{C}^{-1}=|\boldsymbol{A}|\cdot|\boldsymbol{B}|\cdot\begin{pmatrix}\boldsymbol{A}^{-1} & \boldsymbol{O}\\ \boldsymbol{O} & \boldsymbol{B}^{-1}\end{pmatrix}\\ &=\begin{pmatrix}|\boldsymbol{A}|\cdot|\boldsymbol{B}|\boldsymbol{A}^{-1} & \boldsymbol{O}\\ \boldsymbol{O} & |\boldsymbol{A}|\cdot|\boldsymbol{B}|\boldsymbol{B}^{-1}\end{pmatrix}=\begin{pmatrix}|\boldsymbol{B}|\boldsymbol{A}^{*} & \boldsymbol{O}\\ \boldsymbol{O} & |\boldsymbol{A}|\boldsymbol{B}^{*}\end{pmatrix}.\end{aligned}$$

注: 该结论对 $\boldsymbol{A}, \boldsymbol{B}$ 不可逆的情形也成立 (可通过伴随矩阵定义及分块矩阵运算验证).

三、克莱姆法则的证明

在上一章, 我们未经证明地介绍了克莱姆法则, 它是线性代数中一种用于求解线性方程组的显式方法, 适用于线性方程组的系数矩阵可逆的情况. 克莱姆法则的几何意义在于, 它利用行列式捕捉到线性方程组解的结构, 将解向量与矩阵的列向量替换操作联系起来. 下面我们利用线性方程组的矩阵形式重新叙述克莱姆法则, 并加以证明.

对线性方程组

$$\begin{cases}a_{11}x_1+a_{12}x_2+\cdots+a_{1n}x_n=b_1\\ a_{21}x_1+a_{22}x_2+\cdots+a_{2n}x_n=b_2\\ \quad\cdots\cdots\\ a_{n1}x_1+a_{n2}x_2+\cdots+a_{nn}x_n=b_n\end{cases}, \tag{4.1}$$

若记

$$\boldsymbol{A}=\begin{pmatrix}a_{11} & a_{12} & \cdots & a_{1n}\\ a_{21} & a_{22} & \cdots & a_{2n}\\ \vdots & \vdots & & \vdots\\ a_{n1} & a_{n2} & \cdots & a_{nn}\end{pmatrix}, \boldsymbol{x}=\begin{pmatrix}x_1\\ x_2\\ \vdots\\ x_n\end{pmatrix}, \boldsymbol{b}=\begin{pmatrix}b_1\\ b_2\\ \vdots\\ b_n\end{pmatrix},$$

则线性方程组 (4.1) 可写成其矩阵方程形式:

$$\boldsymbol{Ax}=\boldsymbol{b}.$$

克莱姆法则 若线性方程组 $\boldsymbol{Ax}=\boldsymbol{b}$ 的系数行列式 $D=|\boldsymbol{A}|\neq 0$, 则它有唯一解

$$x_j=\frac{D_j}{D}\ (j=1, 2, \cdots, n).$$

证明 因 $|\boldsymbol{A}|\neq 0$, 故矩阵 $\boldsymbol{A}$ 可逆, 即 $\boldsymbol{A}^{-1}$ 存在. 令 $\boldsymbol{x}=\boldsymbol{A}^{-1}\boldsymbol{b}$, 则有

$$\boldsymbol{Ax}=\boldsymbol{AA}^{-1}\boldsymbol{b}=\boldsymbol{b},$$

故 $\boldsymbol{x}=\boldsymbol{A}^{-1}\boldsymbol{b}$ 是线性方程组 (4.1) 的解向量.

又由 $\boldsymbol{Ax}=\boldsymbol{b}$, 有 $\boldsymbol{A}^{-1}\boldsymbol{Ax}=\boldsymbol{A}^{-1}\boldsymbol{b}$, 即 $\boldsymbol{x}=\boldsymbol{A}^{-1}\boldsymbol{b}$, 根据逆矩阵的唯一性知, $\boldsymbol{x}=\boldsymbol{A}^{-1}\boldsymbol{b}$ 是方程组 (4.1) 唯一的解向量.

再由伴随矩阵求逆公式 $\boldsymbol{A}^{-1}=\dfrac{1}{|\boldsymbol{A}|}\boldsymbol{A}^*$, 得 $\boldsymbol{x}=\boldsymbol{A}^{-1}\boldsymbol{b}=\dfrac{1}{|\boldsymbol{A}|}\boldsymbol{A}^*\boldsymbol{b}$, 即

$$\begin{pmatrix} x_1 \\ x_2 \\ \vdots \\ x_n \end{pmatrix}=\frac{1}{D}\begin{pmatrix} A_{11} & A_{21} & \cdots & A_{n1} \\ A_{12} & A_{22} & \cdots & A_{n2} \\ \vdots & \vdots & & \vdots \\ A_{1n} & A_{2n} & \cdots & A_{nn} \end{pmatrix}\begin{pmatrix} b_1 \\ b_2 \\ \vdots \\ b_n \end{pmatrix}=\frac{1}{D}\begin{pmatrix} b_1A_{11}+b_2A_{21}+\cdots+b_nA_{n1} \\ b_1A_{12}+b_2A_{22}+\cdots+b_nA_{n2} \\ \cdots\cdots \\ b_1A_{1n}+b_2A_{2n}+\cdots+b_nA_{nn} \end{pmatrix},$$

亦即

$$x_j=\frac{1}{D}(b_1A_{1j}+b_2A_{2j}+\cdots+b_nA_{nj})=\frac{D_j}{D}\quad (j=1,2,\cdots,n).$$ 证毕.

习题 2-4

1. 按指定的分块方法, 用分块矩阵乘法求下列矩阵的乘积:

(1) $\left(\begin{array}{ccc} 2 & 1 & -1 \\ \hdashline 3 & 0 & -2 \\ \hdashline 1 & -1 & 1 \end{array}\right)\left(\begin{array}{c:c:c} 1 & 1 & 0 \\ 0 & 0 & -1 \\ -1 & 2 & 1 \end{array}\right)$;

(2) $\left(\begin{array}{cc:cc} a & 0 & 0 & 0 \\ 0 & a & 0 & 0 \\ \hdashline 1 & 0 & b & 0 \\ 0 & 1 & 0 & b \end{array}\right)\left(\begin{array}{cc:cc} 1 & 0 & c & 0 \\ 0 & 1 & 0 & c \\ \hdashline 0 & 0 & d & 0 \\ 0 & 0 & 0 & d \end{array}\right)$;

(3) $\left(\begin{array}{cc} 2 & -5 \\ 1 & 3 \\ \hdashline 0 & 5 \\ 1 & 4 \end{array}\right)\left(\begin{array}{cc:cc} 2 & -1 & 3 & -4 \\ 0 & 1 & 5 & 7 \end{array}\right)$.

2. 计算: $\begin{pmatrix} 1 & 2 & 1 & 0 \\ 0 & 1 & 0 & 1 \\ 0 & 0 & 2 & 1 \\ 0 & 0 & 0 & 3 \end{pmatrix}\begin{pmatrix} 1 & 0 & 3 & 0 \\ 0 & 1 & 2 & -1 \\ 0 & 0 & -2 & 3 \\ 0 & 0 & 0 & -3 \end{pmatrix}$.

3. 设 n 阶矩阵 $\boldsymbol{A}$ 及 s 阶矩阵 $\boldsymbol{B}$ 都可逆, 求 $\begin{pmatrix} \boldsymbol{O} & \boldsymbol{A} \\ \boldsymbol{B} & \boldsymbol{O} \end{pmatrix}^{-1}$.

4. 用分块矩阵求下列矩阵的逆矩阵:

(1) $\begin{pmatrix} 0 & 0 & 2 \\ 1 & 2 & 0 \\ 3 & 4 & 0 \end{pmatrix}$;

(2) $\begin{pmatrix} 5 & 2 & 0 & 0 \\ 2 & 1 & 0 & 0 \\ 0 & 0 & 8 & 3 \\ 0 & 0 & 5 & 2 \end{pmatrix}$;

(3) $\begin{pmatrix} 1 & 2 & 3 & 0 & 0 \\ 0 & 1 & 2 & 0 & 0 \\ 0 & 0 & 1 & 0 & 0 \\ 0 & 0 & 0 & 1 & 0 \\ 0 & 0 & 0 & 2 & 1 \end{pmatrix}$;

(4) $\begin{pmatrix} 0 & 0 & 0 & 2 & 1 \\ 0 & 0 & 0 & 5 & 3 \\ 1 & 2 & 3 & 0 & 0 \\ 4 & 5 & 8 & 0 & 0 \\ 3 & 4 & 6 & 0 & 0 \end{pmatrix}$;

(5) $\begin{pmatrix} 0 & a_1 & 0 & \cdots & 0 \\ 0 & 0 & a_2 & \cdots & 0 \\ \vdots & \vdots & \vdots & & \vdots \\ 0 & 0 & 0 & \cdots & a_{n-1} \\ a_n & 0 & 0 & \cdots & 0 \end{pmatrix}$ $(a_1 a_2 \cdots a_n \neq 0)$; (6) $\begin{pmatrix} 0 & 1 & 0 & \cdots & 0 & 0 & 0 \\ 0 & 0 & 2 & \cdots & 0 & 0 & 0 \\ \vdots & \vdots & \vdots & & \vdots & \vdots & \vdots \\ 0 & 0 & 0 & \cdots & n-1 & 0 & 0 \\ n & 0 & 0 & \cdots & 0 & 0 & 0 \\ 0 & 0 & 0 & \cdots & 0 & 2 & 1 \\ 0 & 0 & 0 & \cdots & 0 & 5 & 3 \end{pmatrix}$.

5. 设 $A=\begin{pmatrix} 3 & 4 & & \\ 4 & -3 & \multicolumn{2}{c}{O} \\ \multicolumn{2}{c}{O} & 2 & 0 \\ & & 2 & 2 \end{pmatrix}$, 求 $|A^8|$ 及 A^4.

6. 设 $A=\begin{pmatrix} 2 & 1 & 0 & 0 & 0 \\ 5 & 3 & 0 & 0 & 0 \\ 0 & 0 & 2 & 2 & 3 \\ 0 & 0 & 1 & -1 & 0 \\ 0 & 0 & -1 & 2 & 1 \end{pmatrix}$, $B=\begin{pmatrix} -3 & -1 & 0 & 0 & 0 \\ 5 & 2 & 0 & 0 & 0 \\ 0 & 0 & 2 & -4 & -3 \\ 0 & 0 & 2 & -5 & -3 \\ 0 & 0 & -2 & 6 & 4 \end{pmatrix}$, 用分块矩阵求 $(AB)^5$.

7. 设 $A=\begin{pmatrix} 1 & 0 & 0 & 1 & 2 & 3 \\ 0 & 1 & 0 & 3 & 2 & 1 \\ 0 & 0 & 1 & 2 & 1 & 3 \\ 0 & 0 & 0 & 1 & 0 & 0 \\ 0 & 0 & 0 & 0 & 1 & 0 \\ 0 & 0 & 0 & 0 & 0 & 1 \end{pmatrix}$, 用分块矩阵求 A^n $(n=1, 2, \cdots)$.

8. 设 A 为三阶矩阵, $|A|=-2$, 把 A 按列分块为 $A=(A_1\ A_2\ A_3)$, 其中 $A_j\ (j=1,2,3)$ 为 A 的第 j 列. 求:
(1) $|(A_1\ 2A_2\ A_3)|$; (2) $|(A_3-2A_1\ 3A_2\ A_1)|$.

9. A, B, C, D 为 n 阶矩阵, A 可逆时, 证明: $\begin{vmatrix} A & C \\ B & D \end{vmatrix}=|A||D-BA^{-1}C|$.

10. 设 A 为 n 阶矩阵, $\beta_1, \beta_2, \cdots, \beta_n$ 为 A 的列子块, 试用 $\beta_1, \beta_2, \cdots, \beta_n$ 表示矩阵 $A^{\mathrm{T}}A$.

§2.5 矩阵的初等变换

本节介绍矩阵的初等变换与初等矩阵的概念, 以及这两个概念之间的内在关系. 初等变换是对矩阵的行或列进行的基本操作, 这些变换对应线性方程组的等价操作, 不改变其解集; 初等矩阵是通过对单位矩阵施加一次初等变换得到的矩阵. 初等矩阵的一个重要性质是其可逆性, 即初等矩阵的逆矩阵也是初等矩阵.

初等变换与初等矩阵密切相关: 对矩阵 A 施以一次某种初等行 (列) 变换, 相当于用同阶的初等矩阵左 (右) 乘 A. 这一关系使得矩阵的初等变换可以通过初等矩阵的运算统一操作处理. 初等变换与初等矩阵在理论与应用中意义深远. 在理论上, 它们用于矩阵的等价性研究、秩的计算和逆矩阵的求解; 在应用中, 它们是求解线性方程组、简化矩阵运算的核心工具. 初等变换广泛应用于工程学、物理学、计算机科学中的数值计算与数学建模, 奠定了线性代数应用的基础.

一、矩阵的初等变换的概念

在计算行列式时, 我们常利用行列式的性质将给定行列式化为上 (下) 三角形行列式, 从而简化行列式的计算. 把行列式的某些性质应用于矩阵, 也同样会给我们研究矩阵带来很大的方便, 这些性质反映到矩阵上就是矩阵的初等变换.

定义 1 矩阵的下列三种变换称为矩阵的**初等行变换**:

(1) 交换矩阵的两行 (交换 i, j 两行, 记为 $r_i \leftrightarrow r_j$);

(2) 以一个非零的数 k 乘矩阵的某一行 (第 i 行乘数 k, 记为 kr_i 或 $r_i \times k$);

(3) 把矩阵的某一行的 k 倍加到另一行 (第 j 行乘数 k 加到第 i 行, 记为 $r_i + kr_j$).

将上述定义中的"行"换成"列", 即得矩阵的**初等列变换**的定义 (相应记号中把 r 换成 c). 矩阵的初等行变换与初等列变换统称为**初等变换**.

初等变换的逆变换仍为初等变换, 且变换类型相同. 例如, 变换 $r_i \leftrightarrow r_j$ 的逆变换即为其本身; 变换 $r_i \times k$ 的逆变换为 $r_i \times \dfrac{1}{k}$; $r_i + kr_j$ 的逆变换为 $r_i + (-k)r_j$ 或 $r_i - kr_j$.

定义 2 若矩阵 $\boldsymbol{A}$ 经过有限次初等变换变成 $\boldsymbol{B}$, 则称 $\boldsymbol{A}$ 与 $\boldsymbol{B}$ **等价**, 记为 $\boldsymbol{A} \to \boldsymbol{B}$ 或 $\boldsymbol{A} \sim \boldsymbol{B}$.

矩阵之间的等价关系具有下列**基本性质**:

(1) 自反性: $\boldsymbol{A} \sim \boldsymbol{A}$;

(2) 对称性: 若 $\boldsymbol{A} \sim \boldsymbol{B}$, 则 $\boldsymbol{B} \sim \boldsymbol{A}$;

(3) 传递性: 若 $\boldsymbol{A} \sim \boldsymbol{B}$, $\boldsymbol{B} \sim \boldsymbol{C}$, 则 $\boldsymbol{A} \sim \boldsymbol{C}$.

为满足进一步学习的需要, 这里先引入行阶梯形矩阵的概念. 它是通过初等行变换将矩阵化简得到的一种特殊形式. 一般地, 称满足下列条件的矩阵为**行阶梯形矩阵**:

(1) 零行(元素全为零的行)位于矩阵的下方;

(2) 各非零行的首个非零元 (从左至右第一个不为零的元素) 的列标随着行标的增大而严格增大 (或者说其列标一定不小于行标).

例如, 下列矩阵都是行阶梯形矩阵:

$$\begin{pmatrix} 2 & 2 & 1 & 3 \\ 0 & 1 & 2 & 4 \\ 0 & 0 & 2 & 6 \\ 0 & 0 & 0 & 3 \end{pmatrix}, \begin{pmatrix} 1 & 0 & 0 & 0 & 0 \\ 0 & 1 & 0 & 1 & 0 \\ 0 & 0 & 1 & 1 & 1 \\ 0 & 0 & 0 & 1 & 0 \\ 0 & 0 & 0 & 0 & 1 \end{pmatrix}, \begin{pmatrix} 0 & 5 & 8 & 0 & 7 \\ 0 & 0 & 0 & 3 & 4 \\ 0 & 0 & 0 & 0 & 1 \\ 0 & 0 & 0 & 0 & 0 \\ 0 & 0 & 0 & 0 & 0 \end{pmatrix}.$$

行阶梯形矩阵是线性代数中研究矩阵结构和性质的重要工具. 行阶梯形矩阵的意义在

于, 它能简化矩阵的分析与运算. 例如, 在后续内容中, 行阶梯形矩阵能直观地确定矩阵的秩、解线性方程组以及判断向量的线性相关性. 在物理学、工程学与计算机科学中, 化为行阶梯形矩阵是数值分析的核心方法.

例 1 设矩阵 $\boldsymbol{A}=\begin{pmatrix}3&2&9&6\\-1&-3&4&-17\\1&4&-7&3\\-1&-4&7&-3\end{pmatrix}$, 试利用初等变换将其化为行阶梯形矩阵.

解 对题设矩阵 $\boldsymbol{A}$ 作如下初等行变换, 有

$$\boldsymbol{A}=\begin{pmatrix}3&2&9&6\\-1&-3&4&-17\\1&4&-7&3\\-1&-4&7&-3\end{pmatrix}\xrightarrow{r_1\leftrightarrow r_3}\begin{pmatrix}1&4&-7&3\\-1&-3&4&-17\\3&2&9&6\\-1&-4&7&-3\end{pmatrix}$$

$$\xrightarrow[\substack{r_3-3r_1\\ r_4+r_1}]{r_2+r_1}\begin{pmatrix}1&4&-7&3\\0&1&-3&-14\\0&-10&30&-3\\0&0&0&0\end{pmatrix}\xrightarrow{r_3+10r_2}\begin{pmatrix}1&4&-7&3\\0&1&-3&-14\\0&0&0&-143\\0&0&0&0\end{pmatrix}=\boldsymbol{B}.$$

上式右端的矩阵 $\boldsymbol{B}$ 即为所求行阶梯形矩阵.

例 2 某简化的经济系统中包含四种互相关联的商品 A, B, C, D. 它们之间既有替代关系也有互补关系, 因此每种商品的市场价格不仅取决于自身供需, 也会受到其他商品价格的影响. 假设在一定时期内, 通过市场调查与模型估计, 建立了如下线性方程组来描述四种商品的均衡价格关系:

$$\begin{pmatrix}1&2&1&0\\0&3&1&1\\2&0&2&1\\1&1&0&2\end{pmatrix}\begin{pmatrix}p_{\mathrm{A}}\\p_{\mathrm{B}}\\p_{\mathrm{C}}\\p_{\mathrm{D}}\end{pmatrix}=\begin{pmatrix}80\\130\\120\\110\end{pmatrix}.$$

其中 $p_{\mathrm{A}},p_{\mathrm{B}},p_{\mathrm{C}},p_{\mathrm{D}}$ 分别代表商品A, B, C, D的均衡价格 (单位可以理解为元/件或其他货币计量), 右侧常数向量中的数值 80, 130, 120, 110 由市场需求、生产成本以及各种外部因素综合测算得出. 试利用矩阵的初等变换法求解上述矩阵方程, 以确定四种商品的均衡价格.

解 对题设方程组的增广矩阵作初等变换, 得

$$\begin{pmatrix}1&2&1&0&80\\0&3&1&1&130\\2&0&2&1&120\\1&1&0&2&110\end{pmatrix}\to\begin{pmatrix}1&2&1&0&80\\0&3&1&1&130\\0&-3&1&-1&-70\\0&-1&-1&2&30\end{pmatrix}$$

$$\rightarrow\begin{pmatrix}1&2&1&0&80\\0&1&1&5&250\\0&0&2&7&340\\0&0&0&7&280\end{pmatrix}\rightarrow\begin{pmatrix}1&2&1&0&80\\0&1&1&5&250\\0&0&2&7&340\\0&0&0&1&40\end{pmatrix},$$

由所得行阶梯形矩阵, 解得

$$p_{\mathrm{A}}=10,\ p_{\mathrm{B}}=20,\ p_{\mathrm{C}}=30,\ p_{\mathrm{D}}=40.$$

通过构建线性方程组并对其增广矩阵施以初等行变换, 成功求出了系统的唯一解. 上述数值可以理解为市场均衡时四种商品的价格水平. 此过程展示了如何将多商品相互影响的经济问题转化为矩阵方程并求解, 有助于我们更好地理解多变量之间的线性关系及其在经济分析与决策中的重要作用.

***数学实验**

实验 2.6 试利用初等行变换将下列矩阵化为右侧的行阶梯形矩阵.

(1) $\begin{pmatrix}2&1&2&3&4&5\\4&2&4&6&8&10\\10&5&10&15&20&25\\6&3&6&9&12&15\\12&6&12&18&24&30\end{pmatrix}\rightarrow\begin{pmatrix}2&1&2&3&4&5\\0&0&0&0&0&0\\0&0&0&0&0&0\\0&0&0&0&0&0\\0&0&0&0&0&0\end{pmatrix}$;

(2) $\begin{pmatrix}10&24&-26&-24&34&48\\18&45&-45&-45&63&90\\14&35&-35&-35&49&70\\12&31&-29&-31&43&62\\8&20&-20&-20&28&40\end{pmatrix}\rightarrow\begin{pmatrix}1&2&-3&-2&3&4\\0&1&1&-1&1&2\\0&0&0&0&0&0\\0&0&0&0&0&0\\0&0&0&0&0&0\end{pmatrix}$;

(3) $\begin{pmatrix}5&18&9&16&35&110\\9&36&12&31&67&211\\11&44&15&38&82&259\\6&26&6&22&47&149\\4&16&6&14&30&96\end{pmatrix}\rightarrow\begin{pmatrix}1&2&3&2&5&14\\0&2&-3&1&2&5\\0&0&3&1&1&10\\0&0&0&0&0&0\\0&0&0&0&0&0\end{pmatrix}$;

(4) $\begin{pmatrix}10&24&24&31&74&20\\14&34&33&44&103&35\\22&55&49&71&157&83\\12&31&25&39&85&59\\8&20&18&26&58&30\end{pmatrix}\rightarrow\begin{pmatrix}2&4&6&5&16&-10\\0&2&-3&3&-3&35\\0&0&1&1&5&-1\\0&0&0&1&-2&4\\0&0&0&0&0&0\end{pmatrix}$;

(5) $\begin{pmatrix}5&18&9&16&25&43\\13&52&18&100&71&149\\11&44&15&88&60&129\\16&62&24&100&85&169\\4&16&6&32&22&47\end{pmatrix}\rightarrow\begin{pmatrix}1&2&3&-16&3&-4\\0&2&-3&20&2&12\\0&0&3&4&1&4\\0&0&0&4&0&3\\0&0&0&0&0&1\end{pmatrix}$;

$$(6)\begin{pmatrix} 10 & 28 & -12 & 60 & 10 & 72 \\ 26 & 78 & -21 & 208 & 10 & 214 \\ 22 & 66 & -18 & 180 & 10 & 183 \\ 32 & 94 & -30 & 236 & 20 & 253 \\ 8 & 24 & -6 & 64 & 5 & 67 \end{pmatrix} \to \begin{pmatrix} 2 & 4 & -6 & -4 & 5 & 5 \\ 0 & 2 & 3 & 20 & -10 & 8 \\ 0 & 0 & 3 & -4 & 10 & 5 \\ 0 & 0 & 0 & 4 & 0 & 2 \\ 0 & 0 & 0 & 0 & 5 & 1 \end{pmatrix}.$$

计算实验

微信扫描右侧的二维码即可进行计算实验 (详见教材配套的网络学习空间).

对例 1 中所得的行阶梯形矩阵 $\boldsymbol{B}=\begin{pmatrix} 1 & 4 & -7 & 3 \\ 0 & 1 & -3 & -14 \\ 0 & 0 & 0 & -143 \\ 0 & 0 & 0 & 0 \end{pmatrix}$ 作如下初等行变换:

$$\boldsymbol{B} \xrightarrow{r_3 \times \left(-\frac{1}{143}\right)} \begin{pmatrix} 1 & 4 & -7 & 3 \\ 0 & 1 & -3 & -14 \\ 0 & 0 & 0 & 1 \\ 0 & 0 & 0 & 0 \end{pmatrix} \xrightarrow[r_1-3r_3]{r_2+14r_3} \begin{pmatrix} 1 & 4 & -7 & 0 \\ 0 & 1 & -3 & 0 \\ 0 & 0 & 0 & 1 \\ 0 & 0 & 0 & 0 \end{pmatrix}$$

$$\xrightarrow{r_1-4r_2} \begin{pmatrix} 1 & 0 & 5 & 0 \\ 0 & 1 & -3 & 0 \\ 0 & 0 & 0 & 1 \\ 0 & 0 & 0 & 0 \end{pmatrix} = \boldsymbol{C},$$

我们称上式右端这种特殊形状的行阶梯形矩阵 $\boldsymbol{C}$ 为行最简形矩阵.

一般地, 称满足下列条件的行阶梯形矩阵为**行最简形矩阵**:

(1) 每个非零行的第一个非零元素 (称为主元) 都是 1;

(2) 每个主元所在列的其余元素都是 0.

如果对上述行最简形矩阵 $\boldsymbol{C}=\begin{pmatrix} 1 & 0 & 5 & 0 \\ 0 & 1 & -3 & 0 \\ 0 & 0 & 0 & 1 \\ 0 & 0 & 0 & 0 \end{pmatrix}$ 再作初等列变换, 可得:

$$\boldsymbol{C} \xrightarrow[c_3+3c_2]{c_3-5c_1} \begin{pmatrix} 1 & 0 & 0 & 0 \\ 0 & 1 & 0 & 0 \\ 0 & 0 & 0 & 1 \\ 0 & 0 & 0 & 0 \end{pmatrix} \xrightarrow{c_3 \leftrightarrow c_4} \begin{pmatrix} 1 & 0 & 0 & 0 \\ 0 & 1 & 0 & 0 \\ 0 & 0 & 1 & 0 \\ 0 & 0 & 0 & 0 \end{pmatrix} = \boldsymbol{D}.$$

我们称上式右端这种特殊形状的最简形矩阵 $\boldsymbol{D}$ 为原矩阵 $\boldsymbol{A}$ 的标准形.

一般地, $\boldsymbol{A}$ 的**标准形** $\boldsymbol{D}$ 具有如下特点: $\boldsymbol{D}$ 的左上角是一个**单位矩阵**, 其余元素全为 0.

矩阵的标准形 $\boldsymbol{D}$ 是通过对原矩阵 $\boldsymbol{A}$ 施以初等行变换与列变换所得的特定的简化形式. 其意义在于统一表示和简化运算, 便于研究矩阵的性质及其与线性变换的关系. 此外, 它在数据压缩与信号处理领域也具有重要作用.

定理 1　任意一个矩阵 $\boldsymbol{A}=(a_{ij})_{m\times n}$ 经过有限次初等变换, 都可以化为下面的标准形:

$$\boldsymbol{D}=\begin{pmatrix}1&&&&&\\&\ddots&&&&\\&&1&&&\\&&&0&&\\&&&&\ddots&\\&&&&&0\end{pmatrix}\text{第}r\text{行}=\begin{pmatrix}\boldsymbol{E}_r&\boldsymbol{O}_{r\times(n-r)}\\\boldsymbol{O}_{(m-r)\times r}&\boldsymbol{O}_{(m-r)\times(n-r)}\end{pmatrix}.$$

第 r 列

证明 若 $\boldsymbol{A}=(a_{ij})_{m\times n}$ 的所有元素 a_{ij} 都等于0, 则 $\boldsymbol{A}$ 已是标准形矩阵 $\boldsymbol{D}$ $(r=0)$ 的形式.

若 $\boldsymbol{A}=(a_{ij})_{m\times n}$ 至少有一个元素不等于0, 不妨设 $a_{11}\neq 0$ (否则总可通过第一种初等变换, 使左上角元素不等于0). 以 $-\dfrac{a_{i1}}{a_{11}}$ 乘第1行加至第 i 行 $(i=2, \cdots, m)$, 以 $-\dfrac{a_{1j}}{a_{11}}$ 乘所得矩阵的第1列加至第 j 列 $(j=2, \cdots, n)$, 然后, 以 $\dfrac{1}{a_{11}}$ 乘第1行, 则矩阵 $\boldsymbol{A}$ 化为

$$\begin{pmatrix}\boldsymbol{E}_1&\boldsymbol{O}_{1\times(n-1)}\\\boldsymbol{O}_{(m-1)\times 1}&\boldsymbol{B}_1\end{pmatrix}.$$

若 $\boldsymbol{B}_1=\boldsymbol{O}$, 则 $\boldsymbol{A}$ 已化为 $\boldsymbol{D}$ 的形式, 否则按上述方法对矩阵 $\boldsymbol{B}_1$ 作类似变换, 继续下去, 可证得结论. 证毕.

注: 定理1的证明实质上也给出了下面定理1′的结论.

定理 1′ 任一矩阵 $\boldsymbol{A}$ 总可以经过有限次初等行变换化为行阶梯形矩阵, 并进而化为行最简形矩阵.

根据定理1的证明及初等变换的可逆性, 有下面的推论.

推论 1 设 $\boldsymbol{A}$ 是 n 阶可逆矩阵, 则 $\boldsymbol{A}$ 经过有限次初等变换可化为单位矩阵 $\boldsymbol{E}$, 即 $\boldsymbol{A}\to\boldsymbol{E}$.

例 3 将矩阵 $\boldsymbol{A}=\begin{pmatrix}2&1&2&3\\4&1&3&5\\2&0&1&2\end{pmatrix}$ 化为标准形矩阵.

解 对题设矩阵作如下初等变换, 可得

$$\boldsymbol{A}=\begin{pmatrix}2&1&2&3\\4&1&3&5\\2&0&1&2\end{pmatrix}\xrightarrow[r_3-r_1]{r_2-2r_1}\begin{pmatrix}2&1&2&3\\0&-1&-1&-1\\0&-1&-1&-1\end{pmatrix}$$

$$\xrightarrow[\substack{c_3-c_1\\c_4-3c_1/2}]{c_2-c_1/2}\begin{pmatrix}2&0&0&0\\0&-1&-1&-1\\0&-1&-1&-1\end{pmatrix}\xrightarrow[r_3-r_2]{r_1/2}\begin{pmatrix}1&0&0&0\\0&-1&-1&-1\\0&0&0&0\end{pmatrix}$$

$$\xrightarrow[c_4-c_2]{c_3-c_2}\begin{pmatrix}1&0&0&0\\0&-1&0&0\\0&0&0&0\end{pmatrix}\xrightarrow{r_2\times(-1)}\begin{pmatrix}1&0&0&0\\0&1&0&0\\0&0&0&0\end{pmatrix}=\boldsymbol{D}.$$

上式右端所得矩阵 $\boldsymbol{D}$ 即为所求矩阵 $\boldsymbol{A}$ 的标准形.

*数学实验

实验 2.7　试利用初等变换将下列矩阵化为右侧的标准形矩阵.

(1) $$\begin{pmatrix} 10 & 24 & 24 & 31 & 74 & 20 \\ 14 & 34 & 33 & 44 & 103 & 35 \\ 22 & 55 & 49 & 71 & 157 & 83 \\ 12 & 31 & 25 & 39 & 85 & 59 \\ 8 & 20 & 18 & 26 & 58 & 30 \end{pmatrix} \to \begin{pmatrix} 1 & 0 & 0 & 0 & 0 & 0 \\ 0 & 1 & 0 & 0 & 0 & 0 \\ 0 & 0 & 1 & 0 & 0 & 0 \\ 0 & 0 & 0 & 1 & 0 & 0 \\ 0 & 0 & 0 & 0 & 0 & 0 \end{pmatrix};$$

(2) $$\begin{pmatrix} 5 & 18 & 9 & 16 & 25 & 43 \\ 13 & 52 & 18 & 100 & 71 & 149 \\ 11 & 44 & 15 & 88 & 60 & 129 \\ 16 & 62 & 24 & 100 & 85 & 169 \\ 4 & 16 & 6 & 32 & 22 & 47 \end{pmatrix} \to \begin{pmatrix} 1 & 0 & 0 & 0 & 0 & 0 \\ 0 & 1 & 0 & 0 & 0 & 0 \\ 0 & 0 & 1 & 0 & 0 & 0 \\ 0 & 0 & 0 & 1 & 0 & 0 \\ 0 & 0 & 0 & 0 & 1 & 0 \end{pmatrix};$$

(3) $$\begin{pmatrix} 10 & 28 & -12 & 60 & 10 & 72 \\ 26 & 78 & -21 & 208 & 10 & 214 \\ 22 & 66 & -18 & 180 & 10 & 183 \\ 32 & 94 & -30 & 236 & 20 & 253 \\ 8 & 24 & -6 & 64 & 5 & 67 \end{pmatrix} \to \begin{pmatrix} 1 & 0 & 0 & 0 & 0 & 0 \\ 0 & 1 & 0 & 0 & 0 & 0 \\ 0 & 0 & 1 & 0 & 0 & 0 \\ 0 & 0 & 0 & 1 & 0 & 0 \\ 0 & 0 & 0 & 0 & 1 & 0 \end{pmatrix};$$

(4) $$\begin{pmatrix} 3 & 14 & -11 & -9 & 20 & -18 \\ 2 & 10 & -8 & -6 & 14 & -12 \\ -2 & -8 & 7 & 6 & -13 & 12 \\ -3 & -12 & 9 & 10 & -18 & 18 \\ 4 & 17 & -13 & -12 & 26 & -24 \\ -5 & -20 & 15 & 15 & -30 & 31 \end{pmatrix} \to \begin{pmatrix} 1 & 0 & 0 & 0 & 0 & 0 \\ 0 & 1 & 0 & 0 & 0 & 0 \\ 0 & 0 & 1 & 0 & 0 & 0 \\ 0 & 0 & 0 & 1 & 0 & 0 \\ 0 & 0 & 0 & 0 & 1 & 0 \\ 0 & 0 & 0 & 0 & 0 & 1 \end{pmatrix}.$$

计算实验

其中, 题(1)(2)(3)可借助实验 2.6 的题(4)(5)(6)右侧的行阶梯形矩阵, 先将其化为行最简形矩阵, 再进一步作初等列变换化为标准形矩阵. 微信扫描右侧的二维码即可进行计算实验 (详见教材配套的网络学习空间).

二、初等矩阵

定义 3　对单位矩阵 $\boldsymbol{E}$ 施以一次初等变换得到的矩阵称为**初等矩阵**, 三种初等变换分别对应三种初等矩阵.

(1) $\boldsymbol{E}$ 的第 i, j 行(列)互换得到的矩阵为

$$
\boldsymbol{E}(i,j)=\begin{pmatrix}
1 &&&&&&&&&& \\
& \ddots &&&&&&&&& \\
&& 1 &&&&&&&& \\
&&& 0 && \cdots && 1 &&& \\
&&&& 1 &&&&&& \\
&&& \vdots && \ddots && \vdots &&& \\
&&&&&& 1 &&&& \\
&&& 1 && \cdots && 0 &&& \\
&&&&&&&& 1 && \\
&&&&&&&&& \ddots & \\
&&&&&&&&&& 1
\end{pmatrix}
\begin{matrix} \\ \\ \\ \text{第}\,i\,\text{行} \\ \\ \\ \\ \text{第}\,j\,\text{行} \\ \\ \\ \\ \end{matrix};
$$

第 i 列　　　　第 j 列

(2) 对 $\boldsymbol{E}$ 的第 i 行(列)乘以非零数 k 得到的矩阵为

$$
\boldsymbol{E}(i(k))=\begin{pmatrix}
1 &&&& \\
& \ddots &&& \\
&& k && \\
&&& \ddots & \\
&&&& 1
\end{pmatrix}
\begin{matrix} \\ \\ \text{第}\,i\,\text{行} \\ \\ \\ \end{matrix};
$$

第 i 列

(3) $\boldsymbol{E}$ 的第 j 行乘以数 k 后加到第 i 行上, 或 $\boldsymbol{E}$ 的第 i 列乘以数 k 后加到第 j 列上得到的矩阵为

$$
\boldsymbol{E}(i\ j(k))=\begin{pmatrix}
1 &&&&&& \\
& \ddots &&&&& \\
&& 1 & \cdots & k && \\
&&& \ddots & \vdots && \\
&&&& 1 && \\
&&&&& \ddots & \\
&&&&&& 1
\end{pmatrix}
\begin{matrix} \\ \\ \text{第}\,i\,\text{行} \\ \\ \text{第}\,j\,\text{行} \\ \\ \\ \end{matrix}.
$$

第 i 列　第 j 列

例如, 对四阶单位矩阵 $\boldsymbol{E}$, 下列三个矩阵都是具体的初等矩阵:

$$
\boldsymbol{E}(1,3)=\begin{pmatrix} 0 & 0 & 1 & 0 \\ 0 & 1 & 0 & 0 \\ 1 & 0 & 0 & 0 \\ 0 & 0 & 0 & 1 \end{pmatrix};\ \boldsymbol{E}(3(2))=\begin{pmatrix} 1 & 0 & 0 & 0 \\ 0 & 1 & 0 & 0 \\ 0 & 0 & 2 & 0 \\ 0 & 0 & 0 & 1 \end{pmatrix};\ \boldsymbol{E}(2\ 3(-2))=\begin{pmatrix} 1 & 0 & 0 & 0 \\ 0 & 1 & -2 & 0 \\ 0 & 0 & 1 & 0 \\ 0 & 0 & 0 & 1 \end{pmatrix}.
$$

命题 1　初等矩阵有下列基本性质:

(1) $\boldsymbol{E}(i,j)^{-1}=\boldsymbol{E}(i,j)$; $\boldsymbol{E}(i(k))^{-1}=\boldsymbol{E}(i(k^{-1}))$; $\boldsymbol{E}(i\ \ j(k))^{-1}=\boldsymbol{E}(i\ \ j(-k))$.

(2) $|\boldsymbol{E}(i,j)|=-1$; $|\boldsymbol{E}(i(k))|=k$; $|\boldsymbol{E}(i\ \ j(k))|=1$.

定理 2　设 $\boldsymbol{A}$ 是 $m\times n$ 矩阵, 对矩阵 $\boldsymbol{A}$ 施以一次某种初等行 (列) 变换, 相当于用同种的 $m(n)$ 阶初等矩阵左 (右) 乘 $\boldsymbol{A}$.

证明　先证明交换矩阵 $\boldsymbol{A}$ 的第 i 行与第 j 行等于用初等矩阵 $\boldsymbol{E}_m(i,j)$ 左乘矩阵 $\boldsymbol{A}$. 将矩阵 $\boldsymbol{A}$ 与 $\boldsymbol{E}$ 分别按行分块为

$$\boldsymbol{A}=\begin{pmatrix}\boldsymbol{A}_1\\ \boldsymbol{A}_2\\ \vdots\\ \boldsymbol{A}_i\\ \vdots\\ \boldsymbol{A}_j\\ \vdots\\ \boldsymbol{A}_m\end{pmatrix},\ \boldsymbol{E}=\begin{pmatrix}\boldsymbol{\varepsilon}_1\\ \boldsymbol{\varepsilon}_2\\ \vdots\\ \boldsymbol{\varepsilon}_i\\ \vdots\\ \boldsymbol{\varepsilon}_j\\ \vdots\\ \boldsymbol{\varepsilon}_m\end{pmatrix},\ \text{则}\ \boldsymbol{E}_m(i,j)\boldsymbol{A}=\begin{pmatrix}\boldsymbol{\varepsilon}_1\\ \boldsymbol{\varepsilon}_2\\ \vdots\\ \boldsymbol{\varepsilon}_j\\ \vdots\\ \boldsymbol{\varepsilon}_i\\ \vdots\\ \boldsymbol{\varepsilon}_m\end{pmatrix}\boldsymbol{A}=\begin{pmatrix}\boldsymbol{\varepsilon}_1\boldsymbol{A}\\ \boldsymbol{\varepsilon}_2\boldsymbol{A}\\ \vdots\\ \boldsymbol{\varepsilon}_j\boldsymbol{A}\\ \vdots\\ \boldsymbol{\varepsilon}_i\boldsymbol{A}\\ \vdots\\ \boldsymbol{\varepsilon}_m\boldsymbol{A}\end{pmatrix}=\begin{pmatrix}\boldsymbol{A}_1\\ \boldsymbol{A}_2\\ \vdots\\ \boldsymbol{A}_j\\ \vdots\\ \boldsymbol{A}_i\\ \vdots\\ \boldsymbol{A}_m\end{pmatrix},$$

其中 $\boldsymbol{A}_k=(a_{k1},a_{k2},\cdots,a_{kn})$, $\boldsymbol{\varepsilon}_k=(0,0,\cdots,\underbrace{1}_{\text{第}k\text{列}},\cdots,0)\ (k=1,2,\cdots,m)$.

由此可见, 矩阵 $\boldsymbol{E}_m(i,j)\boldsymbol{A}$ 恰好等于矩阵 $\boldsymbol{A}$ 第 i 行与第 j 行互换得到的矩阵.

同理可证其他变换的情况. 证毕.

根据推论 1 与上述定理 2 即得下面的推论 2.

推论 2　若 n 阶矩阵 $\boldsymbol{A}$ 的行列式不等于 0, 则该矩阵可表示为若干初等矩阵的乘积.

例 4　设矩阵 $\boldsymbol{A}$ 与初等矩阵 $\boldsymbol{E}_3(1,2)$, $\boldsymbol{E}_3(3\ \ 1(2))$ 依次为

$$\boldsymbol{A}=\begin{pmatrix}3&0&1\\1&-1&2\\0&1&1\end{pmatrix},\ \boldsymbol{E}_3(1,2)=\begin{pmatrix}0&1&0\\1&0&0\\0&0&1\end{pmatrix},\ \boldsymbol{E}_3(3\ \ 1(2))=\begin{pmatrix}1&0&0\\0&1&0\\2&0&1\end{pmatrix},$$

试求 $\boldsymbol{E}_3(1,2)\boldsymbol{A}$ 与 $\boldsymbol{A}\boldsymbol{E}_3(3\ \ 1(2))$, 并指出其对应的初等变换.

解　利用矩阵的乘法运算, 计算得

$$\boldsymbol{E}_3(1,2)\boldsymbol{A}=\begin{pmatrix}0&1&0\\1&0&0\\0&0&1\end{pmatrix}\begin{pmatrix}3&0&1\\1&-1&2\\0&1&1\end{pmatrix}=\begin{pmatrix}1&-1&2\\3&0&1\\0&1&1\end{pmatrix},$$

由此可见, 用矩阵 $\boldsymbol{E}_3(1,2)$ 左乘 $\boldsymbol{A}$, 相当于交换矩阵 $\boldsymbol{A}$ 的第 1 行与第 2 行. 又

$$\boldsymbol{A}\boldsymbol{E}_3(3\ \ 1(2))=\begin{pmatrix}3&0&1\\1&-1&2\\0&1&1\end{pmatrix}\begin{pmatrix}1&0&0\\0&1&0\\2&0&1\end{pmatrix}=\begin{pmatrix}5&0&1\\5&-1&2\\2&1&1\end{pmatrix},$$

由此可见, 用 $\boldsymbol{E}_3(3\quad 1(2))$ 右乘 $\boldsymbol{A}$, 相当于将矩阵 $\boldsymbol{A}$ 的第 3 列乘 2 加至第 1 列.

例 5 将 $\boldsymbol{A}=\begin{pmatrix}\frac{\sqrt{3}}{2} & -\frac{1}{2}\\ \frac{1}{2} & \frac{\sqrt{3}}{2}\end{pmatrix}$ 表示为初等矩阵的乘积.

解 依题设, 将矩阵 $\boldsymbol{A}$ 表示为初等矩阵的乘积, 即用初等变换将单位矩阵 $\boldsymbol{E}$ 化为 $\boldsymbol{A}$. 因此, 对矩阵 $\boldsymbol{A}$ 施以初等行变换化为 $\boldsymbol{E}$, 得

$$\boldsymbol{A}=\begin{pmatrix}\frac{\sqrt{3}}{2} & -\frac{1}{2}\\ \frac{1}{2} & \frac{\sqrt{3}}{2}\end{pmatrix}\xrightarrow{r_2-\frac{1}{\sqrt{3}}r_1}\begin{pmatrix}\frac{\sqrt{3}}{2} & -\frac{1}{2}\\ 0 & \frac{2}{\sqrt{3}}\end{pmatrix}\xrightarrow{r_1+\frac{\sqrt{3}}{4}r_2}\begin{pmatrix}\frac{\sqrt{3}}{2} & 0\\ 0 & \frac{2}{\sqrt{3}}\end{pmatrix}$$

$$\xrightarrow[r_2\div\frac{2}{\sqrt{3}}]{r_1\div\frac{\sqrt{3}}{2}}\begin{pmatrix}1 & 0\\ 0 & 1\end{pmatrix}=\boldsymbol{E}.$$

将上述变换过程逆向写出, 得

$$\boldsymbol{E}=\begin{pmatrix}1 & 0\\ 0 & 1\end{pmatrix}\xrightarrow[r_2\times\frac{2}{\sqrt{3}}]{r_1\times\frac{\sqrt{3}}{2}}\begin{pmatrix}\frac{\sqrt{3}}{2} & 0\\ 0 & \frac{2}{\sqrt{3}}\end{pmatrix}\xrightarrow{r_1-\frac{\sqrt{3}}{4}r_2}\begin{pmatrix}\frac{\sqrt{3}}{2} & -\frac{1}{2}\\ 0 & \frac{2}{\sqrt{3}}\end{pmatrix}$$

$$\xrightarrow{r_2+\frac{1}{\sqrt{3}}r_1}\begin{pmatrix}\frac{\sqrt{3}}{2} & -\frac{1}{2}\\ \frac{1}{2} & \frac{\sqrt{3}}{2}\end{pmatrix}=\boldsymbol{A}.$$

再将上述每次初等行变换对应的初等矩阵从右至左连乘, 得

$$\boldsymbol{A}=\begin{pmatrix}1 & 0\\ \frac{1}{\sqrt{3}} & 1\end{pmatrix}\begin{pmatrix}1 & -\frac{\sqrt{3}}{4}\\ 0 & 1\end{pmatrix}\begin{pmatrix}1 & 0\\ 0 & \frac{2}{\sqrt{3}}\end{pmatrix}\begin{pmatrix}\frac{\sqrt{3}}{2} & 0\\ 0 & 1\end{pmatrix}.$$

例 6 设 $\boldsymbol{A}$ 为三阶矩阵, 交换 $\boldsymbol{A}$ 的第 2 行和第 3 行, 再将第 2 列的 -1 倍加到第 1 列, 得到矩阵 $\boldsymbol{B}=\begin{pmatrix}-2 & 1 & -1\\ 1 & -1 & 0\\ -1 & 0 & 0\end{pmatrix}$, 试求矩阵 $\boldsymbol{A}$.

解 根据初等变换与初等矩阵的关系, 交换矩阵 $\boldsymbol{A}$ 的第 2 行和第 3 行相当于用初等矩阵 $\boldsymbol{P}_1$ 左乘 $\boldsymbol{A}$, 将 $\boldsymbol{P}_1\boldsymbol{A}$ 的第 2 列的 -1 倍加到第 1 列相当于用初等矩阵 $\boldsymbol{P}_2$ 右乘 $\boldsymbol{P}_1\boldsymbol{A}$, 其中

$$P_1=\begin{pmatrix}1&0&0\\0&0&1\\0&1&0\end{pmatrix},\ P_2=\begin{pmatrix}1&0&0\\-1&1&0\\0&0&1\end{pmatrix}.$$

依题意, 有

$$P_1AP_2=B,$$

故由逆矩阵的运算性质, 得

$$A=P_1^{-1}BP_2^{-1}=\begin{pmatrix}-1&1&-1\\-1&0&0\\0&-1&0\end{pmatrix}.$$

例 7　设 A 是三阶矩阵, 将 A 的第 1 列与第 2 列交换得 B, 再将 B 的第 2 列加到第 3 列得 C, 求满足 $AQ=C$ 的可逆矩阵 Q.

解　依题设, 根据初等变换与初等矩阵的关系, 有

$$A\begin{pmatrix}0&1&0\\1&0&0\\0&0&1\end{pmatrix}=B,\ B\begin{pmatrix}1&0&0\\0&1&1\\0&0&1\end{pmatrix}=C.$$

故由矩阵的乘法运算规律, 得

$$A\begin{pmatrix}0&1&0\\1&0&0\\0&0&1\end{pmatrix}\begin{pmatrix}1&0&0\\0&1&1\\0&0&1\end{pmatrix}=C.$$

再由矩阵的乘法运算, 计算得

$$Q=\begin{pmatrix}0&1&0\\1&0&0\\0&0&1\end{pmatrix}\begin{pmatrix}1&0&0\\0&1&1\\0&0&1\end{pmatrix}=\begin{pmatrix}0&1&1\\1&0&0\\0&0&1\end{pmatrix}.$$

例 8　设 $A=\begin{pmatrix}1&1\\-1&2\end{pmatrix}$, A^* 是 A 的伴随矩阵, 将 A 的第 2 列加到第 1 列得到矩阵 B, 求 $|A^*B|$.

解　依题设, 由初等变换与初等矩阵的关系知, 将矩阵 A 的第 2 列加到第 1 列, 等价于用初等矩阵 $P=\begin{pmatrix}1&0\\1&1\end{pmatrix}$ 右乘矩阵 A, 即 $B=AP$. 于是, 根据伴随矩阵的性质与方阵行列式的运算规律, 有

$$|A^*B|=|A^*AP|=||A|E|\cdot|P|=||A|E|=|A|^2=9.$$

例 9　设 A 为三阶矩阵, 将 A 的第 2 列加到第 1 列得矩阵 B, 再交换 B 的第 2 行与第 3

行得单位矩阵 $\boldsymbol{E}$, 记

$$\boldsymbol{P}_1=\begin{pmatrix}1&0&0\\1&1&0\\0&0&1\end{pmatrix},\ \boldsymbol{P}_2=\begin{pmatrix}1&0&0\\0&0&1\\0&1&0\end{pmatrix},$$

试用初等矩阵 $\boldsymbol{P}_1$, $\boldsymbol{P}_2$ 及其逆表示矩阵 $\boldsymbol{A}$.

解 根据初等变换、初等矩阵、初等变换与初等矩阵的关系, 依题设, 将三阶矩阵 $\boldsymbol{A}$ 的第 2 列加到第 1 列得矩阵 $\boldsymbol{B}$, 再交换 $\boldsymbol{B}$ 的第 2 行与第 3 行得单位矩阵, 可得

$$\boldsymbol{P}_2\boldsymbol{A}\boldsymbol{P}_1=\boldsymbol{E},$$

利用标准矩阵方程及其解, 有 $\boldsymbol{A}=\boldsymbol{P}_2^{-1}\boldsymbol{P}_1^{-1}$. 又由初等矩阵的性质知, $\boldsymbol{P}_2^{-1}=\boldsymbol{P}_2$, 所以

$$\boldsymbol{A}=\boldsymbol{P}_2\boldsymbol{P}_1^{-1}.$$

*数学实验

实验 2.8 试利用计算软件验证 (详见教材配套的网络学习空间).

(1) 对矩阵 $\boldsymbol{A}$ 分别实施如下初等行变换与列变换后化为对角矩阵 $\boldsymbol{A}_1$.

$$\boldsymbol{A}=\begin{pmatrix}1&0&0&0&0\\2&1&0&2&0\\0&0&2&0&0\\0&3&0&2&4\\0&0&0&0&1\end{pmatrix}\xrightarrow[r_4-3r_2]{r_2-2r_1}\begin{pmatrix}1&0&0&0&0\\0&1&0&2&0\\0&0&2&0&0\\0&0&0&-4&4\\0&0&0&0&1\end{pmatrix}$$

$$\xrightarrow[c_5+c_4]{c_4-2c_2}\begin{pmatrix}1&0&0&0&0\\0&1&0&0&0\\0&0&2&0&0\\0&0&0&-4&0\\0&0&0&0&1\end{pmatrix}=\boldsymbol{A}_1,$$

计算实验

将与两次初等行变换和列变换对应的初等矩阵标记如下:

$$\boldsymbol{P}_1=\boldsymbol{E}_{行}(2\ \ 1(-2))=\begin{pmatrix}1&0&0&0&0\\-2&1&0&0&0\\0&0&1&0&0\\0&0&0&1&0\\0&0&0&0&1\end{pmatrix},\ \boldsymbol{P}_2=\boldsymbol{E}_{行}(4\ \ 2(-3))=\begin{pmatrix}1&0&0&0&0\\0&1&0&0&0\\0&0&1&0&0\\0&-3&0&1&0\\0&0&0&0&1\end{pmatrix},$$

$$\boldsymbol{Q}_1=\boldsymbol{E}_{列}(4\ \ 2(-2))=\begin{pmatrix}1&0&0&0&0\\0&1&0&-2&0\\0&0&1&0&0\\0&0&0&1&0\\0&0&0&0&1\end{pmatrix},\ \boldsymbol{Q}_2=\boldsymbol{E}_{列}=(5\ \ 4(1))=\begin{pmatrix}1&0&0&0&0\\0&1&0&0&0\\0&0&1&0&0\\0&0&0&1&1\\0&0&0&0&1\end{pmatrix}.$$

试验证 $\boldsymbol{P}_2\boldsymbol{P}_1\boldsymbol{A}\boldsymbol{Q}_1\boldsymbol{Q}_2=\boldsymbol{A}_1$.

(2) 对矩阵 $\boldsymbol{B}$ 分别实施如下初等行变换与列变换后化为对角矩阵 $\boldsymbol{B}_1$,

$$
\boldsymbol{B}=\begin{pmatrix}1&0&0&0&6\\0&2&0&2&0\\0&0&1&0&0\\0&6&0&2&0\\4&0&0&0&1\end{pmatrix}\xrightarrow[c_4-c_2]{c_5-6c_1}\begin{pmatrix}1&0&0&0&0\\0&2&0&0&0\\0&0&1&0&0\\0&6&0&-4&0\\4&0&0&0&-23\end{pmatrix}
$$

计算实验

$$
\xrightarrow[r_4-3r_2]{r_5-4r_1}\begin{pmatrix}1&0&0&0&0\\0&2&0&0&0\\0&0&1&0&0\\0&0&0&-4&0\\0&0&0&0&-23\end{pmatrix}=\boldsymbol{B}_1,
$$

将与两次初等行变换和列变换对应的初等矩阵标记如下:

$$
\boldsymbol{Q}_3=\boldsymbol{E}_{列}(5\ \ 1(-6))=\begin{pmatrix}1&0&0&0&-6\\0&1&0&0&0\\0&0&1&0&0\\0&0&0&1&0\\0&0&0&0&1\end{pmatrix},\ \boldsymbol{Q}_4=\boldsymbol{E}_{列}(4\ \ 2(-1))=\begin{pmatrix}1&0&0&0&0\\0&1&0&-1&0\\0&0&1&0&0\\0&0&0&1&0\\0&0&0&0&1\end{pmatrix},
$$

$$
\boldsymbol{P}_3=\boldsymbol{E}_{行}(5\ \ 1(-4))=\begin{pmatrix}1&0&0&0&0\\0&1&0&0&0\\0&0&1&0&0\\0&0&0&1&0\\-4&0&0&0&1\end{pmatrix},\ \boldsymbol{P}_4=\boldsymbol{E}_{行}(4\ \ 2(-3))=\begin{pmatrix}1&0&0&0&0\\0&1&0&0&0\\0&0&1&0&0\\0&-3&0&1&0\\0&0&0&0&1\end{pmatrix}.
$$

试验证 $\boldsymbol{P}_4\boldsymbol{P}_3\boldsymbol{B}\boldsymbol{Q}_3\boldsymbol{Q}_4=\boldsymbol{B}_1$.

三、求逆矩阵的初等变换法

在§2.3中, 给出矩阵 $\boldsymbol{A}$ 可逆的充分必要条件的同时, 也给出了利用伴随矩阵求逆矩阵 $\boldsymbol{A}^{-1}$ 的一种方法——伴随矩阵法. 但对于较高阶的矩阵, 用伴随矩阵法求其逆矩阵的计算量非常大, 下面再介绍一种更常用的求逆矩阵的初等变换法, 它是一种系统化的方法, 通过将矩阵化为单位矩阵, 同时记录对应变换的逆操作, 最终得到矩阵的逆矩阵. 这种方法的意义在于利用线性代数的基本操作 (如行交换、倍乘与行相加) 解决复杂的矩阵问题.

定理 3　n 阶矩阵 $\boldsymbol{A}$ 可逆的充分必要条件是 $\boldsymbol{A}$ 可以表示为若干初等矩阵的乘积.

证明　因初等矩阵是可逆的, 故充分性是显然的.

必要性. 设矩阵 $\boldsymbol{A}$ 可逆, 则由定理1的推论1知, 矩阵 $\boldsymbol{A}$ 可以经过有限次初等变换化为单位矩阵 $\boldsymbol{E}$, 即存在初等矩阵 $\boldsymbol{P}_1, \boldsymbol{P}_2, \cdots, \boldsymbol{P}_s, \boldsymbol{Q}_1, \boldsymbol{Q}_2, \cdots, \boldsymbol{Q}_t$, 使得

$$
\boldsymbol{P}_s\cdots\boldsymbol{P}_2\boldsymbol{P}_1\boldsymbol{A}\boldsymbol{Q}_1\boldsymbol{Q}_2\cdots\boldsymbol{Q}_t=\boldsymbol{E}.
$$

在上式两端, 依次右乘 $\boldsymbol{Q}_t^{-1}, \cdots, \boldsymbol{Q}_2^{-1}, \boldsymbol{Q}_1^{-1}$ 与左乘 $\boldsymbol{P}_s^{-1}, \cdots, \boldsymbol{P}_2^{-1}, \boldsymbol{P}_1^{-1}$, 得

$$A=P_1^{-1}P_2^{-1}\cdots P_s^{-1}EQ_t^{-1}\cdots Q_2^{-1}Q_1^{-1}=P_1^{-1}P_2^{-1}\cdots P_s^{-1}Q_t^{-1}\cdots Q_2^{-1}Q_1^{-1},$$

即矩阵A可以表示为若干初等矩阵的乘积. 证毕.

注意到若A可逆, 则A^{-1}也可逆, 根据定理3, 存在初等矩阵$G_1, G_2, \cdots, G_k$, 使得

$$A^{-1}=G_1G_2\cdots G_k,$$

在上式两边右乘矩阵A, 得$A^{-1}A=G_1G_2\cdots G_kA$, 即

$$E=G_1G_2\cdots G_kA, \tag{5.1}$$

$$A^{-1}=G_1G_2\cdots G_kE. \tag{5.2}$$

式(5.1)表示对矩阵A施以若干次初等行变换可化为E; 式(5.2)表示对E施以相同的若干次初等行变换可化为A^{-1}.

因此, 求矩阵A的逆矩阵A^{-1}时, 可构造$n\times 2n$矩阵$(A\ \ E)$, 然后对其施以初等行变换, 将矩阵A化为单位矩阵E, 则上述初等行变换同样也将其中的单位矩阵E化为A^{-1}, 即

$$(A\ \ E)\xrightarrow{\text{初等行变换}}(E\ \ A^{-1}).$$

类似地, 也可以构造$2n\times n$矩阵$\begin{pmatrix}A\\E\end{pmatrix}$, 然后对其施以初等列变换, 将矩阵$A$化为单位矩阵$E$, 则上述初等列变换同时也将其中的单位矩阵$E$化为$A^{-1}$, 即

$$\begin{pmatrix}A\\E\end{pmatrix}\xrightarrow{\text{初等列变换}}\begin{pmatrix}E\\A^{-1}\end{pmatrix}.$$

这就是求逆矩阵的**初等变换法**.

例10 设$A=\begin{pmatrix}1&2&3\\2&2&1\\3&4&3\end{pmatrix}$, 求$A^{-1}$.

解 根据求逆矩阵的初等变换法, 有

$$(A\ \ E)=\begin{pmatrix}1&2&3&1&0&0\\2&2&1&0&1&0\\3&4&3&0&0&1\end{pmatrix}\xrightarrow[r_3-3r_1]{r_2-2r_1}\begin{pmatrix}1&2&3&1&0&0\\0&-2&-5&-2&1&0\\0&-2&-6&-3&0&1\end{pmatrix}$$

$$\xrightarrow[r_3-r_2]{r_1+r_2}\begin{pmatrix}1&0&-2&-1&1&0\\0&-2&-5&-2&1&0\\0&0&-1&-1&-1&1\end{pmatrix}\xrightarrow[r_2-5r_3]{r_1-2r_3}\begin{pmatrix}1&0&0&1&3&-2\\0&-2&0&3&6&-5\\0&0&-1&-1&-1&1\end{pmatrix}$$

$$\xrightarrow[r_3\div(-1)]{r_2\div(-2)}\begin{pmatrix}1&0&0&1&3&-2\\0&1&0&-3/2&-3&5/2\\0&0&1&1&1&-1\end{pmatrix},$$

所以,题设矩阵的逆矩阵为

$$A^{-1}=\begin{pmatrix}1 & 3 & -2\\ -3/2 & -3 & 5/2\\ 1 & 1 & -1\end{pmatrix}.$$

例 11　已知三阶矩阵 A 的逆矩阵为

$$A^{-1}=\begin{pmatrix}1 & 1 & 1\\ 1 & 2 & 1\\ 1 & 1 & 3\end{pmatrix},$$

试求其伴随矩阵 A^* 的逆矩阵.

解　由逆矩阵的运算规律与伴随矩阵的定义,得

$$AA^*=A^*A=|A|E,\ |A|\neq 0,$$

可得 $(A^*)^{-1}=\dfrac{A}{|A|}=|A^{-1}|A$. 利用求逆矩阵的初等变换法,有

$$(A^{-1}\ \ E)=\begin{pmatrix}1 & 1 & 1 & 1 & 0 & 0\\ 1 & 2 & 1 & 0 & 1 & 0\\ 1 & 1 & 3 & 0 & 0 & 1\end{pmatrix}\to\begin{pmatrix}1 & 1 & 1 & 1 & 0 & 0\\ 0 & 1 & 0 & -1 & 1 & 0\\ 0 & 0 & 2 & -1 & 0 & 1\end{pmatrix}$$

$$\to\begin{pmatrix}1 & 0 & 1 & 2 & -1 & 0\\ 0 & 1 & 0 & -1 & 1 & 0\\ 0 & 0 & 1 & -1/2 & 0 & 1/2\end{pmatrix}\to\begin{pmatrix}1 & 0 & 0 & 5/2 & -1 & -1/2\\ 0 & 1 & 0 & -1 & 1 & 0\\ 0 & 0 & 1 & -1/2 & 0 & 1/2\end{pmatrix},$$

因此,矩阵 $A=\begin{pmatrix}5/2 & -1 & -1/2\\ -1 & 1 & 0\\ -1/2 & 0 & 1/2\end{pmatrix}$. 再利用行列式的性质,计算得

$$|A^{-1}|=\begin{vmatrix}1 & 1 & 1\\ 1 & 2 & 1\\ 1 & 1 & 3\end{vmatrix}=2,$$

故所求伴随矩阵 A^* 的逆矩阵为

$$(A^*)^{-1}=2A=\begin{pmatrix}5 & -2 & 1\\ -2 & 2 & 0\\ -1 & 0 & 1\end{pmatrix}.$$

例 12　已知矩阵 $F=\begin{pmatrix}1 & 0 & -1\\ 0 & 1 & -3\\ 0 & 0 & 0\end{pmatrix}$, 若

$$\begin{pmatrix} \boldsymbol{F} \\ \boldsymbol{E} \end{pmatrix} \xrightarrow{\text{初等列变换}} \begin{pmatrix} \boldsymbol{\Lambda} \\ \boldsymbol{Q} \end{pmatrix},$$

其中$\boldsymbol{Q}$为上三角形可逆矩阵，$\boldsymbol{\Lambda}$为对角矩阵，试求$\boldsymbol{Q}$与$\boldsymbol{\Lambda}$.

解　依题意，根据求解矩阵方程的初等列变换法，对矩阵$\begin{pmatrix} \boldsymbol{F} \\ \boldsymbol{E} \end{pmatrix}$作初等列变换，有

$$\begin{pmatrix} \boldsymbol{F} \\ \boldsymbol{E} \end{pmatrix} = \begin{pmatrix} 1 & 0 & -1 \\ 0 & 1 & -3 \\ 0 & 0 & 0 \\ 1 & 0 & 0 \\ 0 & 1 & 0 \\ 0 & 0 & 1 \end{pmatrix} \to \begin{pmatrix} 1 & 0 & 0 \\ 0 & 1 & -3 \\ 0 & 0 & 0 \\ 1 & 0 & 1 \\ 0 & 1 & 0 \\ 0 & 0 & 1 \end{pmatrix} \to \begin{pmatrix} 1 & 0 & 0 \\ 0 & 1 & 0 \\ 0 & 0 & 0 \\ 1 & 0 & 1 \\ 0 & 1 & 3 \\ 0 & 0 & 1 \end{pmatrix} = \begin{pmatrix} \boldsymbol{\Lambda} \\ \boldsymbol{Q} \end{pmatrix},$$

故所求上三角形可逆矩阵$\boldsymbol{Q}$与对角矩阵$\boldsymbol{\Lambda}$分别为

$$\boldsymbol{Q} = \begin{pmatrix} 1 & 0 & 1 \\ 0 & 1 & 3 \\ 0 & 0 & 1 \end{pmatrix}, \quad \boldsymbol{\Lambda} = \begin{pmatrix} 1 & 0 & 0 \\ 0 & 1 & 0 \\ 0 & 0 & 0 \end{pmatrix}.$$

例 13　已知矩阵$\boldsymbol{A} = \begin{pmatrix} 1 & 0 & 1 \\ 2 & 1 & 0 \\ -3 & 2 & -5 \end{pmatrix}$，求$(\boldsymbol{E}-\boldsymbol{A})^{-1}$.

解　利用矩阵的线性运算，先计算$\boldsymbol{E}-\boldsymbol{A}$:

$$\boldsymbol{E}-\boldsymbol{A} = \begin{pmatrix} 1 & 0 & 0 \\ 0 & 1 & 0 \\ 0 & 0 & 1 \end{pmatrix} - \begin{pmatrix} 1 & 0 & 1 \\ 2 & 1 & 0 \\ -3 & 2 & -5 \end{pmatrix} = \begin{pmatrix} 0 & 0 & -1 \\ -2 & 0 & 0 \\ 3 & -2 & 6 \end{pmatrix},$$

再根据求逆矩阵的初等变换法，有

$$(\boldsymbol{E}-\boldsymbol{A} \quad \boldsymbol{E}) = \begin{pmatrix} 0 & 0 & -1 & 1 & 0 & 0 \\ -2 & 0 & 0 & 0 & 1 & 0 \\ 3 & -2 & 6 & 0 & 0 & 1 \end{pmatrix} \xrightarrow{r_1 \leftrightarrow r_2} \begin{pmatrix} -2 & 0 & 0 & 0 & 1 & 0 \\ 0 & 0 & -1 & 1 & 0 & 0 \\ 3 & -2 & 6 & 0 & 0 & 1 \end{pmatrix}$$

$$\xrightarrow[r_2 \leftrightarrow r_3]{r_1 \div (-2)} \begin{pmatrix} 1 & 0 & 0 & 0 & -1/2 & 0 \\ 3 & -2 & 6 & 0 & 0 & 1 \\ 0 & 0 & -1 & 1 & 0 & 0 \end{pmatrix} \xrightarrow{r_2 - 3r_1} \begin{pmatrix} 1 & 0 & 0 & 0 & -1/2 & 0 \\ 0 & -2 & 6 & 0 & 3/2 & 1 \\ 0 & 0 & -1 & 1 & 0 & 0 \end{pmatrix}$$

$$\xrightarrow[r_3 \div (-1)]{r_2 \div (-2)} \begin{pmatrix} 1 & 0 & 0 & 0 & -1/2 & 0 \\ 0 & 1 & -3 & 0 & -3/4 & -1/2 \\ 0 & 0 & 1 & -1 & 0 & 0 \end{pmatrix}$$

$$\xrightarrow{r_2+3r_3}\begin{pmatrix} 1 & 0 & 0 & 0 & -1/2 & 0 \\ 0 & 1 & 0 & -3 & -3/4 & -1/2 \\ 0 & 0 & 1 & -1 & 0 & 0 \end{pmatrix},$$

所以, 矩阵 $\boldsymbol{E}-\boldsymbol{A}$ 的逆矩阵为

$$(\boldsymbol{E}-\boldsymbol{A})^{-1}=\begin{pmatrix} 0 & -1/2 & 0 \\ -3 & -3/4 & -1/2 \\ -1 & 0 & 0 \end{pmatrix}.$$

***数学实验**

实验 2.9 对于下列矩阵, 试用计算软件比较直接求矩阵的逆、伴随矩阵法求逆和初等变换法求逆, 看看结果是否相同 (详见教材配套的网络学习空间).

$$(1)\begin{pmatrix} 1 & 2 & 3 & 4 & 5 & 6 \\ 3 & 2 & 9 & 18 & 17 & 17 \\ 2 & -2 & 4 & 8 & 6 & 4 \\ 3 & -4 & 8 & 28 & 23 & 16 \\ 4 & 2 & 11 & 20 & 19 & 19 \\ 4 & 0 & 12 & 30 & 26 & 25 \end{pmatrix};\quad (2)\begin{pmatrix} 2 & -2 & 6 & 2 & -5 & 3 \\ 2 & 2 & 4 & 3 & -4 & 1 \\ 2 & 1 & 4 & 2 & -3 & 1 \\ 2 & 2 & 8 & 10 & -17 & 6 \\ 4 & 0 & 6 & -1 & 1 & -1 \\ 4 & -2 & 16 & 11 & -20 & 10.5 \end{pmatrix}.$$

计算实验

四、逆矩阵的应用举例 (信息编码)

一种通用的传递信息的方法是, 将一个字母与一个整数相对应, 然后传输一串整数. 例如, 信息 " How are you " 可以编码为

$$7, 10, 6, 18, 5, 21, 8, 10, 9,$$

其中H表示为7, e表示为21, 等等. 但是这种编码很容易破译. 在一段较长的信息中, 我们可以根据数字出现的相对频率猜测每个数字表示的字母. 例如, 若21为编码信息中最常出现的数字, 则它最有可能表示字母e, 因为e在英文中是最常出现的字母.

但我们可以用矩阵乘法对信息做进一步的伪装. 设 $\boldsymbol{A}$ 是所有元素均为整数的矩阵, 且 $|\boldsymbol{A}|=\pm 1$, 此时 $\boldsymbol{A}^{-1}$ 的元素也是整数. 我们可以用这个矩阵对信息进行变换. 变换后的信息将很难破译. 为演示这个技术, 令

$$\boldsymbol{A}=\begin{pmatrix} 1 & 2 & 1 \\ 1 & 3 & 1 \\ 2 & 5 & 3 \end{pmatrix},\ \boldsymbol{A}^{-1}=\begin{pmatrix} 4 & -1 & -1 \\ -1 & 1 & 0 \\ -1 & -1 & 1 \end{pmatrix},$$

现将需要编码的信息放置在三阶矩阵 $\boldsymbol{B}$ 的各列上, 即

$$\boldsymbol{B}=\begin{pmatrix} 7 & 18 & 8 \\ 10 & 5 & 10 \\ 6 & 21 & 9 \end{pmatrix},$$

通过乘积可以得到伪码, 即

$$\boldsymbol{AB}=\begin{pmatrix}1&2&1\\1&3&1\\2&5&3\end{pmatrix}\begin{pmatrix}7&18&8\\10&5&10\\6&21&9\end{pmatrix}=\begin{pmatrix}33&49&37\\43&54&47\\82&124&93\end{pmatrix}.$$

这样, 传输的编码信息就变为

$$33, 43, 82, 49, 54, 124, 37, 47, 93.$$

接收到信息的人可以通过左乘 $\boldsymbol{A}^{-1}$ 进行译码, 即

$$\begin{pmatrix}1&2&1\\1&3&1\\2&5&3\end{pmatrix}^{-1}\begin{pmatrix}33&49&37\\43&54&47\\82&124&93\end{pmatrix}=\begin{pmatrix}7&18&8\\10&5&10\\6&21&9\end{pmatrix}.$$

为构造编码矩阵 $\boldsymbol{A}$, 我们可以从单位矩阵 $\boldsymbol{E}$ 开始, 利用初等行变换或初等列变换, 就得到仅有整数元的矩阵 $\boldsymbol{A}$, 且由于 $\det(\boldsymbol{A})=\pm\det(\boldsymbol{E})=\pm 1$, 因此 $\boldsymbol{A}^{-1}$ 也仅有整数元.

五、用初等变换法求解矩阵方程 $\boldsymbol{AX}=\boldsymbol{B}$

设矩阵 $\boldsymbol{A}$ 可逆, 则求解矩阵方程 $\boldsymbol{AX}=\boldsymbol{B}$ 等价于求矩阵 $\boldsymbol{X}=\boldsymbol{A}^{-1}\boldsymbol{B}$, 为此, 可采用类似初等行变换求逆矩阵的办法, 构造矩阵 $(\boldsymbol{A}\ \ \boldsymbol{B})$, 对其施以初等行变换而将矩阵 $\boldsymbol{A}$ 化为单位矩阵 $\boldsymbol{E}$, 则上述初等行变换同时也将其中的矩阵 $\boldsymbol{B}$ 化为 $\boldsymbol{A}^{-1}\boldsymbol{B}$, 即

$$(\boldsymbol{A}\ \ \boldsymbol{B})\xrightarrow{\text{初等行变换}}(\boldsymbol{E}\ \ \boldsymbol{A}^{-1}\boldsymbol{B}).$$

这样就给出了用初等行变换求解矩阵方程 $\boldsymbol{AX}=\boldsymbol{B}$ 的方法. 同理, 求解矩阵方程 $\boldsymbol{XA}=\boldsymbol{B}$, 等价于计算矩阵 $\boldsymbol{BA}^{-1}$, 这样, 也可以利用初等列变换求矩阵 $\boldsymbol{BA}^{-1}$, 即

$$\begin{pmatrix}\boldsymbol{A}\\\boldsymbol{B}\end{pmatrix}\xrightarrow{\text{初等列变换}}\begin{pmatrix}\boldsymbol{E}\\\boldsymbol{BA}^{-1}\end{pmatrix}.$$

例 14 求矩阵 $\boldsymbol{X}$, 使 $\boldsymbol{AX}=\boldsymbol{B}$, 其中 $\boldsymbol{A}=\begin{pmatrix}1&2&3\\2&2&1\\3&4&3\end{pmatrix}$, $\boldsymbol{B}=\begin{pmatrix}2&5\\3&1\\4&3\end{pmatrix}$.

解 依题设, 利用行列式的性质, 易见

$$|\boldsymbol{A}|=\begin{vmatrix}1&2&3\\2&2&1\\3&4&3\end{vmatrix}=\begin{vmatrix}1&2&3\\0&-2&-5\\0&-2&-6\end{vmatrix}\neq 0,$$

即矩阵 $\boldsymbol{A}$ 可逆, 因此, 在题设方程 $\boldsymbol{AX}=\boldsymbol{B}$ 两端左乘 $\boldsymbol{A}^{-1}$, 得 $\boldsymbol{X}=\boldsymbol{A}^{-1}\boldsymbol{B}$. 再根据求解矩阵方程的初等变换法, 计算如下:

$$(\boldsymbol{A}\ \ \boldsymbol{B})=\begin{pmatrix}1&2&3&2&5\\2&2&1&3&1\\3&4&3&4&3\end{pmatrix}\xrightarrow[r_3-3r_1]{r_2-2r_1}\begin{pmatrix}1&2&3&2&5\\0&-2&-5&-1&-9\\0&-2&-6&-2&-12\end{pmatrix}$$

$$\xrightarrow[r_3-r_2]{r_1+r_2}\begin{pmatrix}1&0&-2&1&-4\\0&-2&-5&-1&-9\\0&0&-1&-1&-3\end{pmatrix}\xrightarrow[r_2-5r_3]{r_1-2r_3}\begin{pmatrix}1&0&0&3&2\\0&-2&0&4&6\\0&0&-1&-1&-3\end{pmatrix}$$

$$\xrightarrow[r_3\div(-1)]{r_2\div(-2)}\begin{pmatrix}1&0&0&3&2\\0&1&0&-2&-3\\0&0&1&1&3\end{pmatrix},$$

由上可见, 所求矩阵为

$$X=A^{-1}B=\begin{pmatrix}3&2\\-2&-3\\1&3\end{pmatrix}.$$

例 15 求解矩阵方程 $AX=A+X$, 其中 $A=\begin{pmatrix}2&2&0\\2&1&3\\0&1&0\end{pmatrix}$.

解 利用矩阵的线性运算, 由题设方程得:

$$(A-E)X=A.$$

又利用行列式的性质, 有

$$A-E=\begin{pmatrix}2&2&0\\2&1&3\\0&1&0\end{pmatrix}-\begin{pmatrix}1&0&0\\0&1&0\\0&0&1\end{pmatrix}=\begin{pmatrix}1&2&0\\2&0&3\\0&1&-1\end{pmatrix},\ |A-E|\neq 0.$$

因此, 矩阵 $A-E$ 可逆, 从而 $X=(A-E)^{-1}A$. 再根据求解矩阵方程的初等变换法, 计算如下:

$$(A-E\ \ A)=\begin{pmatrix}1&2&0&2&2&0\\2&0&3&2&1&3\\0&1&-1&0&1&0\end{pmatrix}\xrightarrow[r_2\leftrightarrow r_3]{r_2-2r_1}\begin{pmatrix}1&2&0&2&2&0\\0&1&-1&0&1&0\\0&-4&3&-2&-3&3\end{pmatrix}$$

$$\xrightarrow[r_3\div(-1)]{r_3+4r_2}\begin{pmatrix}1&2&0&2&2&0\\0&1&-1&0&1&0\\0&0&1&2&-1&-3\end{pmatrix}\xrightarrow{r_2+r_3}\begin{pmatrix}1&2&0&2&2&0\\0&1&0&2&0&-3\\0&0&1&2&-1&-3\end{pmatrix}$$

$$\xrightarrow{r_1-2r_2}\begin{pmatrix}1&0&0&-2&2&6\\0&1&0&2&0&-3\\0&0&1&2&-1&-3\end{pmatrix},$$

由上可见, 所求矩阵为

$$X=(A-E)^{-1}A=\begin{pmatrix}-2&2&6\\2&0&-3\\2&-1&-3\end{pmatrix}.$$

*数学实验

实验 2.10 试用计算软件求解下列矩阵方程.

$$\boldsymbol{A}=\begin{pmatrix}1&2&3&4&5&6&3\\0&2&1&2&2&4&0\\1&2&4&6&5&6&3\\1&2&3&6&5&6&3\\0&2&1&2&3&4&0\\0&6&6&6&6&8&1\\0&4&5&4&3&2&1\end{pmatrix},\ \boldsymbol{B}=\begin{pmatrix}-1&1&-3&2&-5&3&-3\\0&1&-1&1&-2&2&0\\-1&1&-4&3&-5&3&-3\\-1&1&-3&3&-5&3&-3\\0&1&-1&1&-3&2&0\\0&3&-6&3&-6&4&-1\\0&2&-5&2&-3&1&-1\end{pmatrix},$$

$$\boldsymbol{C}=\begin{pmatrix}8&4&8&0&6&8&8\\8&9&1&8&1&6&8\\1&9&3&8&7&2&1\\8&1&8&6&0&9&3\\5&9&8&8&2&0&3\\1&9&9&7&0&3&5\\2&3&6&2&1&2&7\end{pmatrix}.$$

计算实验

(1) $\boldsymbol{AXB}=\boldsymbol{C}$; (2) $\boldsymbol{AX}=\boldsymbol{C}+\boldsymbol{BX}$.

微信扫描右侧的二维码即可进行计算实验 (详见教材配套的网络学习空间).

习题 2-5

1. 选择题.

(1) 设矩阵

$$\boldsymbol{A}=\begin{pmatrix}a_{11}&a_{12}&a_{13}&a_{14}\\a_{21}&a_{22}&a_{23}&a_{24}\\a_{31}&a_{32}&a_{33}&a_{34}\\a_{41}&a_{42}&a_{43}&a_{44}\end{pmatrix},\quad \boldsymbol{B}=\begin{pmatrix}a_{14}&a_{13}&a_{12}&a_{11}\\a_{24}&a_{23}&a_{22}&a_{21}\\a_{34}&a_{33}&a_{32}&a_{31}\\a_{44}&a_{43}&a_{42}&a_{41}\end{pmatrix},$$

$$\boldsymbol{P}_1=\begin{pmatrix}0&0&0&1\\0&1&0&0\\0&0&1&0\\1&0&0&0\end{pmatrix},\quad \boldsymbol{P}_2=\begin{pmatrix}1&0&0&0\\0&0&1&0\\0&1&0&0\\0&0&0&1\end{pmatrix}.$$

其中 $\boldsymbol{A}$ 可逆, 则 $\boldsymbol{B}^{-1}$ 等于( ).

(A) $\boldsymbol{A}^{-1}\boldsymbol{P}_1\boldsymbol{P}_2$; (B) $\boldsymbol{P}_1\boldsymbol{A}^{-1}\boldsymbol{P}_2$; (C) $\boldsymbol{P}_1\boldsymbol{P}_2\boldsymbol{A}^{-1}$; (D) $\boldsymbol{P}_2\boldsymbol{A}^{-1}\boldsymbol{P}_1$.

(2) 设矩阵

$$\boldsymbol{A}=\begin{pmatrix}a_{11}&a_{12}&a_{13}\\a_{21}&a_{22}&a_{23}\\a_{31}&a_{32}&a_{33}\end{pmatrix},\quad \boldsymbol{B}=\begin{pmatrix}a_{21}&a_{22}&a_{23}\\a_{11}&a_{12}&a_{13}\\a_{31}+a_{11}&a_{32}+a_{12}&a_{33}+a_{13}\end{pmatrix},$$

$$P_1=\begin{pmatrix}0&1&0\\1&0&0\\0&0&1\end{pmatrix},\quad P_2=\begin{pmatrix}1&0&0\\0&1&0\\1&0&1\end{pmatrix},$$

则必有(　).

(A) $AP_1P_2=B$;　(B) $AP_2P_1=B$;　(C) $P_1P_2A=B$;　(D) $P_2P_1A=B$.

(3) 设矩阵

$$A=\begin{pmatrix}a_{11}&a_{12}&a_{13}\\a_{21}&a_{22}&a_{23}\\a_{31}&a_{32}&a_{33}\end{pmatrix},\ B=\begin{pmatrix}a_{21}&a_{22}+ka_{23}&a_{23}\\a_{31}&a_{32}+ka_{33}&a_{33}\\a_{11}&a_{12}+ka_{13}&a_{13}\end{pmatrix},\ P_1=\begin{pmatrix}0&1&0\\0&0&1\\1&0&0\end{pmatrix},\ P_2=\begin{pmatrix}1&0&0\\0&1&0\\0&k&1\end{pmatrix},$$

则 A 等于(　).

(A) $P_1^{-1}BP_2^{-1}$;　(B) $P_2^{-1}BP_1^{-1}$;　(C) $P_1^{-1}P_2^{-1}B$;　(D) $BP_1^{-1}P_2^{-1}$.

2. 已知

$$A=\begin{pmatrix}3&4&1\\2&-7&-1\\8&1&5\end{pmatrix},B=\begin{pmatrix}8&1&5\\2&-7&-1\\3&4&1\end{pmatrix},C=\begin{pmatrix}3&4&1\\2&-7&-1\\2&-7&3\end{pmatrix},$$

求基本初等矩阵 E_1,E_2,E_3 和 E_4, 使得

(1) $E_1A=B$;　(2) $E_2B=A$;　(3) $E_3A=C$;　(4) $E_4C=A$.

3. 设 $\begin{pmatrix}0&1&0\\1&0&0\\0&0&1\end{pmatrix}A\begin{pmatrix}1&0&1\\0&1&0\\0&0&1\end{pmatrix}=\begin{pmatrix}1&2&3\\4&5&6\\7&8&9\end{pmatrix}$, 求 A.

4. 把下列矩阵化为标准形矩阵 $D=\begin{pmatrix}E_r&O\\O&O\end{pmatrix}$.

(1) $\begin{pmatrix}1&-1&2\\3&2&1\\1&-2&0\end{pmatrix}$;　(2) $\begin{pmatrix}1&-1&2\\3&-3&1\\-2&2&-4\end{pmatrix}$;　(3) $\begin{pmatrix}1&0&2&-1\\2&0&3&1\\3&0&4&-3\end{pmatrix}$;

(4) $\begin{pmatrix}1&-1&3&-4&3\\3&-3&5&-4&1\\2&-2&3&-2&0\\3&-3&4&-2&-1\end{pmatrix}$;　(5) $\begin{pmatrix}2&3&1&-3&-7\\1&2&0&-2&-4\\3&-2&8&3&0\\2&-3&7&4&3\end{pmatrix}$.

5. 用初等变换法判定下列矩阵是否可逆, 若可逆, 求其逆矩阵.

(1) $\begin{pmatrix}1&0&0\\1&2&0\\1&2&3\end{pmatrix}$;　(2) $\begin{pmatrix}2&2&-1\\1&-2&4\\5&8&2\end{pmatrix}$;　(3) $\begin{pmatrix}3&2&1\\3&1&5\\3&2&3\end{pmatrix}$;

(4) $\begin{pmatrix}0&0&1\\0&2&2\\1&1&2\end{pmatrix}$;　(5) $\begin{pmatrix}3&-2&0&-1\\0&2&2&1\\1&-2&-3&-2\\0&1&2&1\end{pmatrix}$.

6. 解下列矩阵方程:

(1) 设 $\boldsymbol{A}=\begin{pmatrix}4&1&-2\\2&2&1\\3&1&-1\end{pmatrix}$, $\boldsymbol{B}=\begin{pmatrix}1&-3\\2&2\\3&-1\end{pmatrix}$, 求 $\boldsymbol{X}$, 使 $\boldsymbol{AX}=\boldsymbol{B}$.

(2) 设 $\boldsymbol{A}=\begin{pmatrix}0&2&1\\2&-1&3\\-3&3&-4\end{pmatrix}$, $\boldsymbol{B}=\begin{pmatrix}1&2&3\\2&-3&1\end{pmatrix}$, 求 $\boldsymbol{X}$, 使 $\boldsymbol{XA}=\boldsymbol{B}$.

(3) 设 $\boldsymbol{A}=\begin{pmatrix}1&-1&0\\0&1&-1\\-1&0&1\end{pmatrix}$, $\boldsymbol{AX}=2\boldsymbol{X}+\boldsymbol{A}$, 求 $\boldsymbol{X}$.

(4) 设 $\begin{pmatrix}0&1&0\\1&0&0\\0&0&1\end{pmatrix}\boldsymbol{X}\begin{pmatrix}1&0&0\\-2&1&0\\0&0&1\end{pmatrix}=\begin{pmatrix}1&-4&3\\2&0&-1\\0&-2&1\end{pmatrix}$, 求 $\boldsymbol{X}$.

7. 设矩阵 $\boldsymbol{A}=\begin{pmatrix}1&0&0\\1&1&0\\1&1&1\end{pmatrix}$, $\boldsymbol{B}=\begin{pmatrix}0&1&1\\1&0&1\\1&1&0\end{pmatrix}$, 矩阵 $\boldsymbol{X}$ 满足 $\boldsymbol{AXA}+\boldsymbol{BXB}=\boldsymbol{AXB}+\boldsymbol{BXA}+\boldsymbol{E}$, 其中 $\boldsymbol{E}$ 是三阶单位矩阵, 试求矩阵 $\boldsymbol{X}$.

8. 设 $\boldsymbol{A}$ 为二阶可逆矩阵, 记 $\boldsymbol{A}$ 的第 1 行乘以 -1 所得矩阵为 $\boldsymbol{B}$, $\boldsymbol{A}$ 的第 1 列乘以 -1 所得矩阵为 $\boldsymbol{C}$, 试求 $\boldsymbol{B}$, $\boldsymbol{C}$.

9. 设 $\boldsymbol{A}$ 为二阶可逆矩阵, $\boldsymbol{A}^*$ 为 $\boldsymbol{A}$ 的伴随矩阵, 若将 $\boldsymbol{A}$ 的第 1 列乘以 -1 得矩阵 $\boldsymbol{C}$, 试证: 矩阵 $\boldsymbol{A}^*$ 的第 2 行乘以 -1 所得矩阵为 $\boldsymbol{C}^*$.

10. 设 $\boldsymbol{A}$ 为二阶可逆矩阵, 记 $\boldsymbol{A}$ 的第 1 行乘以 -1 所得矩阵为 $\boldsymbol{B}$, 试证: 矩阵 $\boldsymbol{A}^{-1}$ 的第 1 列乘以 -1 所得矩阵为 $\boldsymbol{B}^{-1}$.

11. 设 $\boldsymbol{A}$ 为 $n\,(n\geqslant 2)$ 阶可逆矩阵, 交换 $\boldsymbol{A}$ 的第 1 行与第 2 行得矩阵 $\boldsymbol{B}$, $\boldsymbol{A}^*$ 与 $\boldsymbol{B}^*$ 分别为 $\boldsymbol{A}, \boldsymbol{B}$ 的伴随矩阵, 记 $\boldsymbol{E}_{12}=\boldsymbol{E}(1, 2)$, 试证: $\boldsymbol{A}^*\boldsymbol{E}_{12}=-\boldsymbol{B}^*$.

12. 设 n 阶矩阵 $\boldsymbol{A}$ 与 $\boldsymbol{B}$ 等价, 试证: 当 $|\boldsymbol{A}|=0$ 时, $|\boldsymbol{B}|=0$.

13. 设矩阵 $\boldsymbol{A}$ 由初等列变换化为矩阵 $\boldsymbol{B}$, 试证: 必存在可逆矩阵 $\boldsymbol{P}$, 使得 $\boldsymbol{BP}=\boldsymbol{A}$.

14. 设 $\boldsymbol{A}, \boldsymbol{B}$ 为 n 阶矩阵, 且满足 $2\boldsymbol{B}^{-1}\boldsymbol{A}=\boldsymbol{A}-4\boldsymbol{E}$, 其中 $\boldsymbol{E}$ 为 n 阶单位矩阵.

(1) 证明 $\boldsymbol{B}-2\boldsymbol{E}$ 为可逆矩阵, 并求 $(\boldsymbol{B}-2\boldsymbol{E})^{-1}$;

(2) 已知 $\boldsymbol{A}=\begin{pmatrix}1&-2&0\\1&2&0\\0&0&2\end{pmatrix}$, 求矩阵 $\boldsymbol{B}$.

15. 在某市场中, 存在四种相互影响的商品 A, B, C, D. 基于调研及模型分析, 得到以下描述它们均衡价格关系的矩阵方程 (单位可视为元/件或其他货币单位):

$$\begin{pmatrix}2&1&2&1\\1&2&1&2\\1&3&2&1\\2&1&3&2\end{pmatrix}\begin{pmatrix}p_{\mathrm{A}}\\p_{\mathrm{B}}\\p_{\mathrm{C}}\\p_{\mathrm{D}}\end{pmatrix}=\begin{pmatrix}119\\127\\137\\174\end{pmatrix}.$$

其中 p_A, p_B, p_C, p_D 分别代表四种商品的均衡价格, 右端非齐次常数向量$(119, 127, 137, 174)^T$ 由供需状况、生产成本和替代互补效应等因素综合测算而来. 请利用矩阵的初等变换法求解该矩阵方程, 确定商品A, B, C, D的均衡价格.

§2.6 矩阵的秩

一、矩阵的秩

矩阵的秩是线性代数中的一个重要概念, 用于描述矩阵所包含的线性信息量. 矩阵的秩源于对线性方程组和向量空间的研究, 其本质是矩阵行 (或列) 向量的线性无关程度. 形式上, 矩阵的秩是其最大线性无关行向量 (或列向量) 的数量. 矩阵的秩在数学意义上反映了矩阵所对应的线性变换的维数或映射空间的维度. 秩的大小直接影响线性方程组解的性质: 若系数矩阵的秩等于增广矩阵的秩, 则该方程组有解; 若系数矩阵的秩还等于未知数个数, 则解唯一. 在实际应用中, 矩阵的秩广泛应用于数据分析 (如主成分分析)、机器学习 (如特征选择和降维)以及工程 (如信号处理和控制理论) 等领域. 通过判断秩, 能够分析数据的冗余性、优化模型或解决实际问题中的线性相关问题. 因此, 矩阵的秩是理解和解决线性系统的重要工具.

从§2.5我们已经看到, 矩阵可经初等行变换化为行阶梯形矩阵, 且行阶梯形矩阵所含非零行的行数是唯一确定的, 这个数实质上就是矩阵的秩. 鉴于这个数的唯一性尚未证明, 本节将首先利用行列式来定义矩阵的秩, 然后给出利用初等变换求矩阵的秩的方法.

定义 1 在 $m\times n$ 矩阵 $\boldsymbol{A}$ 中, 任取 k 行 k 列 $(1\leqslant k\leqslant m,\ 1\leqslant k\leqslant n)$, 位于这些行列交叉处的 k^2 个元素, 不改变它们在 $\boldsymbol{A}$ 中所处的位置次序而得到的 k 阶行列式, 称为 $\boldsymbol{A}$ 的 ***k* 阶子式**.

注: $m\times n$ 矩阵 $\boldsymbol{A}$ 的 k 阶子式共有 $\mathrm{C}_m^k\cdot\mathrm{C}_n^k$ 个.

例如, 设矩阵 $\boldsymbol{A}=\begin{pmatrix}1&3&4&5\\-1&0&2&3\\0&1&-1&0\end{pmatrix}$, 则由第1、3两行与第2、4两列交叉处的元素构成的二阶子式为 $\begin{vmatrix}3&5\\1&0\end{vmatrix}$.

设 $\boldsymbol{A}$ 为一个 $m\times n$ 矩阵, 当 $\boldsymbol{A}=\boldsymbol{O}$ 时, 它的任何子式都为零. 当 $\boldsymbol{A}\neq\boldsymbol{O}$ 时, 它至少有一个元素不为零, 即它至少有一个一阶子式不为零. 再考察二阶子式, 若 $\boldsymbol{A}$ 中有一个二阶子式不为零, 则往下考察三阶子式, 如此进行下去, 最后必达到 $\boldsymbol{A}$ 中有 r 阶子式不为零, 而再没有比 r 更高阶的不为零的子式的情形. 这个不为零的子式的最高阶数 r 反映了矩阵 $\boldsymbol{A}$ 内在的重要特征, 在矩阵的理论与应用中都有重要意义.

定义 2 设 $\boldsymbol{A}$ 为 $m\times n$ 矩阵, 如果存在 $\boldsymbol{A}$ 的 r 阶子式不为零, 而任何 $r+1$ 阶子式(如果存在的话) 皆为零, 则称 r 为矩阵 $\boldsymbol{A}$ 的**秩**, 记为 $\mathrm{r}(\boldsymbol{A})$ (或 $\mathrm{R}(\boldsymbol{A})$), 并规定零矩阵的秩等于零.

例 1 求矩阵$\boldsymbol{A}=\begin{pmatrix}1 & 2 & 3\\ 2 & 3 & -5\\ 4 & 7 & 1\end{pmatrix}$的秩.

解 根据矩阵的秩的定义, 因在$\boldsymbol{A}$中, 有

$$\begin{vmatrix}1 & 3\\ 2 & -5\end{vmatrix}\neq 0,$$

又$\boldsymbol{A}$的三阶子式只有一个$|\boldsymbol{A}|$, 且

$$|\boldsymbol{A}|=\begin{vmatrix}1 & 2 & 3\\ 2 & 3 & -5\\ 4 & 7 & 1\end{vmatrix}=\begin{vmatrix}1 & 2 & 3\\ 0 & -1 & -11\\ 0 & -1 & -11\end{vmatrix}=0,$$

故题设矩阵的秩$\mathrm{r}(\boldsymbol{A})=2$.

例 2 求矩阵$\boldsymbol{B}=\begin{pmatrix}2 & -1 & 0 & 3 & -2\\ 0 & 3 & 1 & -2 & 5\\ 0 & 0 & 0 & 4 & -3\\ 0 & 0 & 0 & 0 & 0\end{pmatrix}$的秩.

解 因题设矩阵$\boldsymbol{B}$是一个行阶梯形矩阵, 其非零行只有三行, 故矩阵$\boldsymbol{B}$的所有四阶子式全为零. 此外, 易见$\boldsymbol{B}$存在一个三阶子式

$$\begin{vmatrix}2 & -1 & 3\\ 0 & 3 & -2\\ 0 & 0 & 4\end{vmatrix}=24\neq 0,$$

故题设矩阵的秩$\mathrm{r}(\boldsymbol{B})=3$.

例 3 写出一组2×2矩阵$\boldsymbol{A}$和$\boldsymbol{B}$, 使得

$$\mathrm{r}(\boldsymbol{A}+\boldsymbol{B})<\mathrm{r}(\boldsymbol{A})\text{ 且 }\mathrm{r}(\boldsymbol{A}+\boldsymbol{B})<\mathrm{r}(\boldsymbol{B}).$$

解 令$\boldsymbol{A}=\begin{pmatrix}1 & 0\\ 0 & 1\end{pmatrix}$, $\boldsymbol{B}=\begin{pmatrix}-1 & 0\\ 0 & -1\end{pmatrix}$, 则$\mathrm{r}(\boldsymbol{A})=\mathrm{r}(\boldsymbol{B})=2$. 又

$$\boldsymbol{A}+\boldsymbol{B}=\begin{pmatrix}0 & 0\\ 0 & 0\end{pmatrix},$$

所以,

$$\mathrm{r}(\boldsymbol{A}+\boldsymbol{B})=0<\mathrm{r}(\boldsymbol{A})=\mathrm{r}(\boldsymbol{B}).$$

注: 下列矩阵分别是实验 2.6 (1)~(6) 右侧的行阶梯形矩阵:

(1) $\boldsymbol{A}=\begin{pmatrix}2 & 1 & 2 & 3 & 4 & 5\\ 0 & 0 & 0 & 0 & 0 & 0\\ 0 & 0 & 0 & 0 & 0 & 0\\ 0 & 0 & 0 & 0 & 0 & 0\\ 0 & 0 & 0 & 0 & 0 & 0\end{pmatrix}$; (2) $\boldsymbol{A}=\begin{pmatrix}1 & 2 & -3 & -2 & 3 & 4\\ 0 & 1 & 1 & -1 & 1 & 2\\ 0 & 0 & 0 & 0 & 0 & 0\\ 0 & 0 & 0 & 0 & 0 & 0\\ 0 & 0 & 0 & 0 & 0 & 0\end{pmatrix}$;

$$(3)\boldsymbol{A}=\begin{pmatrix}1&2&3&2&5&14\\0&2&-3&1&2&5\\0&0&3&1&1&10\\0&0&0&0&0&0\\0&0&0&0&0&0\end{pmatrix};\quad (4)\boldsymbol{A}=\begin{pmatrix}2&4&6&5&16&-10\\0&2&-3&3&-3&35\\0&0&1&1&5&-1\\0&0&0&1&-2&4\\0&0&0&0&0&0\end{pmatrix};$$

$$(5)\boldsymbol{A}=\begin{pmatrix}1&2&3&-16&3&-4\\0&2&-3&20&2&12\\0&0&3&4&1&4\\0&0&0&4&0&3\\0&0&0&0&0&1\end{pmatrix};\quad (6)\boldsymbol{A}=\begin{pmatrix}2&4&-6&-4&5&5\\0&2&3&20&-10&8\\0&0&3&-4&10&5\\0&0&0&4&0&2\\0&0&0&0&5&1\end{pmatrix}.$$

这里,我们可以根据矩阵的秩的定义直接给出上述矩阵的秩.

(1) 由矩阵的秩的定义知, $\mathrm{r}(\boldsymbol{A})=1$, 因为存在一阶子式 $|2|=2\neq 0$, 而矩阵 $\boldsymbol{A}$ 中任何二阶及以上的子式均为 0.

(2) $\mathrm{r}(\boldsymbol{A})=2$, 因为存在二阶子式 $\begin{vmatrix}1&2\\0&1\end{vmatrix}=1\neq 0$, 而矩阵 $\boldsymbol{A}$ 中任何三阶及以上的子式均为0.

同(1) (2)的方法可以得出:

(3) $\mathrm{r}(\boldsymbol{A})=3$.

(4) $\mathrm{r}(\boldsymbol{A})=4$.

(5) 显然存在五阶子式 $\begin{vmatrix}1&2&3&-16&-4\\0&2&-3&20&12\\0&0&3&4&4\\0&0&0&4&3\\0&0&0&0&1\end{vmatrix}=24\neq 0$, 且矩阵 $\boldsymbol{A}$ 的最大行数为 5, 故必有 $\mathrm{r}(\boldsymbol{A})=5$.

采用与(5)同样的思路可以得到:

(6) $\mathrm{r}(\boldsymbol{A})=5$.

显然, 矩阵的秩具有下列性质:

(1) 若矩阵 $\boldsymbol{A}$ 中有某个 s 阶子式不为0, 则 $\mathrm{r}(\boldsymbol{A})\geqslant s$;

(2) 若矩阵 $\boldsymbol{A}$ 中所有 t 阶子式全为0, 则 $\mathrm{r}(\boldsymbol{A})<t$;

(3) 若矩阵 $\boldsymbol{A}$ 为 $m\times n$ 矩阵, 则 $0\leqslant \mathrm{r}(\boldsymbol{A})\leqslant \min\{m, n\}$;

(4) $\mathrm{r}(\boldsymbol{A})=\mathrm{r}(\boldsymbol{A}^{\mathrm{T}})$.

当 $\mathrm{r}(\boldsymbol{A})=\min\{m, n\}$ 时, 称矩阵 $\boldsymbol{A}$ 为**满秩矩阵**, 否则称为**降秩矩阵**.

例如, 对矩阵 $\boldsymbol{A}=\begin{pmatrix}1&3&4&5\\0&1&0&3\\0&0&1&0\end{pmatrix}$, $0\leqslant \mathrm{r}(\boldsymbol{A})\leqslant 3$, 因为存在三阶子式 $\begin{vmatrix}1&3&4\\0&1&0\\0&0&1\end{vmatrix}=1\neq 0$,

所以，$r(\boldsymbol{A})\geqslant 3$，从而 $r(\boldsymbol{A})=3$，故 $\boldsymbol{A}$ 为满秩矩阵.

由上面的例子可知，利用定义计算矩阵的秩，需要从高阶到低阶考虑矩阵的子式. 当矩阵的行数和列数较多时，按定义求秩是非常麻烦的.

由于行阶梯形矩阵的秩很容易判断，而任意矩阵都可以经过有限次初等行变换化为行阶梯形矩阵，因而可考虑借助初等变换法来求矩阵的秩.

二、求矩阵的秩的初等变换法

定理 1 若 $\boldsymbol{A}\to\boldsymbol{B}$，则 $r(\boldsymbol{A})=r(\boldsymbol{B})$.

证明 考察经一次初等行变换的情形. 设 $\boldsymbol{A}$ 经过一次初等变换化为 $\boldsymbol{B}$，下证 $r(\boldsymbol{A})\leqslant r(\boldsymbol{B})$.

设 $r(\boldsymbol{A})=s$，且 $\boldsymbol{A}$ 的某个 s 阶子式 $D\neq 0$，则当

$$\boldsymbol{A}\xrightarrow{r_i\leftrightarrow r_j}\boldsymbol{B} \text{ 或 } \boldsymbol{A}\xrightarrow{r_i\times k}\boldsymbol{B}$$

时，在矩阵 $\boldsymbol{B}$ 中总能找到与 D 相对应的 s 阶子式 D_1，由于

$$D_1=D \text{ 或 } D_1=-D \text{ 或 } D_1=kD,$$

因此，$D_1\neq 0$，从而 $r(\boldsymbol{B})\geqslant s$. 而当 $\boldsymbol{A}\xrightarrow{r_i+kr_j}\boldsymbol{B}$ 时，因结论对变换 $r_i\leftrightarrow r_j$ 成立，故我们只需考虑 $\boldsymbol{A}\xrightarrow{r_1+kr_2}\boldsymbol{B}$ 这一特殊情况. 下面分两种情况讨论:

(1) $\boldsymbol{A}$ 的 s 阶非零子式 D 不含 $\boldsymbol{A}$ 的第 1 行，则 D 也是 $\boldsymbol{B}$ 的一个 s 阶非零子式，故 $r(\boldsymbol{B})\geqslant s$;

(2) D 包含 $\boldsymbol{A}$ 的第 1 行，此时把 $\boldsymbol{B}$ 中与 D 对应的 s 阶子式 D_1 记作

$$D_1=\begin{vmatrix} r_1+kr_2\\ \vdots\\ r_p\\ \vdots\\ r_s\end{vmatrix}=\begin{vmatrix} r_1\\ \vdots\\ r_p\\ \vdots\\ r_s\end{vmatrix}+k\begin{vmatrix} r_2\\ \vdots\\ r_p\\ \vdots\\ r_s\end{vmatrix}=D+kD_2.$$

若 $p=2$，则 $D_1=D\neq 0$；若 $p\neq 2$，则 D_2 也是 $\boldsymbol{B}$ 的 s 阶子式，由 $D_1-kD_2=D\neq 0$，可知 D_1 与 D_2 不同时为 0. 总之，矩阵 $\boldsymbol{B}$ 中存在 s 阶非零子式 D_1 或 D_2，所以 $r(\boldsymbol{B})\geqslant s$.

以上证明了若 $\boldsymbol{A}$ 经过一次初等行变换变为 $\boldsymbol{B}$，则 $r(\boldsymbol{A})\leqslant r(\boldsymbol{B})$.

由于矩阵 $\boldsymbol{B}$ 亦可经一次初等行变换变为 $\boldsymbol{A}$，因此也有 $r(\boldsymbol{B})\leqslant r(\boldsymbol{A})$，故 $r(\boldsymbol{A})=r(\boldsymbol{B})$.

由经一次初等行变换后矩阵的秩不变，可知经有限次初等行变换后矩阵的秩也不变.

设 $\boldsymbol{A}$ 经初等列变换变为 $\boldsymbol{B}$，则 $\boldsymbol{A}^{\mathrm{T}}$ 经初等行变换变为 $\boldsymbol{B}^{\mathrm{T}}$，由于

$$r(\boldsymbol{A}^{\mathrm{T}})=r(\boldsymbol{B}^{\mathrm{T}}),\ r(\boldsymbol{A})=r(\boldsymbol{A}^{\mathrm{T}}),\ r(\boldsymbol{B})=r(\boldsymbol{B}^{\mathrm{T}}),$$

因此，$r(\boldsymbol{A})=r(\boldsymbol{B})$.

总之，若矩阵 $\boldsymbol{A}$ 经过有限次初等变换变为矩阵 $\boldsymbol{B}$（即 $\boldsymbol{A}\to\boldsymbol{B}$），则 $r(\boldsymbol{A})=r(\boldsymbol{B})$. 证毕.

根据这个定理，我们得到利用初等变换求矩阵的秩的方法: 用初等行变换把矩阵变成行阶梯形矩阵，行阶梯形矩阵中非零行的行数就是该矩阵的秩.

例 4 求矩阵$A=\begin{pmatrix}1&0&0&1\\1&2&0&-1\\3&-1&0&4\\1&4&5&1\end{pmatrix}$的秩.

解 利用求矩阵的秩的初等变换法, 因为

$$A\xrightarrow[r_4-r_1]{\substack{r_2-r_1\\r_3-3r_1}}\begin{pmatrix}1&0&0&1\\0&2&0&-2\\0&-1&0&1\\0&4&5&0\end{pmatrix}\xrightarrow[r_2\div 2]{\substack{r_3+\frac{1}{2}r_2\\r_4-2r_2}}\begin{pmatrix}1&0&0&1\\0&1&0&-1\\0&0&0&0\\0&0&5&4\end{pmatrix}\xrightarrow{r_3\leftrightarrow r_4}\begin{pmatrix}1&0&0&1\\0&1&0&-1\\0&0&5&4\\0&0&0&0\end{pmatrix},$$

所以, 题设矩阵的秩 $r(A)=3$.

例 5 设$A=\begin{pmatrix}3&2&0&5&0\\3&-2&3&6&-1\\2&0&1&5&-3\\1&6&-4&-1&4\end{pmatrix}$, 求$A$的秩, 并求$A$的一个最高阶非零子式.

解 利用求矩阵的秩的初等变换法, 有

$$A\xrightarrow{r_1\leftrightarrow r_4}\begin{pmatrix}1&6&-4&-1&4\\3&-2&3&6&-1\\2&0&1&5&-3\\3&2&0&5&0\end{pmatrix}\xrightarrow{r_2-r_4}\begin{pmatrix}1&6&-4&-1&4\\0&-4&3&1&-1\\2&0&1&5&-3\\3&2&0&5&0\end{pmatrix}$$

$$\xrightarrow[r_4-3r_1]{r_3-2r_1}\begin{pmatrix}1&6&-4&-1&4\\0&-4&3&1&-1\\0&-12&9&7&-11\\0&-16&12&8&-12\end{pmatrix}\xrightarrow[r_4-4r_2]{r_3-3r_2}\begin{pmatrix}1&6&-4&-1&4\\0&-4&3&1&-1\\0&0&0&4&-8\\0&0&0&4&-8\end{pmatrix}$$

$$\xrightarrow{r_4-r_3}\begin{pmatrix}1&6&-4&-1&4\\0&-4&3&1&-1\\0&0&0&4&-8\\0&0&0&0&0\end{pmatrix}.$$

由上可见, 行阶梯形矩阵有三个非零行, 所以, $r(A)=3$.

再求A的一个最高阶非零子式. 由 $r(A)=3$ 知, A的最高阶非零子式为三阶. 而矩阵A的三阶子式共有 $C_4^3\cdot C_5^3=40$ 个. 根据对A实施初等行变换的最后结果, 易见由第1、2、3行与第1、2、4列交叉处元素构成的三阶子式就是矩阵A的一个最高阶非零子式, 即

$$\begin{vmatrix}3&2&5\\3&-2&6\\2&0&5\end{vmatrix}=\begin{vmatrix}3&2&5\\6&0&11\\2&0&5\end{vmatrix}=-2\begin{vmatrix}6&11\\2&5\end{vmatrix}=-16\neq 0.$$

例 6 求矩阵 $\boldsymbol{A}=\begin{pmatrix}2&1&-6&4&-1\\1&1&-2&3&0\\3&2&a&7&-1\\1&-1&-6&-1&b\end{pmatrix}$ 的秩.

解 利用求矩阵的秩的初等变换法, 并根据行阶梯形矩阵非零行的行数判断矩阵的秩, 但这里要通过对未知参数进行分类讨论来确定非零行的行数. 对矩阵 $\boldsymbol{A}$ 进行初等行变换, 有

$$\boldsymbol{A}=\begin{pmatrix}2&1&-6&4&-1\\1&1&-2&3&0\\3&2&a&7&-1\\1&-1&-6&-1&b\end{pmatrix}\xrightarrow{r_1\leftrightarrow r_2}\begin{pmatrix}1&1&-2&3&0\\2&1&-6&4&-1\\3&2&a&7&-1\\1&-1&-6&-1&b\end{pmatrix}$$

$$\xrightarrow[r_4-r_1]{\substack{r_2-2r_1\\ r_3-3r_1}}\begin{pmatrix}1&1&-2&3&0\\0&-1&-2&-2&-1\\0&-1&a+6&-2&-1\\0&-2&-4&-4&b\end{pmatrix}\xrightarrow[r_4-2r_1]{r_3-r_2}\begin{pmatrix}1&1&-2&3&0\\0&-1&-2&-2&1\\0&0&a+8&0&0\\0&0&0&0&b+2\end{pmatrix}.$$

由此可见:

(1) 当 $a=-8$, $b=-2$ 时, $\mathrm{r}(\boldsymbol{A})=2$;

(2) 当 $a=-8$, $b\neq-2$ 时, $\mathrm{r}(\boldsymbol{A})=3$;

(3) 当 $a\neq-8$, $b=-2$ 时, $\mathrm{r}(\boldsymbol{A})=3$;

(4) 当 $a\neq-8$, $b\neq-2$ 时, $\mathrm{r}(\boldsymbol{A})=4$.

例 7 某金融机构计划在四种不同资产A, B, C, D之间进行资金配置, 并通过它们的协方差矩阵来评估组合风险和相关性. 根据历史收益率 (%) 数据的统计, 形成了如下 4×4 的协方差矩阵:

$$\boldsymbol{\Sigma}=\begin{pmatrix}4&2&1&1\\2&3&2&1\\1&2&5&2\\1&1&2&4\end{pmatrix}.$$

若矩阵 $\boldsymbol{\Sigma}$ 满秩 (即秩为4), 说明四种资产的波动特征呈现一定的独立性, 有助于实现有效的风险分散; 若矩阵 $\boldsymbol{\Sigma}$ 的秩 $\mathrm{r}(\boldsymbol{\Sigma})<4$, 代表资产之间在波动模式上存在严重重叠或高度线性相关, 影响投资者的分散化收益. 请利用矩阵的秩及其性质对该协方差矩阵进行分析, 并说明非满秩矩阵在金融决策中的含义.

解 协方差矩阵 $\boldsymbol{\Sigma}$ 的秩可通过初等变换法来判定. 如对矩阵 $\boldsymbol{\Sigma}$ 作初等行变换将其化为行阶梯形矩阵, 若所得行阶梯形矩阵有四个非零主元, 就可判定 $r(\boldsymbol{\Sigma})=4$. 这意味着每种资产的风险波动并不能由其他三种资产的波动完全解释或线性组合而成, 三者之间的关系也相对独立, 投资者可以利用这一特征来分散投资, 降低组合整体的风险.

若在某些市场情境下, $\boldsymbol{\Sigma}$ 的某些行 (列) 变得与其他行 (列) 有线性相关关系, 会出现 $r(\boldsymbol{\Sigma})<4$ 的情况, 说明至少有一种资产的风险特征在很大程度上被其他资产复制或抵消, 投资者无法通过增加或减少该资产的仓位来进一步提升分散化效果. 此时组合中实际有效独立资产数目不足, 一旦面临市场波动, 组合整体可能会出现集聚性的风险暴露, 难以实现预期的风险收益目标.

上述分析表明, 协方差矩阵的秩是衡量资产间独立性与分散化潜力的重要指标. 当秩越接近矩阵维度 (此处为4) 时, 资产相互之间越独立, 多资产配置的意义越大; 当秩明显不足时, 则需考虑引入更多与现有资产差异较大的投资标的, 或调整已有资产比例, 以改善组合整体的风险分散.

注: 在实验2.6中, 我们已经利用计算软件, 将下列各题左侧矩阵利用初等变换化为右侧相应矩阵:

(1) $$\begin{pmatrix} 2 & 1 & 2 & 3 & 4 & 5 \\ 4 & 2 & 4 & 6 & 8 & 10 \\ 10 & 5 & 10 & 15 & 20 & 25 \\ 6 & 3 & 6 & 9 & 12 & 15 \\ 12 & 6 & 12 & 18 & 24 & 30 \end{pmatrix} \to \begin{pmatrix} 2 & 1 & 2 & 3 & 4 & 5 \\ 0 & 0 & 0 & 0 & 0 & 0 \\ 0 & 0 & 0 & 0 & 0 & 0 \\ 0 & 0 & 0 & 0 & 0 & 0 \\ 0 & 0 & 0 & 0 & 0 & 0 \end{pmatrix};$$

(2) $$\begin{pmatrix} 10 & 24 & -26 & -24 & 34 & 48 \\ 18 & 45 & -45 & -45 & 63 & 90 \\ 14 & 35 & -35 & -35 & 49 & 70 \\ 12 & 31 & -29 & -31 & 43 & 72 \\ 8 & 20 & -20 & -20 & 28 & 40 \end{pmatrix} \to \begin{pmatrix} 1 & 2 & -3 & -2 & 3 & 4 \\ 0 & 1 & 1 & -1 & 1 & 2 \\ 0 & 0 & 0 & 0 & 0 & 0 \\ 0 & 0 & 0 & 0 & 0 & 0 \\ 0 & 0 & 0 & 0 & 0 & 0 \end{pmatrix};$$

(3) $$\begin{pmatrix} 5 & 18 & 9 & 16 & 35 & 110 \\ 9 & 36 & 12 & 31 & 67 & 211 \\ 11 & 44 & 15 & 38 & 82 & 259 \\ 6 & 26 & 6 & 22 & 47 & 149 \\ 4 & 16 & 6 & 14 & 30 & 96 \end{pmatrix} \to \begin{pmatrix} 1 & 2 & 3 & 2 & 5 & 14 \\ 0 & 2 & -3 & 1 & 2 & 5 \\ 0 & 0 & 3 & 1 & 1 & 10 \\ 0 & 0 & 0 & 0 & 0 & 0 \\ 0 & 0 & 0 & 0 & 0 & 0 \end{pmatrix};$$

(4) $$\begin{pmatrix} 10 & 24 & 24 & 31 & 74 & 20 \\ 14 & 34 & 33 & 44 & 103 & 35 \\ 22 & 55 & 49 & 71 & 157 & 83 \\ 12 & 31 & 25 & 39 & 85 & 59 \\ 8 & 20 & 18 & 26 & 58 & 30 \end{pmatrix} \to \begin{pmatrix} 2 & 4 & 6 & 5 & 16 & -10 \\ 0 & 2 & -3 & 3 & -3 & 35 \\ 0 & 0 & 1 & 1 & 5 & -1 \\ 0 & 0 & 0 & 1 & -2 & 4 \\ 0 & 0 & 0 & 0 & 0 & 0 \end{pmatrix};$$

$$(5)\quad \begin{pmatrix} 5 & 18 & 9 & 16 & 25 & 43 \\ 13 & 52 & 18 & 100 & 71 & 149 \\ 11 & 44 & 15 & 88 & 60 & 129 \\ 16 & 62 & 24 & 100 & 85 & 169 \\ 4 & 16 & 6 & 32 & 22 & 47 \end{pmatrix} \to \begin{pmatrix} 1 & 2 & 3 & -16 & 3 & -4 \\ 0 & 2 & -3 & 20 & 2 & 12 \\ 0 & 0 & 3 & 4 & 1 & 4 \\ 0 & 0 & 0 & 4 & 0 & 3 \\ 0 & 0 & 0 & 0 & 0 & 1 \end{pmatrix};$$

$$(6)\quad \begin{pmatrix} 10 & 28 & -12 & 60 & 10 & 72 \\ 26 & 78 & -21 & 208 & 10 & 214 \\ 22 & 66 & -18 & 180 & 10 & 183 \\ 32 & 94 & -30 & 236 & 20 & 253 \\ 8 & 24 & -6 & 64 & 5 & 67 \end{pmatrix} \to \begin{pmatrix} 2 & 4 & -6 & -4 & 5 & 5 \\ 0 & 2 & 3 & 20 & -10 & 8 \\ 0 & 0 & 3 & -4 & 10 & 5 \\ 0 & 0 & 0 & 4 & 0 & 2 \\ 0 & 0 & 0 & 0 & 5 & 1 \end{pmatrix}.$$

而在该实验的注中，我们已知题 (1) (2) (3) (4) (5) (6) 右侧行阶梯形矩阵的秩分别为1、2、3、4、5、5. 故由本节定理 1 的结论知，题 (1) (2) (3) (4) (5) (6) 左侧矩阵的秩也分别为1、2、3、4、5、5.

例 8 设 $\boldsymbol{A}$ 为 n 阶非奇异矩阵, $\boldsymbol{B}$ 为 $n\times m$ 矩阵. 试证: $\mathrm{r}(\boldsymbol{AB})=\mathrm{r}(\boldsymbol{B})$.

证明 题设矩阵 $\boldsymbol{A}$ 是非奇异的, 故 $\boldsymbol{A}$ 可表示成若干初等矩阵之积, 即 $\boldsymbol{A}=\boldsymbol{P}_1\boldsymbol{P}_2\cdots\boldsymbol{P}_s$, 其中 $\boldsymbol{P}_i\,(i=1, 2, \cdots, s)$ 皆为初等矩阵. 于是

$$\boldsymbol{AB}=\boldsymbol{P}_1\boldsymbol{P}_2\cdots\boldsymbol{P}_s\boldsymbol{B},$$

即 $\boldsymbol{AB}$ 是 $\boldsymbol{B}$ 经过 s 次初等行变换得出的, 所以, $\mathrm{r}(\boldsymbol{AB})=\mathrm{r}(\boldsymbol{B})$. 证毕.

注: 根据矩阵的秩及满秩矩阵的定义, 显然, 若一个 n 阶矩阵 $\boldsymbol{A}$ 是满秩的, 则 $|\boldsymbol{A}|\neq 0$, 因而非奇异; 反之亦然.

例 9 设 $\boldsymbol{A}=\begin{pmatrix} 1 & -1 & 1 & 2 \\ 3 & \lambda & -1 & 2 \\ 5 & 3 & \mu & 6 \end{pmatrix}$, 已知 $\mathrm{r}(\boldsymbol{A})=2$, 求 λ 与 μ 的值.

解 对题设矩阵作初等行变换, 有

$$\boldsymbol{A}\xrightarrow[r_3-5r_1]{r_2-3r_1}\begin{pmatrix} 1 & -1 & 1 & 2 \\ 0 & \lambda+3 & -4 & -4 \\ 0 & 8 & \mu-5 & -4 \end{pmatrix}\xrightarrow{r_3-r_2}\begin{pmatrix} 1 & -1 & 1 & 2 \\ 0 & \lambda+3 & -4 & -4 \\ 0 & 5-\lambda & \mu-1 & 0 \end{pmatrix},$$

因 $\mathrm{r}(\boldsymbol{A})=2$, 故 $5-\lambda=0$, $\mu-1=0$, 由此解得 $\lambda=5$, $\mu=1$.

例 10 就 a 的取值研究 $\boldsymbol{A}=\begin{pmatrix} a+1 & 4 & 7 \\ 2a-1 & -1 & 2 \\ 1 & 5 & 6 \end{pmatrix}$ 的秩的各种情况.

解 依题设, 根据求矩阵的秩的初等变换法, 有

$$\begin{pmatrix} a+1 & 4 & 7 \\ 2a-1 & -1 & 2 \\ 1 & 5 & 6 \end{pmatrix} \xrightarrow{r_2-2r_1} \begin{pmatrix} a+1 & 4 & 7 \\ -3 & -9 & -12 \\ 1 & 5 & 6 \end{pmatrix}$$

$$\xrightarrow[r_2\div(-3)]{r_3+\frac{1}{3}r_2} \begin{pmatrix} a+1 & 4 & 7 \\ 1 & 3 & 4 \\ 0 & 2 & 2 \end{pmatrix} \xrightarrow[r_3\div 2]{\substack{r_1-2r_3 \\ r_2-\frac{3}{2}r_3}} \begin{pmatrix} a+1 & 0 & 3 \\ 1 & 0 & 1 \\ 0 & 1 & 1 \end{pmatrix}$$

$$\xrightarrow[r_2\leftrightarrow r_3]{r_1-3r_2} \begin{pmatrix} a-2 & 0 & 0 \\ 0 & 1 & 1 \\ 1 & 0 & 1 \end{pmatrix}.$$

所以, 若 $a\neq 2$, 则 $\boldsymbol{A}$ 的秩为3; 若 $a=2$, 则 $\boldsymbol{A}$ 的秩为2.

下面再介绍几个常用的矩阵的秩的性质 (假设其中的运算都是可行的, 性质 (1) ~ (4) 见第134页):

(5) $\max\{\mathrm{r}(\boldsymbol{A}), \mathrm{r}(\boldsymbol{B})\}\leqslant \mathrm{r}(\boldsymbol{A}\ \ \boldsymbol{B})\leqslant \mathrm{r}(\boldsymbol{A})+\mathrm{r}(\boldsymbol{B})$ (证明详见教材配套的网络学习空间);

(6) $\mathrm{r}(\boldsymbol{A}+\boldsymbol{B})\leqslant \mathrm{r}(\boldsymbol{A})+\mathrm{r}(\boldsymbol{B})$ (证明详见教材配套的网络学习空间);

(7) $\mathrm{r}(\boldsymbol{AB})\leqslant \min\{\mathrm{r}(\boldsymbol{A}), \mathrm{r}(\boldsymbol{B})\}$ (证明详见§3.4的例9);

(8) 若 $\boldsymbol{A}_{m\times n}\boldsymbol{B}_{n\times l}=\boldsymbol{O}$, 则 $\mathrm{r}(\boldsymbol{A})+\mathrm{r}(\boldsymbol{B})\leqslant n$ (证明见§3.6的例9).

例 11 设 $\boldsymbol{A}$ 是 n 阶方阵, 且 $\boldsymbol{A}^2=\boldsymbol{E}$, 其中 $\boldsymbol{E}$ 为单位矩阵, 证明: $\mathrm{r}(\boldsymbol{A}+\boldsymbol{E})+\mathrm{r}(\boldsymbol{A}-\boldsymbol{E})=n$.

证明 由 $\boldsymbol{A}^2=\boldsymbol{E}$, 利用矩阵多项式的运算规律, 得

$$(\boldsymbol{A}+\boldsymbol{E})(\boldsymbol{A}-\boldsymbol{E})=\boldsymbol{O},$$

于是, 根据矩阵的秩的性质, 有 $\mathrm{r}(\boldsymbol{A}+\boldsymbol{E})+\mathrm{r}(\boldsymbol{A}-\boldsymbol{E})\leqslant n$; 又由于

$$\mathrm{r}(\boldsymbol{A}+\boldsymbol{E})+\mathrm{r}(\boldsymbol{A}-\boldsymbol{E})=\mathrm{r}(\boldsymbol{A}+\boldsymbol{E})+\mathrm{r}(\boldsymbol{E}-\boldsymbol{A})\geqslant \mathrm{r}(\boldsymbol{A}+\boldsymbol{E}+\boldsymbol{E}-\boldsymbol{A})=\mathrm{r}(2\boldsymbol{E})=\mathrm{r}(\boldsymbol{E})=n,$$

所以, $\mathrm{r}(\boldsymbol{A}+\boldsymbol{E})+\mathrm{r}(\boldsymbol{A}-\boldsymbol{E})=n$. 证毕.

例 12 设 $\boldsymbol{A}$ 是 4×3 矩阵, 且 $|\boldsymbol{B}|\neq 0$, 证明 $\mathrm{r}(\boldsymbol{AB})=\mathrm{r}(\boldsymbol{A})$.

证明 根据矩阵的秩的定义, 因题设 $|\boldsymbol{B}|\neq 0$, 故 $\mathrm{r}(\boldsymbol{B})=3$, 即矩阵 $\boldsymbol{B}$ 是满秩矩阵, 所以, 根据§2.5推论 2 知, 矩阵 $\boldsymbol{B}$ 可以表示为若干初等矩阵的乘积, 因而矩阵 $\boldsymbol{AB}$ 与矩阵 $\boldsymbol{A}$ 等价, 而等价的矩阵有相同的秩, 所以 $\mathrm{r}(\boldsymbol{AB})=\mathrm{r}(\boldsymbol{A})$. 证毕.

例 13 设 $\boldsymbol{A}$ 是 4×3 矩阵, 且 $\boldsymbol{A}$ 的秩 $\mathrm{r}(\boldsymbol{A})=2$, 而 $\boldsymbol{B}=\begin{pmatrix} 1 & 0 & 2 \\ 0 & 2 & 0 \\ -1 & 0 & 3 \end{pmatrix}$, 求 $\mathrm{r}(\boldsymbol{AB})$.

解 根据矩阵的秩的定义, 由于

$$|\boldsymbol{B}|=\begin{vmatrix} 1 & 0 & 2 \\ 0 & 2 & 0 \\ -1 & 0 & 3 \end{vmatrix}=10\neq 0,$$

故 $\mathrm{r}(\boldsymbol{B})=3$, 即矩阵 $\boldsymbol{B}$ 是满秩矩阵, 因此, 由§2.5推论 2 知, 矩阵 $\boldsymbol{B}$ 可以表示为若干初等矩阵的乘积, 从而矩阵 $\boldsymbol{AB}$ 与矩阵 $\boldsymbol{A}$ 等价, 而等价的矩阵有相同的秩, 所以

$$\mathrm{r}(\boldsymbol{AB})=\mathrm{r}(\boldsymbol{A})=2.$$

习题 2-6

1. 设矩阵 $\boldsymbol{A}=\begin{pmatrix}1&-5&6&-2\\2&-1&3&-2\\-1&-4&3&0\end{pmatrix}$, 试计算 $\boldsymbol{A}$ 的全部三阶子式, 并求 $\mathrm{r}(\boldsymbol{A})$.

2. 求矩阵 $\boldsymbol{A}=\begin{pmatrix}14&12&6&8&2\\6&104&21&9&17\\7&6&3&4&1\\35&30&15&20&6\end{pmatrix}$ 的秩.

3. 写出一组 2×2 矩阵 $\boldsymbol{A}$ 和 $\boldsymbol{B}$, 使:

(1) $\mathrm{r}(\boldsymbol{A}+\boldsymbol{B})=\mathrm{r}(\boldsymbol{A})=\mathrm{r}(\boldsymbol{B})$;　　(2) $\mathrm{r}(\boldsymbol{A}+\boldsymbol{B})>\mathrm{r}(\boldsymbol{A})$ 且 $\mathrm{r}(\boldsymbol{A}+\boldsymbol{B})>\mathrm{r}(\boldsymbol{B})$.

4. 设 $\boldsymbol{A}$ 为 $m\times n$ 矩阵, $\boldsymbol{b}$ 为 $m\times1$ 矩阵, 试说明 $\mathrm{r}(\boldsymbol{A})$ 与 $\mathrm{r}((\boldsymbol{A}\ \ \boldsymbol{b}))$ 的大小关系.

5. 在秩是 r 的矩阵中, 有没有等于 0 的 $r-1$ 阶子式? 有没有等于 0 的 r 阶子式?

6. 从矩阵 $\boldsymbol{A}$ 中划去一行得到矩阵 $\boldsymbol{B}$, 问 $\boldsymbol{A}$, $\boldsymbol{B}$ 的秩有何关系?

7. 设 $\boldsymbol{A}$ 和 $\boldsymbol{B}$ 是秩为 n 的 $n\times n$ 矩阵, 证明 $\boldsymbol{AB}$ 的秩为 n.

8. 设 $\boldsymbol{A}$ 是 $m\times n$ 矩阵, $\boldsymbol{C}$ 是 n 阶可逆矩阵, 矩阵 $\boldsymbol{A}$ 的秩为 r, 矩阵 $\boldsymbol{B}=\boldsymbol{AC}$ 的秩为 r_1, 试证: $r_1=r$.

9. 设 $\boldsymbol{A}$, $\boldsymbol{B}$ 都是 n 阶非零矩阵, 且 $\boldsymbol{AB}=\boldsymbol{O}$, 试证: $\boldsymbol{A}$ 和 $\boldsymbol{B}$ 的秩都小于 n.

10. 设 $\boldsymbol{A}$ 是 $m\times n$ 矩阵, 秩为 r, $\boldsymbol{B}$ 是 $\boldsymbol{A}$ 中一个 $s\times t$ 的子矩阵, 求证: $\boldsymbol{B}$ 的秩 $R\geqslant r+s+t-m-n$.

11. 设 $\boldsymbol{A}$ 为 n 阶实矩阵, 证明: $\mathrm{r}\begin{pmatrix}\boldsymbol{A}&\boldsymbol{O}\\\boldsymbol{O}&\boldsymbol{A}^{\mathrm{T}}\boldsymbol{A}\end{pmatrix}=2\mathrm{r}(\boldsymbol{A})$.

12. 设 $\boldsymbol{A}$ 与 $\boldsymbol{B}$ 都是 $m\times n$ 矩阵, 证明: $\mathrm{r}(\boldsymbol{A}\pm\boldsymbol{B})\geqslant\mathrm{r}(\boldsymbol{A})-\mathrm{r}(\boldsymbol{B})$.

13. 设 $\boldsymbol{A}$ 为 n 阶矩阵, $\mathrm{r}(\boldsymbol{A})=1$, 证明:

(1) $\boldsymbol{A}=\begin{pmatrix}a_1\\a_2\\\vdots\\a_n\end{pmatrix}(b_1,b_2,\cdots,b_n)$;　　(2) $\boldsymbol{A}^2=k\boldsymbol{A}$ (k 为一常数).

14. 求下列矩阵的秩, 并求一个最高阶非零子式:

(1) $\begin{pmatrix}3&1&0&2\\1&-1&2&-1\\1&3&-4&4\end{pmatrix}$; (2) $\begin{pmatrix}3&2&-1&-3&-2\\2&-1&3&1&-3\\7&0&5&-1&-8\end{pmatrix}$; (3) $\begin{pmatrix}1&-1&2&1&0\\2&-2&4&2&0\\3&0&6&-1&1\\0&3&0&0&1\end{pmatrix}$.

15. 设 $\boldsymbol{A}=\begin{pmatrix}1 & -1 & 2\\ 2 & 1 & 3\\ 4 & k & 1\end{pmatrix}$, 当 k 取何值时, $\mathrm{r}(\boldsymbol{A})=3$? 当 k 取何值时, $\mathrm{r}(\boldsymbol{A})<3$?

16. 若矩阵 $\begin{pmatrix}1 & a & -1 & 2\\ 1 & -1 & a & 2\\ 1 & 0 & -1 & 2\end{pmatrix}$ 的秩为 2, 求 a.

17. 某金融机构在设计一项包含三种资产 (记为A, B, C) 的投资组合时, 希望通过它们的协方差矩阵来评估风险与相关性程度. 已知三种资产的历史收益率 (%) 数据经过统计分析后, 形成了如下 3×3 的协方差矩阵:

$$\boldsymbol{\Sigma}=\begin{pmatrix}4 & 2 & 2\\ 2 & 3 & 1\\ 2 & 1 & 2\end{pmatrix}.$$

若该矩阵满秩 (秩为3), 说明这三种资产在风险与收益变化上呈现一定的独立性; 若秩小于3, 则代表至少有两种资产在波动上严重重叠或线性相关, 影响投资组合的有效分散化程度. 请利用矩阵的秩及其性质, 判断该协方差矩阵是否能够为投资者提供足够的分散化空间, 并解释秩小于3的金融含义.

18. 设矩阵 $\boldsymbol{A}=\begin{pmatrix}1 & \lambda & -1 & 2\\ 2 & -1 & \lambda & 5\\ 1 & 10 & -6 & 1\end{pmatrix}$, 其中 λ 为参数, 求矩阵 $\boldsymbol{A}$ 的秩.

19. 设矩阵 $\boldsymbol{A}=\begin{pmatrix}3 & -2 & \lambda & -16\\ 2 & -3 & 0 & 1\\ 1 & -1 & 1 & -3\\ 3 & \mu & 1 & -2\end{pmatrix}$, 其中 λ, μ 为参数, 求矩阵 $\boldsymbol{A}$ 的秩的最大值和最小值.

20. 设 $\boldsymbol{A}=\begin{pmatrix}a_1b_1 & a_1b_2 & \cdots & a_1b_n\\ a_2b_1 & a_2b_2 & \cdots & a_2b_n\\ \vdots & \vdots & & \vdots\\ a_nb_1 & a_nb_2 & \cdots & a_nb_n\end{pmatrix}$, 其中 $a_i\neq0,\ b_i\neq0\ (i=1,2,\cdots,n)$, 求矩阵 $\boldsymbol{A}$ 的秩.

总习题二

1. 设有四个城市 a, b, c, d, 它们之间有航班 $a\to b,\ b\to d,\ c\to a,\ d\to c$, 问至多经过两次中转能否从一个城市到达其他三个城市?

2. 设 $\boldsymbol{A}, \boldsymbol{B}$ 均为 n 阶矩阵, 证明下列命题等价:

(1) $\boldsymbol{AB}=\boldsymbol{BA}$; (2) $(\boldsymbol{A}\pm\boldsymbol{B})^2=\boldsymbol{A}^2\pm2\boldsymbol{AB}+\boldsymbol{B}^2$; (3) $(\boldsymbol{A}+\boldsymbol{B})(\boldsymbol{A}-\boldsymbol{B})=\boldsymbol{A}^2-\boldsymbol{B}^2$.

3. 已知 $\boldsymbol{A}$ 与 $\boldsymbol{B}$ 及 $\boldsymbol{A}$ 与 $\boldsymbol{C}$ 都可交换, 证明 $\boldsymbol{A}, \boldsymbol{B}, \boldsymbol{C}$ 是同阶矩阵, 且 $\boldsymbol{A}$ 与 $\boldsymbol{BC}$ 可交换.

4. 设 $\boldsymbol{A}, \boldsymbol{B}$ 为 n 阶矩阵, 且 $\boldsymbol{A}$ 为对称矩阵, 证明 $\boldsymbol{B}^{\mathrm{T}}\boldsymbol{AB}$ 也是对称矩阵.

5. 设 $\boldsymbol{A}$ 为 n 阶矩阵, n 为奇数, 且 $\boldsymbol{AA}^{\mathrm{T}}=\boldsymbol{E}_n$, $|\boldsymbol{A}|=1$, 求 $|\boldsymbol{A}-\boldsymbol{E}_n|$.

6. 设$\boldsymbol{A}$, $\boldsymbol{B}$均为n阶矩阵, 且$\boldsymbol{A}=\frac{1}{2}(\boldsymbol{B}+\boldsymbol{E})$, 证明: $\boldsymbol{A}^2=\boldsymbol{A}$, 当且仅当$\boldsymbol{B}^2=\boldsymbol{E}$.

7. 已知$\boldsymbol{A}=\begin{pmatrix}-1 & 1 & 1 & -1\\ 1 & -1 & -1 & 1\\ 1 & -1 & -1 & 1\\ -1 & 1 & 1 & -1\end{pmatrix}$, 求$\boldsymbol{A}^6$.

8. 已知$\boldsymbol{A}=\begin{pmatrix}3 & 1 & 0 & 0 & 0\\ 0 & 3 & 1 & 0 & 0\\ 0 & 0 & 3 & 0 & 0\\ 0 & 0 & 0 & 3 & -1\\ 0 & 0 & 0 & -9 & 3\end{pmatrix}$, 求$\boldsymbol{A}^n$.

9. 设矩阵$\boldsymbol{A}=\begin{pmatrix}1 & 0 & 1\\ 0 & 2 & 0\\ 1 & 0 & 1\end{pmatrix}$, 正整数$n\geqslant 2$, 求$\boldsymbol{A}^n-2\boldsymbol{A}^{n-1}$.

10. 设$\boldsymbol{A}$, $\boldsymbol{B}$, $\boldsymbol{C}$是n阶矩阵, 且$\boldsymbol{ABC}=\boldsymbol{E}$, 则必有( ).

(A) $\boldsymbol{CBA}=\boldsymbol{E}$; (B) $\boldsymbol{BCA}=\boldsymbol{E}$; (C) $\boldsymbol{BAC}=\boldsymbol{E}$; (D) $\boldsymbol{ACB}=\boldsymbol{E}$.

11. 设n阶矩阵$\boldsymbol{A}$满足$\boldsymbol{A}^2-\boldsymbol{A}-2\boldsymbol{E}=\boldsymbol{O}$, 证明$\boldsymbol{A}$及$\boldsymbol{A}+2\boldsymbol{E}$都可逆.

12. 设n阶矩阵$\boldsymbol{A}$满足$\boldsymbol{A}^2=3\boldsymbol{A}$.

(1) 证明$4\boldsymbol{E}-\boldsymbol{A}$可逆; (2) 如果$\boldsymbol{A}\neq\boldsymbol{O}$, 证明$3\boldsymbol{E}-\boldsymbol{A}$不可逆.

13. 设$\boldsymbol{A}=\frac{1}{2}\begin{pmatrix}0 & 0 & 2\\ 1 & 3 & 0\\ 2 & 5 & 0\end{pmatrix}$, 求$\boldsymbol{A}^{-1}$.

14. 设$\boldsymbol{A}=\begin{pmatrix}1 & 1 & -1\\ 2 & 1 & 0\\ 1 & -1 & 0\end{pmatrix}$, 试用伴随矩阵法求$\boldsymbol{A}^{-1}$.

15. 设$\boldsymbol{A}=\begin{pmatrix}0 & 2 & -1\\ 1 & 1 & 2\\ -1 & -1 & -1\end{pmatrix}$, 试用初等变换法求矩阵$\boldsymbol{A}^{-1}$.

16. 求矩阵$\begin{pmatrix}\frac{1}{2}(\mathrm{e}^x+\mathrm{e}^{-x}) & \frac{1}{2}(\mathrm{e}^x-\mathrm{e}^{-x})\\ \frac{1}{2}(\mathrm{e}^x-\mathrm{e}^{-x}) & \frac{1}{2}(\mathrm{e}^x+\mathrm{e}^{-x})\end{pmatrix}$的逆.

17. 设$\boldsymbol{P}^{-1}\boldsymbol{AP}=\boldsymbol{\Lambda}$, 其中$\boldsymbol{P}=\begin{pmatrix}-1 & -4\\ 1 & 1\end{pmatrix}$, $\boldsymbol{\Lambda}=\begin{pmatrix}-1 & 0\\ 0 & 2\end{pmatrix}$, 求$\boldsymbol{A}^{11}$.

18. 设$\boldsymbol{A}=\mathrm{diag}(1,\ -2,\ 1)$, $\boldsymbol{A}^*\boldsymbol{BA}=2\boldsymbol{BA}-8\boldsymbol{E}$, 求$\boldsymbol{B}$.

19. 设$\boldsymbol{A}=\begin{pmatrix}1 & 0 & 0\\ 2 & 1 & 0\\ 3 & 2 & 1\end{pmatrix}$, $\boldsymbol{A}^*$是$\boldsymbol{A}$的伴随矩阵, 求$(\boldsymbol{A}^*)^{-1}$.

20. 若三阶矩阵 $\boldsymbol{A}$ 的伴随矩阵为 $\boldsymbol{A}^*$, 已知 $|\boldsymbol{A}|=\frac{1}{2}$, 求 $|(3\boldsymbol{A})^{-1}-2\boldsymbol{A}^*|$.

21. 设 n 阶矩阵 $\boldsymbol{A}$ 的伴随矩阵为 $\boldsymbol{A}^*$, 证明:

(1) 若 $|\boldsymbol{A}|=0$, 则 $|\boldsymbol{A}^*|=0$;　　(2) $|\boldsymbol{A}^*|=|\boldsymbol{A}|^{n-1}$.

22. 已知 $\boldsymbol{A}, \boldsymbol{B}$ 为四阶矩阵, 且 $|\boldsymbol{A}|=-2$, $|\boldsymbol{B}|=3$, 求:

(1) $|5\boldsymbol{AB}|$;　(2) $|-\boldsymbol{AB}^{\mathrm{T}}|$;　(3) $|(\boldsymbol{AB})^{-1}|$;　(4) $|\boldsymbol{A}^{-1}\boldsymbol{B}^{-1}|$;　(5) $|((\boldsymbol{AB})^{\mathrm{T}})^{-1}|$.

23. 设矩阵 $\boldsymbol{A}=\begin{pmatrix}3&0&0\\1&4&0\\0&0&3\end{pmatrix}$, $\boldsymbol{I}=\begin{pmatrix}1&0&0\\0&1&0\\0&0&1\end{pmatrix}$, 求 $(\boldsymbol{A}-2\boldsymbol{I})^{-1}$.

24. 设矩阵 $\boldsymbol{A}=\begin{pmatrix}1&-1\\2&3\end{pmatrix}$, $\boldsymbol{B}=\boldsymbol{A}^2-3\boldsymbol{A}+2\boldsymbol{E}$, 求 $\boldsymbol{B}^{-1}$.

25. 设 $\boldsymbol{A}$, $\boldsymbol{B}$ 为 n 阶矩阵, $\boldsymbol{B}$ 是可逆矩阵, 且满足 $\boldsymbol{A}^2+\boldsymbol{AB}+\boldsymbol{B}^2=\boldsymbol{O}$, 证明 $\boldsymbol{A}$ 与 $\boldsymbol{A}+\boldsymbol{B}$ 均可逆, 并求 $\boldsymbol{A}^{-1}$ 和 $(\boldsymbol{A}+\boldsymbol{B})^{-1}$.

26. 设 n 阶矩阵 $\boldsymbol{A}$ 和 $\boldsymbol{B}$ 满足条件 $\boldsymbol{A}+\boldsymbol{B}=\boldsymbol{AB}$.

(1) 证明 $\boldsymbol{A}-\boldsymbol{E}$ 为可逆矩阵;　　(2) 已知 $\boldsymbol{B}=\begin{pmatrix}1&-3&0\\2&1&0\\0&0&2\end{pmatrix}$, 求矩阵 $\boldsymbol{A}$.

27. 已知矩阵 $\boldsymbol{A}$, $\boldsymbol{B}$ 均为三阶方阵, 将 $\boldsymbol{A}$ 的第 1 行与第 2 行交换得到 $\boldsymbol{A}_1$, 将 $\boldsymbol{B}$ 的第 1 列加到第 2 列得到 $\boldsymbol{B}_1$, 又知 $\boldsymbol{A}_1\boldsymbol{B}_1=\begin{pmatrix}1&2&3\\0&1&2\\0&0&1\end{pmatrix}$. 判断 $\boldsymbol{AB}$ 是否可逆, 若可逆, 求 $(\boldsymbol{AB})^{-1}$.

28. 已知 n 阶矩阵 $\boldsymbol{A}=\begin{pmatrix}1&0&\cdots&0\\1&1&\cdots&0\\\vdots&\vdots&&\vdots\\1&1&\cdots&1\end{pmatrix}$, 求 $|\boldsymbol{A}|$ 中所有元素的代数余子式的和.

29. 设 $\boldsymbol{A}=(a_{ij})$ 是三阶非零矩阵, $|\boldsymbol{A}|$ 为 $\boldsymbol{A}$ 的行列式, A_{ij} 为 a_{ij} 的代数余子式, 若

$$a_{ij}+A_{ij}=0\ (i,j=1,2,3),$$

求 $|\boldsymbol{A}|$.

30. 设 n 阶矩阵 $\boldsymbol{A}$ 及 s 阶矩阵 $\boldsymbol{B}$ 都可逆, 求:

(1) $\begin{pmatrix}\boldsymbol{A}&\boldsymbol{O}\\\boldsymbol{C}&\boldsymbol{B}\end{pmatrix}^{-1}$;　　(2) $\begin{pmatrix}\boldsymbol{A}&\boldsymbol{C}\\\boldsymbol{O}&\boldsymbol{B}\end{pmatrix}^{-1}$.

31. 用分块矩阵求下列矩阵的逆矩阵:

(1) $\begin{pmatrix}1&0&0&0\\1&2&0&0\\2&1&3&0\\1&2&1&4\end{pmatrix}$;　　(2) $\begin{pmatrix}1&1&0&0&0\\-1&3&0&0&0\\0&0&-2&0&0\\0&0&0&1&2\\0&0&0&0&1\end{pmatrix}$.

32. 利用分块矩阵计算乘积 $\boldsymbol{AB}$:

(1) $\boldsymbol{A}=\begin{pmatrix}3&1&0&-3\\2&1&4&5\end{pmatrix}$, $\boldsymbol{B}=\begin{pmatrix}2&-4&1\\3&0&2\\1&-3&5\\2&1&4\end{pmatrix}$;

(2) $\boldsymbol{A}=\begin{pmatrix}-1&2&1&5\\0&-3&4&2\\1&5&6&1\end{pmatrix}$, $\boldsymbol{B}=\begin{pmatrix}2&1&4\\-3&5&2\\7&-1&5\\0&3&-3\end{pmatrix}$.

33. 设 $\boldsymbol{A}$, $\boldsymbol{B}$ 为 n 阶矩阵, 证明:

(1) $\begin{vmatrix}\boldsymbol{A}&\boldsymbol{B}\\\boldsymbol{B}&\boldsymbol{A}\end{vmatrix}=|\boldsymbol{A}+\boldsymbol{B}|\cdot|\boldsymbol{A}-\boldsymbol{B}|$;

(2) $\begin{pmatrix}\boldsymbol{A}&\boldsymbol{B}\\\boldsymbol{B}&\boldsymbol{A}\end{pmatrix}$可逆的充要条件为 $\boldsymbol{A}+\boldsymbol{B}$, $\boldsymbol{A}-\boldsymbol{B}$ 均可逆.

34. 设 $\boldsymbol{A}$ 是 $m\times n$ 矩阵, $\boldsymbol{B}$ 是 $n\times m$ 矩阵, 试证: $|\boldsymbol{E}_m-\boldsymbol{AB}|=|\boldsymbol{E}_n-\boldsymbol{BA}|$.

35. 设 $\boldsymbol{A}$, $\boldsymbol{B}$ 均为二阶矩阵, 且 $\boldsymbol{A}^*$, $\boldsymbol{B}^*$ 分别为 $\boldsymbol{A}$, $\boldsymbol{B}$ 的伴随矩阵, 如果 $|\boldsymbol{A}|=2$, $|\boldsymbol{B}|=3$, 试求分块矩阵 $\begin{pmatrix}\boldsymbol{O}&\boldsymbol{A}\\\boldsymbol{B}&\boldsymbol{O}\end{pmatrix}$的伴随矩阵.

36. 设 $\boldsymbol{A}$ 为 n 阶非奇异矩阵, $\boldsymbol{\alpha}$ 为 n 维列向量, b 为常数. 记分块矩阵

$$\boldsymbol{P}=\begin{pmatrix}\boldsymbol{I}&\boldsymbol{O}\\-\boldsymbol{\alpha}^{\mathrm{T}}\boldsymbol{A}^*&|\boldsymbol{A}|\end{pmatrix},\quad \boldsymbol{Q}=\begin{pmatrix}\boldsymbol{A}&\boldsymbol{\alpha}\\\boldsymbol{\alpha}^{\mathrm{T}}&b\end{pmatrix},$$

其中 $\boldsymbol{A}^*$ 是矩阵 $\boldsymbol{A}$ 的伴随矩阵, $\boldsymbol{I}$ 为 n 阶单位矩阵.

(1) 计算并化简 $\boldsymbol{PQ}$;　　(2) 证明: 矩阵 $\boldsymbol{Q}$ 可逆的充分必要条件是 $\boldsymbol{\alpha}^{\mathrm{T}}\boldsymbol{A}^{-1}\boldsymbol{\alpha}\neq b$.

37. 设 $\boldsymbol{A}$ 为 n 阶矩阵, $\boldsymbol{\alpha}_1, \boldsymbol{\alpha}_2, \cdots, \boldsymbol{\alpha}_n$ 为 $\boldsymbol{A}$ 的行子块, 试用 $\boldsymbol{\alpha}_1, \boldsymbol{\alpha}_2, \cdots, \boldsymbol{\alpha}_n$ 表示 $\boldsymbol{AA}^{\mathrm{T}}=\boldsymbol{E}$.

38. 求 $\begin{pmatrix}0&0&1\\0&1&0\\1&0&0\end{pmatrix}^{2000}\begin{pmatrix}1&2&3\\4&5&6\\7&8&9\end{pmatrix}\begin{pmatrix}1&0&0\\0&0&1\\0&1&0\end{pmatrix}^{2001}$.

39. 已知 $\boldsymbol{A}=\begin{pmatrix}0&1&0&1\\1&0&1&0\\0&1&0&1\\1&0&1&0\end{pmatrix}$, 求 $\boldsymbol{A}^{2n+1}$ $(n\in\mathbf{N})$.

40. 设 $\boldsymbol{A}$ 是 n 阶可逆矩阵, 互换 $\boldsymbol{A}$ 中第 i 行和第 j 行得到矩阵 $\boldsymbol{B}$, 求 $\boldsymbol{AB}^{-1}$.

41. 设 $\boldsymbol{A}$, $\boldsymbol{B}$ 为 n 阶矩阵, $2\boldsymbol{A}-\boldsymbol{B}-\boldsymbol{AB}=\boldsymbol{E}$, $\boldsymbol{A}^2=\boldsymbol{A}$, 其中 $\boldsymbol{E}$ 为 n 阶单位矩阵.

(1) 证明 $\boldsymbol{A}-\boldsymbol{B}$ 为可逆矩阵, 并求 $(\boldsymbol{A}-\boldsymbol{B})^{-1}$;

(2) 已知 $\boldsymbol{A}=\begin{pmatrix}1&0&0\\0&3&-1\\0&6&-2\end{pmatrix}$, 试求矩阵 $\boldsymbol{B}$.

42. 将二阶矩阵 $\boldsymbol{A}$ 的第 2 列加至第 1 列得矩阵 $\boldsymbol{B}$, 再交换 $\boldsymbol{B}$ 的第 1 行与第 2 行得单位矩阵, 求 $\boldsymbol{A}$.

43. 设 $\boldsymbol{A}$ 为三阶矩阵, 将 $\boldsymbol{A}$ 的第 3 列加至第 2 列得矩阵 $\boldsymbol{B}$, 再交换 $\boldsymbol{B}$ 的第 1 行与第 2 行得单位矩阵 $\boldsymbol{E}$, 试求矩阵 $\boldsymbol{A}$.

44. 已知 $\boldsymbol{A},\boldsymbol{B}$ 均是三阶矩阵, 将 $\boldsymbol{A}$ 中第 3 行的 -2 倍加至第 2 行得到矩阵 $\boldsymbol{A}_1$, 将 $\boldsymbol{B}$ 中第 2 列加至第 1 列得到矩阵 $\boldsymbol{B}_1$, 又知 $\boldsymbol{A}_1\boldsymbol{B}_1=\begin{pmatrix}1&1&1\\0&2&2\\0&0&3\end{pmatrix}$, 求 $\boldsymbol{AB}$.

45. 设矩阵 $\boldsymbol{A}=\begin{pmatrix}3&0&0\\2&4&0\\1&1&5\end{pmatrix}$, 矩阵 $\boldsymbol{X}$ 满足等式 $\boldsymbol{XA}=2\boldsymbol{X}+\boldsymbol{A}$, 求矩阵 $\boldsymbol{X}$.

46. 已知 $\boldsymbol{A}=\begin{pmatrix}1&1&-1\\-1&1&1\\1&-1&1\end{pmatrix}$, 矩阵 $\boldsymbol{X}$ 满足 $\boldsymbol{A}^*\boldsymbol{X}=\boldsymbol{A}^{-1}+2\boldsymbol{X}$, 其中 $\boldsymbol{A}^*$ 是 $\boldsymbol{A}$ 的伴随矩阵, 求矩阵 $\boldsymbol{X}$.

47. 设四阶矩阵 $\boldsymbol{B}$ 满足 $\left[\left(\frac{1}{2}\boldsymbol{A}\right)^*\right]^{-1}\boldsymbol{BA}^{-1}=2\boldsymbol{AB}+12\boldsymbol{E}$, 其中 $\boldsymbol{E}$ 是四阶单位矩阵, 而

$$\boldsymbol{A}=\begin{pmatrix}1&2&0&0\\1&3&0&0\\0&0&0&2\\0&0&-1&0\end{pmatrix},$$

求矩阵 $\boldsymbol{B}$.

48. 设 $(2\boldsymbol{E}-\boldsymbol{C}^{-1}\boldsymbol{B})\boldsymbol{A}^{\mathrm{T}}=\boldsymbol{C}^{-1}$, 其中 $\boldsymbol{A}^{\mathrm{T}}$ 是四阶矩阵 $\boldsymbol{A}$ 的转置矩阵,

$$\boldsymbol{B}=\begin{pmatrix}1&2&-3&-2\\0&1&2&-3\\0&0&1&2\\0&0&0&1\end{pmatrix},\ \boldsymbol{C}=\begin{pmatrix}1&2&0&1\\0&1&2&0\\0&0&1&2\\0&0&0&1\end{pmatrix},$$

求矩阵 $\boldsymbol{A}$.

49. 求矩阵 $\boldsymbol{A}=\begin{pmatrix}0&16&-7&-5&5\\1&-5&2&1&-1\\-1&-11&5&4&-4\\2&6&-3&-3&7\end{pmatrix}$ 的秩 $\mathrm{r}(\boldsymbol{A})$.

50. 设三阶矩阵 $\boldsymbol{A}=\begin{pmatrix}x&1&1\\1&x&1\\1&1&x\end{pmatrix}$, 试求矩阵 $\boldsymbol{A}$ 的秩.

51. 设矩阵 $\begin{pmatrix}1&2&1\\2&ab+4&2\\2&4&a+2\end{pmatrix}$ 的秩为 2, 求 a, b 的取值范围.

52. 设 $\boldsymbol{A}$ 为 5×4 矩阵, $\boldsymbol{A}=\begin{pmatrix}1&2&3&1\\2&-1&k&2\\0&1&1&3\\1&-1&0&4\\2&0&2&5\end{pmatrix}$, 且 $\boldsymbol{A}$ 的秩为 3, 求 k.

53. 设 $n\ (n\geqslant3)$ 阶矩阵 $\boldsymbol{A}=\begin{pmatrix}1&a&a&\cdots&a\\a&1&a&\cdots&a\\a&a&1&\cdots&a\\\vdots&\vdots&\vdots&&\vdots\\a&a&a&\cdots&1\end{pmatrix}$, 若矩阵 $\boldsymbol{A}$ 的秩为 $n-1$, 求 a 的值.

54. 设 $\boldsymbol{A}, \boldsymbol{B}, \boldsymbol{C}$ 都是 n 阶矩阵, 证明: 若 $\mathrm{r}(\boldsymbol{C})=n$, $\boldsymbol{A}(\boldsymbol{BA}+\boldsymbol{C})=\boldsymbol{O}$, 则 $\mathrm{r}(\boldsymbol{A})+\mathrm{r}(\boldsymbol{BA}+\boldsymbol{C})=n$.

55. 设 n 阶矩阵 $\boldsymbol{A}$ 满足 $\boldsymbol{A}^2=\boldsymbol{A}$, $\boldsymbol{E}$ 为 n 阶单位矩阵, 证明 $\mathrm{r}(\boldsymbol{A})+\mathrm{r}(\boldsymbol{A}-\boldsymbol{E})=n$.

56. 设 $\boldsymbol{A}, \boldsymbol{B}$ 为 n 阶矩阵, 若记 $\mathrm{r}(\boldsymbol{X})$ 为矩阵 $\boldsymbol{X}$ 的秩, $(\boldsymbol{X}\ \boldsymbol{Y})$ 表示分块矩阵, 试判断 $\mathrm{r}(\boldsymbol{A}\ \boldsymbol{BA})=\mathrm{r}(\boldsymbol{A})$ 的正确性. 若正确, 请证明; 若不正确, 请举出反例说明.

57. 设 $\boldsymbol{A}$ 为 $n\ (n\geqslant2)$ 阶矩阵, 证明 $\mathrm{r}(\boldsymbol{A}^*)=\begin{cases}n, & \mathrm{r}(\boldsymbol{A})=n\\1, & \mathrm{r}(\boldsymbol{A})=n-1\\0, & \mathrm{r}(\boldsymbol{A})<n-1\end{cases}$.

第 3 章 线性方程组

20 世纪 40 年代末, 美国哈佛大学的列昂惕夫 (W. Leontief) 教授领导的项目组在对美国经济体系的投入与产出进行分析时, 汇总了美国劳工部历时两年统计所得的 250 000 多条数据. 列昂惕夫教授把美国经济体系分成了500 个部门, 如汽车工业、石油工业、通信业、农业等, 针对每个部门列出了一个线性方程, 以描述该部门如何向其他部门分配产出. 这样就形成了含有 500 个未知量、500 个线性方程的方程组. 由于当时该校最好的计算机 Mark II 还不足以处理如此庞大的线性方程组, 所以, 列昂惕夫教授最终把这个问题提炼成了一个只含 42 个未知量、42 个方程的线性方程组, 最后, 经过计算机 56 小时的持续运算求出了该方程组的解. 我们将在 §3.7 中更深入地讨论列昂惕夫的投入产出模型.

列昂惕夫 (W. Leontief)

列昂惕夫教授开启了通往经济数学模型新时代的大门, 并于1973 年荣获诺贝尔经济学奖. 列昂惕夫教授的上述工作是早期利用计算机分析大型数学模型的重大应用之一. 从那时起, 其他科学领域的研究者也开始利用计算机来分析数学模型.

线性代数在应用上的重要性与计算机的计算性能成正比, 而这一性能伴随着计算机软硬件的创新在不断提升. 最终, 计算机并行处理和大规模计算的迅猛发展将计算机科学与线性代数紧密地联系在一起, 并广泛应用于飞机制造、桥梁设计、交通规则、石油勘探、经济管理等领域.

科学家和工程师如今处理的问题远比几十年前要复杂得多. 今天, 对于理工类和经管类专业的大学生而言, 线性代数比其他大学数学课程具有更大的潜在应用价值.

线性方程组是线性代数的核心, 本章将借助线性方程组简单而具体地介绍线性代数的核心概念, 深入理解它们将有助于我们感受线性代数的力与美.

§3.1 消元法

高斯消元法由德国数学家卡尔·弗里德里希·高斯在19世纪初提出, 是一种用于求解线性方程组的系统方法. 它的提出源于天文学和物理学中对复杂计算的需求, 例如行星轨道的确定和天体位置的预测. 随着线性代数的发展, 高斯消元法成为解决线性代数问题的核心工具之一. 高斯消元法通过消去法将线性方程组的增广矩阵化简为行阶梯形矩阵, 从而逐步求解未知数. 其意义在于提供了一种系统且高效的算法, 适用于任意规模的线性方程组, 不仅在数学领域具有理论价值, 还在工程学、经济学、物理学等领域广泛应用. 在现代计算机算法的设计中, 高斯消元法是基础方法之一, 为数值计算奠定了重要基础.

引例　用高斯消元法求解线性方程组:

$$\begin{cases}2x_1+2x_2-x_3=6\\ x_1-2x_2+4x_3=3\\ 5x_1+7x_2+x_3=28\end{cases}.$$

解　为观察求解上述方程组的消元过程, 将消元过程中每个步骤的方程组与其对应的矩阵一并列出:

$$\begin{cases}2x_1+2x_2-x_3=6\\ x_1-2x_2+4x_3=3\\ 5x_1+7x_2+x_3=28\end{cases}\ ①\ \overset{\text{对应}}{\longleftrightarrow}\begin{pmatrix}2&2&-1&6\\1&-2&4&3\\5&7&1&28\end{pmatrix}\ ①$$

$$\to\begin{cases}2x_1+2x_2-x_3=6\\ -3x_2+\dfrac{9}{2}x_3=0\\ 2x_2+\dfrac{7}{2}x_3=13\end{cases}\ ②\ \longleftrightarrow\begin{pmatrix}2&2&-1&6\\0&-3&\dfrac{9}{2}&0\\0&2&\dfrac{7}{2}&13\end{pmatrix}\ ②$$

$$\to\begin{cases}2x_1+2x_2-x_3=6\\ -3x_2+\dfrac{9}{2}x_3=0\\ \dfrac{13}{2}x_3=13\end{cases}\ ③\ \longleftrightarrow\begin{pmatrix}2&2&-1&6\\0&-3&\dfrac{9}{2}&0\\0&0&\dfrac{13}{2}&13\end{pmatrix}\ ③$$

$$\to\begin{cases}2x_1+2x_2-x_3=6\\ -3x_2+\dfrac{9}{2}x_3=0\\ x_3=2\end{cases}\ ④\ \longleftrightarrow\begin{pmatrix}2&2&-1&6\\0&-3&\dfrac{9}{2}&0\\0&0&1&2\end{pmatrix}\ ④$$

根据方程组④, 从最后一个方程可得到$x_3=2$, 将其代入第二个方程即可得到$x_2=3$, 再将$x_3=2$与$x_2=3$一起代入第一个方程得到$x_1=1$. 因此, 所求方程组的解为

$$x_1=1,\ x_2=3,\ x_3=2.$$

通常把过程①至④称为**消元过程**, 矩阵④是**行阶梯形矩阵**, 与之对应的方程组④则称为**行阶梯形方程组**.

从上述解题过程可以看出, 用消元法求解线性方程组的具体做法就是对方程组反复实施以下三种变换:

(1) 交换某两个方程的位置;

(2) 用一个非零数乘某个方程的两边;

(3) 将一个方程的倍数加到另一个方程上.

以上这三种变换称为**线性方程组的初等变换**. 而消元法的目的就是利用线性方程组的初等变换将原方程组化为阶梯形方程组. 显然这个阶梯形方程组与原线性方程组同解, 解这个阶梯形方程组得原方程组的解. 如果用矩阵表示其系数及常数项, 则将原方程组化为行阶梯形方程组的过程就是将对应矩阵化为行阶梯形矩阵的过程.

将一个方程组化为阶梯形方程组的步骤并不是唯一的, 所以, 同一个方程组的行阶梯形方程组也不是唯一的. 特别地, 我们还可以将一个一般的行阶梯形方程组化为最简形方程组, 从而使我们能直接"读"出该线性方程组的解.

对本例, 我们还可以利用线性方程组的初等行变换继续化简线性方程组④:

$$\to\begin{cases}2x_1+2x_2 & =8\\ \quad -3x_2 & =-9\\ & x_3=2\end{cases} \text{⑤} \longleftrightarrow \begin{pmatrix}2&2&0&8\\0&-3&0&-9\\0&0&1&2\end{pmatrix} \text{⑤}$$

$$\to\begin{cases}2x_1+2x_2 & =8\\ \quad x_2 & =3\\ & x_3=2\end{cases} \text{⑥} \longleftrightarrow \begin{pmatrix}2&2&0&8\\0&1&0&3\\0&0&1&2\end{pmatrix} \text{⑥}$$

$$\to\begin{cases}2x_1 & =2\\ \quad x_2 & =3\\ & x_3=2\end{cases} \text{⑦} \longleftrightarrow \begin{pmatrix}2&0&0&2\\0&1&0&3\\0&0&1&2\end{pmatrix} \text{⑦}$$

$$\to\begin{cases}x_1 & =1\\ \quad x_2 & =3\\ & x_3=2\end{cases} \text{⑧} \longleftrightarrow \begin{pmatrix}1&0&0&1\\0&1&0&3\\0&0&1&2\end{pmatrix} \text{⑧}$$

从方程组⑧, 我们可以一目了然地看出

$$x_1=1,\ x_2=3,\ x_3=2.$$

通常把过程⑤至⑧称为**回代过程**.

从引例我们可以得到如下启示: 用消元法解三元线性方程组的过程, 相当于对该方程组的系数与右端常数项对应位置构成的矩阵作初等行变换. 对一般线性方程组是否有同样的结论? 答案是肯定的. 接下来就一般线性方程组求解的问题进行讨论.

设有线性方程组

$$\begin{cases} a_{11}x_1 + a_{12}x_2 + \cdots + a_{1n}x_n = b_1 \\ a_{21}x_1 + a_{22}x_2 + \cdots + a_{2n}x_n = b_2 \\ \cdots\cdots \\ a_{m1}x_1 + a_{m2}x_2 + \cdots + a_{mn}x_n = b_m \end{cases}, \tag{1.1}$$

其矩阵形式为

$$\boldsymbol{Ax} = \boldsymbol{b}, \tag{1.2}$$

其中

$$\boldsymbol{A} = \begin{pmatrix} a_{11} & a_{12} & \cdots & a_{1n} \\ a_{21} & a_{22} & \cdots & a_{2n} \\ \vdots & \vdots & & \vdots \\ a_{m1} & a_{m2} & \cdots & a_{mn} \end{pmatrix}, \ \boldsymbol{x} = \begin{pmatrix} x_1 \\ x_2 \\ \vdots \\ x_n \end{pmatrix}, \ \boldsymbol{b} = \begin{pmatrix} b_1 \\ b_2 \\ \vdots \\ b_m \end{pmatrix}.$$

称矩阵 $(\boldsymbol{A}\ \ \boldsymbol{b})$ (有时记为 $\widetilde{\boldsymbol{A}}$) 为线性方程组 (1.1) 的**增广矩阵**.

当 $b_j = 0$ $(j = 1, 2, \cdots, m)$ 时, 线性方程组 (1.1) 称为**齐次线性方程组**; 否则称为**非齐次线性方程组**. 显然, 齐次线性方程组的矩阵形式为

$$\boldsymbol{Ax} = \boldsymbol{0}. \tag{1.3}$$

注: 齐次线性方程组 $\boldsymbol{Ax} = \boldsymbol{0}$ 有时也称为非齐次线性方程组 $\boldsymbol{Ax} = \boldsymbol{b}$ 的**导出组**.

例如, 非齐次线性方程组 $\begin{cases} 9x_1 + x_2 + 5x_3 = 0 \\ 2x_1 + 2x_2 + 9x_3 = 6 \\ 6x_1 + 8x_2 + 4x_3 = 8 \end{cases}$ 对应的矩阵形式为

$$\begin{pmatrix} 9 & 1 & 5 \\ 2 & 2 & 9 \\ 6 & 8 & 4 \end{pmatrix} \begin{pmatrix} x_1 \\ x_2 \\ x_3 \end{pmatrix} = \begin{pmatrix} 0 \\ 6 \\ 8 \end{pmatrix};$$

而齐次线性方程组 $\begin{cases} x_1 + x_4 = 0 \\ 2x_3 + x_4 = 0 \\ 2x_1 + 3x_3 = 0 \\ x_2 + 2x_4 = 0 \end{cases}$ 对应的矩阵形式为

$$\begin{pmatrix} 1 & 0 & 0 & 1 \\ 0 & 0 & 2 & 1 \\ 2 & 0 & 3 & 0 \\ 0 & 1 & 0 & 2 \end{pmatrix} \begin{pmatrix} x_1 \\ x_2 \\ x_3 \\ x_4 \end{pmatrix} = \begin{pmatrix} 0 \\ 0 \\ 0 \\ 0 \end{pmatrix}.$$

定理 1 设 $\boldsymbol{A}=(a_{ij})_{m\times n}$, n 元齐次线性方程组 $\boldsymbol{Ax}=\boldsymbol{0}$ 有非零解的充要条件是系数矩阵的秩 $\mathrm{r}(\boldsymbol{A})<n$.

证明 必要性. 假设题设方程组 $\boldsymbol{Ax}=\boldsymbol{0}$ 有非零解. 设 $\mathrm{r}(\boldsymbol{A})=n$, 则在矩阵 $\boldsymbol{A}$ 中存在一个 n 阶非零子式 D_n. 根据克莱姆法则, D_n 所对应的 n 个方程只有零解, 与假设矛盾, 故 $\mathrm{r}(\boldsymbol{A})<n$.

充分性. 若 $\mathrm{r}(\boldsymbol{A})=s<n$, 则可利用初等行变换将 $\boldsymbol{A}$ 化为行阶梯形矩阵, 且该行阶梯形矩阵只含有 s 个非零行, 从而知其有 $n-s$ 个**自由未知量** (即可取任意实数的未知量). 任取一个自由未知量为 1, 其余自由未知量为 0, 即可得到方程组的一个非零解. 证毕.

定理 2 设 $\boldsymbol{A}=(a_{ij})_{m\times n}$, n 元非齐次线性方程组 $\boldsymbol{Ax}=\boldsymbol{b}$ 有解的充要条件是系数矩阵 $\boldsymbol{A}$ 的秩等于增广矩阵 $\widetilde{\boldsymbol{A}}=(\boldsymbol{A}\ \boldsymbol{b})$ 的秩, 即 $\mathrm{r}(\boldsymbol{A})=\mathrm{r}(\widetilde{\boldsymbol{A}})$.

证明 必要性. 若方程组 $\boldsymbol{Ax}=\boldsymbol{b}$ 有解, 但 $\mathrm{r}(\boldsymbol{A})<\mathrm{r}(\widetilde{\boldsymbol{A}})$, 则增广矩阵 $\widetilde{\boldsymbol{A}}=(\boldsymbol{A}\ \boldsymbol{b})$ 的行阶梯形矩阵中最后一个非零行必是矛盾方程 $0=1$, 这与方程组有解相矛盾, 因此 $\mathrm{r}(\boldsymbol{A})=\mathrm{r}(\widetilde{\boldsymbol{A}})$.

充分性. 若 $\mathrm{r}(\boldsymbol{A})=\mathrm{r}(\widetilde{\boldsymbol{A}})=s\ (s\leqslant n)$, 则增广矩阵 $\widetilde{\boldsymbol{A}}$ 的行阶梯形矩阵中含有 s 个非零行, 把这 s 行的第一个非零元所对应的未知量作为非自由量, 其余 $n-s$ 个未知量作为自由未知量, 并且令这 $n-s$ 个自由未知量全为零, 即可得到方程组的一个解. 证毕.

注: 定理 2 的证明实际上给出了求解线性方程组 (1.1) 的方法. 此外, 若记 $\widetilde{\boldsymbol{A}}=(\boldsymbol{A}\ \boldsymbol{b})$, 则上述定理的结果可简要总结如下:

(1) $\mathrm{r}(\boldsymbol{A})=\mathrm{r}(\widetilde{\boldsymbol{A}})=n$, 当且仅当 $\boldsymbol{Ax}=\boldsymbol{b}$ 有唯一解;

(2) $\mathrm{r}(\boldsymbol{A})=\mathrm{r}(\widetilde{\boldsymbol{A}})<n$, 当且仅当 $\boldsymbol{Ax}=\boldsymbol{b}$ 有无穷多解;

(3) $\mathrm{r}(\boldsymbol{A})\neq\mathrm{r}(\widetilde{\boldsymbol{A}})$, 当且仅当 $\boldsymbol{Ax}=\boldsymbol{b}$ 无解;

(4) $\mathrm{r}(\boldsymbol{A})=n$, 当且仅当 $\boldsymbol{Ax}=\boldsymbol{0}$ 只有零解;

(5) $\mathrm{r}(\boldsymbol{A})<n$, 当且仅当 $\boldsymbol{Ax}=\boldsymbol{0}$ 有非零解.

对非齐次线性方程组, 将增广矩阵 $\widetilde{\boldsymbol{A}}$ 化为行阶梯形矩阵, 便可直接判断其是否有解, 若有解, 再进一步化为行最简形矩阵, 便可直接写出其**全部解**. 其中要注意, 当

$$\mathrm{r}(\boldsymbol{A})=\mathrm{r}(\widetilde{\boldsymbol{A}})=s<n$$

时, $\widetilde{\boldsymbol{A}}$ 的行阶梯形矩阵中含有 s 个非零行, 把这 s 行的第一个非零元所对应的未知量作为**非自由量**, 其余 $n-s$ 个作为自由未知量.

对齐次线性方程组, 将其系数矩阵化为行最简形矩阵, 便可直接写出其全部解.

例 1 求解齐次线性方程组 $\begin{cases} x_1+2x_2+2x_3+\ x_4=0 \\ 2x_1+\ x_2-2x_3-2x_4=0 \\ x_1-\ x_2-4x_3-3x_4=0 \end{cases}$.

解 根据求解线性方程组的初等变换法, 记题设齐次线性方程组的矩阵形式为 $\boldsymbol{Ax}=\boldsymbol{0}$, 对其系数矩阵 $\boldsymbol{A}$ 施以初等行变换并化为行最简形矩阵:

$$A=\begin{pmatrix}1&2&2&1\\2&1&-2&-2\\1&-1&-4&-3\end{pmatrix}\xrightarrow[r_3-r_1]{r_2-2r_1}\begin{pmatrix}1&2&2&1\\0&-3&-6&-4\\0&-3&-6&-4\end{pmatrix}$$

$$\xrightarrow[r_2\div(-3)]{r_3-r_2}\begin{pmatrix}1&2&2&1\\0&1&2&4/3\\0&0&0&0\end{pmatrix}\xrightarrow{r_1-2r_2}\begin{pmatrix}1&0&-2&-5/3\\0&1&2&4/3\\0&0&0&0\end{pmatrix}.$$

由此得到题设线性方程组的同解方程组

$$\begin{cases}x_1-\quad 2x_3-\dfrac{5}{3}x_4=0\\ x_2+2x_3+\dfrac{4}{3}x_4=0\end{cases},\text{即}\begin{cases}x_1=\quad 2x_3+\dfrac{5}{3}x_4\\ x_2=-2x_3-\dfrac{4}{3}x_4\end{cases},$$

其中 x_3, x_4 是自由未知量，可取任意实数值. 若取 $x_3=c_1, x_4=c_2$，则题设方程组的解向量为

$$\boldsymbol{x}=\begin{pmatrix}x_1\\x_2\\x_3\\x_4\end{pmatrix}=c_1\begin{pmatrix}2\\-2\\1\\0\end{pmatrix}+c_2\begin{pmatrix}5/3\\-4/3\\0\\1\end{pmatrix}\quad(c_1, c_2\in\mathbf{R}).$$

它表达了题设线性方程组的全部解.

例 2 设有线性方程组 $\begin{cases}x_1+3x_2+2x_3+x_4=1\\ x_2+ax_3-ax_4=-1\\ x_1+2x_2+3x_4=3\end{cases}$，问 a 为何值时方程组有解.

解 根据求解线性方程组的初等变换法，对题设线性方程组的增广矩阵施以初等行变换化为行阶梯形矩阵:

$$\tilde{A}=\begin{pmatrix}1&3&2&1&1\\0&1&a&-a&-1\\1&2&0&3&3\end{pmatrix}\to\begin{pmatrix}1&3&2&1&1\\0&1&a&-a&-1\\0&-1&-2&2&2\end{pmatrix}$$

$$\to\begin{pmatrix}1&3&2&1&1\\0&-1&-2&2&2\\0&0&a-2&2-a&1\end{pmatrix},$$

由线性方程组解的判定定理知，当 $a\neq 2$ 时，方程组有解.

例 3 三个采购商到同一家工厂采购原材料. 一位采购商购买了 2 吨材料A、4 吨材料B和 6 吨材料C，共花费 80 万元. 另一位采购商购买了 1 吨材料A、3 吨材料B和 2 吨材料C，共花费 30 万元. 问第三位采购商购买 3 吨材料A、7 吨材料B和 8 吨材料C，共花费多少钱?

解　设材料 A 的单价为 x, 材料 B 的单价为 y, 材料 C 的单价为 z (单位: 万元/吨), 第三位采购商共花了 a 万元. 可建立方程组

$$\begin{cases}2x+4y+6z=80\\ x+3y+2z=30,\\ 3x+7y+8z=a\end{cases}$$

题目所求即当上述方程组有解时 a 的取值, 根据求解线性方程组的初等变换法, 对题设线性方程组的增广矩阵施以初等行变换化为行阶梯形矩阵:

$$\widetilde{A}=\begin{pmatrix}2&4&6&80\\1&3&2&30\\3&7&8&a\end{pmatrix}$$

$$\to\begin{pmatrix}1&2&3&40\\0&1&-1&-10\\0&1&-1&a-120\end{pmatrix}\to\begin{pmatrix}1&2&3&40\\0&1&-1&-10\\0&0&0&a-110\end{pmatrix},$$

由线性方程组解的判定定理知, 当 $a=110$ 时, 方程组有解.

综上所述, 第三位采购商购买 3 吨材料A、7 吨材料B和 8 吨材料C, 共花费 110 万元.

例4　解非齐次线性方程组 $\begin{cases}x_1+5x_2-x_3-x_4=-1\\ x_1-2x_2+x_3+3x_4=3\\ 3x_1+8x_2-x_3+x_4=1\\ x_1-9x_2+3x_3+7x_4=7\end{cases}$.

解　记题设非齐次线性方程组的矩阵形式为 $\boldsymbol{Ax}=\boldsymbol{b}$, 对增广矩阵 $(\boldsymbol{A}\ \boldsymbol{b})$ 施以初等行变换化为行阶梯形矩阵:

$$(\boldsymbol{A}\ \boldsymbol{b})=\begin{pmatrix}1&5&-1&-1&-1\\1&-2&1&3&3\\3&8&-1&1&1\\1&-9&3&7&7\end{pmatrix}\to\begin{pmatrix}1&5&-1&-1&-1\\0&-7&2&4&4\\0&-7&2&4&4\\0&-14&4&8&8\end{pmatrix}$$

$$\to\begin{pmatrix}1&5&-1&-1&-1\\0&-7&2&4&4\\0&0&0&0&0\\0&0&0&0&0\end{pmatrix}\to\begin{pmatrix}1&5&-1&-1&-1\\0&1&-2/7&-4/7&-4/7\\0&0&0&0&0\\0&0&0&0&0\end{pmatrix}.$$

根据线性方程组解的判定定理, 因

$$\mathrm{r}(\boldsymbol{A}\ \ \boldsymbol{b})=\mathrm{r}(\boldsymbol{A})=2<4,$$

故题设线性方程组有无穷多解. 再用初等行变换将上面最后一个行阶梯形矩阵进一步化为行最简形矩阵, 得

$$(\boldsymbol{A}\ \boldsymbol{b}) \to \begin{pmatrix} 1 & 0 & 3/7 & 13/7 & 13/7 \\ 0 & 1 & -2/7 & -4/7 & -4/7 \\ 0 & 0 & 0 & 0 & 0 \\ 0 & 0 & 0 & 0 & 0 \end{pmatrix}.$$

于是, 根据求解线性方程组的初等变换法, 由上可得题设线性方程组的同解方程组:

$$\begin{cases} x_1 = \dfrac{13}{7} - \dfrac{3}{7}x_3 - \dfrac{13}{7}x_4 \\ x_2 = -\dfrac{4}{7} + \dfrac{2}{7}x_3 + \dfrac{4}{7}x_4 \end{cases}.$$

取自由未知量 $x_3 = c_1$, $x_4 = c_2$ (c_1, c_2 为任意常数), 则题设线性方程组的全部解为

$$\begin{cases} x_1 = \dfrac{13}{7} - \dfrac{3}{7}c_1 - \dfrac{13}{7}c_2 \\ x_2 = -\dfrac{4}{7} + \dfrac{2}{7}c_1 + \dfrac{4}{7}c_2 \\ x_3 = c_1 \\ x_4 = c_2 \end{cases}.$$

例 5 解线性方程组 $\begin{cases} x_1 + x_2 + 2x_3 + 3x_4 = 1 \\ x_2 + x_3 - 4x_4 = 1 \\ x_1 + 2x_2 + 3x_3 - x_4 = 4 \\ 2x_1 + 3x_2 - x_3 - x_4 = -6 \end{cases}$.

解 对题设线性方程组的增广矩阵 $(\boldsymbol{A}\ \ \boldsymbol{b})$ 施以初等行变换, 将其化为行阶梯形矩阵:

$$(\boldsymbol{A}\ \ \boldsymbol{b}) = \begin{pmatrix} 1 & 1 & 2 & 3 & 1 \\ 0 & 1 & 1 & -4 & 1 \\ 1 & 2 & 3 & -1 & 4 \\ 2 & 3 & -1 & -1 & -6 \end{pmatrix} \to \begin{pmatrix} 1 & 1 & 2 & 3 & 1 \\ 0 & 1 & 1 & -4 & 1 \\ 0 & 1 & 1 & -4 & 3 \\ 0 & 1 & -5 & -7 & -8 \end{pmatrix}$$

$$\to \begin{pmatrix} 1 & 1 & 2 & 3 & 1 \\ 0 & 1 & 1 & -4 & 1 \\ 0 & 0 & 0 & 0 & 2 \\ 0 & 0 & -6 & -3 & -9 \end{pmatrix} \to \begin{pmatrix} 1 & 1 & 2 & 3 & 1 \\ 0 & 1 & 1 & -4 & 1 \\ 0 & 0 & 6 & 3 & 9 \\ 0 & 0 & 0 & 0 & 2 \end{pmatrix}.$$

根据线性方程组解的判定定理, 因为

$$\mathrm{r}(\boldsymbol{A}) = 3,\ \mathrm{r}(\boldsymbol{A}\ \ \boldsymbol{b}) = 4,\ \mathrm{r}(\boldsymbol{A}\ \ \boldsymbol{b}) \neq \mathrm{r}(\boldsymbol{A}),$$

所以, 题设线性方程组无解.

例 6 某市政府对四个部门的财政预算 x_1, x_2, x_3, x_4 (单位: 百万元) 进行规划, 要求满足以下条件:

(1) 四个部门的总预算为 240, 即

$$x_1+x_2+x_3+x_4=240;$$

(2) 基于某种综合指标计算的结果为104.5, 即

$$0.4x_1+0.3x_2+0.5x_3+0.6x_4=104.5;$$

(3) 针对人力、项目和其他开支的附加约束为

$$x_1+2x_2+x_3+3x_4=380;$$

(4) 部门间预算差额的约束为

$$x_1-x_2+x_3-x_4=50.$$

试用高斯消元法求解上述联立方程组, 并给出各部门的预算.

解　依题意, 联立方程组为

$$\begin{cases} x_1+\ \ x_2+\ \ x_3+\ \ x_4=240 \\ 0.4x_1+0.3x_2+0.5x_3+0.6x_4=104.5 \\ x_1+\ 2x_2+\ \ x_3+\ 3x_4=380 \\ x_1-\ \ x_2+\ \ x_3-\ \ x_4=50 \end{cases},$$

利用高斯消元法时, 通常以第1行为主元行, 消去第 2、3、4 行中 x_1 的系数. 然后选取新的主元行, 对下方行继续做行变换, 依次消去目标变量的系数, 直至将矩阵化为上三角形或阶梯形矩阵. 对上述线性方程组的增广矩阵作初等行变换, 得

$$\begin{pmatrix} 1 & 1 & 1 & 1 & 240 \\ 0.4 & 0.3 & 0.5 & 0.6 & 104.5 \\ 1 & 2 & 1 & 3 & 380 \\ 1 & -1 & 1 & -1 & 50 \end{pmatrix} \to \begin{pmatrix} 1 & 1 & 1 & 1 & 240 \\ 0 & -0.1 & 0.1 & 0.2 & 8.5 \\ 0 & 1 & 0 & 2 & 140 \\ 0 & -2 & 0 & -2 & -190 \end{pmatrix}$$

$$\to \begin{pmatrix} 1 & 1 & 1 & 1 & 240 \\ 0 & 1 & -1 & -2 & -85 \\ 0 & 0 & 1 & 4 & 225 \\ 0 & 0 & -2 & -6 & -360 \end{pmatrix} \to \begin{pmatrix} 1 & 1 & 1 & 1 & 240 \\ 0 & 1 & -1 & -2 & -85 \\ 0 & 0 & 1 & 4 & 225 \\ 0 & 0 & 0 & 2 & 90 \end{pmatrix},$$

由上面所得的行阶梯形矩阵, 可求得系统的解为

$$x_1=100,\ x_2=50,\ x_3=45,\ x_4=45.$$

根据这个结果, 市政府可分别为四个部门安排预算 100, 50, 45, 45(百万元). 这样既满足总预算限制, 又符合各部门开支与综合指标的要求.

此例演示了在财政管理情境中, 如何通过建立线性方程组并使用消元法来找到合理的分配方案.

例7　设线性方程组 $\begin{cases} x_1+\ x_2+\ \ x_3=0 \\ x_1+2x_2+\ a x_3=0 \\ x_1+4x_2+a^2x_3=0 \end{cases}$ 与方程 $x_1+2x_2+x_3=a-1$ 有公共解, 求 a 的

值及所有公共解.

解 依题意, 所求公共解即为联立方程组

$$\begin{cases} x_1+x_2+x_3=0 \\ x_1+2x_2+ax_3=0 \\ x_1+4x_2+a^2x_3=0 \\ x_1+2x_2+x_3=a-1 \end{cases} \tag{1.4}$$

的解. 利用求解线性方程组的初等变换法, 对线性方程组 (1.4) 的增广矩阵 $\widetilde{\boldsymbol{A}}$ 施以初等行变换, 将其化为行阶梯形矩阵:

$$\widetilde{\boldsymbol{A}}=\begin{pmatrix} 1 & 1 & 1 & 0 \\ 1 & 2 & a & 0 \\ 1 & 4 & a^2 & 0 \\ 1 & 2 & 1 & a-1 \end{pmatrix} \to \begin{pmatrix} 1 & 0 & 1 & 1-a \\ 0 & 1 & 0 & a-1 \\ 0 & 0 & a-1 & 1-a \\ 0 & 0 & 0 & (a-1)(a-2) \end{pmatrix}=\boldsymbol{B},$$

要使方程组 (1.4) 有解, 由线性方程组解的判定定理知, 其系数矩阵 $\boldsymbol{A}$ 的秩必等于增广矩阵 $\widetilde{\boldsymbol{A}}$ 的秩, 即 $\mathrm{r}(\boldsymbol{A})=\mathrm{r}(\widetilde{\boldsymbol{A}})$, 于是, 必有 $(a-1)(a-2)=0$, 即 $a=1$ 或 $a=2$. 当 $a=1$ 时, 有

$$\boldsymbol{B}=\begin{pmatrix} 1 & 0 & 1 & 0 \\ 0 & 1 & 0 & 0 \\ 0 & 0 & 0 & 0 \\ 0 & 0 & 0 & 0 \end{pmatrix},$$

此时方程组 (1.4) 有无穷多解

$$\boldsymbol{x}=k\begin{pmatrix} -1 \\ 0 \\ 1 \end{pmatrix}(k\in\mathbf{R});$$

当 $a=2$ 时, 有

$$\boldsymbol{B}=\begin{pmatrix} 1 & 0 & 1 & -1 \\ 0 & 1 & 0 & 1 \\ 0 & 0 & 1 & -1 \\ 0 & 0 & 0 & 0 \end{pmatrix} \to \begin{pmatrix} 1 & 0 & 0 & 0 \\ 0 & 1 & 0 & 1 \\ 0 & 0 & 1 & -1 \\ 0 & 0 & 0 & 0 \end{pmatrix},$$

此时方程组 (1.4) 只有一个解 $\boldsymbol{x}=\begin{pmatrix} 0 \\ 1 \\ -1 \end{pmatrix}$.

例 8 讨论线性方程组

$$\begin{cases} x_1+x_2+2x_3+3x_4=1 \\ x_1+3x_2+6x_3+x_4=3 \\ 3x_1-x_2-px_3+15x_4=3 \\ x_1-5x_2-10x_3+12x_4=t \end{cases},$$

当p, t取何值时, 方程组无解、有唯一解、有无穷多解? 在方程组有无穷多解的情况下, 求出其全部解.

解　记题设非齐次线性方程组的矩阵形式为$\boldsymbol{Ax}=\boldsymbol{b}$, 对增广矩阵$\widetilde{\boldsymbol{A}}$施以初等行变换化为行阶梯形矩阵:

$$\widetilde{\boldsymbol{A}}=\begin{pmatrix}1&1&2&3&1\\1&3&6&1&3\\3&-1&-p&15&3\\1&-5&-10&12&t\end{pmatrix}\to\begin{pmatrix}1&1&2&3&1\\0&2&4&-2&2\\0&-4&-p-6&6&0\\0&-6&-12&9&t-1\end{pmatrix}$$

$$\to\begin{pmatrix}1&1&2&3&1\\0&1&2&-1&1\\0&0&-p+2&2&4\\0&0&0&3&t+5\end{pmatrix}.$$

下面对参数的不同情况进行分类讨论, 并根据线性方程组解的判定定理做出判断:

(1) 当$p\neq 2$时, $\mathrm{r}(\boldsymbol{A})=\mathrm{r}(\widetilde{\boldsymbol{A}})=4$, 方程组有唯一解.

(2) 当$p=2$时, 有

$$\widetilde{\boldsymbol{A}}\to\begin{pmatrix}1&1&2&3&1\\0&1&2&-1&1\\0&0&0&2&4\\0&0&0&3&t+5\end{pmatrix}\to\begin{pmatrix}1&1&2&3&1\\0&1&2&-1&1\\0&0&0&1&2\\0&0&0&0&t-1\end{pmatrix}.$$

当$t\neq 1$时, $\mathrm{r}(\boldsymbol{A})=3<\mathrm{r}(\widetilde{\boldsymbol{A}})=4$, 方程组无解.

当$t=1$时, $\mathrm{r}(\boldsymbol{A})=\mathrm{r}(\widetilde{\boldsymbol{A}})=3$, 方程组有无穷多解, 此时, 可将上述行阶梯形矩阵进一步化为行最简形矩阵, 得

$$\widetilde{\boldsymbol{A}}\to\begin{pmatrix}1&1&2&3&1\\0&1&2&-1&1\\0&0&0&1&2\\0&0&0&0&t-1\end{pmatrix}\to\begin{pmatrix}1&1&2&3&1\\0&1&2&-1&1\\0&0&0&1&2\\0&0&0&0&0\end{pmatrix}\to\begin{pmatrix}1&0&0&0&-8\\0&1&2&0&3\\0&0&0&1&2\\0&0&0&0&0\end{pmatrix}.$$

于是, 根据求解线性方程组的初等变换法, 由上可得题设线性方程组的同解方程组:

$$\begin{cases}x_1=-8\\x_2+2x_3=3,\\x_4=2\end{cases}$$

取自由未知量$x_3=c$, 则题设线性方程组的全部解为

$$\boldsymbol{x}=\begin{pmatrix}x_1\\x_2\\x_3\\x_4\end{pmatrix}=c\begin{pmatrix}0\\-2\\1\\0\end{pmatrix}+\begin{pmatrix}-8\\3\\0\\2\end{pmatrix}\ (c\text{为任意实数}).$$

注: 设有下列三元一次线性方程组

$$\begin{cases} A_1x_1+B_1x_2+C_1x_3=D_1 \\ A_2x_1+B_2x_2+C_2x_3=D_2 \\ A_3x_1+B_3x_2+C_3x_3=D_3 \end{cases},$$

在高等数学课程空间解析几何的学习中,我们知道,上述线性方程组中的每个线性方程在几何上都对应空间直角坐标系 $Ox_1x_2x_3$ 中的一个平面,将上述方程组第 1、2、3 个方程对应的平面分别记为平面 Π_1、Π_2、Π_3,我们来考察其解的几何意义.

(1) 若上述方程组有唯一解,则其几何上对应的三个平面相交于一点(见图 3-1-1(a)).

(2) 若上述线性方程组有无穷多解,则其几何上对应的三个平面相交于一条直线,也称三平面共线(见图 3-1-1(b)).

(3) 若上述线性方程组无解,则其几何上对应的三个平面或平行(见图 3-1-1 (c)),或其中两个平面平行(见图 3-1-1 (d)),或三个平面两两相交(见图 3-1-1 (e)).

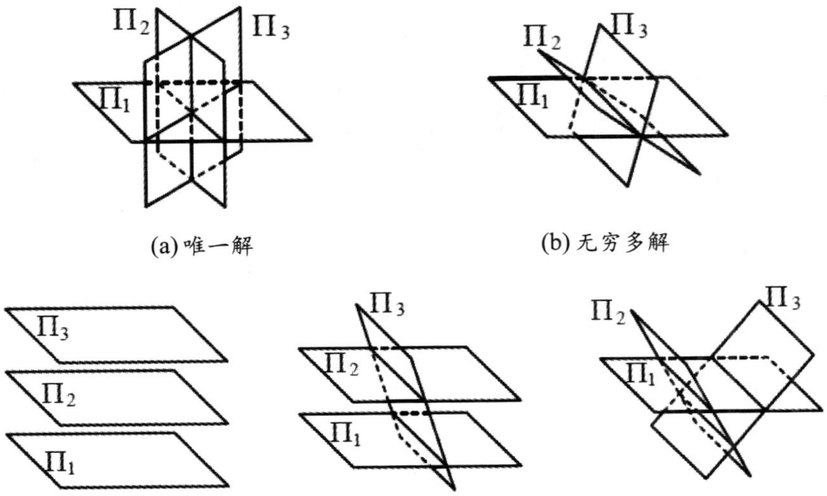

(a) 唯一解　　(b) 无穷多解

(c) 无解　　(d) 无解　　(e) 无解

图 3-1-1

*数学实验

实验 3.1　试用计算软件判断下列方程组是否有解,如果有解,试求出其全部解.

$$(1)\begin{cases} x_1+2x_2+2x_3+x_5+4x_6=0 \\ 2x_1+5x_2+4x_3+2x_5+9x_6=0 \\ -3x_1-6x_2-2x_3+8x_4+x_5+4x_6=0 \\ x_1+2x_2+3x_3+3x_4+3x_5+6x_6=0 \\ x_1+x_2+2x_3-4x_4+x_5+3x_6=0 \\ 2x_1+3x_2+5x_3-x_4+4x_5+9x_6=0 \end{cases};$$

(2) $\begin{cases} x_1+2x_2+5x_3-7x_4+3x_5+3x_6=8 \\ -2x_1-2x_2-6x_3+3x_4+3x_5+3x_6=9 \\ 6x_1-2x_2-3x_3+39x_4-47x_5-47x_6=-125 \\ 8x_1+34x_2+66x_3-140x_4+98x_5+98x_6=280 \\ 5x_1+32x_2+54x_3-151x_4+112x_5+112x_6=336 \\ 3x_1-2x_2+4x_3+9x_4-7x_5-7x_6=-32 \end{cases}$;

(3) $\begin{cases} 3x_1+6x_2+15x_3-21x_4+9x_5+135x_6=429 \\ -3x_1-4x_2-11x_3+10x_4-96x_6=-287 \\ 5x_1-4x_2-8x_3+46x_4-50x_5-81x_6=-376 \\ 7x_1+32x_2+61x_3-133x_4+95x_5+585x_6=2\,027 \\ x_1+24x_2+34x_3-123x_4+100x_5+388x_6=1\,468 \\ 3x_1-2x_2+4x_3+9x_4-7x_5+7x_6=-11 \end{cases}$;

(4) $\begin{cases} 10x_1+6x_2+17x_3+11x_4-35x_5+28x_6=-128 \\ -2x_1-2x_2-6x_3+3x_4+3x_5+4x_6=12 \\ 5x_1-4x_2-8x_3+46x_4-50x_5+88x_6=-183 \\ 9x_1+36x_2+71x_3-147x_4+101x_5-258x_6=389 \\ 21x_1+82x_2+160x_3-347x_4+234x_5-612x_6=914 \\ 3x_1-2x_2+4x_3+9x_4-7x_5+16x_6=-38 \end{cases}$.

计算实验

微信扫描右侧的二维码即可进行计算实验 (详见教材配套的网络学习空间).

习题 3-1

1. 选择题.

(1) 设 $\boldsymbol{A}$ 为 $m\times n$ 矩阵, 齐次线性方程组 $\boldsymbol{Ax}=\boldsymbol{0}$ 仅有零解的充分必要条件是系数矩阵的秩 $\mathrm{r}(\boldsymbol{A})$ (　).

(A) 小于 m;　(B) 小于 n;　(C) 等于 m;　(D) 等于 n.

(2) 设非齐次线性方程组 $\boldsymbol{Ax}=\boldsymbol{b}$ 的导出组为 $\boldsymbol{Ax}=\boldsymbol{0}$. 如果 $\boldsymbol{Ax}=\boldsymbol{0}$ 仅有零解, 则 $\boldsymbol{Ax}=\boldsymbol{b}$ (　).

(A) 必有无穷多解;　(B) 必有唯一解;　(C) 必定无解;　(D) 以上都不对.

(3) 设 $\boldsymbol{A}$ 是 $m\times n$ 矩阵, 非齐次线性方程组 $\boldsymbol{Ax}=\boldsymbol{b}$ 的导出组为 $\boldsymbol{Ax}=\boldsymbol{0}$. 如果 $m<n$, 则 (　).

(A) $\boldsymbol{Ax}=\boldsymbol{b}$ 必有无穷多解;　(B) $\boldsymbol{Ax}=\boldsymbol{b}$ 必有唯一解;

(C) $\boldsymbol{Ax}=\boldsymbol{0}$ 必有非零解;　(D) $\boldsymbol{Ax}=\boldsymbol{0}$ 必有唯一解.

2. 用回代法解下列线性方程组, 并写出每一步所对应的矩阵形式.

(1) $\begin{cases} 3x_1+2x_2+x_3=-2 \\ x_2-x_3=2 \\ 2x_3=4 \end{cases}$;　(2) $\begin{cases} x_1-x_2+3x_3-2x_4=1 \\ x_2-2x_3+3x_4=2 \\ 4x_3+3x_4=3 \\ 4x_4=4 \end{cases}$.

3. 用消元法解下列齐次线性方程组:

(1) $\begin{cases} x_1+2x_2-x_3=0 \\ 2x_1+4x_2+7x_3=0 \end{cases}$;

(2) $\begin{cases} x_1+2x_2-3x_3=0 \\ 2x_1+5x_2+2x_3=0 \\ 3x_1-x_2-4x_3=0 \end{cases}$;

(3) $\begin{cases} x_1+x_2+2x_3-x_4=0 \\ 2x_1+x_2+x_3-x_4=0 \\ 2x_1+2x_2+x_3+2x_4=0 \end{cases}$;

(4) $\begin{cases} x_1+2x_2+x_3-x_4=0 \\ 3x_1+6x_2-x_3-3x_4=0 \\ 5x_1+10x_2+x_3-5x_4=0 \end{cases}$.

4. 用消元法解下列非齐次线性方程组:

(1) $\begin{cases} 4x_1+2x_2-x_3=2 \\ 3x_1-x_2+2x_3=10 \\ 11x_1+3x_2=8 \end{cases}$;

(2) $\begin{cases} 2x+3y+z=4 \\ x-2y+4z=-5 \\ 3x+8y-2z=13 \\ 4x-y+9z=-6 \end{cases}$;

(3) $\begin{cases} 2x+y-z+w=1 \\ 4x+2y-2z+w=2 \\ 2x+y-z-w=1 \end{cases}$;

(4) $\begin{cases} 2x+y-z+w=1 \\ 3x-2y+z-3w=4 \\ x+4y-3z+5w=-2 \end{cases}$;

(5) $\begin{cases} 2x_1-x_2+4x_3-3x_4=-4 \\ x_1+x_3-x_4=-3 \\ 3x_1+x_2+x_3=1 \\ 7x_1+7x_3-3x_4=3 \end{cases}$;

(6) $\begin{cases} x_1+3x_2-x_3=3 \\ 2x_1+8x_2=-5 \\ -x_1-5x_2-x_3=2 \end{cases}$.

5. 三个工厂分别有3吨、2吨和1吨产品要送到两个仓库储存, 两个仓库分别能储存产品4吨和2吨, 用x_{ij}表示从第i个工厂送到第j个仓库的产品重量($i=1, 2, 3; j=1, 2$), 试列出x_{ij}所满足的关系式, 并求由此得到的线性方程组的解.

6. 确定a的值使下列齐次线性方程组有非零解, 并在有非零解时求其全部解.

(1) $\begin{cases} ax_1+x_2+x_3=0 \\ x_1+ax_2+x_3=0 \\ x_1+x_2+ax_3=0 \end{cases}$;

(2) $\begin{cases} 2x_1-x_2+3x_3=0 \\ 3x_1-4x_2+7x_3=0 \\ x_1-2x_2+ax_3=0 \end{cases}$.

7. 确定a, b的值使下列非齐次线性方程组有解, 并求其解.

(1) $\begin{cases} ax_1+bx_2+2x_3=1 \\ (b-1)x_2+x_3=0 \\ ax_1+bx_2+(1-b)x_3=3-2b \end{cases}$;

(2) $\begin{cases} x_1+2x_2-2x_3+2x_4=2 \\ x_2-x_3-x_4=1 \\ x_1+x_2-x_3+3x_4=a \\ x_1-x_2+x_3+5x_4=b \end{cases}$.

8. k为何值时, 线性方程组$\begin{cases} x_1+x_2+kx_3=4 \\ -x_1+kx_2+x_3=k^2 \\ x_1-x_2+2x_3=-4 \end{cases}$有唯一解、无解、有无穷多解? 在有解的情况下, 求出其全部解.

9. 设$\boldsymbol{A}$为$m\times n$矩阵, 证明:

(1) 方程$\boldsymbol{AX}=\boldsymbol{E}_m$有解的充要条件为$\mathrm{r}(\boldsymbol{A})=m$;

(2) 方程$\boldsymbol{YA}=\boldsymbol{E}_n$有解的充要条件为$\mathrm{r}(\boldsymbol{A})=n$.

10. 设 $\boldsymbol{A}$ 为 $m\times n$ 矩阵, 证明: $\boldsymbol{AX}=\boldsymbol{AY}$, 且 $\mathrm{r}(\boldsymbol{A})=n$, 则 $\boldsymbol{X}=\boldsymbol{Y}$.

11. 某投资公司计划在四种不同渠道投入资金, 设投入在渠道 1, 2, 3, 4 的资金分别为 x_1, x_2, x_3, x_4 (单位: 百万元). 已知以下约束条件:

(1) 总投资为100, 即

$$x_1+x_2+x_3+x_4=100;$$

(2) 期望年化回报总额为3.5, 即

$$0.02x_1+0.03x_2+0.04x_3+0.05x_4=3.5;$$

(3) 风险或流动性考量的量化指标为144.5, 即

$$1.2x_1+0.8x_2+2.0x_3+1.5x_4=144.5;$$

(4) 不同资产类别差异的约束为

$$x_1-x_2+x_3-x_4=20.$$

请利用消元法求解上述方程组, 并给出解 x_1, x_2, x_3, x_4 各自的具体数值.

12. 一位生物学家将三种微生物 (表示为Ⅰ、Ⅱ和Ⅲ) 放入试管中, 它们将以三种不同的食物(A, B和C)为食. 每天, 试管中放入2 000单位A、2 300单位B、2 600单位C. 1单位的微生物1天所消耗的食物数量如下表所示. 若所有微生物可以在试管中共存并消耗掉所有的食物, 求每种微生物的数量.

	微生物Ⅰ	微生物Ⅱ	微生物Ⅲ
食物 A	2	1	3
食物 B	1	3	2
食物 C	4	2	1

§3.2 向量组的线性组合

向量组的线性组合概念源于对几何和代数问题的研究, 尤其是在解析几何和线性代数的发展过程中得以明确. 17世纪以来, 笛卡儿引入坐标系将几何问题代数化, 为向量概念的产生奠定了基础. 线性组合的提出旨在统一描述多个向量通过加权组合生成新向量的过程, 为研究向量空间的结构和性质提供了工具.

向量组的线性组合意义重大, 它是线性代数的核心概念之一. 通过线性组合, 可以分析向量是否线性相关、构造基底、确定向量空间的维数等. 此外, 它在实际问题的解决中有广泛的应用, 如工程学中力的平衡、经济学中的资源分配, 以及计算机科学中的数据处理等. 线性组合为理解复杂系统、简化问题提供了理论框架, 是现代科学技术的重要基础.

一、n 维向量及其线性运算

定义1 n 个有序的数 $a_1, a_2, \cdots, a_n$ 组成的数组称为 **n 维向量**, 这 n 个数称为该向量的 n 个**分量**, 第 i 个数 a_i 称为该向量的**第 i 个分量**.

例如, (1, 2, 4, 8, 9) 是五维向量, 其第3个分量为4.

分量全为0的向量称为**零向量**, 记作 $\mathbf{0}$, 即 $\mathbf{0}=(0, 0, \cdots, 0)$.

设向量 $\boldsymbol{a}=(a_1, a_2, \cdots, a_n)$, 将其分量全取负号, 得向量 $\boldsymbol{a}$ 的**负向量**, 记作

$$-\boldsymbol{a}=(-a_1, -a_2, \cdots, -a_n).$$

设向量 $\boldsymbol{a}=(a_1, a_2, \cdots, a_n)$, $\boldsymbol{b}=(b_1, b_2, \cdots, b_n)$, 若向量 $\boldsymbol{a}$, $\boldsymbol{b}$ 的每个分量分别对应相等, 即 $a_i=b_i$ $(i=1, 2, \cdots, n)$, 则称向量 $\boldsymbol{a}$ 与 $\boldsymbol{b}$ **相等**, 记作 $\boldsymbol{a}=\boldsymbol{b}$.

分量全为实数的向量称为**实向量**, 分量含复数的向量称为**复向量**. 除非特别声明, 本书一般只讨论实向量.

n 维向量既可写成一行, 也可写成一列, 按第2章的规定, 分别称为**行向量**和**列向量**, 也就是行矩阵和列矩阵, 并规定行向量和列向量都按矩阵的运算法则进行运算. 因此, n 维列向量 $\boldsymbol{\alpha}=(a_1,a_2,\cdots,a_n)^{\mathrm{T}}$ 与 n 维行向量 $\boldsymbol{\alpha}^{\mathrm{T}}=(a_1,a_2,\cdots,a_n)$ 总被视为两个不同的向量 (按定义1, $\boldsymbol{\alpha}$ 与 $\boldsymbol{\alpha}^{\mathrm{T}}$ 应是同一个向量).

本书中, 常用黑体小写字母 $\boldsymbol{\alpha}, \boldsymbol{\beta}, \boldsymbol{a}, \boldsymbol{b}$ 等表示列向量, 用其转置 $\boldsymbol{\alpha}^{\mathrm{T}}, \boldsymbol{\beta}^{\mathrm{T}}, \boldsymbol{a}^{\mathrm{T}}, \boldsymbol{b}^{\mathrm{T}}$ 等表示行向量, 所讨论的向量在没有特别指明的情况下都被视为列向量.

注: 在平面解析几何与空间解析几何中, 我们把"既有大小又有方向的量"称为向量, 并把可随意平行移动的有向线段作为自由向量的几何形象. 引入坐标系后, 又定义了向量的坐标表示式 (三个有序实数), 此即上面定义的三维行 (列) 向量. 因此, 当 $n\leqslant 3$ 时, n 维向量可以把有向线段作为其几何形象. 当 $n>3$ 时, n 维向量没有直观的几何形象.

在空间解析几何中, "空间" 作为点的集合, 称为**点空间**. 因为空间中任意一点 $P(x, y, z)$ 均与三维向量 $\boldsymbol{r}=(x, y, z)^{\mathrm{T}}$ 之间有一一对应的关系, 故又把三维向量的全体所组成的集合 $\mathbf{R}^3=\{\boldsymbol{r}=(x, y, z)^{\mathrm{T}} \mid x, y, z\in\mathbf{R}\}$ 称为**三维向量空间**. 类似地, n 维向量的全体所组成的集合 $\mathbf{R}^n=\{\boldsymbol{r}=(x_1, x_2, \cdots, x_n)^{\mathrm{T}} \mid x_1, x_2, \cdots, x_n\in\mathbf{R}\}$ 称为 **n 维向量空间**.

若干同维数的列向量(或行向量) 所组成的集合称为**向量组**. 设有 $m\times n$ 矩阵

$$\boldsymbol{A}=\begin{pmatrix} a_{11} & a_{12} & \cdots & a_{1n} \\ a_{21} & a_{22} & \cdots & a_{2n} \\ \vdots & \vdots & & \vdots \\ a_{m1} & a_{m2} & \cdots & a_{mn} \end{pmatrix},$$

由矩阵 $\boldsymbol{A}$ 的每一列 $\boldsymbol{\alpha}_j=(a_{1j}, a_{2j}, \cdots, a_{mj})^{\mathrm{T}}$ $(j=1, 2, \cdots, n)$ 组成的向量组 $\boldsymbol{\alpha}_1, \boldsymbol{\alpha}_2, \cdots, \boldsymbol{\alpha}_n$ 称为矩阵 $\boldsymbol{A}$ 的**列向量组**, 而由矩阵 $\boldsymbol{A}$ 的每一行

$$\boldsymbol{\beta}_i=(a_{i1}, a_{i2}, \cdots, a_{in}) \quad (i=1, 2, \cdots, m)$$

组成的向量组 $\boldsymbol{\beta}_1, \boldsymbol{\beta}_2, \cdots, \boldsymbol{\beta}_m$ 称为矩阵 $\boldsymbol{A}$ 的**行向量组**. 因此, 矩阵 $\boldsymbol{A}$ 也可记为

$$\boldsymbol{A}_{m\times n}=(\boldsymbol{\alpha}_1, \boldsymbol{\alpha}_2, \cdots, \boldsymbol{\alpha}_n)=\begin{pmatrix} \boldsymbol{\beta}_1 \\ \boldsymbol{\beta}_2 \\ \vdots \\ \boldsymbol{\beta}_m \end{pmatrix}.$$

这样, 矩阵 $\boldsymbol{A}$ 就与其列向量组或行向量组建立了一一对应关系.

定义 2　两个 n 维向量

$$\boldsymbol{\alpha}=(a_1, a_2, \cdots, a_n)^{\mathrm{T}} \text{ 与 } \boldsymbol{\beta}=(b_1, b_2, \cdots, b_n)^{\mathrm{T}}$$

的各对应分量之和组成的向量称为**向量 $\boldsymbol{\alpha}$ 与 $\boldsymbol{\beta}$ 的和**, 记为 $\boldsymbol{\alpha}+\boldsymbol{\beta}$, 即

$$\boldsymbol{\alpha}+\boldsymbol{\beta}=(a_1+b_1, a_2+b_2, \cdots, a_n+b_n)^{\mathrm{T}}.$$

由加法和负向量的定义, 可定义**向量的减法**:

$$\boldsymbol{\alpha}-\boldsymbol{\beta}=\boldsymbol{\alpha}+(-\boldsymbol{\beta})=(a_1-b_1, a_2-b_2, \cdots, a_n-b_n)^{\mathrm{T}}.$$

定义 3　n 维向量 $\boldsymbol{\alpha}=(a_1, a_2, \cdots, a_n)^{\mathrm{T}}$ 的各个分量都乘以实数 k 组成的向量, 称为**数 k 与向量 $\boldsymbol{\alpha}$ 的乘积** (简称**数乘**), 记为 $k\boldsymbol{\alpha}$, 即

$$k\boldsymbol{\alpha}=(ka_1, ka_2, \cdots, ka_n)^{\mathrm{T}}.$$

向量的加法和数乘运算统称为向量的**线性运算**.

注: 向量的线性运算与行 (列) 矩阵的运算规律相同, 从而也满足下列矩阵满足的运算规律 (其中 $\boldsymbol{\alpha}, \boldsymbol{\beta}, \boldsymbol{\gamma}\in\mathbf{R}^n$, $k, l\in\mathbf{R}$):

① $\boldsymbol{\alpha}+\boldsymbol{\beta}=\boldsymbol{\beta}+\boldsymbol{\alpha}$;　　② $(\boldsymbol{\alpha}+\boldsymbol{\beta})+\boldsymbol{\gamma}=\boldsymbol{\alpha}+(\boldsymbol{\beta}+\boldsymbol{\gamma})$;

③ $\boldsymbol{\alpha}+\mathbf{0}=\boldsymbol{\alpha}$;　　④ $\boldsymbol{\alpha}+(-\boldsymbol{\alpha})=\mathbf{0}$;

⑤ $1\boldsymbol{\alpha}=\boldsymbol{\alpha}$;　　⑥ $k(l\boldsymbol{\alpha})=(kl)\boldsymbol{\alpha}$;

⑦ $k(\boldsymbol{\alpha}+\boldsymbol{\beta})=k\boldsymbol{\alpha}+k\boldsymbol{\beta}$;　　⑧ $(k+l)\boldsymbol{\alpha}=k\boldsymbol{\alpha}+l\boldsymbol{\alpha}$.

例 1　设有向量组 $\boldsymbol{\alpha}=(2, 0, -1, 3)^{\mathrm{T}}$, $\boldsymbol{\beta}=(1, 7, 4, -2)^{\mathrm{T}}$, $\boldsymbol{\gamma}=(0, 1, 0, 1)^{\mathrm{T}}$.

(1) 求 $2\boldsymbol{\alpha}+\boldsymbol{\beta}-3\boldsymbol{\gamma}$;

(2) 若有 $\boldsymbol{x}$, 满足 $3\boldsymbol{\alpha}-\boldsymbol{\beta}+5\boldsymbol{\gamma}+2\boldsymbol{x}=\mathbf{0}$, 求 $\boldsymbol{x}$.

解　(1) 依题设, 根据向量的线性运算, 有

$$2\boldsymbol{\alpha}+\boldsymbol{\beta}-3\boldsymbol{\gamma}=2(2, 0, -1, 3)^{\mathrm{T}}+(1, 7, 4, -2)^{\mathrm{T}}-3(0, 1, 0, 1)^{\mathrm{T}}=(5, 4, 2, 1)^{\mathrm{T}}.$$

(2) 根据向量的线性运算, 由题设方程 $3\boldsymbol{\alpha}-\boldsymbol{\beta}+5\boldsymbol{\gamma}+2\boldsymbol{x}=\mathbf{0}$, 解得

$$\begin{aligned}\boldsymbol{x}&=\frac{1}{2}(-3\boldsymbol{\alpha}+\boldsymbol{\beta}-5\boldsymbol{\gamma})=\frac{1}{2}[-3(2, 0, -1, 3)^{\mathrm{T}}+(1, 7, 4, -2)^{\mathrm{T}}-5(0, 1, 0, 1)^{\mathrm{T}}]\\&=(-5/2, 1, 7/2, -8)^{\mathrm{T}}.\end{aligned}$$

二、向量组的线性组合的有关概念

考察线性方程组

$$\begin{cases}a_{11}x_1+a_{12}x_2+\cdots+a_{1n}x_n=b_1\\a_{21}x_1+a_{22}x_2+\cdots+a_{2n}x_n=b_2\\\quad\cdots\cdots\\a_{m1}x_1+a_{m2}x_2+\cdots+a_{mn}x_n=b_m\end{cases}. \tag{2.1}$$

记该线性方程组系数矩阵的列向量组与右端常数列向量依次为

$$\boldsymbol{\alpha}_j=\begin{pmatrix}a_{1j}\\a_{2j}\\\vdots\\a_{mj}\end{pmatrix}(j=1,\ 2,\ \cdots,\ n),\quad \boldsymbol{\beta}=\begin{pmatrix}b_1\\b_2\\\vdots\\b_m\end{pmatrix},\tag{2.2}$$

则方程组(2.1)的矩阵形式为 $\boldsymbol{A}\boldsymbol{x}=\boldsymbol{\beta}$, 由向量组与矩阵的关系, 方程组(2.1)又可表示为向量形式:

$$\boldsymbol{\alpha}_1x_1+\boldsymbol{\alpha}_2x_2+\cdots+\boldsymbol{\alpha}_nx_n=\boldsymbol{\beta}.\tag{2.3}$$

故方程组(2.1)是否有解, 相当于是否存在一组数 $k_1,\ k_2,\ \cdots,\ k_n$, 使得下列线性关系式成立:

$$\boldsymbol{\beta}=k_1\boldsymbol{\alpha}_1+k_2\boldsymbol{\alpha}_2+\cdots+k_n\boldsymbol{\alpha}_n.$$

例如, 线性方程组 $\begin{cases}x_1+2x_2+x_3=-0.5\\ \qquad x_2-x_3=-1.5\\ x_1+2x_2\qquad=-1\end{cases}$ 的矩阵形式为

$$\begin{pmatrix}1&2&1\\0&1&-1\\1&2&0\end{pmatrix}\begin{pmatrix}x_1\\x_2\\x_3\end{pmatrix}=\begin{pmatrix}-0.5\\-1.5\\-1\end{pmatrix},$$

向量形式为 $\boldsymbol{\alpha}_1x_1+\boldsymbol{\alpha}_2x_2+\boldsymbol{\alpha}_3x_3=\boldsymbol{\beta}$, 其中

$$\boldsymbol{\alpha}_1=\begin{pmatrix}1\\0\\1\end{pmatrix},\ \boldsymbol{\alpha}_2=\begin{pmatrix}2\\1\\2\end{pmatrix},\ \boldsymbol{\alpha}_3=\begin{pmatrix}1\\-1\\0\end{pmatrix},\ \boldsymbol{\beta}=\begin{pmatrix}-0.5\\-1.5\\-1\end{pmatrix}.$$

易求出该线性方程组的解为 $(1,\ -1,\ 0.5)^{\mathrm{T}}$, 即存在一组数 $1,\ -1,\ 0.5$, 满足上述向量方程:

$$1\cdot\boldsymbol{\alpha}_1+(-1)\cdot\boldsymbol{\alpha}_2+0.5\cdot\boldsymbol{\alpha}_3=\boldsymbol{\beta}.$$

在探讨这一问题之前, 我们先介绍几个有关向量组的概念.

定义 4 给定向量组 $\boldsymbol{A}$: $\boldsymbol{\alpha}_1,\ \boldsymbol{\alpha}_2,\ \cdots,\ \boldsymbol{\alpha}_s$, 对于任意一组实数 $k_1,\ k_2,\ \cdots,\ k_s$, 表达式

$$k_1\boldsymbol{\alpha}_1+k_2\boldsymbol{\alpha}_2+\cdots+k_s\boldsymbol{\alpha}_s$$

称为向量组 $\boldsymbol{A}$ 的一个**线性组合**, $k_1,\ k_2,\ \cdots,\ k_s$ 称为这个**线性组合的系数**, 也称为该**线性组合的权重**.

定义 5 对给定向量组 $\boldsymbol{A}$: $\boldsymbol{\alpha}_1,\ \boldsymbol{\alpha}_2,\ \cdots,\ \boldsymbol{\alpha}_s$ 和向量 $\boldsymbol{\beta}$, 若存在一组数 $k_1,\ k_2,\ \cdots,\ k_s$, 使得

$$\boldsymbol{\beta}=k_1\boldsymbol{\alpha}_1+k_2\boldsymbol{\alpha}_2+\cdots+k_s\boldsymbol{\alpha}_s,$$

则称向量 $\boldsymbol{\beta}$ 是向量组 $\boldsymbol{A}$ 的**线性组合**, 又称 $\boldsymbol{\beta}$ 能由向量组 $\boldsymbol{A}$ **线性表示**(或**线性表出**).

由定义可见, 向量能被向量组线性表示是指一个向量可以通过给定向量组的线性组合得到, 即存在一组实数, 使该向量等于向量组中各向量的加权和. 这一概念是线性相关性和生成空间的基础, 揭示了向量之间的关系及其在向量空间中的位置.

例如, 设有向量组

$$\boldsymbol{\alpha}_1=\begin{pmatrix}1\\0\\1\end{pmatrix},\ \boldsymbol{\alpha}_2=\begin{pmatrix}2\\3\\1\end{pmatrix},\ \boldsymbol{\alpha}_3=\begin{pmatrix}-1\\4\\2\end{pmatrix},\ \boldsymbol{\beta}=\begin{pmatrix}-6\\6\\5\end{pmatrix},$$

易验证有: $\boldsymbol{\beta}=\boldsymbol{\alpha}_1-2\boldsymbol{\alpha}_2+3\boldsymbol{\alpha}_3$, 即向量$\boldsymbol{\beta}$可由向量组$\boldsymbol{\alpha}_1$, $\boldsymbol{\alpha}_2$, $\boldsymbol{\alpha}_3$ 线性表示.

由线性方程组 (2.1) 的向量形式 (2.3) 可见, 向量 $\boldsymbol{\beta}$ 能否由向量组 $\boldsymbol{\alpha}_1, \boldsymbol{\alpha}_2, \cdots, \boldsymbol{\alpha}_s$ 线性表示的问题就等价于线性方程组

$$\boldsymbol{\alpha}_1 x_1+\boldsymbol{\alpha}_2 x_2+\cdots+\boldsymbol{\alpha}_s x_s=\boldsymbol{\beta}$$

是否有解的问题. 根据§3.1 定理2, 进一步可得下面的定理.

定理 1 设向量$\boldsymbol{\beta}$与向量组$\boldsymbol{\alpha}_j$ ($j=1, 2, \cdots, s$) 由式 (2.2) 给出, 则向量$\boldsymbol{\beta}$能由向量组$\boldsymbol{\alpha}_1$, $\boldsymbol{\alpha}_2, \cdots, \boldsymbol{\alpha}_s$ 线性表示的充分必要条件是矩阵

$$\boldsymbol{A}=(\boldsymbol{\alpha}_1, \boldsymbol{\alpha}_2, \cdots, \boldsymbol{\alpha}_s) \text{与} \widetilde{\boldsymbol{A}}=(\boldsymbol{\alpha}_1, \boldsymbol{\alpha}_2, \cdots, \boldsymbol{\alpha}_s, \boldsymbol{\beta})$$

的秩相等, 即 $\mathrm{r}(\boldsymbol{A})=\mathrm{r}(\widetilde{\boldsymbol{A}})$.

证明 由线性方程组解的判定定理知, 线性方程组

$$\boldsymbol{\alpha}_1 x_1+\boldsymbol{\alpha}_2 x_2+\cdots+\boldsymbol{\alpha}_s x_s=\boldsymbol{\beta}$$

有解的充分必要条件是 $\mathrm{r}(\boldsymbol{A})=\mathrm{r}(\widetilde{\boldsymbol{A}})$, 即系数矩阵与增广矩阵的秩相等, 再由矩阵与其列向量组的关系知, 向量$\boldsymbol{\beta}$可由$\boldsymbol{\alpha}_1, \boldsymbol{\alpha}_2, \cdots, \boldsymbol{\alpha}_s$ 线性表示的充分必要条件是: 以$\boldsymbol{\alpha}_1, \boldsymbol{\alpha}_2, \cdots, \boldsymbol{\alpha}_s$ 为列向量的矩阵与以$\boldsymbol{\alpha}_1, \boldsymbol{\alpha}_2, \cdots, \boldsymbol{\alpha}_s$, $\boldsymbol{\beta}$为列向量的矩阵有相同的秩. 证毕.

例如, 设有列向量组

$$\boldsymbol{\alpha}_1=\begin{pmatrix}10\\26\\22\\32\\8\end{pmatrix},\ \boldsymbol{\alpha}_2=\begin{pmatrix}28\\78\\66\\94\\24\end{pmatrix},\ \boldsymbol{\alpha}_3=\begin{pmatrix}-12\\-21\\-18\\-30\\-6\end{pmatrix},\ \boldsymbol{\alpha}_4=\begin{pmatrix}60\\208\\180\\236\\64\end{pmatrix},\ \boldsymbol{\alpha}_5=\begin{pmatrix}10\\10\\10\\20\\5\end{pmatrix},\ \boldsymbol{\beta}=\begin{pmatrix}72\\214\\183\\253\\67\end{pmatrix}.$$

由该列向量组构成矩阵, 并化为行最简形矩阵:

$$\begin{pmatrix}10&28&-12&60&10&72\\26&78&-21&208&10&214\\22&66&-18&180&10&183\\32&94&-30&236&20&253\\8&24&-6&64&5&67\end{pmatrix}\to\begin{pmatrix}1&0&0&0&0&13\\0&1&0&0&0&-5/2\\0&0&1&0&0&5/3\\0&0&0&1&0&1/2\\0&0&0&0&1&1/5\end{pmatrix},$$

这个结果表明: 矩阵$\boldsymbol{A}=(\boldsymbol{\alpha}_1, \boldsymbol{\alpha}_2, \cdots, \boldsymbol{\alpha}_s)$与$\widetilde{\boldsymbol{A}}=(\boldsymbol{\alpha}_1, \boldsymbol{\alpha}_2, \cdots, \boldsymbol{\alpha}_s, \boldsymbol{\beta})$的秩相等, 所以, 向量$\boldsymbol{\beta}$可由向量组$\boldsymbol{\alpha}_1, \boldsymbol{\alpha}_2, \cdots, \boldsymbol{\alpha}_s$ 线性表示, 且由上面右端的行最简形矩阵可写出其线性表示式:

$$\boldsymbol{\beta}=13\boldsymbol{\alpha}_1-\frac{5}{2}\boldsymbol{\alpha}_2+\frac{5}{3}\boldsymbol{\alpha}_3+\frac{1}{2}\boldsymbol{\alpha}_4+\frac{1}{5}\boldsymbol{\alpha}_5.$$

例 2　任何一个 n 维向量 $\boldsymbol{\alpha}=(a_1, a_2, \cdots, a_n)^{\mathrm{T}}$ 都是 n 维单位坐标向量组

$$\boldsymbol{\varepsilon}_1=(1, 0, \cdots, 0)^{\mathrm{T}},\ \boldsymbol{\varepsilon}_2=(0, 1, \cdots, 0)^{\mathrm{T}},\ \cdots,\ \boldsymbol{\varepsilon}_n=(0, 0, \cdots, 1)^{\mathrm{T}}$$

的线性组合, 因为

$$\boldsymbol{\alpha}=a_1\boldsymbol{\varepsilon}_1+a_2\boldsymbol{\varepsilon}_2+\cdots+a_n\boldsymbol{\varepsilon}_n .$$

单位坐标向量组在向量空间的描述和计算中具有重要作用, 是矩阵运算、坐标变换及线性变换研究的基础工具. 任何向量都可以唯一地表示成单位坐标向量组的线性组合, 这种表示形式使计算和理论分析更简单.

例 3　零向量是任何一组向量的线性组合. 因为

$$\mathbf{0}=0\cdot\boldsymbol{\alpha}_1+0\cdot\boldsymbol{\alpha}_2+\cdots+0\cdot\boldsymbol{\alpha}_s .$$

例 4　向量组 $\boldsymbol{\alpha}_1, \boldsymbol{\alpha}_2, \cdots, \boldsymbol{\alpha}_s$ 中的任一向量 $\boldsymbol{\alpha}_j\ (1\leqslant j\leqslant s)$ 都是此向量组的线性组合, 因为

$$\boldsymbol{\alpha}_j=0\cdot\boldsymbol{\alpha}_1+\cdots+1\cdot\boldsymbol{\alpha}_j+\cdots+0\cdot\boldsymbol{\alpha}_s .$$

例 5　已知 $\boldsymbol{\alpha}_1=(1, 2, 1)^{\mathrm{T}}, \boldsymbol{\alpha}_2=(1, 1, 2)^{\mathrm{T}}, \boldsymbol{\alpha}_3=(1, -1, 4)^{\mathrm{T}}, \boldsymbol{\beta}=(1, 0, a)^{\mathrm{T}}$. 问 a 为何值时:

(1) $\boldsymbol{\beta}$ 不能由 $\boldsymbol{\alpha}_1, \boldsymbol{\alpha}_2, \boldsymbol{\alpha}_3$ 线性表示;

(2) $\boldsymbol{\beta}$ 可由 $\boldsymbol{\alpha}_1, \boldsymbol{\alpha}_2, \boldsymbol{\alpha}_3$ 线性表示, 并写出线性表达式.

解　利用求矩阵的秩的初等变换法, 对矩阵 $(\boldsymbol{\alpha}_1, \boldsymbol{\alpha}_2, \boldsymbol{\alpha}_3, \boldsymbol{\beta})$ 施以初等行变换, 得

$$(\boldsymbol{\alpha}_1, \boldsymbol{\alpha}_2, \boldsymbol{\alpha}_3, \boldsymbol{\beta})=\begin{pmatrix}1 & 1 & 1 & 1\\ 2 & 1 & -1 & 0\\ 1 & 2 & 4 & a\end{pmatrix}$$

$$\to\begin{pmatrix}1 & 1 & 1 & 1\\ 0 & -1 & -3 & -2\\ 0 & 1 & 3 & a-1\end{pmatrix}\to\begin{pmatrix}1 & 0 & -2 & -1\\ 0 & 1 & 3 & 2\\ 0 & 0 & 0 & a-3\end{pmatrix},$$

分情况讨论如下:

(1) 当 $a-3\neq 0$, 即 $a\neq 3$ 时, 由于秩

$$\mathrm{r}(\boldsymbol{\alpha}_1, \boldsymbol{\alpha}_2, \boldsymbol{\alpha}_3)=2\neq\mathrm{r}(\boldsymbol{\alpha}_1, \boldsymbol{\alpha}_2, \boldsymbol{\alpha}_3, \boldsymbol{\beta})=3,$$

故此时向量 $\boldsymbol{\beta}$ 不能由向量组 $\boldsymbol{\alpha}_1, \boldsymbol{\alpha}_2, \boldsymbol{\alpha}_3$ 线性表示.

(2) 当 $a-3=0$, 即 $a=3$ 时, 由于

$$\mathrm{r}(\boldsymbol{\alpha}_1, \boldsymbol{\alpha}_2, \boldsymbol{\alpha}_3)=\mathrm{r}(\boldsymbol{\alpha}_1, \boldsymbol{\alpha}_2, \boldsymbol{\alpha}_3, \boldsymbol{\beta})=2,$$

故此时向量 $\boldsymbol{\beta}$ 可由 $\boldsymbol{\alpha}_1, \boldsymbol{\alpha}_2, \boldsymbol{\alpha}_3$ 线性表示, 且

$$\boldsymbol{\beta}=-\boldsymbol{\alpha}_1+2\boldsymbol{\alpha}_2 .$$

例 6　判断向量 $\boldsymbol{\beta}=(4, 3, -1, 11)^{\mathrm{T}}$ 是否为向量组

$$\boldsymbol{\alpha}_1=(1, 2, -1, 5)^{\mathrm{T}},\ \boldsymbol{\alpha}_2=(2, -1, 1, 1)^{\mathrm{T}}$$

的线性组合. 若是, 写出其表达式.

解　根据线性组合的定义, 设有数 k_1, k_2, 使得 $k_1\boldsymbol{\alpha}_1+k_2\boldsymbol{\alpha}_2=\boldsymbol{\beta}$, 对矩阵 $(\boldsymbol{\alpha}_1, \boldsymbol{\alpha}_2, \boldsymbol{\beta})$ 施以

初等行变换化为行最简形矩阵:

$$\begin{pmatrix} 1 & 2 & 4 \\ 2 & -1 & 3 \\ -1 & 1 & -1 \\ 5 & 1 & 11 \end{pmatrix} \to \begin{pmatrix} 1 & 2 & 4 \\ 0 & -5 & -5 \\ 0 & 3 & 3 \\ 0 & -9 & -9 \end{pmatrix} \to \begin{pmatrix} 1 & 2 & 4 \\ 0 & 1 & 1 \\ 0 & 0 & 0 \\ 0 & 0 & 0 \end{pmatrix} \to \begin{pmatrix} 1 & 0 & 2 \\ 0 & 1 & 1 \\ 0 & 0 & 0 \\ 0 & 0 & 0 \end{pmatrix}.$$

于是, 由求矩阵的秩的初等变换法, 有

$$\mathrm{r}(\boldsymbol{\alpha}_1, \boldsymbol{\alpha}_2, \boldsymbol{\beta}_1) = \mathrm{r}(\boldsymbol{\alpha}_1, \boldsymbol{\alpha}_2) = 2 .$$

根据向量能由向量组线性表示的充要条件知, 向量$\boldsymbol{\beta}$是向量组$\boldsymbol{\alpha}_1$, $\boldsymbol{\alpha}_2$的线性组合, 且由上面的行最简形矩阵, 可取$k_1 = 2,\ k_2 = 1$, 使得$\boldsymbol{\beta} = 2\boldsymbol{\alpha}_1 + \boldsymbol{\alpha}_2$.

例 7 设向量

$$\boldsymbol{\alpha}_1 = (1, 2, 0)^{\mathrm{T}},\ \boldsymbol{\alpha}_2 = (1, a+2, -3a)^{\mathrm{T}},\ \boldsymbol{\alpha}_3 = (-1, -b-2, a+2b)^{\mathrm{T}},\ \boldsymbol{\beta} = (1, 3, -3)^{\mathrm{T}}.$$

试问: 当a, b为何值时, $\boldsymbol{\beta}$可由$\boldsymbol{\alpha}_1, \boldsymbol{\alpha}_2, \boldsymbol{\alpha}_3$唯一地线性表示, 并求出表示式.

解 记$\boldsymbol{A} = (\boldsymbol{\alpha}_1, \boldsymbol{\alpha}_2, \boldsymbol{\alpha}_3)$, 对矩阵$(\boldsymbol{A}\ \ \boldsymbol{\beta})$施以初等行变换, 有

$$(\boldsymbol{A}\ \ \boldsymbol{\beta}) = \begin{pmatrix} 1 & 1 & -1 & 1 \\ 2 & a+2 & -b-2 & 3 \\ 0 & -3a & a+2b & -3 \end{pmatrix} \to \begin{pmatrix} 1 & 1 & -1 & 1 \\ 0 & a & -b & 1 \\ 0 & 0 & a-b & 0 \end{pmatrix}.$$

由线性方程组解的判定定理知, 当$a \neq b$时, 秩$\mathrm{r}(\boldsymbol{A}) = 3$, 方程组$\boldsymbol{Ax} = \boldsymbol{\beta}$有唯一解.

$$(\boldsymbol{A}\ \ \boldsymbol{\beta}) \to \begin{pmatrix} 1 & 0 & 0 & 1-1/a \\ 0 & 1 & 0 & 1/a \\ 0 & 0 & 1 & 0 \end{pmatrix},$$

且方程组的解为$\boldsymbol{x} = \left(1 - \dfrac{1}{a},\ \dfrac{1}{a},\ 0\right)^{\mathrm{T}}$, 故

$$\boldsymbol{\beta} = \left(1 - \frac{1}{a}\right)\boldsymbol{\alpha}_1 + \frac{1}{a}\boldsymbol{\alpha}_2 .$$

三、向量组间的线性表示

定义 6 设有两向量组$\boldsymbol{A}$: $\boldsymbol{\alpha}_1, \boldsymbol{\alpha}_2, \cdots, \boldsymbol{\alpha}_s$; $\boldsymbol{B}$: $\boldsymbol{\beta}_1, \boldsymbol{\beta}_2, \cdots, \boldsymbol{\beta}_t$. 若向量组$\boldsymbol{B}$中的每个向量都能由向量组$\boldsymbol{A}$线性表示, 则称向量组$\boldsymbol{B}$能由向量组$\boldsymbol{A}$**线性表示**. 若向量组$\boldsymbol{A}$与向量组$\boldsymbol{B}$能相互线性表示, 则称这两个**向量组等价**.

由定义 6 可见, 向量组间的线性表示是指一个向量组中的每个向量都可以由另一个向量组的线性组合表示. 这一概念反映了向量组之间的相互关系, 是线性相关性、向量空间生成及其子空间研究的重要基础. 线性表示的意义在于, 它可以用来判断一个向量组是否生成了整个向量空间, 或者能否通过另一组向量来完全表示. 通过线性表示, 可以确定向量组是

否冗余或是否包含足够的信息描述空间中的所有向量. 在数据分析中, 向量组间的线性表示用于降维和特征提取; 在工程学中, 它帮助简化问题的数学建模; 在计算机科学中, 它支持压缩和重构数据. 这一概念为理解向量间的关系提供了理论工具.

按定义, 若向量组 $\boldsymbol{B}$ 能由向量组 $\boldsymbol{A}$ 线性表示, 则存在 $k_{1j}, k_{2j}, \cdots, k_{sj}$ $(j=1, 2, \cdots, t)$, 使得

$$\boldsymbol{\beta}_j = k_{1j}\boldsymbol{\alpha}_1 + k_{2j}\boldsymbol{\alpha}_2 + \cdots + k_{sj}\boldsymbol{\alpha}_s = (\boldsymbol{\alpha}_1, \boldsymbol{\alpha}_2, \cdots, \boldsymbol{\alpha}_s)\begin{pmatrix} k_{1j} \\ k_{2j} \\ \vdots \\ k_{sj} \end{pmatrix},$$

故由向量组与矩阵的关系, 有

$$(\boldsymbol{\beta}_1, \boldsymbol{\beta}_2, \cdots, \boldsymbol{\beta}_t) = (\boldsymbol{\alpha}_1, \boldsymbol{\alpha}_2, \cdots, \boldsymbol{\alpha}_s)\begin{pmatrix} k_{11} & k_{12} & \cdots & k_{1t} \\ k_{21} & k_{22} & \cdots & k_{2t} \\ \vdots & \vdots & & \vdots \\ k_{s1} & k_{s2} & \cdots & k_{st} \end{pmatrix},$$

其中矩阵 $\boldsymbol{K}_{s\times t} = (k_{ij})_{s\times t}$ 称为这一线性表示的**系数矩阵**.

例如, 设有两向量组

$$\boldsymbol{A}\colon \boldsymbol{\alpha}_1 = \begin{pmatrix} -1 \\ 1 \\ 1 \\ -1 \end{pmatrix},\quad \boldsymbol{\alpha}_2 = \begin{pmatrix} 4 \\ -8 \\ 2 \\ 1 \end{pmatrix},\quad \boldsymbol{\alpha}_3 = \begin{pmatrix} 1 \\ -4 \\ 4 \\ -1 \end{pmatrix},\quad \boldsymbol{\alpha}_4 = \begin{pmatrix} -2 \\ 1 \\ 4 \\ -3 \end{pmatrix};$$

$$\boldsymbol{B}\colon \boldsymbol{\beta}_1 = \begin{pmatrix} 2 \\ -10 \\ 11 \\ -4 \end{pmatrix}, \boldsymbol{\beta}_2 = \begin{pmatrix} 4 \\ -12 \\ 9 \\ -2 \end{pmatrix}, \boldsymbol{\beta}_3 = \begin{pmatrix} -2 \\ 4 \\ -1 \\ 0 \end{pmatrix}, \boldsymbol{\beta}_4 = \begin{pmatrix} -3 \\ 8 \\ -5 \\ 1 \end{pmatrix}, \boldsymbol{\beta}_5 = \begin{pmatrix} 8 \\ -14 \\ 1 \\ 4 \end{pmatrix}.$$

易验证向量组 $\boldsymbol{B}$ 能由向量组 $\boldsymbol{A}$ 线性表示, 且

$$\boldsymbol{\beta}_1 = \boldsymbol{\alpha}_1 + \boldsymbol{\alpha}_2 + \boldsymbol{\alpha}_3 + \boldsymbol{\alpha}_4,\ \boldsymbol{\beta}_2 = -\boldsymbol{\alpha}_1 + \boldsymbol{\alpha}_2 + \boldsymbol{\alpha}_3 + \boldsymbol{\alpha}_4,\ \boldsymbol{\beta}_3 = \boldsymbol{\alpha}_1 - \boldsymbol{\alpha}_2 + \boldsymbol{\alpha}_3 - \boldsymbol{\alpha}_4,$$
$$\boldsymbol{\beta}_4 = \boldsymbol{\alpha}_1 - \boldsymbol{\alpha}_2 - \boldsymbol{\alpha}_4,\ \boldsymbol{\beta}_5 = -\boldsymbol{\alpha}_1 + \boldsymbol{\alpha}_2 + \boldsymbol{\alpha}_3 - \boldsymbol{\alpha}_4,$$

即有矩阵关系式:

$$(\boldsymbol{\beta}_1, \boldsymbol{\beta}_2, \boldsymbol{\beta}_3, \boldsymbol{\beta}_4, \boldsymbol{\beta}_5) = (\boldsymbol{\alpha}_1, \boldsymbol{\alpha}_2, \boldsymbol{\alpha}_3, \boldsymbol{\alpha}_4)\begin{pmatrix} 1 & -1 & 1 & 1 & -1 \\ 1 & 1 & -1 & -1 & 1 \\ 1 & 1 & 1 & 0 & 1 \\ 1 & 1 & -1 & -1 & -1 \end{pmatrix}.$$

由此可见, 上述线性表示的系数矩阵即为

$$\begin{pmatrix}1 & -1 & 1 & 1 & -1\\ 1 & 1 & -1 & -1 & 1\\ 1 & 1 & 1 & 0 & 1\\ 1 & 1 & -1 & -1 & -1\end{pmatrix}.$$

例 8　证明向量组

$$\boldsymbol{\alpha}_1=(1,1,0)^{\mathrm{T}},\ \boldsymbol{\alpha}_2=(0,1,1)^{\mathrm{T}}$$

与向量组

$$\boldsymbol{\beta}_1=(1,2,1)^{\mathrm{T}},\ \boldsymbol{\beta}_2=(2,3,1)^{\mathrm{T}},\ \boldsymbol{\beta}_3=(1,0,-1)^{\mathrm{T}}$$

等价.

证明　构造矩阵 $(\boldsymbol{\alpha}_1,\boldsymbol{\alpha}_2,\boldsymbol{\beta}_1,\boldsymbol{\beta}_2,\boldsymbol{\beta}_3)$，施以初等行变换:

$$\begin{pmatrix}1 & 0 & 1 & 2 & 1\\ 1 & 1 & 2 & 3 & 0\\ 0 & 1 & 1 & 1 & -1\end{pmatrix}\to\begin{pmatrix}1 & 0 & 1 & 2 & 1\\ 0 & 1 & 1 & 1 & -1\\ 0 & 0 & 0 & 0 & 0\end{pmatrix}.$$

易见

$$\mathrm{r}(\boldsymbol{\alpha}_1,\boldsymbol{\alpha}_2)=\mathrm{r}(\boldsymbol{\beta}_1,\boldsymbol{\beta}_2,\boldsymbol{\beta}_3)=\mathrm{r}(\boldsymbol{\alpha}_1,\boldsymbol{\alpha}_2,\boldsymbol{\beta}_1,\boldsymbol{\beta}_2,\boldsymbol{\beta}_3)=2.$$

故两向量组等价. 证毕.

注: 由上面的行最简形矩阵，可得

$$(\boldsymbol{\beta}_1,\boldsymbol{\beta}_2,\boldsymbol{\beta}_3)=(\boldsymbol{\alpha}_1,\boldsymbol{\alpha}_2)\begin{pmatrix}1 & 2 & 1\\ 1 & 1 & -1\end{pmatrix}.$$

例 9　已知向量组

$$(\mathrm{I}):\ \boldsymbol{\alpha}_1=\begin{pmatrix}1\\1\\4\end{pmatrix},\ \boldsymbol{\alpha}_2=\begin{pmatrix}1\\0\\4\end{pmatrix},\ \boldsymbol{\alpha}_3=\begin{pmatrix}1\\2\\a^2+3\end{pmatrix};$$

$$(\mathrm{II}):\ \boldsymbol{\beta}_1=\begin{pmatrix}1\\1\\a+3\end{pmatrix},\ \boldsymbol{\beta}_2=\begin{pmatrix}0\\2\\1-a\end{pmatrix},\ \boldsymbol{\beta}_3=\begin{pmatrix}1\\3\\a^2+3\end{pmatrix}.$$

若向量组 (I) 与向量组 (II) 等价, 求 a 的取值, 并将 $\boldsymbol{\beta}_3$ 用 $\boldsymbol{\alpha}_1,\ \boldsymbol{\alpha}_2,\ \boldsymbol{\alpha}_3$ 线性表示.

解　依题设, 记 $\boldsymbol{A}=(\boldsymbol{\alpha}_1,\boldsymbol{\alpha}_2,\boldsymbol{\alpha}_3)$, $\boldsymbol{B}=(\boldsymbol{\beta}_1,\boldsymbol{\beta}_2,\boldsymbol{\beta}_3)$, 如果向量组 (I) 和向量组 (II) 等价, 则由向量组间秩的关系知, 这两个向量组 (从而矩阵 $\boldsymbol{A}$ 与 $\boldsymbol{B}$) 必有相同的秩, 即

$$\mathrm{r}(\boldsymbol{A})=\mathrm{r}(\boldsymbol{B})=\mathrm{r}(\boldsymbol{A}\ \ \boldsymbol{B}),$$

利用求矩阵的秩的初等变换法, 对 $(\boldsymbol{A}\ \ \boldsymbol{B})$ 作初等行变换:

$$\begin{pmatrix}1 & 1 & 1 & 1 & 0 & 1\\ 1 & 0 & 2 & 1 & 2 & 3\\ 4 & 4 & a^2+3 & a+3 & 1-a & a^2+3\end{pmatrix}\to\begin{pmatrix}1 & 1 & 1 & 1 & 0 & 1\\ 0 & -1 & 1 & 0 & 2 & 2\\ 0 & 0 & a^2-1 & a-1 & 1-a & a^2-1\end{pmatrix},$$

由此可对a的不同取值讨论如下:

(1) 当$a=-1$时, $\mathrm{r}(\boldsymbol{A})=\mathrm{r}(\boldsymbol{B})=2$, $\mathrm{r}(\boldsymbol{A}\ \ \boldsymbol{B})=3$, 不合题意;

(2) 当$a=1$时, $\mathrm{r}(\boldsymbol{A})=\mathrm{r}(\boldsymbol{B})=\mathrm{r}(\boldsymbol{A}\ \ \boldsymbol{B})=2$.

此时, 将$a=1$代入题设向量组中, 并设$\boldsymbol{\beta}_3=x_1\boldsymbol{\alpha}_1+x_2\boldsymbol{\alpha}_2+x_3\boldsymbol{\alpha}_3$, 则由上述行阶梯形矩阵, 有

$$\begin{pmatrix}1\\2\\0\end{pmatrix}=\begin{pmatrix}1&1&1\\0&-1&1\\0&0&0\end{pmatrix}\begin{pmatrix}x_1\\x_2\\x_3\end{pmatrix},$$

利用求解线性方程组的初等变换法, 可得其同解方程组

$$\begin{cases}x_1+x_2+x_3=1\\ \quad -x_2+x_3=2\end{cases},$$

设$x_2=k$, 则得到$\boldsymbol{\beta}_3$关于$\boldsymbol{\alpha}_1, \boldsymbol{\alpha}_2, \boldsymbol{\alpha}_3$的线性表示式:

$$\boldsymbol{\beta}_3=(-2k-1)\boldsymbol{\alpha}_1+k\boldsymbol{\alpha}_2+(2+k)\boldsymbol{\alpha}_3,\ k\in\mathbf{R}.$$

(3) 当$a\neq\pm1$时, $\mathrm{r}(\boldsymbol{A})=\mathrm{r}(\boldsymbol{B})=\mathrm{r}(\boldsymbol{A}\ \ \boldsymbol{B})=3$.

此时, 向量$\boldsymbol{\beta}_3$能由向量组$\boldsymbol{\alpha}_1, \boldsymbol{\alpha}_2, \boldsymbol{\alpha}_3$唯一线性表示, 由上述行阶梯形矩阵, 可直接写出其线性表示式: $\boldsymbol{\beta}_3=\boldsymbol{\alpha}_1-\boldsymbol{\alpha}_2+\boldsymbol{\alpha}_3$.

引理 1　如果$\boldsymbol{C}_{s\times n}=\boldsymbol{A}_{s\times t}\boldsymbol{B}_{t\times n}$, 则矩阵$\boldsymbol{C}$的列向量组能由矩阵$\boldsymbol{A}$的列向量组线性表示, $\boldsymbol{B}$为这一表示的系数矩阵; 而矩阵$\boldsymbol{C}$的行向量组能由$\boldsymbol{B}$的行向量组线性表示, $\boldsymbol{A}$为这一表示的系数矩阵.

证明　设矩阵$\boldsymbol{A}=(a_{ij})_{s\times t}=(\boldsymbol{\alpha}_1, \boldsymbol{\alpha}_2, \cdots, \boldsymbol{\alpha}_t)$, $\boldsymbol{B}=(b_{ij})_{t\times n}$, 则

$$\boldsymbol{C}=(c_{ij})_{s\times n}=\boldsymbol{A}_{s\times t}\boldsymbol{B}_{t\times n}=(\boldsymbol{\gamma}_1, \boldsymbol{\gamma}_2, \cdots, \boldsymbol{\gamma}_n),$$

即向量组$(\boldsymbol{\gamma}_1, \boldsymbol{\gamma}_2, \cdots, \boldsymbol{\gamma}_n)$与$(\boldsymbol{\alpha}_1, \boldsymbol{\alpha}_2, \cdots, \boldsymbol{\alpha}_t)$间的线性表示式为

$$(\boldsymbol{\gamma}_1, \boldsymbol{\gamma}_2, \cdots, \boldsymbol{\gamma}_n)=(\boldsymbol{\alpha}_1, \boldsymbol{\alpha}_2, \cdots, \boldsymbol{\alpha}_t)\begin{pmatrix}b_{11}&b_{12}&\cdots&b_{1n}\\b_{21}&b_{22}&\cdots&b_{2n}\\\vdots&\vdots&&\vdots\\b_{t1}&b_{t2}&\cdots&b_{tn}\end{pmatrix}.$$

因此, 有

$$\boldsymbol{\gamma}_j=b_{1j}\boldsymbol{\alpha}_1+b_{2j}\boldsymbol{\alpha}_2+\cdots+b_{tj}\boldsymbol{\alpha}_t\ (j=1, 2, \cdots, n),$$

上式表明, $\boldsymbol{AB}$的列向量组$\boldsymbol{\gamma}_1, \boldsymbol{\gamma}_2, \cdots, \boldsymbol{\gamma}_s$可由$\boldsymbol{A}$的列向量组$\boldsymbol{\alpha}_1, \boldsymbol{\alpha}_2, \cdots, \boldsymbol{\alpha}_n$线性表示, $\boldsymbol{B}$为这一表示的系数矩阵.

同理, 设矩阵$\boldsymbol{A}=(a_{ij})_{s\times t}$, $\boldsymbol{B}=(b_{ij})_{t\times n}=(\boldsymbol{\beta}_1, \boldsymbol{\beta}_2, \cdots, \boldsymbol{\beta}_t)^{\mathrm{T}}$, 则

$$\boldsymbol{C}=(c_{ij})_{s\times n}=\boldsymbol{A}_{s\times t}\boldsymbol{B}_{t\times n}=\begin{pmatrix}\boldsymbol{\eta}_1\\\boldsymbol{\eta}_2\\\vdots\\\boldsymbol{\eta}_s\end{pmatrix},\ 即\begin{pmatrix}\boldsymbol{\eta}_1\\\boldsymbol{\eta}_2\\\vdots\\\boldsymbol{\eta}_s\end{pmatrix}=\begin{pmatrix}a_{11}&a_{12}&\cdots&a_{1t}\\a_{21}&a_{22}&\cdots&a_{2t}\\\vdots&\vdots&&\vdots\\a_{s1}&a_{s2}&\cdots&a_{st}\end{pmatrix}\begin{pmatrix}\boldsymbol{\beta}_1\\\boldsymbol{\beta}_2\\\vdots\\\boldsymbol{\beta}_t\end{pmatrix},$$

因此, 有

$$\boldsymbol{\eta}_i = a_{i1}\boldsymbol{\beta}_1 + a_{i2}\boldsymbol{\beta}_2 + \cdots + a_{it}\boldsymbol{\beta}_t \ (i=1, 2, \cdots, s),$$

上式表明, $\boldsymbol{AB}$ 的行向量组 $\boldsymbol{\eta}_1, \boldsymbol{\eta}_2, \cdots, \boldsymbol{\eta}_s$ 可由 $\boldsymbol{B}$ 的行向量组 $\boldsymbol{\beta}_1, \boldsymbol{\beta}_2, \cdots, \boldsymbol{\beta}_t$ 线性表示, $\boldsymbol{A}$ 为这一表示的系数矩阵. 证毕.

定理 2 若向量组 $\boldsymbol{A}$ 可由向量组 $\boldsymbol{B}$ 线性表示, 向量组 $\boldsymbol{B}$ 可由向量组 $\boldsymbol{C}$ 线性表示, 则向量组 $\boldsymbol{A}$ 可由向量组 $\boldsymbol{C}$ 线性表示.

证明 不妨设题设向量组皆为列向量组, 由引理 1, 存在系数矩阵 $\boldsymbol{M}, \boldsymbol{N}$, 使得

$$\boldsymbol{A}=\boldsymbol{BM},\ \boldsymbol{B}=\boldsymbol{CN},$$

因此, $\boldsymbol{A}=\boldsymbol{CNM}=\boldsymbol{CK}$, 其中 $\boldsymbol{K}=\boldsymbol{NM}$, 即向量组 $\boldsymbol{A}$ 可由向量组 $\boldsymbol{C}$ 线性表示. 证毕.

定理 2 表达的是向量组线性表示的传递性. 这一性质体现了向量组间线性关系的层级传递性, 是向量空间理论的重要特征. 线性表示的传递性的意义在于, 它简化了复杂向量组之间的关系研究. 通过传递性, 可以将多个向量组间的线性表示关系归纳为直接的联系, 从而降低计算和分析的复杂度.

四、线性组合的应用

当我们将某个量 (如成本) 分解成几部分时常用到线性组合的概念. 在下面的例题中, 我们假定已知产品的单位成本, 求产品的总成本(总成本 = 单位数量 × 单位成本).

例 10 某公司生产两种产品. 使用§2.2 中例 12 前面的数据. 设

$$\boldsymbol{a}=\begin{pmatrix}0.3\\0.35\\0.15\end{pmatrix},\ \boldsymbol{b}=\begin{pmatrix}0.35\\0.25\\0.2\end{pmatrix},$$

则 $\boldsymbol{a}$ 和 $\boldsymbol{b}$ 分别代表两种产品的“一元产出成本”.

(1) 向量 $100\boldsymbol{a}$ 的经济学解释是什么?

(2) 假设该公司希望生产价值 x_1 元的产品A和价值 x_2 元的产品B. 请写出表示该公司需要花费的各种总成本(原材料、劳动力、管理费)的向量.

解 (1) 由

$$100\boldsymbol{a}=100\begin{pmatrix}0.3\\0.35\\0.15\end{pmatrix}=\begin{pmatrix}30\\30\\15\end{pmatrix}$$

可见, 向量 $100\boldsymbol{a}$ 表示生产价值100元产品A的不同成本花费, 即原材料30元、劳动力35元、管理费15元.

(2) 生产价值 x_1 元的产品A, 成本用 $x_1\boldsymbol{a}$ 表示; 生产价值 x_2 元的产品B, 成本用 $x_2\boldsymbol{b}$ 表示. 所以, 生产这两种产品的总成本即为 $\boldsymbol{a}$ 与 $\boldsymbol{b}$ 的线性组合

$$x_1\boldsymbol{a}+x_2\boldsymbol{b}.$$

例 11　某公司在市场推广中使用三个不同的营销渠道, 分别用向量

$$\boldsymbol{M}_1=(2,1,3,2),\ \boldsymbol{M}_2=(1,2,0,3),\ \boldsymbol{M}_3=(3,0,2,1)$$

来表示每使用一次该渠道时对线上曝光、用户互动、潜在客户数、品牌口碑四个指标的贡献. 现公司制定了一个总营销目标

$$\boldsymbol{M}=(7,5,8,9),$$

问该目标能否通过 $\boldsymbol{M}_1,\boldsymbol{M}_2,\boldsymbol{M}_3$ 的线性组合来实现? 若能, 请找出相应的系数.

解　若存在 a, b, c 使得

$$a\boldsymbol{M}_1+b\boldsymbol{M}_2+c\boldsymbol{M}_3=\boldsymbol{M},$$

则其分量形式可写为

$$\begin{cases}2a+\ b+3c=7\\ \ a+2b\qquad=5\\ 3a\qquad+2c=8\\ 2a+3b+\ c=9\end{cases}.$$

先由第二个方程得 $a=5-2b$, 将其代入第一个方程, 有

$$2(5-2b)+b+3c=7\ \Rightarrow\ c=b-1.$$

再将 $a=5-2b$ 和 $c=b-1$ 代入第三个方程, 有

$$3(5-2b)+2(b-1)=8\ \Rightarrow\ 13-4b=8\ \Rightarrow\ b=\frac{5}{4}.$$

于是, 回代求得 $a=\dfrac{5}{2},\ b=\dfrac{5}{4},\ c=\dfrac{1}{4}$, 将其代入第四个方程:

$$2\times\frac{5}{2}+3\times\frac{5}{4}+\frac{1}{4}=5+\frac{15}{4}+\frac{1}{4}=5+4=9,$$

与目标值一致. 因此, 该线性方程组有解, 系数为

$$(a,b,c)=\left(\frac{5}{2},\frac{5}{4},\frac{1}{4}\right).$$

公司预定的总营销目标 $\boldsymbol{M}$ 确实可以通过三个渠道 $\boldsymbol{M}_1,\boldsymbol{M}_2,\boldsymbol{M}_3$ 的线性组合实现. 这在实际业务中表示只要按一定投放频次或权重进行渠道组合, 即可获得理想的线上曝光、用户互动、潜在客户数与品牌口碑的提升. 线性代数为多指标的综合规划与资源分配提供了有力的工具.

习题 3-2

1. 设 $\boldsymbol{v}_1=(1,1,0)^{\mathrm{T}}$, $\boldsymbol{v}_2=(0,1,1)^{\mathrm{T}}$, $\boldsymbol{v}_3=(3,4,0)^{\mathrm{T}}$, 求 $\boldsymbol{v}_1-\boldsymbol{v}_2$ 及 $3\boldsymbol{v}_1+2\boldsymbol{v}_2-\boldsymbol{v}_3$.

2. 将 $\boldsymbol{\beta}=(3,5,-6)$ 表示为 $\boldsymbol{\alpha}_1=(1,0,1)$, $\boldsymbol{\alpha}_2=(1,1,1)$, $\boldsymbol{\alpha}_3=(0,-1,-1)$ 的线性组合.

3. 已知向量组 $\boldsymbol{\gamma}_1,\boldsymbol{\gamma}_2$ 由向量组 $\boldsymbol{\beta}_1,\boldsymbol{\beta}_2,\boldsymbol{\beta}_3$ 线性表示的表示式为

$$\gamma_1 = 3\boldsymbol{\beta}_1 - \boldsymbol{\beta}_2 + \boldsymbol{\beta}_3, \ \gamma_2 = \boldsymbol{\beta}_1 + 2\boldsymbol{\beta}_2 + 4\boldsymbol{\beta}_3,$$

向量组$\boldsymbol{\beta}_1, \boldsymbol{\beta}_2, \boldsymbol{\beta}_3$ 由向量组 $\boldsymbol{\alpha}_1, \boldsymbol{\alpha}_2, \boldsymbol{\alpha}_3$ 线性表示的表示式为

$$\boldsymbol{\beta}_1 = 2\boldsymbol{\alpha}_1 + \boldsymbol{\alpha}_2 - 5\boldsymbol{\alpha}_3, \ \boldsymbol{\beta}_2 = \boldsymbol{\alpha}_1 + 3\boldsymbol{\alpha}_2 + \boldsymbol{\alpha}_3, \ \boldsymbol{\beta}_3 = -\boldsymbol{\alpha}_1 + 4\boldsymbol{\alpha}_2 - \boldsymbol{\alpha}_3,$$

求向量组 γ_1, γ_2 由向量组 $\boldsymbol{\alpha}_1, \boldsymbol{\alpha}_2, \boldsymbol{\alpha}_3$ 的线性表示式.

4. 已知向量组$\boldsymbol{B}$: $\boldsymbol{\beta}_1, \boldsymbol{\beta}_2, \boldsymbol{\beta}_3$ 由向量组$\boldsymbol{A}$: $\boldsymbol{\alpha}_1, \boldsymbol{\alpha}_2, \boldsymbol{\alpha}_3$ 线性表示的表示式为

$$\boldsymbol{\beta}_1 = \boldsymbol{\alpha}_1 - \boldsymbol{\alpha}_2 + \boldsymbol{\alpha}_3, \ \boldsymbol{\beta}_2 = \boldsymbol{\alpha}_1 + \boldsymbol{\alpha}_2 - \boldsymbol{\alpha}_3, \ \boldsymbol{\beta}_3 = -\boldsymbol{\alpha}_1 + \boldsymbol{\alpha}_2 + \boldsymbol{\alpha}_3.$$

试将向量组$\boldsymbol{A}$的向量用向量组$\boldsymbol{B}$的向量线性表示.

5. 已知向量

$$\boldsymbol{\alpha}_1 = \begin{pmatrix} 1 \\ 2 \\ 3 \end{pmatrix}, \ \boldsymbol{\alpha}_2 = \begin{pmatrix} 2 \\ 1 \\ 1 \end{pmatrix}, \ \boldsymbol{\beta}_1 = \begin{pmatrix} 2 \\ 5 \\ 9 \end{pmatrix}, \ \boldsymbol{\beta}_2 = \begin{pmatrix} 1 \\ 0 \\ 1 \end{pmatrix},$$

若$\boldsymbol{\gamma}$既可由$\boldsymbol{\alpha}_1, \boldsymbol{\alpha}_2$ 线性表示, 也可由$\boldsymbol{\beta}_1, \boldsymbol{\beta}_2$ 线性表示, 求$\boldsymbol{\gamma}$.

6. 求一个秩是 4 的方阵, 它的两个行向量是 $(1, 0, 1, 0, 0)$, $(1, -1, 0, 0, 0)$.

7. 设两向量组间的线性表示式为

$$\begin{cases} \boldsymbol{\beta}_1 = \boldsymbol{\alpha}_2 + \boldsymbol{\alpha}_3 + \cdots + \boldsymbol{\alpha}_n \\ \boldsymbol{\beta}_2 = \boldsymbol{\alpha}_1 + \boldsymbol{\alpha}_3 + \cdots + \boldsymbol{\alpha}_n \\ \quad \cdots\cdots \\ \boldsymbol{\beta}_n = \boldsymbol{\alpha}_1 + \boldsymbol{\alpha}_2 + \cdots + \boldsymbol{\alpha}_{n-1} \end{cases},$$

证明: 向量组$\boldsymbol{A}$: $\boldsymbol{\alpha}_1, \boldsymbol{\alpha}_2, \cdots, \boldsymbol{\alpha}_n$ 与向量组$\boldsymbol{B}$: $\boldsymbol{\beta}_1, \boldsymbol{\beta}_2, \cdots, \boldsymbol{\beta}_n$ 等价.

8. 设有向量组

$$(\text{I}): \ \boldsymbol{\alpha}_1 = (1, 0, 2)^{\mathrm{T}}, \ \boldsymbol{\alpha}_2 = (1, 1, 3)^{\mathrm{T}}, \ \boldsymbol{\alpha}_3 = (1, -1, a+2)^{\mathrm{T}},$$

和向量组

$$(\text{II}): \ \boldsymbol{\beta}_1 = (1, 2, a+3)^{\mathrm{T}}, \ \boldsymbol{\beta}_2 = (2, 1, a+6)^{\mathrm{T}}, \ \boldsymbol{\beta}_3 = (2, 1, a+4)^{\mathrm{T}},$$

试证: 当$a \neq -1$时, 向量组(I)与(II)等价.

9. 设有向量

$$\boldsymbol{\alpha}_1 = (1, 2, 0)^{\mathrm{T}}, \ \boldsymbol{\alpha}_2 = (1, a+2, -3a)^{\mathrm{T}}, \ \boldsymbol{\alpha}_3 = (-1, -b-2, a+2b)^{\mathrm{T}}, \ \boldsymbol{\beta} = (1, 3, -3)^{\mathrm{T}}.$$

试问: 当a, b为何值时, $\boldsymbol{\beta}$不能由$\boldsymbol{\alpha}_1, \boldsymbol{\alpha}_2, \boldsymbol{\alpha}_3$ 线性表示.

10. 设有向量

$$\boldsymbol{\alpha}_1 = (1, 2, 0)^{\mathrm{T}}, \ \boldsymbol{\alpha}_2 = (1, a+2, -3a)^{\mathrm{T}}, \ \boldsymbol{\alpha}_3 = (-1, -b-2, a+2b)^{\mathrm{T}}, \ \boldsymbol{\beta} = (1, 3, -3)^{\mathrm{T}}.$$

试问: 当a, b为何值时, $\boldsymbol{\beta}$可由$\boldsymbol{\alpha}_1, \boldsymbol{\alpha}_2, \boldsymbol{\alpha}_3$ 线性表示, 但表示式不唯一? 求出表示式.

11. 设有向量

$$\boldsymbol{\alpha}_1 = \begin{pmatrix} 1+\lambda \\ 1 \\ 1 \end{pmatrix}, \ \boldsymbol{\alpha}_2 = \begin{pmatrix} 1 \\ 1+\lambda \\ 1 \end{pmatrix}, \ \boldsymbol{\alpha}_3 = \begin{pmatrix} 1 \\ 1 \\ 1+\lambda \end{pmatrix}, \ \boldsymbol{\beta} = \begin{pmatrix} 0 \\ \lambda \\ \lambda^2 \end{pmatrix}.$$

试问当λ取何值时:

(1) $\boldsymbol{\beta}$可由$\boldsymbol{\alpha}_1, \boldsymbol{\alpha}_2, \boldsymbol{\alpha}_3$ 线性表示, 且表示式唯一?

(2) $\boldsymbol{\beta}$ 可由 $\boldsymbol{\alpha}_1, \boldsymbol{\alpha}_2, \boldsymbol{\alpha}_3$ 线性表示, 但表示式不唯一?

(3) $\boldsymbol{\beta}$ 不能由 $\boldsymbol{\alpha}_1, \boldsymbol{\alpha}_2, \boldsymbol{\alpha}_3$ 线性表示?

12. 一家公司使用以下三个营销渠道向量

$$\boldsymbol{N}_1=(2,2,1,0),\quad \boldsymbol{N}_2=(0,1,3,2),\quad \boldsymbol{N}_3=(1,1,0,3)$$

分别表示对市场认知、社群关注、潜客数量、活动响应四个指标的单位贡献. 公司本季度的目标是

$$\boldsymbol{N}=(3,4,6,5),$$

请判断该目标是否可以表示为 $\boldsymbol{N}_1, \boldsymbol{N}_2, \boldsymbol{N}_3$ 的线性组合.

13. 设有向量

$$\boldsymbol{\alpha}_1=(a,2,10)^{\mathrm{T}},\ \boldsymbol{\alpha}_2=(-2,1,5)^{\mathrm{T}},\ \boldsymbol{\alpha}_3=(-1,1,4)^{\mathrm{T}},\ \boldsymbol{\beta}=(1,b,c)^{\mathrm{T}}.$$

试问当 a, b, c 满足什么条件时:

(1) $\boldsymbol{\beta}$ 可由 $\boldsymbol{\alpha}_1, \boldsymbol{\alpha}_2, \boldsymbol{\alpha}_3$ 线性表示, 且表示式唯一?

(2) $\boldsymbol{\beta}$ 不能由 $\boldsymbol{\alpha}_1, \boldsymbol{\alpha}_2, \boldsymbol{\alpha}_3$ 线性表示?

(3) $\boldsymbol{\beta}$ 可由 $\boldsymbol{\alpha}_1, \boldsymbol{\alpha}_2, \boldsymbol{\alpha}_3$ 线性表示, 但表示式不唯一? 求出一般表示式.

14. 设有向量

$$\boldsymbol{\alpha}_1=\begin{pmatrix}1\\1\\0\end{pmatrix},\boldsymbol{\alpha}_2=\begin{pmatrix}5\\3\\2\end{pmatrix},\boldsymbol{\alpha}_3=\begin{pmatrix}1\\3\\-1\end{pmatrix},\ \boldsymbol{\alpha}_4=\begin{pmatrix}-2\\2\\-3\end{pmatrix},$$

$\boldsymbol{A}$ 是三阶矩阵, 且有 $\boldsymbol{A\alpha}_1=\boldsymbol{\alpha}_2$, $\boldsymbol{A\alpha}_2=\boldsymbol{\alpha}_3$, $\boldsymbol{A\alpha}_3=\boldsymbol{\alpha}_4$, 试求 $\boldsymbol{A\alpha}_4$.

15. 设向量 $\boldsymbol{\beta}$ 可由向量组 $\boldsymbol{\alpha}_1, \boldsymbol{\alpha}_2, \cdots, \boldsymbol{\alpha}_m$ 线性表示, 但不能由向量组(I): $\boldsymbol{\alpha}_1, \boldsymbol{\alpha}_2, \cdots, \boldsymbol{\alpha}_{m-1}$ 线性表示. 记向量组(II): $\boldsymbol{\alpha}_1, \boldsymbol{\alpha}_2, \cdots, \boldsymbol{\alpha}_{m-1}, \boldsymbol{\beta}$. 试证: $\boldsymbol{\alpha}_m$ 不能由向量组(I)线性表示, 但可由向量组(II)线性表示.

16. 一个采矿公司有两个矿井, 矿井A每天开采的矿产中含20吨铜矿和550千克银矿, 矿井B每天开采的矿产中含30吨铜矿和500千克银矿. 设 $\boldsymbol{a}=(20,550)^{\mathrm{T}}$, $\boldsymbol{b}=(30,500)^{\mathrm{T}}$, 则 $\boldsymbol{a}, \boldsymbol{b}$ 分别表示矿井A和矿井B每天的产量.

(1) 向量 $5\boldsymbol{a}$ 的实际意义是什么?

(2) 假设该公司对矿井A和矿井B分别开采 x_1 天和 x_2 天. 请写出表示该公司矿产产量(铜矿、银矿)的向量.

(3) 若要开采150吨铜矿和2 825千克银矿, 求每个矿井需要开采的天数.

§3.3 向量组的线性相关性

向量组的线性相关性源于对向量空间结构的研究, 是线性代数中理解向量关系的重要基础. 其背景可以追溯到解析几何和矩阵理论的早期发展. 随着数学家研究多变量系统、线性方程组和几何问题的深入, 逐渐需要一种方法来判断向量是否冗余以及它们是否能够生成某个空间, 这催生了线性相关性的概念.

线性相关性描述了向量组中向量之间是否可以通过线性组合相互表示. 当一个向量组

线性相关时, 意味着其中的某些向量是冗余的; 而线性无关则表明所有向量都提供了独立的信息. 在线性空间中, 这一概念用于确定向量组是否构成其基底, 从而揭示空间的维数和结构特性. 这一概念的意义极为深远. 在理论方面, 它是研究向量空间、子空间、矩阵的秩等问题的关键工具. 在实际中, 它用于数据分析中的特征选择、信号处理中独立分量的提取, 以及物理学和工程学中的模型简化等. 线性相关性有助于人们更高效地处理高维问题, 为多个领域提供了统一的理论框架和实践指导.

一、线性相关性概念

定义 1 对给定的向量组 $\boldsymbol{A}: \boldsymbol{\alpha}_1, \boldsymbol{\alpha}_2, \cdots, \boldsymbol{\alpha}_s$, 如果存在不全为零的数 $k_1, k_2, \cdots, k_s$, 使

$$k_1\boldsymbol{\alpha}_1 + k_2\boldsymbol{\alpha}_2 + \cdots + k_s\boldsymbol{\alpha}_s = \boldsymbol{0} \tag{3.1}$$

成立, 那么称向量组 $\boldsymbol{\alpha}_1, \boldsymbol{\alpha}_2, \cdots, \boldsymbol{\alpha}_s$ **线性相关**, 否则称为**线性无关**.

由上述定义可见:

(1) 向量组只含一个向量 $\boldsymbol{\alpha}$ 时, $\boldsymbol{\alpha}$ 线性无关的充要条件是 $\boldsymbol{\alpha} \neq \boldsymbol{0}$. 因此, 单个零向量 $\boldsymbol{0}$ 是线性相关的. 进一步还可推出, 包含零向量的任何向量组都是线性相关的. 事实上, 对向量组 $\boldsymbol{\alpha}_1, \boldsymbol{\alpha}_2, \cdots, \boldsymbol{0}, \cdots, \boldsymbol{\alpha}_s$, 恒有

$$0\cdot\boldsymbol{\alpha}_1 + 0\cdot\boldsymbol{\alpha}_2 + \cdots + k\cdot\boldsymbol{0} + \cdots + 0\cdot\boldsymbol{\alpha}_s = \boldsymbol{0},$$

其中 k 可以是任意不为零的数, 故该向量线性相关.

(2) 仅含两个向量的向量组线性相关的充要条件是这两个向量的对应分量成比例. 两向量线性相关的几何意义是这两个向量共线 (见图 3 − 3 − 1).

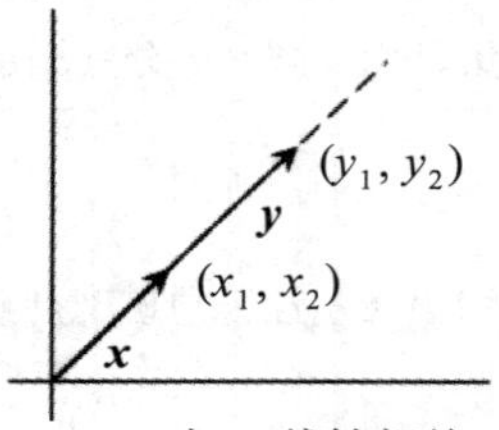

$\boldsymbol{x}$ 与 $\boldsymbol{y}$ 线性相关

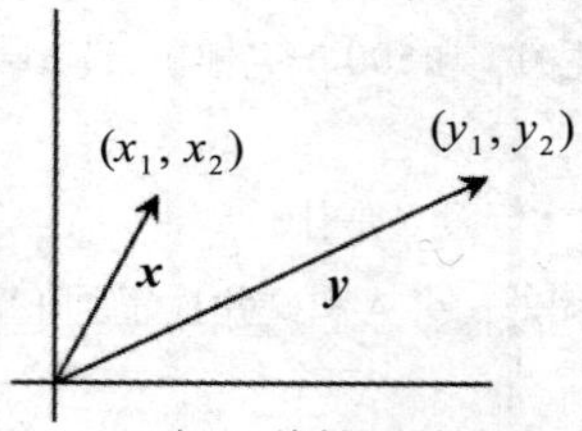

$\boldsymbol{x}$ 与 $\boldsymbol{y}$ 线性无关

图 3 − 3 − 1

(3) 三向量线性相关的几何意义是这三个向量共面 (见图 3 − 3 − 2).

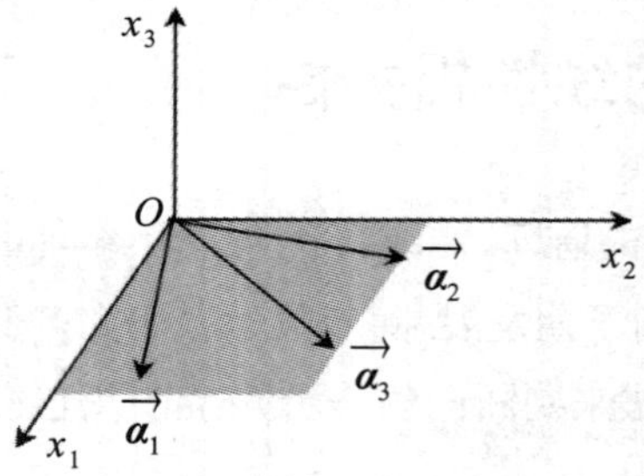

$\boldsymbol{\alpha}_1, \boldsymbol{\alpha}_2, \boldsymbol{\alpha}_3$ 线性相关

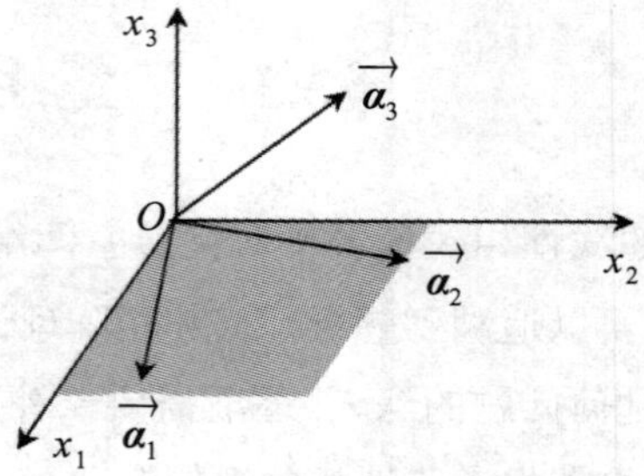

$\boldsymbol{\alpha}_1, \boldsymbol{\alpha}_2, \boldsymbol{\alpha}_3$ 线性无关

图 3 − 3 − 2

(4) 如果当且仅当 $k_1 = k_2 = \cdots = k_s = 0$ 时, 向量方程

$$k_1\boldsymbol{\alpha}_1 + k_2\boldsymbol{\alpha}_2 + \cdots + k_s\boldsymbol{\alpha}_s = \mathbf{0}$$

才成立, 则向量组 $\boldsymbol{\alpha}_1, \boldsymbol{\alpha}_2, \cdots, \boldsymbol{\alpha}_s$ 是线性无关的, 这也是论证一向量组线性无关的基本方法.

例如, 向量组 $\begin{pmatrix}1\\0\\1\end{pmatrix}, \begin{pmatrix}0\\1\\1\end{pmatrix}, \begin{pmatrix}1\\1\\0\end{pmatrix}$ 线性无关, 因为若

$$c_1\begin{pmatrix}1\\0\\1\end{pmatrix} + c_2\begin{pmatrix}0\\1\\1\end{pmatrix} + c_3\begin{pmatrix}1\\1\\0\end{pmatrix} = \begin{pmatrix}0\\0\\0\end{pmatrix}, \text{ 即}\begin{cases}c_1 + c_3 = 0\\ c_2 + c_3 = 0,\\ c_1 + c_2 = 0\end{cases}$$

利用行列式的性质, 上述线性方程组的系数行列式

$$\begin{vmatrix}1 & 0 & 1\\0 & 1 & 1\\1 & 1 & 0\end{vmatrix} = \begin{vmatrix}1 & 0 & 1\\0 & 1 & 1\\0 & 1 & -1\end{vmatrix} = -2 \neq 0,$$

故由线性方程组解的判定定理知, 上述方程组只有零解, 即

$$c_1 = 0,\ c_2 = 0,\ c_3 = 0,$$

所以, 上述向量组是线性无关的.

例 1　在每种情况下, 说明该语句为真或给出一个例子表明它为假.

(1) 如果向量组 $\boldsymbol{x}, \boldsymbol{y}$ 是线性无关的, 那么 $\boldsymbol{x}, \boldsymbol{y}, \boldsymbol{x}+\boldsymbol{y}$ 也是线性无关的.

(2) 如果向量组 $\boldsymbol{x}, \boldsymbol{y}, \boldsymbol{z}$ 是线性无关的, 那么 $\boldsymbol{y}, \boldsymbol{z}$ 也是线性无关的.

解　(1) 假. 反例: 令 $\boldsymbol{x} = (1, 0)$, $\boldsymbol{y} = (0, 1)$, 则 $\boldsymbol{x}+\boldsymbol{y} = (1, 1)$. 显然 $\boldsymbol{x}+\boldsymbol{y}$ 是 $\boldsymbol{x}$ 和 $\boldsymbol{y}$ 的线性组合, 因此 $\boldsymbol{x}, \boldsymbol{y}, \boldsymbol{x}+\boldsymbol{y}$ 是线性相关的.

(2) 真. 如果 $\boldsymbol{x}, \boldsymbol{y}, \boldsymbol{z}$ 是线性无关的, 那么其中的任意两个向量, 如 $\boldsymbol{y}, \boldsymbol{z}$ 也不能相互线性表示, 因此线性无关成立.

例 2　某公司在市场营销活动中评估了四个不同渠道在曝光度、潜在客户、转化数、社群互动四个维度上的贡献, 分别用四维向量表示:

$$\boldsymbol{w}_1 = (1, 2, 1, 0),\ \boldsymbol{w}_2 = (2, 0, 3, 1),\ \boldsymbol{w}_3 = (3, 2, 4, 1),\ \boldsymbol{w}_4 = (0, 1, 2, 2).$$

为避免浪费或重复投放, 公司希望判断这四个向量是否线性相关. 若存在某些渠道的效果只是其他渠道指标组合的重复, 则说明投放策略可进一步精简或调整.

解　若 $\boldsymbol{w}_1, \boldsymbol{w}_2, \boldsymbol{w}_3, \boldsymbol{w}_4$ 线性相关, 则存在不全为零的 a, b, c, d, 使得

$$a\boldsymbol{w}_1 + b\boldsymbol{w}_2 + c\boldsymbol{w}_3 + d\boldsymbol{w}_4 = (0, 0, 0, 0).$$

对各维度分别列出方程, 即

$$\begin{cases} a+2b+3c \quad\quad =0 \\ 2a \quad\quad +2c+\ d=0 \\ a+3b+4c+2d=0 \\ \quad\quad b+\ c+2d=0 \end{cases},$$

用消元法或观察法求解. 例如, 通过检验可找到一组非平凡解:

$$(a,\ b,\ c,\ d)=(-t,\ -t,\ t,\ 0)\ (t\neq 0).$$

若取 $t=1$, 即 $a=-1,\ b=-1,\ c=1,\ d=0$, 则上述线性方程组成立. 这说明 $\boldsymbol{w}_1,\boldsymbol{w}_2,\boldsymbol{w}_3,\boldsymbol{w}_4$ 线性相关.

通过检验营销渠道指标向量的线性相关性, 企业可判定是否有某些渠道仅仅“重复”了其他渠道的贡献, 并据此削减或合并投放. 线性代数在市场营销领域能帮助我们有效识别指标重叠, 为资源的最优配置与投放策略提供量化的分析依据.

二、线性相关性的判定

定理 1 向量组 $\boldsymbol{\alpha}_1,\ \boldsymbol{\alpha}_2,\ \cdots,\boldsymbol{\alpha}_s\ (s\geqslant 2)$ 线性相关的充要条件是向量组中至少有一个向量可由其余 $s-1$ 个向量线性表示.

证明 必要性. 设向量组 $\boldsymbol{\alpha}_1,\ \boldsymbol{\alpha}_2,\ \cdots,\boldsymbol{\alpha}_s$ 线性相关, 则存在 s 个不全为零的数 $k_1,\ k_2,\cdots,\ k_s$, 使得 $k_1\boldsymbol{\alpha}_1+k_2\boldsymbol{\alpha}_2+\cdots+k_s\boldsymbol{\alpha}_s=\boldsymbol{0}$ 成立. 不妨设 $k_1\neq 0$, 于是

$$\boldsymbol{\alpha}_1=\left(-\frac{k_2}{k_1}\right)\boldsymbol{\alpha}_2+\left(-\frac{k_3}{k_1}\right)\boldsymbol{\alpha}_3+\cdots+\left(-\frac{k_s}{k_1}\right)\boldsymbol{\alpha}_s,$$

即 $\boldsymbol{\alpha}_1$ 可由其余向量线性表示.

充分性. 设向量组 $\boldsymbol{\alpha}_1,\ \boldsymbol{\alpha}_2,\ \cdots,\boldsymbol{\alpha}_s$ 中至少有一个向量能由其余向量线性表示, 不妨设

$$\boldsymbol{\alpha}_1=k_2\boldsymbol{\alpha}_2+k_3\boldsymbol{\alpha}_3+\cdots+k_s\boldsymbol{\alpha}_s\text{, 即 }(-1)\boldsymbol{\alpha}_1+k_2\boldsymbol{\alpha}_2+\cdots+k_s\boldsymbol{\alpha}_s=\boldsymbol{0}.$$

故向量组 $\boldsymbol{\alpha}_1,\ \boldsymbol{\alpha}_2,\ \cdots,\boldsymbol{\alpha}_s$ 线性相关. 证毕.

例如, 设有向量组

$$\boldsymbol{\alpha}_1=(1,\ -1,\ 1,\ 0)^{\mathrm{T}},\ \boldsymbol{\alpha}_2=(1,\ 0,\ 1,\ 0)^{\mathrm{T}},\ \boldsymbol{\alpha}_3=(0,\ 1,\ 0,\ 0)^{\mathrm{T}}.$$

因 $\boldsymbol{\alpha}_1-\boldsymbol{\alpha}_2+\boldsymbol{\alpha}_3=\boldsymbol{0}$, 故向量组 $\boldsymbol{\alpha}_1,\ \boldsymbol{\alpha}_2,\ \boldsymbol{\alpha}_3$ 线性相关. 由 $\boldsymbol{\alpha}_1-\boldsymbol{\alpha}_2+\boldsymbol{\alpha}_3=\boldsymbol{0}$, 易见有

$$\boldsymbol{\alpha}_1=\boldsymbol{\alpha}_2-\boldsymbol{\alpha}_3,\ \boldsymbol{\alpha}_2=\boldsymbol{\alpha}_1+\boldsymbol{\alpha}_3,\ \boldsymbol{\alpha}_3=-\boldsymbol{\alpha}_1+\boldsymbol{\alpha}_2.$$

设有列向量组 $\boldsymbol{\alpha}_1,\ \boldsymbol{\alpha}_2,\ \cdots,\boldsymbol{\alpha}_s$ 及由该向量组构成的矩阵 $\boldsymbol{A}=(\boldsymbol{\alpha}_1,\ \boldsymbol{\alpha}_2,\ \cdots,\boldsymbol{\alpha}_s)$, 则向量组 $\boldsymbol{\alpha}_1,\ \boldsymbol{\alpha}_2,\ \cdots,\boldsymbol{\alpha}_s$ 线性相关, 即齐次线性方程组

$$x_1\boldsymbol{\alpha}_1+x_2\boldsymbol{\alpha}_2+\cdots+x_s\boldsymbol{\alpha}_s=\boldsymbol{0}\ (\text{即 }\boldsymbol{Ax}=\boldsymbol{0})$$

有非零解. 故由§3.1 定理 1 即得下面的定理.

定理 2 设有列向量组 $\boldsymbol{\alpha}_j=(a_{1j},\ a_{2j},\ \cdots,\ a_{nj})^{\mathrm{T}}\ (j=1,\ 2,\ \cdots,\ s)$, 则向量组 $\boldsymbol{\alpha}_1,\ \boldsymbol{\alpha}_2,\ \cdots,\boldsymbol{\alpha}_s$ 线性相关的充要条件是: 矩阵 $\boldsymbol{A}=(\boldsymbol{\alpha}_1,\ \boldsymbol{\alpha}_2,\ \cdots,\boldsymbol{\alpha}_s)$ 的秩小于向量的个数 s.

推论 1 s 个 n 维列向量 $\boldsymbol{\alpha}_1,\ \boldsymbol{\alpha}_2,\ \cdots,\boldsymbol{\alpha}_s$ 线性无关 (线性相关) 的充分必要条件是: 矩阵

$A=(\boldsymbol{\alpha}_1, \boldsymbol{\alpha}_2, \cdots, \boldsymbol{\alpha}_s)$ 的秩等于(小于)向量的个数 s.

推论 2 n 个 n 维列向量 $\boldsymbol{\alpha}_1, \boldsymbol{\alpha}_2, \cdots, \boldsymbol{\alpha}_n$ 线性无关 (线性相关) 的充分必要条件是: 矩阵 $A=(\boldsymbol{\alpha}_1, \boldsymbol{\alpha}_2, \cdots, \boldsymbol{\alpha}_n)$ 的行列式不等于 (等于) 零.

注: 上述结论对于矩阵的行向量组也同样成立.

推论 3 当向量组中所含向量的个数大于向量的维数时, 此向量组线性相关.

定理 2 及其推论告诉我们, 向量组线性相关的判定实际上可以转化为对该向量组所构成的矩阵的秩的判定.

例如, 在数学实验 2.6 题 (3) 与题 (6) 中, 设矩阵的前 5 列构成矩阵 $\boldsymbol{A}$ 与 $\boldsymbol{B}$, 则有

$$\boldsymbol{A}=(\boldsymbol{\alpha}_1, \boldsymbol{\alpha}_2, \boldsymbol{\alpha}_3, \boldsymbol{\alpha}_4, \boldsymbol{\alpha}_5)=\begin{pmatrix} 5 & 18 & 9 & 16 & 35 \\ 9 & 36 & 12 & 31 & 67 \\ 11 & 44 & 15 & 38 & 82 \\ 6 & 26 & 6 & 22 & 47 \\ 4 & 16 & 6 & 14 & 30 \end{pmatrix} \to \begin{pmatrix} 1 & 2 & 3 & 2 & 5 \\ 0 & 2 & -3 & 1 & 2 \\ 0 & 0 & 3 & 1 & 1 \\ 0 & 0 & 0 & 0 & 0 \\ 0 & 0 & 0 & 0 & 0 \end{pmatrix},$$

$$\boldsymbol{B}=(\boldsymbol{\beta}_1, \boldsymbol{\beta}_2, \boldsymbol{\beta}_3, \boldsymbol{\beta}_4, \boldsymbol{\beta}_5)=\begin{pmatrix} 10 & 28 & -12 & 60 & 10 \\ 26 & 78 & -21 & 208 & 10 \\ 22 & 66 & -18 & 180 & 10 \\ 32 & 94 & -30 & 236 & 20 \\ 8 & 24 & -6 & 64 & 5 \end{pmatrix} \to \begin{pmatrix} 2 & 4 & -6 & -4 & 5 \\ 0 & 2 & 3 & 20 & -10 \\ 0 & 0 & 3 & -4 & 10 \\ 0 & 0 & 0 & 4 & 0 \\ 0 & 0 & 0 & 0 & 5 \end{pmatrix},$$

易见矩阵 $\boldsymbol{A}$ 的秩 $\mathrm{r}(\boldsymbol{A})<5$, 故其列向量组 $\boldsymbol{\alpha}_1, \boldsymbol{\alpha}_2, \boldsymbol{\alpha}_3, \boldsymbol{\alpha}_4, \boldsymbol{\alpha}_5$ 线性相关; 而矩阵 $\boldsymbol{B}$ 的秩 $\mathrm{r}(\boldsymbol{B})=5$, 故其列向量组 $\boldsymbol{\beta}_1, \boldsymbol{\beta}_2, \boldsymbol{\beta}_3, \boldsymbol{\beta}_4, \boldsymbol{\beta}_5$ 线性无关.

例 3 n 维单位向量构成的向量组

$$\boldsymbol{\varepsilon}_1=(1, 0, \cdots, 0)^{\mathrm{T}}, \boldsymbol{\varepsilon}_2=(0, 1, \cdots, 0)^{\mathrm{T}}, \cdots, \boldsymbol{\varepsilon}_n=(0, 0, \cdots, 1)^{\mathrm{T}}$$

称为 n 维单位坐标向量组, 讨论其线性相关性.

解 n 维单位坐标向量组构成的矩阵

$$\boldsymbol{E}_n=(\boldsymbol{\varepsilon}_1, \boldsymbol{\varepsilon}_2, \cdots, \boldsymbol{\varepsilon}_n)=\begin{pmatrix} 1 & 0 & \cdots & 0 \\ 0 & 1 & \cdots & 0 \\ \vdots & \vdots & & \vdots \\ 0 & 0 & \cdots & 1 \end{pmatrix}$$

是 n 阶单位矩阵, $|\boldsymbol{E}_n|=1\neq 0$, 故由推论 2 知, 该向量组是线性无关的.

例 4 已知向量组

$$\boldsymbol{\alpha}_1=\begin{pmatrix}1\\1\\1\end{pmatrix},\ \boldsymbol{\alpha}_2=\begin{pmatrix}0\\2\\5\end{pmatrix},\ \boldsymbol{\alpha}_3=\begin{pmatrix}2\\4\\7\end{pmatrix},$$

试讨论向量组 $\boldsymbol{\alpha}_1$, $\boldsymbol{\alpha}_2$, $\boldsymbol{\alpha}_3$ 及 $\boldsymbol{\alpha}_1$, $\boldsymbol{\alpha}_2$ 的线性相关性.

解　对矩阵 $\boldsymbol{A}=(\boldsymbol{\alpha}_1,\boldsymbol{\alpha}_2,\boldsymbol{\alpha}_3)$ 施以初等行变换, 将其化为行阶梯形矩阵, 可同时看出矩阵 $\boldsymbol{A}$ 与矩阵 $\boldsymbol{B}=(\boldsymbol{\alpha}_1,\boldsymbol{\alpha}_2)$ 的秩的情况, 再利用推论 1 即可得到结论. 由

$$(\boldsymbol{\alpha}_1,\boldsymbol{\alpha}_2,\boldsymbol{\alpha}_3)=\begin{pmatrix}1&0&2\\1&2&4\\1&5&7\end{pmatrix}\xrightarrow[r_3-r_1]{r_2-r_1}\begin{pmatrix}1&0&2\\0&2&2\\0&5&5\end{pmatrix}\xrightarrow{r_3-\frac{5}{2}r_2}\begin{pmatrix}1&0&2\\0&2&2\\0&0&0\end{pmatrix},$$

易见 $\mathrm{r}(\boldsymbol{A})=2$, $\mathrm{r}(\boldsymbol{B})=2$, 故向量组 $\boldsymbol{\alpha}_1$, $\boldsymbol{\alpha}_2$, $\boldsymbol{\alpha}_3$ 线性相关, 向量组 $\boldsymbol{\alpha}_1$, $\boldsymbol{\alpha}_2$ 线性无关.

例 5　证明: 若向量组 $\boldsymbol{\alpha},\boldsymbol{\beta},\boldsymbol{\gamma}$ 线性无关, 则向量组 $\boldsymbol{\alpha}+\boldsymbol{\beta},\boldsymbol{\beta}+\boldsymbol{\gamma},\boldsymbol{\gamma}+\boldsymbol{\alpha}$ 也线性无关.

证明　**方法一**　设有一组数 k_1, k_2, k_3 , 使

$$k_1(\boldsymbol{\alpha}+\boldsymbol{\beta})+k_2(\boldsymbol{\beta}+\boldsymbol{\gamma})+k_3(\boldsymbol{\gamma}+\boldsymbol{\alpha})=\boldsymbol{0}$$

成立, 整理即得

$$(k_1+k_3)\boldsymbol{\alpha}+(k_1+k_2)\boldsymbol{\beta}+(k_2+k_3)\boldsymbol{\gamma}=\boldsymbol{0},$$

因题设向量组 $\boldsymbol{\alpha},\boldsymbol{\beta},\boldsymbol{\gamma}$ 线性无关, 故

$$\begin{cases}k_1\qquad +k_3=0\\k_1+k_2\qquad =0\\\qquad k_2+k_3=0\end{cases}.$$

利用行列式的性质, 计算上述线性方程组的系数行列式, 有

$$\begin{vmatrix}1&0&1\\1&1&0\\0&1&1\end{vmatrix}=\begin{vmatrix}1&0&1\\0&1&-1\\0&1&1\end{vmatrix}=2\neq0,$$

因此, 由线性方程组的解的判定定理知, 上述方程组仅有零解 $k_1=k_2=k_3=0$, 所以, 向量组 $\boldsymbol{\alpha}+\boldsymbol{\beta},\boldsymbol{\beta}+\boldsymbol{\gamma},\boldsymbol{\gamma}+\boldsymbol{\alpha}$ 线性无关. 证毕.

方法二　把题设两向量组间的关系表示成矩阵形式

$$(\boldsymbol{\alpha}+\boldsymbol{\beta},\boldsymbol{\beta}+\boldsymbol{\gamma},\boldsymbol{\gamma}+\boldsymbol{\alpha})=(\boldsymbol{\alpha},\boldsymbol{\beta},\boldsymbol{\gamma})\begin{pmatrix}1&0&1\\1&1&0\\0&1&1\end{pmatrix},$$

记为 $\boldsymbol{B}=\boldsymbol{AK}$, 根据 §3.2 向量组间线性表示的引理 1 知, 矩阵 $\boldsymbol{B}$ 的列向量组能由矩阵 $\boldsymbol{A}$ 的列向量组线性表示, $\boldsymbol{K}$ 为这一表示的系数矩阵. 因 $|\boldsymbol{K}|=2\neq0$, 故矩阵 $\boldsymbol{K}$ 可逆, 这样又有

$$\boldsymbol{A}=\boldsymbol{BK}^{-1},$$

因此, 矩阵 $\boldsymbol{B}$ 的列向量组与矩阵 $\boldsymbol{A}$ 的列向量组能相互线性表示, 即这两个向量组等价, 再由

向量组与矩阵的关系，得 $\mathrm{r}(\boldsymbol{B})=\mathrm{r}(\boldsymbol{A})$. 再由推论 1 知，向量组 $\boldsymbol{\alpha}+\boldsymbol{\beta}$, $\boldsymbol{\beta}+\boldsymbol{\gamma}$, $\boldsymbol{\gamma}+\boldsymbol{\alpha}$ 线性无关. 证毕.

注: 读者还可自行给出利用§3.1 中有关齐次线性方程组解的结论来证明本题的方法.

例 6 判断向量组

$\boldsymbol{\alpha}_1=(1, 0, 2, 3)^{\mathrm{T}}$, $\boldsymbol{\alpha}_2=(1, 1, 3, 5)^{\mathrm{T}}$, $\boldsymbol{\alpha}_3=(1, -1, a+2, 1)^{\mathrm{T}}$, $\boldsymbol{\alpha}_4=(1, 2, 4, a+9)^{\mathrm{T}}$

的线性相关性.

解 设有向量方程 $x_1\boldsymbol{\alpha}_1+x_2\boldsymbol{\alpha}_2+x_3\boldsymbol{\alpha}_3+x_4\boldsymbol{\alpha}_4=\boldsymbol{0}$，代入题设向量组, 即得齐次线性方程组:

$$\begin{cases} x_1+x_2+x_3+x_4=0 \\ x_2-x_3+2x_4=0 \\ 2x_1+3x_2+(a+2)x_3+4x_4=0 \\ 3x_1+5x_2+x_3+(a+9)x_4=0 \end{cases}. \tag{3.2}$$

利用行列式的性质, 计算上述线性方程组的系数行列式, 有

$$|\boldsymbol{A}|=\begin{vmatrix} 1 & 1 & 1 & 1 \\ 0 & 1 & -1 & 2 \\ 2 & 3 & a+2 & 4 \\ 3 & 5 & 1 & a+9 \end{vmatrix}=(a+1)(a+2),$$

所以, $a=-1$ 或 $a=-2$ 时, $|\boldsymbol{A}|=0$, 故由向量组线性相关的充要条件 (推论2) 知, 向量组线性相关; 否则向量组线性无关.

注: 本题也可利用初等行变换, 先计算出向量组构成矩阵的秩:

$$\begin{pmatrix} 1 & 1 & 1 & 1 \\ 0 & 1 & -1 & 2 \\ 2 & 3 & a+2 & 4 \\ 3 & 5 & 1 & a+9 \end{pmatrix}\to\begin{pmatrix} 1 & 1 & 1 & 1 \\ 0 & 1 & -1 & 2 \\ 0 & 1 & a & 2 \\ 0 & 2 & -2 & a+6 \end{pmatrix}\to\begin{pmatrix} 1 & 1 & 1 & 1 \\ 0 & 1 & -1 & 2 \\ 0 & 0 & a+1 & 0 \\ 0 & 0 & 0 & a+2 \end{pmatrix},$$

根据线性方程组解的判定定理, 当 $a=-1$ 或 $a=-2$ 时, 有

$$\mathrm{r}(\boldsymbol{A})=3<4,$$

齐次方程组 (3.2) 有非零解, 所以, 由向量组线性相关的充要条件 (推论1) 知, 题设向量组线性相关. 否则线性无关.

定理 3 如果向量组中有一部分向量 (**部分组**) 线性相关, 则整个向量组线性相关.

证明 利用定义法来证明. 设向量组 $\boldsymbol{\alpha}_1, \boldsymbol{\alpha}_2, \cdots, \boldsymbol{\alpha}_s$ 中有 r 个 $(r\leqslant n)$ 向量的部分组线性相关, 不妨设 $\boldsymbol{\alpha}_1, \boldsymbol{\alpha}_2, \cdots, \boldsymbol{\alpha}_r$ 线性相关, 则存在不全为零的数 $k_1, k_2, \cdots, k_r$，使

$$k_1\boldsymbol{\alpha}_1+k_2\boldsymbol{\alpha}_2+\cdots+k_r\boldsymbol{\alpha}_r=\boldsymbol{0}$$

成立. 因而存在一组不全为零的数 $k_1,k_2,\cdots,k_r,0,\cdots,0$, 使

$$k_1\boldsymbol{\alpha}_1+k_2\boldsymbol{\alpha}_2+\cdots+k_r\boldsymbol{\alpha}_r+0\cdot\boldsymbol{\alpha}_{r+1}+\cdots+0\cdot\boldsymbol{\alpha}_s=\mathbf{0}$$

成立, 即 $\boldsymbol{\alpha}_1, \boldsymbol{\alpha}_2, \cdots, \boldsymbol{\alpha}_s$ 线性相关. 证毕.

定理 3 的逆否命题可叙述如下.

推论 4　线性无关的向量组中的任一部分组皆线性无关.

定理 4　若向量组 $\boldsymbol{\alpha}_1, \boldsymbol{\alpha}_2, \cdots, \boldsymbol{\alpha}_s, \boldsymbol{\beta}$ 线性相关, 而向量组 $\boldsymbol{\alpha}_1, \boldsymbol{\alpha}_2, \cdots, \boldsymbol{\alpha}_s$ 线性无关, 则 $\boldsymbol{\beta}$ 可由 $\boldsymbol{\alpha}_1, \boldsymbol{\alpha}_2, \cdots, \boldsymbol{\alpha}_s$ 线性表示且表示法唯一.

证明　先证向量 $\boldsymbol{\beta}$ 可由向量组 $\boldsymbol{\alpha}_1, \boldsymbol{\alpha}_2, \cdots, \boldsymbol{\alpha}_s$ 线性表示. 依题设, 向量组 $\boldsymbol{\alpha}_1, \boldsymbol{\alpha}_2, \cdots, \boldsymbol{\alpha}_s, \boldsymbol{\beta}$ 线性相关, 故存在一组不全为零的数 $k_1, k_2, \cdots, k_s, k$, 使得

$$k_1\boldsymbol{\alpha}_1+k_2\boldsymbol{\alpha}_2+\cdots+k_s\boldsymbol{\alpha}_s+k\boldsymbol{\beta}=\mathbf{0},$$

注意到向量组 $\boldsymbol{\alpha}_1, \boldsymbol{\alpha}_2, \cdots, \boldsymbol{\alpha}_s$ 线性无关, 易知 $k\neq 0$, 所以

$$\boldsymbol{\beta}=\left(-\frac{k_1}{k}\right)\boldsymbol{\alpha}_1+\left(-\frac{k_2}{k}\right)\boldsymbol{\alpha}_2+\cdots+\left(-\frac{k_s}{k}\right)\boldsymbol{\alpha}_s .$$

再用反证法证明该表示法的唯一性. 若

$$\boldsymbol{\beta}=h_1\boldsymbol{\alpha}_1+h_2\boldsymbol{\alpha}_2+\cdots+h_s\boldsymbol{\alpha}_s,\ \boldsymbol{\beta}=l_1\boldsymbol{\alpha}_1+l_2\boldsymbol{\alpha}_2+\cdots+l_s\boldsymbol{\alpha}_s,$$

利用向量的线性运算, 将上述两式相减, 得

$$(h_1-l_1)\boldsymbol{\alpha}_1+(h_2-l_2)\boldsymbol{\alpha}_2+\cdots+(h_s-l_s)\boldsymbol{\alpha}_s=\mathbf{0}.$$

因题设向量组 $\boldsymbol{\alpha}_1, \boldsymbol{\alpha}_2, \cdots, \boldsymbol{\alpha}_s$ 线性无关, 故必有

$$h_1-l_1=0,\ h_2-l_2=0, \cdots,\ h_s-l_s=0,\ 即\ h_1=l_1, h_2=l_2, \cdots, h_s=l_s,$$

所以, 向量 $\boldsymbol{\beta}$ 不仅可由向量组 $\boldsymbol{\alpha}_1, \boldsymbol{\alpha}_2, \cdots, \boldsymbol{\alpha}_s$ 线性表示, 而且该表示式是唯一的. 证毕.

例 7　假设 $\boldsymbol{u}, \boldsymbol{v}$ 是一个线性无关向量组. 证明 $\boldsymbol{u}+2\boldsymbol{v}$, $\boldsymbol{u}-3\boldsymbol{v}$ 也是线性无关的.

证明　欲证 $\boldsymbol{u}+2\boldsymbol{v}$ 和 $\boldsymbol{u}-3\boldsymbol{v}$ 线性无关, 对于线性组合

$$s(\boldsymbol{u}+2\boldsymbol{v})+t(\boldsymbol{u}-3\boldsymbol{v})=\mathbf{0},$$

我们必须推出 $s=t=0$. 由上式整理得

$$(s+t)\boldsymbol{u}+(2s-3t)\boldsymbol{v}=\mathbf{0},$$

因为 $\boldsymbol{u}, \boldsymbol{v}$ 是线性无关的, 所以

$$s+t=0,\ 2s-3t=0.$$

由上式得唯一解: $s=t=0$. 因而 $\boldsymbol{u}+2\boldsymbol{v}$, $\boldsymbol{u}-3\boldsymbol{v}$ 线性无关, 证毕.

例 8　设 $\boldsymbol{\alpha}_1=(6, a+1, 3)^{\mathrm{T}}$, $\boldsymbol{\alpha}_2=(a, 2, -2)^{\mathrm{T}}$, $\boldsymbol{\alpha}_3=(a, 1, 0)^{\mathrm{T}}$, 讨论向量组:

(1) $\boldsymbol{\alpha}_1, \boldsymbol{\alpha}_2$ 的线性相关性;

(2) $\boldsymbol{\alpha}_1, \boldsymbol{\alpha}_2, \boldsymbol{\alpha}_3$ 的线性相关性.

解　(1) 把向量组 $\boldsymbol{\alpha}_1, \boldsymbol{\alpha}_2$ 表示成矩阵:

$$A=(\boldsymbol{\alpha}_1,\boldsymbol{\alpha}_2)=\begin{pmatrix}6 & a\\ a+1 & 2\\ 3 & -2\end{pmatrix}.$$

对上述矩阵作初等行变换, 有

$$A\to\begin{pmatrix}3 & -2\\ a+1 & 2\\ 0 & a+4\end{pmatrix}\to\begin{pmatrix}3 & -2\\ 0 & 2(a+4)/3\\ 0 & a+4\end{pmatrix}\to\begin{pmatrix}3 & -2\\ 0 & a+4\\ 0 & 0\end{pmatrix},$$

令 $a+4=0$, 则 $a=-4$. 故由向量组线性相关的充要条件 (推论1) 知: 当 $a=-4$ 时, 矩阵的秩 $r(A)<2$, 向量组 $\boldsymbol{\alpha}_1$, $\boldsymbol{\alpha}_2$ 线性相关; 当 $a\neq-4$ 时, 矩阵的秩 $r(A)=2$, 向量组 $\boldsymbol{\alpha}_1$, $\boldsymbol{\alpha}_2$ 线性无关.

(2) 设有向量方程 $x_1\boldsymbol{\alpha}_1+x_2\boldsymbol{\alpha}_2+x_3\boldsymbol{\alpha}_3=\mathbf{0}$, 代入题设向量组, 得

$$\begin{cases}6x_1+ax_2+ax_3=0\\ (a+1)x_1+2x_2+x_3=0,\\ 3x_1-2x_2=0\end{cases}\tag{3.3}$$

利用行列式的性质, 上述线性方程组的系数行列式

$$D=\begin{vmatrix}6 & a & a\\ a+1 & 2 & 1\\ 3 & -2 & 0\end{vmatrix}=-(a+4)(2a-3),$$

所以, 当 $D=0$, 即 $a=-4$ 或 $a=\dfrac{3}{2}$ 时, $|A|=0$, 故由向量组线性相关的充要条件 (推论2) 知, 向量组 $\boldsymbol{\alpha}_1$, $\boldsymbol{\alpha}_2$, $\boldsymbol{\alpha}_3$ 线性相关; 当 $D\neq0$, 即 $a\neq-4$ 且 $a\neq\dfrac{3}{2}$ 时, 有 $|A|\neq0$, 同上可知, 向量组 $\boldsymbol{\alpha}_1$, $\boldsymbol{\alpha}_2$, $\boldsymbol{\alpha}_3$ 线性无关.

定理 5 设有两向量组 A: $\boldsymbol{\alpha}_1,\boldsymbol{\alpha}_2,\cdots,\boldsymbol{\alpha}_s$; B: $\boldsymbol{\beta}_1,\boldsymbol{\beta}_2,\cdots,\boldsymbol{\beta}_t$. 向量组 B 能由向量组 A 线性表示, 如果 $s<t$, 那么向量组 B 线性相关.

证明 由向量组间线性表示的定义, 可设

$$(\boldsymbol{\beta}_1,\boldsymbol{\beta}_2,\cdots,\boldsymbol{\beta}_t)=(\boldsymbol{\alpha}_1,\boldsymbol{\alpha}_2,\cdots,\boldsymbol{\alpha}_s)\begin{pmatrix}k_{11} & k_{12} & \cdots & k_{1t}\\ k_{21} & k_{22} & \cdots & k_{2t}\\ \vdots & \vdots & & \vdots\\ k_{s1} & k_{s2} & \cdots & k_{st}\end{pmatrix},\tag{3.4}$$

欲证存在不全为零的数 $x_1,x_2,\cdots,x_t$, 使

$$x_1\boldsymbol{\beta}_1+x_2\boldsymbol{\beta}_2+\cdots+x_t\boldsymbol{\beta}_t=(\boldsymbol{\beta}_1,\boldsymbol{\beta}_2,\cdots,\boldsymbol{\beta}_t)\begin{pmatrix}x_1\\x_2\\\vdots\\x_t\end{pmatrix}=\boldsymbol{0},\tag{3.5}$$

将式(3.4)代入式(3.5), 注意到$s<t$, 则由线性方程组解的判定定理知, 齐次线性方程组

$$\begin{pmatrix}k_{11}&k_{12}&\cdots&k_{1t}\\k_{21}&k_{22}&\cdots&k_{2t}\\\vdots&\vdots&&\vdots\\k_{s1}&k_{s2}&\cdots&k_{st}\end{pmatrix}\begin{pmatrix}x_1\\x_2\\\vdots\\x_t\end{pmatrix}=\boldsymbol{0}$$

有非零解, 从而向量组$\boldsymbol{B}$线性相关. 证毕.

例如, 由§3.2例8上方的内容, 我们有

$$(\boldsymbol{\beta}_1,\boldsymbol{\beta}_2,\boldsymbol{\beta}_3,\boldsymbol{\beta}_4,\boldsymbol{\beta}_5)=(\boldsymbol{\alpha}_1,\boldsymbol{\alpha}_2,\boldsymbol{\alpha}_3,\boldsymbol{\alpha}_4)\begin{pmatrix}1&-1&1&1&-1\\1&1&-1&-1&1\\1&1&1&0&1\\1&1&-1&-1&-1\end{pmatrix},$$

这里, 向量组$\boldsymbol{\alpha}_1,\boldsymbol{\alpha}_2,\boldsymbol{\alpha}_3,\boldsymbol{\alpha}_4$的个数4小于向量组$\boldsymbol{\beta}_1,\boldsymbol{\beta}_2,\boldsymbol{\beta}_3,\boldsymbol{\beta}_4,\boldsymbol{\beta}_5$的个数5, 从而根据定理5的结论, 判定向量组$\boldsymbol{\beta}_1,\boldsymbol{\beta}_2,\boldsymbol{\beta}_3,\boldsymbol{\beta}_4,\boldsymbol{\beta}_5$线性相关.

仍沿用定理5中向量组$\boldsymbol{A}$, $\boldsymbol{B}$的记号, 易得定理5的如下等价命题.

推论 5　设向量组$\boldsymbol{B}$能由向量组$\boldsymbol{A}$线性表示, 若向量组$\boldsymbol{B}$线性无关, 则$s\geqslant t$.

推论 6　设向量组$\boldsymbol{A}$与$\boldsymbol{B}$可相互线性表示, 若向量组$\boldsymbol{A}$与$\boldsymbol{B}$都是线性无关的, 则$s=t$.

证明　向量组$\boldsymbol{A}$线性无关且可由$\boldsymbol{B}$线性表示, 则$s\leqslant t$; 向量组$\boldsymbol{B}$线性无关且可由$\boldsymbol{A}$线性表示, 则$s\geqslant t$. 故有$s=t$. 证毕.

例 9　某金融机构在构建多因子模型时, 选取了五个维度(如市值因子、价值因子、成长因子、波动率因子、流动性因子)来刻画股票的特征. 现从历史数据中提炼出四组代表性强的因子向量(在五维空间), 分别为

$$\boldsymbol{w}_1=(1,3,2,1,0)^{\mathrm{T}},\ \boldsymbol{w}_2=(2,1,0,3,1)^{\mathrm{T}},\ \boldsymbol{w}_3=(0,2,1,1,2)^{\mathrm{T}},\ \boldsymbol{w}_4=(3,5,3,4,1)^{\mathrm{T}}.$$

研究团队希望判断这四个因子向量是否线性无关, 若线性无关, 说明每个因子对多因子模型的解释力都具有独立性, 能有效降低冗余.

解　根据线性无关性的判定定理, 我们需要检查方程

$$a\boldsymbol{w}_1+b\boldsymbol{w}_2+c\boldsymbol{w}_3+d\boldsymbol{w}_4=\boldsymbol{0}$$

是否只有$a=b=c=d=0$这一组解. 上述方程对应的齐次线性方程组可写成矩阵形式:

$$\begin{pmatrix} 1 & 2 & 0 & 3 \\ 3 & 1 & 2 & 5 \\ 2 & 0 & 1 & 3 \\ 1 & 3 & 1 & 4 \\ 0 & 1 & 2 & 1 \end{pmatrix}\begin{pmatrix} a \\ b \\ c \\ d \end{pmatrix}=\begin{pmatrix} 0 \\ 0 \\ 0 \\ 0 \\ 0 \end{pmatrix}.$$

利用高斯消元法或其他方法 (如计算相应子矩阵的行列式等), 可发现此系统只存在零解 $a=b=c=d=0$, 因此可断言向量组 $\boldsymbol{w}_1,\boldsymbol{w}_2,\boldsymbol{w}_3,\boldsymbol{w}_4$ 线性无关. 这样, 每个因子都在五维空间中占据彼此独立的"方向", 不会被其他因子的线性组合"完全替代".

从金融角度看, 线性无关的因子能为多因子模型提供互不重复的解释力, 减少因子间可能的高度重叠. 在实际构建量化投资策略时, 若发现某些因子被其他因子的线性组合替代, 则应适当剔除或再平衡, 以避免冗余并提升模型的稳健性和可解释度.

例10 假设向量组 $\boldsymbol{\alpha}_1, \boldsymbol{\alpha}_2, \boldsymbol{\alpha}_3$ 线性相关, 向量组 $\boldsymbol{\alpha}_2, \boldsymbol{\alpha}_3, \boldsymbol{\alpha}_4$ 线性无关, 试证明:

(1) $\boldsymbol{\alpha}_1$ 能由 $\boldsymbol{\alpha}_2, \boldsymbol{\alpha}_3$ 线性表示;

(2) $\boldsymbol{\alpha}_4$ 不能由 $\boldsymbol{\alpha}_1, \boldsymbol{\alpha}_2, \boldsymbol{\alpha}_3$ 线性表示.

证明 (1) 因 $\boldsymbol{\alpha}_2, \boldsymbol{\alpha}_3, \boldsymbol{\alpha}_4$ 线性无关, 故由推论 4 知, 其部分组 $\boldsymbol{\alpha}_2, \boldsymbol{\alpha}_3$ 线性无关, 而 $\boldsymbol{\alpha}_1, \boldsymbol{\alpha}_2, \boldsymbol{\alpha}_3$ 线性相关, 再由定理4知, 向量 $\boldsymbol{\alpha}_1$ 能由向量组 $\boldsymbol{\alpha}_2, \boldsymbol{\alpha}_3$ 线性表示.

(2) 用反证法. 假设 $\boldsymbol{\alpha}_4$ 能由向量组 $\boldsymbol{\alpha}_1, \boldsymbol{\alpha}_2, \boldsymbol{\alpha}_3$ 线性表示, 由 (1) 知 $\boldsymbol{\alpha}_1$ 能由 $\boldsymbol{\alpha}_2, \boldsymbol{\alpha}_3$ 表示, 因此, $\boldsymbol{\alpha}_4$ 能由 $\boldsymbol{\alpha}_2, \boldsymbol{\alpha}_3$ 线性表示, 这与 $\boldsymbol{\alpha}_2, \boldsymbol{\alpha}_3, \boldsymbol{\alpha}_4$ 线性无关矛盾. 证毕.

例11 设 $\boldsymbol{A}, \boldsymbol{B}$ 为满足 $\boldsymbol{AB}=\boldsymbol{O}$ 的任意两个非零矩阵, 试证: 若矩阵 $\boldsymbol{A}$ 的列向量组线性相关, 则 $\boldsymbol{B}$ 的行向量组必线性相关.

证明 (1) 设 $\boldsymbol{A}$ 与 $\boldsymbol{B}$ 分别为 $m\times n$ 与 $n\times k$ 矩阵, 则由题设, 有 $\boldsymbol{AB}=\boldsymbol{O}$, $\boldsymbol{A}\neq\boldsymbol{O}$, $\boldsymbol{B}\neq\boldsymbol{O}$. 将矩阵 $\boldsymbol{B}$ 按列分块为 $\boldsymbol{B}=(\boldsymbol{\beta}_1, \boldsymbol{\beta}_2, \cdots, \boldsymbol{\beta}_k)$, 则

$$\boldsymbol{A}(\boldsymbol{\beta}_1, \boldsymbol{\beta}_2, \cdots, \boldsymbol{\beta}_k)=(\boldsymbol{A\beta}_1, \boldsymbol{A\beta}_2, \cdots, \boldsymbol{A\beta}_k)=(\boldsymbol{0}, \boldsymbol{0}, \cdots, \boldsymbol{0}),$$

即齐次线性方程组 $\boldsymbol{Ax}=\boldsymbol{0}$ 有非零解, 由线性方程组解的判定定理知 $\mathrm{r}(\boldsymbol{A})<n$.

进一步, 由向量组线性相关的充要条件 (推论1) 知, $\boldsymbol{A}$ 的列向量组线性相关.

(2) 根据矩阵转置的运算规律, 由 $\boldsymbol{AB}=\boldsymbol{O}$, 可得

$$\boldsymbol{B}^{\mathrm{T}}\boldsymbol{A}^{\mathrm{T}}=(\boldsymbol{AB})^{\mathrm{T}}=\boldsymbol{O}^{\mathrm{T}}=\boldsymbol{O},$$

采用与 (1) 相同的证明, 可知齐次线性方程组 $\boldsymbol{B}^{\mathrm{T}}\boldsymbol{x}=\boldsymbol{0}$ 有非零解, 所以, $\boldsymbol{B}^{\mathrm{T}}$ 的列向量组线性相关, 从而矩阵 $\boldsymbol{B}$ 的行向量组线性相关. 证毕.

习题 3-3

1. 在下列情况下, 证明该语句为真或给出一个例子表明它为假.

(1) 若向量组 $\boldsymbol{y}, \boldsymbol{z}$ 线性相关, 则对于任何 $\boldsymbol{x}$, 向量组 $\boldsymbol{x}, \boldsymbol{y}, \boldsymbol{z}$ 都线性相关.

(2) 若 $\boldsymbol{x}_1, \boldsymbol{x}_2, \cdots, \boldsymbol{x}_k$ 都非零, 则向量组 $\boldsymbol{x}_1, \boldsymbol{x}_2, \cdots, \boldsymbol{x}_k$ 线性无关.

(3) 若 $\boldsymbol{x}_1, \boldsymbol{x}_2, \cdots, \boldsymbol{x}_k$ 之一是零, 则向量组 $\boldsymbol{x}_1, \boldsymbol{x}_2, \cdots, \boldsymbol{x}_k$ 线性相关.

(4) 若 $a\boldsymbol{x}+b\boldsymbol{y}+c\boldsymbol{z}=\boldsymbol{0}$, 则向量组 $\boldsymbol{x}, \boldsymbol{y}, \boldsymbol{z}$ 线性无关.

(5) 若向量组 $\boldsymbol{x}, \boldsymbol{y}, \boldsymbol{z}$ 线性无关, 则对于某 $a, b, c \in \mathbf{R}$, 有 $a\boldsymbol{x}+b\boldsymbol{y}+c\boldsymbol{z}=\boldsymbol{0}$.

2. 判断向量组线性相关还是线性无关:

(1) $\boldsymbol{\alpha}_1=(1, 0, -1)^{\mathrm{T}}$, $\boldsymbol{\alpha}_2=(-2, 2, 0)^{\mathrm{T}}$, $\boldsymbol{\alpha}_3=(3, -5, 2)^{\mathrm{T}}$.

(2) $\boldsymbol{\alpha}_1=(1,1,3,1)^{\mathrm{T}}$, $\boldsymbol{\alpha}_2=(3,-1,2,4)^{\mathrm{T}}$, $\boldsymbol{\alpha}_3=(2,2,7,-1)^{\mathrm{T}}$.

(3) $\boldsymbol{\alpha}_1=(1, 0, 0, 2, 5)^{\mathrm{T}}$, $\boldsymbol{\alpha}_2=(0, 1, 0, 3, 4)^{\mathrm{T}}$, $\boldsymbol{\alpha}_3=(0,0,1, 4, 7)^{\mathrm{T}}$, $\boldsymbol{\alpha}_4=(2, -3, 4, 11, 12)^{\mathrm{T}}$.

3. 求 a 取什么值时, 下列向量组线性相关:

$$\boldsymbol{\alpha}_1=\begin{pmatrix} a \\ 1 \\ 1 \end{pmatrix}, \boldsymbol{\alpha}_2=\begin{pmatrix} 1 \\ a \\ -1 \end{pmatrix}, \boldsymbol{\alpha}_3=\begin{pmatrix} 1 \\ -1 \\ a \end{pmatrix}.$$

4. 设行向量组 $(2, 1, 1, 1)$, $(2, 1, a, a)$, $(3, 2, 1, a)$, $(4, 3, 2, 1)$ 线性相关, 且 $a \neq 1$, 求 a 的值.

5. 某公司对三个不同部门的绩效进行量化评估, 将部门 A, B, C 在投入成本、销售额、品牌价值、员工培训投入四个方面的指标分别用四维向量表示:

$$\boldsymbol{v}_{\mathrm{A}}=(2, 3, 4, 5),\ \boldsymbol{v}_{\mathrm{B}}=(1, 2, 6, 7),\ \boldsymbol{v}_{\mathrm{C}}=(3, 5, 10, 12).$$

由于三部门某些指标间可能存在紧密耦合或冗余, 管理层想探究这三个向量是否线性相关(即是否存在非平凡线性组合使它们之和为零向量).

6. 设 $\boldsymbol{\alpha}_1, \boldsymbol{\alpha}_2$ 线性无关, $\boldsymbol{\alpha}_1+\boldsymbol{\beta}$, $\boldsymbol{\alpha}_2+\boldsymbol{\beta}$ 线性相关, 求向量 $\boldsymbol{\beta}$ 由 $\boldsymbol{\alpha}_1, \boldsymbol{\alpha}_2$ 线性表示的表示式.

7. 设 $\boldsymbol{\alpha}_1, \boldsymbol{\alpha}_2$ 线性相关, $\boldsymbol{\beta}_1, \boldsymbol{\beta}_2$ 也线性相关, 问 $\boldsymbol{\alpha}_1+\boldsymbol{\beta}_1$, $\boldsymbol{\alpha}_2+\boldsymbol{\beta}_2$ 是否一定线性相关? 试举例说明.

8. 设向量组 $\boldsymbol{\alpha}_1, \boldsymbol{\alpha}_2, \boldsymbol{\alpha}_3$ 线性无关, 试证: 向量组 $\boldsymbol{\alpha}_1+\boldsymbol{\alpha}_2, \boldsymbol{\alpha}_2-\boldsymbol{\alpha}_3, \boldsymbol{\alpha}_3-\boldsymbol{\alpha}_1$ 线性无关.

9. 设向量组 $\boldsymbol{\alpha}_1, \boldsymbol{\alpha}_2, \boldsymbol{\alpha}_3$ 线性无关, 试证: 向量组 $\boldsymbol{\alpha}_1-\boldsymbol{\alpha}_2, \boldsymbol{\alpha}_2-\boldsymbol{\alpha}_3, \boldsymbol{\alpha}_3-\boldsymbol{\alpha}_1$ 线性相关.

10. 设有线性表示式 $\boldsymbol{\beta}_1=\boldsymbol{\alpha}_1$, $\boldsymbol{\beta}_2=\boldsymbol{\alpha}_1+\boldsymbol{\alpha}_2$, $\cdots$, $\boldsymbol{\beta}_r=\boldsymbol{\alpha}_1+\boldsymbol{\alpha}_2+\cdots+\boldsymbol{\alpha}_r$, 且向量组 $\boldsymbol{\alpha}_1, \boldsymbol{\alpha}_2, \cdots, \boldsymbol{\alpha}_r$ 线性无关, 证明向量组 $\boldsymbol{\beta}_1, \boldsymbol{\beta}_2, \cdots, \boldsymbol{\beta}_r$ 线性无关.

11. 某研究团队将国家(或地区)在五个经济维度上的三组不同宏观指标视为五维向量, 分别表示 GDP 增速、通货膨胀率、失业率、出口增长率、城镇化率五个方面的统计数据. 这三组指标向量依次为

$$\boldsymbol{v}_1=(1, 2, 1, 0, 3),\quad \boldsymbol{v}_2=(2, 3, 1, 1, 4),\quad \boldsymbol{v}_3=(0, 1, 2, 2, 1).$$

研究团队想判定 $\boldsymbol{v}_1, \boldsymbol{v}_2, \boldsymbol{v}_3$ 是否线性无关, 若它们线性无关, 则说明每组指标都能为经济分析提供独立的信息.

12. 设向量组 $\boldsymbol{\alpha}_1, \boldsymbol{\alpha}_2, \cdots, \boldsymbol{\alpha}_s$ 线性相关, 且其中任意 $s-1$ 个向量都线性无关, 试证明: 必存在一组全部不为零的数 $k_1, k_2, \cdots, k_s$, 使 $k_1\boldsymbol{\alpha}_1+k_2\boldsymbol{\alpha}_2+\cdots+k_s\boldsymbol{\alpha}_s=\boldsymbol{0}$.

13. 设三维列向量 $\boldsymbol{\alpha}_1, \boldsymbol{\alpha}_2, \boldsymbol{\alpha}_3$ 线性无关, $\boldsymbol{A}$ 是三阶矩阵, 且有

$$\boldsymbol{A}\boldsymbol{\alpha}_1=\boldsymbol{\alpha}_1+2\boldsymbol{\alpha}_2+3\boldsymbol{\alpha}_3,\ \boldsymbol{A}\boldsymbol{\alpha}_2=2\boldsymbol{\alpha}_2+3\boldsymbol{\alpha}_3,\ \boldsymbol{A}\boldsymbol{\alpha}_3=3\boldsymbol{\alpha}_2-4\boldsymbol{\alpha}_3,$$

试求 $|\boldsymbol{A}|$.

14. 设向量组 $\boldsymbol{A}$: $\boldsymbol{\alpha}_1=(1, 2, 1, 3)^{\mathrm{T}}$, $\boldsymbol{\alpha}_2=(4, -1, -5, -6)^{\mathrm{T}}$, 向量组 $\boldsymbol{B}$: $\boldsymbol{\beta}_1=(-1, 3, 4, 7)^{\mathrm{T}}$, $\boldsymbol{\beta}_2=(2, -1, -3, -4)^{\mathrm{T}}$, 试证明: 向量组 $\boldsymbol{A}$ 与向量组 $\boldsymbol{B}$ 等价.

15. 设 $\boldsymbol{\alpha}_1,\boldsymbol{\alpha}_2,\cdots,\boldsymbol{\alpha}_n$ 是一组 n 维向量, 已知 n 维单位坐标向量 $\boldsymbol{\varepsilon}_1,\boldsymbol{\varepsilon}_2,\cdots,\boldsymbol{\varepsilon}_n$ 能由它们线性表示, 证明 $\boldsymbol{\alpha}_1,\boldsymbol{\alpha}_2,\cdots,\boldsymbol{\alpha}_n$ 线性无关.

16. 设 $\boldsymbol{\alpha}_1,\boldsymbol{\alpha}_2,\cdots,\boldsymbol{\alpha}_n$ 是一组 n 维向量, 证明它们线性无关的充分必要条件是: 任一 n 维向量都可由它们线性表示.

17. 设向量组 $\boldsymbol{\alpha}_1,\boldsymbol{\alpha}_2,\cdots,\boldsymbol{\alpha}_m$ 线性相关, 且 $\boldsymbol{\alpha}_1\neq\mathbf{0}$, 证明存在某个向量 $\boldsymbol{\alpha}_k\,(2\leqslant k\leqslant m)$, 使 $\boldsymbol{\alpha}_k$ 能由 $\boldsymbol{\alpha}_1,\boldsymbol{\alpha}_2,\cdots,\boldsymbol{\alpha}_{k-1}$ 线性表示.

18. 何时 $\mathbf{R}^3$ 的子集 $\left\{\begin{pmatrix}a\\d\\g\end{pmatrix},\begin{pmatrix}b\\e\\h\end{pmatrix}\right\}$ 线性无关?

19. 设 $\boldsymbol{\alpha}_1=\begin{pmatrix}0\\0\\c_1\end{pmatrix},\boldsymbol{\alpha}_2=\begin{pmatrix}0\\1\\c_2\end{pmatrix},\boldsymbol{\alpha}_3=\begin{pmatrix}1\\-1\\c_3\end{pmatrix},\boldsymbol{\alpha}_4=\begin{pmatrix}-1\\1\\c_4\end{pmatrix}$, 其中 c_1,c_2,c_3,c_4 为任意常数, 试证: 向量组 $\boldsymbol{\alpha}_1,\boldsymbol{\alpha}_3,\boldsymbol{\alpha}_4$ 必线性相关.

20. (1) 题20图(a)中的向量是否线性无关?

(2) 题20图(b)中的向量是否线性无关?

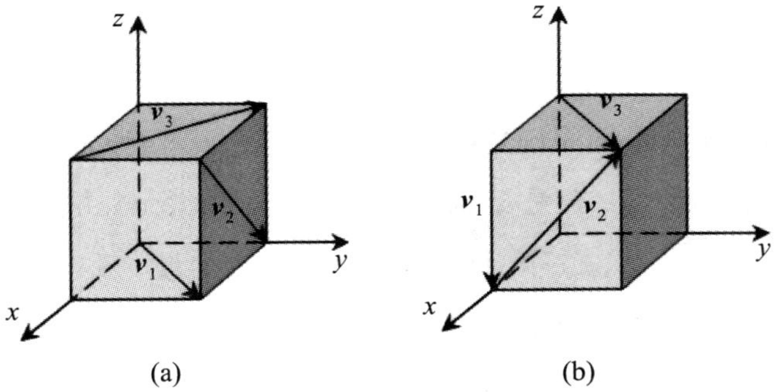

题20图

§3.4　向量组的秩

向量组的秩是线性代数中的一个重要概念, 用于描述向量组的线性相关性及其所张成的空间的维数. 其产生源于对向量组内在结构的研究. 对于一个向量组, 通过考察其是否存在线性相关关系, 可以判断其中哪些向量是冗余的. 一个向量组的秩定义为该组向量中线性无关向量的最大数量, 等价于这些向量张成的子空间的维数. 向量组的秩在理论和实践中都有重要意义. 在理论上, 向量组的秩是理解线性变换、矩阵的秩和空间维数的基础. 它有助于研究者深入理解线性系统解空间的性质和矩阵的特征. 例如, 矩阵的秩等于其列向量组的秩, 这意味着矩阵的秩反映了列向量所张成的空间的维数, 从而揭示了线性变换的输入和输出之间的关系. 在实际应用中, 秩的概念广泛用于数据分析、工程计算和机器学习. 例如, 在数据降维中, 数据矩阵的秩可以帮助确定数据的内在维数, 去除冗余信息; 在通信工程中, 通过秩判别信道矩阵的独立性可以提高信息传输效率. 此外, 秩的概念也用于求解线性方程组和优化问题, 尤其是在经济学、控制理论和网络流等领域具有广泛应用.

本节要考察一向量组中拥有最大数量的线性无关向量的部分组——极大线性无关向量组, 并由此引入向量组的秩的定义. 在此基础上, 进一步讨论矩阵与其行向量组和列向量组的秩的相等关系, 这个关系是我们处理线性方程组相关信息的一个重要工具.

一、极大线性无关向量组

定义 1 设向量组 $\boldsymbol{A}$: $\boldsymbol{\alpha}_1, \boldsymbol{\alpha}_2, \cdots, \boldsymbol{\alpha}_s$, 若在 $\boldsymbol{A}$ 中能选出 r 个向量 $\boldsymbol{\alpha}_{j_1}, \boldsymbol{\alpha}_{j_2}, \cdots, \boldsymbol{\alpha}_{j_r}$, 满足:

(1) 向量组 $\boldsymbol{A}_0$: $\boldsymbol{\alpha}_{j_1}, \boldsymbol{\alpha}_{j_2}, \cdots, \boldsymbol{\alpha}_{j_r}$ 线性无关,

(2) 向量组 $\boldsymbol{A}$ 中任意 $r+1$ 个向量(若有的话)都线性相关,

则称向量组 $\boldsymbol{A}_0$ 是向量组 $\boldsymbol{A}$ 的一个**极大线性无关向量组**(有时简称为**极大无关组**).

注: 向量组的极大无关组可能不止一个, 但由§3.3 推论 6 知, 其向量的个数是相等的.

例如, 设有二维向量组

$$\boldsymbol{\alpha}_1=(0,1)^{\mathrm{T}},\ \boldsymbol{\alpha}_2=(1,0)^{\mathrm{T}},\ \boldsymbol{\alpha}_3=(1,1)^{\mathrm{T}},\ \boldsymbol{\alpha}_4=(0,2)^{\mathrm{T}},$$

因为任何三个二维向量的向量组必线性相关, 又 $\boldsymbol{\alpha}_1, \boldsymbol{\alpha}_2$ 线性无关, 故 $\boldsymbol{\alpha}_1, \boldsymbol{\alpha}_2$ 是该向量组的一个极大无关组. 易知 $\boldsymbol{\alpha}_2, \boldsymbol{\alpha}_3$ 也是该向量组的极大无关组.

定理 1 若 $\boldsymbol{\alpha}_{j_1}, \boldsymbol{\alpha}_{j_2}, \cdots, \boldsymbol{\alpha}_{j_r}$ 是 $\boldsymbol{\alpha}_1, \boldsymbol{\alpha}_2, \cdots, \boldsymbol{\alpha}_s$ 的线性无关部分组, 则它是极大无关组的充分必要条件是 $\boldsymbol{\alpha}_1, \boldsymbol{\alpha}_2, \cdots, \boldsymbol{\alpha}_s$ 中的每个向量都可由 $\boldsymbol{\alpha}_{j_1}, \boldsymbol{\alpha}_{j_2}, \cdots, \boldsymbol{\alpha}_{j_r}$ 线性表示.

证明 必要性. 若 $\boldsymbol{\alpha}_{j_1}, \boldsymbol{\alpha}_{j_2}, \cdots, \boldsymbol{\alpha}_{j_r}$ 是 $\boldsymbol{\alpha}_1, \boldsymbol{\alpha}_2, \cdots, \boldsymbol{\alpha}_s$ 的一个极大无关组, 则当 j 是 $j_1, j_2, \cdots, j_r$ 中的数时, $\boldsymbol{\alpha}_j$ 显然可由 $\boldsymbol{\alpha}_{j_1}, \boldsymbol{\alpha}_{j_2}, \cdots, \boldsymbol{\alpha}_{j_r}$ 线性表示; 而当 j 不是 $j_1, j_2, \cdots, j_r$ 中的数时, 向量组 $\boldsymbol{\alpha}_j, \boldsymbol{\alpha}_{j_1}, \boldsymbol{\alpha}_{j_2}, \cdots, \boldsymbol{\alpha}_{j_r}$ 线性相关, 又 $\boldsymbol{\alpha}_{j_1}, \boldsymbol{\alpha}_{j_2}, \cdots, \boldsymbol{\alpha}_{j_r}$ 线性无关, 故由向量组线性相关性的判定定理(§3.3 定理 4) 知, $\boldsymbol{\alpha}_j$ 可由 $\boldsymbol{\alpha}_{j_1}, \boldsymbol{\alpha}_{j_2}, \cdots, \boldsymbol{\alpha}_{j_r}$ 线性表示.

充分性. 若 $\boldsymbol{\alpha}_1, \boldsymbol{\alpha}_2, \cdots, \boldsymbol{\alpha}_s$ 可由 $\boldsymbol{\alpha}_{j_1}, \boldsymbol{\alpha}_{j_2}, \cdots, \boldsymbol{\alpha}_{j_r}$ 线性表示, 则 $\boldsymbol{\alpha}_1, \boldsymbol{\alpha}_2, \cdots, \boldsymbol{\alpha}_s$ 中任何包含 $r+1\ (s>r)$ 个向量的部分组都线性相关, 于是 $\boldsymbol{\alpha}_{j_1}, \boldsymbol{\alpha}_{j_2}, \cdots, \boldsymbol{\alpha}_{j_r}$ 是极大无关组. 证毕.

注: 由定理 1 知, 向量组与其极大无关组可相互线性表示, 即向量组与其极大无关组等价.

例 1 某投资分析师正在研究五种不同类型的金融资产 (资产A、资产B、资产C、资产D、资产E) 的月度收益率, 以构建一个高效的投资组合. 分析师收集了过去 6 个月的收益率 (%) 数据, 如下表所示.

月份	资产A	资产B	资产C	资产D	资产E
1	4	5	6	7	8
2	5	6	7	8	9
3	4	5	6	7	8
4	6	7	8	9	10
5	5	6	7	8	9
6	4	5	6	7	8

投资分析师希望通过线性代数方法确定哪些资产的收益率是其他资产收益率的线性组合，从而识别出冗余资产，以优化投资组合. 请找出该五维向量组中的一个极大线性无关向量组，并说明被包含的资产及其经济意义.

解　首先，将五种资产的收益率向量表示为矩阵 $\boldsymbol{R}$:

$$\boldsymbol{R}=\begin{pmatrix}4&5&6&7&8\\5&6&7&8&9\\4&5&6&7&8\\6&7&8&9&10\\5&6&7&8&9\\4&5&6&7&8\end{pmatrix}.$$

为了找出极大线性无关向量组，需计算矩阵 $\boldsymbol{R}$ 的秩. 对矩阵 $\boldsymbol{R}$ 施以初等行变换，得

$$\boldsymbol{R}\to\begin{pmatrix}4&5&6&7&8\\5&6&7&8&9\\0&0&0&0&0\\6&7&8&9&10\\0&0&0&0&0\\0&0&0&0&0\end{pmatrix}\to\begin{pmatrix}4&5&6&7&8\\0&1&2&3&4\\0&0&0&0&0\\0&0&0&0&0\\0&0&0&0&0\\0&0&0&0&0\end{pmatrix}.$$

由上可见，矩阵 $\boldsymbol{R}$ 的秩为2. 因此，极大线性无关向量组包含两个向量. 选择资产A和资产B作为极大线性无关向量组的代表，因为它们对应的列在行简化后成为主元列. 这意味着资产C、资产D、资产E的收益率可以表示为资产A和资产B收益率的线性组合. 例如:

$$资产C = -资产A + 2资产B.$$

类似地，资产D和资产E也可以由资产A和资产B线性表示.

本例通过行简化法确定五维向量组的秩为2，表明存在两个线性无关向量. 选择资产A和资产B作为极大无关组，其他资产的收益率可以由它们的线性组合得到. 这揭示了投资组合中的冗余资产，投资分析师可考虑仅保留资产A和资产B，以简化投资组合结构，同时保持收益率的代表性.

二、矩阵与向量组秩的关系

定义 2　向量组 $\boldsymbol{\alpha}_1, \boldsymbol{\alpha}_2, \cdots, \boldsymbol{\alpha}_s$ 的极大无关组所含向量的个数称为该向量组的**秩**，记为

$$\mathrm{r}(\boldsymbol{\alpha}_1, \boldsymbol{\alpha}_2, \cdots, \boldsymbol{\alpha}_s).$$

规定：全由零向量组成的向量组的秩为0.

例如，前面已经讨论过的二维向量组

$$\boldsymbol{\alpha}_1=(0,1)^{\mathrm{T}},\ \boldsymbol{\alpha}_2=(1,0)^{\mathrm{T}},\ \boldsymbol{\alpha}_3=(1,1)^{\mathrm{T}},\ \boldsymbol{\alpha}_4=(0,2)^{\mathrm{T}}$$

的极大无关组的向量的个数为2，故 $\mathrm{r}(\boldsymbol{\alpha}_1, \boldsymbol{\alpha}_2, \boldsymbol{\alpha}_3, \boldsymbol{\alpha}_4)=2$.

定理 2　设 $\boldsymbol{A}$ 为 $m\times n$ 矩阵，则矩阵 $\boldsymbol{A}$ 的秩既等于它的列向量组的秩，也等于它的行向量组的秩.

证明 设矩阵 $\boldsymbol{A}=(\boldsymbol{\alpha}_1, \boldsymbol{\alpha}_2, \cdots, \boldsymbol{\alpha}_n)$, 秩 $\mathrm{r}(\boldsymbol{A})=s$, 则由矩阵的秩的定义知, 存在 $\boldsymbol{A}$ 的 s 阶子式 $D_s \neq 0$, 从而 D_s 对应于矩阵 $\boldsymbol{A}$ 中的 s 个列向量线性无关; 又 $\boldsymbol{A}$ 中所有 $s+1$ 阶子式 $D_{s+1}=0$, 故 $\boldsymbol{A}$ 中任意 $s+1$ 个列向量线性相关. 因此, D_s 所在的 s 列是 $\boldsymbol{A}$ 的列向量组的一个极大无关组, 从而列向量组的秩等于 s.

同理可证, 矩阵 $\boldsymbol{A}$ 的行向量组的秩也等于 s. 证毕.

推论 1 矩阵 $\boldsymbol{A}$ 的行向量组的秩与列向量组的秩相等.

由定理 2 的证明知, 若 D_s 是矩阵 $\boldsymbol{A}$ 的一个最高阶非零子式, 则 D_s 所在的 s 列就是 $\boldsymbol{A}$ 的列向量组的一个极大无关组; D_s 所在的 s 行即为 $\boldsymbol{A}$ 的行向量组的一个极大无关组.

可以证明: 若对矩阵 $\boldsymbol{A}$ 仅施以初等行变换得矩阵 $\boldsymbol{B}$, 则 $\boldsymbol{B}$ 的列向量组与 $\boldsymbol{A}$ 的列向量组间有相同的线性关系, 即行的初等变换保持了列向量间的线性无关性和线性相关性. 它提供了**求极大无关组的方法**: 以向量组中各向量为列向量组成矩阵, 只作初等行变换将该矩阵化为行阶梯形矩阵, 即可写出所求向量组的极大无关组.

同理, 也可以向量组中各向量为行向量组成矩阵, 通过作初等列变换来求向量组的极大无关组.

例 2 全体 n 维向量构成的向量组记作 $\mathbf{R}^n$, 求 $\mathbf{R}^n$ 的一个极大无关组及 $\mathbf{R}^n$ 的秩.

解 因 n 维单位坐标向量组 $\boldsymbol{E}$: $\boldsymbol{\varepsilon}_1, \boldsymbol{\varepsilon}_2, \cdots, \boldsymbol{\varepsilon}_n$ 是线性无关的, 又知 $\mathbf{R}^n$ 中的任意 $n+1$ 个向量都线性相关, 所以, 向量组 $\boldsymbol{E}$ 是 $\mathbf{R}^n$ 的一个极大无关组, 且 $\mathbf{R}^n$ 的秩等于 n.

例 3 求下列向量组的秩:

$$(1)\ \boldsymbol{u}_1=\begin{pmatrix}1\\0\end{pmatrix},\ \boldsymbol{u}_2=\begin{pmatrix}2\\-1\end{pmatrix},\ \boldsymbol{v}=\begin{pmatrix}2\\1\end{pmatrix};\qquad (2)\ \boldsymbol{u}_1=\begin{pmatrix}1\\0\\1\end{pmatrix},\ \boldsymbol{u}_2=\begin{pmatrix}0\\1\\1\end{pmatrix},\ \boldsymbol{v}=\begin{pmatrix}1\\3\\2\end{pmatrix}.$$

解 (1) 根据向量组与矩阵的关系, 对列向量矩阵作初等行变换化为行阶梯形矩阵, 得

$$(\boldsymbol{u}_1, \boldsymbol{u}_2, \boldsymbol{v})=\begin{pmatrix}1 & 2 & 2\\0 & -1 & 1\end{pmatrix}\to\begin{pmatrix}1 & 2 & 2\\0 & 1 & -1\end{pmatrix}\to\begin{pmatrix}1 & 0 & 4\\0 & 1 & -1\end{pmatrix},$$

所以, 题设向量组的秩为 2, 即 $\mathrm{r}(\boldsymbol{u}_1, \boldsymbol{u}_2, \boldsymbol{v})=2$.

(2) 同理可得

$$(\boldsymbol{u}_1, \boldsymbol{u}_2, \boldsymbol{v})=\begin{pmatrix}1 & 0 & 1\\0 & 1 & 3\\1 & 1 & 2\end{pmatrix}\to\begin{pmatrix}1 & 0 & 1\\0 & 1 & 3\\0 & 1 & 1\end{pmatrix}\to\begin{pmatrix}1 & 0 & 1\\0 & 1 & 3\\0 & 0 & -2\end{pmatrix},$$

所以, 题设向量组的秩为 3, 即 $\mathrm{r}(\boldsymbol{u}_1, \boldsymbol{u}_2, \boldsymbol{v})=3$.

例 4 已知 $\boldsymbol{\alpha}_1=(1, 2, -1, 1)$, $\boldsymbol{\alpha}_2=(2, 0, t, 0)$, $\boldsymbol{\alpha}_3=(0, -4, 5, -2)$ 的秩为 2, 求 t 的值.

解 根据向量组与矩阵的关系, 对列向量矩阵作初等行变换并化为行阶梯形矩阵, 有

$$(\boldsymbol{\alpha}_1^{\mathrm T}, \boldsymbol{\alpha}_2^{\mathrm T}, \boldsymbol{\alpha}_3^{\mathrm T}) = \begin{pmatrix} 1 & 2 & 0 \\ 2 & 0 & -4 \\ -1 & t & 5 \\ 1 & 0 & -2 \end{pmatrix} \to \begin{pmatrix} 1 & 2 & 0 \\ 0 & -4 & -4 \\ 0 & t+2 & 5 \\ 0 & -2 & -2 \end{pmatrix} \to \begin{pmatrix} 1 & 2 & 0 \\ 0 & 1 & 1 \\ 0 & 0 & -t+3 \\ 0 & 0 & 0 \end{pmatrix},$$

因题设向量组的秩为2, 得 $-t+3=0$, 所以, $t=3$.

例 5　设矩阵 $\boldsymbol{A} = \begin{pmatrix} 2 & -1 & -1 & 1 & 2 \\ 1 & 1 & -2 & 1 & 4 \\ 4 & -6 & 2 & -2 & 4 \\ 3 & 6 & -9 & 7 & 9 \end{pmatrix}$, 求矩阵 $\boldsymbol{A}$ 的列向量组的一个极大无关组, 并把不属于极大无关组的列向量用极大无关组线性表示.

解　对矩阵 $\boldsymbol{A} = (\boldsymbol{\alpha}_1, \boldsymbol{\alpha}_2, \boldsymbol{\alpha}_3, \boldsymbol{\alpha}_4, \boldsymbol{\alpha}_5)$ 施以初等行变换化为行最简形矩阵, 有

$$\boldsymbol{A} \to \begin{pmatrix} 1 & 1 & -2 & 1 & 4 \\ 0 & 1 & -1 & 1 & 0 \\ 0 & 0 & 0 & 1 & -3 \\ 0 & 0 & 0 & 0 & 0 \end{pmatrix} \to \begin{pmatrix} 1 & 0 & -1 & 0 & 4 \\ 0 & 1 & -1 & 0 & 3 \\ 0 & 0 & 0 & 1 & -3 \\ 0 & 0 & 0 & 0 & 0 \end{pmatrix},$$

从上式右端的行最简形矩阵知, $\mathrm{r}(\boldsymbol{A})=3$, 故列向量组的极大无关组含有三个向量. 而三个非零行的首个非零元在第1、2、4列, 故 $\boldsymbol{\alpha}_1, \boldsymbol{\alpha}_2, \boldsymbol{\alpha}_4$ 是列向量组的一个极大无关组, 从而

$$\mathrm{r}(\boldsymbol{\alpha}_1, \boldsymbol{\alpha}_2, \boldsymbol{\alpha}_4) = 3,$$

再由 $\boldsymbol{A}$ 的行最简形矩阵, 可分别写出表示式:

$$\boldsymbol{\alpha}_3 = -\boldsymbol{\alpha}_1 - \boldsymbol{\alpha}_2, \quad \boldsymbol{\alpha}_5 = 4\boldsymbol{\alpha}_1 + 3\boldsymbol{\alpha}_2 - 3\boldsymbol{\alpha}_4.$$

*数学实验

实验 3.2　试用计算软件, 求下列矩阵的列(或行)向量组的一个极大无关组.

$$(1) \begin{pmatrix} 1 & 1 & -1 & 2 & 1 & 2 \\ 2 & 4 & 0 & 7 & 1 & 8 \\ 3 & 4 & -2 & 8 & 4 & 5 \\ 4 & 4 & -4 & 9 & 6 & 16 \\ 2 & 1 & -3 & 2 & 1 & 6 \\ 2 & 2 & -2 & 3 & 0 & -4 \end{pmatrix}; \quad (2) \begin{pmatrix} 6 & 4 & 4 & -2 & -2 & 5 \\ -1 & 2 & -6 & 2 & 3 & 1 \\ 7 & 6 & 2 & -2 & -1 & 7 \\ 4 & 4 & 0 & 1 & 0 & 4 \\ 2 & 3 & -2 & 0 & 1 & 3 \\ -5 & -4 & -2 & 1 & 1 & -5 \end{pmatrix}.$$

计算实验

微信扫描右侧的二维码即可进行矩阵变换实验(详见教材配套的网络学习空间).

例 6　已知向量组

$$\boldsymbol{\alpha}_1 = (1, -1, 0, 5)^{\mathrm T}, \ \boldsymbol{\alpha}_2 = (2, 0, 1, 4)^{\mathrm T}, \ \boldsymbol{\alpha}_3 = (3, 1, 2, 3)^{\mathrm T}, \ \boldsymbol{\alpha}_4 = (4, 2, 3, a)^{\mathrm T},$$

其中 a 是参数, 求该向量组的秩与一个极大无关组, 并将其余向量用该极大无关组线性表示.

解　根据向量组与矩阵的关系, 对由题设列向量组构成的矩阵 $(\boldsymbol{\alpha}_1, \boldsymbol{\alpha}_2, \boldsymbol{\alpha}_3, \boldsymbol{\alpha}_4)$ 作初等行

变换, 将其化为行最简形矩阵, 得

$$(\boldsymbol{\alpha}_1, \boldsymbol{\alpha}_2, \boldsymbol{\alpha}_3, \boldsymbol{\alpha}_4) \to \begin{pmatrix} 1 & 0 & -1 & -2 \\ 0 & 1 & 2 & 3 \\ 0 & 0 & 0 & a-2 \\ 0 & 0 & 0 & 0 \end{pmatrix}.$$

由上可见, 当 $a=2$ 时, 向量组 $\boldsymbol{\alpha}_1, \boldsymbol{\alpha}_2, \boldsymbol{\alpha}_3, \boldsymbol{\alpha}_4$ 的秩为 2, 故一个极大无关组为 $\boldsymbol{\alpha}_1, \boldsymbol{\alpha}_2$, 且有线性表示式:

$$\boldsymbol{\alpha}_3 = -\boldsymbol{\alpha}_1 + 2\boldsymbol{\alpha}_2,\quad \boldsymbol{\alpha}_4 = -2\boldsymbol{\alpha}_1 + 3\boldsymbol{\alpha}_2.$$

当 $a \neq 2$ 时, 向量组 $\boldsymbol{\alpha}_1, \boldsymbol{\alpha}_2, \boldsymbol{\alpha}_3, \boldsymbol{\alpha}_4$ 的秩为 3, 故一个极大无关组为 $\boldsymbol{\alpha}_1, \boldsymbol{\alpha}_2, \boldsymbol{\alpha}_4$, 且有线性表示式:

$$\boldsymbol{\alpha}_3 = -\boldsymbol{\alpha}_1 + 2\boldsymbol{\alpha}_2 + 0\boldsymbol{\alpha}_4.$$

例 7　某公司财务部门选取了五个关键财务指标来评估公司近五个月的运营状况. 这些指标包括销售收入、成本、净利润、资产总额和负债总额. 将这些指标的数据分别表示为五维向量:

$$\boldsymbol{v}_1 = (500, 300, 200, 1\,000, 400)^{\mathrm{T}},\ \boldsymbol{v}_2 = (600, 350, 250, 1\,100, 450)^{\mathrm{T}},$$
$$\boldsymbol{v}_3 = (550, 320, 230, 1\,050, 420)^{\mathrm{T}},\ \boldsymbol{v}_4 = (580, 330, 240, 1\,080, 430)^{\mathrm{T}},$$
$$\boldsymbol{v}_5 = (620, 360, 260, 1\,150, 460)^{\mathrm{T}}.$$

请问这些财务指标向量的秩是多少? 这些指标之间是否存在线性相关关系? 结合结果简要说明其在财务分析中的意义.

解　首先, 将五个五维向量 $\boldsymbol{v}_1, \boldsymbol{v}_2, \boldsymbol{v}_3, \boldsymbol{v}_4, \boldsymbol{v}_5$ 组成矩阵:

$$\boldsymbol{A} = \begin{pmatrix} 500 & 600 & 550 & 580 & 620 \\ 300 & 350 & 320 & 330 & 360 \\ 200 & 250 & 230 & 240 & 260 \\ 1\,000 & 1\,100 & 1\,050 & 1\,080 & 1\,150 \\ 400 & 450 & 420 & 430 & 460 \end{pmatrix}.$$

为确定其秩, 利用初等行变换将矩阵 $\boldsymbol{A}$ 化为行阶梯形矩阵, 得

$$\boldsymbol{A} = \begin{pmatrix} 500 & 600 & 550 & 580 & 620 \\ 300 & 350 & 320 & 330 & 360 \\ 200 & 250 & 230 & 240 & 260 \\ 1\,000 & 1\,100 & 1\,050 & 1\,080 & 1\,150 \\ 400 & 450 & 420 & 430 & 460 \end{pmatrix} \to \begin{pmatrix} 500 & 600 & 550 & 580 & 620 \\ 0 & -10 & -10 & -18 & -12 \\ 0 & 10 & 10 & 8 & 12 \\ 0 & -100 & -50 & -80 & -90 \\ 0 & -30 & -20 & -34 & -36 \end{pmatrix}$$

$$\to \begin{pmatrix} 500 & 600 & 550 & 580 & 620 \\ 0 & -10 & -10 & -18 & -12 \\ 0 & 0 & 10 & 20 & 0 \\ 0 & 0 & 50 & 100 & 30 \\ 0 & 0 & 0 & -10 & 0 \end{pmatrix} \to \begin{pmatrix} 500 & 600 & 550 & 580 & 620 \\ 0 & -10 & -10 & -18 & -12 \\ 0 & 0 & 10 & 20 & 0 \\ 0 & 0 & 0 & 0 & 30 \\ 0 & 0 & 0 & -10 & 0 \end{pmatrix}$$

$$\rightarrow\begin{pmatrix}500 & 600 & 550 & 580 & 620\\ 0 & -10 & -10 & -18 & -12\\ 0 & 0 & 10 & 20 & 0\\ 0 & 0 & 0 & -10 & 0\\ 0 & 0 & 0 & 0 & 30\end{pmatrix}$$

通过上述行初等变换, 得到的行阶梯形矩阵中每一行都有一个主元, 并且主元所在的列依次向右下方移动. 这表明矩阵 $\boldsymbol{A}$ 的秩为5.

矩阵 $\boldsymbol{A}$ 的秩为5, 等于向量组中向量的数量. 这意味着所选取的五个财务指标向量在五维空间中线性无关, 即这些指标之间不存在完全的线性相关关系. 换句话说, 每个指标都提供了独特的信息,有助于全面评估公司的财务状况.这在财务分析中具有重要意义, 因为它能够确保指标体系的全面性和有效性, 避免了信息冗余, 从而提升分析的效率和决策的准确性.

例8　求向量组

$$\boldsymbol{\alpha}_1=(1, 2, -1, 1)^{\mathrm{T}},\qquad \boldsymbol{\alpha}_2=(2, 0, t, 0)^{\mathrm{T}},$$
$$\boldsymbol{\alpha}_3=(0, -4, 5, -2)^{\mathrm{T}},\qquad \boldsymbol{\alpha}_4=(3, -2, t+4, -1)^{\mathrm{T}}$$

的秩和一个极大无关组.

解　因向量的分量中含未知常数 t, 而向量组的秩和极大无关组与 t 的取值有关, 故对下列矩阵作初等行变换:

$$(\boldsymbol{\alpha}_1, \boldsymbol{\alpha}_2, \boldsymbol{\alpha}_3, \boldsymbol{\alpha}_4)=\begin{pmatrix}1 & 2 & 0 & 3\\ 2 & 0 & -4 & -2\\ -1 & t & 5 & t+4\\ 1 & 0 & -2 & -1\end{pmatrix}$$

$$\rightarrow\begin{pmatrix}1 & 2 & 0 & 3\\ 0 & -4 & -4 & -8\\ 0 & t+2 & 5 & t+7\\ 0 & -2 & -2 & -4\end{pmatrix}\rightarrow\begin{pmatrix}1 & 2 & 0 & 3\\ 0 & 1 & 1 & 2\\ 0 & 0 & 3-t & 3-t\\ 0 & 0 & 0 & 0\end{pmatrix}.$$

由上式右端的行阶梯形矩阵知, $\boldsymbol{\alpha}_1, \boldsymbol{\alpha}_2$ 线性无关, 且

(1) 当 $t=3$ 时, $\mathrm{r}(\boldsymbol{\alpha}_1, \boldsymbol{\alpha}_2, \boldsymbol{\alpha}_3, \boldsymbol{\alpha}_4)=2$, $\boldsymbol{\alpha}_1, \boldsymbol{\alpha}_2$ 是一个极大无关组;

(2) 当 $t\neq 3$ 时, $\mathrm{r}(\boldsymbol{\alpha}_1, \boldsymbol{\alpha}_2, \boldsymbol{\alpha}_3, \boldsymbol{\alpha}_4)=3$, $\boldsymbol{\alpha}_1, \boldsymbol{\alpha}_2, \boldsymbol{\alpha}_3$ 是一个极大无关组.

例9　设 $\boldsymbol{A}_{m\times n}$ 及 $\boldsymbol{B}_{n\times s}$ 为两个矩阵, 证明: $\boldsymbol{A}$ 与 $\boldsymbol{B}$ 乘积的秩不大于 $\boldsymbol{A}$ 的秩和 $\boldsymbol{B}$ 的秩, 即

$$\mathrm{r}(\boldsymbol{AB})\leqslant\min\{\mathrm{r}(\boldsymbol{A}), \mathrm{r}(\boldsymbol{B})\}.$$

证明　设 $\boldsymbol{A}=(a_{ij})_{m\times n}=(\boldsymbol{\alpha}_1,\boldsymbol{\alpha}_2,\cdots,\boldsymbol{\alpha}_n)$, $\boldsymbol{B}=(b_{ij})_{n\times s}$, 则

$$\boldsymbol{AB}=\boldsymbol{C}=(c_{ij})_{m\times s}=(\boldsymbol{\gamma}_1,\boldsymbol{\gamma}_2,\cdots,\boldsymbol{\gamma}_s),$$

即向量组 $\boldsymbol{\gamma}_1, \boldsymbol{\gamma}_2, \cdots, \boldsymbol{\gamma}_s$ 与 $\boldsymbol{\alpha}_1, \boldsymbol{\alpha}_2, \cdots, \boldsymbol{\alpha}_n$ 间的线性表示式为

$$(\boldsymbol{\gamma}_1,\boldsymbol{\gamma}_2,\cdots,\boldsymbol{\gamma}_s)=(\boldsymbol{\alpha}_1,\boldsymbol{\alpha}_2,\cdots,\boldsymbol{\alpha}_n)\begin{pmatrix} b_{11} & b_{12} & \cdots & b_{1s} \\ b_{21} & b_{22} & \cdots & b_{2s} \\ \vdots & \vdots & & \vdots \\ b_{n1} & b_{n2} & \cdots & b_{ns} \end{pmatrix}$$

因此, $\boldsymbol{\gamma}_j = b_{1j}\boldsymbol{\alpha}_1 + b_{2j}\boldsymbol{\alpha}_2 + \cdots + b_{nj}\boldsymbol{\alpha}_n \ (j=1,2,\cdots,s)$, 即 $\boldsymbol{AB}$ 的列向量组 $\boldsymbol{\gamma}_1,\boldsymbol{\gamma}_2,\cdots,\boldsymbol{\gamma}_s$ 可由 $\boldsymbol{A}$ 的列向量组 $\boldsymbol{\alpha}_1,\boldsymbol{\alpha}_2,\cdots,\boldsymbol{\alpha}_n$ 线性表示, 故 $\boldsymbol{\gamma}_1,\boldsymbol{\gamma}_2,\cdots,\boldsymbol{\gamma}_s$ 的极大无关组可由 $\boldsymbol{\alpha}_1,\boldsymbol{\alpha}_2,\cdots,\boldsymbol{\alpha}_n$ 的极大无关组线性表示, 由向量组间线性相关关系的判定定理知, $\mathrm{r}(\boldsymbol{AB})\leqslant\mathrm{r}(\boldsymbol{A})$. 类似地, 设

$$\boldsymbol{B}=(b_{ij})=\begin{pmatrix}\boldsymbol{\beta}_1\\ \boldsymbol{\beta}_2\\ \vdots\\ \boldsymbol{\beta}_n\end{pmatrix},\ \boldsymbol{AB}=(a_{ij})\begin{pmatrix}\boldsymbol{\beta}_1\\ \boldsymbol{\beta}_2\\ \vdots\\ \boldsymbol{\beta}_n\end{pmatrix},$$

可以证明: $\mathrm{r}(\boldsymbol{AB})\leqslant\mathrm{r}(\boldsymbol{B})$. 所以, $\mathrm{r}(\boldsymbol{AB})\leqslant\min\{\mathrm{r}(\boldsymbol{A}),\mathrm{r}(\boldsymbol{B})\}$. 证毕.

由例 9 的证明可立即推出下面的结论.

定理 3 若向量组 $\boldsymbol{B}$ 能由向量组 $\boldsymbol{A}$ 线性表示, 则 $\mathrm{r}(\boldsymbol{B})\leqslant\mathrm{r}(\boldsymbol{A})$.

证明 设向量组 $\boldsymbol{B}$ 的一个极大无关组为 $\boldsymbol{B}_0:\boldsymbol{\beta}_1,\boldsymbol{\beta}_2,\cdots,\boldsymbol{\beta}_r$, 向量组 $\boldsymbol{A}$ 的一个极大无关组为 $\boldsymbol{A}_0:\boldsymbol{\alpha}_1,\boldsymbol{\alpha}_2,\cdots,\boldsymbol{\alpha}_s$, 欲证 $r\leqslant s$. 因为向量组 $\boldsymbol{B}_0$ 能由 $\boldsymbol{B}$ 线性表示, $\boldsymbol{B}$ 能由 $\boldsymbol{A}$ 线性表示, $\boldsymbol{A}$ 能由 $\boldsymbol{A}_0$ 线性表示, 由向量组线性表示的传递性知, 向量组 $\boldsymbol{B}_0$ 能由 $\boldsymbol{A}_0$ 线性表示, 即存在系数矩阵 $\boldsymbol{K}_{s\times r}=(k_{ij})$, 使得

$$(\boldsymbol{\beta}_1,\boldsymbol{\beta}_2,\cdots,\boldsymbol{\beta}_r)=(\boldsymbol{\alpha}_1,\boldsymbol{\alpha}_2,\cdots,\boldsymbol{\alpha}_s)\boldsymbol{K}_{s\times r},$$

若 $r>s$, 则由线性方程组解的判定定理知, 线性方程组

$$\boldsymbol{K}_{s\times r}\begin{pmatrix}x_1\\ x_2\\ \vdots\\ x_r\end{pmatrix}=\boldsymbol{0}\ (\text{简记为}\ \boldsymbol{K}_{s\times r}\boldsymbol{x}=\boldsymbol{0})$$

有非零解 (因为 $\mathrm{r}(\boldsymbol{K}_{s\times r})\leqslant s<r$), 从而方程组 $(\boldsymbol{\alpha}_1,\boldsymbol{\alpha}_2,\cdots,\boldsymbol{\alpha}_s)\boldsymbol{K}_{s\times r}\boldsymbol{x}=\boldsymbol{0}$ 有非零解, 这与向量组 $\boldsymbol{B}_0$ 线性无关矛盾, 故 $r>s$ 不成立, 所以, $r\leqslant s$. 证毕.

由向量组等价的定义及定理 3 立即可得下面的结论.

推论 2 等价的向量组的秩相等.

推论 3 设向量组 $\boldsymbol{B}$ 是向量组 $\boldsymbol{A}$ 的部分组, 若向量组 $\boldsymbol{B}$ 线性无关, 且向量组 $\boldsymbol{A}$ 能由向量组 $\boldsymbol{B}$ 线性表示, 则向量组 $\boldsymbol{B}$ 是向量组 $\boldsymbol{A}$ 的一个极大无关组.

证明 设向量组 $\boldsymbol{B}$ 含有 s 个向量, 则它的秩为 s, 因为向量组 $\boldsymbol{A}$ 能由向量组 $\boldsymbol{B}$ 线性表示, 故由定理 3, 有 $\mathrm{r}(\boldsymbol{A})\leqslant s$, 从而向量组 $\boldsymbol{A}$ 中任意 $s+1$ 个向量线性相关, 所以, 向量组 $\boldsymbol{B}$ 是向量

组$\boldsymbol{A}$的一个极大无关组. 证毕.

例10 设矩阵$\boldsymbol{A}=\begin{pmatrix}1&0&1\\1&1&2\\0&1&1\end{pmatrix}$, $\boldsymbol{\alpha}_1$, $\boldsymbol{\alpha}_2$, $\boldsymbol{\alpha}_3$为线性无关的三维列向量组, 试求向量组$\boldsymbol{A\alpha}_1$, $\boldsymbol{A\alpha}_2$, $\boldsymbol{A\alpha}_3$的秩.

解 依题设, 向量组$\boldsymbol{\alpha}_1, \boldsymbol{\alpha}_2, \boldsymbol{\alpha}_3$线性无关, 记$\boldsymbol{P}=(\boldsymbol{\alpha}_1, \boldsymbol{\alpha}_2, \boldsymbol{\alpha}_3)$, 则由向量组线性相关的充要条件(§3.3推论2)知, 矩阵$\boldsymbol{P}$是可逆矩阵, 于是, 题设向量组

$$(\boldsymbol{A\alpha}_1, \boldsymbol{A\alpha}_2, \boldsymbol{A\alpha}_3)=\boldsymbol{A}(\boldsymbol{\alpha}_1, \boldsymbol{\alpha}_2, \boldsymbol{\alpha}_3)=\boldsymbol{AP},$$

两边右乘$\boldsymbol{P}^{-1}$, 得

$$(\boldsymbol{A\alpha}_1, \boldsymbol{A\alpha}_2, \boldsymbol{A\alpha}_3)\boldsymbol{P}^{-1}=\boldsymbol{A},$$

上述两式表明, 矩阵$(\boldsymbol{A\alpha}_1, \boldsymbol{A\alpha}_2, \boldsymbol{A\alpha}_3)$与$\boldsymbol{A}$的列向量组能相互线性表示, 即$(\boldsymbol{A\alpha}_1, \boldsymbol{A\alpha}_2, \boldsymbol{A\alpha}_3)$与矩阵$\boldsymbol{A}$等价. 而等价的向量组的秩相等, 即有

$$\mathrm{r}(\boldsymbol{A\alpha}_1, \boldsymbol{A\alpha}_2, \boldsymbol{A\alpha}_3)=\mathrm{r}(\boldsymbol{A}),$$

而利用初等行变换, 有

$$\boldsymbol{A}=\begin{pmatrix}1&0&1\\1&1&2\\0&1&1\end{pmatrix}\to\begin{pmatrix}1&0&1\\0&1&1\\0&1&1\end{pmatrix}\to\begin{pmatrix}1&0&1\\0&1&1\\0&0&0\end{pmatrix},$$

由上可见$\mathrm{r}(\boldsymbol{A})=2$, 故向量组$\boldsymbol{A\alpha}_1, \boldsymbol{A\alpha}_2, \boldsymbol{A\alpha}_3$的秩为2.

例11 设向量组$\boldsymbol{B}$能由向量组$\boldsymbol{A}$线性表示, 且它们的秩相等, 证明向量组$\boldsymbol{A}$与$\boldsymbol{B}$等价.

证明 **方法一** 只需证明向量组$\boldsymbol{A}$ (简称$\boldsymbol{A}$组) 能由向量组$\boldsymbol{B}$ (简称$\boldsymbol{B}$组) 线性表示. 设两个向量组的秩都为s, 并设$\boldsymbol{A}$组和$\boldsymbol{B}$组的极大无关组依次为

$$\boldsymbol{A}_0: \boldsymbol{\alpha}_1, \boldsymbol{\alpha}_2, \cdots, \boldsymbol{\alpha}_s \text{ 和 } \boldsymbol{B}_0: \boldsymbol{\beta}_1, \boldsymbol{\beta}_2, \cdots, \boldsymbol{\beta}_s,$$

因$\boldsymbol{B}$组能由$\boldsymbol{A}$组线性表示, 故$\boldsymbol{B}_0$组能由$\boldsymbol{A}_0$组线性表示, 即有s阶方阵$\boldsymbol{K}_s$, 使

$$(\boldsymbol{\beta}_1, \boldsymbol{\beta}_2, \cdots, \boldsymbol{\beta}_s)=(\boldsymbol{\alpha}_1, \boldsymbol{\alpha}_2, \cdots, \boldsymbol{\alpha}_s)\boldsymbol{K}_s.$$

因$\boldsymbol{B}_0$组线性无关, 故$\mathrm{r}(\boldsymbol{\beta}_1, \boldsymbol{\beta}_2, \cdots, \boldsymbol{\beta}_s)=s$, 从而$\mathrm{r}(\boldsymbol{K}_s)\geqslant \mathrm{r}(\boldsymbol{\beta}_1, \boldsymbol{\beta}_2, \cdots, \boldsymbol{\beta}_s)=s$.

但$\mathrm{r}(\boldsymbol{K}_s)\leqslant s$, 因此, $\mathrm{r}(\boldsymbol{K}_s)=s$. 于是, 矩阵$\boldsymbol{K}_s$可逆, 并有

$$(\boldsymbol{\alpha}_1, \boldsymbol{\alpha}_2, \cdots, \boldsymbol{\alpha}_s)=(\boldsymbol{\beta}_1, \boldsymbol{\beta}_2, \cdots, \boldsymbol{\beta}_s)\boldsymbol{K}_s^{-1},$$

即$\boldsymbol{A}_0$组能由$\boldsymbol{B}_0$组线性表示, 从而$\boldsymbol{A}$组能由$\boldsymbol{B}$组线性表示. 证毕.

方法二 设向量组$\boldsymbol{A}$和$\boldsymbol{B}$的秩都为s. 因$\boldsymbol{B}$组能由$\boldsymbol{A}$组线性表示, 故$\boldsymbol{A}$组和$\boldsymbol{B}$组合并而成的向量组$(\boldsymbol{A}, \boldsymbol{B})$能由$\boldsymbol{A}$组线性表示. 而$\boldsymbol{A}$组是$(\boldsymbol{A}, \boldsymbol{B})$组的部分组, 故$\boldsymbol{A}$组总能由$(\boldsymbol{A}, \boldsymbol{B})$组线性表示. 所以$(\boldsymbol{A}, \boldsymbol{B})$组与$\boldsymbol{A}$组等价, 因此$(\boldsymbol{A}, \boldsymbol{B})$组的秩也为$s$.

又因$\boldsymbol{B}$组的秩为s, 故$\boldsymbol{B}$组的极大无关组$\boldsymbol{B}_0$含s个向量, 因此, $\boldsymbol{B}_0$组也是$(\boldsymbol{A}, \boldsymbol{B})$组的极大无关组, 从而$(\boldsymbol{A}, \boldsymbol{B})$组与$\boldsymbol{B}_0$组等价. 由$\boldsymbol{A}$组与$(\boldsymbol{A}, \boldsymbol{B})$组等价, $(\boldsymbol{A}, \boldsymbol{B})$组与$\boldsymbol{B}_0$组等价, 推知$\boldsymbol{A}$组与$\boldsymbol{B}$组等价. 证毕.

注: 本例把证明两向量组 $\boldsymbol{A}$ 与 $\boldsymbol{B}$ 等价, 转换为证明它们的极大无关组 $\boldsymbol{A}_0$ 组与 $\boldsymbol{B}_0$ 组等价. 方法一证明 $\boldsymbol{B}_0$ 组用 $\boldsymbol{A}_0$ 组线性表示的系数矩阵可逆; 方法二实质上是证明 $\boldsymbol{A}_0$ 组与 $\boldsymbol{B}_0$ 组都是向量组 $(\boldsymbol{A},\boldsymbol{B})$ 的极大无关组.

例 12 已知向量组

$$\boldsymbol{A}: \boldsymbol{\alpha}_1, \boldsymbol{\alpha}_2, \boldsymbol{\alpha}_3;\quad \boldsymbol{B}: \boldsymbol{\alpha}_1, \boldsymbol{\alpha}_2, \boldsymbol{\alpha}_3, \boldsymbol{\alpha}_4;\quad \boldsymbol{C}: \boldsymbol{\alpha}_1, \boldsymbol{\alpha}_2, \boldsymbol{\alpha}_3, \boldsymbol{\alpha}_5 .$$

并且各向量组的秩分别为 $\mathrm{r}(\boldsymbol{A})=\mathrm{r}(\boldsymbol{B})=3$, $\mathrm{r}(\boldsymbol{C})=4$.证明: 向量组 $\boldsymbol{\alpha}_1$, $\boldsymbol{\alpha}_2$, $\boldsymbol{\alpha}_3$, $\boldsymbol{\alpha}_5-\boldsymbol{\alpha}_4$ 的秩为 4.

证明 依题设, 向量组 $\boldsymbol{A}$ 与 $\boldsymbol{B}$ 的秩 $\mathrm{r}(\boldsymbol{A})=\mathrm{r}(\boldsymbol{B})=3$, 故向量组 $\boldsymbol{A}$: $\boldsymbol{\alpha}_1, \boldsymbol{\alpha}_2, \boldsymbol{\alpha}_3$ 线性无关, 向量组 $\boldsymbol{B}$: $\boldsymbol{\alpha}_1, \boldsymbol{\alpha}_2, \boldsymbol{\alpha}_3, \boldsymbol{\alpha}_4$ 线性相关, 因此, 向量 $\boldsymbol{\alpha}_4$ 可由 $\boldsymbol{\alpha}_1, \boldsymbol{\alpha}_2, \boldsymbol{\alpha}_3$ 唯一线性表示, 不妨设

$$\boldsymbol{\alpha}_4=\lambda_1\boldsymbol{\alpha}_1+\lambda_2\boldsymbol{\alpha}_2+\lambda_3\boldsymbol{\alpha}_3 ,$$

其中 λ_1, λ_2, λ_3 为任意常数. 对所证向量组, 假设存在数 $k_1, k_2, k_3, k_4\in\mathbf{R}$, 使得

$$k_1\boldsymbol{\alpha}_1+k_2\boldsymbol{\alpha}_2+k_3\boldsymbol{\alpha}_3+k_4(\boldsymbol{\alpha}_5-\boldsymbol{\alpha}_4)=\mathbf{0} ,$$

整理, 得

$$(k_1-\lambda_1k_4)\boldsymbol{\alpha}_1+(k_2-\lambda_2k_4)\boldsymbol{\alpha}_2+(k_3-\lambda_3k_4)\boldsymbol{\alpha}_3+k_4\boldsymbol{\alpha}_5=\mathbf{0} ,$$

由 $\mathrm{r}(\boldsymbol{C})=4$ 知, 向量组 $\boldsymbol{\alpha}_1, \boldsymbol{\alpha}_2, \boldsymbol{\alpha}_3, \boldsymbol{\alpha}_5$ 线性无关, 故方程组

$$\begin{cases} k_1-\lambda_1k_4=0 \\ k_2-\lambda_2k_4=0 \\ k_3-\lambda_3k_4=0 \\ k_4=0 \end{cases}$$

成立, 解得 $k_1=k_2=k_3=k_4=0$, 即 $\boldsymbol{\alpha}_1, \boldsymbol{\alpha}_2, \boldsymbol{\alpha}_3, \boldsymbol{\alpha}_5-\boldsymbol{\alpha}_4$ 线性无关, 所以, 向量组 $\boldsymbol{\alpha}_1, \boldsymbol{\alpha}_2, \boldsymbol{\alpha}_3, \boldsymbol{\alpha}_5-\boldsymbol{\alpha}_4$ 的秩为 4. 证毕.

习题 3-4

1. 判断下列各命题是否正确. 如果正确, 请简述理由; 如果不正确, 请举出反例.

(1) 设 $\boldsymbol{A}$ 为 n 阶矩阵, $\mathrm{r}(\boldsymbol{A})=r<n$, 则矩阵 $\boldsymbol{A}$ 的任意 r 个列向量线性无关;

(2) 设向量组 $\boldsymbol{\alpha}_1, \boldsymbol{\alpha}_2, \cdots, \boldsymbol{\alpha}_s$ 线性无关, 且可由向量组 $\boldsymbol{\beta}_1, \boldsymbol{\beta}_2, \cdots, \boldsymbol{\beta}_t$ 线性表示, 则必有 $s<t$;

(3) 设 $\boldsymbol{A}$ 为 $m\times n$ 矩阵, 如果矩阵 $\boldsymbol{A}$ 的 n 个列向量线性无关, 那么 $\mathrm{r}(\boldsymbol{A})=n$;

(4) 如果向量组 $\boldsymbol{\alpha}_1, \boldsymbol{\alpha}_2, \cdots, \boldsymbol{\alpha}_s$ 的秩为 s, 则向量组 $\boldsymbol{\alpha}_1, \boldsymbol{\alpha}_2, \cdots, \boldsymbol{\alpha}_s$ 中任一部分组都线性无关.

2. 求下列向量组的秩:

(1) $\boldsymbol{v}=\begin{pmatrix}1\\2\end{pmatrix}, \boldsymbol{u}_1=\begin{pmatrix}1\\-1\end{pmatrix}, \boldsymbol{u}_2=\begin{pmatrix}2\\-1\end{pmatrix}$; (2) $\boldsymbol{v}=\begin{pmatrix}1\\2\end{pmatrix}, \boldsymbol{u}_1=\begin{pmatrix}-1\\3\end{pmatrix}, \boldsymbol{u}_2=\begin{pmatrix}2\\-6\end{pmatrix}$;

(3) $\boldsymbol{v}=\begin{pmatrix}2\\1\\-1\end{pmatrix}, \boldsymbol{u}_1=\begin{pmatrix}1\\0\\1\end{pmatrix}, \boldsymbol{u}_2=\begin{pmatrix}0\\1\\1\end{pmatrix}$; (4) $\boldsymbol{v}=\begin{pmatrix}1\\2\\3\end{pmatrix}, \boldsymbol{u}_1=\begin{pmatrix}1\\1\\0\end{pmatrix}, \boldsymbol{u}_2=\begin{pmatrix}0\\1\\1\end{pmatrix}$.

3. 求向量组 $\boldsymbol{\alpha}_1=(1, 2, 3, 4)$, $\boldsymbol{\alpha}_2=(2, 3, 4, 5)$, $\boldsymbol{\alpha}_3=(3, 4, 5, 6)$, $\boldsymbol{\alpha}_4=(4, 5, 6, 7)$ 的秩.

4. 求下列向量组的秩, 并求一个极大无关组.

(1) $\boldsymbol{\alpha}_1=\begin{pmatrix}1\\2\\-1\\4\end{pmatrix}$, $\boldsymbol{\alpha}_2=\begin{pmatrix}9\\100\\10\\4\end{pmatrix}$, $\boldsymbol{\alpha}_3=\begin{pmatrix}-2\\-4\\2\\-8\end{pmatrix}$;

(2) $\boldsymbol{\alpha}_1^{\mathrm{T}}=(1, 2, 1, 3)$, $\boldsymbol{\alpha}_2^{\mathrm{T}}=(4, -1, -5, -6)$, $\boldsymbol{\alpha}_3^{\mathrm{T}}=(1, -3, -4, -7)$.

5. 求下列向量组的一个极大无关组, 并将其余向量用此极大无关组线性表示.

(1) $\boldsymbol{\alpha}_1=(1, 2, -1)$, $\boldsymbol{\alpha}_2=(-1, -2, 1)$, $\boldsymbol{\alpha}_3=(1, 2, 3)$;

(2) $\boldsymbol{\alpha}_1=(1, 1, 1)^{\mathrm{T}}$, $\boldsymbol{\alpha}_2=(1, 1, 0)^{\mathrm{T}}$, $\boldsymbol{\alpha}_3=(1, 0, 0)^{\mathrm{T}}$, $\boldsymbol{\alpha}_4=(1, 2, -3)^{\mathrm{T}}$;

(3) $\boldsymbol{\alpha}_1=(2, 1, 1, 1)^{\mathrm{T}}$, $\boldsymbol{\alpha}_2=(-1, 1, 7, 10)^{\mathrm{T}}$, $\boldsymbol{\alpha}_3=(3, 1, -1, -2)^{\mathrm{T}}$, $\boldsymbol{\alpha}_4=(8, 5, 9, 11)^{\mathrm{T}}$;

(4) $\boldsymbol{\alpha}_1=(1, 1, 3, 1)$, $\boldsymbol{\alpha}_2=(-1, 1, -1, 3)$, $\boldsymbol{\alpha}_3=(5, -2, 8, -9)$, $\boldsymbol{\alpha}_4=(-1, 3, 1, 7)$.

6. 一家制造企业正在优化其生产线的资源配置. 企业有五种关键资源 (机器M、劳动力L、原材料R、能源E、资金F) 用于生产五种产品 (产品 1 至产品 5). 每种产品对资源的需求量 (单位: 单位/月) 如下表所示:

产品	机器M	劳动力L	原材料R	能源E	资金F
产品 1	2	3	4	5	6
产品 2	4	6	8	10	12
产品 3	3	4.5	6	7.5	9
产品 4	5	7.5	10	12.5	15
产品 5	1	1.5	2	2.5	3

企业管理层希望通过线性代数方法确定哪些资源的配置是冗余的, 即是否存在资源可以由其他资源的配置线性表示, 从而优化资源配置方案. 请找出该五维资源配置向量组中的一个极大线性无关向量组, 并说明被包含的资源及其管理意义.

7. 求下列矩阵的列向量组的一个极大无关组.

(1) $\begin{pmatrix}1&1&0\\2&0&4\\2&3&-2\end{pmatrix}$;　(2) $\begin{pmatrix}25&31&17&43\\75&94&53&132\\75&94&54&134\\25&32&20&48\end{pmatrix}$;　(3) $\begin{pmatrix}1&1&2&2&1\\0&2&1&5&-1\\2&0&3&-1&3\\1&1&0&4&-1\end{pmatrix}$.

8. 设向量组

$$\boldsymbol{\alpha}_1=\begin{pmatrix}a\\3\\1\end{pmatrix},\ \boldsymbol{\alpha}_2=\begin{pmatrix}2\\b\\3\end{pmatrix},\ \boldsymbol{\alpha}_3=\begin{pmatrix}1\\2\\1\end{pmatrix},\ \boldsymbol{\alpha}_4=\begin{pmatrix}2\\3\\1\end{pmatrix}$$

的秩为2, 求 a, b.

9. 某投资经理正在构建一个包含四种资产的投资组合. 为了评估各资产收益率的相关性, 经理收集了过去五个月的收益率 (%) 数据, 如下表所示:

月份	资产A	资产B	资产C	资产D
1	5	3	4	2
2	6	2	5	3
3	5	3	4	2
4	7	4	6	3
5	6	2	5	3

投资经理希望通过线性代数方法判断这四种资产的配置是否存在冗余, 即是否可以用部分资产的收益率线性表示其他资产的收益率. 请计算这四种资产的收益率向量组的秩, 并说明是否存在冗余资产.

10. 已知向量组 $\boldsymbol{A}:\boldsymbol{\alpha}_1=\begin{pmatrix}0\\1\\1\end{pmatrix},\ \boldsymbol{\alpha}_2=\begin{pmatrix}1\\1\\0\end{pmatrix}$; $\boldsymbol{B}:\boldsymbol{\beta}_1=\begin{pmatrix}-1\\0\\1\end{pmatrix},\ \boldsymbol{\beta}_2=\begin{pmatrix}1\\2\\1\end{pmatrix},\ \boldsymbol{\beta}_3=\begin{pmatrix}3\\2\\-1\end{pmatrix}$. 证明向量组 $\boldsymbol{A}$ 与向量组 $\boldsymbol{B}$ 等价.

11. 设有两个向量组

$$\boldsymbol{\alpha}_1=\begin{pmatrix}1\\2\\-1\\3\end{pmatrix},\ \boldsymbol{\alpha}_2=\begin{pmatrix}2\\5\\a\\8\end{pmatrix},\ \boldsymbol{\alpha}_3=\begin{pmatrix}-1\\0\\3\\1\end{pmatrix};\ \boldsymbol{\beta}_1=\begin{pmatrix}1\\a\\a^2-5\\7\end{pmatrix},\ \boldsymbol{\beta}_2=\begin{pmatrix}3\\3+a\\3\\11\end{pmatrix},\ \boldsymbol{\beta}_3=\begin{pmatrix}0\\1\\6\\2\end{pmatrix}.$$

如果 $\boldsymbol{\beta}_1$ 可由 $\boldsymbol{\alpha}_1, \boldsymbol{\alpha}_2, \boldsymbol{\alpha}_3$ 线性表示, 试判断这两个向量组是否等价, 并说明理由.

12. 已知三阶矩阵 $\boldsymbol{A}$ 与三维列向量 $\boldsymbol{x}$ 满足 $\boldsymbol{A}^3\boldsymbol{x}=3\boldsymbol{A}\boldsymbol{x}-2\boldsymbol{A}^2\boldsymbol{x}$, 且向量组 $\boldsymbol{x}, \boldsymbol{A}\boldsymbol{x}, \boldsymbol{A}^2\boldsymbol{x}$ 线性无关,

(1) 记 $\boldsymbol{P}=(\boldsymbol{x}, \boldsymbol{A}\boldsymbol{x}, \boldsymbol{A}^2\boldsymbol{x})$, 求三阶矩阵 $\boldsymbol{B}$, 使 $\boldsymbol{AP}=\boldsymbol{PB}$;　　(2) 求 $|\boldsymbol{A}|$.

13. 设 $\boldsymbol{A}, \boldsymbol{B}$ 为 n 阶矩阵, $\mathrm{r}(\boldsymbol{X})$ 表示矩阵 $\boldsymbol{X}$ 的秩, $(\boldsymbol{X}\ \ \boldsymbol{Y})$ 表示分块矩阵, 试判断 $\mathrm{r}(\boldsymbol{A}\ \ \boldsymbol{AB})=\mathrm{r}(\boldsymbol{A})$ 的正确性, 若正确, 请予以证明; 若不正确, 请举出反例说明.

§3.5　向量空间

向量空间的概念源于对几何与代数问题的抽象化研究. 在早期的几何学中, 人们研究二维、三维空间中的点、线和面, 而代数学则着重解决关于解方程组的问题. 随着数学学科的发展, 尤其是对线性方程组解的系统研究, 发现许多不同形式的问题都可以通过统一的代数结构来描述. 于是, 数学家引入向量空间这一抽象概念, 用以描述具有向量加法和数乘运算的集合. 向量空间的意义在于它提供了一个统一的框架, 用于研究具有线性结构的数学对象. 它抽象出了线性代数的核心特性, 如向量的线性组合、基和维数, 从而能够分析维度更高或结构更复杂的系统.

向量空间的理论不仅适用于几何中的坐标表示, 还涵盖了函数空间、矩阵空间和多项式空间等更广泛的情形. 这种抽象化使得研究者能够在不同的具体问题中运用相同的理论工具, 大大提升了解决问题的效率和通用性. 在应用方面, 向量空间在物理学、工程学、计算机科学和经济学中都具有广泛的用途. 例如, 在物理学中, 用向量空间描述力、速度等物

理量, 量子力学中的态空间也是一种特殊的向量空间; 在工程学中, 信号处理和图像压缩常依赖向量空间的理论; 在机器学习中, 用特征向量表示数据, 向量空间为模型训练提供了数学基础.

总之, 向量空间的概念是数学抽象化的重要成果之一, 它将复杂问题统一到一个框架内, 不仅推动了数学理论的发展, 还为科学和工程实践提供了有力工具.

一、向量空间与子空间

定义 1　设 V 为 n 维向量的集合, 若 V 非空, 且 V 对于加法及数乘两种运算封闭, 即

(1) 若 $\boldsymbol{\alpha}\in\boldsymbol{V}$, $\boldsymbol{\beta}\in\boldsymbol{V}$, 则 $\boldsymbol{\alpha}+\boldsymbol{\beta}\in\boldsymbol{V}$,

(2) 若 $\boldsymbol{\alpha}\in\boldsymbol{V}$, $\lambda\in\mathbf{R}$, 则 $\lambda\boldsymbol{\alpha}\in\boldsymbol{V}$,

则称集合 V 为 $\mathbf{R}$ 上的**向量空间**.

记所有 n 维向量的集合为 $\mathbf{R}^n$, 由 n 维向量的线性运算规律, 容易验证集合 $\mathbf{R}^n$ 对于加法及数乘两种运算封闭. 因而集合 $\mathbf{R}^n$ 构成一向量空间, 称 $\mathbf{R}^n$ 为 **n 维向量空间**.

特别地, 当 $n=3$ 时, 三维向量空间 $\mathbf{R}^3$ 表示**实体空间**; 当 $n=2$ 时, 二维向量空间 $\mathbf{R}^2$ 表示**平面**; 当 $n=1$ 时, 一维向量空间 $\mathbf{R}^1$ 表示**数轴**.

当 $n>3$ 时, $\mathbf{R}^n$ 没有直观的几何形象.

例 1　对如下定义的两个集合, 试判别其是否为向量空间.

(1) $\boldsymbol{S}_1=\left\{\begin{pmatrix}x\\2x\end{pmatrix}\middle|\,x\in\mathbf{R}\right\}$;　　(2) $\boldsymbol{S}_2=\left\{\begin{pmatrix}x\\1\end{pmatrix}\middle|\,x\in\mathbf{R}\right\}$.

解　(1) 对于 $\boldsymbol{S}_1$ 中的任意两个元素 $\begin{pmatrix}a\\2a\end{pmatrix}$, $\begin{pmatrix}b\\2b\end{pmatrix}$, 以及 $\lambda\in\mathbf{R}$, 有

$$\begin{pmatrix}a\\2a\end{pmatrix}+\begin{pmatrix}b\\2b\end{pmatrix}=\begin{pmatrix}a+b\\2(a+b)\end{pmatrix}\in\boldsymbol{S}_1,\ \lambda\begin{pmatrix}a\\2a\end{pmatrix}=\begin{pmatrix}\lambda a\\2(\lambda a)\end{pmatrix}\in\boldsymbol{S}_1,$$

所以, $\boldsymbol{S}_1$ 是一个向量空间(显然 $\boldsymbol{S}_1$ 只是 $\mathbf{R}^2$ 上的一个子集).

(2) 对于 $\boldsymbol{S}_2$ 中的任意两个元素 $\begin{pmatrix}a\\1\end{pmatrix}$, $\begin{pmatrix}b\\1\end{pmatrix}$, 以及 $\lambda\in\mathbf{R}$, 有

$$\begin{pmatrix}a\\1\end{pmatrix}+\begin{pmatrix}b\\1\end{pmatrix}=\begin{pmatrix}a+b\\2\end{pmatrix}\notin\boldsymbol{S}_2,\ \lambda\begin{pmatrix}a\\1\end{pmatrix}=\begin{pmatrix}\lambda a\\\lambda\end{pmatrix}\notin\boldsymbol{S}_2\ \ (\lambda\neq1),$$

所以, $\boldsymbol{S}_2$ 不是一个向量空间.

事实上, 在判定一个集合不是向量空间时, 只需判定该集合对于向量的加法和数乘两种运算中的一种运算不封闭即可.

例 2　判别集合 $\boldsymbol{V}_1=\{x=(0,x_2,\cdots,x_n)^{\mathrm{T}}\mid x_2,\cdots,x_n\in\mathbf{R}\}$ 是否为向量空间.

解　V_1 是向量空间. 因为对于任意

$$\boldsymbol{\alpha}=(0,a_2,\cdots,a_n)^{\mathrm{T}},\ \boldsymbol{\beta}=(0,b_2,\cdots,b_n)^{\mathrm{T}}\in\boldsymbol{V}_1,\ \lambda\in\mathbf{R},$$

都有

$$\boldsymbol{\alpha}+\boldsymbol{\beta}=(0, a_2+b_2, \cdots, a_n+b_n)^{\mathrm{T}}\in \boldsymbol{V}_1,\ \lambda\boldsymbol{\alpha}=(0, \lambda a_2, \cdots, \lambda a_n)^{\mathrm{T}}\in \boldsymbol{V}_1,$$

即 $\boldsymbol{V}_1$ 关于向量的线性运算封闭.

例3　判断集合 $\boldsymbol{V}_2=\{x=(1, x_2, \cdots, x_n)^{\mathrm{T}} \mid x_2, \cdots, x_n\in\mathbf{R}\}$ 是否为向量空间.

解　$\boldsymbol{V}_2$ 不是向量空间. 因为当 $\boldsymbol{\alpha}=(1, a_2, \cdots, a_n)^{\mathrm{T}}\in\boldsymbol{V}_2$ 时, 向量

$$2\boldsymbol{\alpha}=(2, 2a_2, \cdots, 2a_n)^{\mathrm{T}}\notin\boldsymbol{V}_2,$$

即 $\boldsymbol{V}_2$ 关于向量的线性运算不封闭.

例4　设 $\boldsymbol{\alpha}$, $\boldsymbol{\beta}$ 为两个已知的 n 维向量, 集合

$$\boldsymbol{V}=\{\boldsymbol{\xi}=\lambda\boldsymbol{\alpha}+\mu\boldsymbol{\beta} \mid \lambda, \mu\in\mathbf{R}\},$$

试判断集合 $\boldsymbol{V}$ 是否为向量空间.

解　$\boldsymbol{V}$ 是一个向量空间. 因对于 $\boldsymbol{V}$ 中任意两个元素 $\xi_1=\lambda_1\boldsymbol{\alpha}+\mu_1\boldsymbol{\beta}$, $\xi_2=\lambda_2\boldsymbol{\alpha}+\mu_2\boldsymbol{\beta}$, 都有

$$\xi_1+\xi_2=(\lambda_1+\lambda_2)\boldsymbol{\alpha}+(\mu_1+\mu_2)\boldsymbol{\beta}\in\boldsymbol{V},\ k\xi_1=(k\lambda_1)\boldsymbol{\alpha}+(k\mu_1)\boldsymbol{\beta}\in\boldsymbol{V},$$

故 $\boldsymbol{V}$ 关于向量的线性运算封闭.

这个向量空间称为由向量 $\boldsymbol{\alpha}$, $\boldsymbol{\beta}$ 所生成的向量空间. 一般地, 由向量组 $\boldsymbol{\alpha}_1, \boldsymbol{\alpha}_2, \cdots, \boldsymbol{\alpha}_m$ 所生成的向量空间记为

$$\boldsymbol{V}=\{\boldsymbol{\xi}=\lambda_1\boldsymbol{\alpha}_1+\lambda_2\boldsymbol{\alpha}_2+\cdots+\lambda_m\boldsymbol{\alpha}_m \mid \lambda_1, \lambda_2, \cdots, \lambda_m\in\mathbf{R}\}.$$

例5　设向量组 $\boldsymbol{\alpha}_1, \boldsymbol{\alpha}_2, \cdots, \boldsymbol{\alpha}_m$ 与向量组 $\boldsymbol{\beta}_1, \boldsymbol{\beta}_2, \cdots, \boldsymbol{\beta}_s$ 等价, 记

$$\boldsymbol{V}_1=\{\boldsymbol{\xi}=\lambda_1\boldsymbol{\alpha}_1+\lambda_2\boldsymbol{\alpha}_2+\cdots+\lambda_m\boldsymbol{\alpha}_m \mid \lambda_1, \lambda_2, \cdots, \lambda_m\in\mathbf{R}\},$$

$$\boldsymbol{V}_2=\{\boldsymbol{\xi}=\mu_1\boldsymbol{\beta}_1+\mu_2\boldsymbol{\beta}_2+\cdots+\mu_s\boldsymbol{\beta}_s \mid \mu_1, \mu_2, \cdots, \mu_s\in\mathbf{R}\},$$

试证: $\boldsymbol{V}_1=\boldsymbol{V}_2$.

证明　设 $\boldsymbol{x}\in\boldsymbol{V}_1$, 则向量 $\boldsymbol{x}$ 可由 $\boldsymbol{\alpha}_1, \boldsymbol{\alpha}_2, \cdots, \boldsymbol{\alpha}_m$ 线性表示. 因 $\boldsymbol{\alpha}_1, \boldsymbol{\alpha}_2, \cdots, \boldsymbol{\alpha}_m$ 可由 $\boldsymbol{\beta}_1, \boldsymbol{\beta}_2, \cdots, \boldsymbol{\beta}_s$ 线性表示, 故 $\boldsymbol{x}$ 可由 $\boldsymbol{\beta}_1, \boldsymbol{\beta}_2, \cdots, \boldsymbol{\beta}_s$ 线性表示, 从而 $\boldsymbol{x}\in\boldsymbol{V}_2$. 即若 $\boldsymbol{x}\in\boldsymbol{V}_1$, 则 $\boldsymbol{x}\in\boldsymbol{V}_2$, 从而 $\boldsymbol{V}_1\subset\boldsymbol{V}_2$.

类似地, 可证: 若 $\boldsymbol{x}\in\boldsymbol{V}_2$, 则 $\boldsymbol{x}\in\boldsymbol{V}_1$, 从而 $\boldsymbol{V}_2\subset\boldsymbol{V}_1$.

综上可见, $\boldsymbol{V}_1\subset\boldsymbol{V}_2$ 且 $\boldsymbol{V}_2\subset\boldsymbol{V}_1$, 所以, $\boldsymbol{V}_1=\boldsymbol{V}_2$. 证毕.

考虑齐次线性方程组 $\boldsymbol{A}\boldsymbol{x}=\boldsymbol{0}$, 其全体解的集合为

$$\boldsymbol{S}=\{\boldsymbol{x} \mid \boldsymbol{A}\boldsymbol{x}=\boldsymbol{0}\}.$$

显然, 集合 $\boldsymbol{S}$ 非空(因 $\boldsymbol{0}\in\boldsymbol{S}$). 任取 $\boldsymbol{\alpha}$, $\boldsymbol{\beta}\in\boldsymbol{S}$, k 为任一常数, 则

$$\boldsymbol{A}(\boldsymbol{\alpha}+\boldsymbol{\beta})=\boldsymbol{A}\boldsymbol{\alpha}+\boldsymbol{A}\boldsymbol{\beta}=\boldsymbol{0}, \text{即 } \boldsymbol{\alpha}+\boldsymbol{\beta}\in\boldsymbol{S};\ \boldsymbol{A}(k\boldsymbol{\alpha})=k\boldsymbol{A}\boldsymbol{\alpha}=k\boldsymbol{0}=\boldsymbol{0}, \text{即 } k\boldsymbol{\alpha}\in\boldsymbol{S},$$

所以, 集合 $\boldsymbol{S}$ 是一个向量空间. 证毕.

我们称 $\boldsymbol{S}=\{\boldsymbol{x} \mid \boldsymbol{A}\boldsymbol{x}=\boldsymbol{0}\}$ 为齐次线性方程组 $\boldsymbol{A}\boldsymbol{x}=\boldsymbol{0}$ 的**解空间**.

定义 2　设有向量空间 $\boldsymbol{V}_1$ 和 $\boldsymbol{V}_2$, 若 $\boldsymbol{V}_1\subset\boldsymbol{V}_2$, 则称 $\boldsymbol{V}_1$ 是 $\boldsymbol{V}_2$ 的**子空间**.

例6　三维向量空间 $\mathbf{R}^3$ 中过原点的平面是 $\mathbf{R}^3$ 的子空间.

证明　三维向量空间 $\mathbf{R}^3$ 中过原点的平面可以视为集合

$$V=\{(a, b, c)\in\mathbf{R}^3 \mid ax+by+cz=0, x, y, z\in\mathbf{R}\}.$$

若 $(a_1, b_1, c_1)\in\boldsymbol{V}$，$(a_2, b_2, c_2)\in\boldsymbol{V}$，即 $a_1x+b_1y+c_1z=0$，$a_2x+b_2y+c_2z=0$，则

$$(a_1+a_2)x+(b_1+b_2)y+(c_1+c_2)z=0,\ ka_1x+kb_1y+kc_1z=0,\ k\in\mathbf{R},$$

即

$$(a_1, b_1, c_1)+(a_2, b_2, c_2)\in\boldsymbol{V},\ k(a_1, b_1, c_1)\in\boldsymbol{V},$$

所以, 三维向量空间 $\mathbf{R}^3$ 中过原点的平面是 $\mathbf{R}^3$ 的子空间. 证毕.

例7　向量空间 $\mathbf{R}^2$ 不是 $\mathbf{R}^3$ 的子空间, 因为 $\mathbf{R}^2$ 根本不是 $\mathbf{R}^3$ 的子集 ($\mathbf{R}^3$ 中的向量有三个分量, 但 $\mathbf{R}^2$ 中向量的分量却只有两个). 集合 $\boldsymbol{H}=\{(s, t, 0)|(s, t)\in\mathbf{R}^2\}$ 是 $\mathbf{R}^3$ 的与 $\mathbf{R}^2$ 有相同表现的子集, 但严格意义上 $\boldsymbol{H}$ 不同于 $\mathbf{R}^2$ (见图 3－5－1), 试证: $\boldsymbol{H}$ 是 $\mathbf{R}^3$ 的子空间.

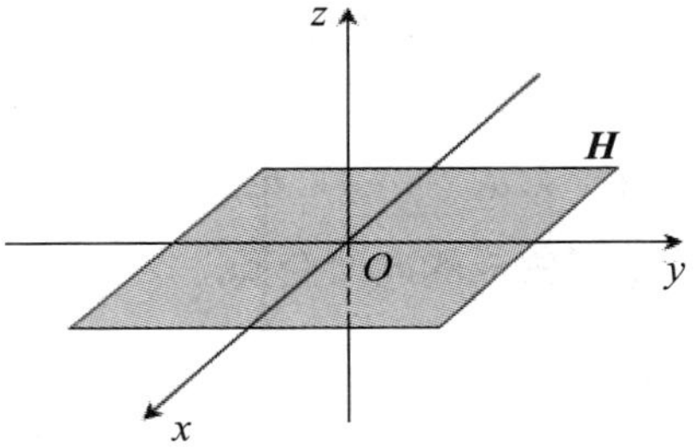

图 3－5－1

证明　任取 $(s_1, t_1, 0), (s_2, t_2, 0)\in\boldsymbol{H}$, $k\in\mathbf{R}$, 恒有

$$(s_1, t_1, 0)+(s_2, t_2, 0)\in\boldsymbol{H},\ k(s_1, t_1, 0)\in\boldsymbol{H},$$

所以, 集合 $\boldsymbol{H}$ 是 $\mathbf{R}^3$ 的子空间. 证毕.

二、向量空间的基与维数

向量空间的基与维数是线性代数的核心概念, 用于刻画向量空间的结构和规模. 基的概念源于对向量空间中向量间线性关系的研究. 一个向量空间的基是由若干线性无关的向量组成的集合, 这些向量可以通过线性组合生成空间内的所有向量. 基的存在使得复杂的向量空间可以通过一组简单的基向量来描述, 从而提供了一种高效的表示方式. 维数是向量空间中基向量的数量, 体现了空间的本质规模与复杂性. 维数的概念为理解向量空间的大小提供了量化指标. 例如, 在二维平面上, 任意向量都可以由两个线性无关的基向量生成, 其维数就是2; 在三维空间中则需要三个基向量. 基与维数之间的关系为理解向量空间的结构提供了系统框架. 这些概念在数学和实际应用中具有重要意义.

理论上, 基与维数是线性代数研究的核心, 广泛用于描述线性变换、求解线性方程组以及研究矩阵的特征值和特征向量等. 在计算机科学中, 基与维数用于图像处理和数据压缩, 通过降低维数提取数据的主要特征; 在工程学中, 基的选择可以优化信号分析与处理; 在物理学中, 基帮助描述不同参考系下的向量关系. 总之, 向量空间的基与维数为线性代数奠定了坚实的理论基础, 并广泛应用于科学、工程、数据分析等众多领域, 展现了其强大的理论价值与实践意义.

下面我们要认识并且研究能够“最高效地”生成向量空间或者子空间的向量组——**基**，其关键思想就是向量组的线性无关性.

定义 3　设 $\boldsymbol{V}$ 是向量空间，若有 r 个向量 $\boldsymbol{\alpha}_1, \boldsymbol{\alpha}_2, \cdots, \boldsymbol{\alpha}_r \in \boldsymbol{V}$，且满足

(1) $\boldsymbol{\alpha}_1, \boldsymbol{\alpha}_2, \cdots, \boldsymbol{\alpha}_r$ 线性无关，

(2) $\boldsymbol{V}$ 中任一向量都可由 $\boldsymbol{\alpha}_1, \boldsymbol{\alpha}_2, \cdots, \boldsymbol{\alpha}_r$ 线性表示，

则称向量组 $\boldsymbol{\alpha}_1, \boldsymbol{\alpha}_2, \cdots, \boldsymbol{\alpha}_r$ 为向量空间 $\boldsymbol{V}$ 的一个基，数 r 称为向量空间 $\boldsymbol{V}$ 的**维数**，记为

$$\dim \boldsymbol{V} = r,$$

并称 $\boldsymbol{V}$ 为 r 维向量空间.

特别地，只含零向量的向量空间称为**0 维向量空间**，它没有基.

若把向量空间 $\boldsymbol{V}$ 看作向量组，则 $\boldsymbol{V}$ 的基就是向量组的极大无关组，$\boldsymbol{V}$ 的维数就是向量组的秩. 若向量组 $\boldsymbol{\alpha}_1, \boldsymbol{\alpha}_2, \cdots, \boldsymbol{\alpha}_r$ 是向量空间 $\boldsymbol{V}$ 的一个基，则 $\boldsymbol{V}$ 可表示为

$$\boldsymbol{V} = \{\boldsymbol{x} \mid \boldsymbol{x} = \lambda_1 \boldsymbol{\alpha}_1 + \lambda_2 \boldsymbol{\alpha}_2 + \cdots + \lambda_r \boldsymbol{\alpha}_r, \lambda_1, \lambda_2, \cdots, \lambda_r \in \mathbf{R}\},$$

此时，$\boldsymbol{V}$ 又称为**由基 $\boldsymbol{\alpha}_1, \boldsymbol{\alpha}_2, \cdots, \boldsymbol{\alpha}_r$ 所生成的向量空间**.

例 8　证明 n 维单位坐标向量组

$$\boldsymbol{\varepsilon}_1 = (1, 0, \cdots, 0)^{\mathrm{T}}, \boldsymbol{\varepsilon}_2 = (0, 1, \cdots, 0)^{\mathrm{T}}, \cdots, \boldsymbol{\varepsilon}_n = (0, 0, \cdots, 1)^{\mathrm{T}}$$

是 n 维向量空间 $\mathbf{R}^n$ 的一个基.

证明　已知 n 维单位坐标向量组 $\boldsymbol{\varepsilon}_1, \boldsymbol{\varepsilon}_2, \cdots, \boldsymbol{\varepsilon}_n$ 线性无关. 对 n 维向量空间 $\mathbf{R}^n$ 中的任意一个向量 $\boldsymbol{\alpha} = (a_1, a_2, \cdots, a_n)^{\mathrm{T}}$，都有 $\boldsymbol{\alpha} = a_1\boldsymbol{\varepsilon}_1 + a_2\boldsymbol{\varepsilon}_2 + \cdots + a_n\boldsymbol{\varepsilon}_n$，即 $\mathbf{R}^n$ 中任一向量都可由单位坐标向量组线性表示. 所以，向量组 $\boldsymbol{\varepsilon}_1, \boldsymbol{\varepsilon}_2, \cdots, \boldsymbol{\varepsilon}_n$ 是 n 维向量空间 $\mathbf{R}^n$ 的一个基. 证毕.

例 9　向量集合 $\boldsymbol{V} = \{\boldsymbol{x} = (x_1, 2x_2, -3x_1)^{\mathrm{T}} \mid x_1, x_2 \in \mathbf{R}\}$ 是否为向量空间? 如果是向量空间，求出它的基和维数.

解　依题设，任取 $\boldsymbol{x} \in \boldsymbol{V}$，有

$$\begin{aligned} \boldsymbol{x} &= (x_1, 2x_2, -3x_1)^{\mathrm{T}} = (x_1, 0, -3x_1)^{\mathrm{T}} + (0, 2x_2, 0)^{\mathrm{T}} \\ &= x_1(1, 0, -3)^{\mathrm{T}} + x_2(0, 2, 0)^{\mathrm{T}}, \quad x_1, x_2 \in \mathbf{R}, \end{aligned}$$

即 $\boldsymbol{V}$ 中的任意一个向量 $\boldsymbol{x}$ 均可表示为 $\mathbf{R}^3$ 中两个固定向量

$$\boldsymbol{\alpha}_1 = (1, 0, -3)^{\mathrm{T}}, \ \boldsymbol{\alpha}_2 = (0, 2, 0)^{\mathrm{T}}$$

的线性组合，故由向量空间的定义知，$\boldsymbol{V}$ 是由向量组 $\boldsymbol{\alpha}_1, \boldsymbol{\alpha}_2$ 生成的向量空间.

由于 $\boldsymbol{\alpha}_1, \boldsymbol{\alpha}_2$ 不成比例，故它们线性无关，又因 $\boldsymbol{V}$ 中任一向量均可由 $\boldsymbol{\alpha}_1, \boldsymbol{\alpha}_2$ 线性表示，由向量空间的基和维数的定义知，$\boldsymbol{\alpha}_1, \boldsymbol{\alpha}_2$ 即为 $\boldsymbol{V}$ 的一个基，且 $\boldsymbol{V}$ 的维数是 2.

例 10　设 $\boldsymbol{\alpha}_1 = (1, 2, -1, 0)^{\mathrm{T}}, \boldsymbol{\alpha}_2 = (1, 1, 0, 2)^{\mathrm{T}}, \boldsymbol{\alpha}_3 = (2, 1, 1, a)^{\mathrm{T}}$，若由 $\boldsymbol{\alpha}_1, \boldsymbol{\alpha}_2, \boldsymbol{\alpha}_3$ 生成的向量空间的维数为 2，求 a.

解　根据向量空间的基与维数的概念，由向量组 $\boldsymbol{\alpha}_1, \boldsymbol{\alpha}_2, \boldsymbol{\alpha}_3$ 生成的向量空间的维数就是该向量组的秩，即该向量组的极大无关组所含向量的个数. 由此可利用求极大无关组的初等

变换法求解. 对矩阵$(\boldsymbol{\alpha}_1, \boldsymbol{\alpha}_2, \boldsymbol{\alpha}_3)$作初等行变换化为行阶梯形矩阵:

$$(\boldsymbol{\alpha}_1, \boldsymbol{\alpha}_2, \boldsymbol{\alpha}_3)=\begin{pmatrix}1&1&2\\2&1&1\\-1&0&1\\0&2&a\end{pmatrix}\to\begin{pmatrix}1&1&2\\0&-1&-3\\0&1&3\\0&2&a\end{pmatrix}\to\begin{pmatrix}1&1&2\\0&1&3\\0&0&a-6\\0&0&0\end{pmatrix}.$$

因为向量组的秩$\mathrm{r}(\boldsymbol{\alpha}_1, \boldsymbol{\alpha}_2, \boldsymbol{\alpha}_3)=2$, 所以,

$$a=6.$$

例 11 某政府部门负责为五个地区分配年度财政预算, 预算的分配依据有五个主要类别: 教育、医疗、基础设施建设、公共安全和环境保护. 每个类别的预算可以用一个五维向量表示, 每个分量分别为该类别的预算额. 设某年该部门的预算分配向量如下:

$$\boldsymbol{v}_1=\begin{pmatrix}50\\30\\20\\10\\40\end{pmatrix}, \boldsymbol{v}_2=\begin{pmatrix}60\\25\\33\\12\\48\end{pmatrix}, \boldsymbol{v}_3=\begin{pmatrix}55\\28\\27\\11\\44\end{pmatrix}, \boldsymbol{v}_4=\begin{pmatrix}65\\35\\30\\13\\52\end{pmatrix}, \boldsymbol{v}_5=\begin{pmatrix}70\\40\\30\\15\\56\end{pmatrix}.$$

请判断上述五个预算分配向量是否线性相关, 并找出它们所张成的向量空间的基和维数.

解 首先, 我们将题设五个列向量构成一个五阶矩阵:

$$\boldsymbol{A}=\begin{pmatrix}50&60&55&65&70\\30&25&28&35&40\\20&33&27&30&30\\10&12&11&13&15\\40&48&44&52&56\end{pmatrix}.$$

对矩阵$\boldsymbol{A}$作初等行变换, 将其化为行最简形矩阵:

$$\boldsymbol{A}\to\begin{pmatrix}1&6/5&11/10&13/10&7/5\\0&-11&-5&-4&-2\\0&9&5&4&2\\0&0&0&0&1\\0&0&0&0&0\end{pmatrix}\to\begin{pmatrix}1&0&61/110&19/22&24/25\\0&1&5/11&2/11&4/11\\0&0&-4&-5&-7\\0&0&0&0&1\\0&0&0&0&0\end{pmatrix}$$

$$\to\begin{pmatrix}1&0&0&21/50&24/25\\0&1&0&0&0\\0&0&1&4/5&2/5\\0&0&0&0&1\\0&0&0&0&0\end{pmatrix}\to\begin{pmatrix}1&0&0&21/50&0\\0&1&0&0&0\\0&0&1&4/5&0\\0&0&0&0&1\\0&0&0&0&0\end{pmatrix}.$$

由上述所得行最简形矩阵可见, 最后一行为零, 这表明这五个预算分配向量线性相关. 实际有效的基是前四行首个非零元对应的向量, 即$\boldsymbol{v}_1, \boldsymbol{v}_2, \boldsymbol{v}_3, \boldsymbol{v}_5$. 所以, 该财政预算分配向量空

间的基是由 $\boldsymbol{v}_1$, $\boldsymbol{v}_2$, $\boldsymbol{v}_3$, $\boldsymbol{v}_5$ 张成的, 维数为 4. 这意味着, 尽管有五个预算分配向量, 实际上它们仅构成一个四维空间.

例 12　给定向量组

$$\boldsymbol{\alpha}_1=\begin{pmatrix}-2\\4\\1\end{pmatrix},\ \boldsymbol{\alpha}_2=\begin{pmatrix}-1\\3\\5\end{pmatrix},\ \boldsymbol{\alpha}_3=\begin{pmatrix}2\\-3\\1\end{pmatrix},\ \boldsymbol{\beta}=\begin{pmatrix}1\\1\\3\end{pmatrix},$$

试证向量组 $\boldsymbol{\alpha}_1, \boldsymbol{\alpha}_2, \boldsymbol{\alpha}_3$ 是三维向量空间 $\mathbf{R}^3$ 的一个基, 并将向量 $\boldsymbol{\beta}$ 用这个基线性表示.

证明　记矩阵 $\boldsymbol{A}=(\boldsymbol{\alpha}_1, \boldsymbol{\alpha}_2, \boldsymbol{\alpha}_3)$, 欲证 $\boldsymbol{\alpha}_1, \boldsymbol{\alpha}_2, \boldsymbol{\alpha}_3$ 是 $\mathbf{R}^3$ 的一个基, 只需证明 $\boldsymbol{A}\sim\boldsymbol{E}$. 又设

$$\boldsymbol{\beta}=x_1\boldsymbol{\alpha}_1+x_2\boldsymbol{\alpha}_2+x_3\boldsymbol{\alpha}_3 \text{ 或 } \boldsymbol{Ax}=\boldsymbol{\beta},$$

则对 $(\boldsymbol{A}\ \ \boldsymbol{\beta})$ 进行初等行变换, 当将 $\boldsymbol{A}$ 化为单位矩阵 $\boldsymbol{E}$ 时, 说明 $\boldsymbol{\alpha}_1, \boldsymbol{\alpha}_2, \boldsymbol{\alpha}_3$ 是 $\mathbf{R}^3$ 的一个基, 并且该变换同时将向量 $\boldsymbol{\beta}$ 化为 $\boldsymbol{x}=\boldsymbol{A}^{-1}\boldsymbol{\beta}$. 因

$$(\boldsymbol{A}\ \ \boldsymbol{\beta})=\begin{pmatrix}-2&-1&2&1\\4&3&-3&1\\1&5&1&3\end{pmatrix}\xrightarrow{\text{行变换}}\begin{pmatrix}1&0&0&4\\0&1&0&-1\\0&0&1&4\end{pmatrix},$$

故向量组 $\boldsymbol{\alpha}_1, \boldsymbol{\alpha}_2, \boldsymbol{\alpha}_3$ 是 $\mathbf{R}^3$ 的一个基, 且 $\boldsymbol{\beta}=4\boldsymbol{\alpha}_1-\boldsymbol{\alpha}_2+4\boldsymbol{\alpha}_3$. 证毕.

三维向量空间 $\mathbf{R}^3$ 中的下列三个向量组演示了一个线性无关集如何生成基, 以及进一步的扩张如何破坏集合的线性无关性.

$$\left\{\begin{pmatrix}1\\0\\0\end{pmatrix},\begin{pmatrix}0\\1\\0\end{pmatrix}\right\}\qquad\left\{\begin{pmatrix}1\\0\\0\end{pmatrix},\begin{pmatrix}0\\1\\0\end{pmatrix},\begin{pmatrix}0\\0\\1\end{pmatrix}\right\}\qquad\left\{\begin{pmatrix}1\\0\\0\end{pmatrix},\begin{pmatrix}0\\1\\0\end{pmatrix},\begin{pmatrix}0\\0\\1\end{pmatrix},\begin{pmatrix}1\\1\\0\end{pmatrix}\right\}$$

线性无关,但不能生成 $\mathbf{R}^3$　　　　向量空间 $\mathbf{R}^3$ 的一组基　　　　可生成 $\mathbf{R}^3$, 但线性相关

若在向量空间 $\boldsymbol{V}$ 中取定一个基 $\boldsymbol{\alpha}_1, \boldsymbol{\alpha}_2, \cdots, \boldsymbol{\alpha}_r$, 则 $\boldsymbol{V}$ 中任一向量 $\boldsymbol{x}$ 可唯一地表示为

$$\boldsymbol{x}=\lambda_1\boldsymbol{\alpha}_1+\lambda_2\boldsymbol{\alpha}_2+\cdots+\lambda_r\boldsymbol{\alpha}_r,$$

有序数组 $\lambda_1, \lambda_2, \cdots, \lambda_r$ 称为 $\boldsymbol{x}$ 在基 $\boldsymbol{\alpha}_1, \boldsymbol{\alpha}_2, \cdots, \boldsymbol{\alpha}_r$ 下的**坐标**.

特别地, 在 n 维向量空间 $\mathbf{R}^n$ 中取单位坐标向量组 $\boldsymbol{\varepsilon}_1, \boldsymbol{\varepsilon}_2, \cdots, \boldsymbol{\varepsilon}_n$ 为基, 则以 $x_1, x_2, \cdots, x_n$ 为分量的向量 $\boldsymbol{x}$ 可表示为

$$\boldsymbol{x}=x_1\boldsymbol{\varepsilon}_1+x_2\boldsymbol{\varepsilon}_2+\cdots+x_n\boldsymbol{\varepsilon}_n,$$

易见向量在基 $\boldsymbol{\varepsilon}_1, \boldsymbol{\varepsilon}_2, \cdots, \boldsymbol{\varepsilon}_n$ 下的坐标就是该向量的分量. 因此, $\boldsymbol{\varepsilon}_1, \boldsymbol{\varepsilon}_2, \cdots, \boldsymbol{\varepsilon}_n$ 称为 n 维向量空间 $\mathbf{R}^n$ 中的**自然基**.

例 13　考察 $\mathbf{R}^2$ 的一个基 $\boldsymbol{\alpha}_1, \boldsymbol{\alpha}_2$, 其中 $\boldsymbol{\alpha}_1=(1, 0)^{\mathrm{T}}$, $\boldsymbol{\alpha}_2=(1, 2)^{\mathrm{T}}$, 若 $\mathbf{R}^2$ 中一向量 $\boldsymbol{x}$ 在基 $\boldsymbol{\alpha}_1, \boldsymbol{\alpha}_2$ 下的坐标为 $(-2, 3)^{\mathrm{T}}$, 求 $\boldsymbol{x}$. 又若 $\boldsymbol{y}=(4, 5)^{\mathrm{T}}$, 试确定向量 $\boldsymbol{y}$ 在基 $\boldsymbol{\alpha}_1, \boldsymbol{\alpha}_2$ 下的坐标.

解　依题设, 向量 $\boldsymbol{x}$ 在基 $\boldsymbol{\alpha}_1, \boldsymbol{\alpha}_2$ 下的坐标为 $(-2, 3)^{\mathrm{T}}$, 故

$$x=(-2)\begin{pmatrix}1\\0\end{pmatrix}+3\begin{pmatrix}1\\2\end{pmatrix}=\begin{pmatrix}1\\6\end{pmatrix}.$$

再设向量$\boldsymbol{y}$在基$\boldsymbol{\alpha}_1, \boldsymbol{\alpha}_2$下的坐标为$(\lambda_1, \lambda_2)$, 则有

$$\lambda_1\begin{pmatrix}1\\0\end{pmatrix}+\lambda_2\begin{pmatrix}1\\2\end{pmatrix}=\begin{pmatrix}4\\5\end{pmatrix},\text{即}\begin{pmatrix}1&1\\0&2\end{pmatrix}\begin{pmatrix}\lambda_1\\\lambda_2\end{pmatrix}=\begin{pmatrix}4\\5\end{pmatrix},$$

由上解得$\lambda_1=\dfrac{3}{2}$, $\lambda_2=\dfrac{5}{2}$. 所以,

$$\boldsymbol{y}=\frac{3}{2}\boldsymbol{\alpha}_1+\frac{5}{2}\boldsymbol{\alpha}_2.$$

一个集合的坐标系就是这个集合中点到$\mathbf{R}^n$的一对一映射. 例如, 在图纸上取定互相垂直的两条轴及每条轴上的单位长度, 就构成了平面的一个坐标系. 图3-5-2绘出了标准基$\boldsymbol{\varepsilon}_1, \boldsymbol{\varepsilon}_2$, 以及上述例子中的向量$\boldsymbol{\alpha}_1=\boldsymbol{\varepsilon}_1$, $\boldsymbol{\alpha}_2$和$\boldsymbol{x}=(1, 6)$. 坐标1和6给出了$\boldsymbol{x}$关于标准基的位置: $\boldsymbol{\varepsilon}_1$方向上1个单位, $\boldsymbol{\varepsilon}_2$方向上6个单位.

相应地, 图3-5-3中绘出了向量$\boldsymbol{\alpha}_1, \boldsymbol{\alpha}_2$和$\boldsymbol{x}$. 从几何上看, 在两幅图中, 这3个向量都位于一条竖线上. 不过, 图3-5-3中标准坐标系被抹去了, 换成了以上面例13中的基为坐标轴的坐标系. 坐标向量$(-2, 3)^{\mathrm{T}}$给出了在新坐标系下$\boldsymbol{x}$的位置: $\boldsymbol{\alpha}_1$方向上-2个单位, $\boldsymbol{\alpha}_2$方向上3个单位.

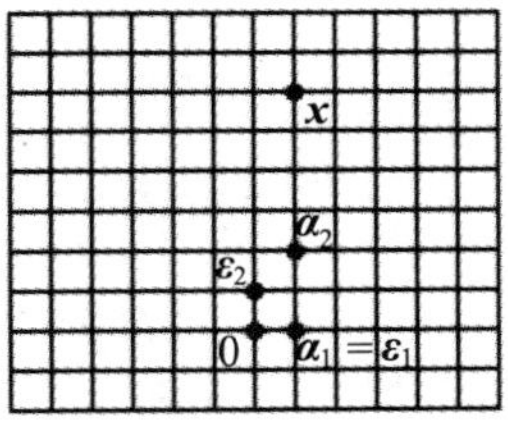

图3-5-2

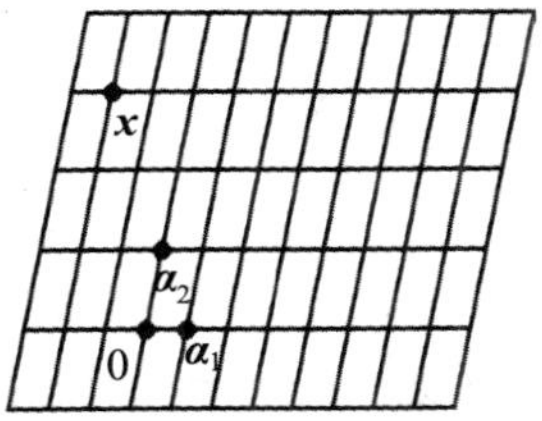

图3-5-3

例 14 设$\boldsymbol{v}_1=(3, 6, 2)^{\mathrm{T}}$, $\boldsymbol{v}_2=(-1, 0, 1)^{\mathrm{T}}$, $\boldsymbol{x}=(3, 12, 7)^{\mathrm{T}}$. 判断$\boldsymbol{x}$是否属于由$\boldsymbol{v}_1, \boldsymbol{v}_2$生成的向量空间. 如果是, 求出向量$\boldsymbol{x}$在$\boldsymbol{v}_1, \boldsymbol{v}_2$中的坐标.

解 如果$\boldsymbol{x}$属于由$\boldsymbol{v}_1, \boldsymbol{v}_2$生成的向量空间, 则下列向量方程有解:

$$\lambda_1\begin{pmatrix}3\\6\\2\end{pmatrix}+\lambda_2\begin{pmatrix}-1\\0\\1\end{pmatrix}=\begin{pmatrix}3\\12\\7\end{pmatrix},$$

若λ_1, λ_2存在, 它们就是$\boldsymbol{x}$在$\boldsymbol{v}_1, \boldsymbol{v}_2$中的坐标. 对下列矩阵作初等行变换, 得

$$\begin{pmatrix}3&-1&3\\6&0&12\\2&1&7\end{pmatrix}\to\begin{pmatrix}1&0&2\\0&1&3\\0&0&0\end{pmatrix}.$$

利用上式右端的行最简形矩阵, 可直接写出解

$$\lambda_1=2,\quad \lambda_2=3.$$

三、$\mathbf{R}^3$ 中的坐标变换公式

三维向量空间的坐标变换公式是在研究不同基之间的向量表示时产生的, 目的是描述一个向量在不同坐标系中的表示关系. 设一个向量空间中有两个不同的基, 向量在这两个基下有不同的坐标, 通过基之间的线性关系, 可以将新基表示为旧基的线性组合, 形成基变换矩阵 (过渡矩阵), 使得向量的描述不依赖于特定的基. 这在理论研究和实际应用中具有重要作用.

在三维向量空间 $\mathbf{R}^3$ 中取定一个基 $\boldsymbol{\alpha}_1, \boldsymbol{\alpha}_2, \boldsymbol{\alpha}_3$, 再取一个新基 $\boldsymbol{\beta}_1, \boldsymbol{\beta}_2, \boldsymbol{\beta}_3$, 设

$$\boldsymbol{A}=(\boldsymbol{\alpha}_1, \boldsymbol{\alpha}_2, \boldsymbol{\alpha}_3),\ \boldsymbol{B}=(\boldsymbol{\beta}_1, \boldsymbol{\beta}_2, \boldsymbol{\beta}_3),$$

求用 $\boldsymbol{\alpha}_1, \boldsymbol{\alpha}_2, \boldsymbol{\alpha}_3$ 表示 $\boldsymbol{\beta}_1, \boldsymbol{\beta}_2, \boldsymbol{\beta}_3$ 的表示式 (**基变换公式**), 并求向量在两个基下的坐标之间的关系式 (**坐标变换公式**). 由

$$(\boldsymbol{\alpha}_1, \boldsymbol{\alpha}_2, \boldsymbol{\alpha}_3)=(\boldsymbol{\varepsilon}_1, \boldsymbol{\varepsilon}_2, \boldsymbol{\varepsilon}_3)\boldsymbol{A},\ (\boldsymbol{\varepsilon}_1, \boldsymbol{\varepsilon}_2, \boldsymbol{\varepsilon}_3)=(\boldsymbol{\alpha}_1, \boldsymbol{\alpha}_2, \boldsymbol{\alpha}_3)\boldsymbol{A}^{-1},$$

可得

$$(\boldsymbol{\beta}_1, \boldsymbol{\beta}_2, \boldsymbol{\beta}_3)=(\boldsymbol{\varepsilon}_1, \boldsymbol{\varepsilon}_2, \boldsymbol{\varepsilon}_3)\boldsymbol{B}=(\boldsymbol{\alpha}_1, \boldsymbol{\alpha}_2, \boldsymbol{\alpha}_3)\boldsymbol{A}^{-1}\boldsymbol{B},$$

由此得到基变换公式:

$$(\boldsymbol{\beta}_1, \boldsymbol{\beta}_2, \boldsymbol{\beta}_3)=(\boldsymbol{\alpha}_1, \boldsymbol{\alpha}_2, \boldsymbol{\alpha}_3)\boldsymbol{P}, \tag{5.1}$$

其中表示式的系数矩阵 $\boldsymbol{P}=\boldsymbol{A}^{-1}\boldsymbol{B}$ 称为从旧基到新基的**过渡矩阵**.

设向量 $\boldsymbol{x}$ 在旧基和新基下的坐标分别为 x_1, x_2, x_3 和 x_1', x_2', x_3', 即

$$\boldsymbol{x}=(\boldsymbol{\alpha}_1, \boldsymbol{\alpha}_2, \boldsymbol{\alpha}_3)\begin{pmatrix}x_1\\x_2\\x_3\end{pmatrix},\ \boldsymbol{x}=(\boldsymbol{\beta}_1, \boldsymbol{\beta}_2, \boldsymbol{\beta}_3)\begin{pmatrix}x_1'\\x_2'\\x_3'\end{pmatrix},$$

则由

$$\boldsymbol{A}\begin{pmatrix}x_1\\x_2\\x_3\end{pmatrix}=\boldsymbol{B}\begin{pmatrix}x_1'\\x_2'\\x_3'\end{pmatrix},\text{得}\begin{pmatrix}x_1'\\x_2'\\x_3'\end{pmatrix}=\boldsymbol{B}^{-1}\boldsymbol{A}\begin{pmatrix}x_1\\x_2\\x_3\end{pmatrix}=\boldsymbol{P}^{-1}\begin{pmatrix}x_1\\x_2\\x_3\end{pmatrix},$$

由此可进一步得到:

$$\begin{pmatrix}x'\\x_2'\\x_3'\end{pmatrix}=\boldsymbol{P}^{-1}\begin{pmatrix}x_1\\x_2\\x_3\end{pmatrix}\ \text{或}\ \begin{pmatrix}x_1\\x_2\\x_3\end{pmatrix}=\boldsymbol{P}\begin{pmatrix}x_1'\\x_2'\\x_3'\end{pmatrix}. \tag{5.2}$$

这就是从旧坐标到新坐标的坐标变换公式.

例 15　令 $\boldsymbol{u}_1=(3, 2)^{\mathrm{T}}$, $\boldsymbol{u}_2=(1, 1)^{\mathrm{T}}$ 及 $\boldsymbol{x}=(7, 4)^{\mathrm{T}}$, 求 $\boldsymbol{x}$ 在新基 $\boldsymbol{u}_1, \boldsymbol{u}_2$ 下的坐标.

解　依题设, 同一向量 $\boldsymbol{x}$ 在旧基 $\boldsymbol{\varepsilon}_1, \boldsymbol{\varepsilon}_2$ 和新基 $\boldsymbol{u}_1, \boldsymbol{u}_2$ 下的坐标关系满足

$$(\boldsymbol{\varepsilon}_1, \boldsymbol{\varepsilon}_2)\boldsymbol{x}=(\boldsymbol{u}_1, \boldsymbol{u}_2)\boldsymbol{x}',\ \text{即}\begin{pmatrix}1&0\\0&1\end{pmatrix}\begin{pmatrix}7\\4\end{pmatrix}=\begin{pmatrix}3&1\\2&1\end{pmatrix}\begin{pmatrix}x_1'\\x_2'\end{pmatrix},$$

因此

$$x'=\begin{pmatrix}1&-1\\-2&3\end{pmatrix}\begin{pmatrix}1&0\\0&1\end{pmatrix}\begin{pmatrix}7\\4\end{pmatrix}=\begin{pmatrix}3\\-2\end{pmatrix},$$

故向量$\boldsymbol{x}$在新基$\boldsymbol{u}_1$, $\boldsymbol{u}_2$下的坐标为$(3, -2)^{\mathrm{T}}$, 即$\boldsymbol{x}=3\boldsymbol{u}_1-2\boldsymbol{u}_2$.

例 16　设向量组

$$\boldsymbol{\alpha}_1=(1, 2, 1)^{\mathrm{T}},\ \boldsymbol{\alpha}_2=(1, 3, 2)^{\mathrm{T}},\ \boldsymbol{\alpha}_3=(1, a, 3)^{\mathrm{T}}$$

为$\mathbf{R}^3$的一个基，$\boldsymbol{\beta}=(1,1,1)^{\mathrm{T}}$在此基下的坐标为$(b, c, 1)^{\mathrm{T}}$.

(1) 求a, b, c;

(2) 证明$\boldsymbol{\alpha}_2$, $\boldsymbol{\alpha}_3$, $\boldsymbol{\beta}$为$\mathbf{R}^3$的一个基, 并求$\boldsymbol{\alpha}_2$, $\boldsymbol{\alpha}_3$, $\boldsymbol{\beta}$到$\boldsymbol{\alpha}_1$, $\boldsymbol{\alpha}_2$, $\boldsymbol{\alpha}_3$的过渡矩阵.

解　(1) 依题设, 向量组$\boldsymbol{\alpha}_1$, $\boldsymbol{\alpha}_2$, $\boldsymbol{\alpha}_3$是三维向量空间$\mathbf{R}^3$的一个基, 且向量$\boldsymbol{\beta}=(1, 1, 1)^{\mathrm{T}}$在这个基下的坐标为$(b, c, 1)^{\mathrm{T}}$, 故$\boldsymbol{\beta}$可表示为$\boldsymbol{\alpha}_1$, $\boldsymbol{\alpha}_2$, $\boldsymbol{\alpha}_3$的线性组合:

$$\boldsymbol{\beta}=b\boldsymbol{\alpha}_1+c\boldsymbol{\alpha}_2+\boldsymbol{\alpha}_3,$$

由此可得线性方程组:

$$\begin{cases}1=b+c+1\\1=2b+3c+a\\1=b+2c+3\end{cases}\Rightarrow\begin{cases}b+c=0\\a+2b+3c=1,\\b+2c=-2\end{cases}$$

利用消元法或初等变换法, 解得$a=3$, $b=2$, $c=-2$.

(2) 利用(1)的结果, 设

$$\boldsymbol{A}=(\boldsymbol{\alpha}_2, \boldsymbol{\alpha}_3, \boldsymbol{\beta})=\begin{pmatrix}1&1&1\\3&3&1\\2&3&1\end{pmatrix},$$

因方阵的行列式$|\boldsymbol{A}|\neq 0$, 故向量组$\boldsymbol{\alpha}_2$, $\boldsymbol{\alpha}_3$, $\boldsymbol{\beta}$线性无关, 从而该向量组必为向量空间$\mathbf{R}^3$的一个基. 再记

$$\boldsymbol{B}=(\boldsymbol{\alpha}_1, \boldsymbol{\alpha}_2, \boldsymbol{\alpha}_3)=\begin{pmatrix}1&1&1\\2&3&3\\1&2&3\end{pmatrix},$$

则由坐标变换公式、求逆矩阵的伴随矩阵法与矩阵的乘法运算, 求得向量组$\boldsymbol{\alpha}_2, \boldsymbol{\alpha}_3, \boldsymbol{\beta}$到向量组$\boldsymbol{\alpha}_1, \boldsymbol{\alpha}_2, \boldsymbol{\alpha}_3$的过渡矩阵:

$$\boldsymbol{P}=\boldsymbol{A}^{-1}\boldsymbol{B}=\begin{pmatrix}1&1&1\\3&3&1\\2&3&1\end{pmatrix}^{-1}\begin{pmatrix}1&1&1\\2&3&3\\1&2&3\end{pmatrix}$$

$$=\begin{pmatrix}0&1&-1\\-1/2&-1/2&1\\3/2&-1/2&0\end{pmatrix}\begin{pmatrix}1&1&1\\2&3&3\\1&2&3\end{pmatrix}=\begin{pmatrix}1&1&0\\-1/2&0&1\\1/2&0&0\end{pmatrix}.$$

例17 设 $\boldsymbol{\alpha}_1, \boldsymbol{\alpha}_2, \boldsymbol{\alpha}_3$ 为三维向量空间 $\boldsymbol{V}$ 的一个基, 而 $\boldsymbol{\beta}_1, \boldsymbol{\beta}_2, \boldsymbol{\beta}_3$ 与 $\gamma_1, \gamma_2, \gamma_3$ 为 $\boldsymbol{V}$ 中两个向量组, 且

$$\begin{cases} \boldsymbol{\beta}_1 = \boldsymbol{\alpha}_1 + \boldsymbol{\alpha}_2 + \boldsymbol{\alpha}_3 \\ \boldsymbol{\beta}_2 = \boldsymbol{\alpha}_1 \qquad - \boldsymbol{\alpha}_3 \\ \boldsymbol{\beta}_3 = \boldsymbol{\alpha}_1 \qquad + \boldsymbol{\alpha}_3 \end{cases}, \quad \begin{cases} \gamma_1 = \boldsymbol{\alpha}_1 + 2\boldsymbol{\alpha}_2 + \boldsymbol{\alpha}_3 \\ \gamma_2 = 2\boldsymbol{\alpha}_1 + 3\boldsymbol{\alpha}_2 + 4\boldsymbol{\alpha}_3 \\ \gamma_3 = 3\boldsymbol{\alpha}_1 + 4\boldsymbol{\alpha}_2 + 3\boldsymbol{\alpha}_3 \end{cases}.$$

(1) 验证 $\boldsymbol{\beta}_1, \boldsymbol{\beta}_2, \boldsymbol{\beta}_3$ 及 $\gamma_1, \gamma_2, \gamma_3$ 都是 $\boldsymbol{V}$ 的基;

(2) 求由 $\boldsymbol{\beta}_1, \boldsymbol{\beta}_2, \boldsymbol{\beta}_3$ 到 $\gamma_1, \gamma_2, \gamma_3$ 的过渡矩阵;

(3) 求坐标变换公式.

解 (1) 将题设表示式改写成矩阵形式, 有

$$(\boldsymbol{\beta}_1, \boldsymbol{\beta}_2, \boldsymbol{\beta}_3) = (\boldsymbol{\alpha}_1, \boldsymbol{\alpha}_2, \boldsymbol{\alpha}_3)\begin{pmatrix} 1 & 1 & 1 \\ 1 & 0 & 0 \\ 1 & -1 & 1 \end{pmatrix} = (\boldsymbol{\alpha}_1, \boldsymbol{\alpha}_2, \boldsymbol{\alpha}_3)\boldsymbol{B},$$

$$(\gamma_1, \gamma_2, \gamma_3) = (\boldsymbol{\alpha}_1, \boldsymbol{\alpha}_2, \boldsymbol{\alpha}_3)\begin{pmatrix} 1 & 2 & 3 \\ 2 & 3 & 4 \\ 1 & 4 & 3 \end{pmatrix} = (\boldsymbol{\alpha}_1, \boldsymbol{\alpha}_2, \boldsymbol{\alpha}_3)\boldsymbol{C}.$$

因行列式 $|\boldsymbol{B}| \neq 0$, 故矩阵 $\boldsymbol{B}$ 可逆. 而 $\boldsymbol{\alpha}_1, \boldsymbol{\alpha}_2, \boldsymbol{\alpha}_3$ 是向量空间 $\boldsymbol{V}$ 的基, 故 $\boldsymbol{\beta}_1, \boldsymbol{\beta}_2, \boldsymbol{\beta}_3$ 线性无关. 所以, 向量组 $\boldsymbol{\beta}_1, \boldsymbol{\beta}_2, \boldsymbol{\beta}_3$ 也是三维向量空间 $\boldsymbol{V}$ 的一个基.

同理, 由 $|\boldsymbol{C}| \neq 0$, 可证向量组 $\gamma_1, \gamma_2, \gamma_3$ 也是三维向量空间 $\boldsymbol{V}$ 的一个基.

(2) 由(1)知, $(\boldsymbol{\beta}_1, \boldsymbol{\beta}_2, \boldsymbol{\beta}_3) = (\boldsymbol{\alpha}_1, \boldsymbol{\alpha}_2, \boldsymbol{\alpha}_3)\boldsymbol{B}$, 从而

$$(\boldsymbol{\alpha}_1, \boldsymbol{\alpha}_2, \boldsymbol{\alpha}_3) = (\boldsymbol{\beta}_1, \boldsymbol{\beta}_2, \boldsymbol{\beta}_3)\boldsymbol{B}^{-1}, \ (\gamma_1, \gamma_2, \gamma_3) = (\boldsymbol{\alpha}_1, \boldsymbol{\alpha}_2, \boldsymbol{\alpha}_3)\boldsymbol{C} = (\boldsymbol{\beta}_1, \boldsymbol{\beta}_2, \boldsymbol{\beta}_3)\boldsymbol{B}^{-1}\boldsymbol{C}.$$

所以, 从 $\boldsymbol{\beta}_1, \boldsymbol{\beta}_2, \boldsymbol{\beta}_3$ 到 $\gamma_1, \gamma_2, \gamma_3$ 的过渡矩阵为

$$\boldsymbol{B}^{-1}\boldsymbol{C} = \begin{pmatrix} 1 & 1 & 1 \\ 1 & 0 & 0 \\ 1 & -1 & 1 \end{pmatrix}^{-1}\begin{pmatrix} 1 & 2 & 3 \\ 2 & 3 & 4 \\ 1 & 4 & 3 \end{pmatrix} = \begin{pmatrix} 2 & 3 & 4 \\ 0 & -1 & 0 \\ -1 & 0 & -1 \end{pmatrix}.$$

(3) 所求坐标变换公式为

$$\begin{pmatrix} x_1 \\ x_2 \\ x_3 \end{pmatrix} = \begin{pmatrix} 2 & 3 & 4 \\ 0 & -1 & 0 \\ -1 & 0 & -1 \end{pmatrix}\begin{pmatrix} x_1' \\ x_2' \\ x_3' \end{pmatrix}.$$

例18 在某机器学习问题中, 数据集包含四个特征, 分别是: x_1(年龄)、x_2(收入)、x_3(学历)和 x_4(工作经验). 我们用这四个特征的标准基向量表示数据集中的一个样本:

$$\boldsymbol{\varepsilon}_1=\begin{pmatrix}1\\0\\0\\0\end{pmatrix},\quad \boldsymbol{\varepsilon}_2=\begin{pmatrix}0\\1\\0\\0\end{pmatrix},\quad \boldsymbol{\varepsilon}_3=\begin{pmatrix}0\\0\\1\\0\end{pmatrix},\quad \boldsymbol{\varepsilon}_4=\begin{pmatrix}0\\0\\0\\1\end{pmatrix}.$$

现在我们希望通过选择新的特征组合来构建新的特征空间. 给定新的特征基向量:

$$\boldsymbol{e}_1=\begin{pmatrix}1\\2\\0\\0\end{pmatrix},\quad \boldsymbol{e}_2=\begin{pmatrix}0\\0\\1\\1\end{pmatrix},\quad \boldsymbol{e}_3=\begin{pmatrix}1\\-1\\0\\1\end{pmatrix},\quad \boldsymbol{e}_4=\begin{pmatrix}0\\1\\1\\0\end{pmatrix}.$$

如何通过过渡矩阵求原基向量在新基下的坐标?

解 我们首先构造过渡矩阵 $\boldsymbol{P}$, 它由新基向量的系数组成, 即

$$\boldsymbol{P}=\begin{pmatrix}1&0&1&0\\2&0&-1&1\\0&1&0&1\\0&1&1&0\end{pmatrix}.$$

这个矩阵的每一列都是新基向量 $\boldsymbol{e}_1, \boldsymbol{e}_2, \boldsymbol{e}_3, \boldsymbol{e}_4$ 在原标准基下的坐标. 下面求原基向量 $\boldsymbol{\varepsilon}_1, \boldsymbol{\varepsilon}_2, \boldsymbol{\varepsilon}_3, \boldsymbol{\varepsilon}_4$ 在新基下的坐标. 由

$$\boldsymbol{e}_i=\boldsymbol{P}\boldsymbol{\varepsilon}_i \Rightarrow \boldsymbol{\varepsilon}_i=\boldsymbol{P}^{-1}\boldsymbol{e}_i\ (i=1, 2, 3, 4),$$

题设已知过渡矩阵 $\boldsymbol{P}$, 利用初等变换法或伴随矩阵法, 得其逆矩阵:

$$\boldsymbol{P}^{-1}=\begin{pmatrix}0&1/2&-1/2&1/2\\-1&1/2&-1/2&3/2\\1&-1/2&1/2&-1/2\\1&-1/2&3/2&-3/2\end{pmatrix}.$$

由此算得原基向量 $\boldsymbol{\varepsilon}_1, \boldsymbol{\varepsilon}_2, \boldsymbol{\varepsilon}_3, \boldsymbol{\varepsilon}_4$ 在新基下的坐标依次为

$$\boldsymbol{v}_1=\begin{pmatrix}0\\-1\\1\\1\end{pmatrix},\quad \boldsymbol{v}_2=\begin{pmatrix}1/2\\1/2\\-1/2\\-1/2\end{pmatrix},\quad \boldsymbol{v}_3=\begin{pmatrix}-1/2\\-1/2\\1/2\\3/2\end{pmatrix},\quad \boldsymbol{v}_4=\begin{pmatrix}1/2\\3/2\\-1/2\\-3/2\end{pmatrix}.$$

这些新坐标可用于机器学习模型的特征空间变换与分析.

本例展示了如何利用过渡矩阵将数据集中的原始特征表示转换为新的特征组合. 通过这样的基变换, 机器学习模型可以更有效地在新的特征空间中进行训练与优化. 通过求解过渡矩阵的逆矩阵, 我们能够完成原基与新基之间的转换, 为特征选择与数据降维等任务提供重要的数学工具.

习题 3-5

1. 判断下列集合是否构成向量空间, 并证明.

(1) $\boldsymbol{S}_1=\{(x_1, x_1, x_2)^{\mathrm{T}} \mid x_1, x_2\in\mathbf{R}\}$;

(2) $\boldsymbol{S}_2=\{(x_1, x_2, x_1 x_2)^{\mathrm{T}} \mid x_1, x_2\in\mathbf{R}\}$;

(3) $\boldsymbol{S}_3=\left\{\begin{pmatrix} x_1 & x_2 \\ -x_2 & x_3\end{pmatrix}\middle| x_1, x_2, x_3\in\mathbf{R}\right\}$.

2. 设向量集合

$$\boldsymbol{V}_1=\{\boldsymbol{x}=(x_1, x_2, \cdots, x_n)^{\mathrm{T}} \mid x_1, x_2,\cdots, x_n\in\mathbf{R},\ x_1+x_2+\cdots+x_n=0\},$$
$$\boldsymbol{V}_2=\{\boldsymbol{x}=(x_1, x_2, \cdots, x_n)^{\mathrm{T}} \mid x_1, x_2,\cdots, x_n\in\mathbf{R},\ x_1+x_2+\cdots+x_n=1\},$$

问 $\boldsymbol{V}_1, \boldsymbol{V}_2$ 是不是 $\mathbf{R}^n$ 的子空间? 为什么?

3. 试证: 由 $\boldsymbol{\alpha}_1=(0, 1, 1)^{\mathrm{T}}$, $\boldsymbol{\alpha}_2=(1, 0, 1)^{\mathrm{T}}$, $\boldsymbol{\alpha}_3=(1, 1, 0)^{\mathrm{T}}$ 所生成的向量空间就是 $\mathbf{R}^3$.

4. 判断 $\mathbf{R}^3$ 中与向量 $(0,0,1)$ 不平行的全体向量所组成的集合是否构成向量空间.

5. 根据要求计算.

(1) 令 $\boldsymbol{b}_1=(1,-1)^{\mathrm{T}}$ 及 $\boldsymbol{b}_2=(-2, 3)^{\mathrm{T}}$, 求从 $\boldsymbol{\varepsilon}_1,\boldsymbol{\varepsilon}_2$ 到 $\boldsymbol{b}_1,\boldsymbol{b}_2$ 的过渡矩阵, 并确定 $\boldsymbol{x}=(1, 2)^{\mathrm{T}}$ 在新基 $\boldsymbol{b}_1, \boldsymbol{b}_2$ 下的坐标.

(2) 求从 $\boldsymbol{v}_1,\boldsymbol{v}_2$ 到 $\boldsymbol{u}_1,\boldsymbol{u}_2$ 的过渡矩阵, 其中 $\boldsymbol{v}_1=\begin{pmatrix}5\\2\end{pmatrix}$, $\boldsymbol{v}_2=\begin{pmatrix}7\\3\end{pmatrix}$ 及 $\boldsymbol{u}_1=\begin{pmatrix}3\\2\end{pmatrix}$, $\boldsymbol{u}_2=\begin{pmatrix}1\\1\end{pmatrix}$.

6. 验证 $\boldsymbol{\alpha}_1=(1,-1, 0)^{\mathrm{T}}$, $\boldsymbol{\alpha}_2=(2, 1, 3)^{\mathrm{T}}$, $\boldsymbol{\alpha}_3=(3, 1, 2)^{\mathrm{T}}$ 为 $\mathbf{R}^3$ 的一个基, 并将

$$\boldsymbol{v}_1=(5, 0, 7)^{\mathrm{T}},\ \boldsymbol{v}_2=(-9,-8,-13)^{\mathrm{T}}$$

用此基来线性表示.

7. 某公司销售部门分析了过去一个季度的五款主打产品在不同地区的销售数据. 假设在这四个地区 (A, B, C, D), 五款产品的销售额的向量表示分别为:

$$\boldsymbol{v}_1=\begin{pmatrix}100\\200\\300\\400\end{pmatrix},\ \boldsymbol{v}_2=\begin{pmatrix}120\\270\\420\\570\end{pmatrix},\ \boldsymbol{v}_3=\begin{pmatrix}110\\240\\370\\500\end{pmatrix},\ \boldsymbol{v}_4=\begin{pmatrix}130\\300\\470\\640\end{pmatrix},\ \boldsymbol{v}_5=\begin{pmatrix}140\\360\\500\\800\end{pmatrix}.$$

请判断这些销售额向量是否线性相关, 并求它们所张成的向量空间的基和维数.

8. 设 ξ_1, ξ_2, ξ_3 是 $\mathbf{R}^3$ 的一个基, 已知

$$\boldsymbol{\alpha}_1=\xi_1+\xi_2-2\xi_3,\ \boldsymbol{\alpha}_2=\xi_1-\xi_2-\xi_3,\ \boldsymbol{\alpha}_3=\xi_1+\xi_3,$$

证明 $\boldsymbol{\alpha}_1, \boldsymbol{\alpha}_2, \boldsymbol{\alpha}_3$ 是 $\mathbf{R}^3$ 的一个基, 并求出向量 $\boldsymbol{\beta}=6\xi_1-\xi_2-\xi_3$ 在基 $\boldsymbol{\alpha}_1, \boldsymbol{\alpha}_2, \boldsymbol{\alpha}_3$ 下的坐标.

9. 设 $\boldsymbol{\alpha}_1, \boldsymbol{\alpha}_2, \boldsymbol{\alpha}_3$ 是三维向量空间 $\mathbf{R}^3$ 的一个基, 试求由基 $\boldsymbol{\alpha}_1$, $\frac{1}{2}\boldsymbol{\alpha}_2$, $\frac{1}{3}\boldsymbol{\alpha}_3$ 到基 $\boldsymbol{\alpha}_1+\boldsymbol{\alpha}_2$, $\boldsymbol{\alpha}_2+\boldsymbol{\alpha}_3$, $\boldsymbol{\alpha}_3+\boldsymbol{\alpha}_1$ 的过渡矩阵 $\boldsymbol{P}$.

10. 已知 $\mathbf{R}^3$ 的两个基为

$$\boldsymbol{\alpha}_1=\begin{pmatrix}1\\1\\1\end{pmatrix},\ \boldsymbol{\alpha}_2=\begin{pmatrix}1\\0\\-1\end{pmatrix},\ \boldsymbol{\alpha}_3=\begin{pmatrix}1\\0\\1\end{pmatrix}\text{及}\boldsymbol{\beta}_1=\begin{pmatrix}1\\2\\1\end{pmatrix},\ \boldsymbol{\beta}_2=\begin{pmatrix}2\\3\\4\end{pmatrix},\ \boldsymbol{\beta}_3=\begin{pmatrix}3\\4\\3\end{pmatrix},$$

求由基 $\boldsymbol{\alpha}_1, \boldsymbol{\alpha}_2, \boldsymbol{\alpha}_3$ 到基 $\boldsymbol{\beta}_1, \boldsymbol{\beta}_2, \boldsymbol{\beta}_3$ 的过渡矩阵 $\boldsymbol{P}$.

11. 令 $\boldsymbol{A}=(\boldsymbol{v}_1, \boldsymbol{v}_2, \boldsymbol{v}_3)=\begin{pmatrix}1&2&1\\1&3&5\\1&2&4\end{pmatrix}$, $\boldsymbol{B}=(\boldsymbol{u}_1, \boldsymbol{u}_2, \boldsymbol{u}_3)=\begin{pmatrix}1&1&1\\1&2&2\\0&0&1\end{pmatrix}$.

(1) 求基 $\boldsymbol{v}_1, \boldsymbol{v}_2, \boldsymbol{v}_3$ 到基 $\boldsymbol{u}_1, \boldsymbol{u}_2, \boldsymbol{u}_3$ 的过渡矩阵;

(2) 若 $\boldsymbol{x}=3\boldsymbol{v}_1+2\boldsymbol{v}_2-\boldsymbol{v}_3$, $\boldsymbol{y}=\boldsymbol{u}_1-3\boldsymbol{u}_2+2\boldsymbol{u}_3$, 分别求 $\boldsymbol{x}$ 在基 $\boldsymbol{u}_1,\boldsymbol{u}_2,\boldsymbol{u}_3$ 下的坐标以及 $\boldsymbol{y}$ 在基 $\boldsymbol{v}_1,\boldsymbol{v}_2,\boldsymbol{v}_3$ 下的坐标.

12. 设有 $\mathbf{R}^3$ 中的一个基 $\xi_1=(1,-2,1)^{\mathrm{T}}$, $\xi_2=(0,1,1)^{\mathrm{T}}$, $\xi_3=(3,2,1)^{\mathrm{T}}$, 向量 $\boldsymbol{\alpha}$ 在基 ξ_1, ξ_2, ξ_3 下的坐标为 x_1, x_2, x_3, 在另一个基 $\boldsymbol{\eta}_1, \boldsymbol{\eta}_2, \boldsymbol{\eta}_3$ 下的坐标为 y_1, y_2, y_3, 且有

$$y_1=x_1-x_2-x_3,\ y_2=-x_1+x_2,\ y_3=x_1+2x_3.$$

(1) 求基 $\boldsymbol{\eta}_1, \boldsymbol{\eta}_2, \boldsymbol{\eta}_3$ 到基 ξ_1, ξ_2, ξ_3 的过渡矩阵;

(2) 求基 $\boldsymbol{\eta}_1, \boldsymbol{\eta}_2, \boldsymbol{\eta}_3$.

13. 证明: $\mathbf{R}^2$ 中不过原点的直线不是 $\mathbf{R}^2$ 的子空间.

14. 某投资公司考虑建立一个新的投资组合, 包括股票、债券、房地产和商品四个资产类别. 现有的资产组合用标准基向量表示为

$$\boldsymbol{v}_1=\begin{pmatrix}1\\0\\0\\0\end{pmatrix},\quad \boldsymbol{v}_2=\begin{pmatrix}0\\1\\0\\0\end{pmatrix},\quad \boldsymbol{v}_3=\begin{pmatrix}0\\0\\1\\0\end{pmatrix},\quad \boldsymbol{v}_4=\begin{pmatrix}0\\0\\0\\1\end{pmatrix},$$

这些向量表示了四个资产类别的投资组合. 投资公司希望通过不同的投资策略将资产的组合用新的基表示. 给定新的基向量:

$$\boldsymbol{e}_1=\begin{pmatrix}1\\2\\0\\1\end{pmatrix},\quad \boldsymbol{e}_2=\begin{pmatrix}0\\1\\1\\1\end{pmatrix},\quad \boldsymbol{e}_3=\begin{pmatrix}1\\0\\1\\0\end{pmatrix},\quad \boldsymbol{e}_4=\begin{pmatrix}0\\0\\0\\1\end{pmatrix}.$$

如何通过过渡矩阵求原基向量在新基下的坐标?

§3.6 线性方程组解的结构

线性方程组解的结构是线性代数中的核心内容之一, 它揭示了线性系统求解的本质和深刻意义. 在数学和实际问题中, 一个线性方程组可以表示为矩阵形式 $\boldsymbol{Ax}=\boldsymbol{b}$, 其中 $\boldsymbol{A}$ 是系数矩阵, $\boldsymbol{x}$ 是未知量向量, $\boldsymbol{b}$ 是常数向量. 解的结构描述了该线性系统是否有解、解的唯一性, 以及解的形式. 从代数角度看, 线性方程组的解与矩阵 $\boldsymbol{A}$ 的秩密切相关. 若 $\boldsymbol{A}$ 的列向量是

线性无关的，系统有唯一解；若列向量线性相关，解的结构可能为无解或有无穷多解. 通过矩阵的秩和行简化，可以明确系统的自由度和解的结构. 从几何角度看，解的结构与向量空间密切关联. 齐次线性方程组 $\boldsymbol{Ax}=\boldsymbol{0}$ 的解形成一个线性子空间，维数等于矩阵的自由未知量的个数. 非齐次方程组的解可以表示为其特解与齐次解之和，这一结构体现了解的完整性和可分性.

线性方程组解的结构意义重大. 在实际应用中，如物理学、工程学和经济学等领域，分析线性系统解的结构可以帮助理解约束条件、优化问题和系统行为. 同时，这一结构还为数值计算和算法优化提供了基础，如最小二乘法和矩阵分解技术. 总之，线性方程组解的结构不仅仅是数学理论的核心内容，更是解决现实问题的重要工具.

一、齐次线性方程组解的结构

设有齐次线性方程组

$$\begin{cases} a_{11}x_1+a_{12}x_2+\cdots+a_{1n}x_n=0 \\ a_{21}x_1+a_{22}x_2+\cdots+a_{2n}x_n=0 \\ \quad\cdots\cdots \\ a_{m1}x_1+a_{m2}x_2+\cdots+a_{mn}x_n=0 \end{cases}, \tag{6.1}$$

若记

$$\boldsymbol{A}=\begin{pmatrix} a_{11} & a_{12} & \cdots & a_{1n} \\ a_{21} & a_{22} & \cdots & a_{2n} \\ \vdots & \vdots & & \vdots \\ a_{m1} & a_{m2} & \cdots & a_{mn} \end{pmatrix},\ \boldsymbol{x}=\begin{pmatrix} x_1 \\ x_2 \\ \vdots \\ x_n \end{pmatrix},$$

则方程组 (6.1) 可改写为矩阵方程

$$\boldsymbol{Ax}=\boldsymbol{0}, \tag{6.2}$$

称矩阵方程 (6.2) 的解 $\boldsymbol{x}=\begin{pmatrix} x_1 \\ x_2 \\ \vdots \\ x_n \end{pmatrix}$ 为方程组 (6.1) 的**解向量**.

1. 齐次线性方程组解的性质

性质 1　若 ξ_1, ξ_2 为齐次线性方程组 (6.2) 的解，则 $\xi_1+\xi_2$ 也是该方程组的解.

证明　因为 ξ_1, ξ_2 是齐次线性方程组 (6.2) 的解，所以，$\boldsymbol{A}\xi_1=\boldsymbol{0}$，$\boldsymbol{A}\xi_2=\boldsymbol{0}$. 两式相加，得

$$\boldsymbol{A}(\xi_1+\xi_2)=\boldsymbol{0},$$

即 $\xi_1+\xi_2$ 也是方程组 (6.2) 的解. 证毕.

性质 2　若 ξ_1 为齐次线性方程组 (6.2) 的解，k 为实数，则 $k\xi_1$ 也是该方程组的解.

证明 因为 ξ_1 是齐次线性方程组 (6.2) 的解, 所以

$$\boldsymbol{A}\xi_1=\boldsymbol{0},\ \boldsymbol{A}(k\xi_1)=k\boldsymbol{A}\xi_1=k\cdot\boldsymbol{0}=\boldsymbol{0},$$

即 $k\xi_1$ 也是方程组 (6.2) 的解. 证毕.

根据上述性质, 容易推出: 若 $\xi_1, \xi_2, \cdots, \xi_s$ 是齐次线性方程组 (6.2) 的解, $k_1, k_2, \cdots, k_s$ 为任意实数, 则线性组合 $k_1\xi_1+k_2\xi_2+\cdots+k_s\xi_s$ 也是方程组 (6.2) 的解.

注: 齐次线性方程组若有非零解, 则必有无穷多解.

由向量空间的定义知: 线性方程组 $\boldsymbol{Ax}=\boldsymbol{0}$ 的全体解向量构成的集合对于向量的加法和数乘运算封闭, 因而构成一个向量空间, 称此向量空间为齐次线性方程组 $\boldsymbol{Ax}=\boldsymbol{0}$ 的**解空间**.

定义 1 若齐次线性方程组 $\boldsymbol{Ax}=\boldsymbol{0}$ 的有限个解 $\boldsymbol{\eta}_1, \boldsymbol{\eta}_2, \cdots, \boldsymbol{\eta}_t$ 满足:

(1) $\boldsymbol{\eta}_1, \boldsymbol{\eta}_2, \cdots, \boldsymbol{\eta}_t$ 线性无关,

(2) $\boldsymbol{Ax}=\boldsymbol{0}$ 的任意一个解均可由 $\boldsymbol{\eta}_1, \boldsymbol{\eta}_2, \cdots, \boldsymbol{\eta}_t$ 线性表示,

则称 $\boldsymbol{\eta}_1, \boldsymbol{\eta}_2, \cdots, \boldsymbol{\eta}_t$ 是齐次线性方程组 $\boldsymbol{Ax}=\boldsymbol{0}$ 的一个**基础解系**.

由定义 1 知, 方程组 $\boldsymbol{Ax}=\boldsymbol{0}$ 的一个基础解系即为其解空间的一个基, 易见方程组 $\boldsymbol{Ax}=\boldsymbol{0}$ 的基础解系不是唯一的, 即解空间的基不是唯一的.

若 $\boldsymbol{\eta}_1, \boldsymbol{\eta}_2, \cdots, \boldsymbol{\eta}_t$ 是齐次线性方程组 $\boldsymbol{Ax}=\boldsymbol{0}$ 的一个基础解系, 则 $\boldsymbol{Ax}=\boldsymbol{0}$ 的全部解可表示为

$$c_1\boldsymbol{\eta}_1+c_2\boldsymbol{\eta}_2+\cdots+c_t\boldsymbol{\eta}_t, \tag{6.3}$$

其中 $c_1, c_2, \cdots, c_t$ 为任意实数. 式 (6.3) 称为齐次线性方程组 $\boldsymbol{Ax}=\boldsymbol{0}$ 的**通解**.

当一个齐次线性方程组只有零解时, 该方程组没有基础解系, 而当一个齐次线性方程组有非零解时, 是否一定有基础解系呢? 如果有, 如何求它的基础解系? 下面的定理 1 回答了这两个问题.

定理 1 对于齐次线性方程组 $\boldsymbol{Ax}=\boldsymbol{0}$, 若 $\mathrm{r}(\boldsymbol{A})=r<n$, 则该方程组的基础解系一定存在, 且每个基础解系中所含解向量的个数均等于 $n-r$, 其中 n 是方程组所含未知量的个数.

证明 因 $\mathrm{r}(\boldsymbol{A})=r<n$, 故对矩阵 $\boldsymbol{A}$ 施以初等行变换, 可化为如下形式:

$$\boldsymbol{B}=\begin{pmatrix} 1 & 0 & \cdots & 0 & b_{11} & b_{12} & \cdots & b_{1\,n-r} \\ 0 & 1 & \cdots & 0 & b_{21} & b_{22} & \cdots & b_{2\,n-r} \\ \vdots & \vdots & & \vdots & \vdots & \vdots & & \vdots \\ 0 & 0 & \cdots & 1 & b_{r1} & b_{r2} & \cdots & b_{r\,n-r} \\ 0 & 0 & \cdots & 0 & 0 & 0 & \cdots & 0 \\ \vdots & \vdots & & \vdots & \vdots & \vdots & & \vdots \\ 0 & 0 & \cdots & 0 & 0 & 0 & \cdots & 0 \end{pmatrix},$$

即齐次线性方程组 $\boldsymbol{Ax}=\boldsymbol{0}$ 与下面的线性方程组同解:

$$\begin{cases} x_1 = -b_{11}x_{r+1} - b_{12}x_{r+2} - \cdots - b_{1\,n-r}x_n \\ x_2 = -b_{21}x_{r+1} - b_{22}x_{r+2} - \cdots - b_{2\,n-r}x_n \\ \quad \cdots\cdots \\ x_r = -b_{r1}x_{r+1} - b_{r2}x_{r+2} - \cdots - b_{r\,n-r}x_n \end{cases}, \tag{6.4}$$

其中$x_{r+1}, x_{r+2}, \cdots, x_n$是自由未知量. 分别取

$$\begin{pmatrix} x_{r+1} \\ x_{r+2} \\ \vdots \\ x_n \end{pmatrix} = \begin{pmatrix} 1 \\ 0 \\ \vdots \\ 0 \end{pmatrix}, \begin{pmatrix} 0 \\ 1 \\ \vdots \\ 0 \end{pmatrix}, \cdots, \begin{pmatrix} 0 \\ 0 \\ \vdots \\ 1 \end{pmatrix}$$

代入式(6.4), 即可得到方程组$\boldsymbol{Ax}=\boldsymbol{0}$的$n-r$个解:

$$\boldsymbol{\eta}_1 = \begin{pmatrix} -b_{11} \\ \vdots \\ -b_{r1} \\ 1 \\ 0 \\ \vdots \\ 0 \end{pmatrix}, \ \boldsymbol{\eta}_2 = \begin{pmatrix} -b_{12} \\ \vdots \\ -b_{r2} \\ 0 \\ 1 \\ \vdots \\ 0 \end{pmatrix}, \cdots, \boldsymbol{\eta}_{n-r} = \begin{pmatrix} -b_{1\,n-r} \\ \vdots \\ -b_{r\,n-r} \\ 0 \\ 0 \\ \vdots \\ 1 \end{pmatrix}.$$

现证$\boldsymbol{\eta}_1, \boldsymbol{\eta}_2, \cdots, \boldsymbol{\eta}_{n-r}$是方程组$\boldsymbol{Ax}=\boldsymbol{0}$的一个基础解系.

(1) 证明$\boldsymbol{\eta}_1, \boldsymbol{\eta}_2, \cdots, \boldsymbol{\eta}_{n-r}$线性无关.

事实上, 因为$n-r$个$n-r$维向量

$$\begin{pmatrix} 1 \\ 0 \\ \vdots \\ 0 \end{pmatrix}, \begin{pmatrix} 0 \\ 1 \\ \vdots \\ 0 \end{pmatrix}, \cdots, \begin{pmatrix} 0 \\ 0 \\ \vdots \\ 1 \end{pmatrix}$$

线性无关, 所以, $n-r$个n维向量构成的向量组$\boldsymbol{\eta}_1, \boldsymbol{\eta}_2, \cdots, \boldsymbol{\eta}_{n-r}$亦线性无关.

(2) 证明方程组$\boldsymbol{Ax}=\boldsymbol{0}$的任一解都可表示为向量组$\boldsymbol{\eta}_1, \boldsymbol{\eta}_2, \cdots, \boldsymbol{\eta}_{n-r}$的线性组合.

事实上, 由式(6.4), 有

$$\boldsymbol{x} = \begin{pmatrix} x_1 \\ \vdots \\ x_r \\ x_{r+1} \\ \vdots \\ x_n \end{pmatrix} = \begin{pmatrix} -b_{11}x_{r+1} - b_{12}x_{r+2} - \cdots - b_{1\,n-r}x_n \\ \vdots \\ -b_{r1}x_{r+1} - b_{r2}x_{r+2} - \cdots - b_{r\,n-r}x_n \\ x_{r+1} \\ \vdots \\ x_n \end{pmatrix}$$

$$=x_{r+1}\begin{pmatrix}-b_{11}\\ \vdots \\ -b_{r1}\\ 1\\ 0\\ \vdots \\ 0\end{pmatrix}+x_{r+2}\begin{pmatrix}-b_{12}\\ \vdots \\ -b_{r2}\\ 0\\ 1\\ \vdots \\ 0\end{pmatrix}+\cdots+x_n\begin{pmatrix}-b_{1\,n-r}\\ \vdots \\ -b_{r\,n-r}\\ 0\\ 0\\ \vdots \\ 1\end{pmatrix}$$

$$=x_{r+1}\boldsymbol{\eta}_1+x_{r+2}\boldsymbol{\eta}_2+\cdots+x_n\boldsymbol{\eta}_{n-r},$$

即解$\boldsymbol{x}$可表示为$\boldsymbol{\eta}_1,\boldsymbol{\eta}_2,\cdots,\boldsymbol{\eta}_{n-r}$的线性组合.

综合 (1) (2) 知, 向量组$\boldsymbol{\eta}_1,\boldsymbol{\eta}_2,\cdots,\boldsymbol{\eta}_{n-r}$是$\boldsymbol{Ax}=\boldsymbol{0}$的一个基础解系. 证毕.

定理 1 的证明过程实际上已给出了求齐次线性方程组的基础解系的方法.

例 1 已知线性方程组

$$\begin{cases}x_1+x_2+x_3=0\\ ax_1+bx_2+cx_3=0\\ a^2x_1+b^2x_2+c^2x_3=0\end{cases}.$$

试问 a, b, c 满足何种关系时, 方程组有无穷多解? 用基础解系表示全部解.

解 利用范德蒙行列式, 题设线性方程组的系数行列式

$$|\boldsymbol{A}|=\begin{vmatrix}1&1&1\\ a&b&c\\ a^2&b^2&c^2\end{vmatrix}=(a-b)(b-c)(c-a),$$

故由克莱姆法则可知, 当$|\boldsymbol{A}|=0$, 即$a=b$或$b=c$或$c=a$时, 方程组有无穷多解.

利用求线性方程组解的初等变换法分类讨论如下:

(1) 当$a=b\neq c$时, 题设方程组的同解方程组为

$$\begin{cases}x_1+x_2+x_3=0\\ x_3=0\end{cases}.$$

令自由未知量$x_1=1$, 得上述方程组的全部解为$k_1(1,-1,0)^{\mathrm{T}}$ (k_1为任意常数).

(2) 同理, 当$a=c\neq b$时, 同解方程组为

$$\begin{cases}x_1+x_2+x_3=0\\ x_2=0\end{cases}.$$

令自由未知量$x_1=1$, 得上述方程组的全部解为$k_2(1,0,-1)^{\mathrm{T}}$ (k_2为任意常数).

(3) 当$b=c\neq a$时, 同解方程组为

$$\begin{cases} x_1+x_2+x_3=0 \\ x_1=0 \end{cases}.$$

令自由未知量 $x_2=1$, 得上述方程组的全部解为 $k_3(0, 1, -1)^{\mathrm{T}}$ (k_3 为任意常数).

(4) 当 $a=b=c$ 时, 同解方程组为

$$x_1+x_2+x_3=0.$$

令自由未知量 $x_1=0,\ x_2=1$ 与 $x_1=1,\ x_2=0$, 得全部解为

$$k_4(0, 1, -1)^{\mathrm{T}}+k_5(1, 0, -1)^{\mathrm{T}}\ (k_4, k_5 \text{ 为任意常数}).$$

例 2　设 $\boldsymbol{A}=\begin{pmatrix} 1 & -2 & 3 & -4 \\ 0 & 1 & -1 & 1 \\ 1 & 2 & 0 & -3 \end{pmatrix}$, 求齐次线性方程组 $\boldsymbol{Ax}=\boldsymbol{0}$ 的一个基础解系.

解　依题设, 根据求齐次线性方程组基础解系的步骤, 对题设矩阵 $\boldsymbol{A}$ 作初等行变换化为行最简形矩阵, 有

$$\boldsymbol{A}=\begin{pmatrix} 1 & -2 & 3 & -4 \\ 0 & 1 & -1 & 1 \\ 1 & 2 & 0 & -3 \end{pmatrix} \to \begin{pmatrix} 1 & -2 & 3 & -4 \\ 0 & 1 & -1 & 1 \\ 0 & 4 & -3 & 1 \end{pmatrix}$$

$$\to \begin{pmatrix} 1 & -2 & 3 & -4 \\ 0 & 1 & -1 & 1 \\ 0 & 0 & 1 & -3 \end{pmatrix} \to \begin{pmatrix} 1 & -2 & 0 & 5 \\ 0 & 1 & 0 & -2 \\ 0 & 0 & 1 & -3 \end{pmatrix} \to \begin{pmatrix} 1 & 0 & 0 & 1 \\ 0 & 1 & 0 & -2 \\ 0 & 0 & 1 & -3 \end{pmatrix}.$$

由此可见, 矩阵 $\boldsymbol{A}$ 的秩 $\mathrm{r}(\boldsymbol{A})=3$, 取自由未知量 $x_4=1$, 即可得到齐次线性方程组 $\boldsymbol{Ax}=\boldsymbol{0}$ 的一个基础解系为 $\boldsymbol{\xi}=(-1, 2, 3, 1)^{\mathrm{T}}$.

2. 解空间及其维数

设 $\boldsymbol{A}$ 为 $m\times n$ 矩阵, 则 n 元齐次线性方程组 $\boldsymbol{Ax}=\boldsymbol{0}$ 的全体解构成的集合 $\boldsymbol{V}$ 是一个向量空间, 称为该齐次线性方程组的解空间. 当系数矩阵的秩 $\mathrm{r}(\boldsymbol{A})=n$ 时, 解空间 $\boldsymbol{V}$ 的维数为 0. 当 $\mathrm{r}(\boldsymbol{A})=r<n$ 时, 方程组 $\boldsymbol{Ax}=\boldsymbol{0}$ 必有含 $n-r$ 个向量的基础解系 $\boldsymbol{\eta}_1, \boldsymbol{\eta}_2, \cdots, \boldsymbol{\eta}_{n-r}$, 此时方程组的任一解可表示为

$$\boldsymbol{x}=c_1\boldsymbol{\eta}_1+c_2\boldsymbol{\eta}_2+\cdots+c_{n-r}\boldsymbol{\eta}_{n-r},$$

其中 $c_1, c_2, \cdots, c_{n-r}$ 为任意实数. 而解空间 $\boldsymbol{V}$ 可表示为

$$\boldsymbol{V}=\{\boldsymbol{x}\mid \boldsymbol{x}=c_1\boldsymbol{\eta}_1+c_2\boldsymbol{\eta}_2+\cdots+c_{n-r}\boldsymbol{\eta}_{n-r},\ c_1, c_2, \cdots, c_{n-r}\in\mathbf{R}\}.$$

例 3　求齐次线性方程组

$$\begin{cases} x_1+x_2-x_3-x_4=0 \\ 2x_1-5x_2+3x_3+2x_4=0 \\ 7x_1-7x_2+3x_3+x_4=0 \end{cases}$$

的基础解系与通解.

解 记题设线性方程组的系数矩阵为$\boldsymbol{A}$, 对$\boldsymbol{A}$作初等行变换将其化为行最简形矩阵, 有

$$\boldsymbol{A}\xrightarrow[r_3-7r_1]{r_2-2r_1}\begin{pmatrix}1&1&-1&-1\\0&-7&5&4\\0&-14&10&8\end{pmatrix}\xrightarrow{r_3-2r_2}\begin{pmatrix}1&1&-1&-1\\0&-7&5&4\\0&0&0&0\end{pmatrix}$$

$$\xrightarrow{r_2\div(-7)}\begin{pmatrix}1&1&-1&-1\\0&1&-5/7&-4/7\\0&0&0&0\end{pmatrix}\xrightarrow{r_1-r_2}\begin{pmatrix}1&0&-2/7&-3/7\\0&1&-5/7&-4/7\\0&0&0&0\end{pmatrix},$$

由此可得题设方程组的同解方程组:

$$\begin{cases}x_1=\dfrac{2}{7}x_3+\dfrac{3}{7}x_4\\x_2=\dfrac{5}{7}x_3+\dfrac{4}{7}x_4\end{cases}.$$

令$\begin{pmatrix}x_3\\x_4\end{pmatrix}=\begin{pmatrix}1\\0\end{pmatrix}$及$\begin{pmatrix}0\\1\end{pmatrix}$, 则对应有

$$\begin{pmatrix}x_1\\x_2\end{pmatrix}=\begin{pmatrix}2/7\\5/7\end{pmatrix}\text{及}\begin{pmatrix}3/7\\4/7\end{pmatrix},$$

即得基础解系

$$\boldsymbol{\eta}_1=\begin{pmatrix}2/7\\5/7\\1\\0\end{pmatrix},\ \boldsymbol{\eta}_2=\begin{pmatrix}3/7\\4/7\\0\\1\end{pmatrix},$$

由此可写出所求通解

$$\begin{pmatrix}x_1\\x_2\\x_3\\x_4\end{pmatrix}=c_1\begin{pmatrix}2/7\\5/7\\1\\0\end{pmatrix}+c_2\begin{pmatrix}3/7\\4/7\\0\\1\end{pmatrix}\quad(c_1,\ c_2\in\mathbf{R}).$$

注: 在§3.1中, 线性方程组的解法是根据式(6.4)直接写出方程组的全部解(通解). 实际上可通过式(6.4)先取基础解系, 再写出通解, 两种解法区别不大.

例4 某公司在进行产品推广时, 计划将资金分配到五个主要渠道: 电视广告、广播广告、社交媒体广告、户外广告和在线广告. 公司希望根据历史数据, 建立一个模型来确定各广告渠道的资金分配, 使得整体营销策略的效果能够达到平衡. 假设公司在不同广告渠道之

间的资金分配满足以下齐次线性方程组:

$$\begin{pmatrix} 1 & -1 & 0 & 0 & 0 \\ 1 & 0 & -1 & 0 & 0 \\ 0 & 1 & 0 & -1 & 0 \\ 0 & 0 & 1 & 0 & -1 \\ -1 & 0 & 0 & 0 & 1 \end{pmatrix}\begin{pmatrix} x_1 \\ x_2 \\ x_3 \\ x_4 \\ x_5 \end{pmatrix} = \begin{pmatrix} 0 \\ 0 \\ 0 \\ 0 \\ 0 \end{pmatrix},$$

其中, x_1, x_2, x_3, x_4, x_5 分别表示电视广告、广播广告、社交媒体广告、户外广告和在线广告的资金分配比例.

解 观察该齐次线性方程组的系数矩阵:

$$\boldsymbol{A} = \begin{pmatrix} 1 & -1 & 0 & 0 & 0 \\ 1 & 0 & -1 & 0 & 0 \\ 0 & 1 & 0 & -1 & 0 \\ 0 & 0 & 1 & 0 & -1 \\ -1 & 0 & 0 & 0 & 1 \end{pmatrix},$$

对上述系数矩阵 $\boldsymbol{A}$ 作初等行变换, 得

$$\boldsymbol{A} \xrightarrow[r_5 + r_1]{r_2 - r_1} \begin{pmatrix} 1 & -1 & 0 & 0 & 0 \\ 0 & 1 & -1 & 0 & 0 \\ 0 & 1 & 0 & -1 & 0 \\ 0 & 0 & 1 & 0 & -1 \\ 0 & -1 & 0 & 0 & 1 \end{pmatrix} \xrightarrow[r_5 + r_2]{r_3 - r_2} \begin{pmatrix} 1 & -1 & 0 & 0 & 0 \\ 0 & 1 & -1 & 0 & 0 \\ 0 & 0 & 1 & -1 & 0 \\ 0 & 0 & 1 & 0 & -1 \\ 0 & 0 & -1 & 0 & 1 \end{pmatrix}$$

$$\xrightarrow[r_5 + r_3]{r_4 - r_3} \begin{pmatrix} 1 & -1 & 0 & 0 & 0 \\ 0 & 1 & -1 & 0 & 0 \\ 0 & 0 & 1 & -1 & 0 \\ 0 & 0 & 0 & 1 & -1 \\ 0 & 0 & 0 & -1 & 1 \end{pmatrix} \xrightarrow{r_5 + r_4} \begin{pmatrix} 1 & -1 & 0 & 0 & 0 \\ 0 & 1 & -1 & 0 & 0 \\ 0 & 0 & 1 & -1 & 0 \\ 0 & 0 & 0 & 1 & -1 \\ 0 & 0 & 0 & 0 & 0 \end{pmatrix}.$$

通过上述行变换, 我们可以看到该方程组有 4 个主变量 x_1, x_2, x_3, x_4 和 1 个自由变量 x_5. 因此, 该广告资金分配模型的解空间的维数为1. 说明在广告资金分配问题中, 存在一个自由变量, 意味着广告资金的分配可以在一定的约束下灵活调整. 这个结果为市场营销决策提供了灵活性, 可以根据不同渠道的投入情况进行合理的调整, 以取得最佳的市场推广效果, 最大化广告投入产出比.

例 5 用基础解系表示如下齐次线性方程组的通解.

$$\begin{cases} x_1+x_2+\ \ x_3+4x_4-3x_5=0 \\ x_1-x_2+3x_3-2x_4-\ \ x_5=0 \\ 2x_1+x_2+3x_3+5x_4-5x_5=0 \\ 3x_1+x_2+5x_3+6x_4-7x_5=0 \end{cases}.$$

解 依题设, $m=4$, $n=5$, $m<n$, 故所给方程组有无穷多解. 对题设方程组的系数矩阵 $\boldsymbol{A}$ 作初等行变换, 有

$$\boldsymbol{A}=\begin{pmatrix} 1 & 1 & 1 & 4 & -3 \\ 1 & -1 & 3 & -2 & -1 \\ 2 & 1 & 3 & 5 & -5 \\ 3 & 1 & 5 & 6 & -7 \end{pmatrix} \to \begin{pmatrix} 1 & 1 & 1 & 4 & -3 \\ 0 & -2 & 2 & -6 & 2 \\ 0 & -1 & 1 & -3 & 1 \\ 0 & -2 & 2 & -6 & 2 \end{pmatrix} \to \begin{pmatrix} 1 & 0 & 2 & 1 & -2 \\ 0 & 1 & -1 & 3 & -1 \\ 0 & 0 & 0 & 0 & 0 \\ 0 & 0 & 0 & 0 & 0 \end{pmatrix},$$

由此可写出题设方程组的同解方程组:

$$\begin{cases} x_1=-2x_3-\ \ x_4+2x_5 \\ x_2=\qquad x_3-3x_4+\ \ x_5 \end{cases},$$

其中 x_3, x_4, x_5 为自由未知量. 令自由未知量 $\begin{pmatrix} x_3 \\ x_4 \\ x_5 \end{pmatrix}$ 取值 $\begin{pmatrix} 1 \\ 0 \\ 0 \end{pmatrix}, \begin{pmatrix} 0 \\ 1 \\ 0 \end{pmatrix}, \begin{pmatrix} 0 \\ 0 \\ 1 \end{pmatrix}$, 分别得上述线性方程组的解:

$$\boldsymbol{\eta}_1=(-2,1,1,0,0)^{\mathrm{T}},\ \boldsymbol{\eta}_2=(-1,-3,0,1,0)^{\mathrm{T}},\ \boldsymbol{\eta}_3=(2,1,0,0,1)^{\mathrm{T}}.$$

向量组 $\boldsymbol{\eta}_1, \boldsymbol{\eta}_2, \boldsymbol{\eta}_3$ 就是所给方程组的一个基础解系. 所以, 方程组的通解为

$$\boldsymbol{\eta}=c_1\boldsymbol{\eta}_1+c_2\boldsymbol{\eta}_2+c_3\boldsymbol{\eta}_3\ (c_1, c_2, c_3\in\mathbf{R}).$$

例 6 设有齐次线性方程组

$$\begin{cases} (1+a)x_1+x_2+x_3+x_4=0 \\ 2x_1+(2+a)x_2+2x_3+2x_4=0 \\ 3x_1+3x_2+(3+a)x_3+3x_4=0 \\ 4x_1+4x_2+4x_3+(4+a)x_4=0 \end{cases},$$

其中 $a\neq0$, 试问 a 取何值时, 该方程组有非零解? 求出其通解.

解 因题设 $a\neq0$, 对题设方程组的系数矩阵施以初等行变换, 得

$$\boldsymbol{A}=\begin{pmatrix} 1+a & 1 & 1 & 1 \\ 2 & 2+a & 2 & 2 \\ 3 & 3 & 3+a & 3 \\ 4 & 4 & 4 & 4+a \end{pmatrix} \to \begin{pmatrix} 1+a & 1 & 1 & 1 \\ -2a & a & 0 & 0 \\ -3a & 0 & a & 0 \\ -4a & 0 & 0 & a \end{pmatrix} \to \begin{pmatrix} a+10 & 0 & 0 & 0 \\ -2 & 1 & 0 & 0 \\ -3 & 0 & 1 & 0 \\ -4 & 0 & 0 & 1 \end{pmatrix}.$$

由题设方程组有非零解知, 当 $a=-10$ 时, $\mathrm{r}(\boldsymbol{A})=3<4$, 故其同解方程组为

$$\begin{cases}-2x_1+x_2=0\\-3x_1+x_3=0\\-4x_1+x_4=0\end{cases}.$$

根据求齐次线性方程组基础解系的步骤, 令 $x_1=1$, 可得基础解系为 $\boldsymbol{\eta}=(1,2,3,4)^{\mathrm{T}}$. 于是, 所求齐次线性方程组的通解为

$$\boldsymbol{x}=k\boldsymbol{\eta}\ (k\text{为任意常数}).$$

例7 已知齐次线性方程组

$$(1)\begin{cases}x_1+2x_2+3x_3=0\\2x_1+3x_2+5x_3=0,\\x_1+x_2+ax_3=0\end{cases}\quad(2)\begin{cases}x_1+bx_2+cx_3=0\\2x_1+b^2x_2+(c+1)x_3=0\end{cases}$$

同解, 求 a, b, c 的值.

解 设 $\boldsymbol{A}, \boldsymbol{B}$ 分别为线性方程组 (1) 与 (2) 的系数矩阵. 因方程组 (2) 的未知量个数大于方程个数, 故方程组 (2) 有无穷多解. 又因题设线性方程组 (1) 与 (2) 同解, 故秩 $\mathrm{r}(\boldsymbol{A})<3$.

对矩阵 $\boldsymbol{A}$ 施以初等行变换, 得

$$\begin{pmatrix}1&2&3\\2&3&5\\1&1&a\end{pmatrix}\to\begin{pmatrix}1&0&1\\0&1&1\\0&0&a-2\end{pmatrix}.$$

由秩 $\mathrm{r}(\boldsymbol{A})<3$, 得 $a=2$. 此时即有

$$\begin{pmatrix}1&2&3\\2&3&5\\1&1&2\end{pmatrix}\to\begin{pmatrix}1&0&1\\0&1&1\\0&0&0\end{pmatrix}.$$

根据求齐次线性方程组基础解系的步骤, $(-1,-1,1)^{\mathrm{T}}$ 是方程组 (1) 的一个基础解系. 将其代入方程组 (2), 得 $b=1,\ c=2$ 或 $b=0,\ c=1$.

当 $b=1,\ c=2$ 时, 对矩阵 $\boldsymbol{B}$ 施以初等行变换, 得

$$\begin{pmatrix}1&1&2\\2&1&3\end{pmatrix}\to\begin{pmatrix}1&0&1\\0&1&1\end{pmatrix},$$

显然此时方程组 (1) 与 (2) 同解.

当 $b=0,\ c=1$ 时, 对矩阵 $\boldsymbol{B}$ 施以初等行变换, 得

$$\begin{pmatrix}1&0&1\\2&0&2\end{pmatrix}\to\begin{pmatrix}1&0&1\\0&0&0\end{pmatrix},$$

显然, 此时方程组(1)与(2)的解不相同.

所以, 当 $a=2,\ b=1,\ c=2$ 时, 方程组(1)与(2)同解.

*数学实验

实验 3.3　求下列齐次线性方程组的通解(详见教材配套的网络学习空间):

$$(1)\ \begin{cases} 2x_1+6x_2+16x_3+16x_4+64x_5+4x_6=0\\ 2x_1+4x_2+8x_3+17x_4+41x_5+12x_6=0\\ 6x_1+4x_2-13x_3+44x_4-5x_5+71x_6=0\\ 8x_1+42x_2+126x_3+40x_4+398x_5-36x_6=0\\ 5x_1+37x_2+113x_3-11x_4+298x_5-83x_6=0\\ -5x_1-41x_2-129x_3-11x_4-368x_5+51x_6=0 \end{cases};$$

$$(2)\ \begin{cases} 2x_1+6x_2+12x_3+14x_4+38x_5+170x_6=0\\ -3x_1-9x_2-14x_3-13x_4-45x_5-188x_6=0\\ 5x_1+15x_2-3x_3-31x_4-4x_5-112x_6=0\\ 7x_1+21x_2+68x_3+101x_4+211x_5+1\,047x_6=0\\ x_1+3x_2+35x_3+65x_4+106x_5+631x_6=0\\ 3x_1+9x_2+7x_3-x_4+24x_5+50x_6=0 \end{cases};$$

$$(3)\ \begin{cases} 10x_1+6x_2+37x_3+11x_4-35x_5+28x_6=0\\ -2x_1-2x_2-10x_3+3x_4+3x_5+4x_6=0\\ 5x_1-4x_2+2x_3+46x_4-50x_5+88x_6=0\\ 9x_1+36x_2+89x_3-147x_4+101x_5+258x_6=0\\ 21x_1+82x_2+202x_3-347x_4+234x_5-612x_6=0 \end{cases}.$$

计算实验

例 8　证明: 若 $\boldsymbol{A}_{m\times n}\boldsymbol{B}_{n\times l}=\boldsymbol{O}$, 则 $\mathrm{r}(\boldsymbol{A})+\mathrm{r}(\boldsymbol{B})\leqslant n$.

证明　记 $\boldsymbol{B}=(\boldsymbol{b}_1,\boldsymbol{b}_2,\cdots,\boldsymbol{b}_l)$, 则 $\boldsymbol{A}(\boldsymbol{b}_1,\boldsymbol{b}_2,\cdots,\boldsymbol{b}_l)=(\boldsymbol{0},\boldsymbol{0},\cdots,\boldsymbol{0})$, 即

$$\boldsymbol{A}\boldsymbol{b}_i=\boldsymbol{0}\ \ (i=1,2,\cdots,l).$$

上式表明矩阵 $\boldsymbol{B}$ 的 l 个列向量都是齐次线性方程组 $\boldsymbol{Ax}=\boldsymbol{0}$ 的解. 设齐次线性方程组 $\boldsymbol{Ax}=\boldsymbol{0}$ 的解空间为 $\boldsymbol{S}$, 由 $\boldsymbol{b}_i\in\boldsymbol{S}$, 必有

$$\mathrm{r}(\boldsymbol{b}_1,\boldsymbol{b}_2,\cdots,\boldsymbol{b}_l)\leqslant r_{\boldsymbol{S}},\ \text{即}\ \mathrm{r}(\boldsymbol{B})\leqslant r_{\boldsymbol{S}}.$$

再由定理 1 得, $\mathrm{r}(\boldsymbol{A})+r_{\boldsymbol{S}}=n$, 所以, $\mathrm{r}(\boldsymbol{A})+\mathrm{r}(\boldsymbol{B})\leqslant n$. 证毕.

例 9　已知三阶矩阵 $\boldsymbol{A}$ 的第 1 行是 (a,b,c), a,b,c 不全为零, 矩阵

$$\boldsymbol{B}=\begin{pmatrix}1&2&3\\2&4&6\\3&6&k\end{pmatrix}\ \ (k\in\mathbf{R},\ k\neq 9),$$

且 $\boldsymbol{AB}=\boldsymbol{O}$, 试求 $\boldsymbol{Ax}=\boldsymbol{0}$ 的通解.

解 根据矩阵的秩的性质与齐次线性方程组解的性质, 由 $\boldsymbol{AB}=\boldsymbol{O}$ 知, $\boldsymbol{B}$ 的每一列向量均为 $\boldsymbol{Ax}=\boldsymbol{0}$ 的解, 且

$$\mathrm{r}(\boldsymbol{A})+\mathrm{r}(\boldsymbol{B})\leqslant 3.$$

对矩阵 $\boldsymbol{B}$, 由于 $k\neq 9$, 而其前两列成比例, 故有 $\mathrm{r}(\boldsymbol{B})=2$, 从而 $\mathrm{r}(\boldsymbol{A})\leqslant 1$, 但依题设, 显然有 $\mathrm{r}(\boldsymbol{A})\geqslant 1$, 所以

$$\mathrm{r}(\boldsymbol{A})=1.$$

此时 $\boldsymbol{Ax}=\boldsymbol{0}$ 的基础解系所含解向量的个数为

$$3-\mathrm{r}(\boldsymbol{A})=2.$$

矩阵 $\boldsymbol{B}$ 的第1、第3列线性无关, 可作为其基础解系, 故线性方程组 $\boldsymbol{Ax}=\boldsymbol{0}$ 的通解为

$$\boldsymbol{x}=k_1\begin{pmatrix}1\\2\\3\end{pmatrix}+k_2\begin{pmatrix}3\\6\\k\end{pmatrix},\ k_1,k_2\text{为任意常数}.$$

例10 求出一个齐次线性方程组, 使它的基础解系由下列向量组成:

$$\boldsymbol{\xi}_1=\begin{pmatrix}1\\2\\3\\4\end{pmatrix},\quad \boldsymbol{\xi}_2=\begin{pmatrix}4\\3\\2\\1\end{pmatrix}.$$

解 设所求的齐次线性方程组为 $\boldsymbol{Ax}=\boldsymbol{0}$, 矩阵 $\boldsymbol{A}$ 的行向量形如 $\boldsymbol{\alpha}^{\mathrm{T}}=(a_1,a_2,a_3,a_4)$. 由题意, 有 $\boldsymbol{\alpha}^{\mathrm{T}}\boldsymbol{\xi}_1=0,\ \boldsymbol{\alpha}^{\mathrm{T}}\boldsymbol{\xi}_2=0$, 即

$$\begin{cases}a_1+2a_2+3a_3+4a_4=0\\4a_1+3a_2+2a_3+a_4=0\end{cases}.$$

设这个方程组的系数矩阵为 $\boldsymbol{B}$, 对 $\boldsymbol{B}$ 施以初等行变换, 得

$$\boldsymbol{B}=\begin{pmatrix}1&2&3&4\\4&3&2&1\end{pmatrix}\to\begin{pmatrix}1&2&3&4\\0&-5&-10&-15\end{pmatrix}\to\begin{pmatrix}1&0&-1&-2\\0&1&2&3\end{pmatrix}.$$

由此可写出上述方程组的同解方程组:

$$\begin{cases}a_1-a_3-2a_4=0\\a_2+2a_3+3a_4=0\end{cases},$$

得其基础解系为 $\begin{pmatrix}1\\-2\\1\\0\end{pmatrix},\ \begin{pmatrix}2\\-3\\0\\1\end{pmatrix}$. 因此, 可取矩阵 $\boldsymbol{A}$ 的行向量分别为

$$\boldsymbol{\alpha}_1^{\mathrm{T}}=(1,\ -2,\ 1,\ 0),\quad \boldsymbol{\alpha}_2^{\mathrm{T}}=(2,\ -3,\ 0,\ 1),$$

故所求齐次线性方程组的系数矩阵为

$$\boldsymbol{A}=\begin{pmatrix}1 & -2 & 1 & 0\\ 2 & -3 & 0 & 1\end{pmatrix},$$

所求齐次线性方程组为

$$\begin{cases} x_1-2x_2+x_3 \qquad =0\\ 2x_1-3x_2 \qquad +x_4=0\end{cases}.$$

二、非齐次线性方程组解的结构

非齐次线性方程组 $\boldsymbol{Ax}=\boldsymbol{b}$ 解的结构本质在于将其解空间描述为其特解与齐次线性方程组 $\boldsymbol{Ax}=\boldsymbol{0}$ 解空间的线性子空间的和. 这一结构表明非齐次方程组的解空间是一个平移的线性子空间. 它将非齐次的复杂问题分解为求齐次方程组的通解和非齐次方程组的一个特解的简单任务. 它在几何上对应于零空间的平移, 反映了约束向量 $\boldsymbol{b}$ 对解空间的影响. 这一结构广泛应用于工程和科学领域, 如电路分析、力学平衡和经济模型优化等, 为复杂问题的系统性求解提供了理论支持.

设有非齐次线性方程组

$$\begin{cases} a_{11}x_1+a_{12}x_2+\cdots+a_{1n}x_n=b_1\\ a_{21}x_1+a_{22}x_2+\cdots+a_{2n}x_n=b_2\\ \quad\cdots\cdots\\ a_{m1}x_1+a_{m2}x_2+\cdots+a_{mn}x_n=b_m\end{cases}, \tag{6.5}$$

它也可以写成矩阵方程

$$\boldsymbol{Ax}=\boldsymbol{b}, \tag{6.6}$$

称 $\boldsymbol{Ax}=\boldsymbol{0}$ 为 $\boldsymbol{Ax}=\boldsymbol{b}$ **对应的齐次线性方程组** (也称为**导出组**).

性质 3 设 $\boldsymbol{\eta}_1, \boldsymbol{\eta}_2$ 是非齐次线性方程组 $\boldsymbol{Ax}=\boldsymbol{b}$ 的解, 则 $\boldsymbol{\eta}_1-\boldsymbol{\eta}_2$ 是对应的齐次线性方程组 $\boldsymbol{Ax}=\boldsymbol{0}$ 的解.

证明 因 $\boldsymbol{\eta}_1, \boldsymbol{\eta}_2$ 是非齐次线性方程组 $\boldsymbol{Ax}=\boldsymbol{b}$ 的解, 故

$$\boldsymbol{A}(\boldsymbol{\eta}_1-\boldsymbol{\eta}_2)=\boldsymbol{A\eta}_1-\boldsymbol{A\eta}_2=\boldsymbol{b}-\boldsymbol{b}=\boldsymbol{0},$$

所以, $\boldsymbol{\eta}_1-\boldsymbol{\eta}_2$ 为对应的齐次线性方程组 $\boldsymbol{Ax}=\boldsymbol{0}$ 的解. 证毕.

性质 4 设 $\boldsymbol{\eta}$ 是非齐次线性方程组 $\boldsymbol{Ax}=\boldsymbol{b}$ 的解, $\boldsymbol{\xi}$ 是对应的齐次线性方程组 $\boldsymbol{Ax}=\boldsymbol{0}$ 的解, 则 $\boldsymbol{\xi}+\boldsymbol{\eta}$ 是非齐次线性方程组 $\boldsymbol{Ax}=\boldsymbol{b}$ 的解.

证明 因 $\boldsymbol{\eta}$ 是方程组 $\boldsymbol{Ax}=\boldsymbol{b}$ 的解, $\boldsymbol{\xi}$ 是对应的齐次方程组 $\boldsymbol{Ax}=\boldsymbol{0}$ 的解, 故

$$A(\xi+\eta)=A\xi+A\eta=0+b=b,$$

即 $\xi+\eta$ 是非齐次线性方程组 $Ax=b$ 的解. 证毕.

定理 2 设 η^* 是非齐次线性方程组 $Ax=b$ 的一个解, ξ 是对应的齐次线性方程组 $Ax=0$ 的通解, 则 $x=\xi+\eta^*$ 是非齐次线性方程组 $Ax=b$ 的通解.

证明 根据非齐次线性方程组解的性质, 只需证明非齐次线性方程组的任一解 η 一定能表示为 η^* 与 $Ax=0$ 的某一解 ξ_1 的和. 取 $\xi_1=\eta-\eta^*$. 由性质 3 知, ξ_1 是 $Ax=0$ 的一个解, 故

$$\eta=\xi_1+\eta^*,$$

即非齐次线性方程组的任一解都能表示为该方程组的一个解 η^* 与其对应的齐次线性方程组某一解的和. 证毕.

注: 设 $\xi_1,\xi_2,\cdots,\xi_{n-r}$ 是 $Ax=0$ 的基础解系, η^* 是 $Ax=b$ 的一个解, 则非齐次方程 $Ax=b$ 的通解可表示为 $x=c_1\xi_1+c_2\xi_2+\cdots+c_{n-r}\xi_{n-r}+\eta^*$, 其中 $c_1, c_2, \cdots, c_{n-r}\in\mathbf{R}$.

综合前面的讨论, 设有非齐次线性方程组 $Ax=b$, 而 $\alpha_1, \alpha_2, \cdots, \alpha_n$ 是系数矩阵 A 的列向量组, 则下列四个命题等价:

(1) 非齐次线性方程组 $Ax=b$ 有解;

(2) 向量 b 能由向量组 $\alpha_1, \alpha_2, \cdots, \alpha_n$ 线性表示;

(3) 向量组 $\alpha_1, \alpha_2, \cdots, \alpha_n$ 与向量组 $\alpha_1, \alpha_2, \cdots, \alpha_n, b$ 等价;

(4) $\mathrm{r}(A)=\mathrm{r}(A\ \ b)$.

例 11 求线性方程组 $\begin{cases}-2x_1+x_2+x_3=0\\ x_1-2x_2+x_3=3\\ x_1+x_2-2x_3=-3\end{cases}$ 的通解.

解 记题设线性方程组的系数矩阵为 A, 并对其增广矩阵 $\widetilde{A}$ 作初等行变换, 得

$$\widetilde{A}=\begin{pmatrix}-2&1&1&0\\1&-2&1&3\\1&1&-2&-3\end{pmatrix}\to\begin{pmatrix}1&0&-1&-1\\0&1&-1&-2\\0&0&0&0\end{pmatrix},$$

由此可写出题设方程组的同解方程组:

$$\begin{cases}x_1-x_3=-1\\x_2-x_3=-2\end{cases}.$$

令 $x_3=1$, 得题设方程组对应的齐次方程组的基础解系为

$$\xi=(1, 1, 1)^{\mathrm{T}};$$

再令 $x_3=0$, 得题设线性方程组的一个特解为

$$\eta^*=(-1, -2, 0)^{\mathrm{T}}.$$

从而求得题设线性方程组的通解:

$$\begin{pmatrix} x_1 \\ x_2 \\ x_3 \end{pmatrix} = k\begin{pmatrix} 1 \\ 1 \\ 1 \end{pmatrix} + \begin{pmatrix} -1 \\ -2 \\ 0 \end{pmatrix}, \text{其中 } k \text{ 为任意常数.}$$

例12　在人工智能的神经网络训练模型中, 需通过求解四元线性方程组确定模型参数. 现有一神经网络模型, 借助四个参数 (权重) 拟合数据. 其训练数据由以下非齐次线性方程组表示:

$$\begin{pmatrix} 1 & 2 & -1 & 3 \\ 2 & -1 & 3 & 1 \\ 4 & 1 & 2 & -2 \\ -1 & 3 & 4 & 2 \end{pmatrix}\begin{pmatrix} w_1 \\ w_2 \\ w_3 \\ w_4 \end{pmatrix} = \begin{pmatrix} 4 \\ 3 \\ 5 \\ 1 \end{pmatrix}.$$

其中, w_1, w_2, w_3, w_4 为神经网络模型的四个参数, 方程右侧常数为网络输出目标值. 试求这些参数的值.

解　考虑题设线性方程组的增广矩阵:

$$(\boldsymbol{A}\ \ \boldsymbol{b}) = \begin{pmatrix} 1 & 2 & -1 & 3 & 4 \\ 2 & -1 & 3 & 1 & 3 \\ 4 & 1 & 2 & -2 & 5 \\ -1 & 3 & 4 & 2 & 1 \end{pmatrix}.$$

接下来, 通过初等行变换, 将增广矩阵化为行阶梯形矩阵:

$$(\boldsymbol{A}\ \ \boldsymbol{b}) \to \begin{pmatrix} 1 & 2 & -1 & 3 & 4 \\ 0 & -5 & 5 & -5 & -5 \\ 0 & -7 & 6 & -14 & -11 \\ 0 & 5 & 3 & 5 & 5 \end{pmatrix} \to \begin{pmatrix} 1 & 2 & -1 & 3 & 4 \\ 0 & 1 & -1 & 1 & 1 \\ 0 & -7 & 6 & -14 & -11 \\ 0 & 5 & 3 & 5 & 5 \end{pmatrix}$$

$$\to \begin{pmatrix} 1 & 2 & -1 & 3 & 4 \\ 0 & 1 & -1 & 1 & 1 \\ 0 & 0 & -1 & -7 & -4 \\ 0 & 0 & 8 & 0 & 0 \end{pmatrix} \to \begin{pmatrix} 1 & 2 & -1 & 3 & 4 \\ 0 & 1 & -1 & 1 & 1 \\ 0 & 0 & 1 & 7 & 4 \\ 0 & 0 & 1 & 0 & 0 \end{pmatrix}$$

$$\to \begin{pmatrix} 1 & 2 & -1 & 3 & 4 \\ 0 & 1 & -1 & 1 & 1 \\ 0 & 0 & 1 & 7 & 4 \\ 0 & 0 & 0 & -7 & -4 \end{pmatrix} \to \begin{pmatrix} 1 & 2 & -1 & 3 & 4 \\ 0 & 1 & -1 & 1 & 1 \\ 0 & 0 & 1 & 7 & 4 \\ 0 & 0 & 0 & 1 & 4/7 \end{pmatrix}.$$

根据上述行阶梯形矩阵, 得最终解为

$$w_1 = \frac{10}{7},\ \ w_2 = \frac{3}{7},\ \ w_3 = 0,\ \ w_4 = \frac{4}{7}.$$

在人工智能的神经网络训练过程中, 解这个线性方程组意味着我们通过调整模型的权重参数来使得神经网络的输出尽可能接近目标值. 通过这种方式, 神经网络能够从输入数据中学习到合适的参数, 从而做出有效的预测. 在本例中, 解出的权重为

$$w_1 = \frac{10}{7},\ \ w_2 = \frac{3}{7},\ \ w_3 = 0,\ \ w_4 = \frac{4}{7},$$

表示我们可以用这些值来更新神经网络的四个参数, 以便神经网络能够准确地拟合数据并获得期望的输出. 这些权重的具体值决定了网络在特定任务中的表现, 反映了每个输入特征对最终预测结果的影响.

通过这个简单的线性方程组案例, 我们可以看到如何将神经网络的训练问题转化为线性代数问题. 在实际应用中, 神经网络的训练通常会涉及大量的参数和复杂的矩阵运算, 线性方程组的解法为我们提供了一个基础的数学工具, 帮助我们理解模型如何通过调整参数来拟合数据. 这一过程在人工智能和机器学习中具有广泛的应用, 尤其是在最优化算法的设计与分析中.

例 13　求下列线性方程组的通解:

$$\begin{cases} x_1 + x_2 + x_3 + x_4 + x_5 = 7 \\ 3x_1 + x_2 + 2x_3 + x_4 - 3x_5 = -2 \\ 2x_2 + x_3 + 2x_4 + 6x_5 = 23 \end{cases}.$$

解　对题设非齐次线性方程组的增广矩阵作初等行变换, 有

$$\widetilde{\boldsymbol{A}} = \begin{pmatrix} 1 & 1 & 1 & 1 & 1 & 7 \\ 3 & 1 & 2 & 1 & -3 & -2 \\ 0 & 2 & 1 & 2 & 6 & 23 \end{pmatrix} \to \begin{pmatrix} 1 & 0 & 1/2 & 0 & -2 & -9/2 \\ 0 & 1 & 1/2 & 1 & 3 & 23/2 \\ 0 & 0 & 0 & 0 & 0 & 0 \end{pmatrix}.$$

由上式右端行最简形矩阵知,

$$\mathrm{r}(\boldsymbol{A}) = \mathrm{r}(\widetilde{\boldsymbol{A}}) = 2 < 5,$$

故题设线性方程组有无穷多解, 且题设线性方程组的同解方程组为

$$\begin{cases} x_1 = -\dfrac{1}{2}x_3 + 2x_5 - \dfrac{9}{2} \\ x_2 = -\dfrac{1}{2}x_3 - x_4 - 3x_5 + \dfrac{23}{2} \end{cases}. \tag{6.7}$$

令 $\begin{pmatrix} x_3 \\ x_4 \\ x_5 \end{pmatrix} = \begin{pmatrix} 1 \\ 0 \\ 0 \end{pmatrix}, \begin{pmatrix} 0 \\ 1 \\ 0 \end{pmatrix}, \begin{pmatrix} 0 \\ 0 \\ 1 \end{pmatrix}$, 分别代入上述方程组对应的齐次方程组, 求得基础解系:

$$\xi_1=\begin{pmatrix}-1/2\\-1/2\\1\\0\\0\end{pmatrix},\ \xi_2=\begin{pmatrix}0\\-1\\0\\1\\0\end{pmatrix},\ \xi_3=\begin{pmatrix}2\\-3\\0\\0\\1\end{pmatrix}.$$

求题设方程组的一个特解. 令 $x_3=x_4=x_5=0$, 得

$$x_1=-9/2,\ x_2=23/2,$$

故所求通解为

$$x=c_1\begin{pmatrix}-1/2\\-1/2\\1\\0\\0\end{pmatrix}+c_2\begin{pmatrix}0\\-1\\0\\1\\0\end{pmatrix}+c_3\begin{pmatrix}2\\-3\\0\\0\\1\end{pmatrix}+\begin{pmatrix}-9/2\\23/2\\0\\0\\0\end{pmatrix},$$

其中 c_1, c_2, c_3 为任意常数.

例 14 设四元非齐次线性方程组 $\boldsymbol{Ax}=\boldsymbol{b}$ 的系数矩阵 $\boldsymbol{A}$ 的秩为3, 已知它的三个解向量分别为 $\boldsymbol{\eta}_1, \boldsymbol{\eta}_2, \boldsymbol{\eta}_3$, 其中

$$\boldsymbol{\eta}_1=\begin{pmatrix}3\\-4\\1\\2\end{pmatrix},\ \boldsymbol{\eta}_2+\boldsymbol{\eta}_3=\begin{pmatrix}4\\6\\8\\0\end{pmatrix}.$$

试求该方程组的通解.

解 依题意, 方程组 $\boldsymbol{Ax}=\boldsymbol{b}$ 的导出组的基础解系含 $4-3=1$ 个向量, 于是, 导出组的任何一个非零解都可作为其基础解系. 显然

$$\boldsymbol{\eta}_1-\frac{1}{2}(\boldsymbol{\eta}_2+\boldsymbol{\eta}_3)=\begin{pmatrix}1\\-7\\-3\\2\end{pmatrix}\neq\mathbf{0}$$

是导出组的非零解, 可作为其基础解系. 故方程组 $\boldsymbol{Ax}=\boldsymbol{b}$ 的通解为

$$\boldsymbol{x}=\boldsymbol{\eta}_1+c\left[\boldsymbol{\eta}_1-\frac{1}{2}(\boldsymbol{\eta}_2+\boldsymbol{\eta}_3)\right]=\begin{pmatrix}3\\-4\\1\\2\end{pmatrix}+c\begin{pmatrix}1\\-7\\-3\\2\end{pmatrix}\ (c\text{为任意常数}).$$

例 15 已知下列非齐次线性方程组 (I) (II):

$$\text{(I)}\begin{cases}x_1+x_2-2x_4=-6\\4x_1-x_2-x_3-x_4=1\\3x_1-x_2-x_3=3\end{cases},\qquad \text{(II)}\begin{cases}x_1+mx_2-x_3-x_4=-5\\nx_2-x_3-2x_4=-11\\x_3-2x_4=-t+1\end{cases}.$$

(1) 求方程组 (I) 的通解, 用其导出组的基础解系表示通解;

(2) 当方程组 (II) 中的参数 m, n, t 为何值时, 方程组 (I) 与 (II) 同解?

解 (1) 对题设线性方程组(I) 的增广矩阵 $\widetilde{\boldsymbol{A}}=(\boldsymbol{A}\ \ \boldsymbol{b})$ 施以初等行变换, 将其化为行阶梯形矩阵, 有

$$\widetilde{\boldsymbol{A}}=\begin{pmatrix}1&1&0&-2&-6\\4&-1&-1&-1&1\\3&-1&-1&0&3\end{pmatrix}\to\begin{pmatrix}1&1&0&-2&-6\\0&-5&-1&7&25\\0&-4&-1&6&21\end{pmatrix}$$

$$\to\begin{pmatrix}1&1&0&-2&-6\\0&-1&0&1&4\\0&-4&-1&6&21\end{pmatrix}\to\begin{pmatrix}1&1&0&-2&-6\\0&1&0&-1&-4\\0&0&-1&2&5\end{pmatrix}.$$

根据非齐次线性方程组解的等价命题, 由 $\mathrm{r}(\boldsymbol{A})=\mathrm{r}(\widetilde{\boldsymbol{A}})=3<4$ 知, 线性方程组 (I) 有解, 且方程组(I) 的同解方程组为

$$\begin{cases}x_1+x_2-2x_4=-6\\x_2-x_4=-4\\-x_3+2x_4=5\end{cases}.$$

根据求齐次线性方程组基础解系的步骤, 取 $x_4=1$, 代入上述线性方程组对应的齐次方程组, 求得基础解系

$$\boldsymbol{\xi}=(1,\ 1,\ 2,\ 1)^{\mathrm{T}}.$$

求特解. 令 $x_4=0$, 得 $x_1=-2$, $x_2=-4$, $x_3=-5$, 故由非齐次线性方程组解的结构知, 所求线性方程组(I) 的通解为

$$\boldsymbol{x}=k(1,\ 1,\ 2,\ 1)^{\mathrm{T}}+(-2,\ -4,\ -5,\ 0)^{\mathrm{T}}.$$

(2) 由(1)的结论可知, 方程组(I) 的通解为

$$x_1=-2+k,\ x_2=-4+k,\ x_3=-5+2k,\ x_4=k,$$

将其代入线性方程组(II), 得

$$\begin{cases}(-2+k)+(-4+k)m-(-5+2k)-k=-5\\n(-4+k)-(-5+2k)-2k=-11\\(-5+2k)-2k=-t+1\end{cases},$$

整理得

$$\begin{cases}(m-2)(k-4)=0\\(n-4)(k-4)=0\\t=6\end{cases}.$$

由于方程组 (I) 的通解中的 k 可取任意常数，要使上述关系式得到满足，必须有

$$m-2=0,\ n-4=0,\ t=6,$$

由此求得

$$m=2,\ n=4,\ t=6.$$

*数学实验

实验3.4　求下列非齐次线性方程组的通解（详见教材配套的网络学习空间）：

(1) $\begin{cases}2x_1+6x_2+16x_3+16x_4+64x_5+4x_6=86\\2x_1+4x_2+8x_3+17x_4+41x_5+12x_6=5\\6x_1+4x_2-13x_3+44x_4-5x_5+71x_6=-305\\8x_1+42x_2+126x_3+40x_4+398x_5-36x_6=1018\\5x_1+37x_2+113x_3-11x_4+298x_5-83x_6=1181\\-5x_1-41x_2-129x_3-11x_4-368x_5+51x_6=-1127\end{cases}$；

(2) $\begin{cases}2x_1+6x_2+12x_3+14x_4+38x_5+170x_6=-148\\-3x_1-9x_2-14x_3-13x_4-45x_5-188x_6=159\\5x_1+15x_2-3x_3-31x_4-4x_5-112x_6=197\\7x_1+21x_2+68x_3+101x_4+211x_5+1047x_6=-878\\x_1+3x_2+35x_3+65x_4+106x_5+631x_6=-350\\3x_1+9x_2+7x_3-x_4+24x_5+50x_6=-111\end{cases}$；

(3) $\begin{cases}10x_1+6x_2+37x_3+11x_4-35x_5+28x_6=-168\\-2x_1-2x_2-10x_3+3x_4+3x_5+4x_6=20\\5x_1-4x_2+2x_3+46x_4-50x_5+88x_6=-203\\9x_1+36x_2+89x_3-147x_4+101x_5-258x_6=353\\21x_1+82x_2+202x_3-347x_4+234x_5-612x_6=830\\3x_1-2x_2+10x_3+9x_4-7x_5+17x_6=-49\end{cases}$.

计算实验

习题 3-6

1. 求下列齐次线性方程组的基础解系：

(1) $\begin{cases}-x_1+2x_2=0\\2x_1-4x_2=0\end{cases}$；　　(2) $\begin{cases}x_1+x_2+x_3=0\\x_1+x_2-x_3=0\\x_3+x_4+x_5=0\end{cases}$；

(3) $\begin{cases} x_1-8x_2+10x_3+2x_4=0 \\ 2x_1+4x_2+5x_3-x_4=0 \\ 3x_1+8x_2+6x_3-2x_4=0 \end{cases}$;　　(4) $\begin{cases} 2x_1-3x_2-2x_3+x_4=0 \\ 3x_1+5x_2+4x_3-2x_4=0 \\ 8x_1+7x_2+6x_3-3x_4=0 \end{cases}$;

(5) $\begin{cases} x_1-2x_2=0 \\ x_2-2x_3=0 \\ x_3-2x_4=0 \\ x_4-2x_5=0 \end{cases}$;　　(6) $\begin{cases} x_1+2x_2+5x_3=0 \\ x_1+3x_2-2x_3=0 \\ 3x_1+7x_2+8x_3=0 \\ x_1+4x_2-9x_3=0 \end{cases}$;

(7) $nx_1+(n-1)x_2+\cdots+2x_{n-1}+x_n=0$.

2. 设 $\boldsymbol{\alpha}_1$, $\boldsymbol{\alpha}_2$ 是某个齐次线性方程组的基础解系, 证明: $\boldsymbol{\alpha}_1+\boldsymbol{\alpha}_2$, $2\boldsymbol{\alpha}_1-\boldsymbol{\alpha}_2$ 是该线性方程组的基础解系.

3. 设 $\boldsymbol{A}$ 是 n 阶方阵, 且齐次线性方程组 $\boldsymbol{Ax}=\boldsymbol{0}$ 只有零解, 试证: 对任意的正整数 k, 齐次线性方程组 $\boldsymbol{A}^k\boldsymbol{x}=\boldsymbol{0}$ 也只有零解.

4. 设 $\boldsymbol{A}=\begin{pmatrix} 2 & -2 & 1 & 3 \\ 9 & -5 & 2 & 8 \end{pmatrix}$, 求一个 4×2 矩阵 $\boldsymbol{B}$, 使 $\boldsymbol{AB}=\boldsymbol{O}$, 且 $\mathrm{r}(\boldsymbol{B})=2$.

5. 某企业有五个主要部门: 人力资源部、研发部、市场部、生产部和财务部. 企业希望根据历史数据, 建立一个模型来确定各部门之间的资源分配, 使部门绩效与资源分配能够达到平衡. 假设企业各部门之间的资源分配关系可以通过以下齐次线性方程组来描述:

$$\begin{pmatrix} 1 & -1 & 0 & 0 & 0 \\ 0 & 1 & -1 & 0 & 0 \\ 0 & 0 & 1 & -1 & 0 \\ 0 & 0 & 0 & 1 & -1 \\ -1 & 0 & 0 & 0 & 1 \end{pmatrix}\begin{pmatrix} y_1 \\ y_2 \\ y_3 \\ y_4 \\ y_5 \end{pmatrix}=\begin{pmatrix} 0 \\ 0 \\ 0 \\ 0 \\ 0 \end{pmatrix},$$

其中, y_1, y_2, y_3, y_4, y_5 分别表示五个部门所需的资源 (如资金、人员、设备等). 试确定上述齐次线性方程组解空间的维数, 并说明其经济意义.

6. 求一个齐次线性方程组, 使它的基础解系由下列向量组成.

(1) $\boldsymbol{\xi}_1=\begin{pmatrix} 0 \\ 1 \\ 2 \\ 3 \end{pmatrix}$, $\boldsymbol{\xi}_2=\begin{pmatrix} 3 \\ 2 \\ 1 \\ 0 \end{pmatrix}$;　　(2) $\boldsymbol{\xi}_1=\begin{pmatrix} 1 \\ -2 \\ 0 \\ 3 \\ -1 \end{pmatrix}$, $\boldsymbol{\xi}_2=\begin{pmatrix} 2 \\ -3 \\ 2 \\ 5 \\ -3 \end{pmatrix}$, $\boldsymbol{\xi}_3=\begin{pmatrix} 1 \\ -2 \\ 1 \\ 2 \\ -2 \end{pmatrix}$.

7. 求下列非齐次线性方程组的一个特解及其对应的齐次线性方程组的基础解系:

(1) $\begin{cases} x_1+x_2=5 \\ 2x_1+x_2+x_3+2x_4=1 \\ 5x_1+3x_2+2x_3+2x_4=3 \end{cases}$;　(2) $\begin{cases} x_1-5x_2+2x_3-3x_4=11 \\ 5x_1+3x_2+6x_3-x_4=-1 \\ 2x_1+4x_2+2x_3+x_4=-6 \end{cases}$;　(3) $\begin{cases} x_1+2x_2+3x_3-x_4=1 \\ 3x_1+2x_2+x_3-x_4=1 \\ 2x_1+3x_2+x_3+x_4=1 \\ 2x_1+2x_2+2x_3-x_4=1 \\ 5x_1+5x_2+2x_3=2 \end{cases}$.

8. 设四元非齐次线性方程组的系数矩阵的秩为3，已知$\boldsymbol{\eta}_1, \boldsymbol{\eta}_2, \boldsymbol{\eta}_3$是它的3个解向量，且

$$\boldsymbol{\eta}_1=\begin{pmatrix}2\\3\\4\\5\end{pmatrix},\ \boldsymbol{\eta}_2+\boldsymbol{\eta}_3=\begin{pmatrix}1\\2\\3\\4\end{pmatrix},$$

求该方程组的通解.

9. 设四元非齐次线性方程组$\boldsymbol{Ax}=\boldsymbol{b}$的系数矩阵$\boldsymbol{A}$的秩为2，已知它的3个解向量为$\boldsymbol{\eta}_1, \boldsymbol{\eta}_2, \boldsymbol{\eta}_3$，其中

$$\boldsymbol{\eta}_1=\begin{pmatrix}4\\3\\2\\1\end{pmatrix},\ \boldsymbol{\eta}_2=\begin{pmatrix}1\\3\\5\\1\end{pmatrix},\ \boldsymbol{\eta}_3=\begin{pmatrix}-2\\6\\3\\2\end{pmatrix},$$

求该方程组的通解.

10. 设$\boldsymbol{\alpha}=\begin{pmatrix}a_1\\a_2\\a_3\end{pmatrix}, \boldsymbol{\beta}=\begin{pmatrix}b_1\\b_2\\b_3\end{pmatrix}, \boldsymbol{\gamma}=\begin{pmatrix}c_1\\c_2\\c_3\end{pmatrix}$，$a_i^2+b_i^2\neq 0$，$i=1, 2, 3$，证明三直线

$$\begin{cases}l_1: a_1x+b_1y+c_1=0\\ l_2: a_2x+b_2y+c_2=0\\ l_3: a_3x+b_3y+c_3=0\end{cases}$$

相交于一点的充分必要条件为向量组$\boldsymbol{\alpha}, \boldsymbol{\beta}, \boldsymbol{\gamma}$线性相关而向量组$\boldsymbol{\alpha}, \boldsymbol{\beta}$线性无关.

11. 设矩阵$\boldsymbol{A}=(\boldsymbol{\alpha}_1, \boldsymbol{\alpha}_2, \boldsymbol{\alpha}_3, \boldsymbol{\alpha}_4)$，其中$\boldsymbol{\alpha}_2, \boldsymbol{\alpha}_3, \boldsymbol{\alpha}_4$线性无关，且$\boldsymbol{\alpha}_1=2\boldsymbol{\alpha}_2-\boldsymbol{\alpha}_3$，向量

$$\boldsymbol{\beta}=\boldsymbol{\alpha}_1+\boldsymbol{\alpha}_2+\boldsymbol{\alpha}_3+\boldsymbol{\alpha}_4,$$

求方程$\boldsymbol{Ax}=\boldsymbol{\beta}$的通解.

12. 设矩阵$\boldsymbol{A}=\begin{pmatrix}1&2&1&2\\0&1&t&t\\1&t&0&1\end{pmatrix}$，齐次线性方程组$\boldsymbol{Ax}=\boldsymbol{0}$的基础解系含有2个线性无关的解向量，试求方程组$\boldsymbol{Ax}=\boldsymbol{0}$的全部解.

13. 某公司经营四个不同的投资项目：股票投资、房地产投资、债券投资和基金投资. 公司希望将其100万元资金合理分配到这些项目中，以期在一年后获得可观收益. 已知各投资项目的预期利润与资金投入之间的关系如下：

(1) 股票投资每投入1万元，预期获得1.5万元的利润；

(2) 房地产投资每投入1万元，预期获得2万元的利润；

(3) 债券投资每投入1万元，预期获得0.8万元的利润；

(4) 基金投资每投入1万元，预期获得1万元的利润.

假设公司希望将100万元分配给这四个投资项目，并且要求总利润达到150万元. 那么，应如何进行合理的资金分配？

14. 已知三阶矩阵 $\boldsymbol{A}$ 的第 1 行是 (a, b, c), a, b, c 不全为零, 矩阵 $\boldsymbol{B}=\begin{pmatrix}1&2&3\\2&4&6\\3&6&9\end{pmatrix}$, 且 $\boldsymbol{AB}=\boldsymbol{O}$, 求线性方程组 $\boldsymbol{Ax}=\boldsymbol{0}$ 的通解.

15. 设 $\boldsymbol{\eta}^*$ 是非齐次线性方程组 $\boldsymbol{Ax}=\boldsymbol{b}$ 的一个解, $\xi_1, \xi_2, \cdots, \xi_{n-r}$ 是对应的齐次线性方程组的一个基础解系, 证明: (1) $\boldsymbol{\eta}^*, \xi_1, \xi_2, \cdots, \xi_{n-r}$ 线性无关; (2) $\boldsymbol{\eta}^*, \boldsymbol{\eta}^*+\xi_1, \boldsymbol{\eta}^*+\xi_2, \cdots, \boldsymbol{\eta}^*+\xi_{n-r}$ 线性无关.

16. 找到一个包含两个变量 x_1 和 x_2 的方程组, 使其解集满足参数表示: $x_1=t$, $x_2=3t-4$, 其中 t 是任意实数. 证明该方程组的解也可以表示为 $x_1=\dfrac{4}{3}+\dfrac{t}{3}$, $x_2=t$.

17. 设 $\boldsymbol{\eta}_1, \boldsymbol{\eta}_2, \cdots, \boldsymbol{\eta}_s$ 是非齐次线性方程组 $\boldsymbol{Ax}=\boldsymbol{b}$ 的 s 个解, $k_1, k_2, \cdots, k_s$ 为实数, 满足

$$k_1+k_2+\cdots+k_s=1,$$

证明: $\boldsymbol{x}=k_1\boldsymbol{\eta}_1+k_2\boldsymbol{\eta}_2+\cdots+k_s\boldsymbol{\eta}_s$ 也是它的解.

18. 设非齐次线性方程组 $\boldsymbol{Ax}=\boldsymbol{b}$ 的系数矩阵 $\boldsymbol{A}$ 的秩为 r, $\boldsymbol{\eta}_1, \boldsymbol{\eta}_2, \cdots, \boldsymbol{\eta}_{n-r+1}$ 是它的 $n-r+1$ 个线性无关的解, 试证它的任一解都可表示为

$$\boldsymbol{x}=k_1\boldsymbol{\eta}_1+k_2\boldsymbol{\eta}_2+\cdots+k_{n-r+1}\boldsymbol{\eta}_{n-r+1},$$

其中实数 $k_1, k_2, \cdots, k_{n-r+1}$ 满足 $k_1+k_2+\cdots+k_{n-r+1}=1$.

19. 已知线性方程组

$$\begin{cases}x_1+x_2+x_3+x_4+x_5=a\\3x_1+2x_2+x_3+x_4-3x_5=0\\x_2+2x_3+2x_4+6x_5=b\\5x_1+4x_2+3x_3+3x_4-x_5=2\end{cases}.$$

(1) a, b 为何值时, 方程组有解?

(2) 方程组有解时, 求出方程组的导出组的一个基础解系;

(3) 方程组有解时, 求出方程组的全部解.

20. 设四元齐次线性方程组(I)为 $\begin{cases}x_1+x_2=0\\x_2-x_4=0\end{cases}$; 又已知某齐次线性方程组(II)的通解为

$$k_1(0, 1, 1, 0)+k_2(-1, 2, 2, 1).$$

(1) 求线性方程组(I)的基础解系;

(2) 线性方程组(I)和(II)是否有非零公共解? 若有, 求出所有的非零公共解; 若没有, 说明理由.

*§3.7 线性方程组的应用

线性方程组在科学、工程和社会等领域中具有重要意义, 因其提供了描述和解决多变量问题的系统化工具. 它能够清晰地表达变量之间的线性关系, 使复杂系统的建模和分析得

以实现. 在工程领域, 线性方程组用于电路分析、结构设计和物理模拟, 保障系统的可靠性和效率; 在经济学中, 它支持资源分配、投入产出分析和金融优化, 为决策提供理论依据; 在数据科学和机器学习中, 它是回归分析、优化算法的基础, 用于揭示数据规律和构建智能模型. 此外, 在图论、网络分析和科学计算中, 线性方程组帮助解决流量优化、信号分布和复杂物理过程的数值模拟问题.

总之, 线性方程组的广泛应用源于其表达多变量系统关系的强大能力, 它通过矩阵和向量形式, 为解决实际问题提供了高效、简洁和系统化的数学工具, 是现代科学与工程不可或缺的理论基石.

一、网络流模型

网络流模型是数学和计算机科学中的重要工具, 用于描述和优化网络中流量的分配问题. 其核心是通过有向图表示网络, 其中节点表示源点、汇点等, 边表示流量路径, 每条边具有容量限制. 典型的网络流问题包括最大流问题、最小费用最大流问题和多商品流问题. 该模型广泛应用于交通、物流、通信、电力等领域. 例如, 在交通系统中, 网络流模型优化道路流量分配, 缓解拥堵; 在物流网络中, 帮助规划最优配送路径和资源分配; 在通信网络中, 确保数据传输效率最大化; 在电力系统中, 优化电力分配. 此外, 它还用于图像处理、社会网络分析、制造业资源分配等场景. 网络流模型通过高效的算法(如福特–富尔克森算法、埃德蒙兹–卡普算法), 为解决复杂流量优化问题提供了理论和实践支持.

一个**网络**由一个点集以及连接部分或全部点的直线或弧线构成. 网络中的点称为**联结点** (或**节点**), 网络中的连接线称为**分支**. 每一分支的流量方向已经指定, 并且流量 (或流速) 已知或者已标为变量.

网络流的基本假设是网络中流入与流出的总量相等, 并且每个联结点流入和流出的总量也相等. 例如, 图 3 – 7 – 1 的 (a) (b) 分别说明了流量从一个或两个分支流入联结点.

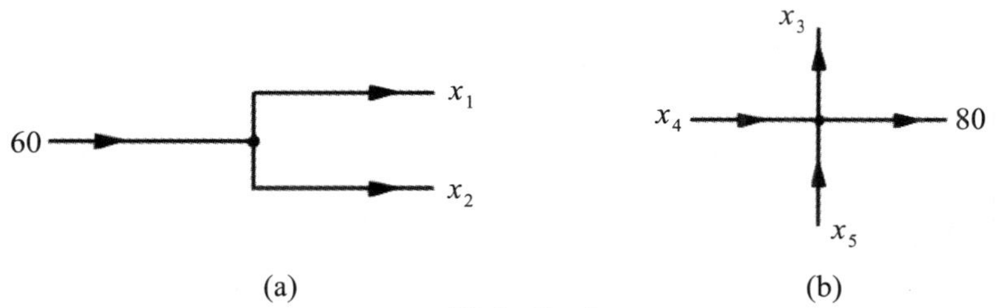

图 3 – 7 – 1

图中, x_1, x_2 和 x_3 分别表示从其他分支流出的流量, x_4 和 x_5 表示从其他分支流入的流量. 因为流量在每个联结点守恒, 所以

$$x_1+x_2=60,\ x_4+x_5=x_3+80.$$

在类似的网络模型中, 每个联结点的流量都可以用一个线性方程来表示. 网络流分析要解决的问题是: 在部分信息(如网络的输入量)已知的情况下, 确定每一分支中的流量.

例1　图3－7－2中的网络给出了在下午两点，某市区部分单行道的交通流量(以每刻钟通过的汽车数量来度量). 试确定网络的流量模型.

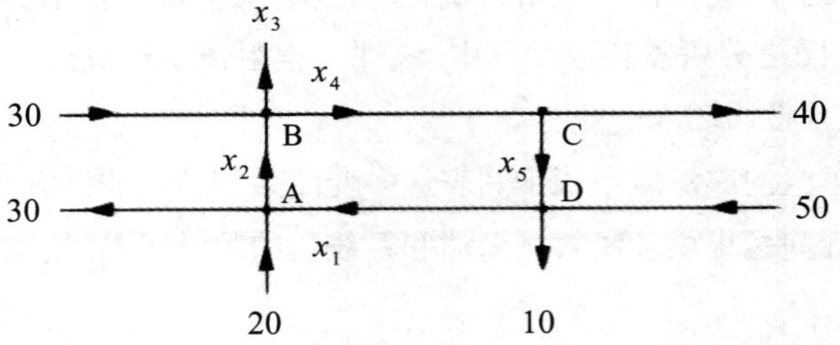

图 3－7－2

解　根据网络流模型的基本假设，在节点(交叉口) A, B, C, D 处，可分别得到下列方程：

$$\text{A}: x_1+20=30+x_2;\qquad \text{B}: x_2+30=x_3+x_4;$$
$$\text{C}: x_4=40+x_5;\qquad \text{D}: x_5+50=10+x_1.$$

此外，网络总流入 $(20+30+50)$ 等于网络总流出 $(30+10+40+x_3)$，即 $x_3=20$，联立前面四个方程，可得线性方程组：

$$\begin{cases} x_1-x_2=10 \\ x_2-x_3-x_4=-30 \\ x_4-x_5=40 \\ x_1-x_5=40 \\ x_3=20 \end{cases},$$

将其改写为矩阵形式，得

$$\begin{pmatrix} 1 & -1 & 0 & 0 & 0 \\ 0 & 1 & -1 & -1 & 0 \\ 0 & 0 & 0 & 1 & -1 \\ 1 & 0 & 0 & 0 & -1 \\ 0 & 0 & 1 & 0 & 0 \end{pmatrix}\begin{pmatrix} x_1 \\ x_2 \\ x_3 \\ x_4 \\ x_5 \end{pmatrix}=\begin{pmatrix} 10 \\ -30 \\ 40 \\ 40 \\ 20 \end{pmatrix},$$

根据求解线性方程组的初等变换法，利用初等行变换将上述非齐次线性方程组的增广矩阵 $\widetilde{\boldsymbol{A}}$ 化为行最简形矩阵，得

$$\begin{pmatrix} 1 & -1 & 0 & 0 & 0 & 10 \\ 0 & 1 & -1 & -1 & 0 & -30 \\ 0 & 0 & 0 & 1 & -1 & 40 \\ 1 & 0 & 0 & 0 & -1 & 40 \\ 0 & 0 & 1 & 0 & 0 & 20 \end{pmatrix} \to \begin{pmatrix} 1 & 0 & 0 & 0 & -1 & 40 \\ 0 & 1 & 0 & 0 & -1 & 30 \\ 0 & 0 & 1 & 0 & 0 & 20 \\ 0 & 0 & 0 & 1 & -1 & 40 \\ 0 & 0 & 0 & 0 & 0 & 0 \end{pmatrix},$$

根据线性方程组解的判定定理，由 $\mathrm{r}(\boldsymbol{A})=\mathrm{r}(\widetilde{\boldsymbol{A}})=4<5$，可见该方程组有无穷多解，由上可写出其同解方程组

$$\begin{cases} x_1 = x_5 + 40 \\ x_2 = x_5 + 30 \\ x_3 = 20 \\ x_4 = x_5 + 40 \end{cases}$$ ，其中 x_5 是自由未知量.

若取 $x_5 = c$ (c 为任意常数), 则题设网络的流量模型表示为

$$x_1 = 40 + c,\ x_2 = 30 + c,\ x_3 = 20,\ x_4 = 40 + c,\ x_5 = c.$$

网络分支中的负流量表示与模型中指定的方向相反. 由于本模型中考虑的街道是单行道, 因此, 变量不能取负值. 这导致变量在取正值时也有一定的限制.

***数学实验**

实验 3.5　假设某城市部分单行道的交通流量 (每小时通过的车辆数) 如图 3－7－3 所示.

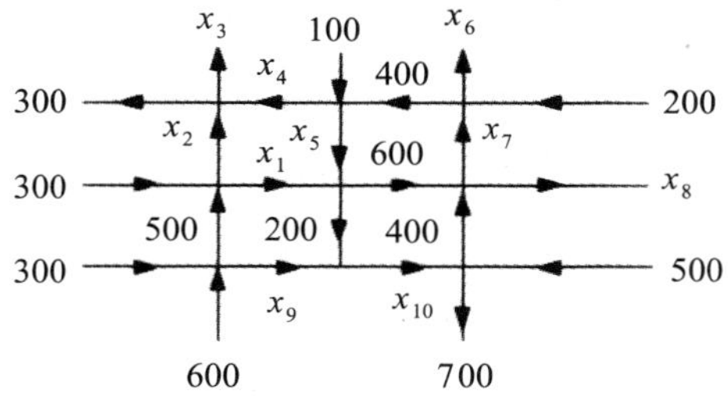

图 3－7－3

试建立数学模型确定该交通网络未知部分的具体流量 (详见教材配套的网络学习空间).

二、人口迁移模型

人口迁移模型是用数学方法描述和预测人口从一个地区迁移到另一个地区的过程及其影响的工具. 它基于人口流动的关键影响因素, 如经济机会、环境条件、社会联系和政策限制, 建立迁移模型的量化关系. 常见模型包括**引力模型** (类似物理中的引力定律, 预测迁移量与地区人口规模成正比, 与距离成反比) 和**推拉模型** (分析地区吸引力与推动力的平衡). 这些模型广泛应用于城市规划、政策制定和社会经济分析. 例如, 在城市化研究中, 迁移模型有助于预测城市化进程, 优化基础设施和资源分配; 在经济学中, 它用于分析劳动力市场变化; 在环境研究中, 它支持气候变化导致的人口迁移评估. 此外, 这些模型还能为应对突发事件中的人口流动 (如战争、灾害等) 提供决策依据. 总之, 人口迁移模型是理解和管理人口流动的重要工具, 对社会和经济的可持续发展具有重要意义.

在许多领域中经常需要对随时间变化的动态系统进行数学建模, 此类系统中的某些量常按离散时间间隔来测量, 这样就产生了与时间间隔相应的向量序列 $\boldsymbol{x}_0, \boldsymbol{x}_1, \boldsymbol{x}_2, \cdots$, 其中, 向量 $\boldsymbol{x}_n$ 表示第 n 次测量时系统状态的有关信息, 而 $\boldsymbol{x}_0$ 常被称为**初始向量**.

若存在矩阵 $\boldsymbol{A}$, 并给定初始向量 $\boldsymbol{x}_0$, 使得 $\boldsymbol{x}_1 = \boldsymbol{A}\boldsymbol{x}_0, \boldsymbol{x}_2 = \boldsymbol{A}\boldsymbol{x}_1, \cdots$, 即

$$x_{n+1} = Ax_n \quad (n=0, 1, 2, \cdots), \tag{7.1}$$

则称方程 (7.1) 为**线性差分方程**或者**递归方程**.

下面我们考察一个简单的人口迁移模型, 即某城市及其周边农村在若干年内的人口变化情况. 该模型显然可用于研究我国当前农村的城镇化与城市化过程中农村人口与城市人口的迁移问题.

设定一个初始的年份, 比如 2018 年, 用 r_0, s_0 分别表示这一年城市和农村的人口. 设 $\boldsymbol{x}_0$ 为初始人口向量, 即 $\boldsymbol{x}_0 = \begin{pmatrix} r_0 \\ s_0 \end{pmatrix}$, 对 2019 年以及后面的年份, 我们用向量

$$\boldsymbol{x}_1 = \begin{pmatrix} r_1 \\ s_1 \end{pmatrix}, \quad \boldsymbol{x}_2 = \begin{pmatrix} r_2 \\ s_2 \end{pmatrix}, \quad \boldsymbol{x}_3 = \begin{pmatrix} r_3 \\ s_3 \end{pmatrix}, \quad \cdots$$

表示每一年城市和农村的人口. 我们的目标是用数学公式表示这些向量之间的关系.

设每年大约有 5% 的城市人口迁移到农村 (95% 仍然留在城市), 有 12% 的农村人口迁移到城市 (88% 仍然留在农村), 如图 3－7－4 所示, 忽略其他因素对人口规模的影响, 则一年之后, 城市与农村人口的分布分别为:

$$r_0 \begin{pmatrix} 0.95 \\ 0.05 \end{pmatrix} \begin{matrix} \text{留在城市} \\ \text{移居农村} \end{matrix}, \quad s_0 \begin{pmatrix} 0.12 \\ 0.88 \end{pmatrix} \begin{matrix} \text{移居城市} \\ \text{留在农村} \end{matrix}.$$

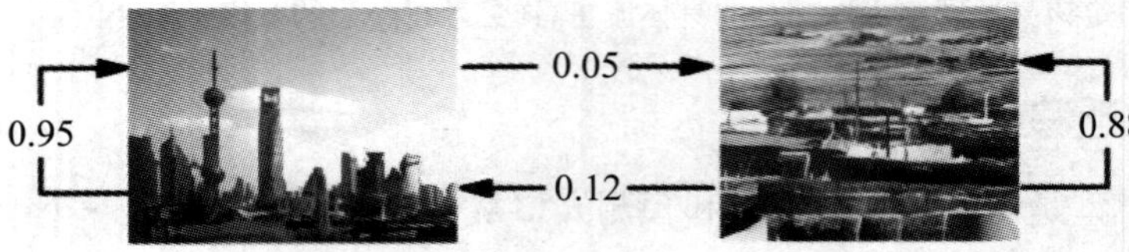

图 3－7－4

因此, 2019 年全部人口的分布为

$$\begin{pmatrix} r_1 \\ s_1 \end{pmatrix} = r_0 \begin{pmatrix} 0.95 \\ 0.05 \end{pmatrix} + s_0 \begin{pmatrix} 0.12 \\ 0.88 \end{pmatrix} = \begin{pmatrix} 0.95 & 0.12 \\ 0.05 & 0.88 \end{pmatrix} \begin{pmatrix} r_0 \\ s_0 \end{pmatrix},$$

将其改写为矩阵形式, 有

$$\boldsymbol{x}_1 = \boldsymbol{M}\boldsymbol{x}_0, \tag{7.2}$$

其中 $\boldsymbol{M} = \begin{pmatrix} 0.95 & 0.12 \\ 0.05 & 0.88 \end{pmatrix}$ 称为**迁移矩阵**.

若人口迁移的百分比保持不变, 则可以继续得到 2020 年、2021 年 …… 的人口分布公式:

$$\boldsymbol{x}_2 = \boldsymbol{M}\boldsymbol{x}_1, \ \boldsymbol{x}_3 = \boldsymbol{M}\boldsymbol{x}_2, \ \cdots,$$

一般地, 可得线性差分方程 (递归方程):

$$\boldsymbol{x}_{n+1}=\boldsymbol{M}\boldsymbol{x}_n \ (n=0, 1, 2, \cdots). \tag{7.3}$$

这里, 向量序列 $\{\boldsymbol{x}_0, \boldsymbol{x}_1, \boldsymbol{x}_2, \cdots\}$ 描述了城市与农村人口在若干年内的分布变化.

例2 已知某城市2018年的城市人口数量为5 000 000人, 农村人口数量为7 800 000人. 计算2020年的人口分布.

解 依题设, 2018年的初始人口为$\boldsymbol{x}_0=\begin{pmatrix}5\,000\,000\\7\,800\,000\end{pmatrix}$, 已知人口迁移模型为

$$\boldsymbol{x}_{n+1}=\boldsymbol{M}\boldsymbol{x}_n \ (n=0, 1, 2, \cdots),$$

其中, 迁移矩阵$\boldsymbol{M}=\begin{pmatrix}0.95 & 0.12\\0.05 & 0.88\end{pmatrix}$, 所以, 对2019年, 有

$$\boldsymbol{x}_1=\begin{pmatrix}0.95 & 0.12\\0.05 & 0.88\end{pmatrix}\begin{pmatrix}5\,000\,000\\7\,800\,000\end{pmatrix}=\begin{pmatrix}5\,686\,000\\7\,114\,000\end{pmatrix},$$

对2020年, 有

$$\boldsymbol{x}_2=\begin{pmatrix}0.95 & 0.12\\0.05 & 0.88\end{pmatrix}\begin{pmatrix}5\,686\,000\\7\,114\,000\end{pmatrix}=\begin{pmatrix}6\,255\,380\\6\,544\,620\end{pmatrix},$$

即2020年人口分布情况是: 城市人口为6 255 380人, 农村人口为6 544 620人.

注: 如果一个人口迁移模型经验证基本符合实际情况, 我们就可以利用它进一步预测未来一段时间内人口分布的变化情况, 从而为政府决策提供有力的依据. 这个问题我们将在§4.5中研究.

三、投入产出模型

投入产出分析由美国经济学家列昂惕夫于20世纪30年代首次提出, 他利用线性代数的理论和方法, 研究了一个经济系统 (企业、地区、国家等) 的各部门之间错综复杂的联系, 建立起相应的数学模型 (投入产出模型), 用于经济分析和预测. 这种分析方法已在世界各地广泛应用. 列昂惕夫也因提出“投入—产出”分析方法获得1973年诺贝尔经济学奖.

1. 投入产出平衡表

考察一个具有n个部门的经济系统, 各部门分别用$1, 2, \cdots, n$表示, 并做如下基本假设:

(1) 每个部门的总投入=总产出;

(2) 部门i仅生产一种产品 (称为部门i的产出), 不同部门的产品不能相互替代;

(3) 部门i在生产过程中至少需要消耗另一部门j的产品 (称为部门j对部门i的投入), 并且消耗的各部门产品的投入量与该部门的总产出量成正比.

根据上述假设, 每一生产部门, 一方面将自己的产品分配给各部门作为生产资料或满足

社会的非生产性消费需要, 并提供积累; 另一方面, 每一生产部门在其生产过程中也要消耗各部门的产品, 所以该经济系统内各部门之间就形成了一种错综复杂的关系, 这一关系可用投入产出(平衡)表来表示. 利用某年的实际统计数据, 可先编制出投入产出表, 再进一步建立相应的投入产出(数学)模型.

投入产出模型按计量单位的不同, 可分为价值型和实物型两种, 在价值型模型中, 各部门的投入、产出均以货币单位表示; 在实物型模型中, 则以各产品的实物单位(如米、千克、吨等)表示. 本书只讨论价值型投入产出模型. 因此, 后面提到的诸如“产出”“总产出”“中间产出”“最终产出”等, 分别指“产出的价值”“总产出的价值”“中间产出的价值”“最终产出的价值”等.

我们可利用某年的经济统计数据来编制价值型投入产出表(见表 3-7-1). 为了方便说明, 表中采用了下列记号:

表 3-7-1　价值型投入产出表

部门间流量 投入 \ 产出		中间产出					最终产出				总产出
		部门 1	部门 2	⋯	部门 n	合计 $\sum$	积累	消费	⋯	合计 $\sum$	
物质消耗	部门 1	x_{11}	x_{12}	⋯	x_{1n}	$\sum\limits_j x_{1j}$				y_1	x_1
	部门 2	x_{21}	x_{22}	⋯	x_{2n}	$\sum\limits_j x_{2j}$				y_2	x_2
	⋮	⋮	⋮		⋮	⋮				⋮	⋮
	部门 n	x_{n1}	x_{n2}	⋯	x_{nn}	$\sum\limits_j x_{nj}$				y_n	x_n
	合计 $\sum$	$\sum\limits_i x_{i1}$	$\sum\limits_i x_{i2}$	⋯	$\sum\limits_i x_{in}$	$\sum\limits_i \sum\limits_j x_{ij}$				$\sum\limits_i y_i$	$\sum\limits_i x_i$
新创造价值	劳动报酬	v_1	v_2	⋯	v_n	$\sum\limits_j v_j$					
	纯收入	m_1	m_2	⋯	m_n	$\sum\limits_j m_j$					
	合计 $\sum$	z_1	z_2	⋯	z_n	$\sum\limits_j z_j$					
总投入		x_1	x_2	⋯	x_n	$\sum\limits_j x_j$					

$x_i\ (i=1, 2, \cdots, n)$ 表示部门 i 的总产出.

$y_i\ (i=1, 2, \cdots, n)$ 表示部门 i 的最终产出.

$x_{ij}\ (i, j=1, 2, \cdots, n)$ 表示部门 i 分配给部门 j 的产出, 或称为部门 j 在生产过程中需消耗

部门 i 的产出.

v_j $(j=1, 2, \cdots, n)$ 表示部门 j 的劳动报酬.

m_j $(j=1, 2, \cdots, n)$ 表示部门 j 的纯收入.

z_j $(j=1, 2, \cdots, n)$ 表示部门 j 新创造的价值, 它是部门 j 的劳动报酬 v_j (工资、奖金及其它劳动收入等) 与纯收入 m_j (税金、利润等) 的总和.

用双线把投入产出表分割成四个部分 —— 左上、右上、左下、右下, 分别称为第 I、第 II、第 III、第 IV 象限.

在第 I 象限中, 每个部门都以生产者和消费者的双重身份出现. 从每一行来看, 反映了该部门作为生产部门把自己的产出分配给各部门; 从每一列来看, 又反映了该部门作为消耗部门, 在生产过程中消耗各部门的产出. 行与列的交叉点是部门之间的流量, 这个量也以双重身份出现, 它是行部门分配给列部门的产出, 也是列部门消耗行部门的产出.

第 II 象限反映各部门用作最终产出的部分. 从每一行来看, 反映了该部门最终产出的分配情况; 从每一列来看, 反映了用于积累、消费等方面的最终产出分别由各部门提供的数量情况.

第 III 象限反映总产出中新创造的价值情况. 从每一行来看, 反映了各部门新创造价值的构成情况; 从每一列来看, 反映了该部门新创造的价值情况.

第 IV 象限反映总收入的再分配. 由于这个部分的经济内容比较复杂, 人们对其研究、利用还很少, 因此, 在投入产出表中一般不编制这部分内容.

2. 平衡方程

从价值型投入产出表的第 I、第 II 象限来看, 每一行都存在一个等式, 即每个部门作为生产部门分配给各部门用于生产消耗的产出, 加上本部门的最终产出, 应等于它的总产出, 即

$$x_i = \sum_{j=1}^{n} x_{ij} + y_i \ \ (i=1, 2, \cdots, n). \tag{7.4}$$

这个方程组称为**产出分配平衡方程组** (也称为**分配平衡方程组**).

从价值型投入产出表的第 I、第 III 象限来看, 每一列也存在一个等式, 即每个部门作为消耗部门, 各部门为它的生产消耗转移的产出价值, 加上本部门新创造的价值, 应等于它的总产出, 即

$$x_j = \sum_{i=1}^{n} x_{ij} + z_j \ (j=1, 2, \cdots, n). \tag{7.5}$$

这个方程组称为**产出构成平衡方程组** (也称为**消耗平衡方程组**).

根据投入产出模型的基本假设 (3), 记

$$a_{ij} = \frac{x_{ij}}{x_j} \ (i, j=1, 2, \cdots, n). \tag{7.6}$$

易见 a_{ij} 表示生产单位产品 j 所需直接消耗产品 i 的价值, 一般称为**直接消耗系数**.

注: 物质生产部门之间的直接消耗系数, 基本上是技术性的, 因而是相对稳定的, 故直接消耗系数通常也称为**技术系数**.

各部门间的直接消耗系数构成一个 n 阶矩阵

$$\boldsymbol{A}=\begin{pmatrix} a_{11} & a_{12} & \cdots & a_{1n} \\ a_{12} & a_{22} & \cdots & a_{2n} \\ \vdots & \vdots & & \vdots \\ a_{n1} & a_{n2} & \cdots & a_{nn} \end{pmatrix},$$

称为**直接消耗系数矩阵**.

直接消耗系数 $a_{ij}\ (i, j=1, 2, \cdots, n)$ 具有下列性质:

(1) $0 \leqslant a_{ij} < 1\ (i, j=1, 2, \cdots, n)$.

事实上, 由 $x_{ij} \geqslant 0, x_j \geqslant 0$, 且 $x_{ij} < x_j$, 以及 $a_{ij}=\dfrac{x_{ij}}{x_j}\ (i, j=1, 2, \cdots, n)$, 即可推得所证结论.

(2) $\sum\limits_{i=1}^{n} a_{ij} < 1\ (j=1, 2, \cdots, n)$.

事实上, 由 $x_{ij}=a_{ij} x_j$, 产出构成平衡方程组 (7.5) 可化为

$$x_j=\sum_{i=1}^{n} a_{ij} x_j+z_j\ \ (j=1, 2, \cdots, n),$$

整理得

$$\left(1-\sum_{i=1}^{n} a_{ij}\right) x_j=z_j\ \ (j=1, 2, \cdots, n).$$

又 $x_j>0, z_j>0\ (j=1, 2, \cdots, n)$, 所以

$$1-\sum_{i=1}^{n} a_{ij}>0\ (j=1, 2, \cdots, n).$$

由上式即推得所证结论.

利用直接消耗系数矩阵, 可分别将产出分配平衡方程组 (7.4) 和产出构成平衡方程组 (7.5) 表示成矩阵形式.

将 $x_{ij}=a_{ij} x_j$ 代入产出分配平衡方程组 (7.4), 得

$$x_i=\sum_{j=1}^{n} a_{ij} x_j+y_i\ \ (i=1, 2, \cdots, n), \tag{7.7}$$

即得

$$\begin{cases} x_1 = a_{11}x_1 + a_{12}x_2 + \cdots + a_{1n}x_n + y_1 \\ x_2 = a_{21}x_1 + a_{22}x_2 + \cdots + a_{2n}x_n + y_2 \\ \quad \cdots\cdots \\ x_n = a_{n1}x_1 + a_{n2}x_2 + \cdots + a_{nn}x_n + y_n \end{cases}. \tag{7.8}$$

若记

$$\boldsymbol{x} = (x_1, x_2, \cdots, x_n)^{\mathrm{T}}, \ \boldsymbol{y} = (y_1, y_2, \cdots, y_n)^{\mathrm{T}},$$

则产出分配平衡方程组 (7.4) 可表示为

$$\boldsymbol{x} = \boldsymbol{A}\boldsymbol{x} + \boldsymbol{y} \ \text{或} \ (\boldsymbol{E} - \boldsymbol{A})\boldsymbol{x} = \boldsymbol{y}. \tag{7.9}$$

将 $x_{ij} = a_{ij}x_j$ 代入产出构成平衡方程组 (7.5), 得

$$x_j = \sum_{i=1}^{n} a_{ij}x_j + z_j \ \ (j = 1, 2, \cdots, n), \tag{7.10}$$

即得

$$\begin{cases} x_1 = a_{11}x_1 + a_{12}x_1 + \cdots + a_{n1}x_1 + z_1 \\ x_2 = a_{12}x_2 + a_{22}x_2 + \cdots + a_{n2}x_2 + z_2 \\ \quad \cdots\cdots \\ x_n = a_{1n}x_n + a_{2n}x_n + \cdots + a_{nn}x_n + z_n \end{cases}. \tag{7.11}$$

若记 $\boldsymbol{z} = (z_1, z_2, \cdots, z_n)^{\mathrm{T}}$, 以及

$$\boldsymbol{D} = \begin{pmatrix} \sum_{i=1}^{n} a_{i1} & & & \\ & \sum_{i=1}^{n} a_{i2} & & \\ & & \ddots & \\ & & & \sum_{i=1}^{n} a_{in} \end{pmatrix},$$

则产出构成平衡方程组 (7.5) 可表示为

$$\boldsymbol{x} = \boldsymbol{D}\boldsymbol{x} + \boldsymbol{z} \ \text{或} \ (\boldsymbol{E} - \boldsymbol{D})\boldsymbol{x} = \boldsymbol{z}. \tag{7.12}$$

3. 平衡方程组的解

根据直接消耗系数矩阵的性质, 知矩阵 $\boldsymbol{E} - \boldsymbol{A}$ 可逆, 且

$$(\boldsymbol{E} - \boldsymbol{A})^{-1} = \boldsymbol{E} + \boldsymbol{A} + \boldsymbol{A}^2 + \boldsymbol{A}^3 + \cdots + \boldsymbol{A}^k + \cdots = \sum_{k=0}^{\infty} \boldsymbol{A}^k,$$

由于 $\boldsymbol{A}$ 的所有元素非负，由上式可知 $(\boldsymbol{E}-\boldsymbol{A})^{-1}$（称为**列昂惕夫逆矩阵**）的所有元素也非负. 因此，对产出分配平衡方程组 $(\boldsymbol{E}-\boldsymbol{A})\boldsymbol{x}=\boldsymbol{y}$，若已知**最终需求向量**

$$\boldsymbol{y}=(y_1, y_2, \cdots, y_n)^{\mathrm{T}} \geqslant \boldsymbol{0},$$

则可求得**总产出向量**

$$\boldsymbol{x}=(\boldsymbol{E}-\boldsymbol{A})^{-1}\boldsymbol{y}, \tag{7.13}$$

即 $\boldsymbol{x}=(x_1, x_2, \cdots, x_n)^{\mathrm{T}}$ 的各分量 $x_i \geqslant 0\ (i=1, 2, \cdots, n)$，这样的解在经济预测和分析中才具有实际意义.

而对产出构成平衡方程组

$$\boldsymbol{x}=\boldsymbol{D}\boldsymbol{x}+\boldsymbol{z} \text{ 或 } (\boldsymbol{E}-\boldsymbol{D})\boldsymbol{x}=\boldsymbol{z},$$

因为对角矩阵 $\boldsymbol{E}-\boldsymbol{D}$ 的主对角线元素均为正数，所以 $\boldsymbol{E}-\boldsymbol{D}$ 可逆，且 $(\boldsymbol{E}-\boldsymbol{D})^{-1} \geqslant \boldsymbol{0}$. 于是，若已知**新创造价值向量** $\boldsymbol{z} \geqslant \boldsymbol{0}$，则可求出对应的**总投入向量**

$$\boldsymbol{x}=(\boldsymbol{E}-\boldsymbol{D})^{-1}\boldsymbol{z}. \tag{7.14}$$

例 3　假设某地区经济系统只分为三个部门：农业、工业和服务业. 根据投入产出模型的基本假设，这三个部门间的生产分配关系制成如下的投入产出表（见表 3－7－2）.

表 3－7－2　投入产出表　　单位：万元

部门间流量（投入＼产出）	中间产出			最终产出 y	总产出 x
	农业	工业	服务业		
农业	27	44	2	120	193
工业	58	11 010	182	13 716	24 966
服务业	23	284	153	960	1 420
新创造的价值 z	85	13 628	1 083		
总投入	193	24 966	1 420		

根据上表和直接消耗系数的定义，可求出直接消耗系数 $a_{ij}\ (i, j=1, 2, 3)$，从而求得直接消耗系数矩阵 $\boldsymbol{A}$ 和 $\boldsymbol{E}-\boldsymbol{A}$：

$$\boldsymbol{A}=\begin{pmatrix} 0.139\,9 & 0.001\,8 & 0.001\,4 \\ 0.300\,5 & 0.441\,0 & 0.128\,2 \\ 0.119\,2 & 0.011\,4 & 0.107\,7 \end{pmatrix}, \quad \boldsymbol{E}-\boldsymbol{A}=\begin{pmatrix} 0.860\,1 & -0.001\,8 & -0.001\,4 \\ -0.300\,5 & 0.559\,0 & -0.128\,2 \\ -0.119\,2 & -0.011\,4 & 0.892\,3 \end{pmatrix}.$$

可以算出

$$(\boldsymbol{E}-\boldsymbol{A})^{-1}=\begin{pmatrix} 1.164\,3 & 0.003\,8 & 0.002\,4 \\ 0.663\,5 & 1.796\,3 & 0.259\,1 \\ 0.164\,0 & 0.023\,4 & 1.124\,4 \end{pmatrix}.$$

计算实验

如果给定下一年计划的最终需求向量

$$\boldsymbol{y}=(135,13\,820,1\,023)^{\mathrm{T}},$$

则由模型 $(\boldsymbol{E}-\boldsymbol{A})\boldsymbol{x}=\boldsymbol{y}$, 有

$$\boldsymbol{x}=(\boldsymbol{E}-\boldsymbol{A})^{-1}\boldsymbol{y}=\begin{pmatrix}211\\25\,179\\1\,496\end{pmatrix}.$$

从而可预测下一年各部门的总产出为

$$x_1=211,\ x_2=25\,179,\ x_3=1\,496.$$

利用这一结果, 可以进一步得到 $x_{ij}=a_{ij}x_j\ (i,j=1,2,3)$ 和 $z_j\ (j=1,2,3)$, 由此即可预测下一年各部门间的新创造价值(见表 3－7－3), 从而为决策提供依据.

表 3－7－3 新创造价值表

部门间流量（投入＼产出）	中间产出 农业	中间产出 工业	中间产出 服务业	最终产出 y	总产出 x
农业	29.5	44.4	2.1	135	211.0
工业	63.4	11 104.0	191.7	13 820	25 179.1
服务业	25.1	286.4	161.1	1 023	1 495.7
新创造的价值 z	92.9	13 744.3	1 140.8		
总投入	211.0	25 179.1	1 495.7		

注: 表中各数据均为近似值.

4. 列昂惕夫逆矩阵的经济意义

根据总投入=总产出, 可以得出

$$\text{总产出}=\text{最终产出}+\text{直接消耗}+\text{其他各种间接消耗}.$$

而利用 $(\boldsymbol{E}-\boldsymbol{A})^{-1}=\boldsymbol{E}+\boldsymbol{A}+\boldsymbol{A}^2+\boldsymbol{A}^3+\cdots+\boldsymbol{A}^k+\cdots=\boldsymbol{E}+\boldsymbol{B}$, 我们可以得到总产出

$$\boldsymbol{x}=(\boldsymbol{E}-\boldsymbol{A})^{-1}\boldsymbol{y}=\boldsymbol{y}+\boldsymbol{A}\boldsymbol{y}+\boldsymbol{A}^2\boldsymbol{y}+\cdots+\boldsymbol{A}^k\boldsymbol{y}+\cdots=\boldsymbol{y}+\boldsymbol{B}\boldsymbol{y}.$$

由此, 可得到各种消耗与消耗系数矩阵 $\boldsymbol{A}$ 之间的关系:

$\boldsymbol{y}$: 最终产出;

$\boldsymbol{By}$: 生产最终产出时的全部投入——完全消耗;

$\boldsymbol{Ay}$: 生产最终产出时的直接投入——第一轮消耗, 即直接消耗;

$\boldsymbol{A}^2\boldsymbol{y}$: 生产最终产出时主要的间接投入——第二轮消耗, 即第一次间接消耗;

……

$\boldsymbol{A}^k\boldsymbol{y}$: 第 k 轮消耗, 即第 $k-1$ 次间接消耗;

……

综上所述, 逆矩阵 $(\boldsymbol{E}-\boldsymbol{A})^{-1}$ 完全描述了生产某一产品时各种投入(消耗)的经济意义.

5. 完全消耗系数

直接消耗系数 a_{ij} $(i, j=1, 2, \cdots, n)$ 表示部门 j 在生产单位产品 j 时，所需直接消耗产品 i 的价值. 然而，在生产过程中，除了部门间的这种直接联系外，各部门间还具有间接联系. 例如，汽车制造部门除需直接消耗电力外，还要消耗钢材、橡胶等产品. 而生产钢材、橡胶等产品的部门也需要消耗电力. 对汽车制造部门来说，这类消耗是对电力的一次间接消耗. 而生产钢材、橡胶等产品的部门也通过其他部门间接消耗电力. 对于汽车制造部门而言，这类间接消耗是对电力的更高一级的间接消耗. 依此类推，汽车制造部门对电力的消耗应包括**直接消耗**以及多次**间接消耗**.

一般地，部门 j 除直接消耗部门 i 的产品外，还要通过一系列中间环节形成对部门 i 产品的间接消耗. 直接消耗与间接消耗的和，称为**完全消耗**. 部门 j 生产一个单位的最终产出对部门 i 的完全消耗量称为**完全消耗系数**，记为 b_{ij} $(i, j=1, 2, \cdots, n)$，由完全消耗系数构成的矩阵

$$\boldsymbol{B}=\begin{pmatrix} b_{11} & b_{12} & \cdots & b_{1n} \\ b_{21} & b_{22} & \cdots & b_{2n} \\ \vdots & \vdots & & \vdots \\ b_{n1} & b_{n2} & \cdots & b_{nn} \end{pmatrix}$$

称为**完全消耗系数矩阵**.

根据完全消耗的意义，有

$$b_{ij}=a_{ij}+\sum_{k=1}^{n} b_{ik} a_{kj} \ (i, j=1, 2, \cdots, n), \tag{7.15}$$

将其写成矩阵形式，即为

$$\boldsymbol{B}=\boldsymbol{A}+\boldsymbol{B}\boldsymbol{A} \text{ 或 } \boldsymbol{B}(\boldsymbol{E}-\boldsymbol{A})=\boldsymbol{A},$$

两边右乘 $(\boldsymbol{E}-\boldsymbol{A})^{-1}$，得到

$$\boldsymbol{B}=\boldsymbol{A}(\boldsymbol{E}-\boldsymbol{A})^{-1}, \tag{7.16}$$

由 $(\boldsymbol{E}-\boldsymbol{A})^{-1}=\sum_{k=0}^{\infty}\boldsymbol{A}^{k}$，可进一步得到

$$\boldsymbol{B}=\boldsymbol{A}+\boldsymbol{A}^{2}+\boldsymbol{A}^{3}+\cdots+\boldsymbol{A}^{k}+\cdots=(\boldsymbol{E}-\boldsymbol{A})^{-1}-\boldsymbol{E}. \tag{7.17}$$

第一个等号右端的第一项 $\boldsymbol{A}$ 是直接消耗系数矩阵，其后的各项可以解释为各次间接消耗.

利用矩阵等式 (7.17)，可将产出分配平衡方程组的解 $\boldsymbol{x}=(\boldsymbol{E}-\boldsymbol{A})^{-1}\boldsymbol{y}$ 表示为

$$\boldsymbol{x}=(\boldsymbol{B}+\boldsymbol{E})\boldsymbol{y}, \tag{7.18}$$

上式表明：如果已知完全消耗系数矩阵 $\boldsymbol{B}$ 和最终产出向量 $\boldsymbol{y}$，就可直接计算出总产出向量 $\boldsymbol{x}$.

6. 最终产出变动的影响分析

根据投入产出模型的基本假设，若最终产出由 $\boldsymbol{y}$ 变到 $\boldsymbol{y}+\Delta\boldsymbol{y}$，则产量由 $\boldsymbol{x}$ 变到 $\boldsymbol{x}+\Delta\boldsymbol{x}$，代

入产出分配平衡方程组:

$$(\boldsymbol{E}-\boldsymbol{A})\boldsymbol{x}=\boldsymbol{y},$$

可得矩阵方程:

$$(\boldsymbol{E}-\boldsymbol{A})(\boldsymbol{x}+\Delta\boldsymbol{x})=\boldsymbol{y}+\Delta\boldsymbol{y}, \tag{7.19}$$

式 (7.19) 减去 $(\boldsymbol{E}-\boldsymbol{A})\boldsymbol{x}=\boldsymbol{y}$, 得

$$(\boldsymbol{E}-\boldsymbol{A})\Delta\boldsymbol{x}=\Delta\boldsymbol{y} \text{ 或 } \Delta\boldsymbol{x}=(\boldsymbol{E}-\boldsymbol{A})^{-1}\Delta\boldsymbol{y}. \tag{7.20}$$

利用列昂惕夫逆矩阵 $(\boldsymbol{E}-\boldsymbol{A})^{-1}$ 的幂级数展开式, 有

$$\begin{aligned}\Delta\boldsymbol{x}&=(\boldsymbol{E}+\boldsymbol{A}+\boldsymbol{A}^2+\cdots+\boldsymbol{A}^k+\cdots)\Delta\boldsymbol{y}=\Delta\boldsymbol{y}+\boldsymbol{A}\Delta\boldsymbol{y}+\boldsymbol{A}^2\Delta\boldsymbol{y}+\cdots+\boldsymbol{A}^k\Delta\boldsymbol{y}+\cdots\\&=\Delta\boldsymbol{y}+\Delta\boldsymbol{x}^{(0)}+\Delta\boldsymbol{x}^{(1)}+\cdots+\Delta\boldsymbol{x}^{(k-1)}+\cdots,\end{aligned} \tag{7.21}$$

其中

$$\Delta\boldsymbol{x}^{(0)}=\boldsymbol{A}\Delta\boldsymbol{y},\ \Delta\boldsymbol{x}^{(k)}=\boldsymbol{A}^{k+1}\Delta\boldsymbol{y}=\boldsymbol{A}\Delta\boldsymbol{x}^{(k-1)}=\boldsymbol{A}^k\Delta\boldsymbol{x}^{(0)}\ (k=1,2,\cdots).$$

式 (7.21) 第一个等号右端的第一项 $\Delta\boldsymbol{y}$ 表示最终产出的变动, 而后面各项之和表示各部门生产 $\Delta\boldsymbol{y}$ 的完全消耗, $\Delta\boldsymbol{x}^{(0)}$ 表示各部门生产 $\Delta\boldsymbol{y}$ 的直接消耗, $\Delta\boldsymbol{x}^{(k)}$ $(k=1,2,\cdots)$ 分别表示各部门生产 $\Delta\boldsymbol{y}$ 的第 k 轮间接消耗.

*数学实验

实验 3.6 假设某经济系统只分为五个物质生产部门: 农业、轻工业、重工业、运输业和建筑业. 根据投入产出模型的基本假设, 五个部门间某年生产分配关系的统计数据可列成下面的表 3－7－4.

表 3－7－4 投入产出平衡表 单位: 亿元

部门间流量 (投入＼产出)	物质生产部门: 农业 1	轻工业 2	重工业 3	运输业 4	建筑业 5	合计	最终产出: 积累	消费	合计	总产出
物质生产部门 农业 1	600	800	250	30	60	1 740	120	1 650	1 770	3 510
轻工业 2	81	450	136	50	125	842	135	2 152	2 287	3 129
重工业 3	324	454	2 710	250	625	4 363	945	98	1 043	5 406
运输业 4	45	75	225	30	75	450	285	465	750	1 200
建筑业 5	117	71	201	51	110	550	1 155	120	1 275	1 825
合计	1 167	1 850	3 522	411	995	7 945	2 640	4 485	7 125	15 070
折旧	70	158	300	154	51	733				
物质消耗合计	1 237	2 008	3 822	565	1 046	8 678				
净产出 劳动报酬	1 847	400	928	270	677	4 122				
社会纯收入	426	721	656	365	102	2 270				
总产出	3 510	3 129	5 406	1 200	1 825	15 070				

注: 最终产出舍去了净出口.

采用与例3完全相同的记号, 可得到关于表 3－7－4 的产出分配平衡方程组

$$(\boldsymbol{E}-\boldsymbol{A})\boldsymbol{x}=\boldsymbol{y}, \tag{7.22}$$

其中 $\boldsymbol{A}$ 为直接消耗系数矩阵, 根据直接消耗系数的定义

$$a_{ij}=\frac{x_{ij}}{x_j}\ (i, j=1, 2, \cdots, n),$$

易求出表 3－7－4 所对应的直接消耗系数矩阵:

$$\boldsymbol{A}=(a_{ij})_{5\times 5}=\begin{pmatrix} \frac{600}{3\,510} & \frac{800}{3\,129} & \frac{250}{5\,406} & \frac{30}{1\,200} & \frac{60}{1\,825} \\ \frac{81}{3\,510} & \frac{450}{3\,129} & \frac{136}{5\,406} & \frac{50}{1\,200} & \frac{125}{1\,825} \\ \frac{324}{3\,510} & \frac{454}{3\,129} & \frac{2710}{5\,406} & \frac{250}{1\,200} & \frac{625}{1\,825} \\ \frac{45}{3\,510} & \frac{75}{3\,129} & \frac{225}{5\,406} & \frac{30}{1\,200} & \frac{75}{1\,825} \\ \frac{117}{3\,510} & \frac{71}{3\,129} & \frac{201}{5\,406} & \frac{51}{1\,200} & \frac{110}{1\,825} \end{pmatrix}$$

$$=\begin{pmatrix} 0.170\,9 & 0.255\,7 & 0.046\,2 & 0.025\,0 & 0.032\,9 \\ 0.023\,1 & 0.143\,8 & 0.025\,2 & 0.041\,7 & 0.068\,5 \\ 0.092\,3 & 0.145\,1 & 0.501\,3 & 0.208\,3 & 0.342\,5 \\ 0.012\,8 & 0.024\,0 & 0.041\,6 & 0.025\,0 & 0.041\,1 \\ 0.033\,3 & 0.022\,7 & 0.037\,2 & 0.042\,5 & 0.060\,3 \end{pmatrix}.$$

利用软件计算, 得

$$(\boldsymbol{E}-\boldsymbol{A})^{-1}=\begin{pmatrix} 1.241\,0 & 0.402\,4 & 0.152\,5 & 0.087\,4 & 0.132\,2 \\ 0.048\,5 & 1.201\,4 & 0.080\,5 & 0.075\,1 & 0.121\,9 \\ 0.297\,6 & 0.493\,5 & 2.165\,9 & 0.528\,9 & 0.858\,8 \\ 0.032\,7 & 0.058\,7 & 0.100\,6 & 1.054\,3 & 0.088\,2 \\ 0.058\,4 & 0.065\,5 & 0.097\,6 & 0.073\,5 & 1.109\,7 \end{pmatrix}.$$

计算实验

为了分析方便, 将上述列昂惕夫逆矩阵列成表 3－7－5.

表 3－7－5　列昂惕夫逆矩阵

部门	农业 1	轻工业 2	重工业 3	运输业 4	建筑业 5
农业 1	1.241 0	0.402 4	0.152 5	0.087 4	0.132 2
轻工业 2	0.048 5	1.201 4	0.080 5	0.075 1	0.121 9
重工业 3	0.297 6	0.493 5	2.165 9	0.528 9	0.858 8
运输业 4	0.032 7	0.058 7	0.100 6	1.054 3	0.088 2
建筑业 5	0.058 4	0.065 5	0.097 6	0.073 5	1.109 7

下面我们来分析上表中各列元素的经济意义. 以第2列为例, 假设轻工业部门提供的最终产出为一个

单位, 其余部门提供的最终产出均为零, 即最终产出的列向量为

$$\boldsymbol{y}=(0,\ 1,\ 0,\ 0,\ 0)^{\mathrm{T}},$$

于是, 轻工业部门单位最终产出对五个部门的直接消耗列向量为

$$\boldsymbol{x}^{(0)}=\boldsymbol{A}\boldsymbol{y}=\begin{pmatrix}0.170\,9 & 0.255\,7 & 0.046\,2 & 0.025\,0 & 0.032\,9\\ 0.023\,1 & 0.143\,8 & 0.025\,2 & 0.041\,7 & 0.068\,5\\ 0.092\,3 & 0.145\,1 & 0.501\,3 & 0.208\,3 & 0.342\,5\\ 0.012\,8 & 0.024\,0 & 0.041\,6 & 0.025\,0 & 0.041\,1\\ 0.033\,3 & 0.022\,7 & 0.037\,2 & 0.042\,5 & 0.060\,3\end{pmatrix}\begin{pmatrix}0\\1\\0\\0\\0\end{pmatrix}=\begin{pmatrix}0.255\,7\\0.143\,8\\0.145\,1\\0.024\,0\\0.022\,7\end{pmatrix}.$$

通过中间产出向量 $\boldsymbol{x}^{(0)}$ 产生的间接消耗为

$$\boldsymbol{x}^{(1)}=\boldsymbol{A}\boldsymbol{x}^{(0)}=\begin{pmatrix}0.088\,5\\0.032\,8\\0.130\,0\\0.014\,3\\0.019\,6\end{pmatrix},\quad \boldsymbol{x}^{(2)}=\boldsymbol{A}^{2}\boldsymbol{x}^{(0)}=\begin{pmatrix}0.030\,5\\0.012\,0\\0.087\,8\\0.008\,5\\0.010\,3\end{pmatrix},$$

计算实验

$$\boldsymbol{x}^{(3)}=\boldsymbol{A}^{3}\boldsymbol{x}^{(0)}=\begin{pmatrix}0.012\,9\\0.005\,7\\0.053\,8\\0.005\,0\\0.005\,5\end{pmatrix},\quad \boldsymbol{x}^{(4)}=\boldsymbol{A}^{4}\boldsymbol{x}^{(0)}=\begin{pmatrix}0.006\,5\\0.003\,1\\0.031\,9\\0.002\,9\\0.003\,1\end{pmatrix}.$$

于是, 轻工业部门单位最终产出对五个部门总产出的需求量为

$$\begin{aligned}\boldsymbol{x}&=\boldsymbol{y}+\boldsymbol{x}^{(0)}+\boldsymbol{x}^{(1)}+\boldsymbol{x}^{(2)}+\boldsymbol{x}^{(3)}+\boldsymbol{x}^{(4)}+\cdots\\ &=\begin{pmatrix}0\\1\\0\\0\\0\end{pmatrix}+\begin{pmatrix}0.255\,7\\0.143\,8\\0.145\,1\\0.024\,0\\0.022\,7\end{pmatrix}+\begin{pmatrix}0.088\,5\\0.032\,8\\0.130\,0\\0.014\,3\\0.019\,6\end{pmatrix}+\begin{pmatrix}0.030\,5\\0.012\,0\\0.087\,8\\0.008\,5\\0.010\,3\end{pmatrix}\\ &\quad+\begin{pmatrix}0.012\,9\\0.005\,7\\0.053\,8\\0.005\,0\\0.005\,5\end{pmatrix}+\begin{pmatrix}0.006\,5\\0.003\,1\\0.031\,9\\0.002\,9\\0.003\,1\end{pmatrix}+\cdots\\ &\approx(0.402\,4\quad 1.201\,4\quad 0.493\,5\quad 0.058\,7\quad 0.065\,5)^{\mathrm{T}},\end{aligned}$$

计算实验

其中向量 $\boldsymbol{x}$ 为列昂惕夫逆矩阵 $(\boldsymbol{E}-\boldsymbol{A})^{-1}$ 的第 2 列, 该列五个元素分别是轻工业部门生产一个单位最终产出对所有部门总产出的需求量, 即总产出定额. 同理, 可以解释列昂惕夫逆矩阵中第 1、3、4、5 列分别是农业、重工业、运输业和建筑业部门生产一个单位最终产出对所有部门的总产出定额.

对应于表 3－7－4 的完全消耗系数矩阵为

$$B=(E-A)^{-1}-E=\begin{pmatrix}0.241\,0 & 0.402\,4 & 0.152\,5 & 0.087\,4 & 0.132\,2\\ 0.048\,5 & 0.201\,4 & 0.080\,5 & 0.075\,1 & 0.121\,9\\ 0.297\,6 & 0.493\,5 & 1.165\,9 & 0.528\,9 & 0.858\,8\\ 0.032\,7 & 0.058\,7 & 0.100\,6 & 0.054\,3 & 0.088\,2\\ 0.058\,4 & 0.065\,5 & 0.097\,6 & 0.073\,5 & 0.109\,7\end{pmatrix}.$$

最终产出是外生变量,即最终产出是由经济系统以外的因素决定的,而内生变量是由经济系统内的因素决定的.现在假定政府部门根据社会发展和人民生活的需要对表 3－7－4 的最终产出做了修改,最终产出的增加量分别为农业 2%、轻工业 7%、重工业 5%、运输业 5%、建筑业 4%,写成最终产出增量的列向量为

$$\Delta\boldsymbol{y}=(35.4,\ 160.09,\ 52.15,\ 37.5,\ 51)^{\mathrm{T}},$$

则产出的增加量 $\Delta\boldsymbol{x}$ 可近似计算,得

$$\begin{aligned}\Delta\boldsymbol{x}&=\Delta\boldsymbol{y}+\Delta\boldsymbol{x}^{(0)}+\Delta\boldsymbol{x}^{(1)}+\Delta\boldsymbol{x}^{(2)}+\Delta\boldsymbol{x}^{(3)}+\cdots\\&=\Delta\boldsymbol{y}+\boldsymbol{A}\Delta\boldsymbol{y}+\boldsymbol{A}^2\Delta\boldsymbol{y}+\boldsymbol{A}^3\Delta\boldsymbol{y}+\boldsymbol{A}^4\Delta\boldsymbol{y}+\cdots\\&=\begin{pmatrix}35.40\\160.09\\52.15\\37.50\\51.00\end{pmatrix}+\begin{pmatrix}52.01\\30.21\\77.92\\9.50\\11.42\end{pmatrix}+\begin{pmatrix}20.83\\8.69\\54.13\\5.34\\6.41\end{pmatrix}+\begin{pmatrix}4.18\\1.96\\20.05\\1.82\\1.97\end{pmatrix}+\cdots\\&\approx(125.73,\ 206.98,\ 262.87,\ 59.53,\ 76.69)^{\mathrm{T}},\end{aligned}$$

计算实验

其中,$\Delta\boldsymbol{x}^{(0)}=\boldsymbol{A}\Delta\boldsymbol{y}$ 为各部门生产 $\Delta\boldsymbol{y}$ 直接消耗的各部门产出的价值;而后面各项的和为各部门生产 $\Delta\boldsymbol{y}$ 全部间接消耗的和.

实验 3.7　表 3－7－6 给出的是某城市某年度各部门之间产出消耗和外部需求(均以产出价值计算,单位:万元),表中每一行数字是某个部门提供给各部门和外部的产出价值.

表 3－7－6　各部门之间产出消耗和外部需求(最终产出)

部门	农业	轻工业	重工业	建筑业	运输业	商业	外部需求
农业	45.0	162.0	5.2	9.0	0.8	10.1	151.9
轻工业	27.0	162.0	6.4	6.0	0.6	60.0	338.0
重工业	30.8	30.0	52.0	25.0	15.0	14.0	43.2
建筑业	0.0	0.6	0.2	0.2	4.8	20.0	54.2
运输业	1.6	5.7	3.9	2.4	1.2	2.1	33.1
商　业	16.0	32.3	5.5	4.2	12.6	6.1	243.3

(1) 试列出投入产出简表,并求出直接消耗系数矩阵;

(2) 根据预测,从这一年度开始的五年内,农业的外部需求每年会下降1%,轻工业和商业的外部需求每年会增加6%,而其他部门的外部需求每年会增加3%,试由此预测这五年内该城市和各部门的总产出的年均增长率;

(3) 编制第五年计划的投入产出表.

详情参见教材配套的网络学习空间.

投入产出模型是利用数学方法和计算机研究经济活动中投入与产出之间的数量关系，特别是研究、分析国民经济各部门生产与消耗间数量依存关系的一种数学模型.

习题 3-7

1. 给出如题 1 图所示的流量模型. 假设所有的流量都非负, x_3 的最大可能值是多少?

2. 某地的道路交叉口处通常建成单行的小环岛, 见题 2 图. 假设交通行进方向必须如图示那样, 请求出该网络流的通解, 并找出 x_6 的最小可能值.

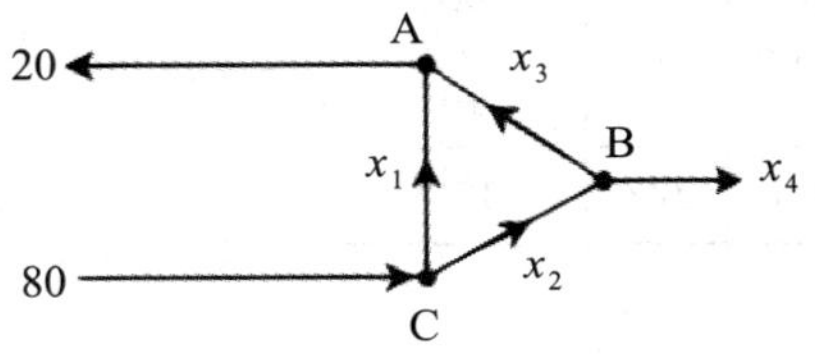

题1图

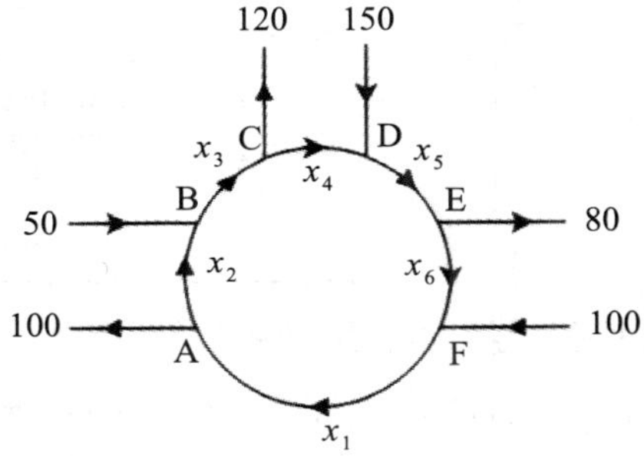

题2图

3. 某段水管网络如题 3 图所示, 其流量以 L/min 为单位. 求其余分支的流量.

4. 如题 4 图所示, 这片城市街区的道路由单行道组成, 每个路口的交通流量都经过了测量. 其中数字表示工作时间内平均每分钟进出路口 A, B, C 和 D 的车辆数量.

(1) 建立并求解线性方程组以求出剩余路段可能的流量.

(2) 如果 CD 上的交通管制为每分钟 10 辆, 其他街道上的平均流量是多少?

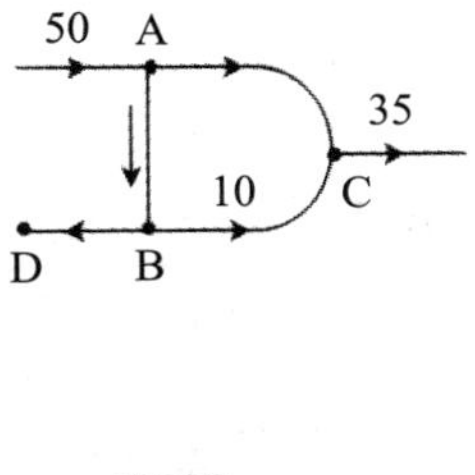

题3图

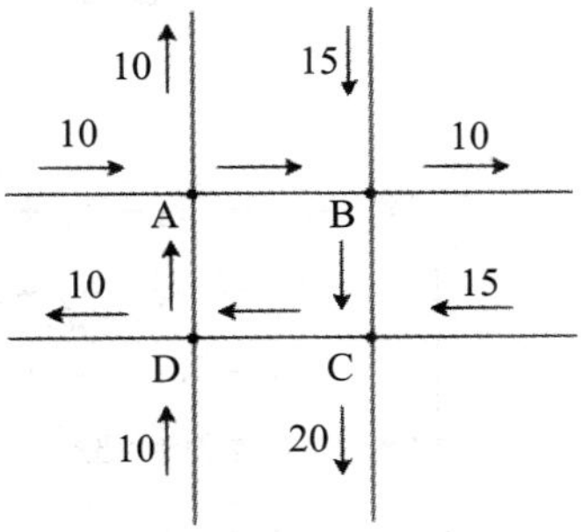

题4图

5. 在某个地区, 每年约有 5% 的城市人口移居到周围的农村, 约 4% 的农村人口移居到城市. 2008 年, 城市中有 400 000 名居民, 农村有 600 000 名居民. 建立一个差分方程来描述这种情况, 用 $\boldsymbol{x}_0$ 表示 2008 年的初始人口, 然后估计两年后, 即 2010 年城市和农村的人口数量(忽略其他因素对人口规模的影响).

6. 某公司有一个车队, 大约有 450 辆车, 分布在三个地点. 一个地点租出去的车可以归还到三个地点中的任意一个，但租出去的车必须当天归还. 下面的矩阵给出了汽车归还到每个地点的不同比率. 假设星期一在机场有 304 辆车（或从机场租出），东部办公区有 48 辆车，西部办公区有 98 辆车，那么在星期三，车辆的大致分布是怎样的?

车辆出租地

机场	东部	西部	归还到
0.97	0.05	0.1	机场
0	0.9	0.05	东部
0.03	0.05	0.85	西部

7. 设一个经济系统包括三个部门，在某个生产周期内各部门间的消耗系数及最终产出见下表:

消耗系数 / 消耗部门 / 生产部门	1	2	3	最终产出
1	0.25	0.1	0.1	245
2	0.2	0.2	0.1	90
3	0.1	0.1	0.2	175

求各部门的总产出及部门间的流量.

8. 已知一个经济系统包括三个部门，在报告期内的直接消耗系数矩阵为

$$\boldsymbol{A}=\begin{pmatrix}0.6 & 0.1 & 0.1\\ 0.1 & 0.6 & 0.1\\ 0.1 & 0.1 & 0.6\end{pmatrix},$$

若各部门在计划期内的最终产出为 $y_1=30,\ y_2=40,\ y_3=30$，预测各部门在计划期内的总产出 $x_1,\ x_2,\ x_3$.

总习题三

1. 解线性方程组

$$\begin{cases}x_1+x_2+x_3+x_4+x_5=a\\ 3x_1+2x_2+x_3+x_4-3x_5=0\\ x_2+2x_3+2x_4+6x_5=b\\ 5x_1+4x_2+3x_3+3x_4-x_5=2\end{cases}\quad(a,\ b\in\mathbf{R}).$$

2. 当 λ 取何值时，线性方程组

$$\begin{cases}(\lambda+3)x_1+x_2+2x_3=\lambda\\ \lambda x_1+(\lambda-1)x_2+x_3=\lambda\\ 3(\lambda+1)x_1+\lambda x_2+(\lambda+3)x_3=3\end{cases}$$

有唯一解、无解、有无穷多解? 当方程组有无穷多解时求出它的解.

3. 设矩阵 $\boldsymbol{A}=\begin{pmatrix}1 & 2 & 3\\ -1 & 3 & 2\\ 2 & 1 & t\\ -2 & 1 & -1\end{pmatrix}$, $\boldsymbol{B}$ 是三阶非零矩阵, 且 $\boldsymbol{AB}=\boldsymbol{O}$, 求 t.

4. 写出一个以 $\boldsymbol{x}=c_1\begin{pmatrix}2\\ -3\\ 1\\ 0\end{pmatrix}+c_2\begin{pmatrix}-2\\ 4\\ 0\\ 1\end{pmatrix}(c_1, c_2\in\mathbf{R})$ 为全部解的齐次线性方程组.

5. 设有向量 $\boldsymbol{\alpha}_1=\begin{pmatrix}1\\ 4\\ 0\\ 2\end{pmatrix}$, $\boldsymbol{\alpha}_2=\begin{pmatrix}2\\ 7\\ 1\\ 3\end{pmatrix}$, $\boldsymbol{\alpha}_3=\begin{pmatrix}0\\ 1\\ -1\\ a\end{pmatrix}$, $\boldsymbol{\beta}=\begin{pmatrix}3\\ 10\\ b\\ 4\end{pmatrix}$. 试问当 a, b 为何值时:

(1) $\boldsymbol{\beta}$ 不能由 $\boldsymbol{\alpha}_1, \boldsymbol{\alpha}_2, \boldsymbol{\alpha}_3$ 线性表示?

(2) $\boldsymbol{\beta}$ 可由 $\boldsymbol{\alpha}_1, \boldsymbol{\alpha}_2, \boldsymbol{\alpha}_3$ 线性表示? 写出该表示式.

6. 已知向量组 $\boldsymbol{\alpha}_1=(1, 1, 2, 1)^{\mathrm{T}}$, $\boldsymbol{\alpha}_2=(1, 0, 0, 2)^{\mathrm{T}}$, $\boldsymbol{\alpha}_3=(-1, -4, -8, k)^{\mathrm{T}}$ 线性相关, 求 k.

7. 设有向量组 $\boldsymbol{\beta}_1=\boldsymbol{\alpha}_1+\boldsymbol{\alpha}_2$, $\boldsymbol{\beta}_2=\boldsymbol{\alpha}_2+\boldsymbol{\alpha}_3$, $\boldsymbol{\beta}_3=\boldsymbol{\alpha}_3+\boldsymbol{\alpha}_4$, $\boldsymbol{\beta}_4=\boldsymbol{\alpha}_4+\boldsymbol{\alpha}_1$, 证明向量组 $\boldsymbol{\beta}_1, \boldsymbol{\beta}_2, \boldsymbol{\beta}_3, \boldsymbol{\beta}_4$ 线性相关.

8. 设向量组 $\boldsymbol{\alpha}_1, \boldsymbol{\alpha}_2, \boldsymbol{\alpha}_3$ 线性无关, 已知

$$\boldsymbol{\beta}_1=k_1\boldsymbol{\alpha}_1+\boldsymbol{\alpha}_2+k_1\boldsymbol{\alpha}_3,\ \boldsymbol{\beta}_2=\boldsymbol{\alpha}_1+k_2\boldsymbol{\alpha}_2+(k_2+1)\boldsymbol{\alpha}_3,\ \boldsymbol{\beta}_3=\boldsymbol{\alpha}_1+\boldsymbol{\alpha}_2+\boldsymbol{\alpha}_3,$$

试问当 k_1, k_2 为何值时, $\boldsymbol{\beta}_1, \boldsymbol{\beta}_2, \boldsymbol{\beta}_3$ 线性相关、线性无关?

9. 设 $\boldsymbol{\alpha}_1=(1, 1, 0)^{\mathrm{T}}$, $\boldsymbol{\alpha}_2=(1, a+1, -2a)^{\mathrm{T}}$, $\boldsymbol{\alpha}_3=(-1, -b-1, a+b)^{\mathrm{T}}$, $\boldsymbol{\beta}=(1, 2, -2)^{\mathrm{T}}$. 试讨论当 a, b 为何值时:

(1) $\boldsymbol{\beta}$ 不能由 $\boldsymbol{\alpha}_1, \boldsymbol{\alpha}_2, \boldsymbol{\alpha}_3$ 线性表示;

(2) $\boldsymbol{\beta}$ 可由 $\boldsymbol{\alpha}_1, \boldsymbol{\alpha}_2, \boldsymbol{\alpha}_3$ 唯一地线性表示, 并求出表示式;

(3) $\boldsymbol{\beta}$ 可由 $\boldsymbol{\alpha}_1, \boldsymbol{\alpha}_2, \boldsymbol{\alpha}_3$ 线性表示, 但表示式不唯一, 并求出表示式.

10. 设向量组 $\boldsymbol{\alpha}_1, \boldsymbol{\alpha}_2, \boldsymbol{\alpha}_3$ 线性无关, 试证: 向量组 $\boldsymbol{\alpha}_1+\boldsymbol{\alpha}_2, \boldsymbol{\alpha}_1-\boldsymbol{\alpha}_3, \boldsymbol{\alpha}_2+\boldsymbol{\alpha}_3$ 线性相关.

11. 设向量组 $\boldsymbol{\alpha}_1, \boldsymbol{\alpha}_2, \boldsymbol{\alpha}_3$ 线性无关, 试证: 向量组 $\boldsymbol{\alpha}_1+2\boldsymbol{\alpha}_2, \boldsymbol{\alpha}_2+2\boldsymbol{\alpha}_3, \boldsymbol{\alpha}_3-2\boldsymbol{\alpha}_1$ 线性相关.

12. 设 $\boldsymbol{A}$ 是 $n\times m$ 矩阵, $\boldsymbol{B}$ 是 $m\times n$ 矩阵, 其中 $n<m$, $\boldsymbol{E}$ 是 n 阶单位矩阵, 若 $\boldsymbol{AB}=\boldsymbol{E}$, 证明: $\boldsymbol{B}$ 的列向量组线性无关.

13. 设 $\boldsymbol{\alpha}_1, \boldsymbol{\alpha}_2, \cdots, \boldsymbol{\alpha}_r$ 线性相关, 证明: 存在不全为零的数 $t_1, t_2, \cdots, t_r$, 使得对任何向量 $\boldsymbol{\beta}$ 都有

$$\boldsymbol{\alpha}_1+t_1\boldsymbol{\beta}, \boldsymbol{\alpha}_2+t_2\boldsymbol{\beta}, \cdots, \boldsymbol{\alpha}_r+t_r\boldsymbol{\beta}\ (r\geqslant 2)$$

线性相关.

14. 已知 $\boldsymbol{\alpha}_1=(2, 3, 4, 5)^{\mathrm{T}}$, $\boldsymbol{\alpha}_2=(3, 4, 5, 6)^{\mathrm{T}}$, $\boldsymbol{\alpha}_3=(4, 5, 6, 7)^{\mathrm{T}}$, $\boldsymbol{\alpha}_4=(5, 6, 7, 8)^{\mathrm{T}}$, 求 $\mathrm{r}(\boldsymbol{\alpha}_1, \boldsymbol{\alpha}_2, \boldsymbol{\alpha}_3, \boldsymbol{\alpha}_4)$.

15. 设向量组 $\boldsymbol{\alpha}_1, \boldsymbol{\alpha}_2, \cdots, \boldsymbol{\alpha}_t$ 是齐次线性方程组 $\boldsymbol{Ax}=\mathbf{0}$ 的一个基础解系, 向量 $\boldsymbol{\beta}$ 不是方程组 $\boldsymbol{Ax}=\mathbf{0}$ 的解, 即 $\boldsymbol{A\beta}\neq\mathbf{0}$, 试证明: 向量 $\boldsymbol{\beta}, \boldsymbol{\beta}+\boldsymbol{\alpha}_1, \boldsymbol{\beta}+\boldsymbol{\alpha}_2, \cdots, \boldsymbol{\beta}+\boldsymbol{\alpha}_t$ 线性无关.

16. 设 $\boldsymbol{A}$ 为 4×3 矩阵, $\boldsymbol{B}$ 为 3×3 矩阵, 且 $\boldsymbol{AB}=\boldsymbol{O}$, 其中

$$\boldsymbol{A}=\begin{pmatrix}1&1&-1\\1&2&1\\2&3&0\\0&-1&-2\end{pmatrix},$$

证明 $\boldsymbol{B}$ 的列向量组线性相关.

17. 求向量组

$$\boldsymbol{\alpha}_1=(1,1,4,2)^{\mathrm{T}},\ \boldsymbol{\alpha}_2=(1,-1,-2,4)^{\mathrm{T}},\ \boldsymbol{\alpha}_3=(-3,2,3,-11)^{\mathrm{T}},\ \boldsymbol{\alpha}_4=(1,3,10,0)^{\mathrm{T}}$$

的一个极大无关组.

18. 设向量组 $\boldsymbol{\alpha}_1=(1,1,1,3)^{\mathrm{T}}$, $\boldsymbol{\alpha}_2=(-1,-3,5,1)^{\mathrm{T}}$, $\boldsymbol{\alpha}_3=(3,2,-1,p+2)^{\mathrm{T}}$, $\boldsymbol{\alpha}_4=(-2,-6,10,p)^{\mathrm{T}}$.

(1) p 为何值时, 该向量组线性无关? 将向量 $\boldsymbol{\alpha}=(4,1,6,10)^{\mathrm{T}}$ 用 $\boldsymbol{\alpha}_1,\boldsymbol{\alpha}_2,\boldsymbol{\alpha}_3,\boldsymbol{\alpha}_4$ 线性表出.

(2) p 为何值时, 该向量组线性相关? 求出它的秩和一个极大无关组.

19. 设向量组 $\boldsymbol{\alpha}_1,\boldsymbol{\alpha}_2,\cdots,\boldsymbol{\alpha}_s$ 的秩等于 r, 试证: 任意选取其中 m 个向量所构成的向量组的秩大于或等于 $r+m-s$.

20. 设向量组

$$\boldsymbol{\alpha}_1=(1+a,1,1,1)^{\mathrm{T}},\ \boldsymbol{\alpha}_2=(2,2+a,2,2)^{\mathrm{T}},\ \boldsymbol{\alpha}_3=(3,3,3+a,3)^{\mathrm{T}},\ \boldsymbol{\alpha}_4=(4,4,4,4+a)^{\mathrm{T}},$$

问 a 为何值时, $\boldsymbol{\alpha}_1,\boldsymbol{\alpha}_2,\boldsymbol{\alpha}_3,\boldsymbol{\alpha}_4$ 线性相关? 当 $\boldsymbol{\alpha}_1,\boldsymbol{\alpha}_2,\boldsymbol{\alpha}_3,\boldsymbol{\alpha}_4$ 线性相关时, 求它的一个极大无关组, 并将其余向量用该极大无关组线性表出.

21. 设向量组 $\boldsymbol{A}$: $\boldsymbol{\alpha}_1,\boldsymbol{\alpha}_2,\cdots,\boldsymbol{\alpha}_s$ 的秩为 r_1, 向量组 $\boldsymbol{B}$: $\boldsymbol{\beta}_1,\boldsymbol{\beta}_2,\cdots,\boldsymbol{\beta}_t$ 的秩为 r_2, 向量组

$$\boldsymbol{C}: \boldsymbol{\alpha}_1,\boldsymbol{\alpha}_2,\cdots,\boldsymbol{\alpha}_s,\ \boldsymbol{\beta}_1,\boldsymbol{\beta}_2,\cdots,\boldsymbol{\beta}_r$$

的秩为 r_3, 试证: $\max\{r_1,r_2\}\leqslant r_3\leqslant r_1+r_2$.

22. 设有向量组 $\boldsymbol{A}$: $\boldsymbol{\alpha}_1,\boldsymbol{\alpha}_2,\boldsymbol{\alpha}_3$; $\boldsymbol{B}$: $\boldsymbol{\alpha}_1,\boldsymbol{\alpha}_2,\boldsymbol{\alpha}_3,\boldsymbol{\alpha}_4$; $\boldsymbol{C}$: $\boldsymbol{\alpha}_1,\boldsymbol{\alpha}_2,\boldsymbol{\alpha}_3,\boldsymbol{\alpha}_5$. 如果

$$\mathrm{r}(\boldsymbol{\alpha}_1,\boldsymbol{\alpha}_2,\boldsymbol{\alpha}_3)=\mathrm{r}(\boldsymbol{\alpha}_1,\boldsymbol{\alpha}_2,\boldsymbol{\alpha}_3,\boldsymbol{\alpha}_4)=3,\ \mathrm{r}(\boldsymbol{\alpha}_1,\boldsymbol{\alpha}_2,\boldsymbol{\alpha}_3,\boldsymbol{\alpha}_5)=4,$$

试证: 向量组 $\boldsymbol{\alpha}_1,\boldsymbol{\alpha}_2,\boldsymbol{\alpha}_3,\boldsymbol{\alpha}_5-\boldsymbol{\alpha}_4$ 的秩为 4.

23. 设向量组 $\boldsymbol{B}$: $\boldsymbol{\beta}_1,\boldsymbol{\beta}_2,\cdots,\boldsymbol{\beta}_r$ 能由向量组 $\boldsymbol{A}$: $\boldsymbol{\alpha}_1,\boldsymbol{\alpha}_2,\cdots,\boldsymbol{\alpha}_s$ 线性表示为

$$(\boldsymbol{\beta}_1,\boldsymbol{\beta}_2,\cdots,\boldsymbol{\beta}_r)=(\boldsymbol{\alpha}_1,\boldsymbol{\alpha}_2,\cdots,\boldsymbol{\alpha}_s)\boldsymbol{K},$$

其中 $\boldsymbol{K}$ 为 $s\times r$ 矩阵, 且向量组 $\boldsymbol{A}$ 线性无关. 试证: 向量组 $\boldsymbol{B}$ 线性无关的充要条件是矩阵 $\boldsymbol{K}$ 的秩 $\mathrm{r}(\boldsymbol{K})=r$.

24. 设由向量组

$$\boldsymbol{\alpha}_1=(1,1,0,0)^{\mathrm{T}},\ \boldsymbol{\alpha}_2=(1,0,1,1)^{\mathrm{T}}$$

所生成的向量空间为 $\boldsymbol{V}_1$, 由向量组

$$\boldsymbol{\beta}_1=(2,-1,3,3)^{\mathrm{T}},\ \boldsymbol{\beta}_2=(0,1,-1,-1)^{\mathrm{T}}$$

所生成的向量空间为 $\boldsymbol{V}_2$, 试证: $\boldsymbol{V}_1=\boldsymbol{V}_2$.

25. 设有向量组

$$\boldsymbol{\alpha}_1=\begin{pmatrix}1\\-1\\-2\end{pmatrix},\ \boldsymbol{\alpha}_2=\begin{pmatrix}5\\-4\\-7\end{pmatrix},\ \boldsymbol{\alpha}_3=\begin{pmatrix}-3\\1\\0\end{pmatrix},\ \boldsymbol{x}=\begin{pmatrix}-4\\3\\a\end{pmatrix},$$

问 a 取何值时, $\boldsymbol{x}$ 属于由 $\boldsymbol{\alpha}_1, \boldsymbol{\alpha}_2, \boldsymbol{\alpha}_3$ 生成的 $\mathbf{R}^3$ 的子空间?

26. 已知 $\mathbf{R}^4$ 的两个基为

$$\xi_1=(1,-1,0,0)^{\mathrm{T}},\ \xi_2=(0,1,-1,0)^{\mathrm{T}},\ \xi_3=(0,0,1,-1)^{\mathrm{T}},\ \xi_4=(0,0,0,1)^{\mathrm{T}},$$

$$\boldsymbol{\eta}_1=(1,0,0,0)^{\mathrm{T}},\ \boldsymbol{\eta}_2=(1,2,0,0)^{\mathrm{T}},\ \boldsymbol{\eta}_3=(1,2,3,0)^{\mathrm{T}},\ \boldsymbol{\eta}_4=(1,2,3,4)^{\mathrm{T}},$$

已知向量 $\boldsymbol{\alpha}$ 在基 $\xi_1, \xi_2, \xi_3, \xi_4$ 下的坐标是 $(1,2,3,4)$, 求向量 $\boldsymbol{\alpha}$ 在基 $\boldsymbol{\eta}_1, \boldsymbol{\eta}_2, \boldsymbol{\eta}_3, \boldsymbol{\eta}_4$ 下的坐标.

27. 求齐次线性方程组 $\begin{cases} x_1+3x_3+4x_4-5x_5=0 \\ x_2-2x_3-3x_4+x_5=0 \end{cases}$ 的解空间的维数.

28. 求线性方程组 $\boldsymbol{Ax}=\mathbf{0}$, 其解空间由向量组

$$\boldsymbol{\alpha}_1=(1,-1,1,0)^{\mathrm{T}},\ \boldsymbol{\alpha}_2=(1,1,0,1)^{\mathrm{T}},\ \boldsymbol{\alpha}_3=(2,0,1,1)^{\mathrm{T}}$$

所生成.

29. 设 $\boldsymbol{A}=\begin{pmatrix} 1 & 2 & 1 \\ 2 & 3 & a+2 \\ 1 & a & -2 \end{pmatrix}$, $\boldsymbol{b}=\begin{pmatrix} 1 \\ 3 \\ 0 \end{pmatrix}$, $\boldsymbol{x}=\begin{pmatrix} x_1 \\ x_2 \\ x_3 \end{pmatrix}$.

(1) 若齐次线性方程组 $\boldsymbol{Ax}=\mathbf{0}$ 只有零解, 求 a 的值.

(2) 若线性方程组 $\boldsymbol{Ax}=\boldsymbol{b}$ 无解, 求 a 的值.

30. 设线性方程组

$$(1)\begin{cases} x_1+2x_2-x_3+x_4=r \\ 3x_1+px_2+3x_3+2x_4=-11 \\ 2x_1+2x_2+qx_3+x_4=-4 \end{cases} \quad 与 \quad (2)\begin{cases} x_1+3x_3=-2 \\ x_2-2x_3=5 \\ x_4=-10 \end{cases}$$

是同解方程组, 试确定方程组 (1) 中 p, q, r 的值.

31. 对于线性方程组

$$\begin{cases} \lambda x_1+x_2+x_3=\lambda-3 \\ x_1+\lambda x_2+x_3=-2 \\ x_1+x_2+\lambda x_3=-2 \end{cases},$$

讨论 λ 取何值时, 方程组无解、有唯一解和无穷多解, 在方程组有无穷多解时, 试用其导出组的基础解系表示全部解.

32. $\boldsymbol{A}$ 是 n 阶矩阵, 对于齐次线性方程组 $\boldsymbol{Ax}=\mathbf{0}$:

(1) 若 $\boldsymbol{A}$ 中每行元素之和均为 0, 且 $\mathrm{r}(\boldsymbol{A})=n-1$, 求方程组的通解.

(2) 若每个 n 维向量都是方程组的解, 求 $\mathrm{r}(\boldsymbol{A})$.

33. 设 $\boldsymbol{A}$ 是秩为 3 的 5×4 矩阵, 向量 $\boldsymbol{\alpha}_1, \boldsymbol{\alpha}_2, \boldsymbol{\alpha}_3$ 是非齐次线性方程组 $\boldsymbol{Ax}=\boldsymbol{b}$ 的三个不同的解, 若

$$\boldsymbol{\alpha}_1+\boldsymbol{\alpha}_2+2\boldsymbol{\alpha}_3=(2,0,0,0)^{\mathrm{T}},\ 3\boldsymbol{\alpha}_1+\boldsymbol{\alpha}_2=(2,4,6,8)^{\mathrm{T}},$$

求方程组 $\boldsymbol{Ax}=\boldsymbol{b}$ 的通解.

34. 设

$$\boldsymbol{A}=\begin{pmatrix} 2 & 1 & 1 & 2 \\ 0 & 1 & 3 & 1 \\ 1 & \lambda & \mu & 1 \end{pmatrix},\ \boldsymbol{b}=\begin{pmatrix} 0 \\ 1 \\ 0 \end{pmatrix},\ \boldsymbol{\eta}=\begin{pmatrix} 1 \\ -1 \\ 1 \\ -1 \end{pmatrix},$$

如果 $\boldsymbol{\eta}$ 是方程组 $\boldsymbol{Ax}=\boldsymbol{b}$ 的一个解, 试求方程组 $\boldsymbol{Ax}=\boldsymbol{b}$ 的全部解.

35. 求一个非齐次线性方程组, 使它的全部解为

$$\begin{pmatrix} x_1 \\ x_2 \\ x_3 \end{pmatrix}=\begin{pmatrix} 1 \\ -1 \\ 3 \end{pmatrix}+c_1\begin{pmatrix} -1 \\ 3 \\ 2 \end{pmatrix}+c_2\begin{pmatrix} 2 \\ -3 \\ 1 \end{pmatrix} \quad (c_1,\ c_2 \text{为任意常数}).$$

36. 设齐次线性方程组

$$\begin{cases} (1+a)x_1+x_2+\cdots+x_n=0 \\ 2x_1+(2+a)x_2+\cdots+2x_n=0 \\ \quad \cdots\cdots \\ nx_1+nx_2+\cdots+(n+a)x_n=0 \end{cases} \quad (n\geqslant 2,\ a\neq 0),$$

试问 a 取何值时, 该方程组有非零解? 求出其通解.

37. 设 n 阶矩阵 $\boldsymbol{A}$ 的伴随矩阵 $\boldsymbol{A}^*\neq\boldsymbol{O}$, 若 $\zeta_1,\ \zeta_2,\ \zeta_3,\ \zeta_4$ 是非齐次线性方程组 $\boldsymbol{Ax}=\boldsymbol{b}$ 的互不相等的解, 试证: 对应的齐次线性方程组 $\boldsymbol{Ax}=\boldsymbol{0}$ 的基础解系仅含一个非零解向量.

38. 设 $\boldsymbol{\alpha}_0, \boldsymbol{\alpha}_1, \cdots, \boldsymbol{\alpha}_{n-r}$ 为线性方程组 $\boldsymbol{Ax}=\boldsymbol{b}\ (\boldsymbol{b}\neq\boldsymbol{0})$ 的 $n-r+1$ 个线性无关的解向量, 矩阵 $\boldsymbol{A}$ 的秩为 r, 证明: 向量组 $\boldsymbol{\alpha}_1-\boldsymbol{\alpha}_0,\ \boldsymbol{\alpha}_2-\boldsymbol{\alpha}_0,\ \cdots,\ \boldsymbol{\alpha}_{n-r}-\boldsymbol{\alpha}_0$ 是对应的齐次线性方程组 $\boldsymbol{Ax}=\boldsymbol{0}$ 的基础解系.

39. 若矩阵 $\boldsymbol{A}$ 的秩为 r, 其 r 个列向量为某一齐次线性方程组的一个基础解系, $\boldsymbol{B}$ 为 r 阶可逆矩阵, 证明: $\boldsymbol{AB}$ 的 r 个列向量也是该齐次线性方程组的一个基础解系.

40. $\boldsymbol{A}$ 是 $m\times n$ 矩阵, $m<n$, 且矩阵 $\boldsymbol{A}$ 的行向量组线性无关, $\boldsymbol{B}$ 是 $n\times(n-m)$ 矩阵, $\boldsymbol{B}$ 的列向量组线性无关, 且 $\boldsymbol{AB}=\boldsymbol{O}$, 证明: 若 $\boldsymbol{\eta}$ 是齐次线性方程组 $\boldsymbol{Ax}=\boldsymbol{0}$ 的解, 则线性方程组 $\boldsymbol{Bx}=\boldsymbol{\eta}$ 有唯一解.

41. 给出如题 41 图所示的高速公路网络的流量模型, 当流量为 x_4 的路面关闭, 即 $x_4=0$ 时, x_1 的最小值是多少?

42. 给出如题 42 图所示的流量模型, 假设流量必须沿着指定的方向, 找出标记为 x_2, x_3, x_4, x_5 的分支中的最小流量.

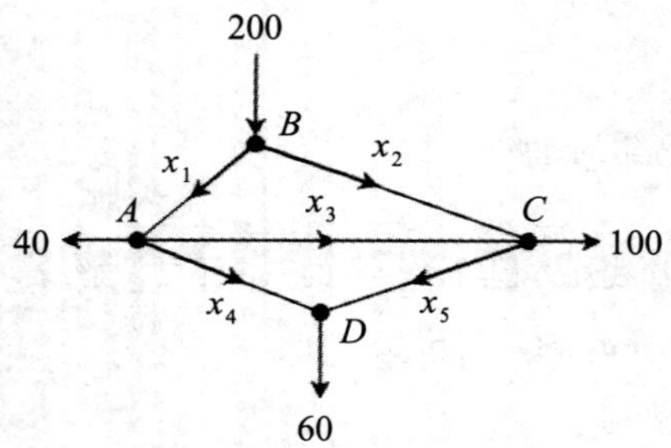

题41图

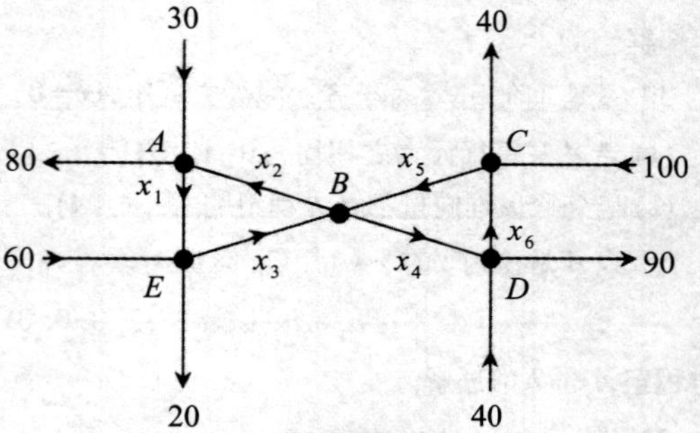

题42图

43. 题 43 图中显示了某片区供水网络的主要管道, 其中 q_1 和 q_2 表示从两个水库流入网络的供水流量 (单位: 千立方米 / 秒), q_3 和 q_4 表示从网络流出城镇的流量. 假设网络中任何地方都没有储水. 与每根管道相关的变量 x_i 表示指定管道方向的流速 (负值表示流动方向相反).

(1) 建立变量 x_i 的线性方程组；

(2) 求该线性方程组的通解.

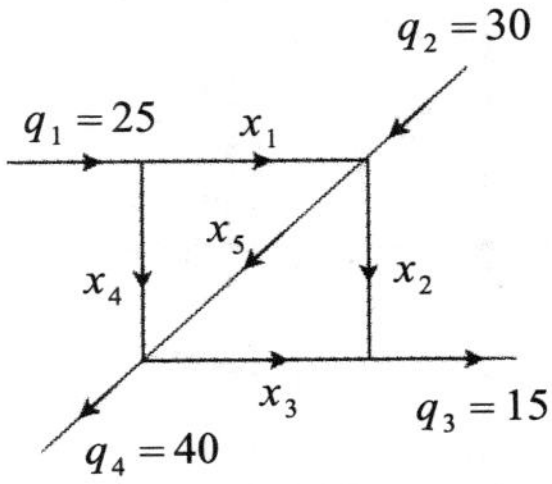

题43图

44. 在某一地区，每年大约有 3% 的城市人口移居到周围的郊区，大约有 7% 的郊区人口移居到城市. 2000 年，城市中有 500 000 名居民，郊区中有 800 000 名居民. 试建立一个差分方程来描述这种情况，用 x_0 表示 2008 年的初始人口，然后估计三年之后 (即2011 年) 城市和郊区的人口数量 (忽略其他因素对人口规模的影响).

第4章　矩阵的特征值

矩阵的特征值与特征向量源于对线性变换的深入研究. 线性变换是数学中用来描述几何对象如何在空间中改变的一种工具. 矩阵是表示线性变换的代数工具, 而特征值与特征向量则揭示了矩阵在特定方向上的内在特性. 在研究线性变换时, 人们发现某些特殊的向量, 即使经过变换, 其方向也保持不变, 仅在长度上发生伸缩. 这些向量称为特征向量, 与之对应的比例因子 (伸缩倍数) 称为特征值.

矩阵的特征值和特征向量具有重要意义. 它们可以帮助我们理解线性变换的本质. 此外, 它们还为矩阵的分解提供了基础, 使复杂的矩阵运算更加高效. 特征值也可用于判断矩阵的性质, 例如矩阵是否可逆、是否正定等.

本章主要讨论方阵的特征值、特征向量理论及方阵的相似对角化等问题, 这些内容在许多学科中都有非常重要的作用.

§4.1　向量的内积

向量的内积 (又称点积) 是向量运算中的核心概念, 用于度量两个向量之间的相似性和关系, 在向量空间中, 内积通常定义为两个向量对应分量的乘积之和. 内积的意义在于它提供了衡量向量正交性、方向相似度和长度的工具. 例如, 当内积为零时, 两个向量正交; 内积为正或负则表明方向相近或相反. 内积的应用广泛. 在物理学中, 内积用于计算功 (力与位移的内积) ; 在数据分析中, 内积可以衡量数据相似性 (如余弦相似度) ; 在机器学习中, 内积是核方法、优化问题及神经网络计算的基础. 它是连接代数与几何的桥梁, 具有广泛的实践价值.

在第3章中, 我们研究了向量的线性运算, 并利用它讨论了向量之间的线性相关性, 但尚未涉及向量的度量性质.

在空间解析几何中, 向量$\boldsymbol{x}=(x_1, x_2, x_3)$和$\boldsymbol{y}=(y_1, y_2, y_3)$的长度与夹角等度量性质可以通过两个向量的数量积

$$\boldsymbol{x}\cdot\boldsymbol{y}=|\boldsymbol{x}||\boldsymbol{y}|\cos\theta \ (\theta\text{ 为向量 }\boldsymbol{x}\text{ 与 }\boldsymbol{y}\text{ 的夹角})$$

来表示, 且在空间直角坐标系中, 有

$$\boldsymbol{x}\cdot\boldsymbol{y}=x_1y_1+x_2y_2+x_3y_3\ ,\ |\boldsymbol{x}|=\sqrt{x_1^2+x_2^2+x_3^2}\,.$$

本节中，我们要将数量积的概念推广到n维向量空间中, 引入内积的概念, 并由此进一步定义n维向量空间中的长度、距离和垂直等概念.

一、内积及其性质

定义 1　设有 n 维列向量 $\boldsymbol{x}=(x_1, x_2, \cdots, x_n)^{\mathrm{T}}$，$\boldsymbol{y}=(y_1, y_2, \cdots, y_n)^{\mathrm{T}}$，令

$$[\boldsymbol{x}, \boldsymbol{y}]=x_1 y_1+x_2 y_2+\cdots+x_n y_n,$$

则称 $[\boldsymbol{x}, \boldsymbol{y}]$ 为向量 $\boldsymbol{x}$ 与 $\boldsymbol{y}$ 的**内积**(或**点积**).

注: 内积 $[\boldsymbol{x}, \boldsymbol{y}]$ 有时也记作 $<\boldsymbol{x}, \boldsymbol{y}>$.

内积是两个向量间的一种运算, 其结果是一个实数, 按矩阵的记法可表示为

$$[\boldsymbol{x}, \boldsymbol{y}]=\boldsymbol{x}^{\mathrm{T}}\boldsymbol{y}=(x_1, x_2, \cdots, x_n)\begin{pmatrix} y_1 \\ y_2 \\ \vdots \\ y_n \end{pmatrix}.$$

内积的运算性质如下 (其中 $\boldsymbol{x}, \boldsymbol{y}, \boldsymbol{z}$ 为 n 维向量, $\lambda\in\mathbf{R}$):

(1) $[\boldsymbol{x}, \boldsymbol{y}]=[\boldsymbol{y}, \boldsymbol{x}]$;

(2) $[\lambda\boldsymbol{x}, \boldsymbol{y}]=\lambda[\boldsymbol{x}, \boldsymbol{y}]$;

(3) $[\boldsymbol{x}+\boldsymbol{y}, \boldsymbol{z}]=[\boldsymbol{x}, \boldsymbol{z}]+[\boldsymbol{y}, \boldsymbol{z}]$;

(4) $[\boldsymbol{x}, \boldsymbol{x}]\geqslant 0$, 当且仅当 $\boldsymbol{x}=\boldsymbol{0}$ 时, 有 $[\boldsymbol{x}, \boldsymbol{x}]=0$.

由上可见, 内积是向量空间中的一种运算, 具有对称性、双线性与正定性等性质. 内积的几何意义体现在衡量向量的相似性和正交性, 其结果直接影响对向量空间结构的判断.

二、向量的长度与性质

定义 2　设 $\boldsymbol{x}$ 为 n 维向量, 令

$$\|\boldsymbol{x}\|=\sqrt{[\boldsymbol{x}, \boldsymbol{x}]}=\sqrt{x_1^2+x_2^2+\cdots+x_n^2},$$

则称 $\|\boldsymbol{x}\|$ 为 n 维向量 $\boldsymbol{x}$ 的**长度**(或**范数**).

向量的范数具有下述性质:

(1) 非负性: $\|\boldsymbol{x}\|\geqslant 0$, 当且仅当 $\boldsymbol{x}=\boldsymbol{0}$ 时, $\|\boldsymbol{x}\|=0$;

(2) 齐次性: $\|\lambda\boldsymbol{x}\|=|\lambda|\,\|\boldsymbol{x}\|$;

(3) 三角不等式: $\|\boldsymbol{x}+\boldsymbol{y}\|\leqslant\|\boldsymbol{x}\|+\|\boldsymbol{y}\|$;

(4) 对任意 n 维向量 $\boldsymbol{x}, \boldsymbol{y}$, 有 $|[\boldsymbol{x}, \boldsymbol{y}]|\leqslant\|\boldsymbol{x}\|\cdot\|\boldsymbol{y}\|$.

向量的范数源于对向量空间中对象的度量问题的研究, 是用来描述向量“长度”或“大小”的概念. 范数是衡量向量大小的函数, 具有非负性、齐次性和三角不等式等性质, 这些性质确保了范数能够统一度量向量空间中的几何特性. 范数广泛用于数据分析、机器学习、优化等领域, 帮助量化误差、评估模型性能、控制正则化强度等. 通过选择不同的范数, 可解决不同的特定问题, 如稀疏性建模、最小二乘估计、测量误差大小 (如机器学习中的损失函数)、最优化中的收敛性分析、信号处理中的能量计算、提高算法效率与系

统的可靠性等问题.

若令 $\boldsymbol{x}=(x_1, x_2, \cdots, x_n)^{\mathrm{T}}$, $\boldsymbol{y}=(y_1, y_2, \cdots, y_n)^{\mathrm{T}}$, 则性质(4)可表示为

$$\left|\sum_{i=1}^{n} x_i y_i\right| \leqslant \sqrt{\sum_{i=1}^{n} x_i^2} \cdot \sqrt{\sum_{i=1}^{n} y_i^2}.$$

上述不等式称为**柯西–施瓦茨不等式**, 它说明了 $\mathbf{R}^n$ 中任意两个向量的内积与它们范数之间的关系.

柯西–施瓦茨不等式源于向量空间与内积的研究, 描述了两个向量内积的绝对值不超过其范数乘积的关系. 这一不等式体现了内积与范数之间的重要联系. 它广泛应用于数学分析、概率论和线性代数, 如证明不等式、评估向量投影误差、优化分析等. 在数据科学与机器学习中, 该不等式用于衡量变量间的相关性、计算余弦相似度等.

当 $\|\boldsymbol{x}\|=1$ 时, 称 $\boldsymbol{x}$ 为**单位向量**.

对 $\mathbf{R}^n$ 中的任一非零向量 $\boldsymbol{\alpha}$, 向量 $\dfrac{\boldsymbol{\alpha}}{\|\boldsymbol{\alpha}\|}$ 是一个单位向量, 因为 $\left\|\dfrac{\boldsymbol{\alpha}}{\|\boldsymbol{\alpha}\|}\right\|=\dfrac{1}{\|\boldsymbol{\alpha}\|}\|\boldsymbol{\alpha}\|=1$.

用一个非零向量 $\boldsymbol{\alpha}$ 的范数(长度) $\|\boldsymbol{\alpha}\|$ 去除向量 $\boldsymbol{\alpha}$, 得到一个单位向量, 这一过程通常称为将向量 $\boldsymbol{\alpha}$ **单位化**.

当 $\|\boldsymbol{\alpha}\| \neq 0$, $\|\boldsymbol{\beta}\| \neq 0$ 时, 令 $\theta=\arccos \dfrac{[\boldsymbol{\alpha}, \boldsymbol{\beta}]}{\|\boldsymbol{\alpha}\| \cdot\|\boldsymbol{\beta}\|}$ $(0 \leqslant \theta \leqslant \pi)$, 称 θ 为 **n 维向量 $\boldsymbol{\alpha}$ 与 $\boldsymbol{\beta}$ 的夹角**.

例 1 求向量 $\boldsymbol{\alpha}=(1, 2, 2, 3)^{\mathrm{T}}$, $\boldsymbol{\beta}=(3, 1, 5, 1)^{\mathrm{T}}$ 的夹角 $(0 \leqslant \theta \leqslant \pi)$.

解 根据范数的定义, 计算得

$$\|\boldsymbol{\alpha}\|=\sqrt{1^2+2^2+2^2+3^2}=3\sqrt{2}, \quad \|\boldsymbol{\beta}\|=\sqrt{3^2+1^2+5^2+1^2}=6,$$

又根据内积的定义, 计算得

$$[\boldsymbol{\alpha}, \boldsymbol{\beta}]=1 \times 3+2 \times 1+2 \times 5+3 \times 1=18,$$

所以, 题设向量 $\boldsymbol{\alpha}$ 与 $\boldsymbol{\beta}$ 的夹角 $(0 \leqslant \theta \leqslant \pi)$ 为

$$\theta=\arccos \frac{[\boldsymbol{\alpha}, \boldsymbol{\beta}]}{\|\boldsymbol{\alpha}\| \cdot\|\boldsymbol{\beta}\|}=\arccos \frac{\sqrt{2}}{2}=\frac{\pi}{4}.$$

三、正交向量组

定义 3 如果两个向量 $\boldsymbol{\alpha}$ 与 $\boldsymbol{\beta}$ 的内积等于零, 即 $[\boldsymbol{\alpha}, \boldsymbol{\beta}]=0$, 那么称**向量 $\boldsymbol{\alpha}$ 与 $\boldsymbol{\beta}$ 相互正交**, 记作 $\boldsymbol{\alpha} \perp \boldsymbol{\beta}$.

注: 显然, 若 $\boldsymbol{\alpha}=\mathbf{0}$, 则 $\boldsymbol{\alpha}$ 与任何向量都正交.

定义 4 如果 n 维向量 $\boldsymbol{\alpha}_1, \boldsymbol{\alpha}_2, \cdots, \boldsymbol{\alpha}_r$ 是一个非零向量组, 且向量 $\boldsymbol{\alpha}_1, \boldsymbol{\alpha}_2, \cdots, \boldsymbol{\alpha}_r$ 两两正交, 那么称该向量组为**正交向量组**.

例如, $\mathbf{R}^n$ 中的单位坐标向量组 $\boldsymbol{\varepsilon}_1, \boldsymbol{\varepsilon}_2, \cdots, \boldsymbol{\varepsilon}_n$ 是两两正交的, 因为 $[\boldsymbol{\varepsilon}_i, \boldsymbol{\varepsilon}_j]=0\ (i \neq j)$.

正交向量组在数学、物理及工程等领域中具有重要地位. 正交是欧几里得几何中垂直

概念的推广, 在向量空间中表示两个向量内积为零. 进一步, 若正交向量组中的每个向量都是单位向量 (模长为1), 则称其为**规范正交向量组**. 正交向量组可以简化向量空间的表示和运算. 正交基允许将任意向量表示为基向量的线性组合, 且系数易于通过内积求得. 此外, 正交性也降低了数值计算中累积误差的风险, 提升了计算精度. 正交向量组的应用广泛: 在信号处理中, 用于傅里叶分析, 将复杂信号分解为正交基上的分量; 在量子力学中, 正交性用于描述系统的不同状态; 在机器学习和数据分析中, 主成分分析基于正交性提取数据主方向, 从而降维和压缩数据; 等等.

定理 1 若 $\boldsymbol{\alpha}_1, \boldsymbol{\alpha}_2, \cdots, \boldsymbol{\alpha}_r$ 是一个 n 维正交向量组, 则向量组 $\boldsymbol{\alpha}_1, \boldsymbol{\alpha}_2, \cdots, \boldsymbol{\alpha}_r$ 必线性无关.

证明 设有数组 $k_1, k_2, \cdots, k_r$ 使得

$$k_1\boldsymbol{\alpha}_1 + k_2\boldsymbol{\alpha}_2 + \cdots + k_r\boldsymbol{\alpha}_r = \mathbf{0},$$

用 $\boldsymbol{\alpha}_i^{\mathrm{T}}$ 左乘上式两端, 根据正交向量组的定义, 得

$$k_i\boldsymbol{\alpha}_i^{\mathrm{T}}\boldsymbol{\alpha}_i = 0\ (i = 1, 2, \cdots, r).$$

因 $\boldsymbol{\alpha}_i \neq \mathbf{0}$, 故 $\boldsymbol{\alpha}_i^{\mathrm{T}}\boldsymbol{\alpha}_i = \|\boldsymbol{\alpha}_i\|^2 \neq 0$, 从而必有 $k_i = 0\ (i = 1, 2, \cdots, r)$, 所以, 由线性无关的定义知, 向量组 $\boldsymbol{\alpha}_1, \boldsymbol{\alpha}_2, \cdots, \boldsymbol{\alpha}_r$ 必线性无关. 证毕.

注: 向量空间 $\mathbf{R}^n$ 中任一正交向量组的向量个数不会超过 n.

例 2 已知 $\boldsymbol{\alpha}_1 = (1, 1, 2, 3)^{\mathrm{T}}$, $\boldsymbol{\alpha}_2 = (-1, 1, 4, -1)^{\mathrm{T}}$, 求与 $\boldsymbol{\alpha}_1, \boldsymbol{\alpha}_2$ 等价的正交向量组.

解 设 $\boldsymbol{\beta}_1 = \boldsymbol{\alpha}_1$, $\boldsymbol{\beta}_2 = \boldsymbol{\beta}_1 + k\boldsymbol{\alpha}_2$, 只要 $k \neq 0$, 向量组 $\boldsymbol{\alpha}_1, \boldsymbol{\alpha}_2$ 与 $\boldsymbol{\beta}_1, \boldsymbol{\beta}_2$ 就可以相互线性表示, 从而是等价的向量组. 这样, 就可以用待定系数法确定 k 以保证 $\boldsymbol{\beta}_1, \boldsymbol{\beta}_2$ 相互正交.

由向量的内积及其性质, 有

$$[\boldsymbol{\beta}_1, \boldsymbol{\beta}_2] = \boldsymbol{\beta}_1^{\mathrm{T}}(\boldsymbol{\beta}_1 + k\boldsymbol{\alpha}_2) = \boldsymbol{\beta}_1^{\mathrm{T}}\boldsymbol{\beta}_1 + k\boldsymbol{\beta}_1^{\mathrm{T}}\boldsymbol{\alpha}_2 = 0. \tag{1.1}$$

而

$$\boldsymbol{\beta}_1^{\mathrm{T}}\boldsymbol{\beta}_1 = 1 + 1 + 4 + 9 = 15,\ \boldsymbol{\beta}_1^{\mathrm{T}}\boldsymbol{\alpha}_2 = -1 + 1 + 8 - 3 = 5.$$

将其代入式 (1.1), 得 $15 + 5k = 0$, 解得 $k = -3$, 从而

$$\boldsymbol{\beta}_2 = (1, 1, 2, 3)^{\mathrm{T}} - 3(-1, 1, 4, -1)^{\mathrm{T}} = (4, -2, -10, 6)^{\mathrm{T}}.$$

所以, 与向量组 $\boldsymbol{\alpha}_1, \boldsymbol{\alpha}_2$ 等价的正交向量组是

$$(1, 1, 2, 3)^{\mathrm{T}},\ (2, -1, -5, 3)^{\mathrm{T}}.$$

例 3 设 $\boldsymbol{\alpha}_1 = \begin{pmatrix} 2 \\ 4 \\ 5 \\ 6 \end{pmatrix}$, $\boldsymbol{\alpha}_2 = \begin{pmatrix} 4 \\ -2 \\ -6 \\ 5 \end{pmatrix}$, $\boldsymbol{\alpha}_3 = \begin{pmatrix} 6 \\ -5 \\ 4 \\ -2 \end{pmatrix}$, 试证 $\boldsymbol{\alpha}_1, \boldsymbol{\alpha}_2, \boldsymbol{\alpha}_3$ 是正交向量组, 并求 $\boldsymbol{\alpha}_4$ 使 $\boldsymbol{\alpha}_1, \boldsymbol{\alpha}_2, \boldsymbol{\alpha}_3, \boldsymbol{\alpha}_4$ 组成正交向量组.

证明 依题设, 利用向量的内积, 得

$$\boldsymbol{\alpha}_1^{\mathrm{T}}\boldsymbol{\alpha}_2 = 0,\ \boldsymbol{\alpha}_1^{\mathrm{T}}\boldsymbol{\alpha}_3 = 0,\ \boldsymbol{\alpha}_2^{\mathrm{T}}\boldsymbol{\alpha}_3 = 0,$$

故 $\boldsymbol{\alpha}_1, \boldsymbol{\alpha}_2, \boldsymbol{\alpha}_3$ 为正交向量组. 设 $\boldsymbol{\alpha}_4=(x_1, x_2, x_3, x_4)^{\mathrm{T}}$，则

$$\begin{pmatrix} 2 & 4 & 5 & 6 \\ 4 & -2 & -6 & 5 \\ 6 & -5 & 4 & -2 \end{pmatrix}\begin{pmatrix} x_1 \\ x_2 \\ x_3 \\ x_4 \end{pmatrix}=\mathbf{0},$$

记上述线性方程组的系数矩阵为 $\boldsymbol{A}$，易见其秩 $\mathrm{r}(\boldsymbol{A})=3$，因矩阵 $\boldsymbol{A}$ 的前三列构成的三阶行列式不为零，故可令自由未知量 $x_4=-4$，代入上述方程组，求得一组整数解:

$$x_1=5,\ x_2=6,\ x_3=-2,$$

即向量 $\boldsymbol{\alpha}_4=(5, 6, -2, -4)^{\mathrm{T}}$ 使得向量组 $\boldsymbol{\alpha}_1, \boldsymbol{\alpha}_2, \boldsymbol{\alpha}_3, \boldsymbol{\alpha}_4$ 组成正交向量组. 证毕.

例 4　在经济学中，考虑一个公司生产四种不同产品的情况. 每种产品有一个生产成本向量，表示在不同时间段内该产品的生产成本. 为了优化生产决策，分析这些产品的生产成本向量是否相互独立，假设四种产品的生产成本向量如下:

$$\boldsymbol{v}_1=\begin{pmatrix} 4 \\ 3 \\ 0 \\ 0 \end{pmatrix},\ \boldsymbol{v}_2=\begin{pmatrix} 3 \\ -4 \\ 0 \\ 0 \end{pmatrix},\ \boldsymbol{v}_3=\begin{pmatrix} 0 \\ 0 \\ 5 \\ 0 \end{pmatrix},\ \boldsymbol{v}_4=\begin{pmatrix} 0 \\ 0 \\ 0 \\ 6 \end{pmatrix}.$$

请判断这四个向量是否正交，并讨论其经济学意义.

解　要判断这四个向量是否正交，可以通过计算它们的内积来判断. 如果任意两个向量的内积为0，则说明它们是正交的. 例如，计算向量 $\boldsymbol{v}_1$ 与 $\boldsymbol{v}_2$ 的内积，得

$$[\boldsymbol{v}_1, \boldsymbol{v}_2]=4\times 3+3\times(-4)+0\times 0+0\times 0=12-12+0+0=0,$$

类似地，可计算得

$$[\boldsymbol{v}_1, \boldsymbol{v}_3]=0,\ [\boldsymbol{v}_1, \boldsymbol{v}_4]=0,\ [\boldsymbol{v}_2, \boldsymbol{v}_3]=0,\ [\boldsymbol{v}_2, \boldsymbol{v}_4]=0,\ [\boldsymbol{v}_3, \boldsymbol{v}_4]=0.$$

所有的内积都为零，说明这四个向量是相互正交的.

在这个经济学案例中，四种产品的生产成本向量之间是相互正交的，意味着这四种产品的生产成本在不同时间段内彼此独立. 每种产品的生产成本向量只与自身相关，与其他产品的生产成本向量没有任何线性依赖关系. 这种独立性在实际经济分析中具有重要意义，可以帮助公司优化资源分配和生产决策. 在生产过程中，不同产品的成本向量之间的正交性表明，生产一种产品的成本变化不受其他产品成本的影响，这种信息可以用于预算编制、成本控制和生产计划的制定.

四、规范正交基及其求法

定义 5　设 $V\subset \mathbf{R}^n$ 是一个向量空间.

(1) 若向量组 $\boldsymbol{\alpha}_1, \boldsymbol{\alpha}_2, \cdots, \boldsymbol{\alpha}_r$ 是向量空间 $\boldsymbol{V}$ 的一个基，且是两两正交的非零向量组，则称

向量组 $\boldsymbol{\alpha}_1, \boldsymbol{\alpha}_2, \cdots, \boldsymbol{\alpha}_r$ 是向量空间 $\boldsymbol{V}$ 的**正交基**.

(2) 若向量组 $\boldsymbol{e}_1, \boldsymbol{e}_2, \cdots, \boldsymbol{e}_r$ 是向量空间 $\boldsymbol{V}$ 的一个基, 且是两两正交的单位向量组, 则称向量组 $\boldsymbol{e}_1, \boldsymbol{e}_2, \cdots, \boldsymbol{e}_r$ 是向量空间 $\boldsymbol{V}$ 的一个**规范正交基** (或**标准正交基**).

例如, 容易验证, 向量组

$$\boldsymbol{e}_1=\begin{pmatrix}\frac{1}{\sqrt{2}}\\ \frac{1}{\sqrt{2}}\\ 0\\ 0\end{pmatrix},\quad \boldsymbol{e}_2=\begin{pmatrix}\frac{1}{\sqrt{2}}\\ -\frac{1}{\sqrt{2}}\\ 0\\ 0\end{pmatrix},\quad \boldsymbol{e}_3=\begin{pmatrix}0\\ 0\\ \frac{1}{\sqrt{2}}\\ \frac{1}{\sqrt{2}}\end{pmatrix},\quad \boldsymbol{e}_4=\begin{pmatrix}0\\ 0\\ \frac{1}{\sqrt{2}}\\ -\frac{1}{\sqrt{2}}\end{pmatrix}$$

是四维向量空间 $\mathbf{R}^4$ 的一个规范正交基.

又如, n 维单位坐标向量组 $\boldsymbol{\varepsilon}_1, \boldsymbol{\varepsilon}_2, \cdots, \boldsymbol{\varepsilon}_n$ 是 $\mathbf{R}^n$ 的一个规范正交基.

若向量组 $\boldsymbol{e}_1, \boldsymbol{e}_2, \cdots, \boldsymbol{e}_r$ 是向量空间 $\boldsymbol{V}$ 的一个规范正交基, 则 $\boldsymbol{V}$ 中任意一个向量 $\boldsymbol{\alpha}$ 都能由 $\boldsymbol{e}_1, \boldsymbol{e}_2, \cdots, \boldsymbol{e}_r$ 线性表示, 设表示式为

$$\boldsymbol{\alpha}=\lambda_1\boldsymbol{e}_1+\lambda_2\boldsymbol{e}_2+\cdots+\lambda_r\boldsymbol{e}_r,$$

为求其中的系数 $\lambda_i\ (i=1, 2, \cdots, r)$, 可用 $\boldsymbol{e}_i^{\mathrm{T}}$ 左乘上式, 则利用其规范正交性, 得

$$\boldsymbol{e}_i^{\mathrm{T}}\boldsymbol{\alpha}=\lambda_i\boldsymbol{e}_i^{\mathrm{T}}\boldsymbol{e}_i=\lambda_i .$$

这就是向量在规范正交基中的坐标的计算公式. 利用这个公式能方便地求得向量 $\boldsymbol{\alpha}$ 在规范正交基 $\boldsymbol{e}_1, \boldsymbol{e}_2, \cdots, \boldsymbol{e}_r$ 下的坐标. 因此, 我们在给出向量空间的基时常常取规范正交基.

规范正交基的求法如下:

设向量组 $\boldsymbol{\alpha}_1, \boldsymbol{\alpha}_2, \cdots, \boldsymbol{\alpha}_r$ 是向量空间 $\boldsymbol{V}$ 的一个基, 要求 $\boldsymbol{V}$ 的一个规范正交基, 也就是要找一组两两正交的单位向量 $\boldsymbol{e}_1, \boldsymbol{e}_2, \cdots, \boldsymbol{e}_r$, 使向量组 $\boldsymbol{e}_1, \boldsymbol{e}_2, \cdots, \boldsymbol{e}_r$ 与 $\boldsymbol{\alpha}_1, \boldsymbol{\alpha}_2, \cdots, \boldsymbol{\alpha}_r$ 等价. 这一过程称为将基 $\boldsymbol{\alpha}_1, \boldsymbol{\alpha}_2, \cdots, \boldsymbol{\alpha}_r$ **规范正交化**, 可按如下两个步骤进行:

(1) 正交化: 令

$$\boldsymbol{\beta}_1=\boldsymbol{\alpha}_1,$$

$$\boldsymbol{\beta}_2=\boldsymbol{\alpha}_2-\frac{[\boldsymbol{\beta}_1, \boldsymbol{\alpha}_2]}{[\boldsymbol{\beta}_1, \boldsymbol{\beta}_1]}\boldsymbol{\beta}_1,$$

$$\cdots\cdots$$

$$\boldsymbol{\beta}_r=\boldsymbol{\alpha}_r-\frac{[\boldsymbol{\beta}_1, \boldsymbol{\alpha}_r]}{[\boldsymbol{\beta}_1, \boldsymbol{\beta}_1]}\boldsymbol{\beta}_1-\frac{[\boldsymbol{\beta}_2, \boldsymbol{\alpha}_r]}{[\boldsymbol{\beta}_2, \boldsymbol{\beta}_2]}\boldsymbol{\beta}_2-\cdots-\frac{[\boldsymbol{\beta}_{r-1}, \boldsymbol{\alpha}_r]}{[\boldsymbol{\beta}_{r-1}, \boldsymbol{\beta}_{r-1}]}\boldsymbol{\beta}_{r-1},$$

易验证向量组 $\boldsymbol{\beta}_1, \boldsymbol{\beta}_2, \cdots, \boldsymbol{\beta}_r$ 两两正交, 且与向量组 $\boldsymbol{\alpha}_1, \boldsymbol{\alpha}_2, \cdots, \boldsymbol{\alpha}_r$ 等价.

(2) 单位化 (归一化): 令

$$e_1 = \frac{\boldsymbol{\beta}_1}{\|\boldsymbol{\beta}_1\|},\ e_2 = \frac{\boldsymbol{\beta}_2}{\|\boldsymbol{\beta}_2\|},\ \cdots,\ e_r = \frac{\boldsymbol{\beta}_r}{\|\boldsymbol{\beta}_r\|},$$

则 $\boldsymbol{e}_1, \boldsymbol{e}_2, \cdots, \boldsymbol{e}_r$ 是 $\boldsymbol{V}$ 的一个规范正交基.

上面将一个线性无关向量组 (向量空间 $\boldsymbol{V}$ 的一个基) 转化为规范正交基的算法称为**施密特 (Schmidt) 正交化方法**. 该方法通过逐步消去向量间的相互投影, 使每个新向量与前面的向量正交, 再对其单位化, 最终得到一个规范正交基. 该方法为构造向量空间中的正交基提供了系统化步骤, 简化了向量的表示和运算, 减少了数值计算中的误差. 在实践中, 施密特正交化方法广泛用于信号处理 (如构造傅里叶基)、数值分析 (如QR分解) 以及数据降维 (如主成分分析) 等领域, 帮助解决空间基变换、矩阵分解及特征提取等问题.

例 5 设 $\boldsymbol{\alpha}_1 = \begin{pmatrix} 1 \\ 2 \\ -1 \end{pmatrix}, \boldsymbol{\alpha}_2 = \begin{pmatrix} -1 \\ 3 \\ 1 \end{pmatrix}, \boldsymbol{\alpha}_3 = \begin{pmatrix} 4 \\ -1 \\ 0 \end{pmatrix}$, 试用施密特正交化方法, 将向量组规范正交化.

解 不难证明向量组 $\boldsymbol{\alpha}_1, \boldsymbol{\alpha}_2, \boldsymbol{\alpha}_3$ 是线性无关的. 因此, 该向量组可规范正交化. 利用施密特正交化方法, 取 $\boldsymbol{\beta}_1 = \boldsymbol{\alpha}_1$, 则

$$\boldsymbol{\beta}_2 = \boldsymbol{\alpha}_2 - \frac{[\boldsymbol{\alpha}_2, \boldsymbol{\beta}_1]}{\|\boldsymbol{\beta}_1\|^2}\boldsymbol{\beta}_1 = \begin{pmatrix} -1 \\ 3 \\ 1 \end{pmatrix} - \frac{4}{6}\begin{pmatrix} 1 \\ 2 \\ -1 \end{pmatrix} = \frac{5}{3}\begin{pmatrix} -1 \\ 1 \\ 1 \end{pmatrix},$$

$$\begin{aligned} \boldsymbol{\beta}_3 &= \boldsymbol{\alpha}_3 - \frac{[\boldsymbol{\alpha}_3, \boldsymbol{\beta}_1]}{\|\boldsymbol{\beta}_1\|^2}\boldsymbol{\beta}_1 - \frac{[\boldsymbol{\alpha}_3, \boldsymbol{\beta}_2]}{\|\boldsymbol{\beta}_2\|^2}\boldsymbol{\beta}_2 \\ &= \begin{pmatrix} 4 \\ -1 \\ 0 \end{pmatrix} - \frac{1}{3}\begin{pmatrix} 1 \\ 2 \\ -1 \end{pmatrix} + \frac{5}{3}\begin{pmatrix} -1 \\ 1 \\ 1 \end{pmatrix} = 2\begin{pmatrix} 1 \\ 0 \\ 1 \end{pmatrix}. \end{aligned}$$

向量组的规范正交化

再将它们单位化:

$$e_1 = \frac{\boldsymbol{\beta}_1}{\|\boldsymbol{\beta}_1\|} = \frac{1}{\sqrt{6}}\begin{pmatrix} 1 \\ 2 \\ -1 \end{pmatrix},\quad e_2 = \frac{\boldsymbol{\beta}_2}{\|\boldsymbol{\beta}_2\|} = \frac{1}{\sqrt{3}}\begin{pmatrix} -1 \\ 1 \\ 1 \end{pmatrix},\quad e_3 = \frac{\boldsymbol{\beta}_3}{\|\boldsymbol{\beta}_3\|} = \frac{1}{\sqrt{2}}\begin{pmatrix} 1 \\ 0 \\ 1 \end{pmatrix},$$

则向量组 $\boldsymbol{e}_1, \boldsymbol{e}_2, \boldsymbol{e}_3$ 即为所求.

注: 本例有明确的几何意义 (详见教材配套的网络学习空间).

例 6 将 $(1, 0, -1, 1, 1), (0, 1, 1, -1, -1)$ 规范正交化.

解 依题设, 应用施密特正交化方法:

$$\boldsymbol{\alpha}_1=(1,\ 0,\ -1,\ 1,\ 1),$$

$$\boldsymbol{\alpha}_2=(0,\ 1,\ 1,\ -1,\ -1)+\frac{3}{4}(1,\ 0,\ -1,\ 1,\ 1)$$

$$=\left(\frac{3}{4},\ 1,\ \frac{1}{4},\ -\frac{1}{4},\ -\frac{1}{4}\right).$$

再将它们单位化, 得所求题设向量组的规范正交基:

$$\boldsymbol{e}_1=\frac{1}{2}(1,0,\ -1,1,1),\ \boldsymbol{e}_2=\frac{1}{2\sqrt{7}}(3,4,1,\ -1,\ -1).$$

例 7　已知三维向量空间中两个向量 $\boldsymbol{\alpha}_1=\begin{pmatrix}1\\1\\1\end{pmatrix}$, $\boldsymbol{\alpha}_2=\begin{pmatrix}1\\-2\\1\end{pmatrix}$ 正交, 试求 $\boldsymbol{\alpha}_3$, 使 $\boldsymbol{\alpha}_1$, $\boldsymbol{\alpha}_2$, $\boldsymbol{\alpha}_3$ 构成三维空间的一个正交基.

解　设 $\boldsymbol{\alpha}_3=(x_1,x_2,x_3)^{\mathrm{T}}\neq\boldsymbol{0}$, 它分别与 $\boldsymbol{\alpha}_1$, $\boldsymbol{\alpha}_2$ 正交. 则

$$[\boldsymbol{\alpha}_1,\boldsymbol{\alpha}_3]=x_1+x_2+x_3=0,\ \ [\boldsymbol{\alpha}_2,\boldsymbol{\alpha}_3]=x_1-2x_2+x_3=0,$$

解联立方程组 $\begin{cases}x_1+\ \ x_2+x_3=0\\x_1-2x_2+x_3=0\end{cases}$, 得 $x_1=-x_3$, $x_2=0$. 取自由未知量 $x_3=1$, 得

$$\boldsymbol{\alpha}_3=\begin{pmatrix}x_1\\x_2\\x_3\end{pmatrix}=\begin{pmatrix}-1\\0\\1\end{pmatrix}.$$

由上可见, 向量组 $\boldsymbol{\alpha}_1$, $\boldsymbol{\alpha}_2$, $\boldsymbol{\alpha}_3$ 构成三维空间的一个正交基.

例 8　将 $\boldsymbol{\alpha}_1=(1,-1,1,1)$, $\boldsymbol{\alpha}_2=(1,0,1,0)$, $\boldsymbol{\alpha}_3=(2,1,-2,0)$ 规范正交化.

解　易知 $\boldsymbol{\alpha}_2$, $\boldsymbol{\alpha}_3$ 正交, 故应用施密特正交化方法:

$$\boldsymbol{\beta}_1=\boldsymbol{\alpha}_3=(2,\ 1,\ -2,\ 0),$$

$$\boldsymbol{\beta}_2=\boldsymbol{\alpha}_2=(1,\ 0,\ 1,\ 0),$$

$$\boldsymbol{\beta}_3=\boldsymbol{\alpha}_1-\frac{[\boldsymbol{\alpha}_2,\boldsymbol{\alpha}_1]}{[\boldsymbol{\alpha}_2,\boldsymbol{\alpha}_2]}\boldsymbol{\alpha}_2-\frac{[\boldsymbol{\alpha}_3,\boldsymbol{\alpha}_1]}{[\boldsymbol{\alpha}_3,\boldsymbol{\alpha}_3]}\boldsymbol{\alpha}_3=\left(\frac{2}{9},\ -\frac{8}{9},\ -\frac{2}{9},\ 1\right).$$

再将它们单位化, 得所求题设向量组的规范正交基:

$$\boldsymbol{\gamma}_1=\frac{1}{3}(2,\ 1,\ -2,\ 0),\ \boldsymbol{\gamma}_2=\frac{1}{\sqrt{2}}(1,\ 0,\ 1,\ 0),\ \boldsymbol{\gamma}_3=\frac{1}{3\sqrt{17}}(2,\ -8,\ -2,\ 9).$$

例 9　求一个与向量组 $\boldsymbol{\alpha}_1=(1,\ 1,\ 1,\ 1)^{\mathrm{T}}$, $\boldsymbol{\alpha}_2=(1,\ -2,\ -3,\ -4)^{\mathrm{T}}$, $\boldsymbol{\alpha}_3=(1,\ 0,\ 4,\ 3)^{\mathrm{T}}$ 等价的正交单位向量组.

解　依题设, 应用施密特正交化方法: 取 $\boldsymbol{\beta}_1=\boldsymbol{\alpha}_1$, $\boldsymbol{\beta}_2=k_1\boldsymbol{\beta}_1+\boldsymbol{\alpha}_2$. 由 $[\boldsymbol{\beta}_1,\boldsymbol{\beta}_2]=0$, 得

$$k_1 = -\frac{[\boldsymbol{\beta}_1, \boldsymbol{\alpha}_2]}{[\boldsymbol{\beta}_1, \boldsymbol{\beta}_1]} = -\frac{1-2-3-4}{4} = 2,$$

即 $\boldsymbol{\beta}_2 = 2\boldsymbol{\beta}_1 + \boldsymbol{\alpha}_2 = (3, 0, -1, -2)^{\mathrm{T}}$.

设 $\boldsymbol{\beta}_3 = k_2\boldsymbol{\beta}_1 + k_3\boldsymbol{\beta}_2 + \boldsymbol{\alpha}_3$, 由 $[\boldsymbol{\beta}_1, \boldsymbol{\beta}_3] = 0$, 得 $k_2 = -\dfrac{[\boldsymbol{\beta}_1, \boldsymbol{\alpha}_3]}{[\boldsymbol{\beta}_1, \boldsymbol{\beta}_1]} = -\dfrac{8}{4} = -2$; 由 $[\boldsymbol{\beta}_2, \boldsymbol{\beta}_3] = 0$, 得 $k_3 = -\dfrac{[\boldsymbol{\beta}_2, \boldsymbol{\alpha}_3]}{[\boldsymbol{\beta}_2, \boldsymbol{\beta}_2]} = -\dfrac{-7}{14} = \dfrac{1}{2}$. 故

$$\boldsymbol{\beta}_3 = (1/2,\ -2,\ 3/2,\ 0)^{\mathrm{T}}.$$

再将向量组 $\boldsymbol{\beta}_1, \boldsymbol{\beta}_2, \boldsymbol{\beta}_3$ 单位化, 得所求题设向量组的规范正交基:

$$\boldsymbol{u}_1 = \left(\frac{1}{2}, \frac{1}{2}, \frac{1}{2}, \frac{1}{2}\right)^{\mathrm{T}}, \boldsymbol{u}_2 = \frac{1}{\sqrt{14}}(3, 0, -1, 2)^{\mathrm{T}}, \boldsymbol{u}_3 = \frac{1}{\sqrt{26}}(1, -4, 3, 0)^{\mathrm{T}},$$

因此, 所求正交向量组为 $\boldsymbol{u}_1, \boldsymbol{u}_2, \boldsymbol{u}_3$.

五、正交矩阵与正交变换

定义 6　若 n 阶方阵 $\boldsymbol{A}$ 满足 $\boldsymbol{A}^{\mathrm{T}}\boldsymbol{A} = \boldsymbol{E}$, 则称 $\boldsymbol{A}$ 为**正交矩阵**, 简称**正交阵**.

正交矩阵有以下几个重要性质:

(1) $\boldsymbol{A}^{\mathrm{T}} = \boldsymbol{A}^{-1}$, 即 $\boldsymbol{A}\boldsymbol{A}^{\mathrm{T}} = \boldsymbol{A}^{\mathrm{T}}\boldsymbol{A} = \boldsymbol{E}_n$;

(2) 若 $\boldsymbol{A}$ 是正交矩阵, 则 $\boldsymbol{A}^{\mathrm{T}}$ (或 $\boldsymbol{A}^{-1}$)也是正交矩阵;

(3) 两个正交矩阵之积仍是正交矩阵;

(4) 正交矩阵的行列式等于 1 或 -1.

定理 2　矩阵 $\boldsymbol{A}$ 为正交矩阵的充分必要条件是 $\boldsymbol{A}$ 的列向量组是单位正交向量组.

证明　设 $\boldsymbol{A} = (\boldsymbol{\alpha}_1, \boldsymbol{\alpha}_2, \cdots, \boldsymbol{\alpha}_n)$, 其中 $\boldsymbol{\alpha}_1, \boldsymbol{\alpha}_2, \cdots, \boldsymbol{\alpha}_n$ 是 $\boldsymbol{A}$ 的列向量组, 则 $\boldsymbol{A}^{\mathrm{T}}\boldsymbol{A} = \boldsymbol{E}$ 等价于

$$\begin{pmatrix} \boldsymbol{\alpha}_1^{\mathrm{T}} \\ \boldsymbol{\alpha}_2^{\mathrm{T}} \\ \vdots \\ \boldsymbol{\alpha}_n^{\mathrm{T}} \end{pmatrix}(\boldsymbol{\alpha}_1, \boldsymbol{\alpha}_2, \cdots, \boldsymbol{\alpha}_n) = \begin{pmatrix} \boldsymbol{\alpha}_1^{\mathrm{T}}\boldsymbol{\alpha}_1 & \boldsymbol{\alpha}_1^{\mathrm{T}}\boldsymbol{\alpha}_2 & \cdots & \boldsymbol{\alpha}_1^{\mathrm{T}}\boldsymbol{\alpha}_n \\ \boldsymbol{\alpha}_2^{\mathrm{T}}\boldsymbol{\alpha}_1 & \boldsymbol{\alpha}_2^{\mathrm{T}}\boldsymbol{\alpha}_2 & \cdots & \boldsymbol{\alpha}_2^{\mathrm{T}}\boldsymbol{\alpha}_n \\ \vdots & \vdots & & \vdots \\ \boldsymbol{\alpha}_n^{\mathrm{T}}\boldsymbol{\alpha}_1 & \boldsymbol{\alpha}_n^{\mathrm{T}}\boldsymbol{\alpha}_2 & \cdots & \boldsymbol{\alpha}_n^{\mathrm{T}}\boldsymbol{\alpha}_n \end{pmatrix} = \boldsymbol{E},$$

即 $\boldsymbol{\alpha}_i^{\mathrm{T}}\boldsymbol{\alpha}_j = \delta_{ij} = \begin{cases} 1, & i=j \\ 0, & i \neq j \end{cases}$ $(i, j = 1, 2, \cdots, n)$. 证毕.

注: 由 $\boldsymbol{A}^{\mathrm{T}}\boldsymbol{A} = \boldsymbol{E}$ 与 $\boldsymbol{A}\boldsymbol{A}^{\mathrm{T}} = \boldsymbol{E}$ 等价可知, 定理 2 的结论对行向量组也成立, 即 $\boldsymbol{A}$ 为正交矩阵的充要条件是 $\boldsymbol{A}$ 的行向量为单位正交向量组.

定义 7　若 $\boldsymbol{P}$ 为正交矩阵, 则线性变换 $\boldsymbol{y} = \boldsymbol{P}\boldsymbol{x}$ 称为**正交变换**.

正交变换的性质: 正交变换保持向量的内积及长度不变.

事实上, 设 $\boldsymbol{y} = \boldsymbol{P}\boldsymbol{x}$ 为正交变换, 且 $\boldsymbol{\beta}_1 = \boldsymbol{P}\boldsymbol{\alpha}_1$, $\boldsymbol{\beta}_2 = \boldsymbol{P}\boldsymbol{\alpha}_2$, 则

$$[\boldsymbol{\beta}_1,\boldsymbol{\beta}_2]=\boldsymbol{\beta}_1^{\mathrm T}\boldsymbol{\beta}_2=\boldsymbol{\alpha}_1^{\mathrm T}\boldsymbol{P}^{\mathrm T}\boldsymbol{P}\boldsymbol{\alpha}_2=\boldsymbol{\alpha}_1^{\mathrm T}\boldsymbol{E}\boldsymbol{\alpha}_2=\boldsymbol{\alpha}_1^{\mathrm T}\boldsymbol{\alpha}_2=[\boldsymbol{\alpha}_1,\boldsymbol{\alpha}_2],$$

$$\|\boldsymbol{\beta}_1\|=\sqrt{\boldsymbol{\beta}_1^{\mathrm T}\boldsymbol{\beta}_1}=\sqrt{\boldsymbol{\alpha}_1^{\mathrm T}\boldsymbol{P}^{\mathrm T}\boldsymbol{P}\boldsymbol{\alpha}_1}=\sqrt{\boldsymbol{\alpha}_1^{\mathrm T}\boldsymbol{\alpha}_1}=\|\boldsymbol{\alpha}_1\|.$$

由上可见, 正交矩阵是指列向量 (或行向量) 组成规范正交基的方阵, 其特点是转置矩阵等于其逆矩阵, 即 $\boldsymbol{A}\boldsymbol{A}^{\mathrm T}=\boldsymbol{A}^{\mathrm T}\boldsymbol{A}=\boldsymbol{E}_n$. 正交变换是指保持向量内积不变的线性变换, 其核心性质是长度和角度保持不变, 因此, 变换后不会改变几何结构. 正交矩阵与正交变换在数学和工程中具有重要意义. 正交矩阵的性质使其在数值计算中能有效避免误差累积, 如在QR分解中将矩阵分解为正交矩阵和上三角形矩阵的乘积. 正交变换通过保持几何性质, 降低了问题的计算复杂度, 尤其是在特征值分解、奇异值分解等领域. 正交矩阵和正交变换广泛用于信号处理、计算机图形学和机器学习等领域.

例 10 判别下列矩阵是否为正交矩阵.

(1) $\begin{pmatrix} 1 & -1/2 & 1/3 \\ -1/2 & 1 & 1/2 \\ 1/3 & 1/2 & -1 \end{pmatrix}$; (2) $\begin{pmatrix} 1/9 & -8/9 & -4/9 \\ -8/9 & 1/9 & -4/9 \\ -4/9 & -4/9 & 7/9 \end{pmatrix}$.

解 (1) 根据正交矩阵的定义, 考察矩阵的第 1 列和第 2 列, 因为

$$1\times\left(-\frac{1}{2}\right)+\left(-\frac{1}{2}\right)\times 1+\frac{1}{3}\times\frac{1}{2}\neq 0,$$

所以, 题设矩阵不是正交矩阵.

(2) 根据正交矩阵的定义, 因为

$$\begin{pmatrix} 1/9 & -8/9 & -4/9 \\ -8/9 & 1/9 & -4/9 \\ -4/9 & -4/9 & 7/9 \end{pmatrix}\begin{pmatrix} 1/9 & -8/9 & -4/9 \\ -8/9 & 1/9 & -4/9 \\ -4/9 & -4/9 & 7/9 \end{pmatrix}^{\mathrm T}=\begin{pmatrix} 1 & 0 & 0 \\ 0 & 1 & 0 \\ 0 & 0 & 1 \end{pmatrix},$$

所以, 题设矩阵是正交矩阵.

例 11 判断 $\boldsymbol{A}=\begin{pmatrix} 1 & 0 & 0 & 0 \\ 0 & 1/\sqrt{3} & 1/\sqrt{2} & 0 \\ 0 & 1/\sqrt{3} & 0 & 1 \\ 0 & 1/\sqrt{3} & -1/\sqrt{2} & 0 \end{pmatrix}$ 是否为正交矩阵.

解 依题设, 根据正交矩阵的定义, 因为 $\boldsymbol{A}$ 的第 2 列与第 4 列不正交 (或 $\boldsymbol{A}\boldsymbol{A}^{\mathrm T}\neq\boldsymbol{E}$), 故 $\boldsymbol{A}$ 不是正交矩阵.

例 12 在经济学领域, 特别是在优化模型中, 常常需要通过线性变换来调整资源分配. 例如, 考虑某公司有三种不同的产品, 每种产品的生产资源需求为三个变量 (劳动力、资本、原材料). 为了提高效率, 公司决定通过一个正交变换调整资源的配置, 保持资源的总量不变, 同时改变资源之间的分配比例. 设公司当前的资源需求向量为 $\boldsymbol{r}=(3,5,2)^{\mathrm T}$, 并且公司

希望通过一个正交变换矩阵 $\boldsymbol{Q}$ 来改变资源分配, 变换后的资源向量为 $\boldsymbol{r}'$. 给定的变换矩阵为

$$\boldsymbol{Q}=\begin{pmatrix} 1/\sqrt{2} & 1/\sqrt{2} & 0 \\ -1/\sqrt{2} & 1/\sqrt{2} & 0 \\ 0 & 0 & 1 \end{pmatrix},$$

请验证该矩阵是否为正交矩阵, 并计算变换后的资源向量 $\boldsymbol{r}'=\boldsymbol{Q}\boldsymbol{r}$.

解　首先要验证矩阵 $\boldsymbol{Q}$ 是否为正交矩阵. 一个矩阵 $\boldsymbol{Q}$ 为正交矩阵的条件是 $\boldsymbol{Q}^{\mathrm{T}}\boldsymbol{Q}=\boldsymbol{E}$, 其中 $\boldsymbol{Q}^{\mathrm{T}}$ 为矩阵 $\boldsymbol{Q}$ 的转置矩阵, $\boldsymbol{E}$ 为单位矩阵. 因为

$$\boldsymbol{Q}^{\mathrm{T}}\boldsymbol{Q}=\begin{pmatrix} 1/\sqrt{2} & -1/\sqrt{2} & 0 \\ 1/\sqrt{2} & 1/\sqrt{2} & 0 \\ 0 & 0 & 1 \end{pmatrix}\begin{pmatrix} 1/\sqrt{2} & 1/\sqrt{2} & 0 \\ -1/\sqrt{2} & 1/\sqrt{2} & 0 \\ 0 & 0 & 1 \end{pmatrix}=\begin{pmatrix} 1 & 0 & 0 \\ 0 & 1 & 0 \\ 0 & 0 & 1 \end{pmatrix}=\boldsymbol{E},$$

所以, 矩阵 $\boldsymbol{Q}$ 是一个正交矩阵.

然后计算变换后的资源向量:

$$\boldsymbol{r}'=\boldsymbol{Q}\boldsymbol{r}=\begin{pmatrix} 1/\sqrt{2} & 1/\sqrt{2} & 0 \\ -1/\sqrt{2} & 1/\sqrt{2} & 0 \\ 0 & 0 & 1 \end{pmatrix}\begin{pmatrix} 3 \\ 5 \\ 2 \end{pmatrix}=\begin{pmatrix} 8/\sqrt{2} \\ 2/\sqrt{2} \\ 2 \end{pmatrix}=\begin{pmatrix} 4\sqrt{2} \\ \sqrt{2} \\ 2 \end{pmatrix}.$$

通过该例, 我们可以看到正交矩阵在经济模型中的应用. 通过正交变换, 公司的资源分配比例得到了调整, 同时保持了资源的总量不变. 这种变换不仅改变了资源之间的相对关系, 还保证了经济效率的提升. 正交变换在经济学中的应用广泛, 特别是在优化、数据处理和资源配置等问题中.

例 13　设 $\boldsymbol{A}=\begin{pmatrix} 1 & 2 & 2 & 0 \\ 2 & -1 & 0 & 2 \\ 2 & 0 & -1 & -2 \\ 0 & 2 & -2 & 1 \end{pmatrix}$, 求数 k 使 $\boldsymbol{B}=k\boldsymbol{A}$ 为正交矩阵, 并求 $\boldsymbol{A}^{-1}$.

解　依题设, 根据正交矩阵的定义, $\boldsymbol{A}$ 的列向量相互正交, 则当取

$$k=\pm\frac{1}{\sqrt{1+2^2+2^2}}=\pm\frac{1}{3},$$

即 $\boldsymbol{B}=\pm\dfrac{1}{3}\boldsymbol{A}$ 时 $\boldsymbol{B}$ 是正交矩阵, 再利用求逆矩阵的伴随矩阵法, 有

$$\boldsymbol{B}^{-1}=\boldsymbol{B}^{\mathrm{T}}=\pm\frac{1}{3}\boldsymbol{A}^{\mathrm{T}}=\pm\frac{1}{3}\begin{pmatrix} 1 & 2 & 2 & 0 \\ 2 & -1 & 0 & 2 \\ 2 & 0 & -1 & -2 \\ 0 & 2 & -2 & 1 \end{pmatrix},$$

$$A^{-1}=\pm\frac{1}{3}B^{-1}=\frac{1}{9}\begin{pmatrix}1&2&2&0\\2&-1&0&2\\2&0&-1&-2\\0&2&-2&1\end{pmatrix}.$$

例 14　设B是秩为2的5×4矩阵,

$$\alpha_1=(1,1,2,3)^T,\ \alpha_2=(-1,1,4,-1)^T,\ \alpha_3=(5,-1,-8,9)^T$$

是齐次线性方程组$Bx=0$的解向量, 求$Bx=0$的解空间的一个标准正交基.

解　题设秩$r(B)=2$, 故线性方程组$Bx=0$解空间的维数: $4-r(B)=2$. 又α_1, α_2线性无关, 因而α_1, α_2可以作为解空间的基. 根据规范正交基的求法, 将α_1, α_2正交化, 令

$$\beta_1=\alpha_1=(1,1,2,3)^T,$$

$$\beta_2=\alpha_2-\frac{[\alpha_2,\beta_1]}{[\beta_1,\beta_1]}\beta_1=(-1,1,4,-1)^T-\frac{1}{3}(1,1,2,3)^T$$

$$=\left(-\frac{4}{3},\frac{2}{3},\frac{10}{3},-2\right)^T.$$

再将β_1, β_2单位化, 得

$$\eta_1=\frac{\beta_1}{\|\beta_1\|}=\frac{1}{\sqrt{15}}(1,1,2,3)^T,\ \eta_2=\frac{\beta_2}{\|\beta_2\|}=\frac{1}{\sqrt{39}}(-2,1,5,-3)^T,$$

因而向量组η_1, η_2是所求解空间的一个标准正交基.

习题 4-1

1. 在$\mathbf{R}^3$中求与向量$\alpha=(1,1,1)^T$正交的向量的全体, 并说明几何意义.

2. 设α_1, α_2, α_3是一个规范正交向量组, 求$\|4\alpha_1-7\alpha_2+4\alpha_3\|$.

3. 求与向量$\alpha_1=(1,1,-1,1)^T$, $\alpha_2=(1,-1,1,1)^T$, $\alpha_3=(1,1,1,1)^T$都正交的单位向量.

4. 设$\alpha_2=\begin{pmatrix}4\\2\\2\\-5\end{pmatrix}$, $\alpha_3=\begin{pmatrix}4\\2\\-5\\2\end{pmatrix}$, $\alpha_4=\begin{pmatrix}4\\-5\\2\\2\end{pmatrix}$, 试证: α_2, α_3, α_4是正交向量组, 并求向量α_1使α_1, α_2, α_3, α_4组成正交向量组.

5. 在经济学中, 考虑某市场上四种不同产品的销售量与价格之间的关系. 为了优化产品组合, 我们希望通过判断这四种产品的销售量和价格向量是否正交来确定它们之间是否具有独立性. 假设有以下数据, 分别表示四种产品在两个时间段内的销售量和价格向量:

$$\boldsymbol{v}_1=\begin{pmatrix}2\\4\\1\\3\end{pmatrix},\ \boldsymbol{v}_2=\begin{pmatrix}3\\1\\2\\4\end{pmatrix},\ \boldsymbol{v}_3=\begin{pmatrix}4\\3\\2\\1\end{pmatrix},\ \boldsymbol{v}_4=\begin{pmatrix}5\\6\\3\\2\end{pmatrix}.$$

请判断这四个向量是否正交，并讨论其经济学意义.

6. 将下列各组向量规范正交化:

(1) $\boldsymbol{\alpha}_1=\begin{pmatrix}1\\1\\1\end{pmatrix},\boldsymbol{\alpha}_2=\begin{pmatrix}0\\1\\1\end{pmatrix},\boldsymbol{\alpha}_3=\begin{pmatrix}0\\0\\1\end{pmatrix}$;　　(2) $\boldsymbol{\alpha}_1=\begin{pmatrix}1\\1\\0\\0\end{pmatrix},\boldsymbol{\alpha}_2=\begin{pmatrix}0\\1\\1\\0\end{pmatrix},\boldsymbol{\alpha}_3=\begin{pmatrix}1\\0\\1\\1\end{pmatrix}$;

(3) $\boldsymbol{\alpha}_1=(1,1,1)^{\mathrm{T}}$, $\boldsymbol{\alpha}_2=(1,2,3)^{\mathrm{T}}$, $\boldsymbol{\alpha}_3=(1,4,9)^{\mathrm{T}}$;　　(4) $\boldsymbol{\alpha}_1=(1,1,1,2)$, $\boldsymbol{\alpha}_2=(3,1,-1,0)$;

(5) $\boldsymbol{\alpha}=(1,3,-1,1)$, $\boldsymbol{\beta}=(2,0,1,-1)$, $\boldsymbol{\gamma}=(0,1,2,-1)$.

7. 设 $\boldsymbol{\alpha}_1,\boldsymbol{\alpha}_2,\boldsymbol{\alpha}_3,\boldsymbol{\alpha}_4,\boldsymbol{\alpha}_5$ 是一规范正交向量组, 而

$$\boldsymbol{\beta}_1=\boldsymbol{\alpha}_1+\boldsymbol{\alpha}_5,\ \boldsymbol{\beta}_2=\boldsymbol{\alpha}_1-\boldsymbol{\alpha}_2+\boldsymbol{\alpha}_4,\ \boldsymbol{\beta}_3=2\boldsymbol{\alpha}_1+\boldsymbol{\alpha}_2+\boldsymbol{\alpha}_3,$$

试将 $\boldsymbol{\beta}_1,\boldsymbol{\beta}_2,\boldsymbol{\beta}_3$ 规范正交化.

8. 设 $\boldsymbol{\alpha}_1,\boldsymbol{\alpha}_2,\cdots,\boldsymbol{\alpha}_n$ 为向量空间 $\mathbf{R}^n$ 的一个基, 证明:

(1) 若 $\boldsymbol{\gamma}\in\mathbf{R}^n$, 且 $[\boldsymbol{\gamma},\boldsymbol{\alpha}_i]=0\ (i=1,2,\cdots,n)$, 则 $\boldsymbol{\gamma}=\mathbf{0}$;

(2) 若 $\boldsymbol{\gamma}_1,\boldsymbol{\gamma}_2\in\mathbf{R}^n$, 对任一 $\boldsymbol{\alpha}\in\mathbf{R}^n$ 有 $[\boldsymbol{\gamma}_1,\boldsymbol{\alpha}]=[\boldsymbol{\gamma}_2,\boldsymbol{\alpha}]$, 则 $\boldsymbol{\gamma}_1=\boldsymbol{\gamma}_2$.

9. 判断下列矩阵是否为正交矩阵:

(1) $\begin{pmatrix}3&-3&1\\-3&1&3\\1&3&-3\end{pmatrix}$;　　(2) $\begin{pmatrix}2/3&2/3&1/3\\2/3&-1/3&-2/3\\1/3&-2/3&2/3\end{pmatrix}$;　　(3) $\begin{pmatrix}\cos\theta&-\sin\theta\\\sin\theta&\cos\theta\end{pmatrix}$;

(4) $\begin{pmatrix}1/2&1/2&1/2&1/2\\1/2&-5/6&1/6&1/6\\1/2&1/6&1/6&-5/6\\1/2&1/6&-5/6&1/6\end{pmatrix}$;　(5) $\begin{pmatrix}6/7&2/7&3/7\\2/7&3/7&-6/7\\-3/7&6/7&2/7\end{pmatrix}$;　(6) $\begin{pmatrix}0&1&0\\\frac{1}{\sqrt{2}}&0&\frac{1}{\sqrt{2}}\\\frac{1}{\sqrt{2}}&0&-\frac{1}{\sqrt{2}}\end{pmatrix}$;

(7) $\begin{pmatrix}\frac{1}{\sqrt{3}}&\frac{1}{\sqrt{3}}&\frac{1}{\sqrt{3}}\\-\frac{2}{\sqrt{6}}&\frac{1}{\sqrt{6}}&\frac{1}{\sqrt{6}}\\0&-\frac{1}{\sqrt{2}}&\frac{1}{\sqrt{2}}\end{pmatrix}$.

10. 设 $\boldsymbol{A}=\begin{pmatrix}2&3&6\\3&-6&2\\6&2&-3\end{pmatrix}$, 试求数 k 使 $\boldsymbol{B}=k\boldsymbol{A}$ 为一正交矩阵, 并求 $\boldsymbol{A}^{-1}$.

11. 设 $\boldsymbol{\alpha}_1,\boldsymbol{\alpha}_2$ 为 n 维列向量, $\boldsymbol{A}$ 为 n 阶正交矩阵, 证明:

(1) $[\boldsymbol{A}\boldsymbol{\alpha}_1,\boldsymbol{A}\boldsymbol{\alpha}_2]=[\boldsymbol{\alpha}_1,\boldsymbol{\alpha}_2]$;　　(2) $\|\boldsymbol{A}\boldsymbol{\alpha}_1\|=\|\boldsymbol{\alpha}_1\|$.

12. 设 $\boldsymbol{A}$ 与 $\boldsymbol{B}$ 都是 n 阶正交矩阵, 证明 $\boldsymbol{AB}$ 也是正交矩阵.

13. 在机器学习中的主成分分析算法中, 常常利用正交变换来进行数据降维. 设有一个二维数据集, 包含两个特征 (如两个不同的传感器数据). 为了降低数据的维度, 同时保留数据中信息量最大的部分, 我们使用正交变换来旋转数据, 使得数据在新的坐标系中具有最大的方差.

假设有一个二维数据集 $\boldsymbol{X}=\begin{pmatrix}4&5\\6&7\\8&9\end{pmatrix}$, 我们希望对数据集应用一个正交矩阵 $\boldsymbol{Q}$ 来进行变换. 给定的变换矩阵为

$$\boldsymbol{Q}=\begin{pmatrix}1/\sqrt{2}&1/\sqrt{2}&0\\-1/\sqrt{2}&1/\sqrt{2}&0\\0&0&1\end{pmatrix},$$

请验证该矩阵是否为正交矩阵, 并计算变换后的数据集 $\boldsymbol{X}'=\boldsymbol{QX}$.

§4.2　矩阵的特征值与特征向量

矩阵的特征值与特征向量源于19世纪数学家对线性代数的研究, 描述了矩阵作用下向量的特定变换特性. 对于一个方阵 $\boldsymbol{A}$, 若存在非零向量 $\boldsymbol{x}$ 和数量 λ, 使得 $\boldsymbol{Ax}=\lambda\boldsymbol{x}$, 则称 $\boldsymbol{x}$ 为 $\boldsymbol{A}$ 的特征向量, λ 为对应的特征值. 特征值与特征向量的提出是为了理解矩阵作用下的变换行为. 例如, 在物理学中, 它们最早出现在力学领域, 用于分析刚体运动的惯性主轴; 在现代数学中, 它们扩展到任意线性算子, 成为研究矩阵性质的核心工具.

矩阵的特征值和特征向量提供了理解线性变换本质的途径. 通过它们, 可以将复杂的线性变换分解为沿特定方向的伸缩(可能伴随方向反转), 从而揭示矩阵的内在结构. 例如, 特征值反映伸缩的比例, 特征向量给出仅发生伸缩(或方向反转)的特定方向. 此外, 它们在对角化和谱分解中扮演了关键角色, 简化了矩阵的计算.

矩阵的特征值和特征向量在许多专业领域都有广泛的应用. 在量子力学中, 哈密顿矩阵的特征值对应系统能量的本征值, 特征向量描述系统的量子态; 在机器学习与数据分析中, 主成分分析利用协方差矩阵的特征值与特征向量, 提取数据的主要变化方向, 实现降维和特征选择; 在振动分析中, 用特征值分析系统的固有频率和模式, 帮助优化设计; 在图论中, 特征值用于研究图的性质, 如谱聚类分析, 通过图拉普拉斯矩阵的特征值发现社区结构; 在金融风险管理中, 用特征值分解协方差矩阵, 以评估资产组合的主风险来源; 等等.

一、特征值与特征向量

定义 1　设 $\boldsymbol{A}$ 为 n 阶方阵, 若存在数 λ 和 n 维非零向量 $\boldsymbol{x}$, 使得 $\boldsymbol{Ax}=\lambda\boldsymbol{x}$ 成立, 则称实数 λ 为方阵 $\boldsymbol{A}$ 的**特征值**, 非零向量 $\boldsymbol{x}$ 称为方阵 $\boldsymbol{A}$ 的对应于特征值 λ 的**特征向量** (或称为 $\boldsymbol{A}$ 的属于特征值 λ 的特征向量).

从定义可见, n 阶方阵 $\boldsymbol{A}$ 的特征值 λ, 就是使齐次线性方程组

$$(\lambda\boldsymbol{E}-\boldsymbol{A})\boldsymbol{x}=\boldsymbol{0}$$

有非零解的值，即满足方程 $|\lambda\boldsymbol{E}-\boldsymbol{A}|=0$ 的 λ 都是矩阵 $\boldsymbol{A}$ 的特征值.

我们称关于 λ 的一元 n 次方程 $|\lambda\boldsymbol{E}-\boldsymbol{A}|=0$ 为矩阵 $\boldsymbol{A}$ 的**特征方程**，称 λ 的一元 n 次多项式

$$f(\lambda)=|\lambda\boldsymbol{E}-\boldsymbol{A}|$$

为矩阵 $\boldsymbol{A}$ 的**特征多项式**.

由此即可给出特征向量的求法：设 $\lambda=\lambda_i$ 为方阵 $\boldsymbol{A}$ 的一个特征值，由齐次线性方程组

$$(\lambda_i\boldsymbol{E}-\boldsymbol{A})\boldsymbol{x}=\boldsymbol{0}, \tag{2.1}$$

求得其非零解 $\boldsymbol{p}_i$，则 $\boldsymbol{p}_i$ 就是 $\boldsymbol{A}$ 的对应于特征值 λ_i 的特征向量，且 $\boldsymbol{A}$ 的对应于特征值 λ_i 的特征向量的全体是方程组 (2.1) 的全部非零解，即设向量组 $\boldsymbol{p}_1, \boldsymbol{p}_2, \cdots, \boldsymbol{p}_s$ 为方程组 (2.1) 的基础解系，则 $\boldsymbol{A}$ 的对应于特征值 λ_i 的全部特征向量为

$$k_1\boldsymbol{p}_1+k_2\boldsymbol{p}_2+\cdots+k_s\boldsymbol{p}_s\ (k_1, k_2, \cdots, k_s \text{ 不同时为} 0).$$

例 1　求矩阵 $\boldsymbol{A}=\begin{pmatrix}3 & 1\\ 5 & -1\end{pmatrix}$ 的特征值和特征向量.

解　依题设，矩阵 $\boldsymbol{A}$ 的特征方程为

$$|\lambda\boldsymbol{E}-\boldsymbol{A}|=\begin{vmatrix}\lambda-3 & -1\\ -5 & \lambda+1\end{vmatrix}=(\lambda-4)(2+\lambda)=0,$$

所以，矩阵 $\boldsymbol{A}$ 的特征值为 $\lambda_1=4$，$\lambda_2=-2$.

当 $\lambda_1=4$ 时，对应的特征向量满足方程组 $\begin{cases}x_1-x_2=0\\ -5x_1+5x_2=0\end{cases}$，解得 $x_1=x_2$，所以，对应的特征向量可取为 $\boldsymbol{p}_1=\begin{pmatrix}1\\1\end{pmatrix}$. 而 $k_1\boldsymbol{p}_1\ (k_1\neq 0)$ 就是矩阵 $\boldsymbol{A}$ 的对应于 $\lambda_1=4$ 的全部特征向量.

当 $\lambda_2=-2$ 时，对应的特征向量满足方程组

$$\begin{cases}-5x_1-x_2=0\\ -5x_1-x_2=0\end{cases},$$

解得 $x_2=-5x_1$，其中 x_1 为自由未知量，取 $x_1=1$，即得到对应的特征向量为 $\boldsymbol{p}_2=\begin{pmatrix}1\\-5\end{pmatrix}$. 而 $k_2\boldsymbol{p}_2$ $(k_2\neq 0)$ 就是矩阵 $\boldsymbol{A}$ 的对应于 $\lambda_2=-2$ 的全部特征向量 (见图 4－2－1).

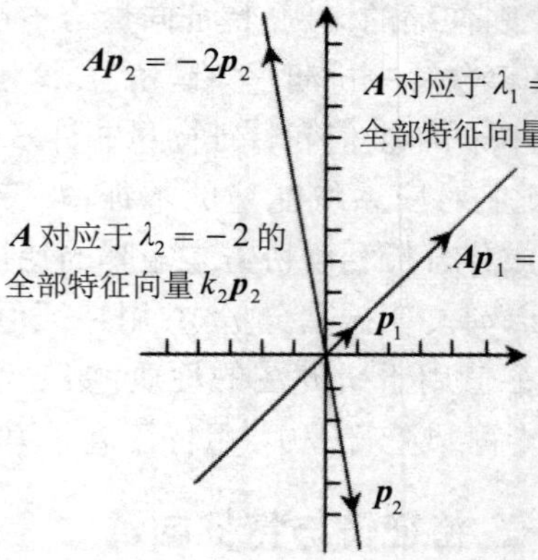

图 4－2－1

例 2　设 $\boldsymbol{A}=\begin{pmatrix}1 & 2 & -3\\ -1 & 4 & -3\\ 1 & a & 5\end{pmatrix}$ 的特征方程有一个二重根为 2，试求 a 的值.

解　依题设，$\boldsymbol{A}$ 的特征多项式

$$|\lambda E-A|=\begin{vmatrix}\lambda-1 & -2 & 3\\ 1 & \lambda-4 & 3\\ -1 & -a & \lambda-5\end{vmatrix}=(\lambda-2)(\lambda^2-8\lambda+18+3a).$$

因$\lambda=2$是特征方程的二重根，故$\lambda=2$必是上式右端二次多项式的零点，所以

$$2^2-16+18+3a=0\Rightarrow a=-2.$$

例 3 设$A=\begin{pmatrix}-2 & 1 & 1\\ 0 & 2 & 0\\ -4 & 1 & 3\end{pmatrix}$，求$A$的特征值与特征向量.

解 依题设，方阵A的特征方程为

$$|\lambda E-A|=\begin{vmatrix}\lambda+2 & -1 & -1\\ 0 & \lambda-2 & 0\\ 4 & -1 & \lambda-3\end{vmatrix}=(\lambda+1)(\lambda-2)^2=0,$$

故A的全部特征值为$\lambda_1=-1$，$\lambda_2=\lambda_3=2$.

当$\lambda_1=-1$时，解齐次线性方程组$(-E-A)x=0$. 对其系数矩阵作初等行变换，有

$$-E-A=\begin{pmatrix}1 & -1 & -1\\ 0 & -3 & 0\\ 4 & -1 & -4\end{pmatrix}\to\begin{pmatrix}1 & 0 & -1\\ 0 & 1 & 0\\ 0 & 0 & 0\end{pmatrix},$$

得其基础解系$p_1=(1,0,1)^T$，故对应于特征值$\lambda_1=-1$的全部特征向量为$k_1p_1\ (k_1\neq0)$.

当$\lambda_2=\lambda_3=2$时，解方程组$(2E-A)x=0$. 对其系数矩阵作初等行变换，有

$$2E-A=\begin{pmatrix}4 & -1 & -1\\ 0 & 0 & 0\\ 4 & -1 & -1\end{pmatrix}\to\begin{pmatrix}4 & -1 & -1\\ 0 & 0 & 0\\ 0 & 0 & 0\end{pmatrix}\to\begin{pmatrix}1 & -1/4 & -1/4\\ 0 & 0 & 0\\ 0 & 0 & 0\end{pmatrix},$$

得其基础解系$p_2=(1,4,0)^T$，$p_3=(1,0,4)^T$，对应于$\lambda_2=\lambda_3=2$的全部特征向量为

$$k_2p_2+k_3p_3\ (k_2,k_3\text{不同时为}0).$$

例 4 设实对称矩阵$A=\begin{pmatrix}a & 1 & 1\\ 1 & a & -1\\ 1 & -1 & a\end{pmatrix}$，其中$a$为常数，试求矩阵$A$的特征值及对应的特征向量.

解 利用行列式的性质与行列式展开定理，算得矩阵A的特征多项式:

$$|\lambda E-A|=\begin{vmatrix}\lambda-a & -1 & -1\\ -1 & \lambda-a & 1\\ -1 & 1 & \lambda-a\end{vmatrix}$$

$$=\begin{vmatrix}\lambda-a-1 & 0 & 0\\ -1 & \lambda-a & 2\\ -1 & 1 & \lambda-a+1\end{vmatrix}=(\lambda-a-1)\begin{vmatrix}\lambda-a & 2\\ 1 & \lambda-a+1\end{vmatrix}$$

$$=(\lambda-a-1)^2(\lambda-a+2),$$

由此解得 $\boldsymbol{A}$ 的特征值为 $\lambda_1=\lambda_2=a+1,\ \lambda_3=a-2$.

下面根据矩阵的特征向量的求法求出特征向量. 当 $\lambda_1=\lambda_2=a+1$ 时, 由

$$[(a+1)\boldsymbol{E}-\boldsymbol{A}]\boldsymbol{x}=\boldsymbol{0},\ 即 \begin{pmatrix}1 & -1 & -1\\ -1 & 1 & 1\\ -1 & 1 & 1\end{pmatrix}\begin{pmatrix}x_1\\ x_2\\ x_3\end{pmatrix}=0, \tag{2.2}$$

对其系数矩阵作初等行变换, 得

$$\begin{pmatrix}1 & -1 & -1\\ -1 & 1 & 1\\ -1 & 1 & 1\end{pmatrix}\xrightarrow[r_3+r_1]{r_2+r_1}\begin{pmatrix}1 & -1 & -1\\ 0 & 0 & 0\\ 0 & 0 & 0\end{pmatrix}.$$

由上可写出方程组 (2.2) 的同解方程组:

$$x_1-x_2-x_3=0,$$

分别取自由未知量 $x_2=1,\ x_3=0$ 与 $x_2=0,\ x_3=1$, 代入方程组 (2.2), 可求出其基础解系, 即对应于特征值 $\lambda_1=\lambda_2=a+1$ 的两个线性无关的特征向量: $\boldsymbol{\alpha}_1=(1,1,0)^{\mathrm{T}},\ \boldsymbol{\alpha}_2=(1,0,1)^{\mathrm{T}}$.

当 $\lambda_3=a-2$ 时, 同理求得对应的特征向量 $\boldsymbol{\alpha}_3=(-1,1,1)^{\mathrm{T}}$.

例 5　设向量 $\boldsymbol{\alpha}=(-1,-2,1)^{\mathrm{T}}$ 是矩阵 $\boldsymbol{A}=\begin{pmatrix}-1 & 1 & 0\\ -4 & a & 0\\ b & 0 & 2\end{pmatrix}$ 的特征向量, 求常数 a, b 及向量 $\boldsymbol{\alpha}$ 所对应的特征值 λ.

解　题设 λ 为 $\boldsymbol{A}$ 的对应特征向量 $\boldsymbol{\alpha}$ 的特征值, 即 $\boldsymbol{A\alpha}=\lambda\boldsymbol{\alpha}$, 代入矩阵 $\boldsymbol{A}$ 与向量 $\boldsymbol{\alpha}$, 得

$$\begin{cases}-1=-\lambda\\ 4-2a=-2\lambda,\\ -b+2=\lambda\end{cases}$$

利用消元法, 解得 $\lambda=1,\ a=3,\ b=1$.

例 6　求 n 阶数量矩阵 $\boldsymbol{A}=a\boldsymbol{E}$ 的特征值与特征向量.

解　依题设, 可写出数量矩阵 $\boldsymbol{A}$ 的特征方程:

$$|\lambda\boldsymbol{E}-\boldsymbol{A}|=\begin{vmatrix}\lambda-a & 0 & \cdots & 0\\ 0 & \lambda-a & \cdots & 0\\ \vdots & \vdots & & \vdots\\ 0 & 0 & \cdots & \lambda-a\end{vmatrix}=(\lambda-a)^n=0,$$

解得$\boldsymbol{A}$的n重特征值: $\lambda_1=\lambda_2=\cdots=\lambda_n=a$. 将$\lambda=a$代入$(\lambda\boldsymbol{E}-\boldsymbol{A})\boldsymbol{x}=\boldsymbol{0}$, 得

$$0\cdot x_1=0,\ 0\cdot x_2=0,\ \cdots,\ 0\cdot x_n=0.$$

这个方程组的系数矩阵是零矩阵, 所以, 任意n个线性无关的向量都可以作为它的基础解系, 我们可取单位坐标向量组

$$\boldsymbol{\varepsilon}_1=\begin{pmatrix}1\\0\\\vdots\\0\end{pmatrix},\ \boldsymbol{\varepsilon}_2=\begin{pmatrix}0\\1\\\vdots\\0\end{pmatrix},\ \cdots,\ \boldsymbol{\varepsilon}_n=\begin{pmatrix}0\\0\\\vdots\\1\end{pmatrix}$$

作为其基础解系, 于是, 数量矩阵$\boldsymbol{A}$的全部特征向量可表示为

$$k_1\boldsymbol{\varepsilon}_1+k_2\boldsymbol{\varepsilon}_2+\cdots+k_n\boldsymbol{\varepsilon}_n\ (k_1,k_2,\cdots,k_n\text{不全为}0).$$

注: 特征方程$|\lambda\boldsymbol{E}-\boldsymbol{A}|=0$与特征方程$|\boldsymbol{A}-\lambda\boldsymbol{E}|=0$有相同的根(即$\boldsymbol{A}$的特征值); $\boldsymbol{A}$的对应于特征值λ的特征向量是齐次线性方程组$(\lambda\boldsymbol{E}-\boldsymbol{A})\boldsymbol{x}=\boldsymbol{0}$的非零解, 也是方程组$(\boldsymbol{A}-\lambda\boldsymbol{E})\boldsymbol{x}=\boldsymbol{0}$的非零解. 因此, 在实际计算特征值和特征向量时, 以上两种形式均可采用.

例 7 若矩阵$\boldsymbol{A}=\begin{pmatrix}2&1&0\\1&2&0\\1&a&1\end{pmatrix}$对应于二重特征值$\lambda_1=\lambda_2=1$有两个线性无关的特征向量, 试确定$a$的值.

解 依题设, 若矩阵$\boldsymbol{A}$对应于二重特征值$\lambda_1=\lambda_2=1$有两个线性无关的特征向量, 则由矩阵特征向量的求法, 线性方程组$(\boldsymbol{E}-\boldsymbol{A})\boldsymbol{x}=\boldsymbol{0}$的基础解系含有两个线性无关的向量. 注意到该线性方程组的系数矩阵为

$$\boldsymbol{E}-\boldsymbol{A}=\begin{pmatrix}-1&-1&0\\-1&-1&0\\-1&-a&0\end{pmatrix},$$

由求解线性方程组的初等变换法知, 欲使线性方程组的基础解系含有两个线性无关的向量, 必有$a=1$.

二、特征值与特征向量的性质

性质 1 n阶矩阵$\boldsymbol{A}$与其转置矩阵$\boldsymbol{A}^{\mathrm{T}}$有相同的特征值.

证明 利用矩阵的转置运算与方阵的行列式, 有

$$|\lambda\boldsymbol{E}-\boldsymbol{A}^{\mathrm{T}}|=|(\lambda\boldsymbol{E}-\boldsymbol{A})^{\mathrm{T}}|=|\lambda\boldsymbol{E}-\boldsymbol{A}|,$$

由上可见, $\boldsymbol{A}^{\mathrm{T}}$与$\boldsymbol{A}$有相同的特征多项式, 故它们的特征值相同. 证毕.

性质 2 设$\boldsymbol{A}=(a_{ij})$是n阶矩阵, 则特征多项式

$$f(\lambda)=|\lambda\boldsymbol{E}-\boldsymbol{A}|=\begin{vmatrix}\lambda-a_{11} & -a_{12} & \cdots & -a_{1n}\\ -a_{21} & \lambda-a_{22} & \cdots & -a_{2n}\\ \vdots & \vdots & & \vdots\\ -a_{n1} & -a_{n2} & \cdots & \lambda-a_{nn}\end{vmatrix}$$

$$=\lambda^n-\left(\sum_{i=1}^{n}a_{ii}\right)\lambda^{n-1}+\cdots+(-1)^kS_k\lambda^{n-k}+\cdots+(-1)^n|\boldsymbol{A}|,$$

其中S_k是$\boldsymbol{A}$的全体k阶主子式的和. 设$\lambda_1, \lambda_2, \cdots, \lambda_n$是$\boldsymbol{A}$的$n$个特征值, 则由$n$次代数方程的根与系数的关系 (韦达定理) 知:

(1) $\lambda_1+\lambda_2+\cdots+\lambda_n=a_{11}+a_{22}+\cdots+a_{nn}$;

(2) $\lambda_1\lambda_2\cdots\lambda_n=|\boldsymbol{A}|$.

其中$\boldsymbol{A}$的全体特征值的和$a_{11}+a_{22}+\cdots+a_{nn}$称为矩阵$\boldsymbol{A}$的**迹** (trace), 记为$\mathrm{tr}(\boldsymbol{A})$.

例如, 设$\boldsymbol{A}=\begin{pmatrix}5 & -18\\ 1 & -1\end{pmatrix}$, 则$|\boldsymbol{A}|=-5+18=13$, 矩阵$\boldsymbol{A}$的迹$\mathrm{tr}(\boldsymbol{A})=5-1=4$, 而矩阵$\boldsymbol{A}$的特征多项式为

$$\begin{vmatrix}5-\lambda & -18\\ 1 & -1-\lambda\end{vmatrix}=\lambda^2-4\lambda+13,$$

此时$\boldsymbol{A}$的特征值 (复数解) 为$\lambda_1=2+3\mathrm{i}$和$\lambda_2=2-3\mathrm{i}$. 但仍满足

$$\lambda_1+\lambda_2=4=\mathrm{tr}(\boldsymbol{A}),\ \lambda_1\lambda_2=13=|\boldsymbol{A}|.$$

例 8　在机器学习中的主成分分析算法中, 特征值和特征向量是数据降维的核心工具. 假设有一个数据集, 其中每个数据点由两个特征 (如身高和体重) 表示. 我们希望将这个二维数据集投影到一条新轴上, 使得投影后的数据具有最大的方差. 这可以通过计算协方差矩阵的特征值和特征向量来实现. 给定以下二维数据集:

$$\boldsymbol{X}=\begin{pmatrix}1 & 2\\ 3 & 5\\ 4 & 6\\ 5 & 8\end{pmatrix}.$$

我们首先计算该数据集的协方差矩阵, 然后求解该协方差矩阵的特征值和特征向量. 特征值和特征向量将帮助我们确定数据中信息量最大的主成分.

解　首先, 计算数据集$\boldsymbol{X}$的协方差矩阵, 其计算公式为

$$\boldsymbol{\Sigma}=\frac{1}{n-1}\boldsymbol{X}^{\mathrm{T}}\boldsymbol{X},$$

其中, n是数据点的数量. 对于数据集$\boldsymbol{X}$, 有$n=4$, 因此

$$\boldsymbol{X}^{\mathrm{T}}\boldsymbol{X}=\begin{pmatrix}1&3&4&5\\2&5&6&8\end{pmatrix}\begin{pmatrix}1&2\\3&5\\4&6\\5&8\end{pmatrix}=\begin{pmatrix}51&81\\81&129\end{pmatrix},$$

进一步计算协方差矩阵:

$$\boldsymbol{\Sigma}=\frac{1}{4-1}\begin{pmatrix}51&81\\81&129\end{pmatrix}=\begin{pmatrix}17&27\\27&43\end{pmatrix}.$$

接下来, 我们求解协方差矩阵 $\boldsymbol{\Sigma}$ 的特征值和特征向量. $\boldsymbol{\Sigma}$ 的特征多项式为

$$|\boldsymbol{\Sigma}-\lambda\boldsymbol{E}|=\begin{vmatrix}17-\lambda&27\\27&43-\lambda\end{vmatrix}$$
$$=(17-\lambda)(43-\lambda)-27^2=\lambda^2-60\lambda+2,$$

解特征方程 $|\boldsymbol{\Sigma}-\lambda\boldsymbol{E}|=0$, 得协方差矩阵 $\boldsymbol{\Sigma}$ 的近似特征值:

$$\lambda_1=30-\sqrt{898}\approx 0.03,\ \lambda_2=30+\sqrt{898}\approx 59.97.$$

下面计算特征向量. 对特征值 λ_1, 解方程:

$$(\boldsymbol{\Sigma}-\lambda_1\boldsymbol{E})\boldsymbol{v}_1=\boldsymbol{0},$$

得对应的特征向量 $\boldsymbol{v}_1=(-1.591,\ 1.000)^{\mathrm{T}}$. 对特征值 λ_2, 解方程:

$$(\boldsymbol{\Sigma}-\lambda_2\boldsymbol{E})\boldsymbol{v}_2=\boldsymbol{0},$$

得对应的特征向量 $\boldsymbol{v}_2=(0.628\,4,\ 1.000)^{\mathrm{T}}$.

通过该例, 我们展示了如何在机器学习中应用特征值和特征向量进行数据降维. 首先, 我们计算了数据集的协方差矩阵, 然后通过求解该协方差矩阵的特征值和特征向量, 找到了数据中信息量最大的主成分. 特征值 $\lambda_2\approx 59.97$ 对应的特征向量 $\boldsymbol{v}_2=(0.628\,4,\ 1.000)^{\mathrm{T}}$ 代表数据中方差最大的方向, 而特征值 $\lambda_1\approx 0.03$ 对应的特征向量 $\boldsymbol{v}_1=(-1.591,\ 1.000)^{\mathrm{T}}$ 则代表数据中的次主成分. 通过主成分分析算法的变换, 我们可以将数据投影到主成分上, 从而降低数据的维度并保留大部分信息. 这个过程在许多机器学习算法中都有广泛应用, 尤其是在数据预处理和特征提取中.

例 9 已知矩阵 $\boldsymbol{A}=\begin{pmatrix}1&2&3\\-1&x&2\\0&0&1\end{pmatrix}$ 的特征值为 $2, 1, 3$, 求 x.

解 依题设, 根据矩阵特征值的性质, 特征值之和等于矩阵的对角线元素之和, 故

$$1+x+1=2+1+3\ \Rightarrow\ x=4.$$

矩阵的迹是方阵重要的数量特性, 是矩阵几何和代数性质的重要刻画. 在线性变换中, 迹可以看作变换对体积伸缩的总影响 (在对称矩阵中尤为直观). 它还反映了矩阵的某些对角化性质, 与矩阵特征值的代数性质直接相关. 在量子力学中, 迹用于计算密度矩阵的期望值, 描述系统的统计特性. 在机器学习的正则化方法中, 利用迹 (如核矩阵的迹) 衡量复杂性, 以提高模型的泛化能力. 在统计学中, 协方差矩阵的迹表示变量总的方差之和, 常用于主成

分分析和因子分析. 在控制理论的优化问题中, 迹用于描述系统性能指标, 如最小化误差协方差矩阵的迹等.

例 10　在经济学中, 矩阵的迹可以用来分析多个经济因素之间的相互关系, 尤其是在多变量回归模型或经济数据的正则化过程中. 矩阵的迹通常与数据模型的复杂度有关, 帮助我们理解不同经济变量之间的关系强度及其对模型的贡献. 在经济预测和模型优化中, 迹的计算与参数规模直接相关, 可以影响模型的复杂度和泛化能力.

假设我们正在分析某个国家的经济增长, 考虑两个主要经济因素: 资本投入和劳动力参与率. 为了研究这两个因素对经济增长的影响, 我们构建了一个包含资本投入和劳动力参与率的系数矩阵. 假设该国家过去五年的资本投入与劳动力参与率的系数矩阵为

$$\boldsymbol{C}=\begin{pmatrix}3 & 2\\ 4 & 5\end{pmatrix}.$$

我们的目标是计算矩阵 $\boldsymbol{C}$ 的迹, 并通过迹的应用来分析该经济模型的复杂度.

解　矩阵的迹是矩阵对角线元素的和. 对给定的矩阵 $\boldsymbol{C}$, 其迹为

$$\operatorname{tr}(\boldsymbol{C})=3+5=8.$$

矩阵的迹在经济模型中的应用主要体现在模型的正则化中. 在某些回归模型中, 尤其是带有正则化项的损失函数中, 矩阵的迹可以帮助控制模型的复杂度. 通常, 我们会在损失函数中加入系数矩阵的迹作为正则化项, 从而防止过拟合.

例如, 在使用L2正则化的回归模型中, 损失函数可表示为

$$L=\frac{1}{N}\sum_{i=1}^{N}\left(y_i-\widehat{y}_i\right)^2+\lambda\operatorname{tr}(\boldsymbol{C}^2),$$

其中, λ 是正则化系数; y_i 是观测值; $\widehat{y}_i$ 是预测值; N 是样本数量; $\operatorname{tr}(\boldsymbol{C}^2)$ 是系数矩阵的平方的迹, 表示对参数的惩罚项.

在实际应用中, 矩阵的迹可以用来分析模型的复杂度. 较大的迹值通常意味着较大的系数矩阵, 这可能会导致模型过拟合. 通过最小化损失函数中迹的正则化项, 经济模型可以有效地控制参数规模, 从而提高模型的泛化能力.

在本例中, 我们计算了经济模型中系数矩阵 $\boldsymbol{C}$ 的迹, 并解释了其在优化和正则化中的作用. 矩阵的迹作为一种度量工具, 可以帮助我们评估模型的复杂度, 并通过正则化避免模型过拟合. 通过将迹纳入损失函数的优化过程, 经济模型的训练可以更加稳定, 并且能够提高模型的预测能力. 矩阵的迹不仅应用于经济学, 还广泛应用于多变量分析、统计学和机器学习等领域.

*数学实验

实验 4.1　试用计算软件求下列矩阵的特征多项式:

(1) $$\begin{pmatrix}1 & -1/2 & 1/3 & -1/4 & 1/5 & -1/6 & 1/7 & -1/8\\ -2 & 1 & -2/3 & 1/2 & -2/5 & 1/3 & -2/7 & 1/4\\ 3 & -3/2 & 1 & -3/4 & 3/5 & -1/2 & 3/7 & -3/8\\ -4 & 2 & -4/3 & 1 & -4/5 & 2/3 & -4/7 & 1/2\\ 5 & -5/2 & 5/3 & -5/4 & 1 & -5/6 & 5/7 & -5/8\\ -6 & 3 & -2 & 3/2 & -6/5 & 1 & -6/7 & 3/4\\ 7 & -7/2 & 7/3 & -7/4 & 7/5 & -7/6 & 1 & -7/8\\ -8 & 4 & -8/3 & 2 & -8/5 & 4/3 & -8/7 & 1\end{pmatrix};$$

(2) $\begin{pmatrix} k & 1 & 0 & -2 & 1 & 0 \\ 0 & k & 1 & 0 & -2 & 1 \\ 1 & 0 & k & 1 & 0 & -2 \\ -2 & 1 & 0 & k & 1 & 0 \\ 0 & -2 & 1 & 0 & k & 1 \\ 1 & 0 & -2 & 1 & 0 & k \end{pmatrix}$.

计算实验

微信扫描右侧的二维码即可进行计算实验(详见教材配套的网络学习空间).

例 11 试证: n 阶矩阵 $\boldsymbol{A}$ 是奇异矩阵的充分必要条件是 $\boldsymbol{A}$ 有一个特征值为零.

证明 必要性. 若 $\boldsymbol{A}$ 是奇异矩阵, 则 $|\boldsymbol{A}|=0$. 于是

$$|0\cdot\boldsymbol{E}-\boldsymbol{A}|=|-\boldsymbol{A}|=(-1)^n|\boldsymbol{A}|=0,$$

即 0 是 $\boldsymbol{A}$ 的一个特征值.

充分性. 设 $\boldsymbol{A}$ 有一个特征值为 0, 对应的特征向量为 $\boldsymbol{p}$. 由特征值的定义, 有

$$\boldsymbol{Ap}=0\cdot\boldsymbol{p}=\boldsymbol{0}\ (\boldsymbol{p}\neq\boldsymbol{0}),$$

所以, 齐次线性方程组 $\boldsymbol{Ax}=\boldsymbol{0}$ 有非零解 $\boldsymbol{p}$, 由此可知 $|\boldsymbol{A}|=0$, 即 $\boldsymbol{A}$ 为奇异矩阵. 证毕.

注: 本题结论的逆否命题: n 阶矩阵 $\boldsymbol{A}$ 可逆, 当且仅当它的任一特征值不为零.

***性质 3** 设 $\boldsymbol{A}=(a_{ij})$ 是 n 阶矩阵, 如果条件

(1) $\sum\limits_{j=1}^{n}|a_{ij}|<1\ (i=1,2,\cdots,n)$,

(2) $\sum\limits_{i=1}^{n}|a_{ij}|<1\ (j=1,2,\cdots,n)$

中有一个成立, 则矩阵 $\boldsymbol{A}$ 的所有特征值 λ_i 的模都小于 1, 即 $|\lambda_i|<1\ (i=1,2,\cdots,n)$.

证明 设 λ 是 $\boldsymbol{A}$ 的任意一个特征值, 其对应的特征向量为 $\boldsymbol{x}$, 则 $\boldsymbol{Ax}=\lambda\boldsymbol{x}$, 即

$$\sum_{j=1}^{n}a_{ij}x_j=\lambda x_i\quad(i=1,2,\cdots,n).$$

令 $|x_k|=\max\limits_{j}|x_j|$, 则有

$$|\lambda|=\left|\lambda\frac{x_k}{x_k}\right|=\left|\sum_{j=1}^{n}a_{kj}\frac{x_j}{x_k}\right|\leqslant\sum_{j=1}^{n}|a_{kj}|\frac{|x_j|}{|x_k|}\leqslant\sum_{j=1}^{n}|a_{kj}|.$$

若(1)成立, 则 $|\lambda|\leqslant\sum\limits_{j=1}^{n}|a_{kj}|<1$, 再由 λ 的任意性知, $\lambda_i\ (i=1,2,\cdots,n)$ 的模小于 1.

若(2)成立, 则对 $\boldsymbol{A}^{\mathrm{T}}$ 的所有特征值, 结论成立. 再由 $\boldsymbol{A}$ 与 $\boldsymbol{A}^{\mathrm{T}}$ 有相同的特征值知, 对矩阵 $\boldsymbol{A}$ 的特征值亦有

$$|\lambda_i|<1\ (i=1,2,\cdots,n).$$

证毕.

例 12 设 λ 是方阵 $\boldsymbol{A}$ 的特征值, 证明:

(1) λ^2 是 $\boldsymbol{A}^2$ 的特征值; (2) 当 $\boldsymbol{A}$ 可逆时, $\dfrac{1}{\lambda}$ 是 $\boldsymbol{A}^{-1}$ 的特征值.

证明 (1) 因 λ 是 $\boldsymbol{A}$ 的特征值, 故有 $\boldsymbol{p}\neq\boldsymbol{0}$, 使 $\boldsymbol{Ap}=\lambda\boldsymbol{p}$. 于是

$$\boldsymbol{A}^2\boldsymbol{p}=\boldsymbol{A}(\boldsymbol{Ap})=\boldsymbol{A}(\lambda\boldsymbol{p})=\lambda(\boldsymbol{Ap})=\lambda^2\boldsymbol{p},$$

所以，λ^2 是 $\boldsymbol{A}^2$ 的特征值.

(2) 当 $\boldsymbol{A}$ 可逆时，由 $\boldsymbol{Ap}=\lambda\boldsymbol{p}$，有 $\boldsymbol{p}=\lambda\boldsymbol{A}^{-1}\boldsymbol{p}$，因 $\boldsymbol{p}\neq\boldsymbol{0}$，故 $\lambda\neq 0$，从而

$$\boldsymbol{A}^{-1}\boldsymbol{p}=\frac{1}{\lambda}\boldsymbol{p},$$

所以，$\frac{1}{\lambda}$ 是 $\boldsymbol{A}^{-1}$ 的特征值. 证毕.

可进一步证明：若 λ 是 $\boldsymbol{A}$ 的特征值，则 λ^k 是 $\boldsymbol{A}^k$ 的特征值，$\varphi(\lambda)$ 是 $\varphi(\boldsymbol{A})$ 的特征值，其中

$$\varphi(x)=a_0x^m+a_1x^{m-1}+\cdots+a_{m-1}x+a_m.$$

特别地，设特征多项式 $f(\lambda)=|\lambda E-\boldsymbol{A}|$，则 $f(\lambda)$ 是 $f(\boldsymbol{A})$ 的特征值，且

$$\boldsymbol{A}^n-(a_{11}+a_{22}+\cdots+a_{nn})\boldsymbol{A}^{n-1}+\cdots+(-1)^n|\boldsymbol{A}|\boldsymbol{E}=\boldsymbol{O}.$$

例 13　设三阶矩阵 $\boldsymbol{A}$ 的特征值为1, 2, 2，$\boldsymbol{E}$ 为三阶单位矩阵，求 $|4\boldsymbol{A}^{-1}-\boldsymbol{E}|$.

解　依题设，三阶矩阵 $\boldsymbol{A}$ 的特征值分别为1, 2, 2，故由矩阵特征值的常用结论知，$\boldsymbol{A}$ 的逆矩阵 $\boldsymbol{A}^{-1}$ 的特征值分别为1, $\frac{1}{2}$, $\frac{1}{2}$.

再由矩阵多项式的特征值知，$4\boldsymbol{A}^{-1}-\boldsymbol{E}$ 的特征值分别为

$$4-1,\ 4\times\frac{1}{2}-1,\ 4\times\frac{1}{2}-1,$$

即3, 1, 1. 所以，根据矩阵特征值的性质2 (2)，得

$$|4\boldsymbol{A}^{-1}-\boldsymbol{E}|=3\times1\times1=3.$$

例 14　设三阶矩阵 $\boldsymbol{A}$ 的特征值分别为1, −1, 2, 求 $|\boldsymbol{A}^*+3\boldsymbol{A}-2\boldsymbol{E}|$.

解　因 $\boldsymbol{A}$ 的特征值全不为0，故 $\boldsymbol{A}$ 可逆，又 $\boldsymbol{A}^*=|\boldsymbol{A}|\boldsymbol{A}^{-1}$，而 $|\boldsymbol{A}|=\lambda_1\lambda_2\lambda_3=-2$，所以

$$\boldsymbol{A}^*+3\boldsymbol{A}-2\boldsymbol{E}=-2\boldsymbol{A}^{-1}+3\boldsymbol{A}-2\boldsymbol{E}.$$

将上式记作 $\varphi(\boldsymbol{A})$，则

$$\varphi(\lambda)=-\frac{2}{\lambda}+3\lambda-2,$$

故 $\varphi(\boldsymbol{A})$ 的特征值为

$$\varphi(1)=-1,\ \varphi(-1)=-3,\ \varphi(2)=3,$$

因此，

$$|\boldsymbol{A}^*+3\boldsymbol{A}-2\boldsymbol{E}|=(-1)\times(-3)\times3=9.$$

例 15　计算 $\begin{pmatrix}0&1\\2&1\end{pmatrix}^{10}\begin{pmatrix}5\\1\end{pmatrix}$.

解　依题设，利用特征值与特征向量来简化计算. 记题设矩阵为 $\boldsymbol{A}=\begin{pmatrix}0&1\\2&1\end{pmatrix}$，则由矩阵特征值的性质知，$\boldsymbol{A}$ 的特征多项式为

$$|\lambda E-A|=\begin{vmatrix}\lambda & -1\\ -2 & \lambda-1\end{vmatrix}=\lambda^2-\lambda-2,$$

因此, A 的特征值为 $\lambda_1=2$, $\lambda_2=-1$.

根据矩阵特征向量的求法, A 的对应于特征值 $\lambda_1=2$ 的特征向量为 $\xi_1=\begin{pmatrix}1\\2\end{pmatrix}$; A 的对应于特征值 $\lambda_2=-1$ 的特征向量为 $\xi_2=\begin{pmatrix}1\\-1\end{pmatrix}$. 所以, 矩阵 A 的特征向量矩阵为

$$P=(\xi_1,\xi_2)=\begin{pmatrix}1 & 1\\ 2 & -1\end{pmatrix},$$

因此, 利用特征值与特征向量的关系, 由 $P^{-1}AP=\begin{pmatrix}2 & 0\\ 0 & -1\end{pmatrix}$, 得

$$A=P\begin{pmatrix}2 & 0\\ 0 & -1\end{pmatrix}P^{-1},$$

进一步利用矩阵的乘法运算与矩阵的幂运算, 得

$$\begin{aligned}A^{10}&=P\begin{pmatrix}2^{10} & 0\\ 0 & (-1)^{10}\end{pmatrix}P^{-1}\\ &=\begin{pmatrix}1 & 1\\ 2 & -1\end{pmatrix}\begin{pmatrix}1\,024 & 0\\ 0 & 1\end{pmatrix}\begin{pmatrix}1/3 & 1/3\\ 2/3 & -1/3\end{pmatrix}=\begin{pmatrix}342 & 341\\ 682 & 683\end{pmatrix},\end{aligned}$$

于是, 利用矩阵的乘法, 计算得

$$A^{10}\begin{pmatrix}5\\1\end{pmatrix}=\begin{pmatrix}342 & 341\\ 682 & 683\end{pmatrix}\begin{pmatrix}5\\1\end{pmatrix}=\begin{pmatrix}2\,051\\4\,093\end{pmatrix}.$$

定理 1 m 阶方阵 A 的互不相等的特征值 $\lambda_1,\lambda_2,\cdots,\lambda_m$ 对应的特征向量 $p_1,p_2,\cdots,p_m$ 线性无关.

证明 已知 $Ap_i=\lambda_i p_i$ $(i=1,2,\cdots,m)$. 下面用数学归纳法证明.

当 $m=1$ 时, $p_1\neq 0$, 故结论成立. 当 $m>1$ 时, 假设对于 $m-1$, 结论成立. 设有常数 k_1, $k_2,\cdots,k_m$, 以及 $p_m\neq 0$, 使

$$k_1p_1+k_2p_2+\cdots+k_{m-1}p_{m-1}+k_mp_m=0, \tag{2.3}$$

以矩阵 A 左乘上式两端, 得

$$k_1Ap_1+k_2Ap_2+\cdots+k_{m-1}Ap_{m-1}+k_mAp_m=0.$$

由 $Ap_i=\lambda_ip_i$ $(i=1,2,\cdots,m)$, 有

$$k_1\lambda_1p_1+k_2\lambda_2p_2+\cdots+k_{m-1}\lambda_{m-1}p_{m-1}+k_m\lambda_mp_m=0. \tag{2.4}$$

式 (2.4) $-\lambda_m\times$ 式 (2.3), 消去 p_m, 得

$$k_1(\lambda_1-\lambda_m)p_1+k_2(\lambda_2-\lambda_m)p_2+\cdots+k_{m-1}(\lambda_{m-1}-\lambda_m)p_{m-1}=0.$$

由归纳假设知, $\boldsymbol{p}_1, \boldsymbol{p}_2, \cdots, \boldsymbol{p}_{m-1}$ 线性无关, 故

$$k_i(\lambda_i-\lambda_m)=0\ (i=1, 2, \cdots, m-1).$$

因为特征值 $\lambda_1, \lambda_2, \cdots, \lambda_m$ 互不相同, 所以

$$k_i=0\ (i=1, 2, \cdots, m-1),$$

将其代入式 (2.3) 得 $k_m\boldsymbol{p}_m=\boldsymbol{0}$, 而 $\boldsymbol{p}_m\neq\boldsymbol{0}$, 必有 $k_m=0$, 从而 $k_1=k_2=\cdots=k_m=0$, 即向量组 $\boldsymbol{p}_1, \boldsymbol{p}_2, \cdots, \boldsymbol{p}_m$ 线性无关. 证毕.

矩阵的特征向量总是相对于矩阵的特征值而言的, 一个特征值具有的特征向量并不是唯一的, 但同一个特征向量不能属于不同的特征值. 事实上, 若反设 $\boldsymbol{p}$ 是 $\boldsymbol{A}$ 的属于两个不同特征值 λ_1, λ_2 的特征向量, 即

$$\boldsymbol{A}\boldsymbol{p}=\lambda_1\boldsymbol{p},\ \boldsymbol{A}\boldsymbol{p}=\lambda_2\boldsymbol{p}, \text{且}\ \boldsymbol{p}\neq\boldsymbol{0},$$

则有 $(\lambda_1-\lambda_2)\boldsymbol{p}=\boldsymbol{0}$, 由 $\lambda_1-\lambda_2\neq 0$, 得 $\boldsymbol{p}=\boldsymbol{0}$, 与特征向量的定义矛盾, 故结论成立.

例 16　设 λ_1 和 λ_2 是矩阵 $\boldsymbol{A}$ 的两个不同的特征值, 对应的特征向量依次为 $\boldsymbol{p}_1$ 和 $\boldsymbol{p}_2$, 试证: $\boldsymbol{p}_1+\boldsymbol{p}_2$ 不是 $\boldsymbol{A}$ 的特征向量.

证明　按题设, 有 $\boldsymbol{A}\boldsymbol{p}_1=\lambda_1\boldsymbol{p}_1$, $\boldsymbol{A}\boldsymbol{p}_2=\lambda_2\boldsymbol{p}_2$, 故

$$\boldsymbol{A}(\boldsymbol{p}_1+\boldsymbol{p}_2)=\lambda_1\boldsymbol{p}_1+\lambda_2\boldsymbol{p}_2.$$

用反证法. 假设 $\boldsymbol{p}_1+\boldsymbol{p}_2$ 是 $\boldsymbol{A}$ 的特征向量, 则应存在数 λ, 使

$$\boldsymbol{A}(\boldsymbol{p}_1+\boldsymbol{p}_2)=\lambda(\boldsymbol{p}_1+\boldsymbol{p}_2), \text{即}\ \lambda(\boldsymbol{p}_1+\boldsymbol{p}_2)=\lambda_1\boldsymbol{p}_1+\lambda_2\boldsymbol{p}_2,$$

由此可得

$$(\lambda_1-\lambda)\boldsymbol{p}_1+(\lambda_2-\lambda)\boldsymbol{p}_2=\boldsymbol{0}.$$

因 $\lambda_1\neq\lambda_2$, 由定理 1 知 $\boldsymbol{p}_1$, $\boldsymbol{p}_2$ 线性无关, 故

$$\lambda_1-\lambda=\lambda_2-\lambda=0,$$

即 $\lambda_1=\lambda_2$, 与题设矛盾. 所以, $\boldsymbol{p}_1+\boldsymbol{p}_2$ 不是矩阵 $\boldsymbol{A}$ 的特征向量. 证毕.

例 17　证明: 正交矩阵的实特征值的绝对值为 1.

证明　设 $\boldsymbol{A}$ 为正交矩阵, $\boldsymbol{p}$ 是方阵 $\boldsymbol{A}$ 的对应于特征值 λ 的特征向量, 即有 $\boldsymbol{A}\boldsymbol{p}=\lambda\boldsymbol{p}$, 因

$$(\boldsymbol{A}\boldsymbol{p})^{\mathrm{T}}\boldsymbol{A}\boldsymbol{p}=\boldsymbol{p}^{\mathrm{T}}\boldsymbol{A}^{\mathrm{T}}\boldsymbol{A}\boldsymbol{p}=\boldsymbol{p}^{\mathrm{T}}\boldsymbol{p}=\|\boldsymbol{p}\|^2, \tag{2.5}$$

$$(\boldsymbol{A}\boldsymbol{p})^{\mathrm{T}}\boldsymbol{A}\boldsymbol{p}=(\lambda\boldsymbol{p})^{\mathrm{T}}(\lambda\boldsymbol{p})=\lambda^2\boldsymbol{p}^{\mathrm{T}}\boldsymbol{p}=\lambda^2\|\boldsymbol{p}\|^2, \tag{2.6}$$

又 $\boldsymbol{p}\neq\boldsymbol{0}$, 所以, $\|\boldsymbol{p}\|>0$, 用式 (2.5) 减式 (2.6), 得 $\lambda^2=1$, 即 $|\lambda|=1$. 证毕.

习题 4-2

1. 设 $\boldsymbol{A}=\begin{pmatrix}3 & 2\\ 0 & -1\end{pmatrix}$, $\boldsymbol{\alpha}=\begin{pmatrix}-1\\ 2\end{pmatrix}$, $\boldsymbol{\beta}=\begin{pmatrix}1\\ 1\end{pmatrix}$. 判断 $\boldsymbol{\alpha}$ 和 $\boldsymbol{\beta}$ 是否为 $\boldsymbol{A}$ 的特征向量.

2. 设$A=\begin{pmatrix}1 & 2 & 1\\ 1 & -3 & -2\\ a & 2 & 2\end{pmatrix}$的特征方程有一个二重根, 试求矩阵$A$的全部特征值.

3. 证明: 5不是$A=\begin{pmatrix}6 & -3 & 1\\ 3 & 0 & 5\\ 2 & 2 & 6\end{pmatrix}$的特征值.

4. 证明: 三角形矩阵的特征值为其主对角线元素.

5. A为n阶方阵, λ_1,λ_2是A的两个不同特征值, α_1,α_2分别是属于A的两个不同特征值的特征向量, 若$k_1\alpha_1+k_2\alpha_2$仍为A的特征向量, 求k_1, k_2的关系.

6. 求下列矩阵的特征值及特征向量:

(1) $\begin{pmatrix}1 & 2 & 3\\ 2 & 1 & 3\\ 3 & 3 & 6\end{pmatrix}$;

(2) $\begin{pmatrix}1 & 1 & 1 & 1\\ 1 & 1 & -1 & -1\\ 1 & -1 & 1 & -1\\ 1 & -1 & -1 & 1\end{pmatrix}$;

(3) $\begin{pmatrix}-1 & 2 & 2\\ 3 & -1 & 1\\ 2 & 2 & -1\end{pmatrix}$;

(4) $\begin{pmatrix}3 & 2 & -2\\ 0 & -1 & 0\\ 4 & 2 & -3\end{pmatrix}$.

7. 在神经网络中,特征值和特征向量的应用常常出现在模型优化和数据降维中.它们可以帮助我们理解权重矩阵对神经网络性能的影响, 特别是在梯度下降法的权重更新过程中. 考虑一个神经网络的权重矩阵, 该矩阵表示网络中每一层的连接权重. 神经网络的训练过程可以通过对权重矩阵进行特征值分解来优化, 帮助确定哪些方向的变动对网络的性能影响最大. 假设我们有一个神经网络的输入层和隐藏层之间的2×2权重矩阵W, 表示从输入层到隐藏层的连接权重:

$$W=\begin{pmatrix}4 & 1\\ 2 & 3\end{pmatrix}.$$

试通过计算这个权重矩阵的特征值和特征向量来分析网络行为, 尤其是它如何影响网络训练中的学习方向.

8. 已知三阶矩阵A的特征值为1, -2, 3, 求:

(1) $2A$的特征值;

(2) A^{-1}的特征值.

9. 设n阶矩阵A, B满足$\mathrm{r}(A)+\mathrm{r}(B)<n$, 证明$A$与$B$有公共的特征值和特征向量.

10. 在神经网络中, 矩阵的迹通常用于计算模型的损失函数或正则化项. 特别是在训练深度学习模型时, 矩阵的迹与神经网络的训练速度和收敛性有关. 比如, 在优化过程中, 损失函数中的迹可以反映网络中的参数规模, 从而影响正则化的强度. 考虑一个神经网络的权重矩阵, 该矩阵表示每层之间的连接权重. 我们将展示如何利用矩阵的迹来优化神经网络的训练过程. 假设某神经网络的隐藏层到输出层的权重矩阵为

$$W=\begin{pmatrix}2 & 1\\ 1 & 3\end{pmatrix}.$$

试计算矩阵W的迹, 并通过迹的应用分析神经网络的训练过程.

11. 设$A^2-3A+2E=0$, 证明A的特征值只能取1或2.

12. 设三阶矩阵A的特征值为2, 3, λ, 且$|2A|=-48$, 求λ.

13. 设二阶矩阵A的特征值为1, 2, 求行列式$|A-3A^*|$.

14. 已知三阶矩阵 $\boldsymbol{A}$ 的特征值为 $1, -1, 2$, 计算行列式 $|\boldsymbol{A}-5\boldsymbol{E}|$ 的值.

15. 已知 0 是矩阵 $\boldsymbol{A}=\begin{pmatrix}1&0&1\\0&2&0\\1&0&a\end{pmatrix}$ 的特征值, 求 $\boldsymbol{A}$ 的特征值和特征向量.

16. 设 $\boldsymbol{\alpha}$ 是 $\boldsymbol{A}$ 的对应于特征值 λ_0 的特征向量, 证明:

(1) $\boldsymbol{\alpha}$ 是 $\boldsymbol{A}^m$ 的对应于特征值 λ_0^m 的特征向量;

(2) 对多项式 $f(x)$, $\boldsymbol{\alpha}$ 是 $f(\boldsymbol{A})$ 的对应于 $f(\lambda_0)$ 的特征向量.

17. 设 $\lambda\neq 0$ 是 m 阶矩阵 $\boldsymbol{A}_{m\times n}\boldsymbol{B}_{n\times m}$ 的特征值, 证明 λ 也是 n 阶矩阵 $\boldsymbol{B}_{n\times m}\boldsymbol{A}_{m\times n}$ 的特征值.

18. $\boldsymbol{A}$ 为 n 阶矩阵, $\boldsymbol{Ax}=\boldsymbol{0}$ 有非零解, 求 $\boldsymbol{A}$ 必有的一个特征值.

19. $\boldsymbol{A}$ 为 n 阶可逆矩阵, λ 是 $\boldsymbol{A}$ 的一个特征值, 求 $\boldsymbol{A}^*$ 必有的一个特征值.

20. 已知三阶矩阵 $\boldsymbol{A}$ 的特征值为 1, 2, 3, 求 $|\boldsymbol{A}^3-5\boldsymbol{A}^2+7\boldsymbol{A}|$.

21. 已知三阶矩阵 $\boldsymbol{A}$ 的特征值为 1, 2, -3, 求 $|\boldsymbol{A}^*-3\boldsymbol{A}+2\boldsymbol{E}|$.

22. 设 n 阶矩阵 $\boldsymbol{A}=\begin{pmatrix}1&b&\cdots&b\\b&1&\cdots&b\\\vdots&\vdots&&\vdots\\b&b&\cdots&1\end{pmatrix}$, 求 $\boldsymbol{A}$ 的特征值和特征向量.

§4.3 相似矩阵

相似矩阵(similar matrices)是线性代数中的一个重要概念, 源于对矩阵对角化和线性变换的研究. 对两个矩阵 $\boldsymbol{A}$ 和 $\boldsymbol{B}$, 若存在一个可逆矩阵 $\boldsymbol{P}$, 使得 $\boldsymbol{B}=\boldsymbol{P}^{-1}\boldsymbol{AP}$, 则称 $\boldsymbol{A}$ 与 $\boldsymbol{B}$ 是相似矩阵. 相似关系是一种等价关系, 其研究最早可以追溯到 19 世纪的数学家, 如约瑟夫·拉格朗日和卡尔·弗里德里希·高斯, 他们探索了矩阵的特征值、特征向量及其几何意义. 相似矩阵的意义在于它们描述了同一线性变换在不同基下的表现形式. 换言之, 相似矩阵本质上表示的是相同的线性算子, 只是表达方式不同. 通过相似变换, 可以将复杂的矩阵简化为更易分析的形式 (如对角矩阵或三角形矩阵), 从而揭示线性变换的深层性质, 例如特征值、特征向量、行列式和矩阵的迹等不变量. 相似矩阵的应用广泛, 在数学、物理学、工程学等领域都有重要作用. 在量子力学中, 相似变换用于简化哈密顿量以分析系统的能谱; 在控制理论中, 用于研究状态空间模型的稳定性和可控性; 在数据科学中, 用于矩阵分解 (如奇异值分解) 以降低数据维度或提取特征. 相似矩阵的理论奠定了现代矩阵分析和线性代数的重要基础, 极大地推动了数学及应用科学的发展.

一、相似矩阵的概念

定义 1 设 $\boldsymbol{A}, \boldsymbol{B}$ 都是 n 阶矩阵, 若存在可逆矩阵 $\boldsymbol{P}$, 使

$$\boldsymbol{P}^{-1}\boldsymbol{AP}=\boldsymbol{B},$$

则称 $\boldsymbol{B}$ 是 $\boldsymbol{A}$ 的**相似矩阵**, 并称**矩阵 $\boldsymbol{A}$ 与 $\boldsymbol{B}$ 相似**.

对 $\boldsymbol{A}$ 进行 $\boldsymbol{P}^{-1}\boldsymbol{AP}$ 运算称为**对 $\boldsymbol{A}$ 进行相似变换**, 称可逆矩阵 $\boldsymbol{P}$ 为**相似变换矩阵**.

矩阵的相似关系是一种等价关系, 满足:

(1) 自反性: 对任意 n 阶矩阵 $\boldsymbol{A}$, 有 $\boldsymbol{A}$ 与 $\boldsymbol{A}$ 相似;

(2) 对称性: 若 $\boldsymbol{A}$ 与 $\boldsymbol{B}$ 相似, 则 $\boldsymbol{B}$ 与 $\boldsymbol{A}$ 相似;

(3) 传递性: 若 $\boldsymbol{A}$ 与 $\boldsymbol{B}$ 相似, $\boldsymbol{B}$ 与 $\boldsymbol{C}$ 相似, 则 $\boldsymbol{A}$ 与 $\boldsymbol{C}$ 相似.

证明 (1) 和 (2) 显然, 现证 (3).若矩阵 $\boldsymbol{A}$ 与 $\boldsymbol{B}$ 相似, 矩阵 $\boldsymbol{B}$ 与 $\boldsymbol{C}$ 相似, 则分别存在可逆矩阵 $\boldsymbol{P}$ 与 $\boldsymbol{Q}$, 使得 $\boldsymbol{P}^{-1}\boldsymbol{AP}=\boldsymbol{B}$, $\boldsymbol{Q}^{-1}\boldsymbol{BQ}=\boldsymbol{C}$, 从而

$$\boldsymbol{C}=\boldsymbol{Q}^{-1}(\boldsymbol{P}^{-1}\boldsymbol{AP})\boldsymbol{Q}=(\boldsymbol{Q}^{-1}\boldsymbol{P}^{-1})\boldsymbol{A}(\boldsymbol{PQ})=(\boldsymbol{PQ})^{-1}\boldsymbol{A}(\boldsymbol{PQ}).$$

由定义 1 即知 $\boldsymbol{A}$ 与 $\boldsymbol{C}$ 相似. 证毕.

注: 下面是两个常用的运算表达式:

(1) $\boldsymbol{P}^{-1}\boldsymbol{ABP}=(\boldsymbol{P}^{-1}\boldsymbol{AP})(\boldsymbol{P}^{-1}\boldsymbol{BP})$;

(2) $\boldsymbol{P}^{-1}(k\boldsymbol{A}+l\boldsymbol{B})\boldsymbol{P}=k\boldsymbol{P}^{-1}\boldsymbol{AP}+l\boldsymbol{P}^{-1}\boldsymbol{BP}$, 其中 k, l 为任意实数.

例 1 设 $\boldsymbol{A}=\begin{pmatrix}3 & 1\\ 5 & -1\end{pmatrix}$, $\boldsymbol{B}=\begin{pmatrix}4 & 0\\ 0 & -2\end{pmatrix}$, 试验证存在可逆矩阵 $\boldsymbol{P}=\begin{pmatrix}1 & 1\\ 1 & -5\end{pmatrix}$, 使得矩阵 $\boldsymbol{A}$ 与 $\boldsymbol{B}$ 相似.

证明 因二阶行列式 $|\boldsymbol{P}|=-6\neq 0$, 故矩阵 $\boldsymbol{P}$ 可逆, 利用求逆矩阵的伴随矩阵法, 得

$$\boldsymbol{P}^{-1}=\frac{\boldsymbol{P}^*}{|\boldsymbol{P}|}=\begin{pmatrix}5/6 & 1/6\\ 1/6 & -1/6\end{pmatrix},$$

$$\boldsymbol{P}^{-1}\boldsymbol{AP}=\begin{pmatrix}5/6 & 1/6\\ 1/6 & -1/6\end{pmatrix}\begin{pmatrix}3 & 1\\ 5 & -1\end{pmatrix}\begin{pmatrix}1 & 1\\ 1 & -5\end{pmatrix}=\begin{pmatrix}4 & 0\\ 0 & -2\end{pmatrix}=\boldsymbol{B},$$

所以, 由相似矩阵的定义知, 矩阵 $\boldsymbol{A}$ 与 $\boldsymbol{B}$ 相似. 证毕.

例 2 设矩阵 $\boldsymbol{A}$ 与 $\boldsymbol{B}$ 相似, 其中

$$\boldsymbol{A}=\begin{pmatrix}1 & 2\\ 3 & x\end{pmatrix},\ \boldsymbol{B}=\begin{pmatrix}4 & 0\\ 0 & -1\end{pmatrix}.$$

已知存在可逆矩阵 $\boldsymbol{P}$, 使得 $\boldsymbol{P}^{-1}\boldsymbol{AP}=\boldsymbol{B}$, 求 x 的值.

解 设矩阵 $\boldsymbol{P}=\begin{pmatrix}a & b\\ c & d\end{pmatrix}$, 由 $\boldsymbol{P}^{-1}\boldsymbol{AP}=\boldsymbol{B}$, 可得 $\boldsymbol{AP}=\boldsymbol{PB}$, 即

$$\begin{pmatrix}a+2c & b+2d\\ 3a+cx & 3b+dx\end{pmatrix}=\begin{pmatrix}4a & -b\\ 4c & -d\end{pmatrix}.$$

所以有

$$\begin{cases}a+2c=4a\\ b+2d=-b\\ 3a+cx=4c\\ 3b+dx=-d\end{cases}\Rightarrow x=2.$$

矩阵间的相似关系实质上考虑的是矩阵的一种分解, 特别地, 若矩阵 $\boldsymbol{A}$ 与一个对角矩阵 $\boldsymbol{\Lambda}$ 相似, 则有 $\boldsymbol{A}=\boldsymbol{P}^{-1}\boldsymbol{\Lambda}\boldsymbol{P}$, 这种分解使得对于较大的 k 值能够快速地计算 $\boldsymbol{A}^k$, 这也是线性代数很多应用中的一个基本思想.

例如, 设 $\boldsymbol{\Lambda}=\begin{pmatrix}3&0\\0&5\end{pmatrix}$, 则

$$\boldsymbol{\Lambda}^2=\begin{pmatrix}3&0\\0&5\end{pmatrix}\begin{pmatrix}3&0\\0&5\end{pmatrix}=\begin{pmatrix}3^2&0\\0&5^2\end{pmatrix},\ \boldsymbol{\Lambda}^3=\begin{pmatrix}3&0\\0&5\end{pmatrix}\begin{pmatrix}3^2&0\\0&5^2\end{pmatrix}=\begin{pmatrix}3^3&0\\0&5^3\end{pmatrix},$$

一般地, 我们有 $\boldsymbol{\Lambda}^n=\begin{pmatrix}3^n&0\\0&5^n\end{pmatrix}$, $n\geqslant 1$.

二、相似矩阵的性质

定理 1 若 n 阶矩阵 $\boldsymbol{A}$ 与 $\boldsymbol{B}$ 相似, 则 $\boldsymbol{A}$ 与 $\boldsymbol{B}$ 的特征多项式相同, 从而 $\boldsymbol{A}$ 与 $\boldsymbol{B}$ 的特征值亦相同.

证明 因矩阵 $\boldsymbol{A}$ 与 $\boldsymbol{B}$ 相似, 故存在可逆矩阵 $\boldsymbol{P}$, 使得 $\boldsymbol{P}^{-1}\boldsymbol{A}\boldsymbol{P}=\boldsymbol{B}$, 因此, 根据方阵的行列式的运算性质与矩阵多项式的运算规律, 有

$$\begin{aligned}|\boldsymbol{B}-\lambda\boldsymbol{E}|&=|\boldsymbol{P}^{-1}\boldsymbol{A}\boldsymbol{P}-\boldsymbol{P}^{-1}(\lambda\boldsymbol{E})\boldsymbol{P}|=|\boldsymbol{P}^{-1}(\boldsymbol{A}-\lambda\boldsymbol{E})\boldsymbol{P}|\\&=|\boldsymbol{P}^{-1}||\boldsymbol{A}-\lambda\boldsymbol{E}||\boldsymbol{P}|=|\boldsymbol{A}-\lambda\boldsymbol{E}|,\end{aligned}$$

即 $\boldsymbol{A}$ 与 $\boldsymbol{B}$ 有相同的特征多项式, 从而有相同的特征值. 证毕.

如对例 1 中的矩阵, 由

$$|\boldsymbol{A}-\lambda\boldsymbol{E}|=\begin{vmatrix}3-\lambda&1\\5&-1-\lambda\end{vmatrix}=(\lambda-4)(\lambda+2),$$

$$|\boldsymbol{B}-\lambda\boldsymbol{E}|=\begin{vmatrix}4-\lambda&0\\0&-\lambda-2\end{vmatrix}=(\lambda-4)(\lambda+2),$$

易见它们有相同的特征值 $\lambda_1=4$, $\lambda_2=-2$.

相似矩阵的其他性质:

(1) 相似矩阵的秩相等.

提示: 相似矩阵一定等价, 而等价的矩阵具有相同的秩.

(2) 相似矩阵的行列式相等.

提示: 由 $\boldsymbol{A}$ 与 $\boldsymbol{B}$ 相似, 可推出 $\boldsymbol{P}^{-1}\boldsymbol{A}\boldsymbol{P}=\boldsymbol{B}$, 两边取行列式即得所证结论.

(3) 相似矩阵具有相同的可逆性, 当它们可逆时, 它们的逆矩阵也相似.

证明 设 n 阶矩阵 $\boldsymbol{A}$ 与 $\boldsymbol{B}$ 相似, 则 $|\boldsymbol{A}|=|\boldsymbol{B}|$, 故 $\boldsymbol{A}$ 与 $\boldsymbol{B}$ 具有相同的可逆性. 若 $\boldsymbol{A}$ 与 $\boldsymbol{B}$ 相似且都可逆, 则存在非奇异矩阵 $\boldsymbol{P}$, 使 $\boldsymbol{P}^{-1}\boldsymbol{A}\boldsymbol{P}=\boldsymbol{B}$, 于是

$$\boldsymbol{B}^{-1}=(\boldsymbol{P}^{-1}\boldsymbol{A}\boldsymbol{P})^{-1}=\boldsymbol{P}^{-1}\boldsymbol{A}^{-1}(\boldsymbol{P}^{-1})^{-1}=\boldsymbol{P}^{-1}\boldsymbol{A}^{-1}\boldsymbol{P},$$

即逆矩阵 $\boldsymbol{A}^{-1}$ 与 $\boldsymbol{B}^{-1}$ 相似. 证毕.

(4) 如果 $\boldsymbol{A}$ 和 $\boldsymbol{B}$ 是相似矩阵, 则 $\boldsymbol{A}^{\mathrm{T}}$ 和 $\boldsymbol{B}^{\mathrm{T}}$ 也是相似矩阵.

证明 根据相似矩阵的概念与矩阵的转置运算, 由 $\boldsymbol{B}=\boldsymbol{P}^{-1}\boldsymbol{AP}$, 有

$$\boldsymbol{B}^{\mathrm{T}}=(\boldsymbol{P}^{-1}\boldsymbol{AP})^{\mathrm{T}}=\boldsymbol{P}^{\mathrm{T}}\boldsymbol{A}^{\mathrm{T}}(\boldsymbol{P}^{-1})^{\mathrm{T}},$$

即 $\boldsymbol{A}^{\mathrm{T}}$ 与 $\boldsymbol{B}^{\mathrm{T}}$ 相似.

例3 设矩阵 $\boldsymbol{A}$ 与 $\boldsymbol{B}$ 相似, 且

$$\boldsymbol{A}=\begin{pmatrix}1&2&-3\\1&1&2\\2&0&a\end{pmatrix},\ \boldsymbol{B}=\begin{pmatrix}1&0&0\\0&3&0\\0&0&b\end{pmatrix}.$$

求 a, b 的值.

解 依题设, 矩阵 $\boldsymbol{A}$ 与 $\boldsymbol{B}$ 相似, 根据相似矩阵的性质知, $\boldsymbol{A}$ 与 $\boldsymbol{B}$ 有相同的特征值, 又矩阵 $\boldsymbol{B}$ 是对角矩阵, 于是, 矩阵 $\boldsymbol{A}$ 的全部特征值为 $\lambda_1=1$, $\lambda_2=3$, $\lambda_3=b$.

矩阵 $\boldsymbol{A}$ 的特征方程为

$$|\lambda\boldsymbol{E}-\boldsymbol{A}|=\begin{vmatrix}\lambda-1&-2&3\\-1&\lambda-1&-2\\-2&0&\lambda-a\end{vmatrix}=0,$$

由于 1 是 $\boldsymbol{A}$ 的特征值, 将 $\lambda=1$ 代入上式, 得

$$\begin{vmatrix}0&-2&3\\-1&0&-2\\-2&0&1-a\end{vmatrix}=2\begin{vmatrix}-1&-2\\-2&1-a\end{vmatrix}=2(-1+a-4)=0,$$

解得 $a=5$. 又因相似矩阵有相同的迹, 即 $1+1+5=1+3+b$, 得 $b=3$. 故 $a=5$, $b=3$.

例4 已知四阶矩阵 $\boldsymbol{A}$ 相似于 $\boldsymbol{B}$, $\boldsymbol{A}$ 的特征值为 2, 3, 4, 5. $\boldsymbol{E}$ 为四阶单位矩阵, 试求行列式 $|\boldsymbol{B}-\boldsymbol{E}|$.

解 依题设, 四阶矩阵 $\boldsymbol{A}$ 与 $\boldsymbol{B}$ 相似, 故由相似矩阵的性质知, 矩阵 $\boldsymbol{B}$ 与 $\boldsymbol{A}$ 有相同的特征值 2, 3, 4, 5. 再由矩阵多项式的特征值的常用结论知, $\boldsymbol{B}-\boldsymbol{E}$ 的特征值为 1, 2, 3, 4.

最后, 由矩阵的特征值的性质, 得

$$|\boldsymbol{B}-\boldsymbol{E}|=1\times2\times3\times4=24.$$

例5 设 $\boldsymbol{B}=\begin{pmatrix}0&0&1\\0&1&0\\1&0&0\end{pmatrix}$, 已知矩阵 $\boldsymbol{A}$ 相似于 $\boldsymbol{B}$, 求秩 $\mathrm{r}(\boldsymbol{A}-2\boldsymbol{E})+\mathrm{r}(\boldsymbol{A}-\boldsymbol{E})$.

解 题设矩阵 $\boldsymbol{A}$ 与 $\boldsymbol{B}$ 相似, 即存在可逆矩阵 $\boldsymbol{P}$, 使得 $\boldsymbol{P}^{-1}\boldsymbol{AP}=\boldsymbol{B}$, 因此, 利用矩阵的线性运算与矩阵的乘法, 有

$$\boldsymbol{P}^{-1}(\boldsymbol{A}-2\boldsymbol{E})\boldsymbol{P}=\boldsymbol{B}-2\boldsymbol{E},\ \boldsymbol{P}^{-1}(\boldsymbol{A}-\boldsymbol{E})\boldsymbol{P}=\boldsymbol{B}-\boldsymbol{E},$$

即 $\boldsymbol{A}-2\boldsymbol{E}\sim\boldsymbol{B}-2\boldsymbol{E}$, $\boldsymbol{A}-\boldsymbol{E}\sim\boldsymbol{B}-\boldsymbol{E}$. 代入题设矩阵 $\boldsymbol{B}$, 分别得

$$\boldsymbol{B}-\boldsymbol{E}=\begin{pmatrix}-1&0&1\\0&0&0\\1&0&-1\end{pmatrix},\ \boldsymbol{B}-2\boldsymbol{E}=\begin{pmatrix}-2&0&1\\0&-1&0\\1&0&-2\end{pmatrix},$$

根据求矩阵的秩的初等变换法, 易见

$$\mathrm{r}(\boldsymbol{B}-\boldsymbol{E})=1,$$
$$\mathrm{r}(\boldsymbol{B}-2\boldsymbol{E})=3.$$

由相似矩阵的性质知, 相似矩阵有相同的秩, 所以

$$\mathrm{r}(\boldsymbol{A}-\boldsymbol{E})=\mathrm{r}(\boldsymbol{B}-\boldsymbol{E}),$$
$$\mathrm{r}(\boldsymbol{A}-2\boldsymbol{E})=\mathrm{r}(\boldsymbol{B}-2\boldsymbol{E}).$$

综上可得

$$\mathrm{r}(\boldsymbol{A}-2\boldsymbol{E})+\mathrm{r}(\boldsymbol{A}-\boldsymbol{E})=\mathrm{r}(\boldsymbol{B}-2\boldsymbol{E})+\mathrm{r}(\boldsymbol{B}-\boldsymbol{E})=3+1=4.$$

例6　已知矩阵 $\boldsymbol{A}=\begin{pmatrix}0 & 3 & 3\\ a & b & c\\ 2 & -14 & -10\end{pmatrix}$ 与 $\boldsymbol{B}=\begin{pmatrix}0 & 0 & 0\\ 0 & -1 & 0\\ 0 & 0 & -1\end{pmatrix}$ 相似, 求 a, b, c.

解　题设矩阵 $\boldsymbol{A}$ 与 $\boldsymbol{B}$ 相似, 故由相似矩阵的性质, 有

$$|\lambda\boldsymbol{E}-\boldsymbol{A}|=|\lambda\boldsymbol{E}-\boldsymbol{B}|,\ \mathrm{tr}(\boldsymbol{A})=\mathrm{tr}(\boldsymbol{B}),$$

又因 $\boldsymbol{B}$ 的特征值为 $0, -1, -1$, 故由 $0+b+(-10)=0+(-1)+(-1)$, 得 $b=8$.

又利用行列式的性质与行列式展开定理, 计算得

$$|\boldsymbol{A}|=-12a-6b+6c=0,$$
$$|-\boldsymbol{E}-\boldsymbol{A}|=15a+15b-20c+15=0.$$

代入 $b=8$, 解得 $a=-1$, $c=6$. 所以, $a=-1$, $b=8$, $c=6$.

例7　试证: 若矩阵 $\boldsymbol{A}$ 和 $\boldsymbol{B}$ 相似, 则对任何正整数 k, 矩阵 $\boldsymbol{A}^k$ 与 $\boldsymbol{B}^k$ 相似.

证明　利用数学归纳法、相似矩阵的概念与相似矩阵的性质. 因矩阵 $\boldsymbol{A}$ 与 $\boldsymbol{B}$ 相似, 故存在可逆矩阵 $\boldsymbol{P}$, 使得 $\boldsymbol{A}=\boldsymbol{P}^{-1}\boldsymbol{B}\boldsymbol{P}$, 进一步利用矩阵乘法的运算规律, 有

$$\boldsymbol{A}^2=\boldsymbol{A}\cdot\boldsymbol{A}=\boldsymbol{P}^{-1}\boldsymbol{B}\boldsymbol{P}\cdot\boldsymbol{P}^{-1}\boldsymbol{B}\boldsymbol{P}=\boldsymbol{P}^{-1}\boldsymbol{B}\cdot\boldsymbol{B}\boldsymbol{P}=\boldsymbol{P}^{-1}\boldsymbol{B}^2\boldsymbol{P},$$

上式表明: 当 $k=2$ 时, $\boldsymbol{A}^2$ 与 $\boldsymbol{B}^2$ 相似. 假设当 $k=n$ 时, 矩阵 $\boldsymbol{A}^n$ 与 $\boldsymbol{B}^n$ 相似, 即有 $\boldsymbol{A}^n=\boldsymbol{P}^{-1}\boldsymbol{B}^n\boldsymbol{P}$, 则当 $k=n+1$ 时, 有

$$\boldsymbol{A}^{n+1}=\boldsymbol{A}^n\cdot\boldsymbol{A}=\boldsymbol{P}^{-1}\boldsymbol{B}^n\boldsymbol{P}\cdot\boldsymbol{P}^{-1}\boldsymbol{B}\boldsymbol{P}=\boldsymbol{P}^{-1}\boldsymbol{B}^{n+1}\boldsymbol{P},$$

所以, 矩阵 $\boldsymbol{A}^{n+1}$ 与 $\boldsymbol{B}^{n+1}$ 相似.

综上, 由数学归纳法知, 对任何正整数 k, $\boldsymbol{A}^k$ 与 $\boldsymbol{B}^k$ 相似. 证毕.

例8　设 $\boldsymbol{B}=\boldsymbol{P}^{-1}\boldsymbol{A}\boldsymbol{P}$, 其中 $\boldsymbol{B}$ 是一个对角矩阵, 主对角线元素为 $b_{11}, b_{22}, \cdots, b_{nn}$. 试证:

$$\begin{pmatrix}a_{11} & a_{12} & \cdots & a_{1n}\\ a_{21} & a_{22} & \cdots & a_{2n}\\ \vdots & \vdots & & \vdots\\ a_{n1} & a_{n2} & \cdots & a_{nn}\end{pmatrix}\begin{pmatrix}p_{1i}\\ p_{2i}\\ \vdots\\ p_{ni}\end{pmatrix}=b_{ii}\begin{pmatrix}p_{1i}\\ p_{2i}\\ \vdots\\ p_{ni}\end{pmatrix}.$$

证明　依题设, 矩阵 $\boldsymbol{B}$ 是一个对角矩阵, 故由对角矩阵的乘法运算, 有

$$\boldsymbol{B}=\begin{pmatrix} b_{11} & 0 & \cdots & 0 \\ 0 & b_{22} & \cdots & 0 \\ \vdots & \vdots & & \vdots \\ 0 & 0 & \cdots & b_{nn} \end{pmatrix}=\boldsymbol{P}^{-1}\boldsymbol{AP},$$

其中$\boldsymbol{P}$是可逆矩阵, 即$\boldsymbol{AP}=\boldsymbol{PB}$, 利用矩阵的乘法, 有

$$\boldsymbol{AP}=\begin{pmatrix} a_{11} & a_{12} & \cdots & a_{1n} \\ a_{21} & a_{22} & \cdots & a_{2n} \\ \vdots & \vdots & & \vdots \\ a_{n1} & a_{n2} & \cdots & a_{nn} \end{pmatrix}\begin{pmatrix} p_{11} & p_{12} & \cdots & p_{1n} \\ p_{21} & p_{22} & \cdots & p_{2n} \\ \vdots & \vdots & & \vdots \\ p_{n1} & p_{n2} & \cdots & p_{nn} \end{pmatrix},$$

$$\boldsymbol{PB}=\begin{pmatrix} p_{11} & p_{12} & \cdots & p_{1n} \\ p_{21} & p_{22} & \cdots & p_{2n} \\ \vdots & \vdots & & \vdots \\ p_{n1} & p_{n2} & \cdots & p_{nn} \end{pmatrix}\begin{pmatrix} b_{11} & 0 & \cdots & 0 \\ 0 & b_{22} & \cdots & 0 \\ \vdots & \vdots & & \vdots \\ 0 & 0 & \cdots & b_{nn} \end{pmatrix}=\begin{pmatrix} b_{11}p_{11} & b_{22}p_{12} & \cdots & b_{nn}p_{1n} \\ b_{11}p_{21} & b_{22}p_{22} & \cdots & b_{nn}p_{2n} \\ \vdots & \vdots & & \vdots \\ b_{11}p_{n1} & b_{22}p_{n2} & \cdots & b_{nn}p_{nn} \end{pmatrix},$$

$$\begin{pmatrix} a_{11} & a_{12} & \cdots & a_{1n} \\ a_{21} & a_{22} & \cdots & a_{2n} \\ \vdots & \vdots & & \vdots \\ a_{n1} & a_{n2} & \cdots & a_{nn} \end{pmatrix}\begin{pmatrix} p_{11} & p_{12} & \cdots & p_{1n} \\ p_{21} & p_{22} & \cdots & p_{2n} \\ \vdots & \vdots & & \vdots \\ p_{n1} & p_{n2} & \cdots & p_{nn} \end{pmatrix}=\begin{pmatrix} b_{11}p_{11} & b_{22}p_{12} & \cdots & b_{nn}p_{1n} \\ b_{11}p_{21} & b_{22}p_{22} & \cdots & b_{nn}p_{2n} \\ \vdots & \vdots & & \vdots \\ b_{11}p_{n1} & b_{22}p_{n2} & \cdots & b_{nn}p_{nn} \end{pmatrix},$$

由上式可见

$$\begin{pmatrix} a_{11} & a_{12} & \cdots & a_{1n} \\ a_{21} & a_{22} & \cdots & a_{2n} \\ \vdots & \vdots & & \vdots \\ a_{n1} & a_{n2} & \cdots & a_{nn} \end{pmatrix}\begin{pmatrix} p_{1i} \\ p_{2i} \\ \vdots \\ p_{ni} \end{pmatrix}=b_{ii}\begin{pmatrix} p_{1i} \\ p_{2i} \\ \vdots \\ p_{ni} \end{pmatrix}.$$

三、矩阵与对角矩阵相似的条件

定理 2 n阶矩阵$\boldsymbol{A}$与对角矩阵

$$\boldsymbol{\Lambda}=\begin{pmatrix} \lambda_1 & & & \\ & \lambda_2 & & \\ & & \ddots & \\ & & & \lambda_n \end{pmatrix}$$

相似的充分必要条件为矩阵 $\boldsymbol{A}$ 有 n 个线性无关的特征向量.

证明　必要性. 若 $\boldsymbol{A}$ 与 $\boldsymbol{\Lambda}$ 相似, 则存在可逆矩阵 $\boldsymbol{P}$, 使 $\boldsymbol{P}^{-1}\boldsymbol{AP}=\boldsymbol{\Lambda}$.

设 $\boldsymbol{P}=(\boldsymbol{p}_1,\boldsymbol{p}_2,\cdots,\boldsymbol{p}_n)$, 则由 $\boldsymbol{AP}=\boldsymbol{P\Lambda}$, 得

$$\boldsymbol{A}(\boldsymbol{p}_1,\boldsymbol{p}_2,\cdots,\boldsymbol{p}_n)=(\boldsymbol{p}_1,\boldsymbol{p}_2,\cdots,\boldsymbol{p}_n)\begin{pmatrix}\lambda_1 & & & \\ & \lambda_2 & & \\ & & \ddots & \\ & & & \lambda_n\end{pmatrix},$$

即 $\boldsymbol{Ap}_i=\lambda_i\boldsymbol{p}_i\ (i=1,2,\cdots,n)$.

因 $\boldsymbol{P}$ 可逆, $|\boldsymbol{P}|\neq 0$, $\boldsymbol{p}_i\ (i=1,2,\cdots,n)$ 都是非零向量, 故 $\boldsymbol{p}_1,\boldsymbol{p}_2,\cdots,\boldsymbol{p}_n$ 都是 $\boldsymbol{A}$ 的特征向量, 且它们线性无关.

充分性. 设 $\boldsymbol{p}_1,\boldsymbol{p}_2,\cdots,\boldsymbol{p}_n$ 为 $\boldsymbol{A}$ 的 n 个线性无关的特征向量, 它们所对应的特征值分别为 $\lambda_1,\lambda_2,\cdots,\lambda_n$, 则有 $\boldsymbol{Ap}_i=\lambda_i\boldsymbol{p}_i\ (i=1,2,\cdots,n)$. 令 $\boldsymbol{P}=(\boldsymbol{p}_1,\boldsymbol{p}_2,\cdots,\boldsymbol{p}_n)$, 易知 $\boldsymbol{P}$ 可逆, 且

$$\begin{aligned}\boldsymbol{AP}&=\boldsymbol{A}(\boldsymbol{p}_1,\boldsymbol{p}_2,\cdots,\boldsymbol{p}_n)=(\boldsymbol{Ap}_1,\boldsymbol{Ap}_2,\cdots,\boldsymbol{Ap}_n)\\&=(\lambda_1\boldsymbol{p}_1,\lambda_2\boldsymbol{p}_2,\cdots,\lambda_n\boldsymbol{p}_n)=(\boldsymbol{p}_1,\boldsymbol{p}_2,\cdots,\boldsymbol{p}_n)\begin{pmatrix}\lambda_1 & & & \\ & \lambda_2 & & \\ & & \ddots & \\ & & & \lambda_n\end{pmatrix}=\boldsymbol{P\Lambda},\end{aligned}$$

用 $\boldsymbol{P}^{-1}$ 左乘上式两端得 $\boldsymbol{P}^{-1}\boldsymbol{AP}=\boldsymbol{\Lambda}$, 即 $\boldsymbol{A}$ 与 $\boldsymbol{\Lambda}$ 相似. 证毕.

注: 定理2的证明过程实际上已经给出了把方阵对角化的方法.

例9　试对矩阵 $\boldsymbol{A}=\begin{pmatrix}3 & 1\\ 5 & -1\end{pmatrix}$ 验证前述定理2的结论.

解　由§4.2例1知, 题设矩阵 $\boldsymbol{A}$ 有两个互不相同的特征值 $\lambda_1=4$, $\lambda_2=-2$, 其对应的特征向量分别为

$$\boldsymbol{p}_1=\begin{pmatrix}1\\1\end{pmatrix},\ \boldsymbol{p}_2=\begin{pmatrix}1\\-5\end{pmatrix}.$$

若取 $\boldsymbol{\Lambda}_1=\begin{pmatrix}4 & 0\\ 0 & -2\end{pmatrix}$, $\boldsymbol{P}_1=(\boldsymbol{p}_1,\boldsymbol{p}_2)=\begin{pmatrix}1 & 1\\ 1 & -5\end{pmatrix}$, 则 $\boldsymbol{P}_1^{-1}\boldsymbol{AP}_1=\boldsymbol{\Lambda}_1$, 即 $\boldsymbol{A}$ 与 $\boldsymbol{\Lambda}_1$ 相似.

若取 $\boldsymbol{\Lambda}_2=\begin{pmatrix}-2 & 0\\ 0 & 4\end{pmatrix}$, $\boldsymbol{P}_2=(\boldsymbol{p}_2,\boldsymbol{p}_1)=\begin{pmatrix}1 & 1\\ -5 & 1\end{pmatrix}$, 则 $\boldsymbol{P}_2^{-1}\boldsymbol{AP}_2=\boldsymbol{\Lambda}_2$, 即 $\boldsymbol{A}$ 与 $\boldsymbol{\Lambda}_2$ 也相似.

显然, 由§4.2定理1及本节定理2可得:

推论 1　若 n 阶矩阵 $\boldsymbol{A}$ 有 n 个互异的特征值 $\lambda_1,\lambda_2,\cdots,\lambda_n$, 则 $\boldsymbol{A}$ 与对角矩阵

$$\boldsymbol{\Lambda}=\begin{pmatrix}\lambda_1 & & & \\ & \lambda_2 & & \\ & & \ddots & \\ & & & \lambda_n\end{pmatrix}$$

相似.

对于n阶方阵$\boldsymbol{A}$, 若存在可逆矩阵$\boldsymbol{P}$, 使$\boldsymbol{P}^{-1}\boldsymbol{A}\boldsymbol{P}=\boldsymbol{\Lambda}$为对角矩阵, 则称**方阵$\boldsymbol{A}$可对角化**.

定理 3　n阶矩阵$\boldsymbol{A}$可对角化的充分必要条件是: $\boldsymbol{A}$的对应于每个特征值的线性无关的特征向量的个数恰好等于该特征值的重数. 即设λ_i是$\boldsymbol{A}$的n_i重特征值, 则$\boldsymbol{A}$与$\boldsymbol{\Lambda}$相似, 当且仅当$\mathrm{r}(\lambda_i\boldsymbol{E}-\boldsymbol{A})=n-n_i$ $(i=1, 2, \cdots, k, k\leqslant n)$.

亦即, 若λ_i有n_i重特征值就对应有n_i个特征向量, 则矩阵$\boldsymbol{A}$与$\boldsymbol{\Lambda}$相似.

例如, 矩阵$\boldsymbol{A}=\begin{pmatrix}1&1&1\\0&0&0\\0&0&0\end{pmatrix}$的特征值为1, 0, 0, 对$\lambda_2=0$, $n_2=2$, 有

$$\mathrm{r}(\lambda_2\boldsymbol{E}-\boldsymbol{A})=1=n-n_2,$$

故$\boldsymbol{A}$能对角化.

又如, 矩阵$\boldsymbol{B}=\begin{pmatrix}1&1&0\\0&0&1\\0&0&0\end{pmatrix}$的特征值也为1, 0, 0, 对$\lambda_2=0$, $n_2=2$, 有

$$\mathrm{r}(\lambda_2\boldsymbol{E}-\boldsymbol{B})=2\neq n-n_2,$$

故$\boldsymbol{B}$不能对角化.

矩阵可对角化是线性代数中的核心概念, 指一个矩阵可以通过相似变换转化为对角矩阵. 这意味着该矩阵的特征值可以清晰地展现, 并且其作用可以通过独立的线性组合分解开. 可对角化的意义在于它使复杂的矩阵运算 (如幂运算、指数运算) 大大简化, 从而揭示矩阵深层的代数和几何性质.

四、矩阵对角化的步骤

若矩阵可对角化, 则可按下列步骤来实现:

(1) 求出$\boldsymbol{A}$的全部特征值$\lambda_1, \lambda_2, \cdots, \lambda_s$;

(2) 对每个特征值λ_i, 设其重数为n_i, 则对应的齐次线性方程组$(\boldsymbol{A}-\lambda_i\boldsymbol{E})\boldsymbol{x}=\boldsymbol{0}$的基础解系由$n_i$个向量$\boldsymbol{\xi}_{i1}, \boldsymbol{\xi}_{i2}, \cdots, \boldsymbol{\xi}_{in_i}$构成, 即$\boldsymbol{\xi}_{i1}, \boldsymbol{\xi}_{i2}, \cdots, \boldsymbol{\xi}_{in_i}$为$\lambda_i$对应的线性无关的特征向量;

(3) 上面求出的特征向量

$$\boldsymbol{\xi}_{11}, \boldsymbol{\xi}_{12}, \cdots, \boldsymbol{\xi}_{1n_1}, \boldsymbol{\xi}_{21}, \boldsymbol{\xi}_{22}, \cdots, \boldsymbol{\xi}_{2n_2}, \cdots, \boldsymbol{\xi}_{s1}, \boldsymbol{\xi}_{s2}, \cdots, \boldsymbol{\xi}_{sn_s}$$

恰好为矩阵$\boldsymbol{A}$的n个线性无关的特征向量;

(4) 令$\boldsymbol{P}=(\boldsymbol{\xi}_{11}, \boldsymbol{\xi}_{12}, \cdots, \boldsymbol{\xi}_{1n_1}, \boldsymbol{\xi}_{21}, \boldsymbol{\xi}_{22}, \cdots, \boldsymbol{\xi}_{2n_2}, \cdots, \boldsymbol{\xi}_{s1}, \boldsymbol{\xi}_{s2}, \cdots, \boldsymbol{\xi}_{sn_s})$, 则

$$P^{-1}AP=\Lambda=\begin{pmatrix}\lambda_1 & & & & & & & & \\ & \ddots & & & & & & & \\ & & \lambda_1 & & & & & & \\ & & & \lambda_2 & & & & & \\ & & & & \ddots & & & & \\ & & & & & \lambda_2 & & & \\ & & & & & & \ddots & & \\ & & & & & & & \lambda_s & \\ & & & & & & & & \ddots \\ & & & & & & & & & \lambda_s\end{pmatrix}.$$

例 10　判断矩阵 $A=\begin{pmatrix}1 & -2 & 2\\ -2 & -2 & 4\\ 2 & 4 & -2\end{pmatrix}$ 能否化为对角矩阵.

解　矩阵 A 的特征方程为

$$|\lambda E-A|=\begin{vmatrix}\lambda-1 & 2 & -2\\ 2 & \lambda+2 & -4\\ -2 & -4 & \lambda+2\end{vmatrix}=(\lambda-2)^2(\lambda+7)=0,$$

得特征值 $\lambda_1=\lambda_2=2$, $\lambda_3=-7$. 对应特征值 $\lambda_1=\lambda_2=2$, 解齐次线性方程组 $(2E-A)x=0$, 可求出其特征向量

$$p_1=(2,0,1)^{\mathrm T},\ p_2=(0,1,1)^{\mathrm T}.$$

同理, 对应特征值 $\lambda_3=-7$, 由齐次线性方程组 $(-7E-A)x=0$, 可求得其特征向量

$$p_3=(1,2,-2)^{\mathrm T},$$

而向量组 p_1,p_2,p_3 线性无关, 即矩阵 A 有 3 个线性无关的特征向量, 因而矩阵 A 可对角化.

例 11　设 $A=\begin{pmatrix}0 & 0 & 1\\ 1 & 1 & a\\ 1 & 0 & 0\end{pmatrix}$, 问 a 为何值时, 矩阵 A 能对角化?

解　矩阵 A 的特征多项式:

$$|\lambda E-A|=\begin{vmatrix}\lambda & 0 & -1\\ -1 & \lambda-1 & -a\\ -1 & 0 & \lambda\end{vmatrix}=(\lambda-1)\begin{vmatrix}\lambda & -1\\ -1 & \lambda\end{vmatrix}=(\lambda-1)^2(\lambda+1),$$

由此求得矩阵 A 的全部特征值:

$$\lambda_1=-1,\ \lambda_2=\lambda_3=1.$$

欲使矩阵 A 可对角化, 由定理 3 知, 对应于特征值 $\lambda_1=-1$, 应恰有一个线性无关的特征向

量，而对应于二重特征值 $\lambda_2=\lambda_3=1$，应有 2 个线性无关的特征向量，即齐次线性方程组 $(\boldsymbol{E}-\boldsymbol{A})\boldsymbol{x}=\boldsymbol{0}$ 有 2 个线性无关的解，亦即系数矩阵 $\boldsymbol{E}-\boldsymbol{A}$ 的秩 $\mathrm{r}(\boldsymbol{E}-\boldsymbol{A})=1$. 对矩阵 $\boldsymbol{E}-\boldsymbol{A}$ 作初等行变换，有

$$\boldsymbol{E}-\boldsymbol{A}=\begin{pmatrix}1&0&-1\\-1&0&-a\\-1&0&1\end{pmatrix}\to\begin{pmatrix}1&0&-1\\0&0&a+1\\0&0&0\end{pmatrix},$$

因此，欲使秩 $\mathrm{r}(\boldsymbol{E}-\boldsymbol{A})=1$，必有 $a+1=0$，故 $a=-1$. 即当 $a=-1$ 时，矩阵 $\boldsymbol{A}$ 可对角化. 证毕.

例 12 假设在某经济管理领域，企业分析两种产品的生产成本矩阵. 设有 2×2 的生产成本矩阵 $\boldsymbol{A}$，矩阵中的元素表示两种产品在两种不同生产环境下的成本. 现需研究该矩阵的相似矩阵性质，拟通过求解其特征值与特征向量来实现对生产成本的优化调整. 给定矩阵 $\boldsymbol{A}$ 为

$$\boldsymbol{A}=\begin{pmatrix}3&1\\2&4\end{pmatrix}.$$

请计算该矩阵的特征值与特征向量，并找出可逆矩阵 $\boldsymbol{P}$，使得矩阵 $\boldsymbol{A}$ 与对角矩阵 $\boldsymbol{D}$ 相似，其中 $\boldsymbol{D}$ 是以 $\boldsymbol{A}$ 的特征值为对角元素的对角矩阵.

解 根据 $\boldsymbol{A}$ 的特征多项式

$$|\boldsymbol{A}-\lambda\boldsymbol{E}|=\begin{vmatrix}3-\lambda&1\\2&4-\lambda\end{vmatrix}=(3-\lambda)(4-\lambda)-2=\lambda^2-7\lambda+10,$$

解特征方程

$$|\boldsymbol{A}-\lambda\boldsymbol{E}|=\lambda^2-7\lambda+10=0,$$

得特征值 $\lambda_1=5,\ \lambda_2=2$.

对应特征值 $\lambda_1=5$，解线性方程组：

$$(\boldsymbol{A}-5\boldsymbol{E})\boldsymbol{x}=\begin{pmatrix}-2&1\\2&-1\end{pmatrix}\begin{pmatrix}x_1\\x_2\end{pmatrix}=\begin{pmatrix}0\\0\end{pmatrix},$$

可得与其对应的特征向量 $\boldsymbol{x}=(1,2)^{\mathrm{T}}$.

对应特征值 $\lambda_2=2$，解线性方程组：

$$(\boldsymbol{A}-2\boldsymbol{E})\boldsymbol{y}=\begin{pmatrix}1&1\\2&2\end{pmatrix}\begin{pmatrix}y_1\\y_2\end{pmatrix}=\begin{pmatrix}0\\0\end{pmatrix},$$

可得与其对应的特征向量 $\boldsymbol{y}=(1,-1)^{\mathrm{T}}$.

构造可逆矩阵

$$\boldsymbol{P}=(\boldsymbol{x},\boldsymbol{y})=\begin{pmatrix}1&1\\2&-1\end{pmatrix},$$

求得其逆矩阵：

$$\boldsymbol{P}^{-1}=\begin{pmatrix}1/3 & 1/3\\ 2/3 & -1/3\end{pmatrix},$$

则有

$$\boldsymbol{P}^{-1}\boldsymbol{A}\boldsymbol{P}=\boldsymbol{D}=\begin{pmatrix}5 & 0\\ 0 & 2\end{pmatrix},$$

从而矩阵 $\boldsymbol{A}$ 和矩阵 $\boldsymbol{D}$ 相似.

通过对角化, 我们将原本"耦合"的成本矩阵转换到基 $\boldsymbol{P}$ 下, 使其成为在两个坐标轴上伸缩因子分别为5和2的形式. 其中, 各特征值表示在该基下单位投入成本的边际增幅, 特征向量则给出了最优成本分析方向 (即生产策略组合). 如此, 企业可沿 v_1, v_2 方向分别评估并优化两种产品的生产计划, 这不仅显著降低了交叉计算的复杂度, 还能有效提升决策效率.

例 13　已知矩阵 $\boldsymbol{A}=\begin{pmatrix}0 & 2 & 1\\ 0 & 1 & 0\\ 1 & -2 & 0\end{pmatrix}$ 相似于对角矩阵, 试求可逆矩阵 $\boldsymbol{P}$ 和对角矩阵 $\boldsymbol{\Lambda}$, 使得 $\boldsymbol{P}^{-1}\boldsymbol{A}\boldsymbol{P}=\boldsymbol{\Lambda}$.

解　题设矩阵 $\boldsymbol{A}$ 相似于对角矩阵, 根据矩阵对角化的步骤, 先求出矩阵 $\boldsymbol{A}$ 的特征值. 利用行列式展开定理, $\boldsymbol{A}$ 的特征方程为

$$|\lambda\boldsymbol{E}-\boldsymbol{A}|=\begin{vmatrix}\lambda & -2 & -1\\ 0 & \lambda-1 & 0\\ -1 & -a & \lambda\end{vmatrix}=\lambda^2(\lambda-1)-(\lambda-1)=(\lambda-1)^2(\lambda+1)=0,$$

由此解得矩阵 $\boldsymbol{A}$ 的全部特征值:

$$\lambda_1=\lambda_2=1,\ \ \lambda_3=-1.$$

下面利用矩阵的特征向量的求法, 进一步求对应于矩阵 $\boldsymbol{A}$ 的各特征值的特征向量.

对二重特征值 $\lambda_1=\lambda_2=1$, 解方程组 $(\boldsymbol{E}-\boldsymbol{A})\boldsymbol{x}=\boldsymbol{0}$, 即

$$\begin{pmatrix}1 & -2 & -1\\ 0 & 0 & 0\\ -1 & 2 & 1\end{pmatrix}\begin{pmatrix}x_1\\ x_2\\ x_3\end{pmatrix}=\boldsymbol{0},\ \text{亦即}\ x_1-2x_2-x_3=0,$$

令自由未知量 $x_2=1,\ x_3=0$ 或 $x_2=0,\ x_3=1$, 代入上述方程, 得两个线性无关的特征向量:

$$\boldsymbol{\xi}_1=\begin{pmatrix}2\\ 1\\ 0\end{pmatrix},\ \ \boldsymbol{\xi}_2=\begin{pmatrix}1\\ 0\\ 1\end{pmatrix}.$$

对特征值 $\lambda_3=-1$, 解方程组 $(-\boldsymbol{E}-\boldsymbol{A})\boldsymbol{x}=\boldsymbol{0}$, 即

$$\begin{pmatrix}-1 & -2 & -1\\ 0 & -2 & 0\\ -1 & 2 & -1\end{pmatrix}\begin{pmatrix}x_1\\ x_2\\ x_3\end{pmatrix}=\boldsymbol{0},$$

同上, 解得其对应的特征向量 $\xi_3=\begin{pmatrix}-1\\0\\1\end{pmatrix}$. 构造矩阵:

$$\boldsymbol{P}=(\xi_1,\ \xi_2,\ \xi_3)=\begin{pmatrix}2&1&-1\\1&0&0\\0&1&1\end{pmatrix},$$

因向量组 ξ_1, ξ_2, ξ_3 线性无关, 故由向量组线性无关的充要条件知, 矩阵 $\boldsymbol{P}$ 可逆, 且

$$\boldsymbol{P}^{-1}\boldsymbol{A}\boldsymbol{P}=\boldsymbol{\Lambda}=\begin{pmatrix}1&0&0\\0&1&0\\0&0&-1\end{pmatrix}.$$

***数学实验**

实验 4.2 试用计算软件判断下列矩阵能否对角化, 若能, 请求出相应的对角矩阵:

(1) $$\begin{pmatrix}-31/3&22/3&-10/3&7/3&38/3&4/3&56/3&-71/3\\-26/3&20/3&-8/3&5/3&-28/3&5/3&43/3&-55/3\\-6&4&-1&1&6&2&10&-13\\-21/5&3&-9/5&13/5&13/5&11/5&6&-41/5\\2/5&0&-2/5&-1/5&-11/5&18/5&0&-3/5\\8/5&-1&2/5&-9/5&-14/5&22/5&-1&3/5\\68/13&-7/3&2/15&-14/15&-124/15&67/15&-26/3&-148/15\\103/15&-11/3&7/15&-19/15&-179/15&77/15&-40/3&233/15\end{pmatrix};$$

(2) $$\begin{pmatrix}2k&2k-1&2k-1&1-2k&2-3k&1-3k\\2k-1&2k&2k-1&1-2k&2-3k&1-3k\\2k-1&2k-1&2k&1-2k&2-3k&1-3k\\2k-1&2k-1&2k-1&2-2k&2-3k&1-3k\\k&k&k&-k&1-k&-2k\\k-1&-k-1&k-1&1-k&2-2k&2-k\end{pmatrix}.$$

计算实验

微信扫描右侧的二维码即可进行计算实验 (详见教材配套的网络学习空间).

五、利用矩阵对角化计算矩阵多项式

设有 n 阶矩阵 $\boldsymbol{A}$ 与 $\boldsymbol{B}$, 如果矩阵 $\boldsymbol{A}$ 与 $\boldsymbol{B}$ 相似, 那么存在可逆矩阵 $\boldsymbol{P}$, 使得 $\boldsymbol{A}=\boldsymbol{P}\boldsymbol{B}\boldsymbol{P}^{-1}$, 于是 $\boldsymbol{A}^k=\boldsymbol{P}\boldsymbol{B}^k\boldsymbol{P}^{-1}$. 同理, 对矩阵 $\boldsymbol{A}$ 的多项式, 有

$$\begin{aligned}\varphi(\boldsymbol{A})&=a_0\boldsymbol{A}^n+\cdots+a_{n-1}\boldsymbol{A}+a_n\boldsymbol{E}\\&=a_0\boldsymbol{P}\boldsymbol{B}^n\boldsymbol{P}^{-1}+\cdots+a_{n-1}\boldsymbol{P}\boldsymbol{B}\boldsymbol{P}^{-1}+a_n\boldsymbol{P}\boldsymbol{E}\boldsymbol{P}^{-1}\\&=\boldsymbol{P}(a_0\boldsymbol{B}^n+\cdots+a_{n-1}\boldsymbol{B}+a_n\boldsymbol{E})\boldsymbol{P}^{-1}\\&=\boldsymbol{P}\varphi(\boldsymbol{B})\boldsymbol{P}^{-1}.\end{aligned}$$

特别地, 若有可逆矩阵 $\boldsymbol{P}$, 使得 $\boldsymbol{P}^{-1}\boldsymbol{AP}=\boldsymbol{\Lambda}$ 为对角矩阵, 则

$$\boldsymbol{A}^k=\boldsymbol{P\Lambda}^k\boldsymbol{P}^{-1},\ \varphi(\boldsymbol{A})=\boldsymbol{P}\varphi(\boldsymbol{\Lambda})\boldsymbol{P}^{-1},$$

这里

$$\boldsymbol{\Lambda}^k=\begin{pmatrix}\lambda_1^k & & & \\ & \lambda_2^k & & \\ & & \ddots & \\ & & & \lambda_n^k\end{pmatrix},\ \varphi(\boldsymbol{\Lambda})=\begin{pmatrix}\varphi(\lambda_1) & & & \\ & \varphi(\lambda_2) & & \\ & & \ddots & \\ & & & \varphi(\lambda_n)\end{pmatrix}.$$

由此可方便地计算矩阵 $\boldsymbol{A}$ 的多项式 $\varphi(\boldsymbol{A})$.

定理 4　设 $f(\lambda)$ 是矩阵 $\boldsymbol{A}$ 的特征多项式, 则 $f(\boldsymbol{A})=\boldsymbol{O}$.

证明　一般结论的证明比较困难, 在此只证明 $\boldsymbol{A}$ 与 $\boldsymbol{\Lambda}$ 相似的情形. 因矩阵 $\boldsymbol{A}$ 与 $\boldsymbol{\Lambda}$ 相似, 故存在可逆矩阵 $\boldsymbol{P}$, 使得

$$\boldsymbol{P}^{-1}\boldsymbol{AP}=\boldsymbol{\Lambda}=\mathrm{diag}(\lambda_1,\lambda_2,\cdots,\lambda_n),$$

其中 λ_i 为 $\boldsymbol{A}$ 的特征值, $f(\lambda_i)=0$. 由 $\boldsymbol{A}=\boldsymbol{P\Lambda P}^{-1}$, 即可证得:

$$f(\boldsymbol{A})=\boldsymbol{P}f(\boldsymbol{\Lambda})\boldsymbol{P}^{-1}=\boldsymbol{P}\begin{pmatrix}f(\lambda_1) & & & \\ & f(\lambda_2) & & \\ & & \ddots & \\ & & & f(\lambda_n)\end{pmatrix}\boldsymbol{P}^{-1}=\boldsymbol{POP}^{-1}=\boldsymbol{O}.$$

利用矩阵对角化计算矩阵多项式具有重要的理论和计算意义. 若 $\boldsymbol{A}$ 可对角化, 即存在可逆矩阵 $\boldsymbol{P}$ 和对角矩阵 $\boldsymbol{\Lambda}$, 使得 $\boldsymbol{A}=\boldsymbol{P\Lambda P}^{-1}$, 则矩阵多项式 $f(\boldsymbol{A})$ 可转化为

$$f(\boldsymbol{A})=\boldsymbol{P}f(\boldsymbol{\Lambda})\boldsymbol{P}^{-1}.$$

其中, $f(\boldsymbol{\Lambda})$ 是直接作用在对角矩阵 $\boldsymbol{\Lambda}$ 上的标量多项式, 大大简化了计算. 这种方法的意义在于, 避免直接对矩阵进行烦琐的幂运算和加法运算, 提高了效率, 同时提供了更清晰的数学结构解释. 它在科学和工程领域有广泛应用. 例如, 在量子力学中, 用于计算矩阵指数以描述时间演化; 在控制理论中, 用于求解状态转移矩阵; 在数值分析中, 用于求解线性递推关系和进行动力系统的长时间行为分析. 矩阵对角化为矩阵多项式计算提供了高效且直观的手段.

例 14　在金融领域中, 考虑一个股票价格变化的模型. 其运动方程由下述矩阵多项式表示:

$$f(\boldsymbol{A})=\boldsymbol{A}^3-2\boldsymbol{A}^2+3\boldsymbol{A}-4\boldsymbol{E},$$

其中, $\boldsymbol{E}$ 是单位矩阵; $\boldsymbol{A}$ 是一个 3×3 矩阵, 表示股票价格的变化. 已知 $\boldsymbol{A}$ 的特征值依次为 $\lambda_1=1,\lambda_2=2,\lambda_3=3$, 且 $\boldsymbol{A}$ 为相似矩阵, 即存在可逆矩阵 $\boldsymbol{P}$ (由特征值对应的特征向量所构成) 与对角矩阵 $\boldsymbol{\Lambda}$, 使得

$$\boldsymbol{P}^{-1}\boldsymbol{A}\boldsymbol{P}=\boldsymbol{\Lambda}=\begin{pmatrix}1&0&0\\0&2&0\\0&0&3\end{pmatrix}.$$

现要通过矩阵的对角化方法, 计算矩阵多项式 $\varphi(\boldsymbol{A})$ 在给定矩阵 $\boldsymbol{A}$ 的条件下的值.

解 依题设, 可写出 $\boldsymbol{A}=\boldsymbol{P}\boldsymbol{\Lambda}\boldsymbol{P}^{-1}$, 于是, 题设矩阵多项式:

$$\begin{aligned}f(\boldsymbol{A})&=\boldsymbol{A}^3-2\boldsymbol{A}^2+3\boldsymbol{A}-4\boldsymbol{E}\\&=(\boldsymbol{P}\boldsymbol{\Lambda}\boldsymbol{P}^{-1})^3-2(\boldsymbol{P}\boldsymbol{\Lambda}\boldsymbol{P}^{-1})^2+3(\boldsymbol{P}\boldsymbol{\Lambda}\boldsymbol{P}^{-1})-4\boldsymbol{E}\\&=\boldsymbol{P}\boldsymbol{\Lambda}^3\boldsymbol{P}^{-1}-2\boldsymbol{P}\boldsymbol{\Lambda}^2\boldsymbol{P}^{-1}+3\boldsymbol{P}\boldsymbol{\Lambda}\boldsymbol{P}^{-1}-4\boldsymbol{P}\boldsymbol{P}^{-1}\\&=\boldsymbol{P}(\boldsymbol{\Lambda}^3-2\boldsymbol{\Lambda}^2+3\boldsymbol{\Lambda}-4\boldsymbol{E})\boldsymbol{P}^{-1}.\end{aligned}$$

利用对角矩阵的幂运算与线性运算, 可分别计算上述矩阵多项式中含对角矩阵 $\boldsymbol{\Lambda}$ 幂的各项:

$$\boldsymbol{\Lambda}^3=\begin{pmatrix}1^3&0&0\\0&2^3&0\\0&0&3^3\end{pmatrix}=\begin{pmatrix}1&0&0\\0&8&0\\0&0&27\end{pmatrix},$$

$$2\boldsymbol{\Lambda}^2=2\begin{pmatrix}1^2&0&0\\0&2^2&0\\0&0&3^2\end{pmatrix}=\begin{pmatrix}2&0&0\\0&8&0\\0&0&18\end{pmatrix},$$

$$3\boldsymbol{\Lambda}=3\begin{pmatrix}1&0&0\\0&2&0\\0&0&3\end{pmatrix}=\begin{pmatrix}3&0&0\\0&6&0\\0&0&9\end{pmatrix}.$$

将其代入上述矩阵多项式, 作线性运算得

$$\begin{aligned}f(\boldsymbol{A})&=\boldsymbol{P}(\boldsymbol{\Lambda}^3-2\boldsymbol{\Lambda}^2+3\boldsymbol{\Lambda}-4\boldsymbol{E})\boldsymbol{P}^{-1}\\&=\boldsymbol{P}\begin{pmatrix}1-2+3-4&0&0\\0&8-8+6-4&0\\0&0&27-18+9-4\end{pmatrix}\boldsymbol{P}^{-1}\\&=\boldsymbol{P}\begin{pmatrix}-2&0&0\\0&2&0\\0&0&14\end{pmatrix}\boldsymbol{P}^{-1}.\end{aligned}$$

因此, 题设矩阵多项式可以简化为

$$f(\boldsymbol{A})=\boldsymbol{P}\begin{pmatrix}-2&0&0\\0&2&0\\0&0&14\end{pmatrix}\boldsymbol{P}^{-1}.$$

由上可见, 通过矩阵的对角化方法, 我们将矩阵多项式的计算转化为对角矩阵的简单运算. 在该例中, 矩阵多项式 $f(\boldsymbol{A})$ 描述的是股票价格变化的模型. 通过计算对角矩阵 $\boldsymbol{\Lambda}$ 的高次幂和线性组合, 我们得到了最终结果. 这一方法在金融领域的应用非常广泛, 尤其在分析不同资产价格波动模型时, 能够显著简化计算过程, 提高分析的效率和精度.

例 15 已知矩阵 $\boldsymbol{A}=\begin{pmatrix}0&-1&1\\2&-3&0\\0&0&0\end{pmatrix}$. 试求 $\boldsymbol{A}^{99}$.

解 根据方阵对角化的步骤, 先求出矩阵 $\boldsymbol{A}$ 的全部特征值及其对应的特征向量 (基础解系), 由方阵可对角化的条件, 若矩阵 $\boldsymbol{A}$ 有三个线性无关的特征向量, 则矩阵 $\boldsymbol{A}$ 可对角化, 以这三个特征向量作为所求矩阵 $\boldsymbol{P}$ 的列向量, 可使 $\boldsymbol{A}$ 相似于一个对角矩阵. 由此可以简化 $\boldsymbol{A}^{99}$ 的计算. 具体而言, 由矩阵 $\boldsymbol{A}$ 的特征方程

$$|\lambda\boldsymbol{E}-\boldsymbol{A}|=\begin{vmatrix}\lambda&1&-1\\-2&\lambda+3&0\\0&0&\lambda\end{vmatrix}=\lambda(\lambda+1)(\lambda+2)=0,$$

解得 $\boldsymbol{A}$ 的全部特征值:

$$\lambda_1=0,\ \lambda_2=-1,\ \lambda_3=-2.$$

矩阵 $\boldsymbol{A}$ 有三个互异的特征值, 故由方阵可对角化的条件 (推论 1) 知, 矩阵 $\boldsymbol{A}$ 可对角化.

根据求齐次线性方程组基础解系的步骤, 分别求出

$$(\lambda_i\boldsymbol{E}-\boldsymbol{A})\boldsymbol{x}=\boldsymbol{0}\quad(i=1,2,3)$$

的基础解系 (特征向量) 为

$$\boldsymbol{\xi}_1=(3,2,2)^{\mathrm{T}},\ \boldsymbol{\xi}_2=(1,1,0)^{\mathrm{T}},\ \boldsymbol{\xi}_3=(1,2,0)^{\mathrm{T}}.$$

构造矩阵:

$$\boldsymbol{P}=(\xi_1,\ \xi_2,\ \xi_3)=\begin{pmatrix}3&1&1\\2&1&2\\2&0&0\end{pmatrix},$$

$$\boldsymbol{\Lambda}=\begin{pmatrix}0&&\\&-1&\\&&-2\end{pmatrix},$$

则有 $\boldsymbol{P}^{-1}\boldsymbol{A}\boldsymbol{P}=\boldsymbol{\Lambda}$. 再根据求逆矩阵的伴随矩阵法或初等变换法, 得

$$\boldsymbol{P}^{-1}=\begin{pmatrix}0&0&1/2\\2&-1&-2\\-1&1&1/2\end{pmatrix}.$$

最后, 由 $\boldsymbol{A}=\boldsymbol{P}\boldsymbol{\Lambda}\boldsymbol{P}^{-1}$, 并根据利用矩阵对角化计算矩阵多项式的方法、矩阵的幂运算与矩阵的乘法及其运算规律, 计算得

$$\begin{aligned}\boldsymbol{A}^{99}&=\boldsymbol{P}\boldsymbol{\Lambda}^{99}\boldsymbol{P}^{-1}\\&=\begin{pmatrix}3&1&1\\2&1&2\\2&0&0\end{pmatrix}\begin{pmatrix}0&0&0\\0&(-1)^{99}&0\\0&0&(-2)^{99}\end{pmatrix}\begin{pmatrix}0&0&1/2\\2&-1&-2\\-1&1&1/2\end{pmatrix}\end{aligned}$$

$$=\begin{pmatrix} -2+2^{99} & 1-2^{99} & 2-2^{98} \\ -2+2^{100} & 1-2^{100} & 2-2^{99} \\ 0 & 0 & 0 \end{pmatrix}.$$

*六、矩阵对角化在微分方程组中的应用

在许多实际应用中, 我们常需研究随时间连续变化的变量, 并且这些变量之间常以微分方程组的形式关联着, 事实上, 微分方程组是在连续情形下描述动态系统行为的一种常用数学模型.

下面我们仅通过实例来了解矩阵对角化在求解微分方程组中的应用.

例 16 设函数 $x_i=x_i(t)\ (i=1,2,3)$ 满足下列微分方程组:

$$\begin{cases} x_1'=2x_1-2x_2 \\ x_2'=-2x_1+x_2-2x_3, \\ x_3'=-2x_2 \end{cases}$$

其中 $x_i'=\dfrac{\mathrm{d}x_i}{\mathrm{d}t}\ (i=1,2,3)$, 试求该方程组的解.

解 令 $\boldsymbol{x}=\begin{pmatrix} x_1 \\ x_2 \\ x_3 \end{pmatrix}$, $\boldsymbol{x}'=\begin{pmatrix} x_1' \\ x_2' \\ x_3' \end{pmatrix}$, 则题设方程组可化为

$$\begin{pmatrix} x_1' \\ x_2' \\ x_3' \end{pmatrix}=\begin{pmatrix} 2 & -2 & 0 \\ -2 & 1 & -2 \\ 0 & -2 & 0 \end{pmatrix}\begin{pmatrix} x_1 \\ x_2 \\ x_3 \end{pmatrix}, \text{ 即 } \boldsymbol{x}'=\boldsymbol{A}\boldsymbol{x}, \tag{3.1}$$

其中 $\boldsymbol{A}=\begin{pmatrix} 2 & -2 & 0 \\ -2 & 1 & -2 \\ 0 & -2 & 0 \end{pmatrix}$. 令 $\boldsymbol{x}=\boldsymbol{P}\boldsymbol{y}$, $\boldsymbol{P}$ 为可逆矩阵, $\boldsymbol{y}=\begin{pmatrix} y_1 \\ y_2 \\ y_3 \end{pmatrix}$, 代入式 (3.1), 得

$$(\boldsymbol{P}\boldsymbol{y})'=\boldsymbol{A}\boldsymbol{P}\boldsymbol{y}, \text{ 即 } \boldsymbol{P}\boldsymbol{y}'=\boldsymbol{A}\boldsymbol{P}\boldsymbol{y},$$

从而有 $\boldsymbol{y}'=\boldsymbol{P}^{-1}\boldsymbol{A}\boldsymbol{P}\boldsymbol{y}$. 若能使 $\boldsymbol{P}^{-1}\boldsymbol{A}\boldsymbol{P}$ 为对角矩阵, 则方程组的解会很容易求出.

下面先解决 $\boldsymbol{A}$ 的对角化问题.

先求得 $\boldsymbol{A}$ 的全部特征值: $\lambda_1=-2$, $\lambda_2=1$, $\lambda_3=4$. 再分别求得其对应的特征向量:

$$\boldsymbol{p}_1=\begin{pmatrix} 1 \\ 2 \\ 2 \end{pmatrix}, \boldsymbol{p}_2=\begin{pmatrix} 2 \\ 1 \\ -2 \end{pmatrix}, \boldsymbol{p}_3=\begin{pmatrix} 2 \\ -2 \\ 1 \end{pmatrix},$$

构造矩阵 $\boldsymbol{P}=(\boldsymbol{p}_1,\boldsymbol{p}_2,\boldsymbol{p}_3)=\begin{pmatrix}1&2&2\\2&1&-2\\2&-2&1\end{pmatrix}$，则 $\boldsymbol{P}^{-1}\boldsymbol{AP}=\begin{pmatrix}-2&&\\&1&\\&&4\end{pmatrix}$.

若令 $\begin{cases}x_1=y_1+2y_2+2y_3\\x_2=2y_1+y_2-2y_3\\x_3=2y_1-2y_2+y_3\end{cases}$，则有 $\begin{pmatrix}y_1'\\y_2'\\y_3'\end{pmatrix}=\begin{pmatrix}-2&&\\&1&\\&&4\end{pmatrix}\begin{pmatrix}y_1\\y_2\\y_3\end{pmatrix}$，即

$$y_1'=-2y_1,\ y_2'=y_2,\ y_3'=4y_3.$$

分别解上述微分方程，得 $y_1=c_1\mathrm{e}^{-2t}$，$y_2=c_2\mathrm{e}^{t}$，$y_3=c_3\mathrm{e}^{4t}$，即

$$\boldsymbol{y}=\begin{pmatrix}y_1\\y_2\\y_3\end{pmatrix}=\begin{pmatrix}c_1\mathrm{e}^{-2t}\\c_2\mathrm{e}^{t}\\c_3\mathrm{e}^{4t}\end{pmatrix},\ c_i\ (i=1,2,3)\text{为任意常数},$$

进一步计算 $\boldsymbol{x}=\begin{pmatrix}x_1\\x_2\\x_3\end{pmatrix}=\boldsymbol{Py}=\begin{pmatrix}1&2&2\\2&1&-2\\2&-2&1\end{pmatrix}\begin{pmatrix}c_1\mathrm{e}^{-2t}\\c_2\mathrm{e}^{t}\\c_3\mathrm{e}^{4t}\end{pmatrix}$，即得题设方程组的解：

$$\begin{cases}x_1=c_1\mathrm{e}^{-2t}+2c_2\mathrm{e}^{t}+2c_3\mathrm{e}^{4t}\\x_2=2c_1\mathrm{e}^{-2t}+c_2\mathrm{e}^{t}-2c_3\mathrm{e}^{4t},\\x_3=2c_1\mathrm{e}^{-2t}-2c_2\mathrm{e}^{t}+c_3\mathrm{e}^{4t}\end{cases}$$

其中 $c_i\ (i=1,2,3)$ 为任意常数.

七、约当形矩阵的概念

约当形矩阵是线性代数中研究矩阵相似性的重要工具，其概念产生于对矩阵的标准化表示. 19世纪中期，法国数学家卡米尔·约当 (Camille Jordan) 提出了这一形式，用以描述不可对角化矩阵的结构特征. 约当形矩阵通过将矩阵化为分块对角形式，其中每个子块均为约当块 (Jordan block)，清晰展现了矩阵的特征值及其几何与代数重数的关系. 约当形矩阵的意义在于为不可对角化的矩阵提供了一个尽可能接近对角矩阵的形式. 它揭示了矩阵的深层性质，如特征值、特征向量及广义特征向量之间的关系，是研究线性算子在不同基下表现形式的关键工具.

定义 2　在 n 阶矩阵 $\boldsymbol{A}$ 中，形如

$$\boldsymbol{J}=\begin{pmatrix}\lambda&1&&&\\&\lambda&1&&\\&&\ddots&\ddots&\\&&&\lambda&1\\&&&&\lambda\end{pmatrix}$$

的矩阵称为**约当块**. 如果一个分块矩阵的所有子块都是约当块, 即

$$J=\begin{pmatrix} J_1 & & & \\ & J_2 & & \\ & & \ddots & \\ & & & J_s \end{pmatrix}$$

中 $J_i\ (i=1, 2, \cdots, s)$ 都是约当块, 则称 J 为**约当形矩阵**, 或**约当标准形**.

注: 对角矩阵可视为每个约当块都为一阶的约当形矩阵.

定理 5 对任意一个 n 阶矩阵 A, 都存在 n 阶可逆矩阵 T, 使得 $T^{-1}AT=J$, 即任一 n 阶矩阵 A 都与一 n 阶约当形矩阵 J 相似.

例如, 下列矩阵都是约当块:

$$\begin{pmatrix} 3 & 1 & 0 \\ 0 & 3 & 1 \\ 0 & 0 & 3 \end{pmatrix}, \begin{pmatrix} 0 & 1 & 0 \\ 0 & 0 & 1 \\ 0 & 0 & 0 \end{pmatrix}, \begin{pmatrix} -1 & 1 \\ 0 & -1 \end{pmatrix},$$

而下列矩阵是约当形矩阵:

$$\begin{pmatrix} 3 & 1 & 0 & 0 & 0 \\ 0 & 3 & 1 & 0 & 0 \\ 0 & 0 & 3 & 0 & 0 \\ 0 & 0 & 0 & -1 & 1 \\ 0 & 0 & 0 & 0 & -1 \end{pmatrix}, \begin{pmatrix} 1 & 1 & 0 & 0 & 0 & 0 \\ 0 & 1 & 0 & 0 & 0 & 0 \\ 0 & 0 & 4 & 0 & 0 & 0 \\ 0 & 0 & 0 & 2 & 1 & 0 \\ 0 & 0 & 0 & 0 & 2 & 1 \\ 0 & 0 & 0 & 0 & 0 & 2 \end{pmatrix}.$$

又如, 矩阵 $A=\begin{pmatrix} -1 & 1 & 0 \\ -4 & 3 & 0 \\ 1 & 0 & 2 \end{pmatrix}$ 的特征值依次为 $\lambda_1=2$, $\lambda_2=\lambda_3=1$, 且仅有两个线性无关的特征向量 $x_1=(0, 0, 1)^{\mathrm{T}}$, $x_2=(1, 2, -1)^{\mathrm{T}}$, 所以, 矩阵 A 不与对角矩阵相似, 但它与约当形矩阵 $J=\begin{pmatrix} 2 & 0 & 0 \\ 0 & 1 & 1 \\ 0 & 0 & 1 \end{pmatrix}$ 相似, 此时存在可逆矩阵 $T=\begin{pmatrix} 0 & 1 & 0 \\ 0 & 2 & 1 \\ 1 & -1 & -1 \end{pmatrix}$, 使得 $T^{-1}AT=J$.

习题 4-3

1. 若 n 阶方阵 A 与 B 相似, 证明:

(1) $\mathrm{r}(A)=\mathrm{r}(B)$;

(2) $|\boldsymbol{A}|=|\boldsymbol{B}|$;

(3) $(\lambda\boldsymbol{E}-\boldsymbol{A})^k$ 与 $(\lambda\boldsymbol{E}-\boldsymbol{B})^k$ 相似, 其中 k 为任意正整数.

2. 若四阶矩阵 $\boldsymbol{A}$ 与 $\boldsymbol{B}$ 相似, 矩阵 $\boldsymbol{A}$ 的特征值为 $\frac{1}{2}, \frac{1}{3}, \frac{1}{4}, \frac{1}{5}$, 求 $\boldsymbol{B}^{-1}$ 的特征值.

3. 设 $\boldsymbol{A}, \boldsymbol{B}$ 都是 n 阶方阵, 且 $|\boldsymbol{A}|\neq 0$, 证明: $\boldsymbol{AB}$ 与 $\boldsymbol{BA}$ 相似.

4. 设 $\boldsymbol{A}$ 与 $\boldsymbol{B}$ 相似, $\boldsymbol{C}$ 与 $\boldsymbol{D}$ 相似, 证明 $\begin{pmatrix}\boldsymbol{A} & \boldsymbol{O}\\ \boldsymbol{O} & \boldsymbol{C}\end{pmatrix}$ 与 $\begin{pmatrix}\boldsymbol{B} & \boldsymbol{O}\\ \boldsymbol{O} & \boldsymbol{D}\end{pmatrix}$ 相似.

5. 设方阵 $\boldsymbol{A}=\begin{pmatrix}1 & -2 & -4\\ -2 & x & -2\\ -4 & -2 & 1\end{pmatrix}$ 与 $\boldsymbol{\Lambda}=\begin{pmatrix}5 & 0 & 0\\ 0 & y & 0\\ 0 & 0 & -4\end{pmatrix}$ 相似, 求 x, y.

6. 已知矩阵 $\boldsymbol{A}=\begin{pmatrix}2 & 0 & 0\\ 0 & 0 & 1\\ 0 & 1 & x\end{pmatrix}$ 与 $\boldsymbol{B}=\begin{pmatrix}2 & 0 & 0\\ 0 & y & 0\\ 0 & 0 & -1\end{pmatrix}$ 相似, 求 x 与 y 的值.

7. 对下列矩阵, 求可逆矩阵 $\boldsymbol{P}$, 使 $\boldsymbol{P}^{-1}\boldsymbol{AP}$ 为对角矩阵.

(1) $\boldsymbol{A}=\begin{pmatrix}-1 & -2 & 2\\ 0 & 1 & 0\\ 0 & 0 & 1\end{pmatrix}$;　　(2) $\boldsymbol{A}=\begin{pmatrix}4 & 6 & 0\\ -3 & -5 & 0\\ -3 & -6 & 1\end{pmatrix}$.

8. 在计算机网络中, 流量矩阵是描述各个节点间数据传输量的重要工具. 通过对网络流量矩阵进行分析, 可以优化网络的带宽分配、路由策略和流量控制, 从而提高网络性能. 假设有一个简单的网络模型, 其中有两个节点——节点 A 和节点 B, 网络中每个节点间的流量矩阵 $\boldsymbol{T}$ 是一个 2×2 矩阵, 表示从节点 A 到节点 B 以及从节点 B 到节点 A 的数据流量:

$$\boldsymbol{T}=\begin{pmatrix}5 & 3\\ 4 & 6\end{pmatrix}.$$

试通过计算这个流量矩阵的特征值和特征向量来分析网络行为, 尤其是它如何影响流量分配和决策优化. 特征值和特征向量可以帮助我们理解流量矩阵对网络性能的影响, 特别是在网络优化和负载均衡中的作用.

9. 设矩阵 $\boldsymbol{A}=\begin{pmatrix}2 & 0 & 1\\ 3 & 1 & x\\ 4 & 0 & 5\end{pmatrix}$ 可相似对角化, 求 x.

10. 已知向量 $\boldsymbol{p}=\begin{pmatrix}1\\ 1\\ -1\end{pmatrix}$ 是矩阵 $\boldsymbol{A}=\begin{pmatrix}2 & -1 & 2\\ 5 & a & 3\\ -1 & b & -2\end{pmatrix}$ 的一个特征向量.

(1) 确定参数 a, b 及 $\boldsymbol{p}$ 所对应的特征值; (2) 判断 $\boldsymbol{A}$ 能否相似对角化, 并说明理由.

11. 已知矩阵 $\boldsymbol{A}=\begin{pmatrix}2 & 0 & 1\\ 3 & 1 & 3\\ 4 & 0 & a\end{pmatrix}$ 相似于 $\boldsymbol{\Lambda}=\begin{pmatrix}1 & 0 & 0\\ 0 & 1 & 0\\ 0 & 0 & b\end{pmatrix}$.

(1) 求 a, b 的值; (2) 求可逆矩阵 $\boldsymbol{P}$, 使 $\boldsymbol{P}^{-1}\boldsymbol{AP}=\boldsymbol{\Lambda}$.

12. 设矩阵 $\boldsymbol{A}=\begin{pmatrix}0&2&-3\\-1&3&-3\\1&-2&4\end{pmatrix}$ 与 $\boldsymbol{B}=\begin{pmatrix}1&-2&0\\0&5&0\\0&3&1\end{pmatrix}$ 相似. 求可逆矩阵 $\boldsymbol{P}$, 使 $\boldsymbol{P}^{-1}\boldsymbol{AP}$ 为对角矩阵.

13. 设 $\boldsymbol{A}=\begin{pmatrix}2&0&0\\0&0&1\\0&1&0\end{pmatrix}$, $\boldsymbol{B}=\begin{pmatrix}1&0&0\\0&-1&0\\0&-6&2\end{pmatrix}$, 判断 $\boldsymbol{A}$, $\boldsymbol{B}$ 是否相似, 若相似, 求出矩阵 $\boldsymbol{X}$, 使 $\boldsymbol{B}=\boldsymbol{X}^{-1}\boldsymbol{AX}$.

14. 设三阶矩阵 $\boldsymbol{A}$ 的特征值为 $\lambda_1=2$, $\lambda_2=-2$, $\lambda_3=1$, 对应的特征向量依次为

$$\boldsymbol{p}_1=\begin{pmatrix}0\\1\\1\end{pmatrix},\ \boldsymbol{p}_2=\begin{pmatrix}1\\1\\1\end{pmatrix},\ \boldsymbol{p}_3=\begin{pmatrix}1\\1\\0\end{pmatrix},$$

试求矩阵 $\boldsymbol{A}$.

15. 设 $\boldsymbol{A}=\begin{pmatrix}-1&1&0\\-2&2&0\\4&-2&1\end{pmatrix}$, 求 $\boldsymbol{A}^{100}$.

16. 设 $\boldsymbol{A}$ 是五阶矩阵, 且 $\boldsymbol{A}$ 有 5 个线性无关的特征向量, 试证明: $\boldsymbol{A}^{\mathrm{T}}$ 也有 5 个线性无关的特征向量.

17. 在机器人学中, 考虑一个三自由度机械臂的运动模型. 其运动方程由下述矩阵多项式表示:

$$f(\boldsymbol{A})=\boldsymbol{A}^3-4\boldsymbol{A}^2+5\boldsymbol{A}-2\boldsymbol{E},$$

其中, $\boldsymbol{E}$ 是单位矩阵, $\boldsymbol{A}$ 是一个 3×3 矩阵, 表示机械臂的状态转移矩阵. 已知 $\boldsymbol{A}$ 的特征值依次为 $\lambda_1=1$, $\lambda_2=2$, $\lambda_3=3$, 且 $\boldsymbol{A}$ 为相似矩阵, 即存在可逆矩阵 $\boldsymbol{P}$ (由特征值对应的特征向量所构成) 与对角矩阵 $\boldsymbol{\Lambda}$, 使得

$$\boldsymbol{P}^{-1}\boldsymbol{AP}=\boldsymbol{\Lambda}=\begin{pmatrix}1&0&0\\0&2&0\\0&0&3\end{pmatrix}.$$

现要通过矩阵的对角化方法, 计算矩阵多项式 $f(\boldsymbol{A})$ 在给定矩阵 $\boldsymbol{A}$ 的条件下的值.

18. 设矩阵 $\boldsymbol{A}=\begin{pmatrix}3&2&-2\\-k&-1&k\\4&2&-3\end{pmatrix}$, 问当 k 为何值时, 存在可逆矩阵 $\boldsymbol{P}$, 使得 $\boldsymbol{P}^{-1}\boldsymbol{AP}$ 为对角矩阵? 求出 $\boldsymbol{P}$ 和相应的对角矩阵.

19. 三阶矩阵 $\boldsymbol{A}$ 有 3 个特征值 1, 0, -1, 对应的特征向量分别为 $\begin{pmatrix}1\\1\\0\end{pmatrix}$, $\begin{pmatrix}1\\0\\1\end{pmatrix}$, $\begin{pmatrix}0\\1\\1\end{pmatrix}$, 又知三阶矩阵 $\boldsymbol{B}$ 满足 $\boldsymbol{B}=\boldsymbol{PAP}^{-1}$, 其中 $\boldsymbol{P}=\begin{pmatrix}3&0&1\\0&1&-2\\1&4&0\end{pmatrix}$, 求 $\boldsymbol{B}$ 的特征值及对应的特征向量.

§4.4　实对称矩阵的对角化

实对称矩阵的对角化是线性代数中的一个重要理论, 其核心在于任何实对称矩阵都可

以通过正交变换 (即正交矩阵的相似变换) 对角化. 这一结论源于谱定理, 表明实对称矩阵的特征值为实数, 且存在一组正交特征向量构成的基. 这种特性使得实对称矩阵在许多实际问题中具有独特的计算优势和物理意义. 实对称矩阵对角化的重要意义在于: 一方面, 它将复杂的线性变换分解为沿独立方向的简单伸缩操作, 使得矩阵的特征值、特征向量等性质易于计算; 另一方面, 它揭示了矩阵的固有几何结构, 为理解矩阵作用提供了直观的解释.

一个 n 阶矩阵 $\boldsymbol{A}$ 具备什么条件才能对角化? 这是个比较复杂的问题. 本节我们仅对 $\boldsymbol{A}$ 为实对称矩阵的情况进行讨论, 因为实对称矩阵具有许多一般矩阵所没有的特殊性质.

定理 1 实对称矩阵的特征值都为实数.

证明 设实对称矩阵 $\boldsymbol{A}$ 的特征值为复数 λ, 其对应的特征向量 $\boldsymbol{x}$ 为复向量, 即

$$\boldsymbol{A}\boldsymbol{x}=\lambda\boldsymbol{x},\ \boldsymbol{x}\neq\boldsymbol{0}.$$

以 $\bar{\lambda}$ 表示 λ 的共轭复数, $\bar{\boldsymbol{x}}$ 表示 $\boldsymbol{x}$ 的共轭复向量, 则 $\boldsymbol{A}\bar{\boldsymbol{x}}=\bar{\boldsymbol{A}}\bar{\boldsymbol{x}}=\overline{(\boldsymbol{A}\boldsymbol{x})}=\overline{(\lambda\boldsymbol{x})}=\bar{\lambda}\bar{\boldsymbol{x}}$. 于是

$$\bar{\boldsymbol{x}}^{\mathrm{T}}\boldsymbol{A}\boldsymbol{x}=\bar{\boldsymbol{x}}^{\mathrm{T}}(\boldsymbol{A}\boldsymbol{x})=\bar{\boldsymbol{x}}^{\mathrm{T}}(\lambda\boldsymbol{x})=\lambda\bar{\boldsymbol{x}}^{\mathrm{T}}\boldsymbol{x},$$

$$\bar{\boldsymbol{x}}^{\mathrm{T}}\boldsymbol{A}\boldsymbol{x}=(\bar{\boldsymbol{x}}^{\mathrm{T}}\boldsymbol{A}^{\mathrm{T}})\boldsymbol{x}=(\boldsymbol{A}\bar{\boldsymbol{x}})^{\mathrm{T}}\boldsymbol{x}=(\bar{\lambda}\bar{\boldsymbol{x}})^{\mathrm{T}}\boldsymbol{x}=\bar{\lambda}\bar{\boldsymbol{x}}^{\mathrm{T}}\boldsymbol{x}.$$

上述两式相减, 得 $(\lambda-\bar{\lambda})\bar{\boldsymbol{x}}^{\mathrm{T}}\boldsymbol{x}=0$. 但因 $\boldsymbol{x}\neq\boldsymbol{0}$, 故

$$\bar{\boldsymbol{x}}^{\mathrm{T}}\boldsymbol{x}=\sum_{i=1}^{n}\bar{x}_i x_i=\sum_{i=1}^{n}|x_i|^2\neq 0,$$

所以, $\lambda-\bar{\lambda}=0$, 即 $\lambda=\bar{\lambda}$, 这说明 λ 是实数. 证毕.

注: 对实对称矩阵 $\boldsymbol{A}$, 因其特征值 λ_i 为实数, 故方程组 $(\boldsymbol{A}-\lambda_i\boldsymbol{E})\boldsymbol{x}=\boldsymbol{0}$ 是实系数方程组, 由 $|\boldsymbol{A}-\lambda_i\boldsymbol{E}|=0$ 知, 它必有实的基础解系, 所以, 矩阵 $\boldsymbol{A}$ 的特征向量可以取实向量.

例 1 设矩阵 $\boldsymbol{A}=\begin{pmatrix}1&2&-3\\-1&4&-3\\1&a&5\end{pmatrix}$ 的特征方程有一个二重根为2, 试证: 矩阵 $\boldsymbol{A}$ 可相似对角化.

证明 依题设, 矩阵 $\boldsymbol{A}$ 的特征多项式:

$$|\lambda\boldsymbol{E}-\boldsymbol{A}|=\begin{vmatrix}\lambda-1&-2&3\\1&\lambda-4&3\\-1&-a&\lambda-5\end{vmatrix}=(\lambda-2)(\lambda^2-8\lambda+18+3a).$$

若 $\lambda=2$ 是特征方程的二重根, 则

$$2^2-16+18+3a=0\Rightarrow a=-2.$$

此时, 矩阵 $\boldsymbol{A}$ 的特征值为2, 2, 6, 且

$$2\boldsymbol{E}-\boldsymbol{A}=\begin{pmatrix}1&-2&3\\1&-2&3\\-1&2&-3\end{pmatrix},$$

该矩阵的秩为1, 故 $\lambda=2$ 对应的线性无关的特征向量有两个, 根据方阵可对角化的条件, $\boldsymbol{A}$

可相似对角化.

定理 2　设 λ_1, λ_2 是实对称矩阵 $\boldsymbol{A}$ 的两个特征值, $\boldsymbol{p}_1, \boldsymbol{p}_2$ 是对应的特征向量, 若 $\lambda_1 \neq \lambda_2$, 则 $\boldsymbol{p}_1$ 与 $\boldsymbol{p}_2$ 正交.

证明　依题设, 由特征值与特征向量的定义知:

$$\lambda_1 \boldsymbol{p}_1 = \boldsymbol{A}\boldsymbol{p}_1,\ \lambda_2 \boldsymbol{p}_2 = \boldsymbol{A}\boldsymbol{p}_2,\ \lambda_1 \neq \lambda_2 .$$

因 $\boldsymbol{A}$ 是实对称矩阵, 故 $\lambda_1 \boldsymbol{p}_1^{\mathrm{T}} = (\lambda_1 \boldsymbol{p}_1)^{\mathrm{T}} = (\boldsymbol{A}\boldsymbol{p}_1)^{\mathrm{T}} = \boldsymbol{p}_1^{\mathrm{T}} \boldsymbol{A}^{\mathrm{T}} = \boldsymbol{p}_1^{\mathrm{T}} \boldsymbol{A}$, 于是

$$\lambda_1 \boldsymbol{p}_1^{\mathrm{T}} \boldsymbol{p}_2 = \boldsymbol{p}_1^{\mathrm{T}} \boldsymbol{A}\boldsymbol{p}_2 = \boldsymbol{p}_1^{\mathrm{T}}(\lambda_2 \boldsymbol{p}_2) = \lambda_2 \boldsymbol{p}_1^{\mathrm{T}} \boldsymbol{p}_2 ,$$

即 $(\lambda_1 - \lambda_2)\boldsymbol{p}_1^{\mathrm{T}} \boldsymbol{p}_2 = 0$. 但 $\lambda_1 \neq \lambda_2$, 故 $\boldsymbol{p}_1^{\mathrm{T}} \boldsymbol{p}_2 = 0$, 即 $\boldsymbol{p}_1$ 与 $\boldsymbol{p}_2$ 正交. 证毕.

定理 3　设 $\boldsymbol{A}$ 为 n 阶实对称矩阵, λ 是 $\boldsymbol{A}$ 的特征方程的 r 重根, 则矩阵 $\boldsymbol{A} - \lambda \boldsymbol{E}$ 的秩

$$\mathrm{r}(\boldsymbol{A} - \lambda \boldsymbol{E}) = n - r,$$

从而对应于特征值 λ 恰有 r 个线性无关的特征向量.

证明　略.

定理 4　设 $\boldsymbol{A}$ 为 n 阶实对称矩阵, 则必有正交矩阵 $\boldsymbol{P}$, 使

$$\boldsymbol{P}^{-1}\boldsymbol{A}\boldsymbol{P} = \boldsymbol{P}^{\mathrm{T}}\boldsymbol{A}\boldsymbol{P} = \boldsymbol{\Lambda},$$

其中 $\boldsymbol{\Lambda}$ 是以 $\boldsymbol{A}$ 的 n 个特征值为对角线元素的对角矩阵.

证明　设 $\boldsymbol{A}$ 的互不相等的特征值为 $\lambda_1, \lambda_2, \cdots, \lambda_s$, 它们的重数分别为

$$r_1, r_2, \cdots, r_s \quad (r_1 + r_2 + \cdots + r_s = n).$$

由定理 1 和定理 3 知, 对应于特征值 $\lambda_i (i = 1, 2, \cdots, s)$ 恰有 r_i 个线性无关的特征向量, 将它们正交化并单位化, 即得 r_i 个正交的单位特征向量, 由 $r_1 + r_2 + \cdots + r_s = n$ 知, 这样的特征向量共有 n 个. 再由定理 2 知, 这 n 个单位特征向量两两正交, 以其为列向量作正交矩阵 $\boldsymbol{P}$, 则

$$\boldsymbol{P}^{-1}\boldsymbol{A}\boldsymbol{P} = \boldsymbol{P}^{-1}\boldsymbol{P}\boldsymbol{\Lambda} = \boldsymbol{\Lambda},$$

而 $\boldsymbol{\Lambda}$ 的对角线元素含有 r_i 个 $\lambda_i\ (i = 1, 2, \cdots, s)$, 它们恰是 $\boldsymbol{A}$ 的 n 个特征值. 证毕.

与§4.3 中将一般矩阵对角化的方法类似, 根据上述结论, 可求得正交矩阵 $\boldsymbol{P}$ 将实对称矩阵 $\boldsymbol{A}$ 对角化, 其具体步骤为:

(1) 求出实对称矩阵 $\boldsymbol{A}$ 的全部特征值 $\lambda_1, \lambda_2, \cdots, \lambda_s$;

(2) 对每个特征值 λ_i, 由 $(\lambda_i \boldsymbol{E} - \boldsymbol{A})\boldsymbol{x} = \boldsymbol{0}$ 求出其基础解系(特征向量);

(3) 将基础解系(特征向量)正交化, 再单位化;

(4) 以这些单位向量为列向量构成一正交矩阵 $\boldsymbol{P}$, 使 $\boldsymbol{P}^{-1}\boldsymbol{A}\boldsymbol{P} = \boldsymbol{\Lambda}$.

注: $\boldsymbol{P}$ 中列向量的次序与矩阵 $\boldsymbol{\Lambda}$ 对角线上的特征值的次序分别相对应.

例 2　设 $\boldsymbol{A}, \boldsymbol{B}$ 为同阶方阵, 且均为实对称矩阵, 试证: 若矩阵 $\boldsymbol{A}, \boldsymbol{B}$ 的特征多项式相等, 则矩阵 $\boldsymbol{A}, \boldsymbol{B}$ 相似.

证明　若 $\boldsymbol{A}, \boldsymbol{B}$ 皆为实对称矩阵, 且 $\boldsymbol{A}, \boldsymbol{B}$ 有相同的特征多项式, 则矩阵 $\boldsymbol{A}$ 与 $\boldsymbol{B}$ 有相同的特征值. 记特征值为 $\lambda_i\ (i = 1, 2, \cdots, n)$, 根据实对称矩阵的性质(定理4)知, 实对称矩阵必可对角化, 故存在可逆矩阵 $\boldsymbol{P}$ 与 $\boldsymbol{Q}$, 使得

$$P^{-1}AP=\begin{pmatrix}\lambda_1 & & & \\ & \lambda_2 & & \\ & & \ddots & \\ & & & \lambda_n\end{pmatrix},\ Q^{-1}BQ=\begin{pmatrix}\lambda_1 & & & \\ & \lambda_2 & & \\ & & \ddots & \\ & & & \lambda_n\end{pmatrix},$$

于是 $P^{-1}AP=Q^{-1}BQ$.

利用矩阵的乘法与逆矩阵的运算规律, 在上式两端分别左乘 Q 与右乘 Q^{-1}, 得

$$QP^{-1}APQ^{-1}=(PQ^{-1})^{-1}A(PQ^{-1})=B.$$

由此可见, 令 $S=PQ^{-1}$, 则矩阵 S 可逆, 使得 $S^{-1}AS=B$, 所以, 矩阵 A 与 B 相似. 证毕.

例 3　设实对称矩阵 $A=\begin{pmatrix}1 & -2 & 0\\ -2 & 2 & -2\\ 0 & -2 & 3\end{pmatrix}$, 求正交矩阵 P, 使 $P^{-1}AP$ 为对角矩阵.

解　依题设, 矩阵 A 的特征方程为

$$|\lambda E-A|=\begin{vmatrix}\lambda-1 & 2 & 0\\ 2 & \lambda-2 & 2\\ 0 & 2 & \lambda-3\end{vmatrix}=(\lambda+1)(\lambda-2)(\lambda-5)=0,$$

由此解得 A 的全部特征值: $\lambda_1=-1,\ \lambda_2=2,\ \lambda_3=5$.

当 $\lambda_1=-1$ 时, 由 $(-E-A)x=0$, 求得其基础解系 $p_1=(2,2,1)^{T}$.

当 $\lambda_2=2$ 时, 由 $(2E-A)x=0$, 求得其基础解系 $p_2=(2,-1,-2)^{T}$.

当 $\lambda_3=5$ 时, 由 $(5E-A)x=0$, 求得其基础解系 $p_3=(1,-2,2)^{T}$.

不难验证 p_1, p_2, p_3 是正交向量组. 将 p_1, p_2, p_3 单位化, 得

$$\eta_1=\frac{p_1}{\|p_1\|}=\begin{pmatrix}2/3\\ 2/3\\ 1/3\end{pmatrix},\ \eta_2=\frac{p_2}{\|p_2\|}=\begin{pmatrix}2/3\\ -1/3\\ -2/3\end{pmatrix},\ \eta_3=\frac{p_3}{\|p_3\|}=\begin{pmatrix}1/3\\ -2/3\\ 2/3\end{pmatrix}.$$

令 $P=(\eta_1,\eta_2,\eta_3)=\begin{pmatrix}2/3 & 2/3 & 1/3\\ 2/3 & -1/3 & -2/3\\ 1/3 & -2/3 & 2/3\end{pmatrix}$, 则 P 为正交矩阵, 使得

$$P^{-1}AP=P^{T}AP=\begin{pmatrix}-1 & 0 & 0\\ 0 & 2 & 0\\ 0 & 0 & 5\end{pmatrix}.$$

例 4　设对称矩阵 $A=\begin{pmatrix}4 & 0 & 0\\ 0 & 3 & 1\\ 0 & 1 & 3\end{pmatrix}$, 试求出正交矩阵 P, 使 $P^{-1}AP$ 为对角矩阵.

解 依题设, 矩阵 $\boldsymbol{A}$ 的特征方程为

$$|\lambda\boldsymbol{E}-\boldsymbol{A}|=\begin{vmatrix}\lambda-4 & 0 & 0\\ 0 & \lambda-3 & -1\\ 0 & -1 & \lambda-3\end{vmatrix}=(\lambda-2)(4-\lambda)^2=0,$$

由此解得 $\boldsymbol{A}$ 的全部特征值: $\lambda_1=2, \lambda_2=\lambda_3=4$.

对于 $\lambda_1=2$, 由 $(2\boldsymbol{E}-\boldsymbol{A})\boldsymbol{x}=\boldsymbol{0}$, 求得其基础解系 $\boldsymbol{p}_1=(0, 1, -1)^{\mathrm{T}}$.

对于 $\lambda_2=\lambda_3=4$, 由 $(4\boldsymbol{E}-\boldsymbol{A})\boldsymbol{x}=\boldsymbol{0}$, 求得其基础解系

$$\boldsymbol{p}_2=(1, 0, 0)^{\mathrm{T}},\ \boldsymbol{p}_3=(0, 1, 1)^{\mathrm{T}}.$$

向量 $\boldsymbol{p}_2$ 与 $\boldsymbol{p}_3$ 恰好正交, 所以, 向量组 $\boldsymbol{p}_1$, $\boldsymbol{p}_2$, $\boldsymbol{p}_3$ 两两正交.

再将 $\boldsymbol{p}_1, \boldsymbol{p}_2, \boldsymbol{p}_3$ 单位化, 令 $\boldsymbol{\eta}_i=\dfrac{\boldsymbol{p}_i}{\|\boldsymbol{p}_i\|}$ $(i=1, 2, 3)$, 得

$$\boldsymbol{\eta}_1=\begin{pmatrix}0\\ 1/\sqrt{2}\\ -1/\sqrt{2}\end{pmatrix},\ \boldsymbol{\eta}_2=\begin{pmatrix}1\\ 0\\ 0\end{pmatrix},\ \boldsymbol{\eta}_3=\begin{pmatrix}0\\ 1/\sqrt{2}\\ 1/\sqrt{2}\end{pmatrix}.$$

故所求正交矩阵 $\boldsymbol{P}=(\boldsymbol{\eta}_1, \boldsymbol{\eta}_2, \boldsymbol{\eta}_3)=\begin{pmatrix}0 & 1 & 0\\ 1/\sqrt{2} & 0 & 1/\sqrt{2}\\ -1/\sqrt{2} & 0 & 1/\sqrt{2}\end{pmatrix}$, 且 $\boldsymbol{P}^{-1}\boldsymbol{A}\boldsymbol{P}=\begin{pmatrix}2 & 0 & 0\\ 0 & 4 & 0\\ 0 & 0 & 4\end{pmatrix}$.

例 5 设三阶实对称矩阵 $\boldsymbol{A}$ 的全部特征值0, 0, 3对应的特征向量依次为

$$\boldsymbol{\alpha}_1=(-1, 2, -1)^{\mathrm{T}},\ \boldsymbol{\alpha}_2=(0, -1, 1)^{\mathrm{T}},\ \boldsymbol{\alpha}_3=(1, 1, 1)^{\mathrm{T}}.$$

试求正交矩阵 $\boldsymbol{Q}$ 和对角矩阵 $\boldsymbol{\Lambda}$, 使得 $\boldsymbol{Q}^{\mathrm{T}}\boldsymbol{A}\boldsymbol{Q}=\boldsymbol{\Lambda}$.

解 根据实对称矩阵的性质 (定理2), 实对称矩阵的不同特征值对应的特征向量正交, 故 $\boldsymbol{\alpha}_3$ 与 $\boldsymbol{\alpha}_1, \boldsymbol{\alpha}_2$ 正交, 只需将向量组 $\boldsymbol{\alpha}_1, \boldsymbol{\alpha}_2$ 正交化, 由规范正交向量组的求法, 有

$$\xi_1=\boldsymbol{\alpha}_1=(-1, 2, -1)^{\mathrm{T}},\quad \xi_2=\boldsymbol{\alpha}_2-\frac{[\boldsymbol{\alpha}_2, \xi_1]}{[\xi_1, \xi_1]}\xi_1=\frac{1}{2}(-1, 0, 1)^{\mathrm{T}}.$$

再分别将 ξ_1, ξ_2, $\boldsymbol{\alpha}_3$ 单位化, 得

$$\boldsymbol{\beta}_1=\frac{\xi_1}{\|\xi_1\|}=\frac{1}{\sqrt{6}}(-1, 2, -1)^{\mathrm{T}},$$

$$\boldsymbol{\beta}_2=\frac{\xi_2}{\|\xi_2\|}=\frac{1}{\sqrt{2}}(-1, 0, 1)^{\mathrm{T}},$$

$$\boldsymbol{\beta}_3=\frac{\boldsymbol{\alpha}_3}{\|\boldsymbol{\alpha}_3\|}=\frac{1}{\sqrt{3}}(1, 1, 1)^{\mathrm{T}}.$$

以上述向量为列向量构造矩阵

$$Q=(\boldsymbol{\beta}_1,\boldsymbol{\beta}_2,\boldsymbol{\beta}_3)=\begin{pmatrix}-\frac{1}{\sqrt{6}} & -\frac{1}{\sqrt{2}} & \frac{1}{\sqrt{3}}\\ \frac{2}{\sqrt{6}} & 0 & \frac{1}{\sqrt{3}}\\ -\frac{1}{\sqrt{6}} & \frac{1}{\sqrt{2}} & \frac{1}{\sqrt{3}}\end{pmatrix},$$

则 $\boldsymbol{Q}$ 为正交矩阵, 且由实对称矩阵的性质 (定理4), 有

$$\boldsymbol{Q}^{\mathrm{T}}\boldsymbol{A}\boldsymbol{Q}=\begin{pmatrix}0 & & \\ & 0 & \\ & & 3\end{pmatrix}=\boldsymbol{\Lambda}.$$

例 6　$\boldsymbol{A}$ 是三阶实对称矩阵, 它的特征值为 $\lambda_1=0,\ \lambda_2=\lambda_3=1$, 且 $\boldsymbol{X}_0=\begin{pmatrix}2\\2\\1\end{pmatrix}$ 是对应于 $\lambda_1=0$ 的特征向量, 求矩阵 $\boldsymbol{A}$.

解　依题设, 根据实对称矩阵的性质, 属于特征值 $\lambda_2=\lambda_3=1$ 的特征向量 $\boldsymbol{\beta}=(x_1,x_2,x_3)^{\mathrm{T}}$ 必与 $\boldsymbol{X}_0$ 正交, 即 $2x_1+2x_2+x_3=0$, 取正交的基础解系如下:

$$\boldsymbol{\beta}_2=\begin{pmatrix}2\\-1\\-2\end{pmatrix},\ \boldsymbol{\beta}_3=\begin{pmatrix}1\\-2\\2\end{pmatrix},$$

于是得正交矩阵

$$\boldsymbol{P}=\frac{1}{3}\begin{pmatrix}2 & 2 & 1\\ 2 & -1 & -2\\ 1 & -2 & 2\end{pmatrix},$$

使得 $\boldsymbol{P}^{\mathrm{T}}\boldsymbol{A}\boldsymbol{P}=\begin{pmatrix}0 & 0 & 0\\ 0 & 1 & 0\\ 0 & 0 & 1\end{pmatrix}$, 则

$$\boldsymbol{A}=\boldsymbol{P}\begin{pmatrix}0 & 0 & 0\\ 0 & 1 & 0\\ 0 & 0 & 1\end{pmatrix}\boldsymbol{P}^{\mathrm{T}}=\frac{1}{9}\begin{pmatrix}5 & -4 & -2\\ -4 & 5 & -2\\ -2 & -2 & 8\end{pmatrix}.$$

例 7　已知 6, 3, 3 是三阶实对称矩阵 $\boldsymbol{A}$ 的三个特征值, $(1,1,1)^{\mathrm{T}}$ 是 $\boldsymbol{A}$ 的对应于 $\lambda=6$ 的特征向量, 试求矩阵 $\boldsymbol{A}$.

解　依题设, 因为 $\boldsymbol{A}$ 为实对称矩阵, 所以 $\boldsymbol{A}$ 的对应于不同特征值的特征向量相互正交, 据此可以求出 $\boldsymbol{A}$ 的对应于 $\lambda=3$ 的特征向量. 设 $\boldsymbol{A}$ 的对应于特征值 $\lambda=3$ 的特征向量为 $(x_1,x_2,x_3)^{\mathrm{T}}$, 则有

$$x_1+x_2+x_3=0,$$

此方程的基础解系为 $(0,-1,1)^{\mathrm{T}}$ 与 $(-2,1,1)^{\mathrm{T}}$，它们就是所求的特征向量. 以这些特征向量为列向量作矩阵

$$P=\begin{pmatrix}1&0&-2\\1&-1&1\\1&1&1\end{pmatrix},$$

则有 $P^{-1}AP=\begin{pmatrix}6&0&0\\0&3&0\\0&0&3\end{pmatrix}$，从而

$$A=P\begin{pmatrix}6&0&0\\0&3&0\\0&0&3\end{pmatrix}P^{-1}=\begin{pmatrix}4&1&1\\1&4&1\\1&1&4\end{pmatrix}.$$

例 8 设实对称矩阵 $A=\begin{pmatrix}2&-1\\-1&2\end{pmatrix}$，求 A^n.

解 因 A 是实对称矩阵，故 A 可对角化，即有可逆矩阵 P 及对角矩阵 Λ，使 $P^{-1}AP=\Lambda$，于是 $A=P\Lambda P^{-1}$，从而 $A^n=P\Lambda^nP^{-1}$. 由

$$|\lambda E-A|=\begin{vmatrix}\lambda-2&1\\1&\lambda-2\end{vmatrix}=\lambda^2-4\lambda+3=(\lambda-1)(\lambda-3),$$

解得 A 的全部特征值为 $\lambda_1=1,\ \lambda_2=3$. 于是 $\Lambda=\begin{pmatrix}1&0\\0&3\end{pmatrix}$，$\Lambda^n=\begin{pmatrix}1&0\\0&3^n\end{pmatrix}$.

对于 $\lambda_1=1$，由 $E-A=\begin{pmatrix}-1&1\\1&-1\end{pmatrix}\xrightarrow{r}\begin{pmatrix}-1&1\\0&0\end{pmatrix}$，求得 $p_1=\begin{pmatrix}1\\1\end{pmatrix}$.

对于 $\lambda_2=3$，由 $3E-A=\begin{pmatrix}1&1\\1&1\end{pmatrix}\xrightarrow{r}\begin{pmatrix}1&1\\0&0\end{pmatrix}$，求得 $p_2=\begin{pmatrix}1\\-1\end{pmatrix}$.

令 $P=(p_1,p_2)=\begin{pmatrix}1&1\\1&-1\end{pmatrix}$，再用伴随矩阵法求出 $P^{-1}=\frac{1}{2}\begin{pmatrix}1&1\\1&-1\end{pmatrix}$，则

$$A^n=P\Lambda^nP^{-1}=\frac{1}{2}\begin{pmatrix}1&1\\1&-1\end{pmatrix}\begin{pmatrix}1&0\\0&3^n\end{pmatrix}\begin{pmatrix}1&1\\1&-1\end{pmatrix}=\frac{1}{2}\begin{pmatrix}1+3^n&1-3^n\\1-3^n&1+3^n\end{pmatrix}.$$

例 9 设三阶实对称矩阵 A 的秩为 2，$\lambda_1=\lambda_2=3$ 是 A 的二重特征值. 若

$$\alpha_1=(1,0,1)^{\mathrm{T}},\quad \alpha_2=(0,1,-1)^{\mathrm{T}},\quad \alpha_3=(2,1,1)^{\mathrm{T}}$$

都是 A 的属于特征值 3 的特征向量.

(1) 求 A 的另一特征值和对应的特征向量;

(2) 求矩阵 A.

解 (1) 依题设，三阶矩阵 A 的秩 $\mathrm{r}(A)=2$，从而

$$|\boldsymbol{A}|=0 \Rightarrow |\boldsymbol{A}-0\cdot\boldsymbol{E}|=0,$$

即 $\lambda_3=0$ 是 $\boldsymbol{A}$ 的一个特征值. 又因 $\boldsymbol{\alpha}_3=2\boldsymbol{\alpha}_1+\boldsymbol{\alpha}_2$, 故由实对称矩阵的性质(定理3)知, 矩阵 $\boldsymbol{A}$ 的属于特征值 3 的线性无关的特征向量为 $\boldsymbol{\alpha}_1$, $\boldsymbol{\alpha}_2$.

设 $\boldsymbol{\eta}=(x_1, x_2, x_3)$ 为与 $\lambda_3=0$ 对应的特征向量, 则根据实对称矩阵的性质(定理2), 向量 $\boldsymbol{\eta}$ 一定与 $\boldsymbol{\alpha}_1$, $\boldsymbol{\alpha}_2$ 正交, 即 $\boldsymbol{\alpha}_1^{\mathrm{T}}\boldsymbol{\eta}=\boldsymbol{0}$, $\boldsymbol{\alpha}_2^{\mathrm{T}}\boldsymbol{\eta}=\boldsymbol{0}$, 由此得到齐次线性方程组

$$\begin{cases} x_1+x_3=0 \\ x_2-x_3=0 \end{cases},$$

根据求齐次线性方程组基础解系的步骤, 可求出上述方程组的基础解系(特征向量)为 $\boldsymbol{\eta}=(-1, 1, 1)^{\mathrm{T}}$, 故矩阵 $\boldsymbol{A}$ 的属于特征值 $\lambda_3=0$ 的全部特征向量为 $k\boldsymbol{\eta}=k(-1, 1, 1)^{\mathrm{T}}$.

(2) 令矩阵

$$\boldsymbol{P}=(\boldsymbol{\alpha}_1, \boldsymbol{\alpha}_2, \boldsymbol{\eta})=\begin{pmatrix} 1 & 0 & -1 \\ 0 & 1 & 1 \\ 1 & -1 & 1 \end{pmatrix},$$

则 $\boldsymbol{P}$ 为正交矩阵, 且由实对称矩阵的性质(定理4), 有

$$\boldsymbol{P}^{-1}\boldsymbol{A}\boldsymbol{P}=\begin{pmatrix} 3 & & \\ & 3 & \\ & & 0 \end{pmatrix},$$

所以, 利用矩阵的乘法与求逆矩阵的伴随矩阵法, 计算得

$$\boldsymbol{A}=\boldsymbol{P}\begin{pmatrix} 3 & & \\ & 3 & \\ & & 0 \end{pmatrix}\boldsymbol{P}^{-1}=\begin{pmatrix} 1 & 0 & -1 \\ 0 & 1 & 1 \\ 1 & -1 & 1 \end{pmatrix}\begin{pmatrix} 3 & & \\ & 3 & \\ & & 0 \end{pmatrix}\begin{pmatrix} 2/3 & 1/3 & 1/3 \\ 1/3 & 2/3 & -1/3 \\ -1/3 & 1/3 & 1/3 \end{pmatrix}$$

$$=\begin{pmatrix} 2 & 1 & 1 \\ 1 & 2 & -1 \\ 1 & -1 & 2 \end{pmatrix}.$$

例 10　在经济领域, 考虑一个特征矩阵, 即某个企业的财务数据集的协方差矩阵. 此矩阵反映了不同财务指标之间的关系, 通常用于财务分析, 以识别影响企业运营的主要因素. 现给定一个三阶实对称矩阵:

$$\boldsymbol{A}=\begin{pmatrix} 1 & 1 & -2 \\ 1 & -2 & 1 \\ -2 & 1 & 1 \end{pmatrix},$$

我们需要通过正交变换将该实对称矩阵对角化, 以便提取企业财务中不同因素之间的主要关联和潜在影响.

解　首先, 任何实对称矩阵都可以通过正交变换对角化, 即存在一个正交矩阵 $\boldsymbol{Q}$ 和对角矩阵 $\boldsymbol{\Lambda}$, 使得

$$A = Q\Lambda Q^{\mathrm{T}},$$

其中, Q 是由矩阵 A 的特征向量组成的正交矩阵, Λ 是包含矩阵 A 的特征值的对角矩阵.

下面求矩阵 A 的特征值. 由矩阵 A 的特征方程:

$$|\lambda E - A| = \begin{vmatrix} \lambda-1 & -1 & 2 \\ -1 & \lambda+2 & -1 \\ 2 & -1 & \lambda-1 \end{vmatrix} = \lambda(\lambda+3)(\lambda-3) = 0,$$

解得矩阵 A 的特征值为 $\lambda_1 = -3$, $\lambda_2 = 0$, $\lambda_3 = 3$.

然后, 求各特征值对应的特征向量.

对应特征值 $\lambda_1 = -3$, 解线性方程组:

$$(-3E - A)x = \begin{pmatrix} -4 & -1 & 2 \\ -1 & -1 & -1 \\ 2 & -1 & -4 \end{pmatrix} \begin{pmatrix} x_1 \\ x_2 \\ x_3 \end{pmatrix} = \begin{pmatrix} 0 \\ 0 \\ 0 \end{pmatrix},$$

可得与其对应的特征向量 $x = (1, -2, 1)^{\mathrm{T}}$.

对应特征值 $\lambda_2 = 0$, 解线性方程组:

$$(0E - A)y = \begin{pmatrix} -1 & -1 & 2 \\ -1 & 2 & -1 \\ 2 & -1 & -1 \end{pmatrix} \begin{pmatrix} y_1 \\ y_2 \\ y_3 \end{pmatrix} = \begin{pmatrix} 0 \\ 0 \\ 0 \end{pmatrix},$$

可得与其对应的特征向量 $y = (1, 1, 1)^{\mathrm{T}}$.

对应特征值 $\lambda_3 = 3$, 解线性方程组:

$$(3E - A)z = \begin{pmatrix} 2 & -1 & 2 \\ -1 & 5 & -1 \\ 2 & -1 & 2 \end{pmatrix} \begin{pmatrix} z_1 \\ z_2 \\ z_3 \end{pmatrix} = \begin{pmatrix} 0 \\ 0 \\ 0 \end{pmatrix},$$

可得与其对应的特征向量 $z = (1, 0, -1)^{\mathrm{T}}$.

最后, 由于矩阵 A 是对称的, 上面所得特征向量 x, y, z 必是正交的. 将这些相互正交的向量依次单位化为 η_1, η_2, η_3, 并构造正交矩阵:

$$Q = \begin{pmatrix} \frac{1}{\sqrt{6}} & \frac{1}{\sqrt{3}} & \frac{1}{\sqrt{2}} \\ -\frac{2}{\sqrt{6}} & \frac{1}{\sqrt{3}} & 0 \\ \frac{1}{\sqrt{6}} & \frac{1}{\sqrt{3}} & -\frac{1}{\sqrt{2}} \end{pmatrix},$$

使得矩阵

$$A=Q\begin{pmatrix}-3&0&0\\0&0&0\\0&0&3\end{pmatrix}Q^{\mathrm{T}}=Q\Lambda Q^{\mathrm{T}}.$$

由上可见, 通过对矩阵 A 进行正交变换, 我们成功地将其对角化, 得到了对角矩阵 Λ 和正交矩阵 Q, 将矩阵分解为 $A=Q\Lambda Q^{\mathrm{T}}$. 在经济领域中, 尤其是在财务分析和风险评估中, 通过对财务数据的协方差矩阵进行对角化, 我们能够识别影响企业财务状况的主要因素. 例如, 在分析企业的收入、成本和利润之间的关系时, 主成分分析可以帮助我们提取出影响最大的因素, 从而做出更加科学和高效的决策. 这一方法在多维度财务数据分析和风险管理中具有重要的应用价值, 有助于提高资源配置效率, 并做出更精确的战略决策.

*数学实验

实验 4.3　设有实对称矩阵

$$A=\begin{pmatrix}-5&-5&-4&-3&-2&-1&0\\-5&-3&-3&-2&-1&0&1\\-4&-3&-1&-1&0&1&2\\-3&-2&-1&1&1&2&3\\-2&-1&0&1&3&3&4\\-1&0&1&2&3&5&5\\0&1&2&3&4&5&7\end{pmatrix},$$

计算实验

试用计算软件求出正交矩阵 P, 使 $P^{-1}AP$ 为对角矩阵, 并计算 A^n (详见教材配套的网络学习空间).

习题 4-4

1. n 阶矩阵 A 的 n 个特征值互不相同是 A 与对角矩阵相似的________条件.

2. 将矩阵 $A=\begin{pmatrix}-1&0&2\\0&1&2\\2&2&0\end{pmatrix}$ 用两种方法对角化:

(1) 求可逆矩阵 P, 使 $P^{-1}AP=\Lambda$; (2) 求正交矩阵 Q, 使 $Q^{-1}AQ=\Lambda$.

3. 设 $A=\begin{pmatrix}0&-1&1\\-1&0&1\\1&1&0\end{pmatrix}$, 且已知 A 的全部特征值依次为 $\lambda_1=\lambda_2=1$, $\lambda_3=-2$, 试求可逆矩阵 P 和对角矩阵 Q, 使得 $P^{-1}AP=Q$.

4. 已知矩阵 $A=\begin{pmatrix}1&0&0\\0&0&1\\0&1&0\end{pmatrix}$ 与 $B=\begin{pmatrix}1&0&0\\0&1&0\\0&0&-1\end{pmatrix}$ 相似, 求一个满足 $P^{-1}AP=B$ 的可逆矩阵 P.

5. 试求一个正交的相似变换矩阵, 将下列对称矩阵化为对角矩阵:

(1) $\begin{pmatrix} 2 & -2 & 0 \\ -2 & 1 & -2 \\ 0 & -2 & 0 \end{pmatrix}$; (2) $\begin{pmatrix} 2 & 2 & -2 \\ 2 & 5 & -4 \\ -2 & -4 & 5 \end{pmatrix}$.

6. 设矩阵

$$\boldsymbol{A}=\begin{pmatrix} 1 & 1 & a \\ 1 & a & 1 \\ a & 1 & 1 \end{pmatrix},\ \boldsymbol{\beta}=\begin{pmatrix} 1 \\ 1 \\ -2 \end{pmatrix},$$

已知线性方程组 $\boldsymbol{Ax}=\boldsymbol{\beta}$ 有解但不唯一, 试求:

(1) a 的值; (2) 正交矩阵 $\boldsymbol{Q}$, 使 $\boldsymbol{Q}^{\mathrm{T}}\boldsymbol{AQ}$ 为对角矩阵.

7. 设矩阵 $\boldsymbol{A}=\begin{pmatrix} 1 & 2 & -3 \\ -1 & 4 & -3 \\ 1 & a & 5 \end{pmatrix}$ 的特征方程有一个二重根, 求 a 的值, 并讨论 $\boldsymbol{A}$ 是否可相似对角化.

8. 设 $\boldsymbol{A}$ 为三阶实对称矩阵, 特征值是 $1, -1, 0$, 而 $\lambda_1=1$ 和 $\lambda_2=-1$ 的特征向量分别是

$$(a, 2a-1, 1)^{\mathrm{T}},\ (a, 1, 1-3a)^{\mathrm{T}},$$

试求矩阵 $\boldsymbol{A}$.

9. 设三阶实对称矩阵 $\boldsymbol{A}$ 的特征值为 $\lambda_1=1,\ \lambda_2=-1,\ \lambda_3=0$. 对应 λ_1, λ_2 的特征向量依次为

$$\boldsymbol{p}_1=\begin{pmatrix} 1 \\ 2 \\ 2 \end{pmatrix},\ \boldsymbol{p}_2=\begin{pmatrix} 2 \\ 1 \\ -2 \end{pmatrix},$$

求矩阵 $\boldsymbol{A}$.

10. 设三阶实对称矩阵 $\boldsymbol{A}$ 的特征值是 $1, 2, 3$, 对应的特征向量分别是

$$\boldsymbol{\alpha}_1=(-1,-1,1)^{\mathrm{T}},\ \boldsymbol{\alpha}_2=(1,-2,-1)^{\mathrm{T}},\ \boldsymbol{\alpha}_3=(1,0,1)^{\mathrm{T}},$$

求矩阵 $\boldsymbol{A}$.

11. 设三阶实对称矩阵 $\boldsymbol{A}$ 的特征值为 $\lambda_1=-1,\ \lambda_2=\lambda_3=1$, 对应于 λ_1 的特征向量为

$$\boldsymbol{\xi}_1=\begin{pmatrix} 0 \\ 1 \\ 1 \end{pmatrix},$$

求矩阵 $\boldsymbol{A}$.

12. 设三阶实对称矩阵 $\boldsymbol{A}$ 的特征值为 $6, 3, 3$, 特征值 6 对应的特征向量为 $\boldsymbol{p}_1=(1, 1, 1)^{\mathrm{T}}$, 求矩阵 $\boldsymbol{A}$.

13. 在市场营销领域, 考虑一个特征矩阵, 表示某个市场调查中数据集的协方差矩阵. 此矩阵反映了不同营销变量间的关系, 通常用于主成分分析, 提取调查数据中的主要影响因素. 现给定一个三阶实对称矩阵:

$$\boldsymbol{A}=\begin{pmatrix} 3 & -2 & -2 \\ -2 & 2 & -1 \\ -2 & -1 & 2 \end{pmatrix}.$$

通过正交变换将该实对称矩阵对角化, 以便揭示市场数据中各变量之间的主要特征方向.

14. 设 $\boldsymbol{\alpha}=(a_1, a_2, \cdots, a_n)^{\mathrm{T}}$, $a_1\neq 0$, $\boldsymbol{A}=\boldsymbol{\alpha\alpha}^{\mathrm{T}}$.

(1) 证明 $\lambda=0$ 是 $\boldsymbol{A}$ 的 $n-1$ 重特征值; (2) 求 $\boldsymbol{A}$ 的非零特征值及全部特征向量.

15. 设矩阵 $\boldsymbol{A}=\begin{pmatrix} 3 & -2 \\ -2 & 3 \end{pmatrix}$, 求矩阵多项式 $\varphi(\boldsymbol{A})=\boldsymbol{A}^{10}-5\boldsymbol{A}^{9}$.

16. 设矩阵 $A=\begin{pmatrix}2&1&2\\1&2&2\\2&2&1\end{pmatrix}$, 求矩阵多项式 $\varphi(A)=A^{10}-6A^{9}+5A^{8}$.

§4.5　矩阵特征值的应用

矩阵的特征值与特征向量在许多科学与工程领域具有重要的应用, 它能够揭示系统的本质特性并简化复杂问题.

(1) 动态系统分析: 在动力学中, 特征值决定系统的稳定性. 对于描述系统演化的矩阵, 特征值的实部为负表示系统趋于稳定; 实部为正则表示系统可能发散. 特征向量则定义系统的主振动方向或模式.

(2) 振动与结构力学: 在结构分析中, 特征值对应系统的自然频率, 特征向量则描述振动的形状 (模态), 帮助设计和优化工程结构.

(3) 数据降维与模式识别: 在机器学习中, 主成分分析利用特征值分解降维, 保留数据主要特征. 特征值的大小表示信息的重要程度, 特征向量定义新的低维基方向.

(4) 图论与网络分析: 邻接矩阵的特征值和特征向量用于评估网络的连通性、图聚类及节点的中心性, 广泛用于社交网络分析和推荐系统.

(5) 量子力学与电子学: 特征值描述物理系统的本征态能量, 特征向量则定义粒子的可能状态.

总之, 特征值与特征向量通过揭示矩阵变换的核心属性, 在理论分析和工程实践中具有深远的意义.

一、离散动态系统

在离散动态系统中, 矩阵特征值用于分析系统的稳定性和长期行为. 假设系统的状态向量 $\boldsymbol{x}_n$ 满足递推关系 $\boldsymbol{x}_{n+1}=\boldsymbol{A}\boldsymbol{x}_n$, 其中 $\boldsymbol{A}$ 是状态转移矩阵. 通过对 $\boldsymbol{A}$ 的特征值和特征向量进行分解, 可以预测系统的演化. 具体来说, 特征值的模决定了系统的稳定性: 如果所有特征值的模小于1, 系统趋于稳定, 状态向量会收敛到平衡点; 如果特征值的模大于或等于1, 系统可能发散或出现周期行为. 一个实际案例是经济学中的人口模型, 例如 Leslie 矩阵, 用于预测年龄结构的长期变化. 通过分析特征值, 可以判断人口是否稳定增长或衰减, 而主特征向量表示系统最终的平衡年龄分布. 因此, 特征值为分析离散动态系统的稳定性和长期趋势提供了重要的理论支持.

在本节中, 我们将通过应用实例来介绍矩阵对角化在离散动态系统模型中的应用. 这些应用实例主要针对生态问题, 因为相对于物理问题或工程问题, 它们更容易说明和解释, 但实际上动态系统在许多科学领域中都会出现.

例 1 (教师职业转换预测问题)　某城市有 15 万具有本科以上学历的人, 其中有 1.5 万人是教师. 据调查, 平均每年有 10% 的人从教师职业转为其他职业, 又有 1% 的人从其他职业转为教师职业, 试预测 10 年以后这 15 万人中有多少人从事教师职业.

解 用 $\boldsymbol{x}_n$ 表示 n 年后从事教师职业和其他职业的人数，则 $\boldsymbol{x}_0=\begin{pmatrix}1.5\\13.5\end{pmatrix}$，用矩阵

$$\boldsymbol{A}=(a_{ij})=\begin{pmatrix}0.90 & 0.01\\0.10 & 0.99\end{pmatrix}$$

表示教师职业和其他职业间的转移情况，其中 $a_{11}=0.90$ 表示每年有 90% 的人原来是教师，现在还是教师，$a_{21}=0.10$ 表示每年有 10% 的人从教师职业转为其他职业. 显然

$$\boldsymbol{x}_1=\boldsymbol{A}\boldsymbol{x}_0=\begin{pmatrix}0.90 & 0.01\\0.10 & 0.99\end{pmatrix}\begin{pmatrix}1.5\\13.5\end{pmatrix}=\begin{pmatrix}1.485\\13.515\end{pmatrix},$$

即一年后，从事教师职业和其他职业的人数分别为 1.485 万人及 13.515 万人. 又由递推公式：

$$\boldsymbol{x}_2=\boldsymbol{A}\boldsymbol{x}_1=\boldsymbol{A}^2\boldsymbol{x}_0,\ \cdots,\ \boldsymbol{x}_n=\boldsymbol{A}\boldsymbol{x}_{n-1}=\boldsymbol{A}^n\boldsymbol{x}_0,$$

可以递推得到 $\boldsymbol{x}_{10}=\boldsymbol{A}^{10}\boldsymbol{x}_0$. 为计算 $\boldsymbol{A}^{10}$，需要先把 $\boldsymbol{A}$ 对角化，而这可根据方阵对角化的步骤逐步来求解. 矩阵 $\boldsymbol{A}$ 的特征方程为

$$|\lambda\boldsymbol{E}-\boldsymbol{A}|=\begin{vmatrix}\lambda-0.9 & -0.01\\-0.1 & \lambda-0.99\end{vmatrix}=(\lambda-0.9)(\lambda-0.99)-0.001$$

$$=\lambda^2-1.89\lambda+0.891-0.001=\lambda^2-1.89\lambda+0.89=0,$$

解得 $\boldsymbol{A}$ 的全部特征值：$\lambda_1=1$，$\lambda_2=0.89$. 因 $\lambda_1\neq\lambda_2$，故 $\boldsymbol{A}$ 可对角化.

将 $\lambda_1=1$ 代入 $(\lambda\boldsymbol{E}-\boldsymbol{A})\boldsymbol{x}=\boldsymbol{0}$，求得其对应的特征向量 $\boldsymbol{p}_1=\begin{pmatrix}1\\10\end{pmatrix}$.

将 $\lambda_2=0.89$ 代入 $(\lambda\boldsymbol{E}-\boldsymbol{A})\boldsymbol{x}=\boldsymbol{0}$，求得其对应的特征向量 $\boldsymbol{p}_2=\begin{pmatrix}1\\-1\end{pmatrix}$.

构造矩阵 $\boldsymbol{P}=(\boldsymbol{p}_1,\boldsymbol{p}_2)=\begin{pmatrix}1 & 1\\10 & -1\end{pmatrix}$，则

$$\boldsymbol{P}^{-1}\boldsymbol{A}\boldsymbol{P}=\boldsymbol{\Lambda}=\begin{pmatrix}1 & 0\\0 & 0.89\end{pmatrix},\ \boldsymbol{A}=\boldsymbol{P}\boldsymbol{\Lambda}\boldsymbol{P}^{-1},\ \boldsymbol{A}^{10}=\boldsymbol{P}\boldsymbol{\Lambda}^{10}\boldsymbol{P}^{-1},$$

又利用伴随矩阵法，求得逆矩阵：

$$\boldsymbol{P}^{-1}=-\frac{1}{11}\begin{pmatrix}-1 & -1\\-10 & 1\end{pmatrix}=\frac{1}{11}\begin{pmatrix}1 & 1\\10 & -1\end{pmatrix},$$

利用矩阵的乘法运算与对角矩阵的幂运算法则，计算得

$$\boldsymbol{x}_{10}=\boldsymbol{P}\boldsymbol{\Lambda}^{10}\boldsymbol{P}^{-1}\boldsymbol{x}_0=\frac{1}{11}\begin{pmatrix}1 & 1\\10 & -1\end{pmatrix}\begin{pmatrix}1 & 0\\0 & 0.89^{10}\end{pmatrix}\begin{pmatrix}1 & 1\\10 & -1\end{pmatrix}\begin{pmatrix}1.5\\13.5\end{pmatrix}$$

$$=\frac{1}{11}\begin{pmatrix}1 & 1\\10 & -1\end{pmatrix}\begin{pmatrix}1 & 0\\0 & 0.311\,817\end{pmatrix}\begin{pmatrix}1 & 1\\10 & -1\end{pmatrix}\begin{pmatrix}1.5\\13.5\end{pmatrix}$$

$$\approx\begin{pmatrix}1.406\,2\\13.593\,8\end{pmatrix}.$$

计算实验

所以, 10 年后, 15 万人中约有 1.41 万人从事教师职业, 约有 13.59 万人从事其他职业.

例 2 (区域人口迁移预测问题)　使用§3.7 中人口迁移模型的数据, 忽略其他因素对人口规模的影响, 计算 2028 年的人口分布.

解　依题设, 求得迁移矩阵 $\boldsymbol{M}=\begin{pmatrix}0.95 & 0.12\\0.05 & 0.88\end{pmatrix}$ 的全部特征值 $\lambda_1=1$, $\lambda_2=0.83$, 其对应的特征向量分别为 $\boldsymbol{p}_1=\begin{pmatrix}2.4\\1\end{pmatrix}$, $\boldsymbol{p}_2=\begin{pmatrix}1\\-1\end{pmatrix}$. 因 $\lambda_1\neq\lambda_2$, 故 $\boldsymbol{M}$ 可对角化.

构造矩阵 $\boldsymbol{P}=(\boldsymbol{p}_1,\boldsymbol{p}_2)=\begin{pmatrix}2.4 & 1\\1 & -1\end{pmatrix}$, 则 $\boldsymbol{P}^{-1}\boldsymbol{M}\boldsymbol{P}=\begin{pmatrix}1 & 0\\0 & 0.83\end{pmatrix}=\boldsymbol{\Lambda}$, 从而 $\boldsymbol{M}=\boldsymbol{P}\boldsymbol{\Lambda}\boldsymbol{P}^{-1}$.

因 2008 年的初始人口为 $\boldsymbol{x}_0=\begin{pmatrix}5\,000\,000\\7\,800\,000\end{pmatrix}$, 故对 2028 年, 有

$$\begin{aligned}\boldsymbol{x}_{20}&=\boldsymbol{M}\boldsymbol{x}_{19}=\cdots=\boldsymbol{M}^{20}\boldsymbol{x}_0=\boldsymbol{P}\boldsymbol{\Lambda}^{20}\boldsymbol{P}^{-1}\boldsymbol{x}_0\\&=\begin{pmatrix}2.4 & 1\\1 & -1\end{pmatrix}\begin{pmatrix}1 & 0\\0 & 0.83\end{pmatrix}^{20}\begin{pmatrix}2.4 & 1\\1 & -1\end{pmatrix}^{-1}\begin{pmatrix}5\,000\,000\\7\,800\,000\end{pmatrix}\\&\approx\begin{pmatrix}8\,938\,145\\3\,861\,855\end{pmatrix},\end{aligned}$$

即 2028 年的城市人口约为 8 938 145 人, 农村人口约为 3 861 855 人.

计算实验

随着时间的推移, 以上两个系统最终将如何变化?

在教师职业转换模型中, 当 $\boldsymbol{q}=\begin{pmatrix}15/11\\150/11\end{pmatrix}$ 时, 容易得到 $\boldsymbol{A}\boldsymbol{q}=\boldsymbol{q}$, 这表明该系统最终有一个稳定的状态, 即最终将有 15/11 (理想数值, 忽略了人数取正整数) 万人从事教师职业, 有 150/11 万人从事其他职业. 例 1 中 $\boldsymbol{x}_1$, $\boldsymbol{x}_{10}$ 在逐渐“接近” $\boldsymbol{q}$, 这也正说明了该问题.

类似地, 在人口迁移模型中, 当 $\boldsymbol{q}=\begin{pmatrix}153\,600\,000/17\\64\,000\,000/17\end{pmatrix}$ 时, 有 $\boldsymbol{M}\boldsymbol{q}=\boldsymbol{q}$, 这是该系统最终的稳定状态, 即最终该区域的城市人口将有 153 600 000/17 人 (理想数值, 忽略了人数取正整数), 农村人口有 64 000 000/17 人.

例 3　在金融领域, 考虑一个简单的贷款违约预测模型, 其中有两类客户: 正常客户和违约客户. 根据历史数据, 正常客户和违约客户之间会有转移概率, 假设转移矩阵表示客户从正常状态转为违约状态的概率, 或者从违约状态转为正常状态的概率. 给定的状态转移矩阵如下:

$$\boldsymbol{A}=\begin{pmatrix}0.95 & 0.10\\0.05 & 0.90\end{pmatrix},$$

其中, 0.95 表示每年有 95% 的正常客户继续保持正常状态, 0.05 表示每年有 5% 的正常客户

转为违约客户，0.10表示每年有10%的违约客户转为正常客户，0.90表示每年有90%的违约客户继续保持违约状态. 假设在初始时刻共有20万名客户，其中18万名是正常客户，2万名是违约客户. 试预测10年后，客户中正常客户和违约客户的人数.

解 用向量$\boldsymbol{x}_n$表示n年后正常客户和违约客户的人数，则

$$\boldsymbol{x}_0=\begin{pmatrix}18\\2\end{pmatrix},$$

用矩阵$\boldsymbol{A}$表示正常客户和违约客户之间的转移情况:

$$\boldsymbol{A}=\begin{pmatrix}0.95 & 0.10\\0.05 & 0.90\end{pmatrix},$$

显然，$\boldsymbol{x}_1=\boldsymbol{A}\boldsymbol{x}_0$，即

$$\boldsymbol{x}_1=\begin{pmatrix}0.95 & 0.10\\0.05 & 0.90\end{pmatrix}\begin{pmatrix}18\\2\end{pmatrix}=\begin{pmatrix}0.95\times18+0.10\times2\\0.05\times18+0.90\times2\end{pmatrix}=\begin{pmatrix}17.3\\2.7\end{pmatrix},$$

即一年后，正常状态和违约状态的客户数分别为17.3万人和2.7万人. 接着，利用递推公式$\boldsymbol{x}_n=\boldsymbol{A}\boldsymbol{x}_{n-1}=\boldsymbol{A}^n\boldsymbol{x}_0$，我们可以递推得到

$$\boldsymbol{x}_{10}=\boldsymbol{A}^{10}\boldsymbol{x}_0.$$

为计算$\boldsymbol{A}^{10}$，我们需要先将矩阵$\boldsymbol{A}$对角化. $\boldsymbol{A}$的特征多项式为

$$\begin{aligned}|\lambda\boldsymbol{E}-\boldsymbol{A}|&=\begin{vmatrix}\lambda-0.95 & -0.1\\-0.05 & \lambda-0.90\end{vmatrix}\\&=(\lambda-0.95)(\lambda-0.90)-0.005\\&=\lambda^2-1.85\lambda+0.85,\end{aligned}$$

利用一元二次求根公式，解得矩阵$\boldsymbol{A}$的特征值:

$$\lambda_1=1,\ \lambda_2=0.85.$$

由于$\boldsymbol{A}$的两个特征值不相等，故矩阵$\boldsymbol{A}$可对角化.

下面求解各特征值对应的特征向量.

对应于特征值$\lambda_1=1$，解方程$(\boldsymbol{E}-\boldsymbol{A})\boldsymbol{x}=\boldsymbol{0}$，得对应的特征向量

$$\boldsymbol{p}_1=\begin{pmatrix}2\\1\end{pmatrix};$$

对应于特征值$\lambda_2=0.85$，解方程$(0.85\boldsymbol{E}-\boldsymbol{A})\boldsymbol{x}=\boldsymbol{0}$，得对应的特征向量

$$\boldsymbol{p}_2=\begin{pmatrix}1\\-1\end{pmatrix}.$$

根据矩阵对角化的步骤，构造可逆矩阵

$$\boldsymbol{P}=\begin{pmatrix}2 & 1\\1 & -1\end{pmatrix},$$

利用伴随矩阵法，可求得其逆矩阵为

$$P^{-1}=\begin{pmatrix}1/3 & 1/3\\ 1/3 & -2/3\end{pmatrix}.$$

矩阵 $\boldsymbol{P}$ 与 $\boldsymbol{P}^{-1}$ 使得

$$P^{-1}AP=\Lambda=\begin{pmatrix}1 & 0\\ 0 & 0.85\end{pmatrix},$$

因此, 矩阵 $\boldsymbol{A}$ 可表示为 $\boldsymbol{A}=\boldsymbol{P\Lambda P}^{-1}$.

根据矩阵的幂的运算规律, 由上式可递推得到:

$$A^{10}=P\Lambda^{10}P^{-1},$$

所以, 最终得到

$$\begin{aligned}x_{10}&=P\Lambda^{10}P^{-1}x_0\\&=\begin{pmatrix}2 & 1\\ 1 & -1\end{pmatrix}\begin{pmatrix}1 & 0\\ 0 & 0.85\end{pmatrix}^{10}\begin{pmatrix}1/3 & 1/3\\ 1/3 & -2/3\end{pmatrix}\begin{pmatrix}18\\ 2\end{pmatrix}\\&\approx\begin{pmatrix}14.25\\ 5.75\end{pmatrix}.\end{aligned}$$

通过对矩阵 $\boldsymbol{A}$ 进行特征值分解, 我们得到了系统的长期行为. 特征值为 $\lambda_1=1$ 和 $\lambda_2=0.85$ 表示系统的稳定性. 其中, 特征值 $\lambda_1=1$ 表示正常客户的比例将稳定在某一固定值, 而特征值 $\lambda_2=0.85$ 表示违约客户的比例将逐渐减小. 最终, 经过10年, 正常客户约为14.25万人, 违约客户约为5.75万人. 这种预测可以帮助金融机构理解客户流动情况, 从而制定更有效的风险管理策略.

例 4 (捕食者与被捕食者系统) 在某森林中, 猫头鹰以野鼠为食. 记猫头鹰和野鼠在时间 n 的数量为 $\boldsymbol{x}_n=\begin{pmatrix}O_n\\ M_n\end{pmatrix}$, 其中 n 是以月份为单位的时间, O_n 是研究区域中猫头鹰的数量, M_n 是野鼠的数量 (单位: 千只). 假定生态学家已建立了猫头鹰与野鼠的自然系统模型:

$$\begin{cases}O_{n+1}=0.4O_n+0.3M_n\\ M_{n+1}=-pO_n+1.2M_n\end{cases}, \tag{5.1}$$

其中 p 是一个待定的正参数. 第一个方程中的 $0.4O_n$ 表明, 如果没有野鼠做食物, 每个月只有40% 的猫头鹰可以存活; 第二个方程中的 $1.2M_n$ 表明, 如果没有猫头鹰捕食, 野鼠的数量每个月会增加20%. 如果野鼠充足, 猫头鹰的数量将会增加 $0.3M_n$, 负项 $-pO_n$ 用以表示猫头鹰的捕食所导致的野鼠的死亡数 (事实上, 平均每个月一只猫头鹰吃掉约 1 000p 只野鼠). 当捕食参数 $p=0.325$ 时, 两个种群都会增长. 估计这个长期增长率及猫头鹰与野鼠的最终比值.

解 当 $p=0.325$ 时, 式 (5.1) 的系数矩阵为

$$A=\begin{pmatrix}0.4 & 0.3\\ -0.325 & 1.2\end{pmatrix},$$

求得 A 的全部特征值 $\lambda_1=0.55,\ \lambda_2=1.05$, 其对应的特征向量分别是

$$p_1=\begin{pmatrix}2\\1\end{pmatrix},\ p_2=\begin{pmatrix}6\\13\end{pmatrix}.$$

初始向量 $x_0=c_1p_1+c_2p_2$. 构造矩阵 $P=(p_1,p_2)=\begin{pmatrix}2 & 6\\ 1 & 13\end{pmatrix}$, 当 $n\geqslant 0$ 时, 有

$$P^{-1}AP=\begin{pmatrix}0.55 & 0\\ 0 & 1.05\end{pmatrix}=\Lambda,$$

从而 $A=P\Lambda P^{-1}$.

利用矩阵的乘法运算与对角矩阵的幂运算法则, 得

$$\begin{aligned}x_n=P\Lambda^nP^{-1}x_0&=\begin{pmatrix}2 & 6\\ 1 & 13\end{pmatrix}\begin{pmatrix}0.55^n & 0\\ 0 & 1.05^n\end{pmatrix}\begin{pmatrix}2 & 6\\ 1 & 13\end{pmatrix}^{-1}x_0\\ &=c_1 0.55^n\begin{pmatrix}2\\1\end{pmatrix}+c_2 1.05^n\begin{pmatrix}6\\13\end{pmatrix}.\end{aligned}$$

计算实验

假定 $c_2>0$, 则对足够大的 n, 0.55^n 趋于0, 进而

$$x_n\approx c_2p_2=c_2 1.05^n\begin{pmatrix}6\\13\end{pmatrix}. \tag{5.2}$$

n 越大, 式 (5.2) 的近似程度越高, 故对充分大的 n, 有

$$x_{n+1}\approx c_2 1.05^{n+1}\begin{pmatrix}6\\13\end{pmatrix}=1.05x_n. \tag{5.3}$$

式 (5.3) 表明: 最后 x_n 的每个元素 (猫头鹰和野鼠的数量) 几乎每个月都近似增长了 0.05 倍, 即有 5% 的月增长率. 由式 (5.2) 知, x_n 约为 $(6,13)^{\mathrm{T}}$ 的倍数, 所以, x_n 中元素的比值约为 6:13, 即每 6 只猫头鹰对应约 13 000 只野鼠.

*二、层次分析法

层次分析法 (analytic hierarchy process, AHP) 是一种常用的多属性决策方法, 广泛应用于管理、工程和社会科学中的复杂决策问题. 矩阵特征值在AHP中起着关键作用, 主要体现在权重的计算和一致性检验上. 在AHP中, 首先构造判断矩阵 A, 矩阵中的元素 a_{ij} 表示第 i 个因素与第 j 个因素相对重要性的比较. 为了从判断矩阵中提取各因素的重要性权重, 需要计算 A 的最大特征值 $\lambda_{\max}$ 及其对应的特征向量. 单位化后的特征向量即为各因素的权重. 此外, 特征值还用于一致性检验, 以评估判断矩阵的逻辑一致性. 通过计算一致性指标 (CI) 和一致性比率 (CR), 可以评估判断矩阵是否合理. 一致性检验直接依赖于最大特征值 $\lambda_{\max}$. 一个应用案例是选址问题. 例如, 企业在选择厂址时, 可以通过AHP构造各备选地点的判断矩阵, 结合特征值计算权重并检验一致性, 最终得出最优决策方案. 矩阵特征值在AHP中有效

连接了专家判断和权重分配, 是提升决策科学性的重要工具.

层次分析法是系统分析的重要工具之一, 其基本思想是把问题层次化、数量化, 并用数学方法为分析、决策、预报或控制提供定量依据. 它特别适用于难以完全量化, 又相互关联、相互制约的众多因素构成的复杂问题. 它把人的思维过程层次化、数量化, 是系统分析的一种新型的数学方法.

运用层次分析法构建实际问题的数学模型, 一般可按如下 4 个基本步骤进行.

1. 建立层次结构

对所面临的问题要掌握足够的信息, 弄清楚问题的范围、因素、各因素之间的相互关系, 以及所要解决的问题的目标. 把问题条理化、层次化, 构造出一个有层次的结构模型. 在这个模型下, 复杂问题被分解为元素的组成. 这些元素又按其属性及关系形成若干层次. 层次结构一般分为三层 (见图 4－5－1).

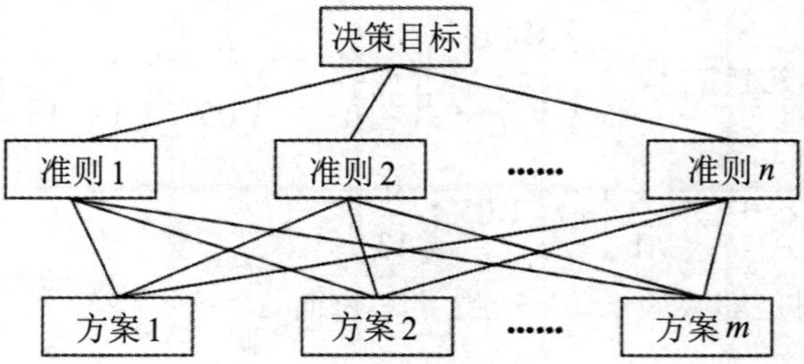

图 4－5－1

第一层为最高层, 它是系统分析的问题的预定目标和结果, 也称为目标层.

第二层为中间层, 它是实现系统目标所涉及的各中间环节, 如准则、子准则, 也称为准则层.

第三层为最低层, 它包括为实现目标可供选择的各种具体措施、决策方案等, 也称为方案层.

注: 上述层次结构具有以下特点:

(1) 从上到下依次存在支配关系, 并用直线段表示;

(2) 整个层次结构中层次数不受限制.

2. 构造判断矩阵

构造判断矩阵是建立层次分析模型的关键. 假定以上一层的某元素 y 为准则, 它所支配的下一层的元素为 $x_1, x_2, \cdots, x_n$, 这 n 个元素对上一层的元素 y 有影响, 要确定它们在 y 中的比重. 采用成对比较法, 即每次取两个元素 x_i 和 x_j, 用 a_{ij} 表示 x_i 与 x_j 对 y 的影响之比, 全部比较的结果可用矩阵 $\boldsymbol{A}$ 表示, 即

$$\boldsymbol{A}=(a_{ij})_{n\times n},\ i,j=1,2,\cdots,n,$$

称矩阵 $\boldsymbol{A}$ 为**判断矩阵**.

根据上述定义, 易见判断矩阵的元素 a_{ij} 满足下列性质:

$$a_{ji}=\frac{1}{a_{ij}}\ (i\neq j),\ a_{ii}=1\ (i=j),$$

当 $a_{ij}>0$ 时, 我们称判断矩阵 $\boldsymbol{A}$ 为**正互反矩阵**.

怎样确定判断矩阵 $\boldsymbol{A}$ 的元素 a_{ij} 的取值呢?

当某层的元素 $x_1, x_2, \cdots, x_n$ 对上一层某元素 y 的影响可直接定量表示时, x_i 与 x_j 对 y 的影响之比可以直接确定, a_{ij} 的值也可直接确定. 但对于大多数社会经济问题, 特别是比较复杂的问题, 元素 x_i 与 x_j 对 y 的重要性不容易直接获得, 需要通过适当的量化方法来解决. 通常取数字 1~9 及其倒数作为 a_{ij} 的取值范围. 这是因为在进行定性的成对比较时, 通常采用 5 级制 (见表 4－5－1), 在每两个等级之间各有一个中间状态, 共 9 个尺度. 另外, 心理学家认为进行成对比较的尺度太多, 将削弱人们的判断比较能力, 降低判断精度. 实践证明, 成对比较的尺度以 7 ± 2 为宜, 故 a_{ij} 的取值范围是 1, 2, $\cdots$, 9 及其倒数.

表 4－5－1 比较尺度 a_{ij} 的取值

x_i/x_j	相等	较强	强	很强	绝对强
a_{ij}	1	3	5	7	9

3. 计算层次单排序权重并进行一致性检验

层次单排序是指同一层各个元素对上一层中的某个元素的相对重要性的排序. 具体做法是: 根据同一层 n 个元素 $x_1, x_2, \cdots, x_n$ 对上一层某元素 y 的判断矩阵 $\boldsymbol{A}$, 求出它们对元素 y 的相对排序权重, 记为 $w_1, w_2, \cdots, w_n$, 写成向量形式:

$$\boldsymbol{w}=(w_1, w_2, \cdots, w_n)^{\mathrm{T}},$$

称其为 $\boldsymbol{A}$ 的**层次单排序权重向量**, 其中 w_i 表示第 i 个元素对上一层中某元素 y 的权重, 从而得到层次单排序.

层次单排序权重向量有几种求解方法, 常用的方法是利用判断矩阵 $\boldsymbol{A}$ 的特征值与特征向量来计算 $\boldsymbol{w}$.

关于正互反矩阵 $\boldsymbol{A}$, 我们不加证明地给出下列结果.

(1) 如果一个正互反矩阵 $\boldsymbol{A}=(a_{ij})_{n\times n}$ 满足

$$a_{ij}\cdot a_{jk}=a_{ik}\ (i, j, k=1, 2, \cdots, n),$$

则称矩阵 $\boldsymbol{A}$ 具有**一致性**, 称元素 x_i, x_j, x_k 的成对比较是一致的, 并且称 $\boldsymbol{A}$ 为**一致矩阵**.

(2) n 阶正互反矩阵 $\boldsymbol{A}$ 的最大特征值 $\lambda_{\max}\geqslant n$, 当 $\lambda=n$ 时, 矩阵 $\boldsymbol{A}$ 是一致的.

(3) n 阶正互反矩阵是一致矩阵的充要条件是最大特征值 $\lambda_{\max}=n$.

计算层次单排序权重向量的方法和步骤如下:

设 $\boldsymbol{w}=(w_1, w_2, \cdots, w_n)^{\mathrm{T}}$ 是 n 阶判断矩阵的层次单排序权重向量, 当 $\boldsymbol{A}$ 为一致矩阵时, 根据 n 阶判断矩阵的定义, 有

$$A=\begin{pmatrix} \frac{w_1}{w_1} & \frac{w_1}{w_2} & \cdots & \frac{w_1}{w_n} \\ \frac{w_2}{w_1} & \frac{w_2}{w_2} & \cdots & \frac{w_2}{w_n} \\ \vdots & \vdots & & \vdots \\ \frac{w_n}{w_1} & \frac{w_n}{w_2} & \cdots & \frac{w_n}{w_n} \end{pmatrix}, \tag{5.4}$$

因而满足 $\boldsymbol{A}\boldsymbol{w}=n\boldsymbol{w}$, 这里 n 是矩阵 $\boldsymbol{A}$ 的最大特征值, $\boldsymbol{w}$ 是相应的特征向量; 当矩阵 $\boldsymbol{A}$ 为一般的判断矩阵时, 有 $\boldsymbol{A}\boldsymbol{w}=\lambda_{\max}\boldsymbol{w}$, 其中 $\lambda_{\max}$ 是 $\boldsymbol{A}$ 的最大特征值 (也称主特征值), $\boldsymbol{w}$ 是相应的特征向量 (也称主特征向量). 经归一化 (即 $\sum_{i=1}^{n} w_i=1$) 后, 可近似作为排序权重向量, 这种方法称为**特征值法**.

在构造判断矩阵时, 我们并没有要求判断矩阵具有一致性, 这是由客观事实的复杂性与人的认识的多样性决定的. 特别是在规模大、因素多的情况下, 对于判断矩阵的每个元素来说, 不可能求出精确的 w_i/w_j, 但要求判断矩阵大体上是一致的. 一个经不起推敲的判断矩阵有可能导致决策的失误. 利用上述方法计算层次单排序权重向量, 当判断矩阵过于偏离一致性时, 其可靠性也有问题, 故需要对判断矩阵的一致性进行检验. **一致性检验**可按如下步骤进行:

(1) 计算一致性指标 CI :

$$\mathrm{CI}=\frac{\lambda_{\max}-n}{n-1}. \tag{5.5}$$

当 $\mathrm{CI}=0$, 即 $\lambda_{\max}=n$ 时, 判断矩阵 $\boldsymbol{A}$ 是一致的. CI 的值越大, 判断矩阵 $\boldsymbol{A}$ 一致的程度就越高.

(2) 查找相应的平均随机一致性指标 RI .

表 4－5－2 给出了 n (1~11) 阶正互反矩阵的平均随机一致性指标 RI , 其中数据是采用 100～150 个随机样本矩阵 $\boldsymbol{A}$ 计算得到的.

表 4－5－2

矩阵阶数	1	2	3	4	5	6	7	8	9	10	11
RI	0	0	0.58	0.9	1.12	1.24	1.32	1.41	1.45	1.49	1.51

(3) 计算一致性比率 CR:

$$\mathrm{CR}=\frac{\mathrm{CI}}{\mathrm{RI}}. \tag{5.6}$$

当 $\mathrm{CR}<0.10$ 时, 认为判断矩阵的一致性是可以接受的; 否则应对判断矩阵做适当修正.

4. 计算层次总排序权重并进行一致性检验

计算出某层元素对其上一层中某元素的层次单排序权重向量后, 还需要得到各层元素, 特别是最低层中各方案对目标层的排序权重, 即**层次总排序权重向量**, 再进行方案选择. 层次总排序权重通过自上而下地合成层次单排序权重得到.

考虑 3 个层次的决策问题: 第 1 层只有 1 个元素, 第 2 层有 n 个元素, 第 3 层有 m 个元素, 设第 2 层对第 1 层的层次单排序权重向量为

$$\boldsymbol{w}^{(2)}=(w_1^{(2)}, w_2^{(2)}, \cdots, w_n^{(2)})^{\mathrm{T}},$$

第 3 层对第 2 层的层次单排序权重向量为

$$\boldsymbol{w}_k^{(3)}=(w_{k1}^{(3)}, w_{k2}^{(3)}, \cdots, w_{km}^{(3)})^{\mathrm{T}},\ k=1, 2, \cdots, n.$$

以 $\boldsymbol{w}_k^{(3)}$ 为列向量构成矩阵:

$$\boldsymbol{W}^{(3)}=(\boldsymbol{w}_1^{(3)}, \boldsymbol{w}_2^{(3)}, \cdots, \boldsymbol{w}_n^{(3)})=\begin{pmatrix} w_{11}^{(3)} & w_{21}^{(3)} & \cdots & w_{n1}^{(3)} \\ w_{12}^{(3)} & w_{22}^{(3)} & \cdots & w_{n2}^{(3)} \\ \vdots & \vdots & & \vdots \\ w_{1m}^{(3)} & w_{2m}^{(3)} & \cdots & w_{nm}^{(3)} \end{pmatrix}_{m\times n}, \tag{5.7}$$

则第 3 层对第 1 层的层次总排序权重向量为

$$\boldsymbol{w}^{(3)}=\boldsymbol{W}^{(3)}\boldsymbol{w}^{(2)}. \tag{5.8}$$

一般地, 若层次模型共有 s 层, 则第 k 层对第 1 层的层次总排序权重向量为

$$\boldsymbol{w}^{(k)}=\boldsymbol{W}^{(k)}\boldsymbol{w}^{(k-1)},\ k=3, 4, \cdots, s, \tag{5.9}$$

其中, $\boldsymbol{W}^{(k)}$ 是以第 k 层对第 $k-1$ 层的层次单排序权重向量为列向量组成的矩阵, $\boldsymbol{w}^{(k-1)}$ 是第 $k-1$ 层对第 1 层的层次总排序权重向量. 按照上述递推公式, 可得到最低层 (第 s 层) 对第 1 层的层次总排序权重向量为

$$\boldsymbol{w}^{(s)}=\boldsymbol{W}^{(s)}\boldsymbol{W}^{(s-1)}\cdots\boldsymbol{W}^{(3)}\boldsymbol{w}^{(2)}. \tag{5.10}$$

对层次总排序权重向量也要进行一致性检验. 具体方法是从最高层到最低层逐层进行检验.

设所考虑的层次分析模型共有 s 层. 再设第 $l\,(3\leqslant l\leqslant s)$ 层的一致性指标与平均随机一致性指标分别为 $\mathrm{CI}_1^{(l)}, \mathrm{CI}_2^{(l)}, \cdots, \mathrm{CI}_n^{(l)}$ (n 是第 $l-1$ 层元素的数目)与 $\mathrm{RI}_1^{(l)}, \mathrm{RI}_2^{(l)}, \cdots, \mathrm{RI}_n^{(l)}$, 令

$$\mathrm{CI}^{(l)}=(\mathrm{CI}_1^{(l)}, \cdots, \mathrm{CI}_n^{(l)})\boldsymbol{w}^{(l-1)}, \tag{5.11}$$

$$\mathrm{RI}^{(l)}=(\mathrm{RI}_1^{(l)}, \cdots, \mathrm{RI}_n^{(l)})\boldsymbol{w}^{(l-1)}, \tag{5.12}$$

则第 l 层对第 1 层的层次总排序权重向量的一致性比率为

$$\mathrm{CR}^{(l)}=\mathrm{CR}^{(l-1)}+\frac{\mathrm{CI}^{(l)}}{\mathrm{RI}^{(l)}},\ l=3, 4, \cdots, s, \tag{5.13}$$

且 $\mathrm{CR}^{(2)}$ 为由式 (5.6) 计算的第 2 层对第 1 层的层次单排序权重向量的一致性比率.

当最低层对第 1 层的层次总排序权重向量的一致性比率 $\mathrm{CR}^{(s)}<0.1$ 时, 就认为整个层次结构的比较判断可通过一致性检验.

*数学实验

实验 4.4　在选购电脑时, 人们希望花最少的钱买到最理想的电脑. 试通过层次分析法建立数学模型, 并以此确定要选购的电脑.

1. 建立选购电脑的层次结构模型 (见图 4－5－2).

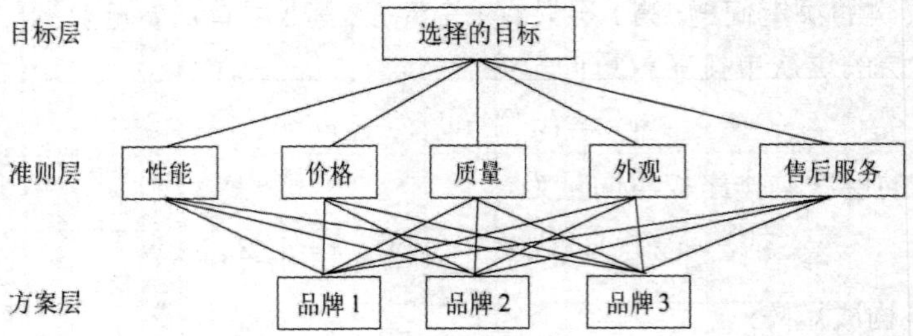

图 4－5－2

该层次结构模型共有三层: 目标层 (用符号 z 表示最终的选择目标)、准则层 (分别用符号 $y_1, y_2, \cdots, y_5$ 表示性能、价格、质量、外观、售后服务五个判断准则)、方案层 (分别用符号 x_1, x_2, x_3 表示品牌 1、品牌 2、品牌 3 三种选择方案).

2. 构造成对比较判断矩阵.

(1) 建立准则层对目标层的成对比较判断矩阵.

根据表 4－5－1 中的量化尺度, 从建模者的个人观点出发, 设准则层对目标层的成对比较判断矩阵为

$$\boldsymbol{A}=\begin{pmatrix} 1 & 5 & 3 & 9 & 3 \\ 1/5 & 1 & 1/2 & 2 & 1/2 \\ 1/3 & 2 & 1 & 3 & 1 \\ 1/9 & 1/2 & 1/3 & 1 & 1/3 \\ 1/3 & 2 & 1 & 3 & 1 \end{pmatrix}. \tag{5.14}$$

(2) 建立方案层对准则层的成对比较判断矩阵.

$$\boldsymbol{B}_1=\begin{pmatrix} 1 & 1/3 & 1/5 \\ 3 & 1 & 1/2 \\ 5 & 2 & 1 \end{pmatrix}, \boldsymbol{B}_2=\begin{pmatrix} 1 & 3 & 5 \\ 1/3 & 1 & 2 \\ 1/5 & 1/2 & 1 \end{pmatrix}, \boldsymbol{B}_3=\begin{pmatrix} 1 & 1/3 & 1/5 \\ 3 & 1 & 1/2 \\ 5 & 2 & 1 \end{pmatrix},$$

$$\boldsymbol{B}_4=\begin{pmatrix} 1 & 5 & 3 \\ 1/5 & 1 & 1/2 \\ 1/3 & 2 & 1 \end{pmatrix}, \boldsymbol{B}_5=\begin{pmatrix} 1 & 3 & 3 \\ 1/3 & 1 & 1 \\ 1/3 & 1 & 1 \end{pmatrix}.$$

3. 计算层次单排序权重向量并进行一致性检验.

用计算软件计算矩阵 $\boldsymbol{A}$ 的最大特征值 $\lambda_{\max}=5.009\,74$, 其特征向量为

$$\boldsymbol{x}=(0.881\,26,\ 0.167\,913,\ 0.304\,926,\ 0.096\,055\,7,\ 0.304\,926)^{\mathrm{T}},$$

归一化后的特征向量为

$$\boldsymbol{w}^{(2)}=(0.502\,119,\ 0.095\,567\,28,\ 0.173\,729,\ 0.054\,730\,1,\ 0.173\,739)^{\mathrm{T}}.$$

计算实验

计算一致性指标 $\mathrm{CI}=\dfrac{\lambda_{\max}-n}{n-1}$, 其中 $n=5$, $\lambda_{\max}=5.009\,74$, 故

$$\mathrm{CI}=0.002\,435.$$

查表得到相应的平均随机一致性指标 $\mathrm{RI}=1.12$, 从而得到一致性比率

$$CR^{(2)}=\frac{CI}{RI}=0.002\,174\,,$$

因 $CR^{(2)}<0.1$，故通过了一致性检验，即认为 $\boldsymbol{A}$ 的一致性程度在容许的范围之内，可以用归一化后的特征向量 $\boldsymbol{w}^{(2)}$ 作为排序权重向量.

下面再求矩阵 $\boldsymbol{B}_j\ (j=1,2,\cdots,5)$ 的最大特征值，得

$$\lambda_1=3.003\,69\,,\ \lambda_2=3.003\,69\,,\ \lambda_3=3.003\,69\,,\ \lambda_4=3.003\,69\,,\ \lambda_5=3.000\,,$$

其对应的特征向量分别为

$$\boldsymbol{x}_1=(0.163\,954,\ 0.462\,86,\ 0.871\,137)^{\mathrm{T}}\,,$$
$$\boldsymbol{x}_2=(0.928\,119,\ 0.328\,758,\ 0.174\,679)^{\mathrm{T}}\,,$$
$$\boldsymbol{x}_3=(0.163\,954,\ 0.462\,86,\ 0.871\,137)^{\mathrm{T}}\,,$$
$$\boldsymbol{x}_4=(0.928\,119,\ 0.174\,679,\ 0.328\,758)^{\mathrm{T}}\,,$$
$$\boldsymbol{x}_5=(0.904\,534,\ 0.301\,511,\ 0.301\,511)^{\mathrm{T}}\,,$$

计算实验

归一化结果为

$$\boldsymbol{w}_1^{(3)}=(0.109\,452,\ 0.308\,996,\ 0.581\,552)^{\mathrm{T}}\,,$$
$$\boldsymbol{w}_2^{(3)}=(0.648\,329,\ 0.229\,651,\ 0.122\,02)^{\mathrm{T}}\,,$$
$$\boldsymbol{w}_3^{(3)}=(0.109\,452,\ 0.308\,996,\ 0.581\,552)^{\mathrm{T}}\,,$$
$$\boldsymbol{w}_4^{(3)}=(0.648\,329,\ 0.122\,02,\ 0.229\,651)^{\mathrm{T}}\,,$$
$$\boldsymbol{w}_5^{(3)}=(0.600\,000,\ 0.200\,000,\ 0.200\,000)^{\mathrm{T}}\,.$$

计算一致性指标 $CI_i=\dfrac{\lambda_i-n}{n-1}\ (i=1,2,\cdots,5)$，其中 $n=3$，得

$$CI_1=0.001\,847\,3\,,\ CI_2=0.001\,847\,3\,,\ CI_3=0.001\,847\,3\,,\ CI_4=0.001\,847\,3\,,\ CI_5=0\,.$$

查表得到相应的平均随机一致性指标 $RI_i=0.58\ (i=1,2,\cdots,5)$.

计算一致性比率 $CR_i=\dfrac{CI_i}{RI_i},\ i=1,2,\cdots,5$，得

$$CR_1=0.003\,185\,,\ CR_2=0.003\,185\,,\ CR_3=0.003\,185\,,\ CR_4=0.003\,185\,,\ CR_5=0\,.$$

因 $CR_i<0.1\ (i=1,2,\cdots,5)$，故通过了一致性检验，即认为 $\boldsymbol{B}_j\ (j=1,2,\cdots,5)$ 的一致性程度在容许的范围之内，可以用归一化后的特征向量作为其排序权重向量.

4. 计算层次总排序权重向量并做一致性检验.

购买个人电脑问题的第 3 层对第 2 层的层次单排序权重向量计算结果见表 4－5－3.

表 4－5－3　层次单排序权重向量计算结果

k	1	2	3	4	5
$\boldsymbol{w}_k^{(3)}$	0.109 452	0.648 329	0.109 452	0.648 329	0.6
	0.308 996	0.229 651	0.308 996	0.122 02	0.2
	0.581 552	0.122 02	0.581 552	0.229 651	0.2
λ_k	3.003 69	3.003 69	3.003 69	3.003 69	3

以第 3 层对第 2 层的层次单排序权重向量为列向量组成的矩阵为

$$W^{(3)}=\begin{pmatrix}0.109\,452 & 0.648\,329 & 0.109\,452 & 0.648\,329 & 0.6\\ 0.308\,996 & 0.229\,651 & 0.308\,996 & 0.122\,02 & 0.2\\ 0.581\,552 & 0.122\,02 & 0.581\,552 & 0.229\,651 & 0.2\end{pmatrix},$$

最低层 (第 3 层) 对最高层 (第 1 层) 的层次总排序权重向量为

$$w^{(3)}=W^{(3)}w^{(2)},$$

计算上式, 得

$$w^{(3)}=(0.275\,728,\ 0.272\,235,\ 0.452\,037)^{\mathrm{T}},$$

计算 $\mathrm{CI}^{(3)}=(\mathrm{CI}_1,\mathrm{CI}_2,\cdots,\mathrm{CI}_5)w^{(2)}$, 得

$$\mathrm{CI}^{(3)}=0.001\,526\,35.$$

再计算 $\mathrm{RI}^{(3)}=(\mathrm{RI}_1,\mathrm{RI}_2,\cdots,\mathrm{RI}_5)w^{(2)}$, 得

$$\mathrm{RI}^{(3)}=0.58.$$

最后, 计算 $\mathrm{CR}^{(3)}=\mathrm{CR}^{(2)}+\mathrm{CI}^{(3)}/\mathrm{RI}^{(3)}$, 得

计算实验

$$\mathrm{CR}^{(3)}=0.004\,805\,7.$$

因 $\mathrm{CR}^{(3)}<0.1$, 故层次总排序权重向量在一致性要求的范围之内 (详情参见教材配套的网络学习空间).

习题 4–5

1. 在某一国家中, 每年有比例为 p 的农村居民移居城镇, 有比例为 q 的城镇居民移居农村. 假设该国总人口数不变, 且上述人口迁移的规律也不变. 把 n 年后农村人口和城镇人口占总人口的比例依次记为 x_n 和 y_n $(x_n+y_n=1)$.

(1) 求关系式 $\begin{pmatrix}x_{n+1}\\ y_{n+1}\end{pmatrix}=A\begin{pmatrix}x_n\\ y_n\end{pmatrix}$ 中的矩阵 A;

(2) 设目前农村人口与城镇人口相等, 即 $\begin{pmatrix}x_0\\ y_0\end{pmatrix}=\begin{pmatrix}0.5\\ 0.5\end{pmatrix}$, 求 $\begin{pmatrix}x_n\\ y_n\end{pmatrix}$.

2. 某偏僻村庄可以接收到的无线电广播来自两个电台——新闻台和音乐台. 两个台的广播每隔半小时都会中断休息. 每当出现中断时, 新闻台的听众有 70% 会继续收听新闻台, 有 30% 会换到音乐台; 音乐台的听众有 60% 会换到新闻台, 有 40% 会继续收听音乐台. 假设上午 8:15 所有人都在收听新闻台.

(1) 给出描述无线电听众在中断时换台的矩阵;

(2) 给出初始的状态向量;

(3) 上午 9:25 时音乐台的听众所占百分比是多少 (假设电台在上午 8:30 和 9:00 中断休息)?

3. 考虑一个简单的垃圾邮件分类模型, 目的是根据历史邮件数据来预测未来邮件是否为垃圾邮件. 假设有两类邮件: 正常邮件和垃圾邮件. 我们希望通过模型分析历史数据, 找出邮件从正常邮件转为垃圾邮件的转移概率. 首先, 我们假设通过训练一个分类模型 (例如, 逻辑回归、决策树等), 得到了两个类别 (正常邮件和垃圾邮件) 之间的转移矩阵:

$$A=\begin{pmatrix}0.90 & 0.30\\ 0.10 & 0.70\end{pmatrix},$$

其中, 0.90 表示90%的正常邮件在下一个周期仍然是正常邮件, 0.10 表示10%的正常邮件转为垃圾邮件, 0.30 表示30%的垃圾邮件转为正常邮件, 0.70 表示70%的垃圾邮件仍然为垃圾邮件.

假设在初始时刻, 我们有1 000封邮件, 其中950封是正常邮件, 50封是垃圾邮件. 预测10个周期后正常邮件和垃圾邮件的数量变化情况.

4. 在任意给定的一天中, 一名学生或是健康状态, 或是生病状态. 在今天所有健康的学生中, 95% 在第二天仍是健康状态; 在今天所有生病的学生中, 55% 在第二天仍是生病状态.

(1) 这种情况的转移矩阵是怎样的?

(2) 假设在星期一有 20% 的学生生病, 则星期二生病的学生的百分比是多少? 星期日呢?

5. 假设猫头鹰与野鼠的捕食者与被捕食者矩阵为 $\boldsymbol{A}=\begin{pmatrix}0.5 & 0.4\\ -p & 1.1\end{pmatrix}$. 证明: 如果捕食参数 $p=0.104$ (事实上, 平均每个月一只猫头鹰吃掉约 1 000p 只野鼠), 则两个种群都会增长. 估计这个长期增长率及猫头鹰与野鼠的最终比值.

6. 当上题中的捕食参数 $p=0.125$ 时, 试确定该系统的演化 (给出 $\boldsymbol{x}_n$ 的计算公式). 猫头鹰和野鼠的数量随着时间如何变化?

7. 已知手机品牌 A 在 2024 年的市场份额为 17%. 假设在一年期间, 手机品牌 A 可以抢占其余手机品牌 15% 的份额, 而其余手机品牌可以抢占手机品牌 A 5% 的份额. 估计 5 年后手机品牌 A 的市场份额.

8. 角马和水牛栖息于同一生态系统中, 相互竞争食物、水和空间. 假设 t 年时的角马和水牛种群数量分别为 $r(t)$ 和 $s(t)$. 在没有水牛的情况下, 角马的增长率为 $r'(t)=3.2r(t)$, 但当有水牛时, 竞争会使角马的增长率下降至 $r'(t)=3.2r(t)-1.2s(t)$. 水牛种群同样受到角马的影响. 在没有角马的情况下, 水牛种群的增长率为 $s'(t)=2.8s(t)$; 当水牛与角马共享生态系统时, 其种群增长率为 $s'(t)=-0.8r(t)+2.8s(t)$. 假设生态系统中最初有 60 只角马和 55 只水牛. 分析这两个种群会发生什么情况.

9. 一个种群具有下列特征:

(1) 该种群中共有 75% 的成员在第一年存活下来, 第一年存活下来的成员有 25% 在第二年存活下来. 最长寿命为 3 年.

(2) 该种群中每个成员的平均后代数量在第一年为 2 个, 第二年为 4 个, 第三年为 2 个.

现在, 三个年龄段的成员各有 120 个. 一年后每个年龄段会有多少个成员? 两年后又会有多少个成员?

总习题四

1. 已知 $\boldsymbol{\alpha}_1=\begin{pmatrix}1\\1\\2\\3\end{pmatrix}$, $\boldsymbol{\alpha}_2=\begin{pmatrix}-1\\1\\4\\-1\end{pmatrix}$, 求与 $\boldsymbol{\alpha}_1$, $\boldsymbol{\alpha}_2$ 都正交的向量.

2. 设 $\boldsymbol{x}$ 为 n 维列向量, $\boldsymbol{x}^{\mathrm{T}}\boldsymbol{x}=1$, 令 $\boldsymbol{H}=\boldsymbol{E}-2\boldsymbol{x}\boldsymbol{x}^{\mathrm{T}}$, 试证明 $\boldsymbol{H}$ 是对称的正交矩阵.

3. 设 $\boldsymbol{\alpha}_1=(1,1,1,1)^{\mathrm{T}}$, $\boldsymbol{\alpha}_2=(1,2,2,1)^{\mathrm{T}}$, $\boldsymbol{\alpha}_3=(2,3,1,6)^{\mathrm{T}}$, 用施密特正交化方法把它们化为规范正交基.

4. 设 $\boldsymbol{\alpha}_1, \boldsymbol{\alpha}_2, \cdots, \boldsymbol{\alpha}_n$ 是 $\mathbf{R}^n$ 的一组标准正交基, $\boldsymbol{A}$ 是 n 阶正交矩阵, 证明: $\boldsymbol{A}\boldsymbol{\alpha}_1, \boldsymbol{A}\boldsymbol{\alpha}_2, \cdots, \boldsymbol{A}\boldsymbol{\alpha}_n$ 是 $\mathbf{R}^n$ 的一组标准正交基.

5. 设 $\boldsymbol{\alpha}_1, \boldsymbol{\alpha}_2, \boldsymbol{\alpha}_3$ 与 $\boldsymbol{\beta}_1, \boldsymbol{\beta}_2$ 是两个线性无关的向量组, 且

$$[\boldsymbol{\alpha}_i, \boldsymbol{\beta}_j]=0\ (i=1,2,3;\ j=1,2),$$

证明$\boldsymbol{\alpha}_1, \boldsymbol{\alpha}_2, \boldsymbol{\alpha}_3$与$\boldsymbol{\beta}_1, \boldsymbol{\beta}_2$线性无关.

6. 已知$\boldsymbol{A}=\begin{pmatrix}1&1&1&1\\1&1&1&1\\1&1&1&1\\1&1&1&1\end{pmatrix}$, 求$\boldsymbol{A}$的非零特征值.

7. 设矩阵$\boldsymbol{A}=\begin{pmatrix}1&-3&3\\3&a&3\\6&-6&b\end{pmatrix}$有特征值$\lambda_1=-2$, $\lambda_2=4$, 试求参数a, b的值.

8. 设$\boldsymbol{A}=\begin{pmatrix}1&-1&1\\2&4&-2\\-3&-3&5\end{pmatrix}$, 求$\boldsymbol{A}$的全部特征值和特征向量.

9. 已知$\boldsymbol{A}=\begin{pmatrix}0&0&1\\x&1&0\\1&0&0\end{pmatrix}$有三个线性无关的特征向量, 求$x$.

10. 设矩阵$\boldsymbol{A}$与$\boldsymbol{B}$相似, 且$\boldsymbol{A}=\begin{pmatrix}1&-1&1\\2&4&-2\\-3&-3&a\end{pmatrix}$, $\boldsymbol{B}=\begin{pmatrix}2&0&0\\0&2&0\\0&0&b\end{pmatrix}$.

(1) 求a, b的值;　　(2) 求可逆矩阵$\boldsymbol{P}$, 使$\boldsymbol{P}^{-1}\boldsymbol{AP}=\boldsymbol{B}$.

11. 已知$\boldsymbol{\xi}=\begin{pmatrix}1\\1\\-1\end{pmatrix}$是$\boldsymbol{A}=\begin{pmatrix}a&-1&2\\5&b&3\\-1&0&-2\end{pmatrix}$的特征向量, 求$a, b$的值, 并证明$\boldsymbol{A}$的任一特征向量均能由$\boldsymbol{\xi}$线性表出.

12. 已知三阶矩阵$\boldsymbol{A}$的特征值是$1, -2, 3$, 求$(2\boldsymbol{A})^{-1}$的特征值.

13. 已知可逆矩阵$\boldsymbol{A}$的特征值为$1, 2, -2$, 求:

(1) $\boldsymbol{A}^*$的三个特征值;　　(2) $|\boldsymbol{A}|$的代数余子式之和$A_{11}+A_{22}+A_{33}$.

14. $\boldsymbol{A}$为n阶方阵, $|\boldsymbol{A}|=3$, $2\boldsymbol{A}+\boldsymbol{E}$不可逆, 求伴随矩阵$\boldsymbol{A}^*$的一个特征值.

15. 设三阶实可逆矩阵$\boldsymbol{A}$的特征值为$\lambda_1=1$, $\lambda_2=-4$, $\lambda_3=-1$, 求:

(1) $2(\boldsymbol{A}^{-1})^2-6\boldsymbol{A}^*$的特征值;　　(2) 行列式$|2\boldsymbol{A}^*+3\boldsymbol{A}^2|$的值.

16. 设$\boldsymbol{A}$为三阶实对称矩阵, $\boldsymbol{A}$的特征值为$1, 2, 3$. 若$\boldsymbol{A}$的对应于特征值$1, 2$的特征向量分别为

$$\boldsymbol{\alpha}_1=(-1,-1,1)^{\mathrm{T}},\ \boldsymbol{\alpha}_2=(1,-2,-1)^{\mathrm{T}},$$

求$\boldsymbol{A}$的对应于特征值3的特征向量.

17. 假设$\boldsymbol{A}$满足方程$\boldsymbol{A}^2-5\boldsymbol{A}+6\boldsymbol{E}=\boldsymbol{O}$, 其中$\boldsymbol{E}$为单位矩阵, 试求$\boldsymbol{A}$的特征值.

18. $\boldsymbol{A}$是三阶实对称矩阵, $\boldsymbol{A}$的特征值是$1, -1, 0$, 其中对应于特征值$\lambda=1$与$\lambda=0$的特征向量分别是$(1, a, 1)^{\mathrm{T}}$及$(a, a+1, 1)^{\mathrm{T}}$, 求矩阵$\boldsymbol{A}$.

19. 设三阶实对称矩阵$\boldsymbol{A}$的特征值为$\lambda_1=-1$, $\lambda_2=\lambda_3=1$, 对应于λ_1的特征向量为$\boldsymbol{\alpha}_1=(0,1,1)^{\mathrm{T}}$, 求对应于特征值$\lambda_2=\lambda_3=1$的特征向量及矩阵$\boldsymbol{A}$.

20. 设三阶实对称矩阵$\boldsymbol{A}$的秩为2, $\lambda_1=\lambda_2=6$是$\boldsymbol{A}$的二重特征值. 若

$$\boldsymbol{\alpha}_1=(1,1,0)^{\mathrm{T}},\ \boldsymbol{\alpha}_2=(2,1,1)^{\mathrm{T}},\ \boldsymbol{\alpha}_3=(-1,2,-3)^{\mathrm{T}}$$

都是 $\boldsymbol{A}$ 的对应于特征值 6 的特征向量, 试求 $\boldsymbol{A}$ 的另一特征值及其对应的特征向量.

21. 判断矩阵 $\boldsymbol{A}=\begin{pmatrix} 2 & -1 & 2 \\ 5 & -3 & 3 \\ -1 & 0 & -2 \end{pmatrix}$ 能否对角化? 若能, 求出其对应的对角矩阵.

22. 已知矩阵 $\boldsymbol{A}=\begin{pmatrix} 2 & 0 & 0 \\ 0 & 0 & 1 \\ 0 & 1 & x \end{pmatrix}$, $\boldsymbol{B}=\begin{pmatrix} 2 & 0 & 0 \\ 0 & y & 0 \\ 0 & 0 & -1 \end{pmatrix}$ 相似, 求 y.

23. 试判断矩阵 $\boldsymbol{A}=\begin{pmatrix} 2 & 0 & 0 \\ 0 & 3 & 5 \\ 0 & 1 & 2 \end{pmatrix}$, $\boldsymbol{B}=\begin{pmatrix} 3 & 1 & 0 \\ 7 & 3 & 0 \\ 0 & 0 & 1 \end{pmatrix}$ 是否相似, 若相似, 求出可逆矩阵 $\boldsymbol{M}$, 使得

$$\boldsymbol{B}=\boldsymbol{M}^{-1}\boldsymbol{A}\boldsymbol{M}.$$

24. 设 $\boldsymbol{A}=\begin{pmatrix} 0 & -1 & 4 \\ -1 & 3 & -1 \\ 4 & -1 & 0 \end{pmatrix}$, 正交矩阵 $\boldsymbol{Q}$ 使得 $\boldsymbol{Q}^{\mathrm{T}}\boldsymbol{A}\boldsymbol{Q}$ 为对角矩阵, 若 $\boldsymbol{Q}$ 的第1列为 $\dfrac{1}{\sqrt{6}}(1,2,1)^{\mathrm{T}}$, 求 $\boldsymbol{Q}$.

25. 设矩阵 $\boldsymbol{A}=\begin{pmatrix} 1 & -1 & 1 \\ x & 4 & y \\ -3 & -3 & 5 \end{pmatrix}$, 已知 $\boldsymbol{A}$ 有 3 个线性无关的特征向量, $\lambda=2$ 是 $\boldsymbol{A}$ 的二重特征值, 试求可逆矩阵 $\boldsymbol{P}$, 使得 $\boldsymbol{P}^{-1}\boldsymbol{A}\boldsymbol{P}$ 为对角矩阵.

26. 某试验性生产线每年1月份进行熟练工与非熟练工的人数统计, 然后将1/6 的熟练工派去支援其他生产部门, 其缺额由新招收的非熟练工补齐. 新、老非熟练工经过培训及实践后, 在年终考核时有 2/5 成为熟练工. 设第 n 年 1 月份统计的熟练工和非熟练工所占百分比分别为 x_n 和 y_n, 记作向量 $\begin{pmatrix} x_n \\ y_n \end{pmatrix}$.

(1) 求 $\begin{pmatrix} x_{n+1} \\ y_{n+1} \end{pmatrix}$ 与 $\begin{pmatrix} x_n \\ y_n \end{pmatrix}$ 的关系式并写成矩阵形式: $\begin{pmatrix} x_{n+1} \\ y_{n+1} \end{pmatrix}=\boldsymbol{A}\begin{pmatrix} x_n \\ y_n \end{pmatrix}$;

(2) 验证 $\boldsymbol{\eta}_1=\begin{pmatrix} 4 \\ 1 \end{pmatrix}$, $\boldsymbol{\eta}_2=\begin{pmatrix} -1 \\ 1 \end{pmatrix}$ 是 $\boldsymbol{A}$ 的两个线性无关的特征向量, 并求出相应的特征值;

(3) 当 $\begin{pmatrix} x_1 \\ y_1 \end{pmatrix}=\begin{pmatrix} 1/2 \\ 1/2 \end{pmatrix}$ 时, 求 $\begin{pmatrix} x_{n+1} \\ y_{n+1} \end{pmatrix}$.

27. 已知 $\boldsymbol{A}=\begin{pmatrix} -1 & 1 & 0 \\ -2 & 2 & 0 \\ 4 & x & 1 \end{pmatrix}$ 能对角化, 求 $\boldsymbol{A}^n$.

28. 设 $\boldsymbol{\alpha}=(1,\ 0,\ -1)^{\mathrm{T}}$, 矩阵 $\boldsymbol{A}=\boldsymbol{\alpha}\boldsymbol{\alpha}^{\mathrm{T}}$, n 为正整数, 求行列式 $|a\boldsymbol{E}-\boldsymbol{A}^n|$ (其中 a 为常数).

29. 设三阶矩阵 $\boldsymbol{A}$ 的特征值分别为 $\lambda_1=-1,\ \lambda_2=1,\ \lambda_3=3$, 对应的特征向量依次为

$$\xi_1=(1,\ -1,\ 0)^{\mathrm{T}},\ \xi_2=(1,\ -1,\ 1)^{\mathrm{T}},\ \xi_3=(0,\ 1,\ -1)^{\mathrm{T}},$$

又向量 $\boldsymbol{\beta}=(3,\ -2,\ 0)^{\mathrm{T}}$.

(1) 将 $\boldsymbol{\beta}$ 用 $\xi_1,\ \xi_2,\ \xi_3$ 线性表示; (2) 求 $\boldsymbol{A}^n\boldsymbol{\beta}$ (n 为自然数).

30. 设 $\boldsymbol{A}$ 是三阶矩阵, 它的 3 个特征值为 $\lambda_1=1,\ \lambda_2=-1,\ \lambda_3=2$, 设 $\boldsymbol{B}=\boldsymbol{A}^3-5\boldsymbol{A}^2$, 求 $|\boldsymbol{B}|$, $|\boldsymbol{A}-5\boldsymbol{E}|$.

31. 设实对称矩阵 $A=\begin{pmatrix} a & 1 & 1 \\ 1 & a & -1 \\ 1 & -1 & a \end{pmatrix}$, 求可逆矩阵 P, 使 $P^{-1}AP$ 为对角矩阵, 并计算行列式 $|A-E|$ 的值.

32. 若 $A=\begin{pmatrix} 2 & 2 & 0 \\ 8 & 2 & 0 \\ 0 & 0 & 6 \end{pmatrix}$ 相似于对角矩阵 B, 求可逆矩阵 P, 使 $P^{-1}AP=B$.

33. 已知矩阵 $A=\begin{pmatrix} 1 & -1 & 1 \\ 2 & 4 & -2 \\ -3 & -3 & 5 \end{pmatrix}$.

(1) 求 A 的特征值; (2) 求可逆矩阵 P 和对角矩阵 C, 使得 $P^{-1}AP=C$.

34. 判断矩阵 $A=\begin{pmatrix} 1 & -3 & 3 \\ 3 & -5 & 3 \\ 6 & -6 & 4 \end{pmatrix}$ 是否与对角矩阵相似, 如果相似, 求出相似变换矩阵 P, 使 $P^{-1}AP$ 为对角矩阵.

35. 设矩阵 $A=\begin{pmatrix} 3 & 1 & 1 \\ 1 & 2 & 0 \\ 1 & 0 & 2 \end{pmatrix}$.

(1) 求矩阵 A 的所有特征值与特征向量;

(2) 判断矩阵 A 能否对角化. 若能对角化, 求出相似变换矩阵 P, 使 A 化为对角矩阵;

(3) 计算 $A^{100}\begin{pmatrix} 1 \\ -1 \\ -1 \end{pmatrix}$, $A^{100}\begin{pmatrix} 1 \\ 2 \\ 2 \end{pmatrix}$, A^m.

36. 设 $b\neq 0$, n 阶矩阵 $A=\begin{pmatrix} 1 & b & \cdots & b \\ b & 1 & \cdots & b \\ \vdots & \vdots & & \vdots \\ b & b & \cdots & 1 \end{pmatrix}$. 求可逆矩阵 P, 使得 $P^{-1}AP$ 为对角矩阵.

第 5 章　二次型

二次型是线性代数中的一个重要概念, 源于代数和几何的结合. 在几何学中, 二次型可以用于描述二次曲面 (如椭球、双曲面等) 的形状和性质. 19 世纪, 随着数学的迅速发展, 二次型的研究扩展到了抽象代数和多变量函数, 为现代数学奠定了基础. 它的研究涉及对称矩阵、特征值分解等核心内容, 与数学分析、优化理论和数值计算密切相关.

二次型在数学理论和应用中具有重要意义. 一方面, 它是研究多维空间中几何性质的工具, 通过正定性等性质可以揭示向量空间的内在结构; 另一方面, 它是解析多变量函数和二次方程组的重要手段, 提供了优化问题的基本框架. 同时, 二次型的性质与矩阵代数、特征值问题密切相关, 推动了矩阵理论和线性代数的发展.

二次型广泛应用于工程、物理、经济和统计等领域. 在物理学中, 它描述了力学系统的势能形式; 在优化问题中, 二次型函数用于最小二乘法、凸优化和机器学习模型; 在统计学中, 它出现在协方差分析和回归分析中, 衡量数据分布特性. 此外, 二次型在信号处理、控制理论和量子力学中也有重要作用, 帮助解决复杂系统的稳定性分析和性能优化等问题.

在解析几何中, 为了便于研究二次曲线

$$ax^2+bxy+cy^2=1$$

的几何性质, 可以选择适当的坐标旋转变换:

$$\begin{cases} x=x'\cos\theta-y'\sin\theta \\ y=x'\sin\theta+y'\cos\theta \end{cases},$$

把方程化为标准形式: $mx'^2+cy'^2=1$.

这类问题具有普遍性, 在许多理论问题和实际问题中经常遇到, 本章将把这类问题一般化, 讨论 n 个变量的二次多项式的化简问题.

§5.1　二次型及其矩阵

一、二次型的概念

定义 1　含有 n 个变量 $x_1, x_2, \cdots, x_n$ 的二次齐次函数

$$\begin{aligned} f(x_1,x_2,\cdots,x_n)=&a_{11}x_1^2+a_{22}x_2^2+\cdots+a_{nn}x_n^2 \\ &+2a_{12}x_1x_2+2a_{13}x_1x_3+\cdots+2a_{n-1\,n}x_{n-1}x_n \end{aligned} \tag{1.1}$$

称为**二次型**. 当 a_{ij} 为复数时, f 称为**复二次型**; 当 a_{ij} 为实数时, f 称为**实二次型**.

本章中只讨论实二次型, 例如:

$$f(x_1,x_2,x_3)=x_1x_2+x_1x_3+x_2x_3,$$

$$f(x_1,x_2,x_3)=2x_1^2+4x_2^2+5x_3^2-4x_1x_3.$$

二、二次型的矩阵

在式(1.1)中, 取 $a_{ji}=a_{ij}$, 则 $2a_{ji}x_ix_j=a_{ij}x_ix_j+a_{ji}x_jx_i$, 于是, 式(1.1)可改写为

$$\begin{aligned}
f(x_1,x_2,\cdots,x_n)&=a_{11}x_1^2+a_{12}x_1x_2+\cdots+a_{1n}x_1x_n\\
&\quad+a_{21}x_2x_1+\cdots+a_{2n}x_2x_n+\cdots+a_{n1}x_nx_1+\cdots+a_{nn}x_n^2\\
&=\sum_{i,j=1}^{n}a_{ij}x_ix_j=x_1(a_{11}x_1+a_{12}x_2+\cdots+a_{1n}x_n)\\
&\qquad+x_2(a_{21}x_1+\cdots+a_{2n}x_n)+\cdots+x_n(a_{n1}x_1+\cdots+a_{nn}x_n)\\
&=(x_1,x_2,\cdots,x_n)\begin{pmatrix}a_{11}x_1+a_{12}x_2+\cdots+a_{1n}x_n\\ a_{21}x_1+a_{22}x_2+\cdots+a_{2n}x_n\\ \vdots\\ a_{n1}x_1+a_{n2}x_2+\cdots+a_{nn}x_n\end{pmatrix}\\
&=(x_1,x_2,\cdots,x_n)\begin{pmatrix}a_{11}&a_{12}&\cdots&a_{1n}\\ a_{21}&a_{22}&\cdots&a_{2n}\\ \vdots&\vdots&&\vdots\\ a_{n1}&a_{n2}&\cdots&a_{nn}\end{pmatrix}\begin{pmatrix}x_1\\ x_2\\ \vdots\\ x_n\end{pmatrix}=\boldsymbol{x}^{\mathrm{T}}\boldsymbol{A}\boldsymbol{x},
\end{aligned}$$

式中

$$\boldsymbol{x}=\begin{pmatrix}x_1\\ x_2\\ \vdots\\ x_n\end{pmatrix},\ \boldsymbol{A}=\begin{pmatrix}a_{11}&a_{12}&\cdots&a_{1n}\\ a_{21}&a_{22}&\cdots&a_{2n}\\ \vdots&\vdots&&\vdots\\ a_{n1}&a_{n2}&\cdots&a_{nn}\end{pmatrix},$$

称 $f(\boldsymbol{x})=\boldsymbol{x}^{\mathrm{T}}\boldsymbol{A}\boldsymbol{x}$ 为二次型的**矩阵形式**. 其中实对称矩阵 $\boldsymbol{A}$ 称为该二次型的**矩阵**. 二次型 f 称为实对称矩阵 $\boldsymbol{A}$ 的**二次型**. 实对称矩阵 $\boldsymbol{A}$ 的秩称为二次型的**秩**.于是, 二次型 f 与实对称矩阵 $\boldsymbol{A}$ 之间有一一对应关系.

由于二次型的本质是关于 x_ix_j 的对称性, 它要求 $a_{ij}x_ix_j$ 与 $a_{ji}x_jx_i$ 等价, 因此 $a_{ij}=a_{ji}$ 必须成立. 这意味着矩阵 $\boldsymbol{A}$ 必是对称矩阵. 此外, 从代数角度看, 任何非对称矩阵都可以分解为对称部分和反对称部分. 在二次型中, 反对称部分在 $\boldsymbol{x}^{\mathrm{T}}\boldsymbol{A}\boldsymbol{x}$ 中会相互抵消, 因此仅保留对称

部分. 这进一步说明二次型的矩阵必须是对称矩阵.

例如, 二次型 $3x_1^2+4x_2^2+3x_3^2+2x_1x_3$ 的矩阵是

$$\boldsymbol{A}=\begin{pmatrix}3&0&1\\0&4&0\\1&0&3\end{pmatrix};$$

反之, 上述对称矩阵 $\boldsymbol{A}$ 对应的二次型是

$$\boldsymbol{x}^{\mathrm{T}}\boldsymbol{A}\boldsymbol{x}=(x_1,x_2,x_3)\begin{pmatrix}3&0&1\\0&4&0\\1&0&3\end{pmatrix}\begin{pmatrix}x_1\\x_2\\x_3\end{pmatrix}=3x_1^2+4x_2^2+3x_3^2+2x_1x_3.$$

例1　求二次型 $f(x_1,x_2,x_3)=(x_1+x_2)^2+(x_2+x_3)^2-(x_3-x_1)^2$ 的矩阵.

解　利用完全平方公式, 题设二次型:

$$f(x_1,x_2,x_3)=(x_1+x_2)^2+(x_2+x_3)^2-(x_3-x_1)^2=2x_2^2+2x_1x_2+2x_2x_3+2x_1x_3,$$

因此, 题设二次型的矩阵 $\boldsymbol{A}=\begin{pmatrix}0&1&1\\1&2&1\\1&1&0\end{pmatrix}$.

例2　求矩阵 $\begin{pmatrix}0&\frac{\sqrt{2}}{2}&1\\\frac{\sqrt{2}}{2}&3&-\frac{3}{2}\\1&-\frac{3}{2}&0\end{pmatrix}$ 对应的实二次型.

解　题设矩阵是对称的, 根据二次型矩阵的定义与矩阵的乘法, 题设矩阵的二次型为

$$\begin{aligned}f&=\boldsymbol{x}^{\mathrm{T}}\boldsymbol{A}\boldsymbol{x}\\&=a_{11}x_1^2+a_{22}x_2^2+a_{33}x_3^2+2a_{12}x_1x_2+2a_{13}x_1x_3+2a_{23}x_2x_3\\&=3x_2^2+\sqrt{2}x_1x_2+2x_1x_3-3x_2x_3.\end{aligned}$$

例3　求二次型 $f(x_1,x_2,x_3)=x_1^2-4x_1x_2+2x_1x_3-2x_2^2+6x_3^2$ 的秩.

解　先求题设二次型的矩阵. 因为

$$f(x_1,x_2,x_3)=x_1^2-2x_1x_2+x_1x_3-2x_2x_1-2x_2^2+0x_2x_3+x_3x_1+0x_3x_2+6x_3^2,$$

所以, $\boldsymbol{A}=\begin{pmatrix}1&-2&1\\-2&-2&0\\1&0&6\end{pmatrix}$, 对 $\boldsymbol{A}$ 作初等行变换:

$$\boldsymbol{A}\to\begin{pmatrix}1&-2&1\\0&-6&2\\0&2&5\end{pmatrix}\to\begin{pmatrix}1&-2&1\\0&2&5\\0&0&17\end{pmatrix},$$

由上式右端的行阶梯形矩阵知, $r(\boldsymbol{A})=3$, 所以, 题设二次型的秩为3.

例4　已知二次型

$$f(x_1, x_2, x_3, x_4)=5x_1^2+5x_2^2+cx_3^2-2x_1x_2+6x_1x_3-6x_2x_3$$

的秩为2, 求c.

解　根据二次型矩阵的定义, 题设二次型f的矩阵为

$$\boldsymbol{A}=\begin{pmatrix} 5 & -1 & 3 \\ -1 & 5 & -3 \\ 3 & -3 & c \end{pmatrix},$$

由题设知其秩 $r(\boldsymbol{A})=2$, 根据向量组线性相关性的充要条件 (§3.3定理2的推论1), $\boldsymbol{A}$的列向量组必线性相关, 故$|\boldsymbol{A}|=0$, 利用行列式的性质与行列式展开式, 计算得

$$|\boldsymbol{A}|=\begin{vmatrix} 5 & -1 & 3 \\ -1 & 5 & -3 \\ 3 & -3 & c \end{vmatrix}=24c-72=0,$$

解得 $c=3$.

例5　假设某投资者可以投资两只不同的股票, 即股票1和股票2. 投资者的目标是通过投资组合的资产权重来最大化投资组合的预期收益, 同时最小化投资组合的风险. 股票1和股票2的预期收益分别为0.05和0.07, 方差分别为0.01和0.02, 两只股票之间的协方差为0.008. 假设投资者希望确定对两只股票的投资比例, 以实现最大化效用. 为了简化问题, 我们假设投资组合的风险可以用二次型来表示, 且投资者的效用函数为投资组合的期望收益减去风险的某个加权系数. 试:

(1) 设定一个包含投资组合风险的二次型, 并用矩阵表示.

(2) 计算当投资者在股票1和股票2之间按权重0.5、0.5分配时, 投资组合的风险.

解　(1) 假设股票1和股票2的投资比例分别为x_1和x_2, 其中

$$x_1+x_2=1,$$

表示投资者将总投资的1单位资金分配给股票1和股票2. 投资组合的风险可以通过二次型来表达, 其形式为

$$f(x_1, x_2)=(x_1\ \ x_2)\begin{pmatrix} \sigma_1^2 & \mathrm{cov}(1,2) \\ \mathrm{cov}(1,2) & \sigma_2^2 \end{pmatrix}\begin{pmatrix} x_1 \\ x_2 \end{pmatrix},$$

其中, σ_1^2和σ_2^2分别是股票1和股票2的方差, $\mathrm{cov}(1,2)$是股票1和股票2的协方差. 已知

$$\mathrm{cov}(1,2)=0.008,\ \sigma_1^2=0.01,\ \sigma_2^2=0.02,$$

则风险的二次型的矩阵为

$$\begin{pmatrix} \sigma_1^2 & \mathrm{cov}(1,2) \\ \mathrm{cov}(1,2) & \sigma_2^2 \end{pmatrix}=\begin{pmatrix} 0.01 & 0.008 \\ 0.008 & 0.02 \end{pmatrix}.$$

从而投资组合的风险可以表示为

$$f(x_1,x_2)=(x_1\ \ x_2)\begin{pmatrix}0.01 & 0.008\\ 0.008 & 0.02\end{pmatrix}\begin{pmatrix}x_1\\ x_2\end{pmatrix}.$$

利用矩阵的乘法运算, 计算得

$$f(x_1,x_2)=0.01x_1^2+0.02x_2^2+2\times 0.008x_1x_2,$$

这是一个二次型, 其中包含股票1和股票2的投资比例及其方差和协方差.

(2) 下面进一步假设投资者希望对两只股票进行均等投资, 即

$$x_1=0.5,\ x_2=0.5,$$

将其代入上面的二次型, 即可计算出投资组合的风险:

$$\begin{aligned}f(0.5,\ 0.5)&=0.01\times 0.5^2+0.02\times 0.5^2+2\times 0.008\times 0.5\times 0.5\\&=0.002\,5+0.005+0.004=0.011\,5,\end{aligned}$$

因此, 当投资者对两只股票进行均等投资时, 投资组合的风险为 0.011 5.

本例中, 我们将二次型应用于投资组合优化问题. 二次型在此处用来表示投资组合的风险 (即方差). 通过二次型的矩阵表示, 两只股票的方差、协方差和投资比例之间的关系都能简洁地得以表达.

三、矩阵的合同

一般地, 关系式

$$\begin{cases}x_1=c_{11}y_1+c_{12}y_2+\cdots+c_{1n}y_n\\ x_2=c_{21}y_1+c_{22}y_2+\cdots+c_{2n}y_n\\ \quad\cdots\cdots\\ x_n=c_{n1}y_1+c_{n2}y_2+\cdots+c_{nn}y_n\end{cases}$$

称为由变量 $x_1,x_2,\cdots,x_n$ 到 $y_1,y_2,\cdots,y_n$ 的**线性变换**. 矩阵

$$\boldsymbol{C}=\begin{pmatrix}c_{11} & c_{12} & \cdots & c_{1n}\\ c_{21} & c_{22} & \cdots & c_{2n}\\ \vdots & \vdots & & \vdots\\ c_{n1} & c_{n2} & \cdots & c_{nn}\end{pmatrix}$$

称为**线性变换矩阵**. 当 $\boldsymbol{C}$ 可逆时, 称该线性变换为**可逆线性变换**.

对一般二次型 $f=\boldsymbol{x}^{\mathrm{T}}\boldsymbol{A}\boldsymbol{x}$, 经可逆线性变换 $\boldsymbol{x}=\boldsymbol{C}\boldsymbol{y}$, 可将其化为

$$f=\boldsymbol{x}^{\mathrm{T}}\boldsymbol{A}\boldsymbol{x}=(\boldsymbol{C}\boldsymbol{y})^{\mathrm{T}}\boldsymbol{A}(\boldsymbol{C}\boldsymbol{y})=\boldsymbol{y}^{\mathrm{T}}(\boldsymbol{C}^{\mathrm{T}}\boldsymbol{A}\boldsymbol{C})\boldsymbol{y},$$

其中, $\boldsymbol{y}^{\mathrm{T}}(\boldsymbol{C}^{\mathrm{T}}\boldsymbol{A}\boldsymbol{C})\boldsymbol{y}$ 为关于 $y_1,y_2,\cdots,y_n$ 的二次型, 对应的矩阵为 $\boldsymbol{C}^{\mathrm{T}}\boldsymbol{A}\boldsymbol{C}$.

例 6　设二次型 $f(x_1, x_2, x_3) = 2x_1x_2 - 4x_1x_3 + 10x_2x_3$，且

$$\begin{cases} x_1 = y_1 - y_2 - 5y_3 \\ x_2 = y_1 + y_2 + 2y_3, \\ x_3 = y_3 \end{cases}$$

求经过该线性变换后的新二次型.

解　题设二次型的矩阵为 $\boldsymbol{A} = \begin{pmatrix} 0 & 1 & -2 \\ 1 & 0 & 5 \\ -2 & 5 & 0 \end{pmatrix}$，而题设线性变换的矩阵为

$$\boldsymbol{C} = \begin{pmatrix} 1 & -1 & -5 \\ 1 & 1 & 2 \\ 0 & 0 & 1 \end{pmatrix}, \ |\boldsymbol{C}| \neq 0,$$

故经可逆线性变换 $\boldsymbol{x} = \boldsymbol{C}\boldsymbol{y}$ 后的二次型的矩阵为

$$\boldsymbol{C}^{\mathrm{T}}\boldsymbol{A}\boldsymbol{C} = \begin{pmatrix} 1 & 1 & 0 \\ -1 & 1 & 0 \\ -5 & 2 & 1 \end{pmatrix}\begin{pmatrix} 0 & 1 & -2 \\ 1 & 0 & 5 \\ -2 & 5 & 0 \end{pmatrix}\begin{pmatrix} 1 & -1 & -5 \\ 1 & 1 & 2 \\ 0 & 0 & 1 \end{pmatrix} = \begin{pmatrix} 2 & 0 & 0 \\ 0 & -2 & 0 \\ 0 & 0 & 20 \end{pmatrix},$$

所以，经可逆线性变换 $\boldsymbol{x} = \boldsymbol{C}\boldsymbol{y}$ 后，新的二次型为

$$2y_1^2 - 2y_2^2 + 20y_3^2.$$

关于矩阵 $\boldsymbol{A}$ 与 $\boldsymbol{C}^{\mathrm{T}}\boldsymbol{A}\boldsymbol{C}$ 的关系，我们给出下面的定义.

定义 2　设 $\boldsymbol{A}, \boldsymbol{B}$ 为两个 n 阶方阵，如果存在 n 阶可逆矩阵 $\boldsymbol{C}$，使得 $\boldsymbol{C}^{\mathrm{T}}\boldsymbol{A}\boldsymbol{C} = \boldsymbol{B}$，则称**矩阵 $\boldsymbol{A}$ 合同于矩阵 $\boldsymbol{B}$**，或称 **$\boldsymbol{A}$ 与 $\boldsymbol{B}$ 合同**.

易见，二次型 $f(x_1, x_2, \cdots, x_n) = \boldsymbol{x}^{\mathrm{T}}\boldsymbol{A}\boldsymbol{x}$ 的矩阵 $\boldsymbol{A}$ 与经过可逆线性变换 $\boldsymbol{x} = \boldsymbol{C}\boldsymbol{y}$ 得到的二次型的矩阵 $\boldsymbol{B} = \boldsymbol{C}^{\mathrm{T}}\boldsymbol{A}\boldsymbol{C}$ 是合同的.

矩阵合同的基本性质：

(1) **自反性**：对任意方阵 $\boldsymbol{A}$，$\boldsymbol{A}$ 合同于 $\boldsymbol{A}$.

因为 $\boldsymbol{E}^{\mathrm{T}}\boldsymbol{A}\boldsymbol{E} = \boldsymbol{A}$.

(2) **对称性**：若 $\boldsymbol{A}$ 合同于 $\boldsymbol{B}$，则 $\boldsymbol{B}$ 合同于 $\boldsymbol{A}$.

因为若 $\boldsymbol{B} = \boldsymbol{C}^{\mathrm{T}}\boldsymbol{A}\boldsymbol{C}$，则 $\boldsymbol{A} = (\boldsymbol{C}^{\mathrm{T}})^{-1}\boldsymbol{B}\boldsymbol{C}^{-1} = (\boldsymbol{C}^{-1})^{\mathrm{T}}\boldsymbol{B}\boldsymbol{C}^{-1}$.

(3) **传递性**：若 $\boldsymbol{A}$ 合同于 $\boldsymbol{B}$，$\boldsymbol{B}$ 合同于 $\boldsymbol{C}$，则 $\boldsymbol{A}$ 合同于 $\boldsymbol{C}$.

因为若 $\boldsymbol{B} = \boldsymbol{C}_1^{\mathrm{T}}\boldsymbol{A}\boldsymbol{C}_1$，$\boldsymbol{C} = \boldsymbol{C}_2^{\mathrm{T}}\boldsymbol{B}\boldsymbol{C}_2$，则 $\boldsymbol{C} = (\boldsymbol{C}_1\boldsymbol{C}_2)^{\mathrm{T}}\boldsymbol{A}(\boldsymbol{C}_1\boldsymbol{C}_2)$.

合同变换保留了矩阵的对称性等基本性质，这使得复杂的二次型能够在标准坐标系下得到清晰的表达，例如通过合同化简可将二次型的矩阵转化为对角矩阵，从而揭示其本质特性。此外，合同关系是判断矩阵等价性的重要工具.

例7　设$\boldsymbol{A}$和$\boldsymbol{B}$为实对称矩阵. 证明: 若$\boldsymbol{A}$与$\boldsymbol{B}$相似, 则$\boldsymbol{A}$与$\boldsymbol{B}$合同; 反之不成立.

证明　依题设, 矩阵$\boldsymbol{A}$与$\boldsymbol{B}$都为实对称矩阵, 则由实对称矩阵的性质 (§4.4定理4) 知, 存在正交矩阵$\boldsymbol{Q}_1, \boldsymbol{Q}_2$, 使得

$$\boldsymbol{Q}_1^{\mathrm{T}}\boldsymbol{A}\boldsymbol{Q}_1 = \boldsymbol{\Lambda}_1,\ \boldsymbol{Q}_2^{\mathrm{T}}\boldsymbol{B}\boldsymbol{Q}_2 = \boldsymbol{\Lambda}_2,$$

再由相似矩阵的性质知, 相似矩阵有相同的特征值, 故

$$\boldsymbol{\Lambda}_1 = \boldsymbol{\Lambda}_2 = \begin{pmatrix} \lambda_1 & & \\ & \lambda_2 & \\ & & \lambda_3 \end{pmatrix},$$

其中$\lambda_i\ (i=1, 2, 3)$为矩阵$\boldsymbol{A}, \boldsymbol{B}$的特征值, 于是

$$\boldsymbol{Q}_1^{\mathrm{T}}\boldsymbol{A}\boldsymbol{Q}_1 = \boldsymbol{Q}_2^{\mathrm{T}}\boldsymbol{B}\boldsymbol{Q}_2,$$

根据正交矩阵的定义, 有

$$\boldsymbol{Q}_i^{\mathrm{T}} = \boldsymbol{Q}_i^{-1}\ (i=1, 2),$$

利用矩阵乘法的结合律与矩阵转置的运算规律, 有

$$\boldsymbol{A} = \boldsymbol{Q}_1\boldsymbol{Q}_2^{\mathrm{T}}\boldsymbol{B}\boldsymbol{Q}_2\boldsymbol{Q}_1^{\mathrm{T}} = (\boldsymbol{Q}_2\boldsymbol{Q}_1^{\mathrm{T}})^{\mathrm{T}}\boldsymbol{B}(\boldsymbol{Q}_2\boldsymbol{Q}_1^{\mathrm{T}}),$$

所以, 矩阵$\boldsymbol{A}$与$\boldsymbol{B}$合同. 但反之不成立.

例如, 设$\boldsymbol{A}=\begin{pmatrix} 1 & 0 \\ 0 & 1 \end{pmatrix}$, $\boldsymbol{B}=\begin{pmatrix} 1 & 0 \\ 0 & 2 \end{pmatrix}$, 令$\boldsymbol{C}=\begin{pmatrix} 1 & 0 \\ 0 & \dfrac{1}{\sqrt{2}} \end{pmatrix}$, 则有

$$\boldsymbol{C}^{\mathrm{T}}\boldsymbol{B}\boldsymbol{C} = \boldsymbol{A},$$

即$\boldsymbol{A}$与$\boldsymbol{B}$合同, 但对任意可逆矩阵$\boldsymbol{C}$, 有

$$\boldsymbol{C}^{-1}\boldsymbol{A}\boldsymbol{C} = \boldsymbol{E} \neq \boldsymbol{B},$$

所以, 矩阵$\boldsymbol{A}$与$\boldsymbol{B}$不相似.

习题 5-1

1. 若n阶矩阵$\boldsymbol{A}$与$\boldsymbol{B}$合同, 则(　).

(A) $\boldsymbol{A}=\boldsymbol{B}$;　(B) $\boldsymbol{A}\sim\boldsymbol{B}$;　(C) $|\boldsymbol{A}|=|\boldsymbol{B}|$;　(D) $\mathrm{r}(\boldsymbol{A})=\mathrm{r}(\boldsymbol{B})$.

2. 用矩阵形式表示下列二次型:

(1) $f=x^2+4xy+4y^2+2xz+z^2+4yz$;

(2) $f=x^2+y^2-7z^2-2xy-4xz-4yz$;

(3) $f=x_1^2+x_2^2+x_3^2+x_4^2-2x_1x_2+4x_1x_3-2x_1x_4+6x_2x_3-4x_2x_4$;

(4) $f=x_1^2+x_1x_2-x_1x_3+2x_2x_3$;

(5) $f=x_1^2+4x_1x_2-3x_2^2-18x_2x_3+5x_3^2$;

(6) $f=x_1^2+x_2^2+x_3^2+2ax_1x_2+2ax_1x_3+2ax_2x_3$;

(7) $f=x_1^2-4x_1x_2+4x_2^2$;

(8) $f=ay_1^2+4y_1y_2+by_2^2$;

(9) $f=4x_2^2-3x_3^2+4x_1x_2-4x_1x_3+8x_2x_3$;

(10) $f=x_1^2+x_2^2+x_3^2+2\alpha x_1x_2+2\beta x_2x_3+2x_1x_3$.

3. 找到与下列方程相关的二次型矩阵.

(1) $x^2+y^2-4=0$;　　(2) $x^2-4xy+y^2-4=0$.

4. 写出对称矩阵 $\boldsymbol{A}=\begin{pmatrix}1 & -1 & -3 & 1\\ -1 & 0 & -2 & 1/2\\ -3 & -2 & 1/3 & -3/2\\ 1 & 1/2 & -3/2 & 0\end{pmatrix}$ 对应的二次型.

5. 求对称矩阵 $\begin{pmatrix}0 & 1/2 & 0 & 0\\ 1/2 & 1 & 0 & -3\\ 0 & 0 & 0 & 0\\ 0 & -3 & 0 & -3\end{pmatrix}$ 对应的二次型.

6. 写出二次型 $f(\boldsymbol{x})=\boldsymbol{x}^{\mathrm{T}}\begin{pmatrix}1 & 2 & 3\\ 4 & 5 & 6\\ 7 & 8 & 9\end{pmatrix}\boldsymbol{x}$ 的对称矩阵.

7. 在市场营销中, 广告投放的效果评估和优化是提高广告效益的关键. 假设某公司正在进行电视广告和互联网广告的投放, 目标是通过合理分配广告预算来最大化销售量, 同时考虑到广告投放的成本. 广告的投放效果不仅受到投放金额的影响, 还与不同广告平台之间的相互作用 (例如电视广告和互联网广告的协同效应) 密切相关.

假设公司有两个广告平台——电视广告和互联网广告, 投放的预算分别为 x_1 和 x_2, 其中 x_1 为电视广告的预算, x_2 为互联网广告的预算. 公司希望通过最优的预算分配来最大化广告投放带来的销售量. 试:

(1) 设定一个包含广告投放效果和成本的二次型优化问题, 并用矩阵表示.

(2) 求在给定预算的情况下, 如何分配广告预算以最大化销售量.

8. 对于对称矩阵 $\boldsymbol{A}=\begin{pmatrix}0 & 1 & 1\\ 1 & 2 & 1\\ 1 & 1 & 0\end{pmatrix}$ 与 $\boldsymbol{B}=\begin{pmatrix}2 & 1 & 1\\ 1 & 0 & 1\\ 1 & 1 & 0\end{pmatrix}$, 求出非奇异矩阵 $\boldsymbol{C}$, 使 $\boldsymbol{C}^{\mathrm{T}}\boldsymbol{AC}=\boldsymbol{B}$.

9. 求二次型 $f(x_1,x_2,x_3)=\boldsymbol{x}^{\mathrm{T}}\begin{pmatrix}1 & 2 & 1\\ 0 & 1 & 0\\ 1 & 2 & 1\end{pmatrix}\boldsymbol{x}$ 的秩.

10. 求二次型 $f(x_1,x_2,x_3)=(x_1+x_2)^2+(x_2-x_3)^2+(x_3+x_1)^2$ 的秩.

11. 设二次型 $f=2x_1^2+x_2^2-4x_1x_2-4x_2x_3$, 分别作下列可逆变换, 求出新的二次型:

(1) $\boldsymbol{x}=\begin{pmatrix}1&1&-2\\0&1&-2\\0&0&1\end{pmatrix}\boldsymbol{y}$;　　(2) $\boldsymbol{x}=\begin{pmatrix}1/\sqrt{2}&1&-1\\0&1&-1\\0&0&1/2\end{pmatrix}\boldsymbol{y}$.

§5.2　化二次型为标准形

若二次型 $f(x_1, x_2, \cdots, x_n)$ 经可逆线性变换 $\boldsymbol{x}=\boldsymbol{C}\boldsymbol{y}$ 可化为只含平方项的形式:

$$b_1y_1^2+b_2y_2^2+\cdots+b_ny_n^2, \tag{2.1}$$

则称式(2.1)为二次型 $f(x_1, x_2, \cdots, x_n)$ 的**标准形**.

由第4章实对称矩阵的对角化方法知, 可取 $\boldsymbol{C}$ 为正交变换矩阵, 则二次型

$$f(x_1, x_2, \cdots, x_n)=\boldsymbol{x}^{\mathrm{T}}\boldsymbol{A}\boldsymbol{x}$$

在可逆线性变换 $\boldsymbol{x}=\boldsymbol{C}\boldsymbol{y}$ 下, 可化为 $\boldsymbol{y}^{\mathrm{T}}(\boldsymbol{C}^{\mathrm{T}}\boldsymbol{A}\boldsymbol{C})\boldsymbol{y}$. 如果 $\boldsymbol{C}^{\mathrm{T}}\boldsymbol{A}\boldsymbol{C}$ 为对角矩阵

$$\boldsymbol{B}=\begin{pmatrix}b_1&&&\\&b_2&&\\&&\ddots&\\&&&b_n\end{pmatrix},$$

则 $f(x_1, x_2, \cdots, x_n)$ 就可化为标准形(2.1), 其标准形中的系数恰好为对角矩阵 $\boldsymbol{B}$ 的对角线元素, 因此, 上面的问题归结为: 矩阵 $\boldsymbol{A}$ 能否合同于一个对角矩阵.

一、用配方法化二次型为标准形

例如, 用配方法将 $\mathbf{R}^2$ 中的二次型 $2x^2+xy$ 化为标准形:

$$\begin{aligned}2x^2+xy&=2\left(x^2+\frac{xy}{2}\right)=2\left[x^2+\frac{xy}{2}+\left(\frac{y}{4}\right)^2\right]-2\left(\frac{y}{4}\right)^2\\&=2\left(x+\frac{y}{4}\right)^2-\frac{y^2}{8}=2y_1^2-\frac{1}{8}y_2^2,\end{aligned}$$

其中 $y_1=x+\dfrac{y}{4}$, $y_2=y$.

对于一般的二次型 $f=\sum\limits_{i,j=1}^{n}a_{ij}x_ix_j=\boldsymbol{x}^{\mathrm{T}}\boldsymbol{A}\boldsymbol{x}$, 利用拉格朗日配方法可证得下述结论.

定理 1　任意二次型都可通过可逆线性变换化为标准形.

证明　略.

拉格朗日配方法的步骤如下:

(1) 若二次型含有 x_i 的平方项, 则先把含有 x_i 的乘积项集中, 然后配方, 再对其余的变量重复上述过程, 直到所有变量都配成平方项为止, 这样, 二次型经过可逆线性变换, 就可化为标准形.

(2) 若二次型中不含有平方项, 但是 $a_{ij} \neq 0\ (i \neq j)$, 则先作可逆线性变换

$$\begin{cases} x_i = y_i - y_j \\ x_j = y_i + y_j \\ x_k = y_k \end{cases} \quad (k = 1, 2, \cdots, n \text{ 且 } k \neq i, j),$$

化二次型为含有平方项的二次型, 然后按 (1) 中方法配方.

注: *配方法是一种可逆线性变换, 但平方项的系数与 $\boldsymbol{A}$ 的特征值无关.*

因为二次型 f 与它的对称矩阵 $\boldsymbol{A}$ 有一一对应的关系, 故由定理 1 即得下述定理.

定理 2 对任一实对称矩阵 $\boldsymbol{A}$, 存在可逆矩阵 $\boldsymbol{C}$, 使 $\boldsymbol{B} = \boldsymbol{C}^{\mathrm{T}}\boldsymbol{A}\boldsymbol{C}$ 为对角矩阵, 即任一实对称矩阵都与一个对角矩阵合同.

例 1 将 $x_1^2 + 2x_1x_2 + 2x_1x_3 + 2x_2^2 + 4x_2x_3 + x_3^2$ 化为标准形.

解 因标准形是平方项的代数和, 可利用配方法求解.

$$\begin{aligned} & x_1^2 + 2x_1x_2 + 2x_1x_3 + 2x_2^2 + 4x_2x_3 + x_3^2 \\ = & x_1^2 + 2x_1(x_2 + x_3) + (x_2 + x_3)^2 - (x_2 + x_3)^2 + 2x_2^2 + 4x_2x_3 + x_3^2 \\ = & (x_1 + x_2 + x_3)^2 + x_2^2 + 2x_2x_3 \\ = & (x_1 + x_2 + x_3)^2 + (x_2 + x_3)^2 - x_3^2. \end{aligned} \tag{2.2}$$

令 $\begin{cases} y_1 = x_1 + x_2 + x_3 \\ y_2 = x_2 + x_3 \\ y_3 = x_3 \end{cases}$, 即

$$\begin{cases} x_1 = y_1 - y_2 \\ x_2 = y_2 - y_3, \\ x_3 = y_3 \end{cases} \tag{2.3}$$

其线性变换矩阵的行列式

$$|\boldsymbol{C}| = \begin{vmatrix} 1 & -1 & 0 \\ 0 & 1 & -1 \\ 0 & 0 & 1 \end{vmatrix} = 1 \neq 0,$$

将式 (2.3) 代入式 (2.2) 得所求二次型的标准形为 $y_1^2 + y_2^2 - y_3^2$, 它的矩阵为

$$\boldsymbol{B} = \begin{pmatrix} 1 & 0 & 0 \\ 0 & 1 & 0 \\ 0 & 0 & -1 \end{pmatrix},$$

而题设二次型的矩阵为$\boldsymbol{A}=\begin{pmatrix}1&1&1\\1&2&2\\1&2&1\end{pmatrix}$，线性变换矩阵$\boldsymbol{C}=\begin{pmatrix}1&-1&0\\0&1&-1\\0&0&1\end{pmatrix}$，易验证

$$\boldsymbol{C}^{\mathrm{T}}\boldsymbol{A}\boldsymbol{C}=\boldsymbol{B}=\begin{pmatrix}1&0&0\\0&1&0\\0&0&-1\end{pmatrix}，且\boldsymbol{y}^{\mathrm{T}}\boldsymbol{B}\boldsymbol{y}=y_1^2+y_2^2-y_3^2.$$

由上可见，要把一个二次型化为标准形，关键在于求出一个可逆矩阵$\boldsymbol{C}$，使得$\boldsymbol{C}^{\mathrm{T}}\boldsymbol{A}\boldsymbol{C}$是对角矩阵.

例 2 化二次型 $f=2x_1x_2+2x_1x_3-6x_2x_3$ 为标准形，并求所用的线性变换矩阵.

解 f 中不含平方项. 由于 f 中含有乘积项 x_1x_2，故令

$$\begin{cases}x_1=y_1+y_2\\x_2=y_1-y_2\\x_3=y_3\end{cases}，\quad 即\begin{pmatrix}x_1\\x_2\\x_3\end{pmatrix}=\begin{pmatrix}1&1&0\\1&-1&0\\0&0&1\end{pmatrix}\begin{pmatrix}y_1\\y_2\\y_3\end{pmatrix},$$

将其代入题设二次型，得 $f=2y_1^2-2y_2^2-4y_1y_3+8y_2y_3$，再配方，得

$$f=2(y_1-y_3)^2-2(y_2-2y_3)^2+6y_3^2.$$

令$\begin{cases}z_1=y_1-y_3\\z_2=y_2-2y_3\\z_3=y_3\end{cases}$，即$\begin{cases}y_1=z_1+z_3\\y_2=z_2+2z_3\\y_3=z_3\end{cases}$，亦即变换$\begin{pmatrix}y_1\\y_2\\y_3\end{pmatrix}=\begin{pmatrix}1&0&1\\0&1&2\\0&0&1\end{pmatrix}\begin{pmatrix}z_1\\z_2\\z_3\end{pmatrix}$，代入题设二次型即可得标准形 $f=2z_1^2-2z_2^2+6z_3^2$，所求线性变换矩阵为

$$\boldsymbol{C}=\begin{pmatrix}1&1&0\\1&-1&0\\0&0&1\end{pmatrix}\begin{pmatrix}1&0&1\\0&1&2\\0&0&1\end{pmatrix}=\begin{pmatrix}1&1&3\\1&-1&-1\\0&0&1\end{pmatrix}\quad(|\boldsymbol{C}|=-2\neq 0),$$

所用线性变换为$\boldsymbol{x}=\boldsymbol{C}\boldsymbol{z}$.

一般地，对于任何二次型都可用类似的方法找到可逆线性变换，将其化成标准形.

二、用初等变换法化二次型为标准形

设有可逆线性变换$\boldsymbol{x}=\boldsymbol{C}\boldsymbol{z}$，它把二次型$\boldsymbol{x}^{\mathrm{T}}\boldsymbol{A}\boldsymbol{x}$化为标准形$\boldsymbol{y}^{\mathrm{T}}\boldsymbol{B}\boldsymbol{y}$，则$\boldsymbol{C}^{\mathrm{T}}\boldsymbol{A}\boldsymbol{C}=\boldsymbol{B}$. 已知任意一个可逆矩阵均可表示为若干初等矩阵的乘积，因此，存在初等矩阵$\boldsymbol{P}_1, \boldsymbol{P}_2, \cdots, \boldsymbol{P}_s$，使得$\boldsymbol{C}=\boldsymbol{P}_1\boldsymbol{P}_2\cdots\boldsymbol{P}_s$，于是

$$\boldsymbol{C}^{\mathrm{T}}\boldsymbol{A}\boldsymbol{C}=\boldsymbol{P}_s^{\mathrm{T}}\cdots\boldsymbol{P}_2^{\mathrm{T}}\boldsymbol{P}_1^{\mathrm{T}}\boldsymbol{A}\boldsymbol{P}_1\boldsymbol{P}_2\cdots\boldsymbol{P}_s=\boldsymbol{\Lambda}.$$

由此可见，对$2n\times n$矩阵$\begin{pmatrix}\boldsymbol{A}\\\boldsymbol{E}\end{pmatrix}$施以相应于右乘$\boldsymbol{P}_1\boldsymbol{P}_2\cdots\boldsymbol{P}_s$的初等列变换，再对矩阵$\boldsymbol{A}$施

以相应于左乘 $\boldsymbol{P}_s^{\mathrm{T}}\cdots\boldsymbol{P}_2^{\mathrm{T}}\boldsymbol{P}_1^{\mathrm{T}}$ 的初等行变换, 则矩阵 $\boldsymbol{A}$ 变为对角矩阵 $\boldsymbol{\Lambda}$, 而单位矩阵 $\boldsymbol{E}$ 就变为所求的可逆矩阵 $\boldsymbol{C}$.

例 3 求一可逆线性变换将 $x_1^2+2x_2^2+x_3^2+2x_1x_2+2x_1x_3+4x_2x_3$ 化为标准形.

解 题设二次型的矩阵 $\boldsymbol{A}=\begin{pmatrix}1&1&1\\1&2&2\\1&2&1\end{pmatrix}$, 利用初等变换, 有

$$\begin{pmatrix}\boldsymbol{A}\\\boldsymbol{E}\end{pmatrix}=\begin{pmatrix}1&1&1\\1&2&2\\1&2&1\\1&0&0\\0&1&0\\0&0&1\end{pmatrix}\xrightarrow[c_3-c_1]{c_2-c_1}\begin{pmatrix}1&0&0\\1&1&1\\1&1&0\\1&-1&-1\\0&1&0\\0&0&1\end{pmatrix}$$

$$\xrightarrow[r_3-r_1]{r_2-r_1}\begin{pmatrix}1&0&0\\0&1&1\\0&1&0\\1&-1&-1\\0&1&0\\0&0&1\end{pmatrix}\xrightarrow[r_3-r_2]{c_3-c_2}\begin{pmatrix}1&0&0\\0&1&0\\0&0&-1\\1&-1&0\\0&1&-1\\0&0&1\end{pmatrix},$$

因此, $\boldsymbol{C}=\begin{pmatrix}1&-1&0\\0&1&-1\\0&0&1\end{pmatrix}$, $|\boldsymbol{C}|=1\neq0$. 令 $\begin{cases}x_1=z_1-z_2\\x_2=z_2-z_3\\x_3=z_3\end{cases}$, 代入题设二次型即可得标准形:

$$z_1^2+z_2^2-z_3^2.$$

例 4 求一可逆线性变换将 $2x_1x_2+2x_1x_3-4x_2x_3$ 化为标准形.

解 此二次型的矩阵为

$$\boldsymbol{A}=\begin{pmatrix}0&1&1\\1&0&-2\\1&-2&0\end{pmatrix},$$

利用初等变换, 有

$$\begin{pmatrix}\boldsymbol{A}\\\boldsymbol{E}\end{pmatrix}=\begin{pmatrix}0&1&1\\1&0&-2\\1&-2&0\\1&0&0\\0&1&0\\0&0&1\end{pmatrix}\xrightarrow{c_1+c_2}\begin{pmatrix}1&1&1\\1&0&-2\\-1&-2&0\\1&0&0\\1&1&0\\0&0&1\end{pmatrix}\xrightarrow{r_1+r_2}\begin{pmatrix}2&1&-1\\1&0&-2\\-1&-2&0\\1&0&0\\1&1&0\\0&0&1\end{pmatrix}$$

$$\xrightarrow[c_3+\frac{1}{2}c_1]{c_2-\frac{1}{2}c_1}\begin{pmatrix}2&0&0\\1&-1/2&-3/2\\-1&-3/2&-1/2\\1&-1/2&1/2\\1&1/2&1/2\\0&0&1\end{pmatrix}\xrightarrow[r_3+\frac{1}{2}r_1]{r_2-\frac{1}{2}r_1}\begin{pmatrix}2&0&0\\0&-1/2&-3/2\\0&-3/2&-1/2\\1&-1/2&1/2\\1&1/2&1/2\\0&0&1\end{pmatrix}$$

$$\xrightarrow{c_3-3c_2}\begin{pmatrix}2&0&0\\0&-1/2&0\\0&-3/2&4\\1&-1/2&2\\1&1/2&-1\\0&0&1\end{pmatrix}\xrightarrow{r_3-3r_2}\begin{pmatrix}2&0&0\\0&-1/2&0\\0&0&4\\1&-1/2&2\\1&1/2&-1\\0&0&1\end{pmatrix},$$

所以，$\boldsymbol{C}=\begin{pmatrix}1&-1/2&2\\1&1/2&-1\\0&0&1\end{pmatrix}$，$|\boldsymbol{C}|=1\neq 0$.

令$\begin{cases}x_1=z_1-(1/2)z_2+2z_3\\x_2=z_1+(1/2)z_2-z_3\\x_3=z_3\end{cases}$，代入题设二次型即可得标准形

$$2z_1^2-\frac{1}{2}z_2^2+4z_3^2.$$

*数学实验

实验 5.1 试用计算软件将下列二次型化为标准形:

(1) $f(x_1,x_2,x_3,x_4,x_5,x_6,x_7)=310x_1^2-216x_1x_2-122x_1x_3+92x_1x_4-274x_1x_5+100x_1x_6$
$-14x_1x_7+42x_2^2+48x_2x_3-40x_2x_4+110x_2x_5-52x_2x_6+14x_2x_7$
$+21x_3^2-36x_3x_4+74x_3x_6+14x_3x_7+22x_4^2-74x_4x_5+40x_4x_6$
$-14x_4x_7+87x_5^2-92x_5x_6+28x_5x_7+34x_6^2-28x_6x_7+7x_7^2$;

(2) $f(x_1,x_2,x_3,x_4,x_5,x_6,x_7)=427x_1^2-312x_1x_2-480x_1x_3+360x_1x_4$
$+20x_1x_5-136x_1x_6+60x_1x_7+91x_2^2+120x_2x_3$
$-140x_2x_4+18x_2x_5+44x_2x_6-24x_2x_7+169x_3^2$
$-104x_3x_4-40x_3x_5+92x_3x_6-36x_3x_7+83x_4^2$
$+4x_4x_5-64x_4x_6+30x_4x_7+9x_5^2-8x_5x_6$
$+14x_6^2-12x_6x_7+3x_7^2$.

计算实验

微信扫描右侧的二维码即可进行计算实验 (详见教材配套的网络学习空间).

三、用正交变换法化二次型为标准形

定理 3　若 $\boldsymbol{A}$ 为对称矩阵, $\boldsymbol{C}$ 为任一可逆矩阵, 令 $\boldsymbol{B}=\boldsymbol{C}^{\mathrm{T}}\boldsymbol{A}\boldsymbol{C}$, 则 $\boldsymbol{B}$ 也为对称矩阵, 且 $\mathrm{r}(\boldsymbol{B})=\mathrm{r}(\boldsymbol{A})$.

证明　$\boldsymbol{A}$ 为对称矩阵, 即有 $\boldsymbol{A}=\boldsymbol{A}^{\mathrm{T}}$, 于是

$$\boldsymbol{B}^{\mathrm{T}}=(\boldsymbol{C}^{\mathrm{T}}\boldsymbol{A}\boldsymbol{C})^{\mathrm{T}}=[(\boldsymbol{C}^{\mathrm{T}}\boldsymbol{A})\boldsymbol{C}]^{\mathrm{T}}=\boldsymbol{C}^{\mathrm{T}}(\boldsymbol{C}^{\mathrm{T}}\boldsymbol{A})^{\mathrm{T}}=\boldsymbol{C}^{\mathrm{T}}\boldsymbol{A}^{\mathrm{T}}\boldsymbol{C}=\boldsymbol{C}^{\mathrm{T}}\boldsymbol{A}\boldsymbol{C}=\boldsymbol{B},$$

即 $\boldsymbol{B}$ 为对称矩阵. 又因 $\boldsymbol{A}$ 与 $\boldsymbol{B}$ 合同, 故 $\boldsymbol{A}$ 与 $\boldsymbol{B}$ 等价, 所以, $\mathrm{r}(\boldsymbol{B})=\mathrm{r}(\boldsymbol{A})$. 证毕.

注: (1) 二次型经可逆线性变换 $\boldsymbol{x}=\boldsymbol{C}\boldsymbol{y}$ 后, 其秩不变, 但 f 的矩阵由 $\boldsymbol{A}$ 变为 $\boldsymbol{B}=\boldsymbol{C}^{\mathrm{T}}\boldsymbol{A}\boldsymbol{C}$;

(2) 要使二次型 f 经可逆线性变换 $\boldsymbol{x}=\boldsymbol{C}\boldsymbol{y}$ 变成标准形, 即要使 $\boldsymbol{C}^{\mathrm{T}}\boldsymbol{A}\boldsymbol{C}$ 成为对角矩阵, 亦即

$$\boldsymbol{y}^{\mathrm{T}}\boldsymbol{C}^{\mathrm{T}}\boldsymbol{A}\boldsymbol{C}\boldsymbol{y}=(y_1, y_2, \cdots, y_n)\begin{pmatrix} b_1 & & & \\ & b_2 & & \\ & & \ddots & \\ & & & b_n \end{pmatrix}\begin{pmatrix} y_1 \\ y_2 \\ \vdots \\ y_n \end{pmatrix}=b_1y_1^2+b_2y_2^2+\cdots+b_ny_n^2.$$

定理 4　任给二次型 $f=\sum\limits_{i,j=1}^{n}a_{ij}x_ix_j\ (a_{ji}=a_{ij})$, 总有正交变换 $\boldsymbol{x}=\boldsymbol{P}\boldsymbol{y}$, 使 f 化为标准形

$$f=\lambda_1y_1^2+\lambda_2y_2^2+\cdots+\lambda_ny_n^2,$$

其中, $\lambda_1, \lambda_2, \cdots, \lambda_n$ 是 f 的矩阵 $\boldsymbol{A}=(a_{ij})$ 的特征值.

证明提示: 对任意的实对称矩阵 $\boldsymbol{A}$, 总存在正交矩阵 $\boldsymbol{P}$, 使 $\boldsymbol{P}^{-1}\boldsymbol{A}\boldsymbol{P}=\boldsymbol{\Lambda}$, 即 $\boldsymbol{P}^{\mathrm{T}}\boldsymbol{A}\boldsymbol{P}=\boldsymbol{\Lambda}$. 将此结论应用于二次型即可得证.

用正交变换化二次型为标准形的基本步骤如下:

(1) 将二次型表示成矩阵形式 $f=\boldsymbol{x}^{\mathrm{T}}\boldsymbol{A}\boldsymbol{x}$, 求出 $\boldsymbol{A}$;

(2) 求出 $\boldsymbol{A}$ 的所有特征值 $\lambda_1, \lambda_2, \cdots, \lambda_n$;

(3) 求出对应于各特征值的线性无关的特征向量 $\xi_1, \xi_2, \cdots, \xi_n$;

(4) 将特征向量 $\xi_1, \xi_2, \cdots, \xi_n$ 正交化, 再单位化, 得 $\boldsymbol{\eta}_1, \boldsymbol{\eta}_2, \cdots, \boldsymbol{\eta}_n$, 记 $\boldsymbol{C}=(\boldsymbol{\eta}_1, \boldsymbol{\eta}_2, \cdots, \boldsymbol{\eta}_n)$;

(5) 作正交变换 $\boldsymbol{x}=\boldsymbol{C}\boldsymbol{y}$, 得 f 的标准形 $f=\lambda_1y_1^2+\lambda_2y_2^2+\cdots+\lambda_ny_n^2$.

例 5　记二次型 $f(x, y, z)=x^2+3y^2+z^2+2axy+2xz+2yz$, 该二次型 f 经正交变换化为标准形 $y_1^2+4z_1^2$, 试写出 f 的矩阵 $\boldsymbol{A}$ 的全部特征值.

解　根据化二次型为标准形的正交变换法, 因题设二次型的标准形为 $y_1^2+4z_1^2$, 故所求特征值为 $\lambda_1=0,\ \lambda_2=1,\ \lambda_3=4$.

例 6　设矩阵 $\boldsymbol{A}=\begin{pmatrix} 1 & 0 & 1 \\ 0 & 1 & 1 \\ -1 & 0 & -1 \\ 0 & -1 & -1 \end{pmatrix}$, $\boldsymbol{B}=\boldsymbol{A}^{\mathrm{T}}\boldsymbol{A}$, 已知矩阵 $\boldsymbol{B}$ 的全部特征值 $\lambda_1=0$, $\lambda_2=2$, $\lambda_3=6$ 及其对应的特征向量:

$$\boldsymbol{\eta}_1=\begin{pmatrix}1\\1\\-1\end{pmatrix},\ \boldsymbol{\eta}_2=\begin{pmatrix}1\\-1\\0\end{pmatrix},\ \boldsymbol{\eta}_3=\begin{pmatrix}1\\1\\2\end{pmatrix}.$$

试求正交变换$\boldsymbol{x}=\boldsymbol{Q}\boldsymbol{y}$, 将二次型$f=\boldsymbol{x}^{\mathrm{T}}\boldsymbol{B}\boldsymbol{x}$化为标准形.

解 依题设, 根据矩阵的特征向量的线性无关性, 向量组$\boldsymbol{\eta}_1, \boldsymbol{\eta}_2, \boldsymbol{\eta}_3$必相互正交, 再将$\boldsymbol{\eta}_1, \boldsymbol{\eta}_2, \boldsymbol{\eta}_3$单位化即得

$$\boldsymbol{\alpha}_1=\frac{1}{\sqrt{3}}\begin{pmatrix}1\\1\\-1\end{pmatrix},\ \boldsymbol{\alpha}_2=\frac{1}{\sqrt{2}}\begin{pmatrix}1\\-1\\0\end{pmatrix},\ \boldsymbol{\alpha}_3=\frac{1}{\sqrt{6}}\begin{pmatrix}1\\1\\2\end{pmatrix}.$$

令$\boldsymbol{Q}=(\boldsymbol{\alpha}_1, \boldsymbol{\alpha}_2, \boldsymbol{\alpha}_3)$, 则$\boldsymbol{Q}$是正交矩阵, 且正交变换$\boldsymbol{x}=\boldsymbol{Q}\boldsymbol{y}$将题设二次型$f=\boldsymbol{x}^{\mathrm{T}}\boldsymbol{A}^{\mathrm{T}}\boldsymbol{A}\boldsymbol{x}$化为标准形$f=2y_2^2+6y_3^2$.

例 7 设二次型$f(x_1, x_2)=x_1^2-4x_1x_2+4x_2^2$经正交变换$\begin{pmatrix}x_1\\x_2\end{pmatrix}=\boldsymbol{Q}\begin{pmatrix}y_1\\y_2\end{pmatrix}$化为

$$g(y_1, y_2)=ay_1^2+4y_1y_2+by_2^2,$$

其中$a\geqslant b$, 求a, b的值.

解 依题设, 二次型$f(x_1, x_2)$与$g(y_1, y_2)$的矩阵分别为

$$\boldsymbol{A}=\begin{pmatrix}1&-2\\-2&4\end{pmatrix},\ \boldsymbol{B}=\begin{pmatrix}a&2\\2&b\end{pmatrix},$$

因此, 二次型

$$f(x_1, x_2)=(x_1, x_2)\boldsymbol{A}\begin{pmatrix}x_1\\x_2\end{pmatrix},\ g(y_1, y_2)=(y_1, y_2)\boldsymbol{B}\begin{pmatrix}y_1\\y_2\end{pmatrix}.$$

又题设二次型$f(x_1, x_2)$经正交变换$\begin{pmatrix}x_1\\x_2\end{pmatrix}=\boldsymbol{Q}\begin{pmatrix}y_1\\y_2\end{pmatrix}$化为二次型$g(y_1, y_2)$, 所以

$$(x_1, x_2)\boldsymbol{A}\begin{pmatrix}x_1\\x_2\end{pmatrix}=(y_1, y_2)\boldsymbol{Q}^{\mathrm{T}}\boldsymbol{A}\boldsymbol{Q}\begin{pmatrix}y_1\\y_2\end{pmatrix},$$

由此即有$\boldsymbol{Q}^{\mathrm{T}}\boldsymbol{A}\boldsymbol{Q}=\boldsymbol{B}$. 因$\boldsymbol{Q}$是正交矩阵, 故$\boldsymbol{Q}^{\mathrm{T}}=\boldsymbol{Q}^{-1}$, 从而

$$\boldsymbol{Q}^{\mathrm{T}}\boldsymbol{A}\boldsymbol{Q}=\boldsymbol{Q}^{-1}\boldsymbol{A}\boldsymbol{Q}=\boldsymbol{B}.$$

于是, 矩阵$\boldsymbol{A}$与$\boldsymbol{B}$既合同又相似, 再由相似矩阵的性质知, 矩阵$\boldsymbol{A}$与$\boldsymbol{B}$有相同的特征值(从而$\boldsymbol{A}$与$\boldsymbol{B}$的迹相等), 且$\boldsymbol{A}$与$\boldsymbol{B}$的行列式亦相等. 由此得到a, b满足的关系式:

$$\begin{cases}a+b=1+4\\ab-4=|\boldsymbol{A}|=0\end{cases},$$

利用消元法及题设条件$a \geqslant b$，解得$a=4,\ b=1$.

例 8 设二次型$f(x_1, x_2, x_3)=\boldsymbol{x}^{\mathrm{T}}\boldsymbol{A}\boldsymbol{x}$的秩为1，$\boldsymbol{A}$的各行元素之和为3，求$f$在正交变换下$\boldsymbol{x}=\boldsymbol{Q}\boldsymbol{y}$的标准形.

解 依题设，矩阵$\boldsymbol{A}$的各行元素之和为3，故由矩阵的乘法及其运算规律，可得

$$\boldsymbol{A}\begin{pmatrix}1\\1\\1\end{pmatrix}=3\begin{pmatrix}1\\1\\1\end{pmatrix},$$

故$\lambda_1=3$是矩阵$\boldsymbol{A}$的一个特征值.

又题设二次型矩阵的秩$\mathrm{r}(\boldsymbol{A})=1$，故矩阵$\boldsymbol{A}$的另外两个特征值为$\lambda_2=\lambda_3=0$，所以，题设二次型$f$在正交变换下$\boldsymbol{x}=\boldsymbol{Q}\boldsymbol{y}$的标准形为$f=3y_1^2$.

例 9 设有二次型$f=17x_1^2+14x_2^2+14x_3^2-4x_1x_2-4x_1x_3-8x_2x_3$，试用正交变换将其化成标准形.

解 (1) 题设二次型的矩阵为

$$\boldsymbol{A}=\begin{pmatrix}17 & -2 & -2\\-2 & 14 & -4\\-2 & -4 & 14\end{pmatrix}.$$

(2) 求$\boldsymbol{A}$的特征值. 由特征方程

$$|\lambda\boldsymbol{E}-\boldsymbol{A}|=\begin{vmatrix}\lambda-17 & 2 & 2\\2 & \lambda-14 & 4\\2 & 4 & \lambda-14\end{vmatrix}=(\lambda-18)^2(\lambda-9)=0,$$

解得$\lambda_1=9$，$\lambda_2=\lambda_3=18$.

(3) 求特征向量. 将$\lambda_1=9$代入$(\lambda\boldsymbol{E}-\boldsymbol{A})\boldsymbol{x}=\boldsymbol{0}$，解得特征向量$\xi_1=(1/2,\ 1,\ 1)^{\mathrm{T}}$.

将$\lambda_2=\lambda_3=18$代入$(\lambda\boldsymbol{E}-\boldsymbol{A})\boldsymbol{x}=\boldsymbol{0}$，解得特征向量

$$\xi_2=(-2,\ 1,\ 0)^{\mathrm{T}},\ \xi_3=(-2,\ 0,\ 1)^{\mathrm{T}}.$$

(4) 将所求的特征向量组正交化.

取$\boldsymbol{\alpha}_1=\xi_1$，$\boldsymbol{\alpha}_2=\xi_2$，$\boldsymbol{\alpha}_3=\xi_3-\dfrac{[\boldsymbol{\alpha}_2,\xi_3]}{[\boldsymbol{\alpha}_2,\boldsymbol{\alpha}_2]}\boldsymbol{\alpha}_2$，得正交向量组:

$$\boldsymbol{\alpha}_1=(1/2,1,1)^{\mathrm{T}},\ \boldsymbol{\alpha}_2=(-2,1,0)^{\mathrm{T}},\ \boldsymbol{\alpha}_3=(-2/5,-4/5,1)^{\mathrm{T}}.$$

将其单位化得：$\boldsymbol{\eta}_1=\begin{pmatrix}1/3\\2/3\\2/3\end{pmatrix}$，$\boldsymbol{\eta}_2=\begin{pmatrix}-2/\sqrt{5}\\1/\sqrt{5}\\0\end{pmatrix}$，$\boldsymbol{\eta}_3=\begin{pmatrix}-2/\sqrt{45}\\-4/\sqrt{45}\\5/\sqrt{45}\end{pmatrix}$. 作正交矩阵

$$P=(\eta_1,\eta_2,\eta_3)=\begin{pmatrix}1/3 & -2/\sqrt{5} & -2/\sqrt{45}\\ 2/3 & 1/\sqrt{5} & -4/\sqrt{45}\\ 2/3 & 0 & 5/\sqrt{45}\end{pmatrix}.$$

(5) 所求正交变换为

$$\begin{pmatrix}x_1\\x_2\\x_3\end{pmatrix}=\begin{pmatrix}1/3 & -2/\sqrt{5} & -2/\sqrt{45}\\ 2/3 & 1/\sqrt{5} & -4/\sqrt{45}\\ 2/3 & 0 & 5/\sqrt{45}\end{pmatrix}\begin{pmatrix}y_1\\y_2\\y_3\end{pmatrix},$$

在此变换下题设二次型化为标准形

$$f=9y_1^2+18y_2^2+18y_3^2.$$

例 10 在金融投资中, 投资组合的风险可以用协方差矩阵来表示. 如果我们有多个资产组合, 那么如何描述这些资产的风险以及如何优化资产组合的风险是非常重要的. 假设一个投资组合由三种资产组成, 即资产1、资产2和资产3. 资产之间的协方差矩阵可以表示为以下二次型:

$$f(x_1,x_2,x_3)=\frac{1}{2}(x_1,x_2,x_3)\begin{pmatrix}0.04 & 0.02 & 0.01\\ 0.02 & 0.03 & 0.015\\ 0.01 & 0.015 & 0.025\end{pmatrix}\begin{pmatrix}x_1\\x_2\\x_3\end{pmatrix}.$$

其中, x_1, x_2, x_3 分别表示投资组合中资产 1、资产 2 和资产 3 的投资比例, 矩阵的元素表示的是资产之间的协方差. 为了简化风险分析, 并使风险的表示更为清晰, 我们希望通过正交变换将协方差矩阵的二次型转化为标准形, 以便更好地理解风险的结构. 试求在正交变换下题设二次型的标准形.

解 给定的协方差矩阵为

$$A=\begin{pmatrix}0.04 & 0.02 & 0.01\\ 0.02 & 0.03 & 0.015\\ 0.01 & 0.015 & 0.025\end{pmatrix}.$$

为了将该二次型转化为标准形, 我们需要对协方差矩阵进行正交变换. 正交变换的目的是通过旋转坐标系, 使得协方差矩阵成为对角矩阵, 从而得到标准形. 这一过程涉及特征值分解.

求协方差矩阵的特征值. 矩阵 A 的特征多项式为

$$|\lambda E-A|=\begin{vmatrix}\lambda-0.04 & -0.02 & -0.01\\ -0.02 & \lambda-0.03 & -0.015\\ -0.01 & -0.015 & \lambda-0.025\end{vmatrix}$$

$$=(\lambda-0.04)(\lambda^2-0.055\lambda+0.000\,5)-0.000\,4\lambda+0.000\,007-0.000\,1\lambda$$

$$=\lambda^3-0.095\lambda^2+0.002\,225\lambda-0.000\,014,$$

解特征方程$|\lambda\boldsymbol{E}-\boldsymbol{A}|=0$, 得到协方差矩阵$\boldsymbol{A}$的特征值:

$$\lambda_1=0.010\,4,\ \lambda_2=0.021\,2,\ \lambda_3=0.063\,4.$$

因$\boldsymbol{A}$为实对称矩阵, 故必存在正交矩阵$\boldsymbol{P}$, 使得

$$\boldsymbol{P}^{\mathrm{T}}\boldsymbol{A}\boldsymbol{P}=\boldsymbol{\Lambda}=\begin{pmatrix}0.010\,4 & 0 & 0\\ 0 & 0.021\,2 & 0\\ 0 & 0 & 0.063\,4\end{pmatrix},$$

故题设二次型的标准型为

$$f=0.0104y_1^2+0.0212y_2^2+0.0634y_3^2.$$

矩阵$\boldsymbol{\Lambda}$中每个对角线元素表示各个主成分的方差, 即投资组合的标准化风险.

通过本例, 我们演示了如何利用正交变换将协方差矩阵表示的风险二次型转化为标准形. 特征值分解为我们提供了协方差矩阵的特征结构, 并通过正交变换得到了对角矩阵, 其中每个对角线元素代表不同主成分的风险. 这种方法能够帮助我们清晰地理解投资组合中各种资产之间的风险结构, 并为投资组合的风险优化提供了理论基础. 在实际金融分析中, 利用正交变换对风险矩阵进行标准化, 能够为决策者提供更具操作性的风险评估.

例11　设二次型$f(x_1, x_2, x_3)=\boldsymbol{x}^{\mathrm{T}}\boldsymbol{A}\boldsymbol{x}=ax_1^2+2x_2^2-2x_3^2+2bx_1x_3\ (b>0)$, 其中, $\boldsymbol{A}$的特征值之和为1, 特征值之积为-12.

(1) 求a, b;

(2) 用正交变换将f化为标准形, 并写出所用正交变换和对应的正交矩阵.

解　(1) 依题设, 二次型f的矩阵为

$$\boldsymbol{A}=\begin{pmatrix}a & 0 & b\\ 0 & 2 & 0\\ b & 0 & -2\end{pmatrix},$$

设矩阵$\boldsymbol{A}$的特征值为$\lambda_i\ (i=1, 2, 3)$, 根据题设条件与矩阵的特征值的性质(§4.2性质2), 有

$$\lambda_1+\lambda_2+\lambda_3=a+2+(-2)=1,$$

$$\lambda_1\lambda_2\lambda_3=\begin{vmatrix}1 & 0 & b\\ 0 & 2 & 0\\ b & 0 & -2\end{vmatrix}=2(-2-b^2)=-12,$$

解得$a=1,\ b=2$.

(2) 根据化二次型为标准形的正交变换法, 代入(1)的结果, 可知矩阵$\boldsymbol{A}$的特征方程为

$$|\lambda\boldsymbol{E}-\boldsymbol{A}|=\begin{vmatrix}\lambda-1 & 0 & -2\\ 0 & \lambda-2 & 0\\ -2 & 0 & \lambda+2\end{vmatrix}=(\lambda-2)^2(\lambda+3)=0,$$

解得$\boldsymbol{A}$的特征值为$\lambda_1=\lambda_2=2$, $\lambda_3=-3$. 对二重特征值$\lambda_1=\lambda_2=2$, 有齐次线性方程组

$$(2\boldsymbol{E}-\boldsymbol{A})\boldsymbol{x}=\boldsymbol{0},$$

根据求齐次线性方程组基础解系的步骤, 可求得上述方程组的基础解系(特征向量)为

$$\xi_1=(0,\ 1,\ 0)^{\mathrm{T}},\ \xi_2=(2,\ 0,\ 1)^{\mathrm{T}}.$$

同理, 对 $\lambda_3=-3$, 解齐次线性方程组 $(-3\boldsymbol{E}-\boldsymbol{A})\boldsymbol{x}=\boldsymbol{0}$, 可求得其基础解系(特征向量)为

$$\xi_3=(1,\ 0,\ -2)^{\mathrm{T}}.$$

ξ_1 与 ξ_2 正交, 根据实对称矩阵的性质 (§4.4定理2), 向量组 ξ_1, ξ_2, ξ_3 必正交. 再将其单位化, 得

$$\boldsymbol{\alpha}_1=\xi_1,\ \boldsymbol{\alpha}_2=\left(\frac{2}{\sqrt{5}},\ 0,\ \frac{1}{\sqrt{5}}\right)^{\mathrm{T}},\ \boldsymbol{\alpha}_3=\left(\frac{1}{\sqrt{5}},\ 0,\ -\frac{2}{\sqrt{5}}\right)^{\mathrm{T}}.$$

构造矩阵 $\boldsymbol{Q}=\begin{pmatrix}0 & \frac{2}{\sqrt{5}} & \frac{1}{\sqrt{5}}\\ 1 & 0 & 0\\ 0 & \frac{1}{\sqrt{5}} & -\frac{2}{\sqrt{5}}\end{pmatrix}$, 则 $\boldsymbol{Q}$ 为正交矩阵, 且

$$\boldsymbol{Q}^{\mathrm{T}}\boldsymbol{A}\boldsymbol{Q}=\begin{pmatrix}2 & 0 & 0\\ 0 & 2 & 0\\ 0 & 0 & -3\end{pmatrix}.$$

所以, 作正交变换 $\boldsymbol{x}=\boldsymbol{Q}\boldsymbol{y}$, 则题设二次型 f 可化为标准形

$$f=2y_1^2+2y_2^2-3y_3^2.$$

正交变换法是化二次型为标准形的一种重要方法, 通过正交变换, 即引入正交矩阵将原二次型表示的矩阵对角化, 可以消去交叉项, 使二次型的表达形式简化为标准形. 具体而言, 首先根据二次型对应的对称矩阵, 求其特征值和特征向量; 然后将特征向量正交化并构成正交矩阵; 最后利用正交矩阵将原二次型变换为以特征值为对角线元素的对角矩阵, 进而得到标准形表达式. 其意义在于通过标准化简化二次型的结构, 便于理解和分析其几何性质 (如椭圆、双曲线等) 与实际应用 (如优化问题和机械振动分析).

例 12　已知二次型

$$f=4x_1^2+\left(2+\frac{c}{2}\right)x_2^2+\left(2+\frac{c}{2}\right)x_3^2+(4-c)x_2x_3.$$

(1) 求 f 的矩阵 $\boldsymbol{A}$;

(2) 求 f 的秩;

(3) 当 f 的秩为2时, 求 $\boldsymbol{A}$ 的特征值和特征向量;

(4) 当 f 的秩为2时, 用正交变换化二次型为标准形, 并求相应的正交变换矩阵.

解　(1) 题设二次型对应的矩阵为

$$A=\begin{pmatrix}4 & 0 & 0\\ 0 & 2+\frac{c}{2} & 2-\frac{c}{2}\\ 0 & 2-\frac{c}{2} & 2+\frac{c}{2}\end{pmatrix}.$$

(2) 秩 $(f)=\mathrm{r}(A)=\begin{cases}3, & c\neq 0\\ 2, & c=0\end{cases}$.

(3) 当秩 $(f)=2$ 时, $c=0$, $A=\begin{pmatrix}4&0&0\\0&2&2\\0&2&2\end{pmatrix}$, 其特征多项式为

$$|\lambda E-A|=\begin{vmatrix}\lambda-4 & 0 & 0\\ 0 & \lambda-2 & -2\\ 0 & -2 & \lambda-2\end{vmatrix}=\lambda(\lambda-4)^2.$$

A 的特征值为 0, 4, 4. 当 $\lambda=0$ 时, 解 $Ax=0$ 得 A 的特征向量 $\xi_1=(0, 1, -1)^{\mathrm{T}}$, 将其正交化并单位化, 得正交特征向量 $\eta_1=(0, \sqrt{2}/2, -\sqrt{2}/2)^{\mathrm{T}}$.

当 $\lambda=4$ 时, 解 $(4E_3-A)x=0$, 得 A 的特征向量 $\xi_2=(1, 0, 0)^{\mathrm{T}}$, $\xi_3=(0, 1, 1)^{\mathrm{T}}$, 将其正交化并单位化, 得正交特征向量 $\eta_2=(1, 0, 0)^{\mathrm{T}}$, $\eta_3=(0, \sqrt{2}/2, \sqrt{2}/2)^{\mathrm{T}}$.

(4) 构造矩阵 $P=(\eta_1, \eta_2, \eta_3)=\begin{pmatrix}0 & 1 & 0\\ \sqrt{2}/2 & 0 & \sqrt{2}/2\\ -\sqrt{2}/2 & 0 & \sqrt{2}/2\end{pmatrix}$, 则在正交变换 $x=Py$ 下, 题设二次型 f 化为标准形 $f=4y_2^2+4y_3^2$.

四、二次型与对称矩阵的规范形

将二次型化为平方项的代数和形式后, 如有必要可重新安排变量的次序(相当于作一次可逆线性变换), 使这个标准形为

$$d_1x_1^2+\cdots+d_px_p^2-d_{p+1}x_{p+1}^2-\cdots-d_rx_r^2, \tag{2.4}$$

其中 $d_i>0\ (i=1, 2, \cdots, r)$. 例如, 对二次型

$$2z_1^2-\frac{1}{2}z_2^2+4z_3^2,$$

令 $\begin{cases}z_1=w_1\\ z_2=w_3\\ z_3=w_2\end{cases}$, 其矩阵 $\begin{pmatrix}1&0&0\\0&0&1\\0&1&0\end{pmatrix}$ 是非奇异的, 则可将所给二次型化为

$$2w_1^2+4w_2^2-\frac{1}{2}w_3^2.$$

我们常对标准形各项的符号感兴趣. 通过如下可逆线性变换

$$\begin{cases} x_i = y_i / \sqrt{d_i}, & i=1, 2, \cdots, r \\ x_j = y_j, & j=r+1, r+2, \cdots, n \end{cases},$$

可将二次型 (2.4) 化为 $y_1^2+\cdots+y_p^2-y_{p+1}^2-\cdots-y_r^2$.

这种形式的二次型称为二次型的**规范形**, 并且有下面的定理.

定理 5　任何二次型都可通过可逆线性变换化为规范形, 且规范形是由二次型本身决定的唯一形式, 与所作的可逆线性变换无关.

证明　略.

常把规范形中的正项个数 p 称为二次型的**正惯性指数**, 负项个数 $r-p$ 称为二次型的**负惯性指数**, r 是二次型的秩.

注: 任何合同的对称矩阵都具有相同的规范形 $\begin{pmatrix} \boldsymbol{E}_p & \boldsymbol{O} & \boldsymbol{O} \\ \boldsymbol{O} & -\boldsymbol{E}_{r-p} & \boldsymbol{O} \\ \boldsymbol{O} & \boldsymbol{O} & \boldsymbol{O} \end{pmatrix}$.

定理 6　设矩阵 $\boldsymbol{A}$ 为任意实对称矩阵, 如果存在可逆矩阵 $\boldsymbol{C}$, $\boldsymbol{Q}$, 且 $\boldsymbol{C}\neq\boldsymbol{Q}$, 使得

$$\boldsymbol{C}^{\mathrm{T}}\boldsymbol{A}\boldsymbol{C}=\begin{pmatrix} \boldsymbol{E}_p & \boldsymbol{O} & \boldsymbol{O} \\ \boldsymbol{O} & -\boldsymbol{E}_{r-p} & \boldsymbol{O} \\ \boldsymbol{O} & \boldsymbol{O} & \boldsymbol{O} \end{pmatrix},\ \boldsymbol{Q}^{\mathrm{T}}\boldsymbol{A}\boldsymbol{Q}=\begin{pmatrix} \boldsymbol{E}_q & \boldsymbol{O} & \boldsymbol{O} \\ \boldsymbol{O} & -\boldsymbol{E}_{r-q} & \boldsymbol{O} \\ \boldsymbol{O} & \boldsymbol{O} & \boldsymbol{O} \end{pmatrix},$$

则 $p=q$.

证明　略.

例 13　化二次型 $f=2x_1x_2+2x_1x_3-6x_2x_3$ 为规范形, 并求其正惯性指数.

解　由例 2 知, f 经线性变换

$$\begin{cases} x_1 = z_1+z_2+3z_3 \\ x_2 = z_1-z_2-z_3 \\ x_3 = z_3 \end{cases}$$

化为标准形 $f=2z_1^2-2z_2^2+6z_3^2$. 令

$$\begin{cases} w_1=\sqrt{2}z_1 \\ w_2=\sqrt{6}z_3 \\ w_3=\sqrt{2}z_2 \end{cases},\quad 即 \begin{cases} z_1=w_1/\sqrt{2} \\ z_2=w_3/\sqrt{2} \\ z_3=w_2/\sqrt{6} \end{cases},$$

即可把 f 化成规范形 $f=w_1^2+w_2^2-w_3^2$, 且 f 的正惯性指数为 2.

例 14　设 $\boldsymbol{A}$ 是三阶实对称矩阵, $\boldsymbol{E}$ 是三阶单位矩阵, 若 $\boldsymbol{A}^2+\boldsymbol{A}=2\boldsymbol{E}$, 且 $|\boldsymbol{A}|=4$, 试求二次型 $\boldsymbol{x}^{\mathrm{T}}\boldsymbol{A}\boldsymbol{x}$ 的规范形.

解 依题设, $\boldsymbol{A}$ 是三阶实对称矩阵, 而实对称矩阵的特征值是实数, 设 λ 是矩阵 $\boldsymbol{A}$ 的特征值, 则由题设方程得 $\lambda^2+\lambda=2$, 即

$$(\lambda+2)(\lambda-1)=0,$$

解得 $\lambda=-2$ 或 1. 因题设 $|\boldsymbol{A}|=4$, 而三阶矩阵 $\boldsymbol{A}$ 必有三个特征值, 由矩阵特征值的性质(§4.2性质2), 得

$$\lambda_1=1,\ \lambda_2=\lambda_3=-2,$$

根据正交变换法, 二次型 $\boldsymbol{x}^{\mathrm{T}}\boldsymbol{A}\boldsymbol{x}$ 的标准形为

$$y_1^2-2y_2^2-2y_3^2,$$

最后, 通过可逆线性变换可将二次型 $\boldsymbol{x}^{\mathrm{T}}\boldsymbol{A}\boldsymbol{x}$ 化为规范形

$$y_1^2-y_2^2-y_3^2.$$

习题 5-2

1. 求一个正交变换将下列二次型化成标准形:

(1) $f=2x_1^2+3x_2^2+3x_3^2+4x_2x_3$;

(2) $f=x_1^2+x_2^2+x_3^2+x_4^2+2x_1x_2-2x_1x_4-2x_2x_3+2x_3x_4$;

(3) $f=x_1^2+4x_2^2+4x_3^2-4x_1x_2+4x_1x_3-8x_2x_3$.

2. 求一个正交变换把二次曲面的方程 $x_1^2+2x_2^2+x_3^2-2x_1x_3=1$ 化成标准方程.

3. 设二次型 $f(x_1,x_2,x_3)=x_1^2+x_2^2+2x_3^2+2x_1x_2$ 的标准形为 $f=2y_1^2+2y_2^2$, 试求方程 $f(x_1,x_2,x_3)=0$ 的解.

4. 将二次型 $f(x_1,x_2,x_3)=x_1^2+3x_3^2+2x_1x_2+4x_1x_3+2x_2x_3$ 化为标准形, 并写出所用的线性变换.

5. 设二次型 $5x_1^2+5x_2^2+cx_3^2-2x_1x_2+6x_1x_3-6x_2x_3$ 的秩为 2, 求 c, 并用正交变换化二次型为标准形.

6. 用配方法化下列二次型为标准形, 并写出所用变换的矩阵.

(1) $f(x_1,x_2,x_3)=x_1^2+2x_3^2+2x_1x_3-2x_2x_3$; (2) $f(x_1,x_2,x_3)=-4x_1x_2+2x_1x_3+2x_2x_3$.

7. 用初等变换法将二次型 $f(x_1,x_2,x_3)=x_1^2-x_3^2+2x_1x_2+2x_2x_3$ 化为标准形.

8. 设二次型 $f(x_1,x_2,x_3)=x_1^2+x_2^2+x_3^2+4x_1x_2+4x_1x_3+4x_2x_3$, 试确定在空间直角坐标系下方程

$$f(x_1,x_2,x_3)=2$$

表示何种曲面.

9. 试将椭球面方程 $5x^2+4y^2+5z^2+8xz-36=0$ 化为标准形.

10. 用初等变换法将下列二次型化为标准形, 并写出所用的可逆线性变换:

(1) $f(x_1,x_2,x_3)=2x_1x_2+2x_1x_3-6x_2x_3$;

(2) $f(x_1,x_2,x_3)=x_1^2-x_2^2+x_3^2+6x_1x_2-2x_2x_3$.

11. 设矩阵 $\boldsymbol{A}=\begin{pmatrix}1&1&1\\1&-1&1\\1&0&-1\\0&1&-1\end{pmatrix}$, 矩阵 $\boldsymbol{B}=\boldsymbol{A}^{\mathrm{T}}\boldsymbol{A}$, 试求正交变换 $\boldsymbol{x}=\boldsymbol{Q}\boldsymbol{y}$, 将二次型 $f=\boldsymbol{x}^{\mathrm{T}}\boldsymbol{B}\boldsymbol{x}$ 化为标准形.

12. 若二次曲面的方程$x^2+3y^2+z^2+2axy+2xz+2yz=4$经正交变换化为$y_1^2+4z_1^2=4$，求$a$的值.

13. 已知实二次型

$$f(x_1, x_2, x_3)=a(x_1^2+x_2^2+x_3^2)+4x_1x_2+4x_1x_3+4x_2x_3$$

经正交变换$\boldsymbol{x}=\boldsymbol{P}\boldsymbol{y}$可化成标准形$f=6y_1^2$，求$a$.

14. 设二次型$f(x_1, x_2, x_3)$在正交变换$\boldsymbol{x}=\boldsymbol{P}\boldsymbol{y}$下的标准形为$2y_1^2+y_2^2-y_3^2$，其中$\boldsymbol{P}=(\boldsymbol{e}_1, \boldsymbol{e}_2, \boldsymbol{e}_3)$，若$\boldsymbol{Q}=(\boldsymbol{e}_1, -\boldsymbol{e}_3, \boldsymbol{e}_2)$，求$f(x_1, x_2, x_3)$在正交变换$\boldsymbol{x}=\boldsymbol{Q}\boldsymbol{y}$下的标准形.

15. 在企业生产管理中，如何优化生产资源的分配是提高生产效率和降低成本的关键. 假设某公司生产三种不同类型的产品：产品A、产品B和产品C. 每种产品的生产需要消耗一定的资源，其中包括资源X、资源Y和资源Z. 不同产品之间的生产资源消耗会相互影响，从而导致生产过程中的风险. 公司希望通过合理的资源分配，最小化资源消耗的风险，同时最大化生产效益. 在此背景下，公司的生产资源消耗可以用二次型表示，其中包含不同资源之间的协方差矩阵. 假设生产资源消耗的二次型为

$$f(x_1, x_2, x_3)=\frac{1}{2}(x_1, x_2, x_3)\begin{pmatrix}0.06 & 0.025 & 0.015\\ 0.025 & 0.05 & 0.02\\ 0.015 & 0.02 & 0.03\end{pmatrix}\begin{pmatrix}x_1\\ x_2\\ x_3\end{pmatrix}.$$

其中，x_1, x_2, x_3分别表示生产产品A、产品B和产品C的数量，矩阵的元素表示的是资源之间的协方差. 为了简化风险分析，并使风险的表示更加清晰，公司希望通过正交变换将生产资源消耗的二次型化为标准形，以便更好地理解和优化生产资源的使用. 试：

(1) 求在正交变换下题设二次型的标准形；

(2) 计算生产资源配置的标准化风险并分析结果.

16. 已知二次型$f(x_1, x_2, x_3)=2x_1^2+2x_2^2+2x_3^2+4x_1x_2+4x_1x_3+4x_2x_3$：

(1) 写出二次型f的矩阵表达式；

(2) 用正交变换把二次型f化为标准形，并写出相应的正交矩阵.

17. 将下列二次型化为规范形，并指出其正惯性指数及秩.

(1) $x_1^2+2x_2^2+2x_1x_2-2x_1x_3$；

(2) $2x_1x_2+2x_2x_3+2x_3x_4+2x_1x_4$；

(3) $x_1^2+x_2^2-x_4^2-2x_1x_4$.

§5.3　正定二次型

正定二次型是二次型的一种特殊形式，指的是对任意非零向量$\boldsymbol{x}\in\mathbf{R}^n$，具有对称矩阵$\boldsymbol{A}$的二次型$f(\boldsymbol{x})=\boldsymbol{x}^{\mathrm{T}}\boldsymbol{A}\boldsymbol{x}>0$；等价地，正定二次型对应的矩阵$\boldsymbol{A}$必须是正定矩阵，这意味着$\boldsymbol{A}$的所有特征值均为正，且其主子式全为正. 正定二次型的意义广泛而重要. 在数学上，它刻画了一类“正向”的二次函数，其值域总是正的，体现出它的“正能量”. 在几何上，正定二次

型对应于凸函数, 其图形类似椭球面或抛物面, 广泛应用于凸优化、机械设计和弹性力学等领域. 在实际应用中, 正定二次型常用于描述系统的稳定性与能量最小化问题. 如在物理学中, 正定二次型表示一个系统的势能函数, 保证系统在平衡点处具有局部最小能量; 在机器学习中, 正定二次型出现在核方法和最优化问题中, 确保目标函数具有唯一的最小值, 从而提高算法的收敛性和稳定性.

一、二次型有定性的概念

定义 1 设有具有对称矩阵 $\boldsymbol{A}$ 的二次型 $f=\boldsymbol{x}^{\mathrm{T}}\boldsymbol{A}\boldsymbol{x}$.

(1) 如果对任意非零向量 $\boldsymbol{x}$, 都有

$$\boldsymbol{x}^{\mathrm{T}}\boldsymbol{A}\boldsymbol{x}>0\ (\boldsymbol{x}^{\mathrm{T}}\boldsymbol{A}\boldsymbol{x}<0)$$

成立, 那么称 $f=\boldsymbol{x}^{\mathrm{T}}\boldsymbol{A}\boldsymbol{x}$ 为**正定 (负定) 二次型**, 矩阵 $\boldsymbol{A}$ 称为**正定 (负定) 矩阵**.

(2) 如果对任何非零向量 $\boldsymbol{x}$, 都有

$$\boldsymbol{x}^{\mathrm{T}}\boldsymbol{A}\boldsymbol{x}\geqslant 0\ (\boldsymbol{x}^{\mathrm{T}}\boldsymbol{A}\boldsymbol{x}\leqslant 0)$$

成立, 且有非零向量 $\boldsymbol{x}_0$, 使 $\boldsymbol{x}_0^{\mathrm{T}}\boldsymbol{A}\boldsymbol{x}_0=0$, 那么称 $f=\boldsymbol{x}^{\mathrm{T}}\boldsymbol{A}\boldsymbol{x}$ 为**半正定 (半负定) 二次型**, 矩阵 $\boldsymbol{A}$ 称为**半正定 (半负定) 矩阵**.

注: 二次型的正定 (负定)、半正定 (半负定) 统称为二次型及其矩阵的**有定性**. 不具备有定性的二次型及其矩阵称为**不定的**. 二次型的有定性与其矩阵的有定性之间具有一一对应关系. 因此, 二次型的正定性判别可转化为对称矩阵的**正定性判别**.

例如, 二次型 $f(x_1, x_2, \cdots, x_n)=x_1^2+x_2^2+\cdots+x_n^2$, 当 $\boldsymbol{x}=(x_1, x_2, \cdots, x_n)^{\mathrm{T}}\neq\boldsymbol{0}$ 时, 显然有 $f(x_1, x_2, \cdots, x_n)>0$, 所以, 这个二次型是正定的, 其矩阵 $\boldsymbol{E}_n$ 是正定矩阵.

又如, 二次型 $f=-x_1^2-2x_1x_2+4x_1x_3-x_2^2+4x_2x_3-4x_3^2$, 将其改写成

$$f(x_1, x_2, x_3)=-(x_1+x_2-2x_3)^2\leqslant 0,$$

当 $x_1+x_2-2x_3=0$ 时, $f(x_1, x_2, x_3)=0$, 因此, 二次型 $f(x_1, x_2, x_3)$ 是半负定的, 其对应的矩阵 $\begin{pmatrix}-1 & -1 & 2\\ -1 & -1 & 2\\ 2 & 2 & -4\end{pmatrix}$ 是半负定矩阵.

再如, $f(x_1, x_2)=x_1^2-2x_2^2$ 是不定二次型, 因其符号有时正有时负:

$$f(1,1)=-1<0,\ f(2,1)=2>0.$$

例 1 设 $\boldsymbol{A}$ 是 n 阶实对称矩阵, 且 $|\boldsymbol{A}|<0$. 证明: 存在实 n 维向量 $\boldsymbol{x}$, 使得 $\boldsymbol{x}^{\mathrm{T}}\boldsymbol{A}\boldsymbol{x}<0$.

证法一 因题设 $\boldsymbol{A}$ 是 n 阶实对称矩阵, 故由实对称矩阵的性质 (§4.4定理4) 知, 存在正交矩阵 $\boldsymbol{Q}$, 使 $\boldsymbol{Q}^{\mathrm{T}}\boldsymbol{A}\boldsymbol{Q}=\mathrm{diag}(\lambda_1, \lambda_2, \cdots, \lambda_n)$, 又根据矩阵特征值的性质 (§4.2性质2), 有

$$|\boldsymbol{A}|=\lambda_1\lambda_2\cdots\lambda_n<0,$$

所以, 其中至少有一个 $\lambda_k<0$.

令 $\boldsymbol{x}=\boldsymbol{Q}\boldsymbol{\varepsilon}_k$，这里的 $\boldsymbol{\varepsilon}_k$ 是第 k 个分量为1而其余分量为0的 n 维向量, 则有

$$\boldsymbol{x}^{\mathrm{T}}\boldsymbol{A}\boldsymbol{x}=\boldsymbol{\varepsilon}_k^{\mathrm{T}}\boldsymbol{Q}^{\mathrm{T}}\boldsymbol{A}\boldsymbol{Q}\boldsymbol{\varepsilon}_k=\lambda_k<0 .$$

证法二 因 $|\boldsymbol{A}|\neq 0$, 故 $\mathrm{r}(\boldsymbol{A})=n$, 由 $|\boldsymbol{A}|<0$ 知, $\boldsymbol{A}$ 的正惯性指数小于 n. 否则, 若矩阵 $\boldsymbol{A}$ 的正惯性指数等于 n, 则 $\boldsymbol{A}$ 是正定矩阵, 从而 $|\boldsymbol{A}|>0$, 矛盾. 故 $\boldsymbol{A}$ 的正惯性指数小于 n.

又因 $\boldsymbol{A}$ 是 n 阶实对称矩阵, 故由实对称矩阵的性质 (§4.4定理4), 存在正交矩阵 $\boldsymbol{P}$，使得

$$\boldsymbol{P}^{\mathrm{T}}\boldsymbol{A}\boldsymbol{P}=\mathrm{diag}(1,\ \cdots,\ 1,\ -1,\ \cdots,\ -1),$$

其中至少出现一个 -1 (因 $|\boldsymbol{A}|<0$). 取

$$\boldsymbol{y}=\boldsymbol{\varepsilon}_n=(0,\ \cdots,\ 0,\ 1)^{\mathrm{T}},$$

令 $\boldsymbol{x}=\boldsymbol{P}\boldsymbol{y}$, 则 $\boldsymbol{x}^{\mathrm{T}}\boldsymbol{A}\boldsymbol{x}=\boldsymbol{y}^{\mathrm{T}}\boldsymbol{P}^{\mathrm{T}}\boldsymbol{A}\boldsymbol{P}\boldsymbol{y}=-1<0$. 证毕.

例2 判断二次型 $f=\sum\limits_{i=1}^{n-1}(x_i+x_{i+1})^2$ 的有定性.

解 依题设, 作线性变换:

$$y_1=x_1+x_2,\ y_2=x_2+x_3,\ \cdots,\ y_{n-1}=x_{n-1}+x_n,\ y_n=x_n,$$

将其写成矩阵形式, 得

$$\begin{pmatrix} y_1 \\ y_2 \\ \vdots \\ y_{n-1} \\ y_n \end{pmatrix}=\begin{pmatrix} 1 & 1 & 0 & \cdots & 0 & 0 \\ 0 & 1 & 1 & \cdots & 0 & 0 \\ \vdots & \vdots & \vdots & & \vdots & \vdots \\ 0 & 0 & 0 & \cdots & 1 & 1 \\ 0 & 0 & 0 & \cdots & 0 & 1 \end{pmatrix}\begin{pmatrix} x_1 \\ x_2 \\ \vdots \\ x_{n-1} \\ x_n \end{pmatrix}=\boldsymbol{C}\begin{pmatrix} x_1 \\ x_2 \\ \vdots \\ x_{n-1} \\ x_n \end{pmatrix}$$

易见上三角形行列式 $|\boldsymbol{C}|\neq 0$, 即 $\boldsymbol{C}$ 为可逆矩阵, 此时题设二次型可化为规范形

$$f=y_1^2+y_2^2+\cdots+y_{n-1}^2,$$

由二次型有定性的概念知, f 为半正定的.

例3 设 $\boldsymbol{A}$, $\boldsymbol{B}$ 分别为 m, n 阶正定矩阵, 判断分块矩阵 $\boldsymbol{C}=\begin{pmatrix} \boldsymbol{A} & \boldsymbol{O} \\ \boldsymbol{O} & \boldsymbol{B} \end{pmatrix}$ 是否为正定矩阵.

解 依题设, $\boldsymbol{A}$, $\boldsymbol{B}$ 分别为 m, n 阶正定矩阵, 故存在非零 m 维列向量 $\boldsymbol{x}$ 和 n 维列向量 $\boldsymbol{y}$，使得

$$\boldsymbol{x}^{\mathrm{T}}\boldsymbol{A}\boldsymbol{x}>0,\ \boldsymbol{y}^{\mathrm{T}}\boldsymbol{B}\boldsymbol{y}>0,$$

构造列向量 $\boldsymbol{z}=\begin{pmatrix} \boldsymbol{x} \\ \boldsymbol{y} \end{pmatrix}$, 则 $\boldsymbol{z}\neq\boldsymbol{0}$, 于是

$$\boldsymbol{z}^{\mathrm{T}}\boldsymbol{C}\boldsymbol{z}=(\boldsymbol{x}^{\mathrm{T}},\boldsymbol{y}^{\mathrm{T}})\begin{pmatrix} \boldsymbol{A} & \boldsymbol{O} \\ \boldsymbol{O} & \boldsymbol{B} \end{pmatrix}\begin{pmatrix} \boldsymbol{x} \\ \boldsymbol{y} \end{pmatrix}=\boldsymbol{x}^{\mathrm{T}}\boldsymbol{A}\boldsymbol{x}+\boldsymbol{y}^{\mathrm{T}}\boldsymbol{B}\boldsymbol{y}>0,$$

即二次型 $\boldsymbol{z}^{\mathrm{T}}\boldsymbol{C}\boldsymbol{z}$ 是正定的, 从而分块矩阵 $\boldsymbol{C}$ 是正定矩阵.

例4　在统计学中, 以下两个量分别称为样本均值和样本方差:

$$\overline{x}=\frac{1}{n}(x_1+x_2+\cdots+x_n),\ s_x^2=\frac{1}{n-1}[(x_1-\overline{x})^2+(x_2-\overline{x})^2+\cdots+(x_n-\overline{x})^2].$$

(1) 将二次型 s_x^2 用矩阵符号 $\boldsymbol{x}^{\mathrm{T}}\boldsymbol{A}\boldsymbol{x}$ 表示, 其中 $\boldsymbol{x}=(x_1, x_2, \cdots, x_n)^{\mathrm{T}}$, $\boldsymbol{A}$ 是对称矩阵.

(2) s_x^2 是正定二次型吗? 请解释.

解　(1) 根据二次型的概念与矩阵的概念, 题设二次型 s_x^2 可表示为

$$s_x^2=\frac{1}{n-1}(\boldsymbol{x}-\overline{x}\boldsymbol{e})^{\mathrm{T}}(\boldsymbol{x}-\overline{x}\boldsymbol{e})=\boldsymbol{x}^{\mathrm{T}}\boldsymbol{A}\boldsymbol{x},$$

其中, $\boldsymbol{A}=\dfrac{1}{n-1}\left(\boldsymbol{E}-\dfrac{1}{n}\boldsymbol{e}\boldsymbol{e}^{\mathrm{T}}\right)$, $\boldsymbol{e}=(1, 1, \cdots, 1)^{\mathrm{T}}$.

(2) 因为 $\boldsymbol{A}$ 是对称矩阵, 所以, 存在正交矩阵 $\boldsymbol{P}$, 使得

$$\boldsymbol{P}^{\mathrm{T}}\boldsymbol{A}\boldsymbol{P}=\begin{pmatrix}\boldsymbol{E}_{n-1} & \boldsymbol{0}\\ \boldsymbol{0} & \boldsymbol{0}\end{pmatrix}.$$

于是, 对任意向量 $\boldsymbol{x}\neq\boldsymbol{0}$, 有

$$\begin{aligned}\boldsymbol{x}^{\mathrm{T}}\boldsymbol{A}\boldsymbol{x}&=\boldsymbol{x}^{\mathrm{T}}\boldsymbol{P}\begin{pmatrix}\boldsymbol{E}_{n-1} & \boldsymbol{0}\\ \boldsymbol{0} & \boldsymbol{0}\end{pmatrix}\boldsymbol{P}^{\mathrm{T}}\boldsymbol{x}\\&=\boldsymbol{x}^{\mathrm{T}}(\boldsymbol{P}_1\ \ \boldsymbol{P}_2)\begin{pmatrix}\boldsymbol{E}_{n-1} & \boldsymbol{0}\\ \boldsymbol{0} & \boldsymbol{0}\end{pmatrix}\begin{pmatrix}\boldsymbol{P}_1^{\mathrm{T}}\\ \boldsymbol{P}_2^{\mathrm{T}}\end{pmatrix}\boldsymbol{x}\\&=(\boldsymbol{x}^{\mathrm{T}}\boldsymbol{P}_1\ \ \boldsymbol{x}^{\mathrm{T}}\boldsymbol{P}_2)\begin{pmatrix}\boldsymbol{E}_{n-1} & \boldsymbol{0}\\ \boldsymbol{0} & \boldsymbol{0}\end{pmatrix}\begin{pmatrix}\boldsymbol{P}_1^{\mathrm{T}}\boldsymbol{x}\\ \boldsymbol{P}_2^{\mathrm{T}}\boldsymbol{x}\end{pmatrix}\\&=\boldsymbol{x}^{\mathrm{T}}\boldsymbol{P}_1\boldsymbol{P}_1^{\mathrm{T}}\boldsymbol{x}>0,\end{aligned}$$

其中 $\boldsymbol{P}_1$ 为 $\boldsymbol{P}$ 的前 $n-1$ 个列向量构成的矩阵, $\boldsymbol{P}_2$ 为 $\boldsymbol{P}$ 的第 n 个列向量, 因此, 题设二次型 s_x^2 是正定二次型.

二、正定矩阵的判别法

定理 1　设 $\boldsymbol{A}$ 为正定矩阵, 若 $\boldsymbol{A}$ 与 $\boldsymbol{B}$ 合同, 则 $\boldsymbol{B}$ 也是正定矩阵.

证明　因矩阵 $\boldsymbol{A}$ 与 $\boldsymbol{B}$ 合同, 故存在可逆矩阵 $\boldsymbol{C}$, 使 $\boldsymbol{C}^{\mathrm{T}}\boldsymbol{A}\boldsymbol{C}=\boldsymbol{B}$, 令 $\boldsymbol{x}=\boldsymbol{C}\boldsymbol{y}$, $|\boldsymbol{C}|\neq 0$, 对任意非零向量 $\boldsymbol{y}$, 有

$$\boldsymbol{y}^{\mathrm{T}}\boldsymbol{B}\boldsymbol{y}=\boldsymbol{y}^{\mathrm{T}}\boldsymbol{C}^{\mathrm{T}}\boldsymbol{A}\boldsymbol{C}\boldsymbol{y}=(\boldsymbol{C}\boldsymbol{y})^{\mathrm{T}}\boldsymbol{A}(\boldsymbol{C}\boldsymbol{y})=\boldsymbol{x}^{\mathrm{T}}\boldsymbol{A}\boldsymbol{x}>0,$$

故 $\boldsymbol{B}$ 为正定矩阵. 证毕.

注: 由定理 1 的证明知: 若矩阵 $\boldsymbol{A}$ 与 $\boldsymbol{B}$ 合同, 则矩阵 $\boldsymbol{A}$ 与 $\boldsymbol{B}$ 具有相同的有定性.

定理 2　对角矩阵 $\boldsymbol{D}=\mathrm{diag}(d_1, d_2, \cdots, d_n)$ 正定的充要条件是 $d_i>0\ (i=1, 2, \cdots, n)$.

证明 必要性. 设$\boldsymbol{D}$为正定矩阵, 则对任一非零向量$\boldsymbol{x}$, 有

$$\boldsymbol{x}^{\mathrm{T}}\boldsymbol{D}\boldsymbol{x}=\sum_{i=1}^{n}d_i x_i^2>0,$$

取$\boldsymbol{x}=\boldsymbol{\varepsilon}_i\ (i=1, 2, \cdots, n)$, 则$\boldsymbol{\varepsilon}_i^{\mathrm{T}}\boldsymbol{D}\boldsymbol{\varepsilon}_i=d_i>0\ (i=1, 2, \cdots, n)$.

充分性. 对任意给定的非零向量$\boldsymbol{x}$, 至少有$\boldsymbol{x}$的某个分量$x_k\neq 0$, 因为$d_k>0$, $x_k\neq 0$, 所以, $d_k x_k^2>0$, 而当$i\neq k$时, $d_i x_i^2\geqslant 0$, 故$\boldsymbol{x}^{\mathrm{T}}\boldsymbol{D}\boldsymbol{x}=\sum_{i=1}^{n}d_i x_i^2>0$, 即$\boldsymbol{D}$为正定矩阵. 证毕.

定理 3 对称矩阵$\boldsymbol{A}$正定的充分必要条件是它的特征值全大于零.

证明 由于对任一对称矩阵$\boldsymbol{A}$, 总存在一正交矩阵$\boldsymbol{C}$, 使得

$$\boldsymbol{C}^{\mathrm{T}}\boldsymbol{A}\boldsymbol{C}=\begin{pmatrix}\lambda_1 & & & \\ & \lambda_2 & & \\ & & \ddots & \\ & & & \lambda_n\end{pmatrix},$$

其中$\lambda_1, \lambda_2, \cdots, \lambda_n$是$\boldsymbol{A}$的全部特征值(重根按重数计算), 再由定理1及定理2即可证得结论.

例 5 若二次型$f(x_1, x_2, x_3)=\boldsymbol{x}^{\mathrm{T}}\boldsymbol{A}\boldsymbol{x}$在正交变换$\boldsymbol{x}=\boldsymbol{Q}\boldsymbol{y}$下的标准形为$y_1^2+y_2^2$, 试证$\boldsymbol{A}+\boldsymbol{E}$为正定矩阵, 其中$\boldsymbol{E}$为三阶单位矩阵.

解 因二次型$f(x_1, x_2, x_3)=\boldsymbol{x}^{\mathrm{T}}\boldsymbol{A}\boldsymbol{x}$在正交变换$\boldsymbol{x}=\boldsymbol{Q}\boldsymbol{y}$下的标准形为$y_1^2+y_2^2$, 故由化二次型为标准形的正交变换法知, 矩阵$\boldsymbol{A}$的特征值分别为

$$\lambda_1=\lambda_2=1,\ \lambda_3=0.$$

于是, 由矩阵多项式的特征值知, $\boldsymbol{A}+\boldsymbol{E}$的特征值为2, 2, 1. 因其特征值全大于零, 故$\boldsymbol{A}+\boldsymbol{E}$是正定矩阵. 证毕.

定理 4 矩阵$\boldsymbol{A}$为正定矩阵的充分必要条件是: 二次型$\boldsymbol{x}^{\mathrm{T}}\boldsymbol{A}\boldsymbol{x}$的正惯性指数$p=n$.

证明 利用定理1及定理2即可得证.

定理 5 矩阵$\boldsymbol{A}$为正定矩阵的充分必要条件是: 存在可逆矩阵$\boldsymbol{C}$, 使$\boldsymbol{A}=\boldsymbol{C}^{\mathrm{T}}\boldsymbol{C}$, 即矩阵$\boldsymbol{A}$与单位矩阵$\boldsymbol{E}$合同.

证明 利用定理4即可得证.

推论 1 若矩阵$\boldsymbol{A}$为正定矩阵, 则$|\boldsymbol{A}|>0$.

证明 依题设, $|\boldsymbol{A}|=|\boldsymbol{C}^{\mathrm{T}}\boldsymbol{C}|=|\boldsymbol{C}|^2$, 因$\boldsymbol{C}$是可逆矩阵, $|\boldsymbol{C}|\neq 0$, 故$|\boldsymbol{A}|>0$.

下面的定理给出了二次型的规范形与其有定性的关系.

定理 6 对秩为r的n元实二次型$f=\boldsymbol{x}^{\mathrm{T}}\boldsymbol{A}\boldsymbol{x}$, 设其规范形为

$$z_1^2+z_2^2+\cdots+z_p^2-z_{p+1}^2-\cdots-z_r^2,$$

则

(1) f正定的充要条件是$p=n$, $r=0$. 即正定二次型的规范形为

$$f=z_1^2+z_2^2+\cdots+z_n^2.$$

(2) f 负定的充要条件是 $p=0$, $r=n$. 即负定二次型的规范形为

$$f=-z_1^2-z_2^2-\cdots-z_n^2.$$

(3) f 半正定的充要条件是 $p=r<n$. 即半正定二次型的规范形为

$$f=z_1^2+z_2^2+\cdots+z_r^2,\ r<n.$$

(4) f 半负定的充要条件是 $p=0$, $r<n$. 即半负定二次型的规范形为

$$f=-z_1^2-z_2^2-\cdots-z_r^2,\ r<n.$$

(5) f 不定的充要条件是 $0<p<r\leqslant n$. 即

$$f=z_1^2+z_2^2+\cdots+z_p^2-z_{p+1}^2-\cdots-z_r^2.$$

定义 2 n 阶矩阵 $\boldsymbol{A}=(a_{ij})$ 的行标和列标相同的 k 阶子式

$$\begin{vmatrix} a_{i_1i_1} & a_{i_1i_2} & \cdots & a_{i_1i_k} \\ a_{i_2i_1} & a_{i_2i_2} & \cdots & a_{i_2i_k} \\ \vdots & \vdots & & \vdots \\ a_{i_ki_1} & a_{i_ki_2} & \cdots & a_{i_ki_k} \end{vmatrix} (1\leqslant i_1<i_2<\cdots<i_k\leqslant n)$$

称为 $\boldsymbol{A}$ 的一个 ***k* 阶主子式**. 而子式

$$|\boldsymbol{A}_k|=\begin{vmatrix} a_{11} & a_{12} & \cdots & a_{1k} \\ a_{21} & a_{22} & \cdots & a_{2k} \\ \vdots & \vdots & & \vdots \\ a_{k1} & a_{k2} & \cdots & a_{kk} \end{vmatrix} (k=1, 2, \cdots, n)$$

称为 $\boldsymbol{A}$ 的 ***k* 阶顺序主子式**.

定理 7 n 阶矩阵 $\boldsymbol{A}=(a_{ij})$ 为正定矩阵的充分必要条件是: $\boldsymbol{A}$ 的所有顺序主子式

$$|\boldsymbol{A}_k|>0\ (k=1, 2, \cdots, n).$$

证明 必要性. 设二次型 $f=\boldsymbol{x}^{\mathrm{T}}\boldsymbol{A}\boldsymbol{x}$ 为正定的, 令 $\boldsymbol{x}^{\mathrm{T}}=(x_1, \cdots, x_k, 0, \cdots, 0)$, 代入得

$$f(x_1, \cdots, x_k, 0, \cdots, 0)=(x_1, \cdots, x_k, 0, \cdots, 0)\boldsymbol{A}\begin{pmatrix} x_1 \\ \vdots \\ x_k \\ 0 \\ \vdots \\ 0 \end{pmatrix}=(x_1, \cdots, x_k)\boldsymbol{A}_k\begin{pmatrix} x_1 \\ \vdots \\ x_k \end{pmatrix}>0,$$

所以, 矩阵 $\boldsymbol{A}$ 的顺序主子式

$$|\boldsymbol{A}_k|>0\ (k=1,2,\cdots,n).$$

充分性. 设 $|\boldsymbol{A}_k|>0\ (k=1,2,\cdots,n)$. 根据数学归纳法, 当 $n=1$ 时, 因为 $|\boldsymbol{A}_1|>0$, 所以, $f(x_1)=a_{11}x_1^2>0$, 定理成立. 设所证结论对 $n-1$ 元情形成立, 现在来证结论对 n 元情形也成立. 将二次型 $f(x_1,x_2,\cdots,x_n)$ 改写成

$$\begin{aligned}f(x_1,x_2,\cdots,x_n)=a_{11}&\left(x_1+\frac{a_{12}}{a_{11}}x_2+\cdots+\frac{a_{1n}}{a_{11}}x_n\right)^2\\&+a'_{22}x_2^2+2a'_{23}x_2x_3+\cdots+2a'_{2n}x_2x_n\\&+a'_{33}x_3^2+2a'_{34}x_3x_4+\cdots+2a'_{3n}x_3x_n+\cdots+a'_{nn}x_n^2,\end{aligned}$$

其中 $a'_{ij}=\dfrac{1}{a_{11}}\begin{vmatrix}a_{11}&a_{1j}\\a_{i1}&a_{ij}\end{vmatrix}\ (i,j=2,\cdots,n)$.

因 $a_{ij}=a_{ji}$, 故 $a'_{ij}=a'_{ji}$, 现只要证明上式中 $n-1$ 元二次型

$$\begin{aligned}&a'_{22}x_2^2+2a'_{23}x_2x_3+\cdots+2a'_{2n}x_2x_n+a'_{33}x_3^2\\&\quad+2a'_{34}x_3x_4+\cdots+2a'_{3n}x_3x_n+\cdots+a'_{nn}x_n^2\end{aligned}$$

正定即可, 即只需证明 $\begin{vmatrix}a'_{22}&\cdots&a'_{2k}\\\vdots&&\vdots\\a'_{k2}&\cdots&a'_{kk}\end{vmatrix}>0\ \ (k=2,\cdots,n)$. 因

$$0<|\boldsymbol{A}_k|=\begin{vmatrix}a_{11}&a_{12}&\cdots&a_{1k}\\a_{21}&a_{22}&\cdots&a_{2k}\\\vdots&\vdots&&\vdots\\a_{k1}&a_{k2}&\cdots&a_{kk}\end{vmatrix}=\begin{vmatrix}a_{11}&0&\cdots&0\\0&a'_{22}&\cdots&a'_{2k}\\\vdots&\vdots&&\vdots\\0&a'_{k2}&\cdots&a'_{kk}\end{vmatrix}=a_{11}\begin{vmatrix}a'_{22}&\cdots&a'_{2k}\\\vdots&&\vdots\\a'_{k2}&\cdots&a'_{kk}\end{vmatrix},$$

注意到 $a_{11}>0$, 即得 $\begin{vmatrix}a'_{22}&\cdots&a'_{2k}\\\vdots&&\vdots\\a'_{k2}&\cdots&a'_{kk}\end{vmatrix}>0\ (k=2,\cdots,n)$. 证毕.

注: 对于负定矩阵、半正定矩阵与半负定矩阵, 也有类似于上述正定矩阵的结论:

(1) 若 $\boldsymbol{A}$ 是负定矩阵, 则 $-\boldsymbol{A}$ 为正定矩阵.

(2) $\boldsymbol{A}$ 是负定矩阵的充要条件是:

$$(-1)^k|\boldsymbol{A}_k|>0\ (k=1,2,\cdots,n),$$

其中 $\boldsymbol{A}_k$ 是 $\boldsymbol{A}$ 的 k 阶顺序主子式.

(3) 对半正定 (半负定) 矩阵, 可证明下列结论等价:

① 对称矩阵 $\boldsymbol{A}$ 是半正定 (半负定) 的;

② $\boldsymbol{A}$ 的所有主子式大于 (小于) 或等于零;

③ $\boldsymbol{A}$ 的全部特征值大于 (小于) 或等于零.

例 6 当 λ 取何值时, 下面的二次型 $f(x_1,x_2,x_3)$ 是正定的?

$$f(x_1,x_2,x_3)=x_1^2+2x_1x_2+4x_1x_3+2x_2^2+6x_2x_3+\lambda x_3^2.$$

解 题设二次型的矩阵为 $\boldsymbol{A}=\begin{pmatrix}1&1&2\\1&2&3\\2&3&\lambda\end{pmatrix}$, 根据定理 7, 因

$$|\boldsymbol{A}_1|=1>0,\ |\boldsymbol{A}_2|=\begin{vmatrix}1&1\\1&2\end{vmatrix}=1>0,\ |\boldsymbol{A}_3|=|\boldsymbol{A}|=\lambda-5>0,$$

故当 $\lambda>5$ 时, 二次型 $f(x_1,x_2,x_3)$ 是正定的.

例 7 判断二次型 $f(x,y,z)$ 是否为负定的:

$$f(x,y,z)=-5x^2-6y^2-4z^2+4xy+4xz.$$

解 题设二次型的矩阵 $\boldsymbol{A}=\begin{pmatrix}-5&2&2\\2&-6&0\\2&0&-4\end{pmatrix}$, 由定理 7 的注, 因

$$|\boldsymbol{A}_1|=-5<0,\ |\boldsymbol{A}_2|=\begin{vmatrix}-5&2\\2&-6\end{vmatrix}=26>0,\ |\boldsymbol{A}_3|=|\boldsymbol{A}|=-80<0,$$

所以, $f(x,y,z)$ 是负定的.

例 8 在市场营销中, 广告投放的效益和投入资源之间的关系常常是一个复杂的优化问题. 假设某公司在不同的广告渠道 (例如电视广告、网络广告和户外广告) 上投入资金, 目标是通过优化广告投放策略来最大化广告的回报率, 同时考虑到各广告渠道之间的协作效应. 为了分析广告投放的效果, 我们将广告的投放效果用正定二次型表示. 假设公司将资金投入电视广告、网络广告和户外广告, 相关的风险通过如下二次型来描述:

$$f(x_1,x_2,x_3)=\frac{1}{2}(x_1,\ x_2,\ x_3)\begin{pmatrix}0.1&0.05&0.03\\0.05&0.15&0.07\\0.03&0.07&0.2\end{pmatrix}\begin{pmatrix}x_1\\x_2\\x_3\end{pmatrix}.$$

其中, x_1,x_2,x_3 分别表示公司在电视广告、网络广告和户外广告上的资金投入, 设总金额

为m. 矩阵表示广告渠道之间的协作效应, 矩阵中的元素分别表示各广告之间的协方差. 为确定广告投放的最优策略, 需要使用正定矩阵判别法, 分析该二次型的最小值并判断该优化问题的可行性. 试:

(1) 判断矩阵是否为正定矩阵, 以确保该二次型具有唯一的最小值.

(2) 使用正定矩阵判别法分析广告投放的最优策略.

解　(1) 二次型矩阵

$$\boldsymbol{A}=\begin{pmatrix} 0.1 & 0.05 & 0.03 \\ 0.05 & 0.15 & 0.07 \\ 0.03 & 0.07 & 0.2 \end{pmatrix}.$$

根据正定矩阵的判定方法, 求各阶顺序主子式:

一阶顺序主子式:

$$S_1=|a_{11}|=0.1>0;$$

二阶顺序主子式:

$$S_2=\begin{vmatrix} 0.1 & 0.05 \\ 0.05 & 0.15 \end{vmatrix}=0.012\,5>0;$$

三阶顺序主子式:

$$\begin{aligned} S_3&=\begin{vmatrix} 0.1 & 0.05 & 0.03 \\ 0.05 & 0.15 & 0.07 \\ 0.03 & 0.07 & 0.2 \end{vmatrix} \\ &=0.1\times\begin{vmatrix} 0.15 & 0.07 \\ 0.07 & 0.2 \end{vmatrix}-0.05\times\begin{vmatrix} 0.05 & 0.07 \\ 0.03 & 0.2 \end{vmatrix}+0.03\times\begin{vmatrix} 0.05 & 0.15 \\ 0.03 & 0.07 \end{vmatrix} \\ &=0.1\times0.025\,1-0.05\times0.007\,9+0.03\times(-0.001) \\ &=0.002\,51-0.000\,395-0.000\,03 \\ &=0.002\,085>0. \end{aligned}$$

由于矩阵$\boldsymbol{A}$的所有顺序主子式都大于零, 故矩阵$\boldsymbol{A}$是正定的. 该二次型有唯一的最小值.

(2) 已知二次型 $f=\dfrac{1}{2}(x_1,x_2,x_3)\boldsymbol{A}\begin{pmatrix} x_1 \\ x_2 \\ x_3 \end{pmatrix}$, 且 $x_1+x_2+x_3=m$ (总金额为m). 构造拉格朗日函数

$$L(x_1,x_2,x_3,\lambda)=\frac{1}{2}(x_1,x_2,x_3)\boldsymbol{A}\begin{pmatrix} x_1 \\ x_2 \\ x_3 \end{pmatrix}+\lambda(x_1+x_2+x_3-m).$$

分别求偏导数:

$$\frac{\partial L}{\partial x_1}=0.1x_1+0.05x_2+0.03x_3+\lambda=0, \tag{3.1}$$

$$\frac{\partial L}{\partial x_2}=0.05x_1+0.15x_2+0.07x_3+\lambda=0, \tag{3.2}$$

$$\frac{\partial L}{\partial x_3}=0.03x_1+0.07x_2+0.2x_3+\lambda=0, \tag{3.3}$$

$$\frac{\partial L}{\partial \lambda}=x_1+x_2+x_3-m=0. \tag{3.4}$$

由式 (3.1) − 式 (3.2) 可得:

$$0.05x_1-0.1x_2-0.04x_3=0, \tag{3.5}$$

由式 (3.2) − 式 (3.3) 可得:

$$0.02x_1+0.08x_2-0.13x_3=0, \tag{3.6}$$

联立式 (3.4)、式 (3.5)、式 (3.6), 解得

$$x_1=\frac{54}{93}m,\ x_2=\frac{29}{93}m,\ x_3=\frac{20}{93}m.$$

此值即为广告投放的最优策略.

通过本例, 我们演示了如何利用正定矩阵判别法求解市场营销中的广告投放优化问题. 我们得到了唯一的最优解, 在实际营销中, 虽然该最小值表示最小风险预期, 但它可能不符合实际业务情况, 因此在实际应用中需要根据其他约束条件进一步调整资源分配方案.

例 9 设 $\boldsymbol{A}$ 为 $m\times n$ 实矩阵, $\boldsymbol{E}$ 为 n 阶单位矩阵, 已知矩阵 $\boldsymbol{B}=\lambda\boldsymbol{E}+\boldsymbol{A}^{\mathrm{T}}\boldsymbol{A}$, 试证: 当 $\lambda>0$ 时, 矩阵 $\boldsymbol{B}$ 为正定矩阵.

证明 由题设 $\boldsymbol{B}=\lambda\boldsymbol{E}+\boldsymbol{A}^{\mathrm{T}}\boldsymbol{A}$, 取转置得

$$\boldsymbol{B}^{\mathrm{T}}=(\lambda\boldsymbol{E}+\boldsymbol{A}^{\mathrm{T}}\boldsymbol{A})^{\mathrm{T}}=\lambda\boldsymbol{E}+\boldsymbol{A}^{\mathrm{T}}\boldsymbol{A}=\boldsymbol{B},$$

所以, $\boldsymbol{B}$ 为 n 阶实对称矩阵, 对于任意的实 n 维向量 $\boldsymbol{x}$, 由矩阵乘法的运算规律与矩阵转置的运算规律, 有

$$\boldsymbol{x}^{\mathrm{T}}\boldsymbol{B}\boldsymbol{x}=\boldsymbol{x}^{\mathrm{T}}(\lambda\boldsymbol{E}+\boldsymbol{A}^{\mathrm{T}}\boldsymbol{A})\boldsymbol{x}=\lambda\boldsymbol{x}^{\mathrm{T}}\boldsymbol{x}+\boldsymbol{x}^{\mathrm{T}}\boldsymbol{A}^{\mathrm{T}}\boldsymbol{A}\boldsymbol{x}=\lambda\boldsymbol{x}^{\mathrm{T}}\boldsymbol{x}+(\boldsymbol{A}\boldsymbol{x})^{\mathrm{T}}(\boldsymbol{A}\boldsymbol{x}),$$

因 $\boldsymbol{x}\neq\boldsymbol{0}$, 故由 $\boldsymbol{x}^{\mathrm{T}}\boldsymbol{x}>0$, $(\boldsymbol{A}\boldsymbol{x})^{\mathrm{T}}(\boldsymbol{A}\boldsymbol{x})\geqslant 0$ 知, 当 $\lambda>0$ 时, 对任意 $\boldsymbol{x}\neq\boldsymbol{0}$, 有

$$\boldsymbol{x}^{\mathrm{T}}\boldsymbol{B}\boldsymbol{x}=\lambda\boldsymbol{x}^{\mathrm{T}}\boldsymbol{x}+(\boldsymbol{A}\boldsymbol{x})^{\mathrm{T}}\boldsymbol{A}\boldsymbol{x}>0,$$

即二次型是正定的, 从而矩阵 $\boldsymbol{B}$ 为正定矩阵. 证毕.

例 10 证明: 若 $\boldsymbol{A}$ 为正定矩阵, 则 $\boldsymbol{A}^{-1}$ 也是正定矩阵.

证明 题设矩阵 $\boldsymbol{A}$ 正定, 则存在可逆矩阵 $\boldsymbol{C}$, 使 $\boldsymbol{C}^{\mathrm{T}}\boldsymbol{A}\boldsymbol{C}=\boldsymbol{E}$, 两边取逆, 得

$$\boldsymbol{C}^{-1}\boldsymbol{A}^{-1}(\boldsymbol{C}^{\mathrm{T}})^{-1}=\boldsymbol{E},$$

又因 $(\boldsymbol{C}^{\mathrm{T}})^{-1}=(\boldsymbol{C}^{-1})^{\mathrm{T}}$, $((\boldsymbol{C}^{-1})^{\mathrm{T}})^{\mathrm{T}}=\boldsymbol{C}^{-1}$, 故

$$((\boldsymbol{C}^{-1})^{\mathrm{T}})^{\mathrm{T}}\boldsymbol{A}^{-1}(\boldsymbol{C}^{-1})^{\mathrm{T}}=\boldsymbol{E},\ \ |(\boldsymbol{C}^{-1})^{\mathrm{T}}|=|\boldsymbol{C}|^{-1}\neq 0,$$

所以, 逆矩阵 $\boldsymbol{A}^{-1}$ 为正定矩阵. 证毕.

例 11 设$\boldsymbol{A}$为m阶实对称矩阵且正定，$\boldsymbol{B}$为$m\times n$实矩阵，$\boldsymbol{B}^{\mathrm{T}}$为$\boldsymbol{B}$的转置矩阵. 试证：$\boldsymbol{B}^{\mathrm{T}}\boldsymbol{A}\boldsymbol{B}$为正定矩阵的充分必要条件是$\boldsymbol{B}$的秩$\mathrm{r}(\boldsymbol{B})=n$.

证明 必要性. 假设$\boldsymbol{B}^{\mathrm{T}}\boldsymbol{A}\boldsymbol{B}$为正定矩阵，则对任意的实$n$维非零列向量$\boldsymbol{x}$，均有

$$\boldsymbol{x}^{\mathrm{T}}(\boldsymbol{B}^{\mathrm{T}}\boldsymbol{A}\boldsymbol{B})\boldsymbol{x}>0,$$

利用矩阵转置的运算规律，即有

$$(\boldsymbol{B}\boldsymbol{x})^{\mathrm{T}}\boldsymbol{A}(\boldsymbol{B}\boldsymbol{x})>0,$$

因题设$\boldsymbol{A}$为正定矩阵，故$\boldsymbol{B}\boldsymbol{x}\neq\boldsymbol{0}$，即线性方程组$\boldsymbol{B}\boldsymbol{x}=\boldsymbol{0}$只有零解，从而由线性方程组的判定定理知，$\mathrm{r}(\boldsymbol{B})=n$.

充分性. 由矩阵转置的运算规律，有

$$(\boldsymbol{B}^{\mathrm{T}}\boldsymbol{A}\boldsymbol{B})^{\mathrm{T}}=\boldsymbol{B}^{\mathrm{T}}\boldsymbol{A}^{\mathrm{T}}\boldsymbol{B}=\boldsymbol{B}^{\mathrm{T}}\boldsymbol{A}\boldsymbol{B},$$

故$\boldsymbol{B}^{\mathrm{T}}\boldsymbol{A}\boldsymbol{B}$为实对称矩阵. 若$\mathrm{r}(\boldsymbol{B})=n$，则方程组$\boldsymbol{B}\boldsymbol{x}=\boldsymbol{0}$只有零解，从而对任意实$n$维列向量$\boldsymbol{x}\neq\boldsymbol{0}$，有$\boldsymbol{B}\boldsymbol{x}\neq\boldsymbol{0}$. 又$\boldsymbol{A}$为正定矩阵，故对$\boldsymbol{B}\boldsymbol{x}\neq\boldsymbol{0}$，有

$$(\boldsymbol{B}\boldsymbol{x})^{\mathrm{T}}\boldsymbol{A}(\boldsymbol{B}\boldsymbol{x})>0.$$

于是，当$\boldsymbol{x}\neq\boldsymbol{0}$时，有$\boldsymbol{x}^{\mathrm{T}}(\boldsymbol{B}^{\mathrm{T}}\boldsymbol{A}\boldsymbol{B})\boldsymbol{x}>0$，所以，$\boldsymbol{B}^{\mathrm{T}}\boldsymbol{A}\boldsymbol{B}$为正定矩阵. 证毕.

三、正定矩阵的应用

利用正定二次型，我们可以得到一个判定多元函数的极值的充分条件.

设$\boldsymbol{x}=(x_1,x_2,\cdots,x_n)^{\mathrm{T}}$，$n$元函数$f(\boldsymbol{x})$在$\boldsymbol{x}_0$的某邻域内有连续的二阶偏导数，则由$f(\boldsymbol{x})$的二阶偏导数构成的矩阵：

$$\boldsymbol{H}(\boldsymbol{x})=\begin{pmatrix} f_{11}(\boldsymbol{x}) & f_{12}(\boldsymbol{x}) & \cdots & f_{1n}(\boldsymbol{x}) \\ f_{21}(\boldsymbol{x}) & f_{22}(\boldsymbol{x}) & \cdots & f_{2n}(\boldsymbol{x}) \\ \vdots & \vdots & & \vdots \\ f_{n1}(\boldsymbol{x}) & f_{n2}(\boldsymbol{x}) & \cdots & f_{nn}(\boldsymbol{x}) \end{pmatrix}$$

称为**黑塞 (Hessian) 矩阵**.

设$\boldsymbol{x}_0$为$f(\boldsymbol{x})$的**驻点**，由多元函数的泰勒 (Taylor) 公式，可得如下判别法：

(1) 如果$\boldsymbol{H}(\boldsymbol{x}_0)$为正定或半正定矩阵，那么$f(\boldsymbol{x}_0)$为$f(\boldsymbol{x})$的极小值；

(2) 如果$\boldsymbol{H}(\boldsymbol{x}_0)$为负定或半负定矩阵，那么$f(\boldsymbol{x}_0)$为$f(\boldsymbol{x})$的极大值；

(3) 如果$\boldsymbol{H}(\boldsymbol{x}_0)$为不定矩阵，那么$f(\boldsymbol{x}_0)$不是极值.

例 12 设某企业用一种原料生产两种产品，产量分别为x, y单位，原料消耗量为$A(x^{\alpha}+y^{\beta})$单位$(A>0,\ \alpha>1,\ \beta>1)$，若原料及两种产品的价格分别为$r$, P_1, P_2(万元 / 单位)，在只考虑原料成本的情况下，求使企业利润最大的产量.

解 利润函数为

$$f(x, y)=xP_1+yP_2-rA(x^{\alpha}+y^{\beta}).$$

根据求多元函数极值与最值的步骤, 求偏导数, 得

$$\begin{cases}\dfrac{\partial f}{\partial x}=P_1-rA\cdot\alpha x^{\alpha-1}=0\\[2ex]\dfrac{\partial f}{\partial y}=P_2-rA\cdot\beta y^{\beta-1}=0\end{cases},$$

解得唯一驻点:

$$x_0=\left(\frac{P_1}{\alpha Ar}\right)^{\frac{1}{\alpha-1}},\ y_0=\left(\frac{P_2}{\beta Ar}\right)^{\frac{1}{\beta-1}}.$$

因为函数 $f(x, y)$ 在点 (x_0, y_0) 处的黑塞矩阵

$$\boldsymbol{H}(x_0,y_0)=\begin{pmatrix}-rA\alpha(\alpha-1)x_0^{\alpha-2} & 0\\ 0 & -rA\beta(\beta-1)y_0^{\beta-2}\end{pmatrix}$$

是负定矩阵, 又 $f(x,y)$ 的驻点 (x_0,y_0) 唯一, 所以使企业获利最大的两种产品的产量分别是 x_0, y_0 单位.

例 13　在电子商务领域, 如何优化广告投放和促销策略, 从而使利润最大化是一个至关重要的课题. 假设某电子商务公司在推广活动中使用了三个不同的营销策略: 社交媒体广告、搜索引擎广告和电子邮件广告. 公司希望通过调整每个策略的预算投入来最大化整体利润. 然而, 这些策略之间的相互影响使得问题变得更加复杂. 我们可以使用正定二次型来表示利润函数, 并通过计算黑塞矩阵来判断该优化问题的最小值或最大值.

假设该公司的利润函数 $f(x_1, x_2, x_3)$ 由三个策略的预算投入量 x_1, x_2 和 x_3 来表示, 其中 x_1 代表社交媒体广告的预算, x_2 代表搜索引擎广告的预算, x_3 代表电子邮件广告的预算, 设总预算为定值 m. 利润函数可以通过以下二次型来表示:

$$f(x_1,x_2,x_3)=\frac{1}{2}(x_1, x_2, x_3)\begin{pmatrix}0.12 & 0.04 & 0.02\\ 0.04 & 0.10 & 0.05\\ 0.02 & 0.05 & 0.15\end{pmatrix}\begin{pmatrix}x_1\\ x_2\\ x_3\end{pmatrix}.$$

其中, 矩阵 $\boldsymbol{A}$ 表示各营销策略之间的协作效应. 我们的目标是通过调整各个策略的预算投入 x_1, x_2, x_3 来最大化利润. 我们可以通过黑塞矩阵来分析利润函数的最优解. 试:

(1) 计算利润函数的黑塞矩阵, 判断该函数的最大 (最小) 值;

(2) 通过计算黑塞矩阵的特征值, 确定利润函数的最优解;

(3) 解释该黑塞矩阵在实际电子商务营销中的意义.

解　题设利润函数为

$$f(x_1, x_2, x_3)=\frac{1}{2}(x_1, x_2, x_3)\begin{pmatrix}0.12 & 0.04 & 0.02\\ 0.04 & 0.10 & 0.05\\ 0.02 & 0.05 & 0.15\end{pmatrix}\begin{pmatrix}x_1\\ x_2\\ x_3\end{pmatrix},$$

其中的三阶矩阵即为协方差矩阵$\boldsymbol{A}$.

黑塞矩阵是二次型函数的二阶导数矩阵. 在该问题中, 利润函数是一个二次型函数, 因此黑塞矩阵就是协方差矩阵$\boldsymbol{A}$本身. 故

$$\boldsymbol{H}=\boldsymbol{A}=\begin{pmatrix}0.12 & 0.04 & 0.02\\ 0.04 & 0.10 & 0.05\\ 0.02 & 0.05 & 0.15\end{pmatrix}.$$

黑塞矩阵的正定性决定了函数的最值. 如果黑塞矩阵是正定的, 则利润函数具有唯一的最小值; 如果黑塞矩阵是负定的, 则利润函数具有唯一的最大值; 如果黑塞矩阵既不正定也不负定, 则利润函数在该点可能有鞍点.

为判断矩阵是否正定, 我们可以计算黑塞矩阵的特征值. 如果所有特征值都大于零, 则黑塞矩阵是正定的.

为计算黑塞矩阵$\boldsymbol{A}$的特征值, 我们先求$\boldsymbol{A}$的特征多项式:

$$\begin{aligned}|\lambda\boldsymbol{E}-\boldsymbol{A}|&=\begin{vmatrix}\lambda-0.12 & -0.04 & -0.02\\ -0.04 & \lambda-0.10 & -0.05\\ -0.02 & -0.05 & \lambda-0.15\end{vmatrix}\\ &=(\lambda-0.12)(\lambda^2-0.25\lambda+0.012\,5)+0.04(-0.04\lambda+0.005)-0.000\,4\lambda\\ &=\lambda^3-0.37\lambda^2+0.040\,5\lambda-0.001\,3,\end{aligned}$$

解特征方程$|\lambda\boldsymbol{E}-\boldsymbol{A}|=0$, 得黑塞矩阵$\boldsymbol{A}$的特征值:

$$\lambda_1\approx 0.058\,1,\quad \lambda_2\approx 0.111\,9,\quad \lambda_3=0.2.$$

这些特征值均为正数, 因此矩阵$\boldsymbol{A}$是正定的, 意味着该二次型函数具有唯一的最小值, 并且最小值对应的解是全局最优解.

在电子商务营销中, 正定的黑塞矩阵意味着不同广告策略之间有一定的协作效应, 而且优化过程的目标是找到最佳的广告投入策略, 使得利润最大化. 通过正定矩阵的判定, 我们能够确保这一优化问题是凸的, 且最小值对应的是全局最优解.

通过本例, 我们演示了如何使用黑塞矩阵判定法来分析电子商务中的广告投放优化问题. 通过计算黑塞矩阵的特征值, 我们确定了该二次型具有唯一的最小值, 意味着可以通过优化广告策略来实现利润最大化. 在实际操作中, 这种方法能够为企业提供系统的广告投放决策支持, 帮助提高营销效率和投资回报.

习题 5-3

1. 判别下列二次型的正定性:

(1) $f=-2x_1^2-6x_2^2-4x_3^2+2x_1x_2+2x_1x_3$;

(2) $f=x_1^2+3x_2^2+9x_3^2+19x_4^2-2x_1x_2+4x_1x_3+2x_1x_4-6x_2x_4-12x_3x_4$.

2. 求a的值, 使下列二次型为正定的.

(1) $x_1^2+x_2^2+5x_3^2+2ax_1x_2-2x_1x_3+4x_2x_3$;

(2) $5x_1^2+x_2^2+ax_3^2+4x_1x_2-2x_1x_3-2x_2x_3$.

3. 设n元实二次型$f(x_1, x_2, \cdots, x_n)=\boldsymbol{x}^{\mathrm{T}}\boldsymbol{A}\boldsymbol{x}$正定, 它的正惯性指数为$p$, 求秩$r$与$n$之间的关系式.

4. 设$\boldsymbol{A}$为三阶实对称矩阵, 如果二次曲面方程$(x, y, z)\boldsymbol{A}\begin{pmatrix}x\\y\\z\end{pmatrix}=1$在正交变换下的标准方程的图形如题4图所示, 求矩阵$\boldsymbol{A}$的正特征值的个数.

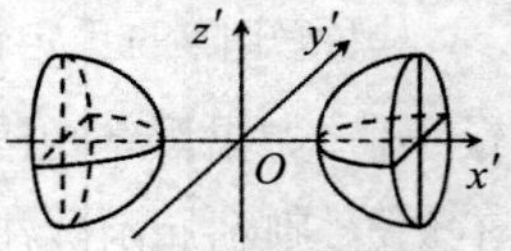

题4图

5. 已知实对称矩阵$\boldsymbol{A}$的全部特征值为$\lambda_1=\lambda_2=-2, \lambda_3=0$, 则当$k$为何值时, 矩阵$\boldsymbol{A}+k\boldsymbol{E}$为正定矩阵(其中$\boldsymbol{E}$为三阶单位矩阵)?

6. 已知$\begin{pmatrix}2-a & 1 & 0\\ 1 & 1 & 0\\ 0 & 0 & a+3\end{pmatrix}$是正定矩阵, 求$a$的值.

7. 在经济管理中, 优化生产成本和提高生产效率是企业发展的关键. 假设某企业使用两种资源X和Y, 生产两种产品A和B. 每种资源的投入会影响产品的生产成本, 且资源的投入和产品之间存在某种程度的相互影响. 企业希望通过合理的资源分配来最小化成本. 假设每种产品的生产成本可以通过正定二次型

$$f(x_1, x_2)=\frac{1}{2}(x_1, x_2)\begin{pmatrix}2 & 1\\ 1 & 3\end{pmatrix}\begin{pmatrix}x_1\\ x_2\end{pmatrix}$$

表示. 其中, x_1和x_2分别表示资源X和资源Y的投入量; 矩阵$\begin{pmatrix}2 & 1\\ 1 & 3\end{pmatrix}$表示资源之间的协作和相互影响, 矩阵中元素2和3是资源的方差, 1是资源之间的协方差. 设两种资源的总投入量是m, 通过求解该二次型的最小值, 企业可以得到最优的资源投入量分配, 从而实现成本的最小化.

(1) 将生产成本的二次型转化为标准形, 求解最优的资源分配;

(2) 判断该二次型是否正定, 并解释其在实际管理中的意义.

8. 设二次型$f(x_1, x_2, x_3)=2x_1^2+x_2^2+x_3^2+2x_1x_2+tx_2x_3$是正定的, 求$t$的取值范围.

9. 考虑二次型$f=x_1^2+4x_2^2+4x_3^2+2\lambda x_1x_2-2x_1x_3+4x_2x_3$, 问$\lambda$取何值时, f为正定二次型?

10. 设$\boldsymbol{A}=\begin{pmatrix}a & 1 & -1\\ 1 & a & -1\\ -1 & -1 & a\end{pmatrix}$, 若已知存在正交矩阵$\boldsymbol{P}$, 使$\boldsymbol{P}^{\mathrm{T}}\boldsymbol{A}\boldsymbol{P}=\boldsymbol{\Lambda}=\begin{pmatrix}a-1 & & \\ & a-1 & \\ & & a+2\end{pmatrix}$, 试求正

定矩阵 $\boldsymbol{C}$, 使得 $\boldsymbol{C}^2=(a+3)\boldsymbol{E}-\boldsymbol{A}$.

11. 设对称矩阵 $\boldsymbol{A}$ 为正定矩阵, 证明: 存在可逆矩阵 $\boldsymbol{U}$, 使 $\boldsymbol{A}=\boldsymbol{U}^{\mathrm{T}}\boldsymbol{U}$.

12. 已知 $\boldsymbol{A}$ 是 n 阶正定矩阵, 证明: $\boldsymbol{A}$ 的伴随矩阵 $\boldsymbol{A}^*$ 也是正定矩阵.

13. 设 $\boldsymbol{A}$ 为 $m\times n$ 实矩阵, 且 $\mathrm{r}(\boldsymbol{A})=n$, 证明 $\boldsymbol{A}^{\mathrm{T}}\boldsymbol{A}$ 正定.

14. 设 $\boldsymbol{A}, \boldsymbol{B}$ 分别为 m, n 阶正定矩阵, 证明分块矩阵 $\boldsymbol{C}=\begin{pmatrix}\boldsymbol{A} & \boldsymbol{O}\\ \boldsymbol{O} & \boldsymbol{B}\end{pmatrix}$ 也是正定矩阵.

15. 设 $\boldsymbol{A}=\begin{pmatrix}a & b\\ b & d\end{pmatrix}$ 为 2×2 的实对称矩阵. 证明 $\boldsymbol{A}$ 为正定矩阵当且仅当 $a>0$ 且 $|\boldsymbol{A}|>0$.

16. 令 $\boldsymbol{A}$ 和 $\boldsymbol{B}$ 为 $n\times n$ 的正定对称矩阵, $c>0$. 证明以下矩阵是正定的.

(1) $c\boldsymbol{A}$;　　(2) $\boldsymbol{A}^2$;　　(3) $\boldsymbol{A}+\boldsymbol{B}$;　　(4) $\boldsymbol{A}^{-1}$ (先证 $\boldsymbol{A}$ 可逆).

17. 给定三个孤立的市场, 它们仅由一个企业供货, 三个对应的需求函数为

$$P_1=12-x_1,\ P_2=18-2x_2, P_3=20-3x_3,$$

又假设其成本函数是 $P=3+2(x_1+x_2+x_3)$, 问各市场需求量为多少时, 才能使供货的企业获利最大?

总习题五

1. 二次型 $f(x_1, x_2, x_3)=x_1^2+x_2^2+ax_3^2+4x_1x_2+6x_2x_3$ 的秩为 2, 求 a 的值.

2. 设 $\boldsymbol{A}$ 是 n 阶矩阵, 若对所有的 n 维向量 $\boldsymbol{x}$, 恒有 $\boldsymbol{x}^{\mathrm{T}}\boldsymbol{A}\boldsymbol{x}=0$, 证明 $\boldsymbol{A}$ 是反对称矩阵.

3. 设矩阵 $\boldsymbol{A}=\begin{pmatrix}0 & 1 & 0 & 0\\ 1 & 0 & 0 & 0\\ 0 & 0 & y & 1\\ 0 & 0 & 1 & 2\end{pmatrix}$.

(1) 已知 $\boldsymbol{A}$ 的一个特征值为 3, 试求 y;　　(2) 求矩阵 $\boldsymbol{P}$, 使 $(\boldsymbol{AP})^{\mathrm{T}}(\boldsymbol{AP})$ 为对角矩阵.

4. 设 $\boldsymbol{A}$ 为 n 阶实对称矩阵, $\mathrm{r}(\boldsymbol{A})=n$, A_{ij} 是 $\boldsymbol{A}=(a_{ij})_{n\times n}$ 中元素 a_{ij} 的代数余子式 $(i, j=1, 2, \cdots, n)$, 二次型 $f(x_1, x_2, \cdots, x_n)=\sum\limits_{i=1}^{n}\sum\limits_{j=1}^{n}\dfrac{A_{ij}}{|\boldsymbol{A}|}x_ix_j$. 记 $\boldsymbol{x}=(x_1, x_2, \cdots, x_n)^{\mathrm{T}}$, 把 $f(x_1, x_2, \cdots, x_n)$ 写成矩阵形式, 并证明二次型的矩阵为 $\boldsymbol{A}^{-1}$.

5. 已知 $(1, -1, 0)^{\mathrm{T}}$ 是二次型 $\boldsymbol{x}^{\mathrm{T}}\boldsymbol{A}\boldsymbol{x}=ax_1^2+x_3^2-2x_1x_2+2x_1x_3+2bx_2x_3$ 的矩阵 $\boldsymbol{A}$ 的特征向量, 求正交变换化二次型为标准形, 并求 $\boldsymbol{x}^{\mathrm{T}}\boldsymbol{x}=2$ 时, $\boldsymbol{x}^{\mathrm{T}}\boldsymbol{A}\boldsymbol{x}$ 的最大值.

6. 设二次型 $f(x_1, x_2, x_3)=2x_1^2+3x_2^2+3x_3^2+2ax_2x_3\,(a>0)$ 经正交变换化成标准形 $f=y_1^2+2y_2^2+5y_3^2$, 求参数 a 及所用的正交变换矩阵.

7. 设二次型 $f=x_1^2+x_2^2+x_3^2+2ax_1x_2+2bx_2x_3+2x_1x_3$ 经正交变换 $\boldsymbol{x}=\boldsymbol{Q}\boldsymbol{y}$ 化成标准型 $f=y_2^2+2y_3^2$, 试求常数 a, b.

8. 二次型 $x^2+ay^2+z^2+2bxy+2xz+2yz$ 可经正交变换 $\begin{pmatrix}x\\ y\\ z\end{pmatrix}=\boldsymbol{P}\begin{pmatrix}\xi\\ \eta\\ \zeta\end{pmatrix}$ 化为标准形 $\eta^2+4\zeta^2$, 求 a, b 的

值和正交矩阵 $\boldsymbol{P}$.

9. 假设二次型 $f(x_1, x_2, x_3)=4x_2^2-3x_3^2+4x_1x_2-4x_1x_3+8x_2x_3$，并且在正交变换 $\boldsymbol{x}=\boldsymbol{P}\boldsymbol{y}$ 下的标准形为 $\lambda_1 y_1^2+\lambda_2 y_2^2-\lambda_3 y_3^2$，试确定正交矩阵 $\boldsymbol{P}$.

10. 如果二次型 $f(x_1, x_2, x_3)=\boldsymbol{x}^{\mathrm{T}}\boldsymbol{A}\boldsymbol{x}$ 在正交变换 $\boldsymbol{x}=\boldsymbol{Q}\boldsymbol{y}$ 下的标准形为 $y_1^2+y_2^2$，并且矩阵 $\boldsymbol{Q}$ 的第 3 列为 $(\sqrt{2}/2, 0, \sqrt{2}/2)^{\mathrm{T}}$，试求矩阵 $\boldsymbol{A}$.

11. $\boldsymbol{A}$ 为三阶实对称矩阵, 且满足 $\boldsymbol{A}^3-\boldsymbol{A}^2-\boldsymbol{A}=2\boldsymbol{E}$，二次型 $\boldsymbol{x}^{\mathrm{T}}\boldsymbol{A}\boldsymbol{x}$ 经正交变换可化为标准形, 求此标准形的表达式.

12. 证明: 二次型 $f=\boldsymbol{x}^{\mathrm{T}}\boldsymbol{A}\boldsymbol{x}$ 在 $\|\boldsymbol{x}\|=1$ 时的最大值为矩阵 $\boldsymbol{A}$ 的最大特征值.

13. 判断三元二次型 $f=x_1^2+5x_2^2+x_3^2+4x_1x_2-4x_2x_3$ 的正定性.

14. 判断 n 元二次型 $\sum_{i=1}^{n}x_i^2+\sum_{1\leqslant i<j\leqslant n}x_i x_j$ 的正定性.

15. 求二次型

$$f(x_1,x_2,x_3)=(x_1+x_2)^2+(x_2-x_3)^2+(x_3+x_1)^2$$

的正、负惯性指数, 并指出方程 $f(x_1, x_2, x_3)=1$ 表示何种二次曲面.

16. 考虑二次型 $f(x_1, x_2, x_3)=x_1^2+2x_2^2+(1-k)x_3^2+2kx_1x_2+2x_1x_3$，则 k 为何值时, f 为正定二次型?

17. 设矩阵 $\boldsymbol{A}=\begin{pmatrix}1&0&1\\0&2&0\\1&0&1\end{pmatrix}$，矩阵 $\boldsymbol{B}=(k\boldsymbol{E}+\boldsymbol{A})^2$，其中 k 为实数, $\boldsymbol{E}$ 为单位矩阵. 求对角矩阵 $\boldsymbol{\Lambda}$，使 $\boldsymbol{B}$ 与 $\boldsymbol{\Lambda}$ 相似, 并求 k 为何值时, $\boldsymbol{B}$ 为正定矩阵.

18. 对任意实数 $\lambda>0$，$\mu>0$，试证:

(1) 当 $\boldsymbol{A}, \boldsymbol{B}$ 均半正定时, $\lambda\boldsymbol{A}+\mu\boldsymbol{B}$ 也半正定;

(2) 当 $\boldsymbol{A}, \boldsymbol{B}$ 中有一个正定, 另一个半正定时, $\lambda\boldsymbol{A}+\mu\boldsymbol{B}$ 正定.

19. $\boldsymbol{A},\boldsymbol{B}$ 均是 n 阶实对称矩阵, 其中 $\boldsymbol{A}$ 正定, 证明存在实数 t，使 $t\boldsymbol{A}+\boldsymbol{B}$ 是正定矩阵.

20. 设 $\boldsymbol{A}$ 是 n 阶正定矩阵, $\boldsymbol{E}$ 是 n 阶单位矩阵, 证明 $\boldsymbol{A}+\boldsymbol{E}$ 的行列式大于 1.

21. $\boldsymbol{A}, \boldsymbol{B}$ 均是 n 阶实对称矩阵, 证明: $\boldsymbol{A}$ 与 $\boldsymbol{B}$ 合同的充要条件是二次型 $f=\boldsymbol{x}^{\mathrm{T}}\boldsymbol{A}\boldsymbol{x}$ 与二次型 $g=\boldsymbol{y}^{\mathrm{T}}\boldsymbol{B}\boldsymbol{y}$ 具有相同的秩与正惯性指数.

22. 设二次型

$$f(x_1, x_2, x_3)=2x_1^2-x_2^2+ax_3^2+2x_1x_2-8x_1x_3+2x_2x_3$$

在正交变换 $\boldsymbol{x}=\boldsymbol{Q}\boldsymbol{y}$ 下的标准形为 $\lambda_1 y_1^2+\lambda_2 y_2^2$，求 a 的值及一个正交矩阵 $\boldsymbol{Q}$.

23. 三阶矩阵 $\boldsymbol{A}=\begin{pmatrix}1&0&1\\0&1&1\\-1&0&a\end{pmatrix}$，$\boldsymbol{A}^{\mathrm{T}}$ 为矩阵 $\boldsymbol{A}$ 的转置, 已知 $\mathrm{r}(\boldsymbol{A}^{\mathrm{T}}\boldsymbol{A})=2$，且二次型 $f=\boldsymbol{x}^{\mathrm{T}}\boldsymbol{A}^{\mathrm{T}}\boldsymbol{A}\boldsymbol{x}$.

(1) 求 a;　　(2) 求二次型对应的矩阵, 并将二次型化为标准形, 写出正交变换过程.

24. 设二次型

$$f(x_1, x_2, x_3)=x_1^2+x_2^2+x_3^2-x_1x_2-x_1x_3-x_2x_3$$

经可逆线性变换 $\begin{pmatrix}x_1\\x_2\\x_3\end{pmatrix}=\boldsymbol{P}\begin{pmatrix}y_1\\y_2\\y_3\end{pmatrix}$ 后化为 $g(y_1, y_2, y_3)=y_1^2+y_2^2+4y_3^2+2y_1y_2$，试求可逆矩阵 $\boldsymbol{P}$.

25. 设$\boldsymbol{D}=\begin{pmatrix}\boldsymbol{A} & \boldsymbol{C}\\ \boldsymbol{C}^{\mathrm{T}} & \boldsymbol{B}\end{pmatrix}$为正定矩阵, 其中$\boldsymbol{A}$, $\boldsymbol{B}$分别为m阶、n阶对称矩阵, $\boldsymbol{C}$为$m\times n$矩阵, 并且存在矩阵$\boldsymbol{P}=\begin{pmatrix}\boldsymbol{E}_m & -\boldsymbol{A}^{-1}\boldsymbol{C}\\ \boldsymbol{O} & \boldsymbol{E}_n\end{pmatrix}$, 使得$\boldsymbol{P}^{\mathrm{T}}\boldsymbol{D}\boldsymbol{P}=\begin{pmatrix}\boldsymbol{A} & \boldsymbol{O}\\ \boldsymbol{O} & \boldsymbol{B}-\boldsymbol{C}^{\mathrm{T}}\boldsymbol{A}^{-1}\boldsymbol{C}\end{pmatrix}$. 试证: $\boldsymbol{B}-\boldsymbol{C}^{\mathrm{T}}\boldsymbol{A}^{-1}\boldsymbol{C}$为正定矩阵.

26. 设有n元实二次型

$$f(x_1, x_2, \cdots, x_n)=(x_1+a_1x_2)^2+(x_2+a_2x_3)^2+\cdots+(x_{n-1}+a_{n-1}x_n)^2+(x_n+a_nx_1)^2,$$

其中a_i $(i=1, 2, \cdots, n)$为实数. 问当a_1, a_2, $\cdots$, a_n满足何种条件时, 二次型$f(x_1, x_2, \cdots, x_n)$是正定二次型?

习题答案

第 1 章　答案

习题 1-1

1. (1) 1;　(2) 5;　(3) $ab(b-a)$;　(4) x^3-x^2-1;　(5) 1;　(6) 0.

2. (1) 18;　(2) 5;　(3) -7;　(4) -4;　(5) 0;　(6) $3abc-a^3-b^3-c^3$;

(7) $(a-b)(b-c)(c-a)$;　(8) $-2(x^3+y^3)$.

4. (1) $x=1, y=1$;　(2) $x=1,\ y=2,\ z=3$;　(3) $x=1,\ y=0,\ z=-2$;　(4) $x=-a, y=-b, z=c$.

5. (1) $x=1$ 或 $x=-2$;　(2) $x=-1/2$ 或 $x=2$.

6. 10.　7. $(x, y, z)=(2.25, 3.5, 4.25)$.

习题 1-2

1. (1) 4;　(2) 3;　(3) 13;　(4) 7;　(5) $n(n-1)/2$;　(6) $n(n-1)$.　2. $n(n-1)/2-k$.

3. $-a_{11}a_{23}a_{32}a_{44}$ 和 $a_{11}a_{23}a_{34}a_{42}$ 为所求.　4. (1) 正号;　(2) 负号;　(3) 负号.　5. $k=1$, $l=5$.

7. (1) 1;　(2) 0;　(3) $(-1)^{\frac{1}{2}n(n-1)}n!$;　(4) $(-1)^{(n-1)}n!$;　(5) $(-1)^{\frac{n(n-1)}{2}}a_{1n}a_{2\,n-1}\cdots a_{n1}$;

(6) $5x+10$;　(7) 0.

习题 1-3

1. (1) $6\,123\,000$;　(2) $4abcdef$;　(3) $abc\left(1+\dfrac{1}{a}+\dfrac{1}{b}+\dfrac{1}{c}\right)$;　(4) 8.

2. (1) -270;　(2) 160;　(3) -56.　3. $-8m$.

5. (1) $[x+(n-1)a](x-a)^{n-1}$;　(2) $n!$;　(3) $(1-ax)(1-bx)(1-cx)$;

(4) $(a_1\ a_2\ \cdots\ a_n)\left(a_0-\sum\limits_{i=1}^{n}\dfrac{1}{a_i}\right)$;　(5) $\left[a+\dfrac{n(n+1)}{2}\right]a^{n-1}$;　(6) $b_1b_2\cdots b_n$.

6. (1) $x=-y$;　(2) $x_1=-3$, $x_2=1$;　(3) $x=\pm\dfrac{\sqrt{6}}{2}$;　(4) $x=\pm y$;　(5) $x=\pm 1$;

(6) $x=\pm 1$, $x=\pm 2$;　(7) $x_1=0$, $x_2=1$, $\cdots$, $x_{n-2}=n-3$, $x_{n-1}=n-2$.

7. 18.

习题 1-4

1. 0, 29.　2. (1) 0, 0;　(2) $-96, 96$;　(3) $-48, -48$;　(4) $72, -72$.

3. -15.　4. (1) $a+b+d$;　(2) 0.

6. (1) x^2y^2;　(2) $b^2(b^2-4a^2)$;　(3) $-3abc$;　(4) $-a_1b_4\sum\limits_{i=1}^{3}(a_ib_{i+1}-a_{i+1}b_i)$;

(5) $x^n+(-1)^{n+1}y^n$;　　(6) $(-1)^n(n+1)a_1a_2\cdots a_n$.

7. (1) $(-1)^{n-1}(n-1)2^{n-2}$;　(2) $\prod\limits_{n+1\geqslant i>j\geqslant 1}(i-j)$;　(3) $\prod\limits_{i=1}^{n}(a_id_i-b_ic_i)$.　8. 7.　9. 0.

习题 1-5

1. (1) $x=3,\ y=-1$;　(2) $x_1=3,\ x_2=2$.　2. $a=\dfrac{3}{25}x+\dfrac{4}{25}y,\ b=-\dfrac{4}{25}x+\dfrac{3}{25}y$.

3. (1) $x=1,\ y=2,\ z=3$;　(2) $x=-a,\ y=b,\ z=c$.

4. (1) $x_1=3,\ x_2=-4,\ x_3=-1,\ x_4=1$;　(2) $x_1=0,\ x_2=2,\ x_3=0,\ x_4=0$.

5. $y_j=\dfrac{\sum\limits_{i=1}^{4}A_{ij}x_i}{D}\ (j=1,2,3,4)$.　6. 方程组仅有零解.

7. 当$\mu=0$或$\lambda=1$时, 齐次线性方程组确实有非零解.

8. 小型礼盒为4个, 中型礼盒为1个, 大型礼盒为6个.

9. (1) $\begin{cases}a+b+c=128.5\\4a+2b+c=156.4\\9a+3b+c=195.6\end{cases}$;　(2) $y=5.65t^2+10.95t+111.9$.

10. $\begin{cases}36x_1+51x_2+13x_3=33\\7x_2+1.1x_3=3\\52x_1+34x_2+74x_3=45\end{cases}$; 0.277 单位食物一, 0.392 单位食物二, 0.233 单位食物三.

总习题一

1. $-2\,016!$.　2. (1) 6;　(2) -799;　(3) $n+1$;　(4) $\left(x+\sum\limits_{i=1}^{n}a_i\right)\prod\limits_{i=1}^{n}(x-a_i)$.　4. 0.

7. -4.　8. 2 000.

9. (1) $(a+b+c+d)(a-b-c+d)(a+b-c-d)(a-b+c-d)$;

(2) $(a_2a_3-b_2b_3)(a_1a_4-b_1b_4)$;　(3) $(-1)^{\frac{(n-1)(n-2)}{2}}\cdot\alpha^n+(-1)^{\frac{n(n-1)}{2}}\cdot\beta^n$;

(4) $-8(x-2)(x+2)(x-3)(x+3)$;　(5) $x^3(a^2+b^2+c^2+d^2+x)$.

10. (1) $(-1)^{\frac{n(n-1)}{2}}\dfrac{n^n+n^{n-1}}{2}$;　(2) $5x(x-1)$;

(3) $-\left(\dfrac{1}{2}+\dfrac{1}{3}+\cdots+\dfrac{1}{n}\right)n!$;　(4) $a_1a_2\cdots a_n\left(a_0-\sum\limits_{i=1}^{n}\dfrac{b_ic_i}{a_i}\right)$.

11. (1) $3^{n+1}-2^{n+1}$;　(2) $\cos n\alpha$;　(3) $a_n+a_{n-1}x+a_{n-2}x^2+\cdots+a_2x^{n-2}+a_1x^{n-1}$;

(4) $x^n+a_1x^{n-1}+a_2x^{n-2}+\cdots+a_{n-1}x+a_n$.

14. $\prod\limits_{1\leqslant j<i\leqslant n+1}(a_jb_i-a_ib_j)$.　15. 0.　16. $A_{41}+A_{42}=12,\ A_{43}+A_{44}=-9$.　17. $n!\left(1-\sum\limits_{i=2}^{n}\dfrac{1}{i}\right)$.

18. (1) $x_1=1$, $x_2=-1$, $x_3=1$, $x_4=-1$, $x_5=1$;

(2) $x_1=\dfrac{1\,507}{665}$, $x_2=-\dfrac{1\,145}{665}$, $x_3=\dfrac{703}{665}$, $x_4=-\dfrac{395}{665}$, $x_5=\dfrac{212}{665}$.

19. $f'(x)$ 在区间 $(1,2)$, $(2,3)$, $\cdots$, $(n-1,n)$ 内各有且仅有一个零点.

22. A市乙队已赛过2场.

23. (1) $\begin{cases}100a+10b+c=13.41\\400a+20b+c=14.11\\900a+30b+c=14.2\end{cases}$; (2) $\begin{cases}a=-0.003\,05\\b=0.161\,5\\c=12.1\end{cases}$; (3) 人口将在2026年开始下降.

第 2 章　答案

习题 2-1

1. $\begin{array}{c|ccc} & \multicolumn{3}{c}{\text{B 策略}\rightarrow}\\ \text{A 策略}\downarrow & \text{石头} & \text{剪刀} & \text{布}\\ \hline \text{石头} & 0 & 1 & -1\\ \text{剪刀} & -1 & 0 & 1\\ \text{布} & 1 & -1 & 0\end{array}$.

2. $\begin{array}{c|cccccc} & 1 & 2 & 3 & 4 & 5 & 6\\ \hline 1 & & 1 & 0 & 1 & 1 & 1\\ 2 & 0 & & 0 & 1 & 1 & 1\\ 3 & 1 & 1 & & 1 & 0 & 0\\ 4 & 0 & 0 & 0 & & 1 & 1\\ 5 & 0 & 0 & 1 & 0 & & 1\\ 6 & 0 & 0 & 1 & 0 & 0 & \end{array}$, 选手按胜多负少排序为1 2 3 4 5 6.

3. $\begin{array}{c|cccc} & \multicolumn{4}{c}{\text{模特编号}}\\ \text{出场序号} & 1 & 2 & 3 & 4\\ \hline 1 & 1 & 1 & 1 & 1\\ 2 & 0 & 1 & 1 & 1\\ 3 & 0 & 0 & 1 & 1\\ 4 & 0 & 0 & 0 & 1\end{array}$.

4. $\begin{pmatrix}1&0&1&0&1\\0&1&1&1&0\\1&1&0&1&1\\0&0&1&1&0\end{pmatrix}$.

6. $\begin{cases}a=5\\b=-3\\c=4\\d=1\end{cases}$.

7. (1) $\begin{pmatrix}0&1&1&0\\0&0&0&0\\0&1&0&1\\1&0&0&0\end{pmatrix}$; (2) $\begin{pmatrix}0&0&1&1\\0&0&0&1\\1&1&0&0\\0&1&1&0\end{pmatrix}$; (3) $\begin{pmatrix}0&1&0&1&0\\1&0&0&1&0\\1&1&0&0&0\\1&0&0&0&1\\1&0&0&0&0\end{pmatrix}$; (4) $\begin{pmatrix}0&1&0&1&1\\0&0&0&0&1\\0&1&0&1&0\\0&0&0&0&1\\0&0&1&0&0\end{pmatrix}$.

8. $\begin{array}{c|ccccccc} & C & F & J & P & Q & R & U\\ \hline C & 0 & 1 & 0 & 0 & 0 & -2 & 0\\ F & 0 & 0 & 1.5 & 0 & 0 & 0 & 2\\ J & 0 & 0 & 0 & 1 & 0 & 0 & 0\\ P & 0 & 0 & 0 & 0 & 0 & 0 & 1.5\\ Q & 0 & 0 & 0 & 0.3 & 0 & 0 & 0\\ R & 0 & 0 & 0 & 0 & 0 & 0 & -0.3\\ U & 1.8 & 0 & 0 & 0 & 1.2 & -0.5 & 0\end{array}$, 行表示始, 列表示终.

习题 2-2

1. (1) $\begin{pmatrix} -1 & 6 & 5 \\ -2 & -1 & 12 \end{pmatrix}$;　(2) $\begin{pmatrix} -1 & 4 \\ 0 & -2 \end{pmatrix}$.

2. (1) $\begin{pmatrix} -1 & 3 & 1 & 5 \\ 8 & 2 & 8 & 2 \\ 3 & 7 & 9 & 13 \end{pmatrix}$;　(2) $\begin{pmatrix} 14 & 13 & 8 & 7 \\ -2 & 5 & -2 & 5 \\ 2 & 1 & 6 & 5 \end{pmatrix}$;　(3) $\begin{pmatrix} 3 & 1 & 1 & -1 \\ -4 & 0 & -4 & 0 \\ -1 & -3 & -3 & -5 \end{pmatrix}$.

3. $x=-5$, $y=-6$, $u=4$, $v=-2$.

4. (1) $\begin{pmatrix} 35 \\ 6 \\ 49 \end{pmatrix}$;　(2) (10);　(3) $\begin{pmatrix} 3 & 6 & 9 \\ 2 & 4 & 6 \\ 1 & 2 & 3 \end{pmatrix}$;

(4) $\begin{pmatrix} 0 & 0 & 0 \\ 0 & 0 & 0 \\ 0 & 0 & 0 \end{pmatrix}$;　(5) $\begin{pmatrix} 10 & 4 & -1 \\ 4 & -3 & -1 \end{pmatrix}$;　(6) $\begin{pmatrix} \frac{4}{5} & -\frac{3}{5} \\ -\frac{3}{5} & -\frac{4}{5} \end{pmatrix}$;

(7) $a_{11}x_1^2+a_{22}x_2^2+a_{33}x_3^2+2a_{12}x_1x_2+2a_{13}x_1x_3+2a_{23}x_2x_3$;　(8) $\begin{pmatrix} 4 & -4 & 7 \\ 6 & 0 & 1 \\ 6 & 15 & 8 \end{pmatrix}$.

5. $3\boldsymbol{AB}-2\boldsymbol{A}=\begin{pmatrix} -2 & 13 & 22 \\ -2 & -17 & 20 \\ 4 & 29 & -2 \end{pmatrix}$, $\boldsymbol{A}^{\mathrm{T}}\boldsymbol{B}=\begin{pmatrix} 0 & 5 & 8 \\ 0 & -5 & 6 \\ 2 & 9 & 0 \end{pmatrix}$.　6. $\begin{pmatrix} 1 \\ 0 \end{pmatrix}$; $\begin{pmatrix} 1 \\ -1 \end{pmatrix}$.

7. $\begin{cases} x_1 = -6z_1 + z_2 + 3z_3 \\ x_2 = 12z_1 - 4z_2 + 9z_3 \\ x_3 = -10z_1 - z_2 + 16z_3 \end{cases}$.　8. 4 650 万元、470 吨、2 700 立方米.

10. (1) $\boldsymbol{X}=\begin{pmatrix} 2 & -23 \\ 0 & 8 \end{pmatrix}$;　(2) $\boldsymbol{X}=\begin{pmatrix} 1 \\ 3 \\ 2 \end{pmatrix}$.　11. $\begin{pmatrix} a & b \\ 0 & a \end{pmatrix}$, $a, b\in\mathbf{R}$.

12. (1) $a_{k1}a_{1l}+a_{k2}a_{2l}+\cdots+a_{kn}a_{nl}=\sum\limits_{j=1}^{n}a_{kj}a_{jl}$;　(2) $a_{k1}a_{l1}+a_{k2}a_{l2}+\cdots+a_{kn}a_{ln}=\sum\limits_{j=1}^{n}a_{kj}a_{lj}$.

13. (1) $\begin{pmatrix} 1 & 1 \\ 0 & 0 \end{pmatrix}$;　(2) $\begin{pmatrix} 1 & 0 \\ n\lambda & 1 \end{pmatrix}$;　(3) $\begin{pmatrix} a^n & 0 & 0 \\ 0 & b^n & 0 \\ 0 & 0 & c^n \end{pmatrix}$;　(4) $\begin{pmatrix} \lambda^n & n\lambda^{n-1} & \frac{n(n-1)}{2}\lambda^{n-2} \\ 0 & \lambda^n & n\lambda^{n-1} \\ 0 & 0 & \lambda^n \end{pmatrix}$.

14. $\boldsymbol{A}^2=\begin{pmatrix} -1 & 0 & 0 \\ 0 & -1 & 0 \\ 0 & 0 & 1 \end{pmatrix}$; $\boldsymbol{A}^4=\boldsymbol{E}$.　15. $3^{n-1}\begin{pmatrix} 1 & 1/2 & 1/3 \\ 2 & 1 & 2/3 \\ 3 & 3/2 & 1 \end{pmatrix}$.　16. $(a^2+b^2+c^2+d^2)^2$.　17. $-1\,375$.

19. $|-\boldsymbol{AB}|=0$, $|\boldsymbol{BA}|=38$. 20. 4. 23. $a=10t+1$, $b=7t$, $c=t$, $d=0$, $t\in\mathbf{R}$. 24. $-m^4$.

25. (1) $\boldsymbol{A}+\boldsymbol{B}$ 表示9月和10月总的销售额, $\boldsymbol{A}-\boldsymbol{B}$ 表示9月和10月销售额的差额;

(2) $\boldsymbol{x}=(1, 1, 1)^{\mathrm{T}}$; (3) $\boldsymbol{y}=(1, 1, 1)$; (4) $\boldsymbol{yAx}$ 表示 9月总的销售额.

26. 乘积为(20, 17, 32, 24); 表示:1月购买的物品总值为20万元, 2月购买的物品总值为17万元, 3月购买的物品总值为32万元, 4月购买的物品总值为24万元.

27. 一年后, 不脱产职工6 800人, 脱产职工3 200人; 两年后, 不脱产职工6 680人, 脱产职工3 320人.

28. $\boldsymbol{B}=\begin{pmatrix}2.50 & 2.00 & 3.00\\ 2.75 & 2.50 & 2.00\end{pmatrix}$; $\boldsymbol{BA}=\begin{pmatrix}1\,100 & 762.5\\ 1\,125 & 706.25\end{pmatrix}$ 为最终的成本矩阵.

29. (1) $\boldsymbol{AB}=\begin{pmatrix}501.12 & 169.12\\ 700.36 & 236.86\\ 823.52 & 280.32\end{pmatrix}$, 矩阵的第1列表示周五、周六和周日三天销售三种牛奶的总收入, 矩阵的第2列表示这三天的总利润;

(2) 686.3.

30. 下周预计有110只小鼠被感染; 两周后预计有111只小鼠被感染.

31. 下个月购买人数预计为260人, 两个月后购买人数预计为340人.

习题 2-3

1. (1) $\begin{pmatrix}5 & -2\\ -2 & 1\end{pmatrix}$; (2) $\begin{pmatrix}-2 & 1 & 0\\ -13/2 & 3 & -1/2\\ -16 & 7 & -1\end{pmatrix}$; (3) $\begin{pmatrix}1 & -2 & 1 & 0\\ 0 & 1 & -2 & 1\\ 0 & 0 & 1 & -2\\ 0 & 0 & 0 & 1\end{pmatrix}$;

(4) $\begin{pmatrix}\cos\theta & -\sin\theta\\ \sin\theta & \cos\theta\end{pmatrix}$; (5) $\dfrac{1}{2\mathrm{e}^t}\begin{pmatrix}1 & 0 & 1\\ \mathrm{e}^t(\sin t+\cos t) & -2\mathrm{e}^t\sin t & \mathrm{e}^t(\sin t-\cos t)\\ \mathrm{e}^t(\sin t-\cos t) & 2\mathrm{e}^t\cos t & -\mathrm{e}^t(\sin t+\cos t)\end{pmatrix}$.

2. (1) $\boldsymbol{X}=\begin{pmatrix}2 & -23\\ 0 & 8\end{pmatrix}$; (2) $\boldsymbol{X}=\begin{pmatrix}1 & 1\\ 1/4 & 0\end{pmatrix}$; (3) $\boldsymbol{X}=\begin{pmatrix}2 & -1 & 0\\ 1 & 3 & -4\\ 1 & 0 & -2\end{pmatrix}$.

3. $\begin{pmatrix}3 & -1\\ 2 & 0\\ 1 & -1\end{pmatrix}$. 4. $\begin{cases}y_1=-7x_1-4x_2+9x_3\\ y_2=\ \ 6x_1+3x_2-7x_3\\ y_3=\ \ 3x_1+2x_2-4x_3\end{cases}$. 5. (1) $\begin{cases}x_1=1\\ x_2=0\\ x_3=0\end{cases}$; (2) $\begin{cases}x_1=5\\ x_2=0\\ x_3=3\end{cases}$.

10. 4. 12. $|\boldsymbol{A}|=1$, $|\boldsymbol{A}^*|=3$, $|\boldsymbol{A}-2\boldsymbol{E}|=9$. 13. $\begin{pmatrix}1/10 & 0 & 0\\ 1 & 1/5 & 0\\ 2 & 3 & 1/2\end{pmatrix}$.

14. $\begin{pmatrix}-4 & 0 & 0\\ 0 & -2 & -4\\ 0 & -6 & -10\end{pmatrix}$. 15. $\boldsymbol{x}=\begin{pmatrix}x_1\\ x_2\\ x_3\end{pmatrix}\approx\begin{pmatrix}72.29\\ 79.87\\ 63.20\end{pmatrix}$. 16. $\begin{pmatrix}2 & 0 & 1\\ 0 & 3 & 0\\ 1 & 0 & 2\end{pmatrix}$.

17. $\begin{pmatrix}1 & -1\\0 & -1\end{pmatrix}$.　18. $\begin{pmatrix}3 & 0 & 0\\0 & 2 & 0\\0 & 0 & 1\end{pmatrix}$.　19. $\begin{pmatrix}-1/5 & 0 & 0\\0 & -1/8 & 0\\0 & 0 & -1/3\end{pmatrix}$.

20. $\begin{pmatrix}1 & 0 & 0 & 0\\-2 & 1 & 0 & 0\\1 & -2 & 1 & 0\\0 & 1 & -2 & 1\end{pmatrix}$.　21. $\begin{pmatrix}1 & 0 & 0 & 0\\-2 & 1 & 0 & 0\\1 & -2 & 1 & 0\\0 & 1 & -2 & 1\end{pmatrix}$.　22. $\begin{pmatrix}108 & -198\\60 & -110\end{pmatrix}$.

24. $4\begin{pmatrix}1 & 1 & 1\\1 & 1 & 1\\1 & 1 & 1\end{pmatrix}$.　25. $\boldsymbol{B}(\boldsymbol{A}+\boldsymbol{B})^{-1}\boldsymbol{A}$.　27. $\begin{pmatrix}1 & -2 & 1\\-1 & 4 & -2\\0 & -1 & 1\end{pmatrix}$.

习题 2-4

1. (1) $\begin{pmatrix}3 & 0 & -2\\5 & -1 & -2\\0 & 3 & 2\end{pmatrix}$;　(2) $\begin{pmatrix}a & 0 & ac & 0\\0 & a & 0 & ac\\1 & 0 & c+bd & 0\\0 & 1 & 0 & c+bd\end{pmatrix}$;　(3) $\begin{pmatrix}4 & -7 & -19 & -43\\2 & 2 & 18 & 17\\0 & 5 & 25 & 35\\2 & 3 & 23 & 24\end{pmatrix}$.

2. $\begin{pmatrix}1 & 2 & 5 & 1\\0 & 1 & 2 & -4\\0 & 0 & -4 & 3\\0 & 0 & 0 & -9\end{pmatrix}$.　3. $\begin{pmatrix}\boldsymbol{O} & \boldsymbol{B}^{-1}\\\boldsymbol{A}^{-1} & \boldsymbol{O}\end{pmatrix}$.

4. (1) $\begin{pmatrix}0 & -2 & 1\\0 & 3/2 & -1/2\\1/2 & 0 & 0\end{pmatrix}$;　(2) $\begin{pmatrix}1 & -2 & 0 & 0\\-2 & 5 & 0 & 0\\0 & 0 & 2 & -3\\0 & 0 & -5 & 8\end{pmatrix}$;

(3) $\begin{pmatrix}1 & -2 & 1 & 0 & 0\\0 & 1 & -2 & 0 & 0\\0 & 0 & 1 & 0 & 0\\0 & 0 & 0 & 1 & 0\\0 & 0 & 0 & -2 & 1\end{pmatrix}$;　(4) $\begin{pmatrix}0 & 0 & -2 & 0 & 0\\0 & 0 & 0 & -3 & 4\\0 & 0 & 1 & 2 & -3\\3 & -1 & 0 & 0 & 0\\-5 & 2 & 0 & 0 & 0\end{pmatrix}$;

(5) $\begin{pmatrix}0 & 0 & \cdots & 0 & a_n^{-1}\\a_1^{-1} & 0 & \cdots & 0 & 0\\0 & a_2^{-1} & \cdots & 0 & 0\\\vdots & \vdots & & \vdots & \vdots\\0 & 0 & \cdots & a_{n-1}^{-1} & 0\end{pmatrix}$;　(6) $\begin{pmatrix}0 & 0 & \cdots & 0 & \frac{1}{n} & 0 & 0\\1 & 0 & \cdots & 0 & 0 & 0 & 0\\0 & \frac{1}{2} & \cdots & 0 & 0 & 0 & 0\\\vdots & \vdots & & \vdots & \vdots & \vdots & \vdots\\0 & 0 & \cdots & \frac{1}{n-1} & 0 & 0 & 0\\0 & 0 & \cdots & 0 & 0 & 3 & -1\\0 & 0 & \cdots & 0 & 0 & -5 & 2\end{pmatrix}$.

5. $|\boldsymbol{A}^8| = 10^{16}$, $\boldsymbol{A}^4 = \begin{pmatrix} 5^4 & 0 & & \\ 0 & 5^4 & & \boldsymbol{O} \\ & & 2^4 & 0 \\ \boldsymbol{O} & & 2^6 & 2^4 \end{pmatrix}$.　　6. $\begin{pmatrix} -1 & 0 & 0 & 0 & 0 \\ 0 & 1 & 0 & 0 & 0 \\ 0 & 0 & 2^5 & 0 & 0 \\ 0 & 0 & 0 & 1 & 0 \\ 0 & 0 & 0 & 0 & 1 \end{pmatrix}$.

7. $\begin{pmatrix} 1 & 0 & 0 & n & 2n & 3n \\ 0 & 1 & 0 & 3n & 2n & n \\ 0 & 0 & 1 & 2n & n & 3n \\ 0 & 0 & 0 & 1 & 0 & 0 \\ 0 & 0 & 0 & 0 & 1 & 0 \\ 0 & 0 & 0 & 0 & 0 & 1 \end{pmatrix}$.　　8. (1) -4;　(2) 6.　　10. $\begin{pmatrix} \boldsymbol{\beta}_1^{\mathrm{T}}\boldsymbol{\beta}_1 & \boldsymbol{\beta}_1^{\mathrm{T}}\boldsymbol{\beta}_2 & \cdots & \boldsymbol{\beta}_1^{\mathrm{T}}\boldsymbol{\beta}_n \\ \boldsymbol{\beta}_2^{\mathrm{T}}\boldsymbol{\beta}_1 & \boldsymbol{\beta}_2^{\mathrm{T}}\boldsymbol{\beta}_2 & \cdots & \boldsymbol{\beta}_2^{\mathrm{T}}\boldsymbol{\beta}_n \\ \vdots & \vdots & & \vdots \\ \boldsymbol{\beta}_n^{\mathrm{T}}\boldsymbol{\beta}_1 & \boldsymbol{\beta}_n^{\mathrm{T}}\boldsymbol{\beta}_2 & \cdots & \boldsymbol{\beta}_n^{\mathrm{T}}\boldsymbol{\beta}_n \end{pmatrix}$.

习题 2-5

1. (1) C;　(2) C;　(3) A.

2. (1) $\begin{pmatrix} 0 & 0 & 1 \\ 0 & 1 & 0 \\ 1 & 0 & 0 \end{pmatrix}$;　(2) $\begin{pmatrix} 0 & 0 & 1 \\ 0 & 1 & 0 \\ 1 & 0 & 0 \end{pmatrix}$;　(3) $\begin{pmatrix} 1 & 0 & 0 \\ 0 & 1 & 0 \\ -2 & 0 & 1 \end{pmatrix}$;　(4) $\begin{pmatrix} 1 & 0 & 0 \\ 0 & 1 & 0 \\ -2 & 0 & 1 \end{pmatrix}$.

3. $\begin{pmatrix} 4 & 5 & 2 \\ 1 & 2 & 2 \\ 7 & 8 & 2 \end{pmatrix}$.

4. (1) $\begin{pmatrix} 1 & 0 & 0 \\ 0 & 1 & 0 \\ 0 & 0 & 1 \end{pmatrix}$;　(2) $\begin{pmatrix} 1 & 0 & 0 \\ 0 & 1 & 0 \\ 0 & 0 & 0 \end{pmatrix}$;　(3) $\begin{pmatrix} 1 & 0 & 0 & 0 \\ 0 & 1 & 0 & 0 \\ 0 & 0 & 1 & 0 \end{pmatrix}$;

(4) $\begin{pmatrix} 1 & 0 & 0 & 0 & 0 \\ 0 & 1 & 0 & 0 & 0 \\ 0 & 0 & 0 & 0 & 0 \\ 0 & 0 & 0 & 0 & 0 \end{pmatrix}$;　(5) $\begin{pmatrix} 1 & 0 & 0 & 0 & 0 \\ 0 & 1 & 0 & 0 & 0 \\ 0 & 0 & 1 & 0 & 0 \\ 0 & 0 & 0 & 0 & 0 \end{pmatrix}$.

5. (1) $\begin{pmatrix} 1 & 0 & 0 \\ -1/2 & 1/2 & 0 \\ 0 & -1/3 & 1/3 \end{pmatrix}$;　(2) $\begin{pmatrix} 2/3 & 2/9 & -1/9 \\ -1/3 & -1/6 & 1/6 \\ -1/3 & 1/9 & 1/9 \end{pmatrix}$;

(3) $\begin{pmatrix} 7/6 & 2/3 & -3/2 \\ -1 & -1 & 2 \\ -1/2 & 0 & 1/2 \end{pmatrix}$;　(4) $\begin{pmatrix} -1 & -1/2 & 1 \\ -1 & 1/2 & 0 \\ 1 & 0 & 0 \end{pmatrix}$;　(5) $\begin{pmatrix} 1 & 1 & -2 & -4 \\ 0 & 1 & 0 & -1 \\ -1 & -1 & 3 & 6 \\ 2 & 1 & -6 & -10 \end{pmatrix}$.

6. (1) $\begin{pmatrix} 10 & 2 \\ -15 & -3 \\ 12 & 4 \end{pmatrix}$;　(2) $\begin{pmatrix} 2 & -1 & -1 \\ -4 & 7 & 4 \end{pmatrix}$;　(3) $\begin{pmatrix} 0 & 1 & -1 \\ -1 & 0 & 1 \\ 1 & -1 & 0 \end{pmatrix}$;　(4) $\begin{pmatrix} 2 & 0 & -1 \\ -7 & -4 & 3 \\ -4 & -2 & 1 \end{pmatrix}$.

7. $\begin{pmatrix} 1 & 2 & 5 \\ 0 & 1 & 2 \\ 0 & 0 & 1 \end{pmatrix}$.　　8. $\boldsymbol{B} = \begin{pmatrix} -1 & 0 \\ 0 & 1 \end{pmatrix}\boldsymbol{A}$; $\boldsymbol{C} = \boldsymbol{A}\begin{pmatrix} -1 & 0 \\ 0 & 1 \end{pmatrix}$.

14. (1) $\frac{1}{8}(\boldsymbol{A}-4\boldsymbol{E})$;　　(2) $\begin{pmatrix} 0 & 2 & 0 \\ -1 & -1 & 0 \\ 0 & 0 & -2 \end{pmatrix}$.　　15. $p_A=12$, $p_B=15$, $p_C=25$, $p_D=30$.

习题 2-6

1. 2.　　2. 3.　　4. $r(\boldsymbol{A})\leqslant r(\boldsymbol{A}\ \ \boldsymbol{b})\leqslant r(\boldsymbol{A})+1$.　　5. 可能有, 可能有.　　6. $r(\boldsymbol{A})\geqslant r(\boldsymbol{B})$.

14. (1) 秩为2, 二阶子式$\begin{vmatrix} 3 & 1 \\ 1 & -1 \end{vmatrix}=-4$;　　(2) 秩为2, 二阶子式$\begin{vmatrix} 3 & 2 \\ 2 & -1 \end{vmatrix}=-7$;

(3) 秩为3, 三阶子式$\begin{vmatrix} 1 & 1 & 0 \\ 3 & -1 & 1 \\ 0 & 0 & 1 \end{vmatrix}=-4$.

15. 当$k\neq 17$时, $r(\boldsymbol{A})=3$; 当$k=17$时, $r(\boldsymbol{A})<3$.

16. $a=-1$或$a=0$.　　18. 当$\lambda=3$时, $r(\boldsymbol{A})=2$; 当$\lambda\neq 3$时, $r(\boldsymbol{A})=3$.

19. 当$\lambda=5$, $\mu=-4$时, $r(\boldsymbol{A})$取最小值2; 当$\lambda\neq 5$, $\mu\neq -4$时, $r(\boldsymbol{A})$取最大值4.　　20. 1.

总习题二

1. 能.　　5. 0.　　7. $(-4)^5\boldsymbol{A}$.

8. $\begin{pmatrix} 3^n & C_n^1\cdot 3^{n-1} & C_n^2\cdot 3^{n-2} & & \\ & 3^n & C_n^1\cdot 3^{n-1} & & \\ & & 3^n & & \\ & & & 3\cdot 6^{n-1} & -6^{n-1} \\ & & & -9\cdot 6^{n-1} & 3\cdot 6^{n-1} \end{pmatrix}$.　　9. $\boldsymbol{O}$.　　10. B.

13. $\begin{pmatrix} 0 & -10 & 6 \\ 0 & 4 & -2 \\ 1 & 0 & 0 \end{pmatrix}$.　　14. $\frac{1}{3}\begin{pmatrix} 0 & 1 & 1 \\ 0 & 1 & -2 \\ -3 & 2 & -1 \end{pmatrix}$.　　15. $\begin{pmatrix} -1/2 & -3/2 & -5/2 \\ 1/2 & 1/2 & 1/2 \\ 0 & 1 & 1 \end{pmatrix}$.

16. $\begin{pmatrix} \frac{1}{2}(e^x+e^{-x}) & \frac{1}{2}(e^x-e^{-x}) \\ \frac{1}{2}(e^x-e^{-x}) & \frac{1}{2}(e^x+e^{-x}) \end{pmatrix}$.　　17. $\begin{pmatrix} 2\,731 & 2\,732 \\ -683 & -684 \end{pmatrix}$.　　18. $\mathrm{diag}(2,-4,2)$.

19. $\begin{pmatrix} 1 & 0 & 0 \\ 2 & 1 & 0 \\ 3 & 2 & 1 \end{pmatrix}$.　　20. $-\frac{16}{27}$.　　22. (1) $-3\,750$;　(2) -6;　(3) $-\frac{1}{6}$;　(4) $-\frac{1}{6}$;　(5) $-\frac{1}{6}$.

23. $\begin{pmatrix} 0 & 1/2 \\ -1 & -1 \end{pmatrix}$.　　25. $\boldsymbol{A}^{-1}=-(\boldsymbol{A}+\boldsymbol{B})(\boldsymbol{B}^2)^{-1}$; $(\boldsymbol{A}+\boldsymbol{B})^{-1}=-(\boldsymbol{B}^2)^{-1}\boldsymbol{A}$.

26. $\begin{pmatrix} 1 & 1/2 & 0 \\ -1/3 & 1 & 0 \\ 0 & 0 & 2 \end{pmatrix}$.　　27. $\begin{pmatrix} -1 & 1 & -1 \\ 1 & 0 & -2 \\ 0 & 0 & 1 \end{pmatrix}$.　　28. 1.　　29. -1.

30. (1) $\begin{pmatrix} \boldsymbol{A}^{-1} & \boldsymbol{O} \\ -\boldsymbol{B}^{-1}\boldsymbol{C}\boldsymbol{A}^{-1} & \boldsymbol{B}^{-1} \end{pmatrix}$; (2) $\begin{pmatrix} \boldsymbol{A}^{-1} & -\boldsymbol{A}^{-1}\boldsymbol{C}\boldsymbol{B}^{-1} \\ \boldsymbol{O} & \boldsymbol{B}^{-1} \end{pmatrix}$.

31. (1) $\begin{pmatrix} 1 & 0 & 0 & 0 \\ -1/2 & 1/2 & 0 & 0 \\ -1/2 & -1/6 & 1/3 & 0 \\ 1/8 & -5/24 & -1/12 & 1/4 \end{pmatrix}$; (2) $\begin{pmatrix} 3/4 & -1/4 & 0 & 0 & 0 \\ 1/4 & 1/4 & 0 & 0 & 0 \\ 0 & 0 & -1/2 & 0 & 0 \\ 0 & 0 & 0 & 1 & -2 \\ 0 & 0 & 0 & 0 & 1 \end{pmatrix}$.

32. (1) $\begin{pmatrix} 3 & -15 & -7 \\ 21 & -15 & 44 \end{pmatrix}$; (2) $\begin{pmatrix} -1 & 23 & -10 \\ 37 & -13 & 8 \\ 29 & 23 & 41 \end{pmatrix}$.

35. $\begin{pmatrix} \boldsymbol{O} & 2\boldsymbol{B}^* \\ 3\boldsymbol{A}^* & \boldsymbol{O} \end{pmatrix}$. 36. $\boldsymbol{PQ}=\begin{pmatrix} \boldsymbol{A} & \boldsymbol{\alpha} \\ \boldsymbol{0} & |\boldsymbol{A}|(b-\boldsymbol{\alpha}^{\mathrm{T}}\boldsymbol{A}^{-1}\boldsymbol{\alpha}) \end{pmatrix}$.

37. $\begin{pmatrix} \boldsymbol{\alpha}_1\boldsymbol{\alpha}_1^{\mathrm{T}} & \boldsymbol{\alpha}_1\boldsymbol{\alpha}_2^{\mathrm{T}} & \cdots & \boldsymbol{\alpha}_1\boldsymbol{\alpha}_n^{\mathrm{T}} \\ \boldsymbol{\alpha}_2\boldsymbol{\alpha}_1^{\mathrm{T}} & \boldsymbol{\alpha}_2\boldsymbol{\alpha}_2^{\mathrm{T}} & \cdots & \boldsymbol{\alpha}_2\boldsymbol{\alpha}_n^{\mathrm{T}} \\ \vdots & \vdots & & \vdots \\ \boldsymbol{\alpha}_n\boldsymbol{\alpha}_1^{\mathrm{T}} & \boldsymbol{\alpha}_n\boldsymbol{\alpha}_2^{\mathrm{T}} & \cdots & \boldsymbol{\alpha}_n\boldsymbol{\alpha}_n^{\mathrm{T}} \end{pmatrix}$, $\boldsymbol{\alpha}_i\boldsymbol{\alpha}_j^{\mathrm{T}}=\begin{cases} 0, & i\neq j \\ 1, & i=j \end{cases}$,其中 $i, j=1, 2, \cdots, n$.

38. $\begin{pmatrix} 1 & 3 & 2 \\ 4 & 6 & 5 \\ 7 & 9 & 8 \end{pmatrix}$. 39. $2^{2n}\cdot\boldsymbol{A}\ (n\in\mathbf{N})$. 40. $\boldsymbol{E}(i\quad j)$. 41. (1) $\boldsymbol{E}+\boldsymbol{A}$; (2) $\begin{pmatrix} 1/2 & 0 & 0 \\ 0 & 7/2 & -3/2 \\ 0 & 9 & -4 \end{pmatrix}$.

42. $\begin{pmatrix} -1 & 1 \\ 1 & 0 \end{pmatrix}$. 43. $\begin{pmatrix} 0 & 1 & 0 \\ 1 & 0 & 1 \\ 0 & -1 & 0 \end{pmatrix}$. 44. $\begin{pmatrix} 0 & 1 & 1 \\ -2 & 2 & 8 \\ 0 & 0 & 3 \end{pmatrix}$. 45. $\begin{pmatrix} 3 & 0 & 0 \\ -2 & 2 & 0 \\ 0 & -1/3 & 5/3 \end{pmatrix}$.

46. $\dfrac{1}{4}\begin{pmatrix} 1 & 1 & 0 \\ 0 & 1 & 1 \\ 1 & 0 & 1 \end{pmatrix}$. 47. $\begin{pmatrix} 2 & -4 & 0 & 0 \\ -2 & -2 & 0 & 0 \\ 0 & 0 & 2 & 2 \\ 0 & 0 & -1 & 2 \end{pmatrix}$. 48. $\begin{pmatrix} 1 & 0 & 0 & 0 \\ -2 & 1 & 0 & 0 \\ 1 & -2 & 1 & 0 \\ 0 & 1 & -2 & 1 \end{pmatrix}$.

49. 3. 50. 当 $x\neq 1$ 且 $x\neq -2$ 时, $\mathrm{r}(\boldsymbol{A})=3$; 当 $x=1$ 时, $\mathrm{r}(\boldsymbol{A})=1$; 当 $x\neq -2$ 时, $\mathrm{r}(\boldsymbol{A})=2$.

51. $a\neq 0$, $b=0$. 52. $k=1$. 53. $a=\dfrac{1}{1-n}$.

第 3 章 答案

习题 3-1

1. (1) D; (2) D; (3) C.

2. (1) $\begin{cases} x_1=-4 \\ x_2=4 \\ x_3=2 \end{cases}$,对应的矩阵形式为 $\begin{pmatrix} 1 & 0 & 0 & -4 \\ 0 & 1 & 0 & 4 \\ 0 & 0 & 1 & 2 \end{pmatrix}$;

(2) $\begin{cases} x_1=2 \\ x_2=-1 \\ x_3=0 \\ x_4=1 \end{cases}$，对应的矩阵形式为 $\begin{pmatrix} 1 & 0 & 0 & 0 & 2 \\ 0 & 1 & 0 & 0 & -1 \\ 0 & 0 & 1 & 0 & 0 \\ 0 & 0 & 0 & 1 & 1 \end{pmatrix}$.

3. (1) $\begin{cases} x_1=-2c \\ x_2=c \\ x_3=0 \end{cases}$，其中 c 为任意实数；　(2) 零解；

(3) $k\begin{pmatrix} 4/3 \\ -3 \\ 4/3 \\ 1 \end{pmatrix}$, $k\in\mathbf{R}$；　(4) $k_1\begin{pmatrix} -2 \\ 1 \\ 0 \\ 0 \end{pmatrix}+k_2\begin{pmatrix} 1 \\ 0 \\ 0 \\ 1 \end{pmatrix}$, $k_1, k_2\in\mathbf{R}$.

4. (1) 无解；　(2) $k\begin{pmatrix} -2 \\ 1 \\ 1 \end{pmatrix}+\begin{pmatrix} -1 \\ 2 \\ 0 \end{pmatrix}$, $k\in\mathbf{R}$；　(3) $k_1\begin{pmatrix} -1/2 \\ 1 \\ 0 \\ 0 \end{pmatrix}+k_2\begin{pmatrix} 1/2 \\ 0 \\ 1 \\ 0 \end{pmatrix}+\begin{pmatrix} 1/2 \\ 0 \\ 0 \\ 0 \end{pmatrix}$, $k_1, k_2\in\mathbf{R}$；

(4) $k_1\begin{pmatrix} 1/7 \\ 5/7 \\ 1 \\ 0 \end{pmatrix}+k_2\begin{pmatrix} 1/7 \\ -9/7 \\ 0 \\ 1 \end{pmatrix}+\begin{pmatrix} 6/7 \\ -5/7 \\ 0 \\ 0 \end{pmatrix}$, $k_1, k_2\in\mathbf{R}$；　(5) $\begin{pmatrix} 3 \\ -8 \\ 0 \\ 6 \end{pmatrix}+k\begin{pmatrix} -1 \\ 2 \\ 1 \\ 0 \end{pmatrix}$, $k\in\mathbf{R}$；　(6)无解.

5. $\begin{cases} x_{11}+x_{12}=3 \\ x_{21}+x_{22}=2 \\ x_{31}+x_{32}=1 \\ x_{11}+x_{21}+x_{31}=4 \\ x_{12}+x_{22}+x_{32}=2 \\ x_{11}+x_{12}+x_{21}+x_{22}+x_{31}+x_{32}=6 \end{cases}$；$\begin{pmatrix} x_{11} \\ x_{12} \\ x_{21} \\ x_{22} \\ x_{31} \\ x_{32} \end{pmatrix}=\begin{pmatrix} 1 \\ 2 \\ 2 \\ 0 \\ 1 \\ 0 \end{pmatrix}+c_1\begin{pmatrix} 1 \\ -1 \\ -1 \\ 1 \\ 0 \\ 0 \end{pmatrix}+c_2\begin{pmatrix} 1 \\ -1 \\ 0 \\ 0 \\ -1 \\ 1 \end{pmatrix}$ $(c_1, c_2\in\mathbf{R})$.

6. (1) 当 $a=1$ 时，解为 $c_1\begin{pmatrix} -1 \\ 1 \\ 0 \end{pmatrix}+c_2\begin{pmatrix} -1 \\ 0 \\ 1 \end{pmatrix}$ $(c_1, c_2\in\mathbf{R})$；当 $a=-2$ 时，解为 $c\begin{pmatrix} 1 \\ 1 \\ 1 \end{pmatrix}$ $(c\in\mathbf{R})$.

(2) 当 $a=3$ 时，解为 $c\begin{pmatrix} -1 \\ 1 \\ 1 \end{pmatrix}$ $(c\in\mathbf{R})$.

7. (1) 当 $a\neq 0$, $b\neq \pm 1$ 时，有唯一解：$x_1=\dfrac{5-b}{a(b+1)}$, $x_2=-\dfrac{2}{b+1}$, $x_3=\dfrac{2(b-1)}{b+1}$；

当 $a\neq 0$, $b=1$ 时，有无穷多解：$x_1=\dfrac{1-c}{a}$, $x_2=c$, $x_3=0$；

当 $a=0$, $b=1$ 时，有无穷多解：$x_1=c$, $x_2=1$, $x_3=0$；

当 $a=0$, $b=5$ 时, 有无穷多解: $x_1=c$, $x_2=-\frac{1}{3}$, $x_3=\frac{4}{3}$.

(2) 当 $a=1$, $b=-1$ 时, 有无穷多解: $\begin{cases} x_1=-4c_2 \\ x_2=1+c_1+c_2 \\ x_3=c_1 \\ x_4=c_2 \end{cases}$ $(c_1, c_2\in\mathbf{R})$.

8. 当 $k\neq-1$ 且 $k\neq4$ 时, 有唯一解: $x_1=\frac{k^2+2k}{k+1}$, $x_2=\frac{k^2+2k+4}{k+1}$, $x_3=-\frac{2k}{k+1}$;

当 $k=-1$ 时, 无解;

当 $k=4$ 时, 有无穷多解, 通解为 $\begin{pmatrix} x_1 \\ x_2 \\ x_3 \end{pmatrix}=\begin{pmatrix} 0 \\ 4 \\ 0 \end{pmatrix}+C\begin{pmatrix} -3 \\ -1 \\ 1 \end{pmatrix}$, $C\in\mathbf{R}$.

11. $x_1=40, x_2=5, x_3=20, x_4=35$. 12. 微生物 I, 204 单位; 微生物 II, 572 单位; 微生物 III, 340 单位.

习题 3-2

1. $\boldsymbol{v}_1-\boldsymbol{v}_2=(1,0,-1)^{\mathrm{T}}$, $3\boldsymbol{v}_1+2\boldsymbol{v}_2-\boldsymbol{v}_3=(0,1,2)^{\mathrm{T}}$. 2. $\boldsymbol{\beta}=-11\boldsymbol{\alpha}_1+14\boldsymbol{\alpha}_2+9\boldsymbol{\alpha}_3$.

3. $\begin{cases} \boldsymbol{\gamma}_1=4\boldsymbol{\alpha}_1+4\boldsymbol{\alpha}_2-17\boldsymbol{\alpha}_3 \\ \boldsymbol{\gamma}_2=23\boldsymbol{\alpha}_2-7\boldsymbol{\alpha}_3 \end{cases}$ 或 $\begin{pmatrix} \boldsymbol{\gamma}_1 \\ \boldsymbol{\gamma}_2 \end{pmatrix}=\begin{pmatrix} 4 & 4 & -17 \\ 0 & 23 & -7 \end{pmatrix}\begin{pmatrix} \boldsymbol{\alpha}_1 \\ \boldsymbol{\alpha}_2 \\ \boldsymbol{\alpha}_3 \end{pmatrix}$.

4. $\boldsymbol{\alpha}_1=\frac{1}{2}(\boldsymbol{\beta}_1+\boldsymbol{\beta}_2)$, $\boldsymbol{\alpha}_2=\frac{1}{2}(\boldsymbol{\beta}_2+\boldsymbol{\beta}_3)$, $\boldsymbol{\alpha}_3=\frac{1}{2}(\boldsymbol{\beta}_1+\boldsymbol{\beta}_3)$.

5. $k(1\quad 5\quad 8)^{\mathrm{T}}$. 6. $\begin{pmatrix} 1 & 0 & 1 & 0 & 0 \\ 1 & -1 & 0 & 0 & 0 \\ 0 & 0 & 0 & 1 & 0 \\ 0 & 0 & 0 & 0 & 1 \\ 0 & 0 & 0 & 0 & 0 \end{pmatrix}$. 9. $a=0$, $b\in\mathbf{R}$.

10. $a\neq0$ 且 $a=b$; $\boldsymbol{\beta}=\left(1-\frac{1}{a}\right)\boldsymbol{\alpha}_1+\left(\frac{1}{a}+c\right)\boldsymbol{\alpha}_2+c\boldsymbol{\alpha}_3$, $c\in\mathbf{R}$.

11. (1) 当 $\lambda\neq0$ 且 $\lambda=-3$ 时, $\boldsymbol{\beta}$ 可由 $\boldsymbol{\alpha}_1, \boldsymbol{\alpha}_2, \boldsymbol{\alpha}_3$ 唯一地线性表示;

(2) 当 $\lambda\neq0$ 时, $\boldsymbol{\beta}$ 可由 $\boldsymbol{\alpha}_1, \boldsymbol{\alpha}_2, \boldsymbol{\alpha}_3$ 线性表示, 但表达式不唯一;

(3) 当 $\lambda=-3$ 时, $\boldsymbol{\beta}$ 不能由 $\boldsymbol{\alpha}_1, \boldsymbol{\alpha}_2, \boldsymbol{\alpha}_3$ 线性表示.

12. 给定的季度目标 N 无法由 N_1, N_2, N_3 的线性组合得到.

13. (1) $a\neq-4, b,c\in\mathbf{R}$; (2) $a=-4$ 且 $c-3b+1\neq0$; (3) $a=-4$ 且 $c-3b+1=0$. 14. $\begin{pmatrix} 7 \\ 5 \\ 2 \end{pmatrix}$.

16. (1) 向量 $5\boldsymbol{a}$ 表示矿井 A 开采 5 天的矿产产量, 即铜矿 100 吨, 银矿 2 750 千克; (2) $x_1\boldsymbol{a}+x_2\boldsymbol{b}$;

(3) 1.5 天和 4 天.

习题 3-3

1. (1) 假. 反例: 令 $\boldsymbol{y}=(1,0)$, $\boldsymbol{z}=(2,0)$, $\boldsymbol{x}=(0,1)$.

(2) 假. 反例: 令 $\boldsymbol{x}_1=(1,0)$, $\boldsymbol{x}_2=(2,0)$, $\{\boldsymbol{x}_1,\boldsymbol{x}_2\}$ 线性相关.

(3) 真. 零向量与其他向量总是线性相关的, 因为零向量可以表示为任意向量的线性组合.

(4) 假. 反例: 令 $\boldsymbol{x}=(1,0)$, $\boldsymbol{y}=(0,1)$, $\boldsymbol{z}=(1,1)$.

(5) 假. 如果 $\{\boldsymbol{x},\boldsymbol{y},\boldsymbol{z}\}$ 是线性无关的, 则唯一可能的线性组合 $a\boldsymbol{x}+b\boldsymbol{y}+c\boldsymbol{z}=\boldsymbol{0}$ 是 $a=b=c=0$.

2. (1) $\boldsymbol{\alpha}_1,\boldsymbol{\alpha}_2,\boldsymbol{\alpha}_3$ 线性相关;　(2) $\boldsymbol{\alpha}_1,\boldsymbol{\alpha}_2,\boldsymbol{\alpha}_3$ 线性无关;　(3) $\boldsymbol{\alpha}_1,\boldsymbol{\alpha}_2,\boldsymbol{\alpha}_3,\boldsymbol{\alpha}_4$ 线性无关.

3. 当 $a=2$ 或 $a=-1$ 时, $\boldsymbol{\alpha}_1,\boldsymbol{\alpha}_2,\boldsymbol{\alpha}_3$ 线性相关.　4. $\dfrac{1}{2}$.

5. 这三个向量线性相关.　6. $\boldsymbol{\beta}=-\dfrac{k_1}{k_1+k_2}\boldsymbol{\alpha}_1-\dfrac{k_2}{k_1+k_2}\boldsymbol{\alpha}_2$, $k_1,k_2\in\mathbf{R}$, $k_1+k_2\neq 0$.

7. 否. 例如: $\boldsymbol{\alpha}_1=\begin{pmatrix}1\\0\end{pmatrix}$, $\boldsymbol{\alpha}_2=\begin{pmatrix}2\\0\end{pmatrix}$, $\boldsymbol{\beta}_1=\begin{pmatrix}0\\2\end{pmatrix}$, $\boldsymbol{\beta}_2=\begin{pmatrix}0\\3\end{pmatrix}$. $\boldsymbol{\alpha}_1,\boldsymbol{\alpha}_2$ 线性相关, $\boldsymbol{\beta}_1,\boldsymbol{\beta}_2$ 也线性相关, 但 $\boldsymbol{\alpha}_1+\boldsymbol{\beta}_1$, $\boldsymbol{\alpha}_2+\boldsymbol{\beta}_2$ 线性无关.

11. 向量组 $\boldsymbol{v}_1,\boldsymbol{v}_2,\boldsymbol{v}_3$ 线性无关.　13. -17.　18. $be-ad\neq 0$ 或 $eh-dg\neq 0$ 或 $bg-ah\neq 0$.

20. (1) 线性无关;　(2) 线性相关, $\boldsymbol{v}_3=\boldsymbol{v}_1+\boldsymbol{v}_2$.

习题 3-4

1. (1) 不正确. 例如 $\boldsymbol{A}=\begin{pmatrix}1&0&\cdots&0\\0&0&\cdots&0\\\vdots&\vdots&&\vdots\\0&0&\cdots&0\end{pmatrix}$, $\mathrm{r}(\boldsymbol{A})=1$, 但 $\boldsymbol{A}$ 中后 $n-1$ 个向量中的每一个均线性相关, 故结论不成立.

(2) 不正确. 还可能为 $s=t$, 如 $\boldsymbol{\alpha}_1=\begin{pmatrix}1\\1\end{pmatrix}$, $\boldsymbol{\alpha}_2=\begin{pmatrix}0\\1\end{pmatrix}$, $\boldsymbol{\beta}_1=\begin{pmatrix}1\\0\end{pmatrix}$, $\boldsymbol{\beta}_2=\begin{pmatrix}0\\2\end{pmatrix}$.

(3) 正确. 矩阵 $\boldsymbol{A}$ 的秩等于 $\boldsymbol{A}$ 的行向量组的秩, 也等于 $\boldsymbol{A}$ 的列向量组的秩.

(4) 正确. 因为如果一个向量组有线性相关的部分组, 则这个向量组线性相关.

2. (1) 2;　(2) 2;　(3) 3;　(4) 3.　3. 2.

4. (1) 秩为 2, 一个极大无关组为 $\boldsymbol{\alpha}_1,\boldsymbol{\alpha}_2$;　(2) 秩为 2, 一个极大无关组为 $\boldsymbol{\alpha}_1^{\mathrm{T}},\boldsymbol{\alpha}_2^{\mathrm{T}}$.

5. (1) $\boldsymbol{\alpha}_1,\boldsymbol{\alpha}_3$ 是向量组的一个极大无关组, 且 $\boldsymbol{\alpha}_2=-\boldsymbol{\alpha}_1+0\cdot\boldsymbol{\alpha}_3$;

(2) $\boldsymbol{\alpha}_1,\boldsymbol{\alpha}_2,\boldsymbol{\alpha}_3$ 是向量组的一个极大无关组, 且 $\boldsymbol{\alpha}_4=-3\boldsymbol{\alpha}_1+5\boldsymbol{\alpha}_2-\boldsymbol{\alpha}_3$;

(3) $\boldsymbol{\alpha}_1,\boldsymbol{\alpha}_2$ 是向量组的一个极大无关组, 且 $\boldsymbol{\alpha}_3=\dfrac{4}{3}\boldsymbol{\alpha}_1-\dfrac{1}{3}\boldsymbol{\alpha}_2$, $\boldsymbol{\alpha}_4=\dfrac{13}{3}\boldsymbol{\alpha}_1+\dfrac{2}{3}\boldsymbol{\alpha}_2$;

(4) $\boldsymbol{\alpha}_1,\boldsymbol{\alpha}_2$ 是向量组的一个极大无关组, 且 $\boldsymbol{\alpha}_3=\dfrac{3}{2}\boldsymbol{\alpha}_1-\dfrac{7}{2}\boldsymbol{\alpha}_2$, $\boldsymbol{\alpha}_4=\boldsymbol{\alpha}_1+2\boldsymbol{\alpha}_2$.

7. (1) 第 1 列和第 3 列向量是矩阵的列向量组的一个极大无关组;

(2) 第 1、2、3 列构成一个极大无关组;　(3) 第 1、2、3 列构成一个极大无关组.

8. $a=2$, $b=5$. 9. 存在冗余资产. 11. 不等价.

12. (1) $\boldsymbol{B}=\begin{pmatrix}0&0&0\\1&0&3\\0&1&-2\end{pmatrix}$; (2) $|\boldsymbol{A}|=|\boldsymbol{B}|=0$. 13. 正确.

习题 3-5

1. (1) $\boldsymbol{S}_1$ 是向量空间; (2) $\boldsymbol{S}_2$ 不是向量空间; (3) $\boldsymbol{S}_3$ 是向量空间.

2. $\boldsymbol{V}_1$ 是 $\mathbf{R}^n$ 的子空间, $\boldsymbol{V}_2$ 不是 $\mathbf{R}^n$ 的子空间. 4. 所给向量的集合不构成向量空间.

5. (1) $\begin{pmatrix}1&-2\\-1&3\end{pmatrix}$, 坐标为 $(7, 3)$; (2) $\begin{pmatrix}-5&-4\\4&3\end{pmatrix}$. 6. $\boldsymbol{v}_1=2\boldsymbol{\alpha}_1+3\boldsymbol{\alpha}_2-\boldsymbol{\alpha}_3$, $\boldsymbol{v}_2=3\boldsymbol{\alpha}_1-3\boldsymbol{\alpha}_2-2\boldsymbol{\alpha}_3$.

7. 这些销售额向量线性相关; 基为 $\boldsymbol{v}_1, \boldsymbol{v}_2, \boldsymbol{v}_5$; 维数为 3.

8. 依次为 1, 2, 3. 9. $\begin{pmatrix}1&0&1\\2&2&2\\0&3&3\end{pmatrix}$. 10. $\begin{pmatrix}2&3&4\\0&-1&0\\-1&0&-1\end{pmatrix}$.

11. (1) $\dfrac{1}{3}\begin{pmatrix}-4&-10&-3\\4&7&3\\-1&-1&0\end{pmatrix}$;

(2) $\boldsymbol{x}$ 在基 $\boldsymbol{u}_1, \boldsymbol{u}_2, \boldsymbol{u}_3$ 下的坐标为 $(8, -5, 3)^{\mathrm{T}}$, $\boldsymbol{y}$ 在基 $\boldsymbol{v}_1, \boldsymbol{v}_2, \boldsymbol{v}_3$ 下的坐标为 $\left(\dfrac{20}{3}, -\dfrac{11}{3}, \dfrac{2}{3}\right)^{\mathrm{T}}$.

12. (1) $\begin{pmatrix}1&-1&-1\\-1&1&0\\1&0&2\end{pmatrix}$; (2) $\boldsymbol{\eta}_1=(-1, -4, 3)^{\mathrm{T}}$, $\boldsymbol{\eta}_2=(-1, -3, 4)^{\mathrm{T}}$, $\boldsymbol{\eta}_3=(1, -1, 2)^{\mathrm{T}}$.

14. 原基向量 $\boldsymbol{\varepsilon}_1, \boldsymbol{\varepsilon}_2, \boldsymbol{\varepsilon}_3, \boldsymbol{\varepsilon}_4$ 在新基下的坐标依次为

$$\boldsymbol{v}_1=\begin{pmatrix}1/3\\-2/3\\2/3\\1/3\end{pmatrix},\ \boldsymbol{v}_2=\begin{pmatrix}1/3\\1/3\\-1/3\\-2/3\end{pmatrix},\ \boldsymbol{v}_3=\begin{pmatrix}-1/3\\2/3\\1/3\\-1/3\end{pmatrix},\ \boldsymbol{v}_4=\begin{pmatrix}0\\0\\0\\1\end{pmatrix}.$$

习题 3-6

1. (1) $\boldsymbol{\xi}=\begin{pmatrix}2\\1\end{pmatrix}$; (2) $\boldsymbol{\xi}_1=\begin{pmatrix}-1\\0\\-1\\0\\1\end{pmatrix}$, $\boldsymbol{\xi}_2=\begin{pmatrix}-1\\-1\\0\\0\\0\end{pmatrix}$; (3) $\boldsymbol{\xi}_1=\begin{pmatrix}-4\\0\\1\\-3\end{pmatrix}$, $\boldsymbol{\xi}_2=\begin{pmatrix}0\\1\\0\\4\end{pmatrix}$;

(4) $\boldsymbol{\xi}_1=\begin{pmatrix}0\\0\\1\\2\end{pmatrix}$, $\boldsymbol{\xi}_2=\begin{pmatrix}1\\7\\0\\19\end{pmatrix}$; (5) $\boldsymbol{\xi}=\begin{pmatrix}16\\8\\4\\2\\1\end{pmatrix}$; (6) $\boldsymbol{\xi}=\begin{pmatrix}-19\\7\\1\end{pmatrix}$;

(7) $(\boldsymbol{\xi}_1, \boldsymbol{\xi}_2, \cdots, \boldsymbol{\xi}_{n-1}) = \begin{pmatrix} 1 & 0 & \cdots & 0 \\ 0 & 1 & \cdots & 0 \\ \vdots & \vdots & & \vdots \\ 0 & 0 & \cdots & 1 \\ -n & -n+1 & \cdots & -2 \end{pmatrix}$.

4. $\begin{pmatrix} 1 & 0 \\ 0 & 1 \\ 11/2 & 1/2 \\ -5/2 & 1/2 \end{pmatrix}$.

5. 解空间的维数为 1 .

6. (1) $\begin{cases} 2x_1 - 3x_2 + x_4 = 0 \\ x_1 - 3x_3 + 2x_4 = 0 \end{cases}$; (2) $\begin{cases} 5x_1 + x_2 - x_3 - x_4 = 0 \\ x_1 + x_2 - x_3 - x_5 = 0 \end{cases}$.

7. (1) $\boldsymbol{\eta} = \begin{pmatrix} -8 \\ 13 \\ 0 \\ 2 \end{pmatrix}$, $\boldsymbol{\xi} = \begin{pmatrix} -1 \\ 1 \\ 1 \\ 0 \end{pmatrix}$; (2) $\boldsymbol{\eta} = \begin{pmatrix} 1 \\ -2 \\ 0 \\ 0 \end{pmatrix}$, $\boldsymbol{\xi}_1 = \begin{pmatrix} -9 \\ 1 \\ 7 \\ 0 \end{pmatrix}$, $\boldsymbol{\xi}_2 = \begin{pmatrix} 1 \\ -1 \\ 0 \\ 2 \end{pmatrix}$; (3) $\boldsymbol{\eta} = \begin{pmatrix} 1/6 \\ 1/6 \\ 1/6 \\ 0 \end{pmatrix}$, $\boldsymbol{\xi} = \begin{pmatrix} 5/6 \\ -7/6 \\ 5/6 \\ 1 \end{pmatrix}$.

8. $k\begin{pmatrix} 3 \\ 4 \\ 5 \\ 6 \end{pmatrix} + \begin{pmatrix} 2 \\ 3 \\ 4 \\ 5 \end{pmatrix}$ $(k \in \mathbf{R})$.

9. $\boldsymbol{x} = \boldsymbol{\eta}_1 + c_1(\boldsymbol{\eta}_3 - \boldsymbol{\eta}_1) + c_2(\boldsymbol{\eta}_2 - \boldsymbol{\eta}_1)$.

11. $c\begin{pmatrix} 1 \\ -2 \\ 1 \\ 0 \end{pmatrix} + \begin{pmatrix} 1 \\ 1 \\ 1 \\ 1 \end{pmatrix}$, $c \in \mathbf{R}$.

12. $c_1\begin{pmatrix} 1 \\ -1 \\ 1 \\ 0 \end{pmatrix} + c_2\begin{pmatrix} 0 \\ -1 \\ 0 \\ 1 \end{pmatrix}$ $(c_1, c_2 \in \mathbf{R})$.

13. 将54万元投入股票, 26万元投入房地产, 15万元投入债券, 5万元投入基金.

14. $k_1\begin{pmatrix} -\dfrac{b}{a} \\ 1 \\ 0 \end{pmatrix} + k_2\begin{pmatrix} -\dfrac{c}{a} \\ 0 \\ 1 \end{pmatrix}$, $k_1, k_2 \in \mathbf{R}$.

16. $\begin{cases} -3x_1 + x_2 = -4 \\ x_1 - x_2 + 4 = 0 \end{cases}$.

19. (1) $a = 1,\ b = 3$; (2) $\boldsymbol{v}_1 = \begin{pmatrix} 1 \\ -2 \\ 1 \\ 0 \\ 0 \end{pmatrix}$, $\boldsymbol{v}_2 = \begin{pmatrix} 1 \\ -2 \\ 0 \\ 1 \\ 0 \end{pmatrix}$, $\boldsymbol{v}_3 = \begin{pmatrix} 5 \\ -6 \\ 0 \\ 0 \\ 1 \end{pmatrix}$;

(3) $\begin{pmatrix} -2 \\ 3 \\ 0 \\ 0 \\ 0 \end{pmatrix} + k_1\begin{pmatrix} 1 \\ -2 \\ 1 \\ 0 \\ 0 \end{pmatrix} + k_2\begin{pmatrix} 1 \\ -2 \\ 0 \\ 1 \\ 0 \end{pmatrix} + k_3\begin{pmatrix} 5 \\ -6 \\ 0 \\ 0 \\ 1 \end{pmatrix}$ $(k_1, k_2, k_3 \in \mathbf{R})$.

20. (1) $\boldsymbol{\xi}_1 = (0, 0, 1, 0)^{\mathrm{T}}$, $\boldsymbol{\xi}_2 = (-1, 1, 0, 1)^{\mathrm{T}}$;

(2) 有公共解; $k(0, 0, 1, 0)^{\mathrm{T}}+k(-1, 1, 0, 1)^{\mathrm{T}}=k(-1, 1, 1, 1)^{\mathrm{T}}$, 其中 $k\neq 0$ 为任意实数.

习题 3-7

1. 20.　　2. 70.　　3. 流经 AB, AC, BD 的流量分别为 25, 25, 15.

4. (1) $\begin{cases} x_1-x_2=-5 \\ x_2-x_3=5 \\ x_3-x_4=0 \\ x_4-x_1=0 \end{cases}$, $\begin{pmatrix} x_1 \\ x_2 \\ x_3 \\ x_4 \end{pmatrix}=c\begin{pmatrix} 1 \\ 1 \\ 1 \\ 1 \end{pmatrix}+\begin{pmatrix} 0 \\ 5 \\ 0 \\ 0 \end{pmatrix}$;　(2) AB, BC, DA 的流量分别为 10, 15, 10.

5. 城市人口为 407 640 人, 农村人口为 592 360 人.

6. 星期三机场约有 310 辆车, 东部办公区约有 48 辆车, 西部办公区约有 92 辆车.

8. $x_1=160,\ x_2=180,\ x_3=160$.

总习题三

1. 当 $a=1$ 且 $b=3$ 时, 线性方程组的全部解为 $\begin{cases} x_1=-2+c_1+c_2+5c_3 \\ x_2=3-2c_1-2c_2-6c_3 \\ x_3=c_1 \\ x_4=c_2 \\ x_5=c_3 \end{cases}$, 其中 $c_1,\ c_2,\ c_3$ 为任意常数.

　当 $a\neq 1$ 或 $b\neq 3$ 时, 题设线性方程组无解.

2. 当 $\lambda\neq 0$ 且 $\lambda\neq 1$ 时, 方程组有唯一解; 当 $\lambda=0$ 时, 方程组无解; 当 $\lambda=1$ 时, 方程组有无穷多解, 其通解为

$$\begin{pmatrix} x_1 \\ x_2 \\ x_3 \end{pmatrix}=c\begin{pmatrix} -1 \\ 2 \\ 1 \end{pmatrix}+\begin{pmatrix} 1 \\ -3 \\ 0 \end{pmatrix}\ (c\in\mathbf{R}).$$

3. 3.　　4. $\begin{cases} x_1-2x_3+2x_4=0 \\ x_2+3x_3-4x_4=0 \end{cases}$.

5. (1) 当 $b\neq 2$ 时, $\boldsymbol{\beta}$ 不能由 $\boldsymbol{\alpha}_1, \boldsymbol{\alpha}_2, \boldsymbol{\alpha}_3$ 线性表示.

　(2) 当 $b=2, a\neq 1$ 时, $\boldsymbol{\beta}$ 可由 $\boldsymbol{\alpha}_1, \boldsymbol{\alpha}_2, \boldsymbol{\alpha}_3$ 唯一地线性表示, 表达式为 $\boldsymbol{\beta}=-\boldsymbol{\alpha}_1+2\boldsymbol{\alpha}_2$.

　当 $b=2, a=1$ 时, $\boldsymbol{\beta}$ 可由 $\boldsymbol{\alpha}_1, \boldsymbol{\alpha}_2, \boldsymbol{\alpha}_3$ 线性表示, 但表达式不唯一, 表达式为

$$\boldsymbol{\beta}=-(2k+1)\boldsymbol{\alpha}_1+(k+2)\boldsymbol{\alpha}_2+k\boldsymbol{\alpha}_3, \text{其中 } k \text{ 为任意常数.}$$

6. $k=2$.　　8. 当 $k_1\neq 1$ 且 $k_2\neq 0$ 时, $\boldsymbol{\beta}_1, \boldsymbol{\beta}_2, \boldsymbol{\beta}_3$ 线性无关; 当 $k_1=1$ 或 $k_2=0$ 时, $\boldsymbol{\beta}_1, \boldsymbol{\beta}_2, \boldsymbol{\beta}_3$ 线性相关.

9. (1) $a=0$, b 为任意常数;　(2) 当 $a\neq 0$ 且 $a-b\neq 0$, 此时 $\boldsymbol{\beta}=\left(1-\dfrac{1}{a}\right)\boldsymbol{\alpha}_1+\dfrac{1}{a}\boldsymbol{\alpha}_2$;

　(3) 当 $a\neq 0$ 且 $a-b=0$, 此时 $\boldsymbol{\beta}=\left(1-\dfrac{1}{a}\right)\boldsymbol{\alpha}_1+\left(\dfrac{1}{a}+c\right)\boldsymbol{\alpha}_2+c\boldsymbol{\alpha}_3\ (c\in\mathbf{R})$.

14. 2.　　17. $\boldsymbol{\alpha}_1, \boldsymbol{\alpha}_2$ 是一个极大无关组.

18. (1) 当 $p\neq 2$ 时, 向量组 $\boldsymbol{\alpha}_1, \boldsymbol{\alpha}_2, \boldsymbol{\alpha}_3, \boldsymbol{\alpha}_4$ 线性无关, 此时 $\boldsymbol{\alpha}$ 可线性表示为 $\boldsymbol{\alpha}=2\boldsymbol{\alpha}_1+\dfrac{3p-4}{p-2}\boldsymbol{\alpha}_2+\boldsymbol{\alpha}_3+\dfrac{1-p}{p-2}\boldsymbol{\alpha}_4$.

(2) 当 $p=2$ 时, 向量组 $\boldsymbol{\alpha}_1, \boldsymbol{\alpha}_2, \boldsymbol{\alpha}_3, \boldsymbol{\alpha}_4$ 线性相关, 秩为 3, 且 $\boldsymbol{\alpha}_1, \boldsymbol{\alpha}_2, \boldsymbol{\alpha}_3$ 为一个极大无关组.

20. 当 $a=0$ 或 $a=-10$ 时, $\boldsymbol{\alpha}_1, \boldsymbol{\alpha}_2, \boldsymbol{\alpha}_3, \boldsymbol{\alpha}_4$ 线性相关.

当 $a=0$ 时, $\boldsymbol{\alpha}_1$ 是 $\boldsymbol{\alpha}_1, \boldsymbol{\alpha}_2, \boldsymbol{\alpha}_3, \boldsymbol{\alpha}_4$ 的一个极大无关组, 且 $\boldsymbol{\alpha}_2=2\boldsymbol{\alpha}_1$, $\boldsymbol{\alpha}_3=3\boldsymbol{\alpha}_1$, $\boldsymbol{\alpha}_4=4\boldsymbol{\alpha}_1$.

当 $a=-10$ 时, $\boldsymbol{\alpha}_1, \boldsymbol{\alpha}_2, \boldsymbol{\alpha}_3$ 是 $\boldsymbol{\alpha}_1, \boldsymbol{\alpha}_2, \boldsymbol{\alpha}_3, \boldsymbol{\alpha}_4$ 的一个极大无关组, 且 $\boldsymbol{\alpha}_4=\boldsymbol{\alpha}_1-\boldsymbol{\alpha}_2-\boldsymbol{\alpha}_3$.

25. 5.　　26. (1/2, 1/6, 1/12, 1/4).　　27. 3.　　28. $\begin{cases} x_1-x_3-x_4=0 \\ x_2+x_3-x_4=0 \end{cases}$.

29. (1) $a\neq -1$ 或 3;　(2) $a=-1$.　　30. $r=-2, p=3, q=2$.

31. 当 $\lambda\neq -2$ 且 $\lambda\neq 1$ 时, 方程组有唯一解; 当 $\lambda=-2$ 时, 方程组无解.

当 $\lambda=1$ 时, 方程组有无穷多解, 此时题设线性方程组的通解为

$$\begin{pmatrix} x_1 \\ x_2 \\ x_3 \end{pmatrix}=\begin{pmatrix} -2 \\ 0 \\ 0 \end{pmatrix}+k_1\begin{pmatrix} -1 \\ 1 \\ 0 \end{pmatrix}+k_2\begin{pmatrix} -1 \\ 0 \\ 1 \end{pmatrix}, \text{其中 } k_1, k_2 \text{ 为任意常数.}$$

32. (1) $k(1,1,\cdots,1)^{\mathrm{T}}$, 其中 k 为任意实数;　(2) 0.

33. 通解为 $(1/2,0,0,0)^{\mathrm{T}}+k(0,2,3,4)^{\mathrm{T}}$, 其中 k 为任意实数.

34. 当 $\lambda=\mu=\dfrac{1}{2}$ 时, 全部解为 $\begin{pmatrix} x_1 \\ x_2 \\ x_3 \\ x_4 \end{pmatrix}=\begin{pmatrix} -1/2 \\ 1 \\ 0 \\ 0 \end{pmatrix}+c_1\begin{pmatrix} 1 \\ -3 \\ 1 \\ 0 \end{pmatrix}+c_2\begin{pmatrix} -1 \\ -2 \\ 0 \\ 2 \end{pmatrix} (c_1,c_2\in\mathbf{R})$;

当 $\lambda=\mu\neq\dfrac{1}{2}$ 时, 全部解为 $\begin{pmatrix} x_1 \\ x_2 \\ x_3 \\ x_4 \end{pmatrix}=\begin{pmatrix} 0 \\ -1/2 \\ 1/2 \\ 0 \end{pmatrix}+c\begin{pmatrix} -2 \\ 1 \\ -1 \\ 2 \end{pmatrix} (c\in\mathbf{R})$.

35. $9x_1+5x_2-3x_3=-5$.　　36. $a=-\dfrac{n(n+1)}{2}$, 通解为 $x=k(1, 2, \cdots, n)^{\mathrm{T}}$ (k 为任意常数).

41. 40.　　42. x_2, x_3, x_4, x_5 的分支中最小流量分别为 50, 40, 50, 60.

43. (1) $\begin{cases} x_1+x_4=25 \\ -x_1+x_2+x_5=30 \\ x_2+x_3=15 \\ -x_3+x_4+x_5=40 \end{cases}$;　(2) $\boldsymbol{x}=c_1\begin{pmatrix} 24 \\ 54 \\ -39 \\ 1 \\ 0 \end{pmatrix}+c_2\begin{pmatrix} 25 \\ 54 \\ -39 \\ 0 \\ 1 \end{pmatrix}+\begin{pmatrix} 25 \\ 55 \\ -40 \\ 0 \\ 0 \end{pmatrix} (c_1, c_2\in\mathbf{R})$.

44. 城市人口为 611 110 人, 郊区人口为 688 890 人.

第 4 章 答案

习题 4-1

1. $\boldsymbol{V}=\{(-k_1-k_2, k_1, k_2) \mid k_1, k_2\in\mathbf{R}\}$, 它表示过原点且与向量 $\boldsymbol{\alpha}$ 垂直的一个平面.

2. 9.　　3. $\pm\frac{1}{\sqrt{2}}\begin{pmatrix}1\\0\\0\\-1\end{pmatrix}$.　　4. $\boldsymbol{\alpha}_1=\begin{pmatrix}1\\4\\4\\1\end{pmatrix}$.　　5. 不是正交的.

6. (1) $\boldsymbol{e}_1=\frac{1}{\sqrt{3}}\begin{pmatrix}1\\1\\1\end{pmatrix}$, $\boldsymbol{e}_2=\frac{1}{\sqrt{6}}\begin{pmatrix}-2\\1\\1\end{pmatrix}$, $\boldsymbol{e}_3=\frac{1}{\sqrt{2}}\begin{pmatrix}0\\-1\\1\end{pmatrix}$;

(2) $\boldsymbol{e}_1=\frac{1}{\sqrt{2}}\begin{pmatrix}1\\1\\0\\0\end{pmatrix}$, $\boldsymbol{e}_2=\frac{1}{\sqrt{6}}\begin{pmatrix}-1\\1\\2\\0\end{pmatrix}$, $\boldsymbol{e}_3=\frac{1}{\sqrt{21}}\begin{pmatrix}2\\-2\\2\\3\end{pmatrix}$;

(3) $\boldsymbol{e}_1=(1,1,1)^{\mathrm{T}}$, $\boldsymbol{e}_2=(-1,0,0)^{\mathrm{T}}$, $\boldsymbol{e}_3=\left(\frac{1}{3},-\frac{2}{3},\frac{1}{3}\right)^{\mathrm{T}}$;

(4) $\boldsymbol{e}_1=\frac{1}{\sqrt{7}}(1,1,1,2)$, $\boldsymbol{e}_2=\frac{1}{\sqrt{119}}(9,2,-5,-3)$;

(5) $\boldsymbol{e}_1=\frac{1}{2\sqrt{3}}(1,3,-1,1)$, $\boldsymbol{e}_2=\frac{1}{\sqrt{6}}(2,0,1,-1)$, $\boldsymbol{e}_3=\frac{1}{3\sqrt{2}}(-2,2,3,-1)$.

7. $\boldsymbol{\delta}_1=\frac{1}{\sqrt{2}}(\boldsymbol{\alpha}_1+\boldsymbol{\alpha}_5)$, $\boldsymbol{\delta}_2=\frac{1}{\sqrt{10}}(\boldsymbol{\alpha}_1-2\boldsymbol{\alpha}_2+2\boldsymbol{\alpha}_4-\boldsymbol{\alpha}_5)$, $\boldsymbol{\delta}_3=\frac{1}{2}(\boldsymbol{\alpha}_1+\boldsymbol{\alpha}_2+\boldsymbol{\alpha}_3-\boldsymbol{\alpha}_5)$.

9. (1) 不是正交矩阵;　(2) 是正交矩阵;　(3) 是正交矩阵;　(4) 是正交矩阵;

(5) 是正交矩阵;　(6) 是正交矩阵;　(7) 是正交矩阵.

10. $\boldsymbol{A}^{-1}=\frac{1}{49}\begin{pmatrix}2&3&6\\3&-6&2\\6&2&-3\end{pmatrix}$.　　13. 矩阵 $\boldsymbol{Q}$ 是一个正交矩阵, $\boldsymbol{X}'=\begin{pmatrix}5\sqrt{2}&6\sqrt{2}\\\sqrt{2}&\sqrt{2}\\8&9\end{pmatrix}$.

习题 4-2

1. $\boldsymbol{\alpha}$ 是矩阵 $\boldsymbol{A}$ 对应于特征值 λ 的特征向量, 但 $\boldsymbol{\beta}$ 不是矩阵 $\boldsymbol{A}$ 对应于特征值 λ 的特征向量.

2. $1, -\frac{1}{2}, -\frac{1}{2}$.　　5. $k_1\cdot k_2=0$ 且 $k_1+k_2\neq 0$.

6. (1) $\lambda_1=0$, $\lambda_2=-1$, $\lambda_3=9$.

对应于 $\lambda_1=0$ 的全部特征向量: $k_1\boldsymbol{p}_1=k_1\begin{pmatrix}-1\\-1\\1\end{pmatrix}(k_1\neq 0)$;

对应于 $\lambda_2=-1$ 的全部特征向量: $k_2\boldsymbol{p}_2=k_2\begin{pmatrix}-1\\1\\0\end{pmatrix}(k_2\neq 0)$;

对应于 $\lambda_3=9$ 的全部特征向量: $k_3\boldsymbol{p}_3=k_3\begin{pmatrix}1/2\\1/2\\1\end{pmatrix}(k_3\neq 0)$.

(2) $\lambda_1=\lambda_2=\lambda_3=2$ 对应的特征向量为

$$c_1\begin{pmatrix}1\\1\\0\\0\end{pmatrix}+c_2\begin{pmatrix}1\\0\\1\\0\end{pmatrix}+c_3\begin{pmatrix}1\\0\\0\\1\end{pmatrix}(c_1, c_2, c_3\text{ 不全为零}).$$

$\lambda_4=-2$ 对应的特征向量为 $c\begin{pmatrix}-1\\1\\1\\1\end{pmatrix}(c\neq 0)$.

(3) $\lambda_1=3$ 对应的特征向量为 $k_1(1, 1, 1)^{\mathrm{T}}$，其中 k_1 为任意非零常数；

$\lambda_1=\lambda_2=-3$ 对应的特征向量为 $k_2(1, -2, 1)^{\mathrm{T}}$，其中 k_2 为任意非零常数.

(4) $\lambda_1=1$ 对应的特征向量为 $\boldsymbol{\xi}_1=(1, 0, 1)^{\mathrm{T}}$；

$\lambda_2=\lambda_3=-1$ 对应的特征向量为 $\boldsymbol{\xi}_1=(-1, 2, 0)^{\mathrm{T}}$，$\boldsymbol{\xi}_2=(1, 0, 2)^{\mathrm{T}}$.

7. $\lambda_1=5$ 对应的特征向量为 $\boldsymbol{x}=(1, 1)^{\mathrm{T}}$；$\lambda_2=2$ 对应的特征向量为 $\boldsymbol{y}=(-0.5, 1)^{\mathrm{T}}$.

8. (1) $2, -4, 6$；(2) $1, -\dfrac{1}{2}, \dfrac{1}{3}$.　　10. 5.　　12. $\lambda=-1$.　　13. 5.　　14. -72.

15. $\boldsymbol{A}$ 的特征值为 $\lambda_1=\lambda_2=2$，$\lambda_3=0$.

$\lambda_1=\lambda_2=2$ 对应的特征向量为 $k_1\begin{pmatrix}0\\1\\0\end{pmatrix}+k_2\begin{pmatrix}1\\0\\1\end{pmatrix}$ $(k_1, k_2$ 不全为 0)；

$\lambda_3=0$ 对应的特征向量为 $k_3\begin{pmatrix}1\\0\\-1\end{pmatrix}$，$k_3\in\mathbf{R}$，$k_3\neq 0$.

18. 0.　　19. $|\boldsymbol{A}|\lambda^{-1}$.　　20. 18.　　21. 637.

22. 当 $b=0$ 时，$\lambda_1=\lambda_2=\cdots=\lambda_n=1$，此时任意非零向量都是矩阵 $\boldsymbol{A}$ 的特征向量.

当 $b\neq 0$ 时，$\lambda_1=1+(n-1)b$ 对应的特征向量为

$$k\boldsymbol{\xi}_1=k(1, 1, \cdots, 1)^{\mathrm{T}}\ (k\text{ 为任意非零常数});$$

$\lambda_2=\lambda_3=\cdots=\lambda_n=1-b$ 对应的特征向量为 $k_2\boldsymbol{\xi}_2+k_3\boldsymbol{\xi}_3+\cdots+k_n\boldsymbol{\xi}_n$ ($k_2, k_3, \cdots, k_n$ 是不全为零的常数)，其中

$$\boldsymbol{\xi}_2=(1, -1, 0, \cdots, 0)^{\mathrm{T}},\ \boldsymbol{\xi}_3=(1, 0, -1, \cdots, 0)^{\mathrm{T}},\ \cdots,\ \boldsymbol{\xi}_n=(1, 0, 0, \cdots, -1)^{\mathrm{T}}.$$

习题 4-3

2. 特征值依次为 2, 3, 4, 5.　　5. $x=4$，$y=5$.　　6. $x=0$，$y=1$.

7. (1) $\begin{pmatrix}-1&1&1\\1&0&0\\0&1&0\end{pmatrix}$；　(2) $\begin{pmatrix}0&-1&-2\\0&1&1\\1&1&0\end{pmatrix}$.

8. $\lambda_1=0$ 对应的特征向量为 $\boldsymbol{x}_1=(4, 1, -3)^{\mathrm{T}}$；$\lambda_2=2$ 对应的特征向量为 $\boldsymbol{x}_2=(0, 1, -1)^{\mathrm{T}}$；$\lambda_3=5$ 对应

的特征向量为 $\boldsymbol{x}_3=(3,\ 2,\ 4)^{\mathrm{T}}$；$\boldsymbol{P}=\begin{pmatrix}3 & 0 & 4\\ 2 & 1 & 1\\ 4 & -1 & -3\end{pmatrix}$.

9. 3.　　10. (1) $\lambda=-1$，$a=-3$，$b=0$；　　(2) $\boldsymbol{A}$ 不相似于对角矩阵.

11. (1) $a=5$，$b=6$；　(2) $\boldsymbol{P}=\begin{pmatrix}0 & -1 & 1\\ 1 & 0 & 3\\ 0 & 1 & 4\end{pmatrix}$.　　12. $\boldsymbol{P}=\begin{pmatrix}2 & -3 & -3\\ 1 & 0 & -1\\ 0 & 1 & 1\end{pmatrix}$.

13. 相似，$\boldsymbol{X}=\begin{pmatrix}0 & -2 & 1\\ 1 & 1 & 0\\ 1 & -1 & 0\end{pmatrix}$.　　14. $\begin{pmatrix}-2 & 3 & -3\\ -4 & 5 & -3\\ -4 & 4 & -2\end{pmatrix}$.　　15. $\begin{pmatrix}-1 & 1 & 0\\ -2 & 2 & 0\\ 4 & -2 & 1\end{pmatrix}$.

17. $f(\boldsymbol{A})=\boldsymbol{P}\begin{pmatrix}0 & 0 & 0\\ 0 & 0 & 0\\ 0 & 0 & 4\end{pmatrix}\boldsymbol{P}^{-1}$.

18. 当 $k=0$ 时，存在逆矩阵 $\boldsymbol{P}$，使得 $\boldsymbol{P}^{-1}\boldsymbol{AP}$ 为对角矩阵，其中 $\boldsymbol{P}=\begin{pmatrix}-1 & 1 & 1\\ 2 & 0 & 0\\ 0 & 2 & 1\end{pmatrix}$，相应的对角矩阵为 $\begin{pmatrix}-1 & 0 & 0\\ 0 & -1 & 0\\ 0 & 0 & 1\end{pmatrix}$.

19. $\lambda_1=1$，$\lambda_2=0$，$\lambda_3=-1$.

$\lambda_1=1$ 对应的特征向量为 $\boldsymbol{\beta}_1=\begin{pmatrix}3\\ 1\\ 5\end{pmatrix}$.

$\lambda_2=0$ 对应的特征向量为 $\boldsymbol{\beta}_2=\begin{pmatrix}4\\ -2\\ 1\end{pmatrix}$.

$\lambda_3=-1$ 对应的特征向量为 $\boldsymbol{\beta}_3=\begin{pmatrix}1\\ -1\\ 4\end{pmatrix}$.

习题 4-4

1. 充分条件.　　2. (1) $\begin{pmatrix}1 & 2 & 2\\ 2 & -2 & 1\\ 2 & 1 & -2\end{pmatrix}$；　　(2) $\begin{pmatrix}1/3 & 2/3 & 2/3\\ 2/3 & -2/3 & 1/3\\ 2/3 & 1/3 & -2/3\end{pmatrix}$.

3. $\boldsymbol{P}=\begin{pmatrix}1 & 1 & 1\\ -1 & 0 & 1\\ 0 & 1 & -1\end{pmatrix}$，$\boldsymbol{Q}=\begin{pmatrix}1 & 0 & 0\\ 0 & 1 & 0\\ 0 & 0 & -2\end{pmatrix}$.　　4. $\boldsymbol{P}=\begin{pmatrix}1 & 0 & 0\\ 0 & 1 & -1\\ 0 & 1 & 1\end{pmatrix}$.

5. (1) $\frac{1}{3}\begin{pmatrix}1 & 2 & 2\\2 & 1 & -2\\2 & -2 & 1\end{pmatrix}$;　　(2) $\begin{pmatrix}-2/\sqrt{5} & 2\sqrt{5}/15 & -1/3\\1/\sqrt{5} & 4\sqrt{5}/15 & -2/3\\0 & \sqrt{5}/3 & 2/3\end{pmatrix}$.

6. (1) -2;　　(2) $\begin{pmatrix}1/\sqrt{2} & 1/\sqrt{6} & 1/\sqrt{3}\\0 & -2/\sqrt{6} & 1/\sqrt{3}\\-1/\sqrt{2} & 1/\sqrt{6} & 1/\sqrt{3}\end{pmatrix}$.

7. 当 $a=-2$ 时, $\boldsymbol{A}$ 可相似对角化; 当 $a=-2/3$ 时, $\boldsymbol{A}$ 不可相似对角化.

8. 当 $a=1$ 时, $\boldsymbol{A}=\frac{1}{6}\begin{pmatrix}1 & 1 & 4\\1 & 1 & 4\\4 & 4 & -2\end{pmatrix}$; 当 $a=0$ 时, $\boldsymbol{A}=\begin{pmatrix}0 & 0 & 0\\0 & 0 & -1\\0 & -1 & 0\end{pmatrix}$.　　9. $\boldsymbol{A}=\frac{1}{3}\begin{pmatrix}-1 & 0 & 2\\0 & 1 & 2\\2 & 2 & 0\end{pmatrix}$.

10. $\boldsymbol{A}=\frac{1}{6}\begin{pmatrix}13 & -2 & 5\\-2 & 10 & 2\\5 & 2 & 13\end{pmatrix}$.　　11. $\boldsymbol{A}=\begin{pmatrix}1 & 0 & 0\\0 & 0 & -1\\0 & -1 & 0\end{pmatrix}$.　　12. $\begin{pmatrix}4 & 1 & 1\\1 & 4 & 1\\1 & 1 & 4\end{pmatrix}$.

13. 存在正交矩阵 $\boldsymbol{Q}=\begin{pmatrix}0 & -2/\sqrt{6} & 1/\sqrt{3}\\-1/\sqrt{2} & 1/\sqrt{6} & 1/\sqrt{3}\\1/\sqrt{2} & 1/\sqrt{6} & 1/\sqrt{3}\end{pmatrix}$, 使得矩阵 $\boldsymbol{A}=\boldsymbol{Q}\begin{pmatrix}3 & 0 & 0\\0 & 5 & 0\\0 & 0 & -1\end{pmatrix}\boldsymbol{Q}^{\mathrm{T}}$.

14. (2) $\sum a_i^2$ 为 $\boldsymbol{A}$ 的 (唯一的) 非零特征值.

$\lambda_1=\sum a_i^2$ 对应的特征向量为 $\boldsymbol{\xi}_1=k\boldsymbol{\alpha}\,(k\neq 0)$;

$\lambda_2=\lambda_3=\cdots=\lambda_n=0$ 对应的特征向量为

$$\boldsymbol{x}=k_2\begin{pmatrix}-\dfrac{a_2}{a_1}\\1\\0\\\vdots\\0\end{pmatrix}+k_3\begin{pmatrix}-\dfrac{a_3}{a_1}\\0\\1\\\vdots\\0\end{pmatrix}+\cdots+k_n\begin{pmatrix}-\dfrac{a_n}{a_1}\\0\\0\\\vdots\\1\end{pmatrix},$$ 其中 $k_2, k_3, \cdots, k_n$ 不同时为零.

15. $-2\begin{pmatrix}1 & 1\\1 & 1\end{pmatrix}$.　　16. $2\begin{pmatrix}1 & 1 & -2\\1 & 1 & -2\\-2 & -2 & 4\end{pmatrix}$.

习题 4-5

1. (1) $\begin{pmatrix}1-p & q\\p & 1-q\end{pmatrix}$;　　(2) $\frac{1}{2(p+q)}\begin{pmatrix}2q-(q-p)\omega^n\\2p+(q-p)\omega^n\end{pmatrix}$ $(\omega=1-p-q)$.

2. (1) $\begin{pmatrix}0.7 & 0.6\\0.3 & 0.4\end{pmatrix}\begin{matrix}\text{新闻台}\\\text{音乐台}\end{matrix}$;　　(2) $x_0=\begin{pmatrix}1\\0\end{pmatrix}$;　　(3) 33%.

3. 10个周期后正常邮件数量约为751封, 垃圾邮件的数量约为250封.

4. (1) $\boldsymbol{M}=\begin{pmatrix}0.95 & 0.45\\0.05 & 0.55\end{pmatrix}\begin{matrix}\text{健康的学生}\\\text{生病的学生}\end{matrix}$；　　(2) 15%，10.2%．

5. 2%，10∶13．　　6. 每4只猫头鹰对应着约5 000只野鼠．

7. 五年后手机品牌A的市场份额为56%．　　8. $r(t)=3\mathrm{e}^{4t}+57\mathrm{e}^{2t}$, $s(t)=-2\mathrm{e}^{4t}+57\mathrm{e}^{2t}$．

9. 一年后各年龄段的数量为$\begin{pmatrix}960\\90\\30\end{pmatrix}$，两年后各年龄段的数量为$\begin{pmatrix}2\,340\\720\\\dfrac{45}{2}\end{pmatrix}$．

总习题四

1. $k_1\boldsymbol{\eta}_1+k_2\boldsymbol{\eta}_2$，其中$\boldsymbol{\eta}_1=(1,-3,1,0)^{\mathrm{T}}$，$\boldsymbol{\eta}_2=(-2,-1,0,1)^{\mathrm{T}}$，$k_1,k_2$是任意常数．

3. $\boldsymbol{e}_1=\dfrac{1}{2}\begin{pmatrix}1\\1\\1\\1\end{pmatrix}$，$\boldsymbol{e}_2=\dfrac{1}{2}\begin{pmatrix}-1\\1\\1\\-1\end{pmatrix}$，$\boldsymbol{e}_3=\dfrac{1}{\sqrt{10}}\begin{pmatrix}-2\\1\\-1\\2\end{pmatrix}$．　　6. 4．　　7. $a=-5$，$b=4$．

8. 特征值$\lambda_1=\lambda_2=2$对应的特征向量为$k_1\begin{pmatrix}-1\\1\\0\end{pmatrix}+k_2\begin{pmatrix}1\\0\\1\end{pmatrix}$，其中$k_1,k_2$为不同时等于0的常数；

特征值$\lambda_3=6$对应的特征向量为$k_3\begin{pmatrix}1\\-2\\3\end{pmatrix}$，其中$k_3$为不等于0的任意常数．

9. $x=0$．　　10. (1) $a=5$，$b=6$；　　(2) $\begin{pmatrix}1 & 1 & 1\\-1 & 0 & -2\\0 & 1 & 3\end{pmatrix}$．

11. $a=2$，$b=-3$．　　12. 1/2，−1/4，1/6．　　13. (1) −4, 2, −2；(2) −4．　　14. −6．

15. (1) 特征值分别为-22，$\dfrac{49}{8}$，26；　(2) −2 530．　　16. $k(1,0,1)^{\mathrm{T}}$，$k\neq 0$．

17. $\boldsymbol{A}$的特征值为$\lambda_1=2$，$\lambda_2=3$．　　18. $\dfrac{1}{6}\begin{pmatrix}1 & -4 & 1\\-4 & -2 & -4\\1 & -4 & 1\end{pmatrix}$．

19. 属于$\lambda_2=\lambda_3=1$的特征向量为$\boldsymbol{\alpha}_2=\begin{pmatrix}1\\0\\0\end{pmatrix}$，$\boldsymbol{\alpha}_3=\begin{pmatrix}0\\-1\\1\end{pmatrix}$；$\boldsymbol{A}=\begin{pmatrix}1 & 0 & 0\\0 & 0 & -1\\0 & -1 & 0\end{pmatrix}$．

20. 另一特征值$\lambda_3=0$，对应的特征向量为

$$k\boldsymbol{\alpha}=k(-1,1,1)^{\mathrm{T}}\ (k\text{是不为零的任意常数}).$$

21. $\boldsymbol{A}$不能化为对角形．　　22. 1．　　23. $\boldsymbol{A}$与$\boldsymbol{B}$不相似．

24. $\boldsymbol{Q}=\begin{pmatrix} \frac{1}{\sqrt{6}} & -\frac{1}{\sqrt{2}} & \frac{1}{\sqrt{3}} \\ \frac{2}{\sqrt{6}} & 0 & -\frac{1}{\sqrt{3}} \\ \frac{1}{\sqrt{6}} & \frac{1}{\sqrt{2}} & \frac{1}{\sqrt{3}} \end{pmatrix}$.　　25. $\begin{pmatrix} 1 & 1 & 1 \\ -1 & 0 & -2 \\ 0 & 1 & 3 \end{pmatrix}$.

26. (1) $\begin{pmatrix} x_{n+1} \\ y_{n+1} \end{pmatrix}=\begin{pmatrix} 9/10 & 2/5 \\ 1/10 & 3/5 \end{pmatrix}\begin{pmatrix} x_n \\ y_n \end{pmatrix}$;

(2) $\boldsymbol{\eta}_1$ 属于特征值 $\lambda_1=1$, $\boldsymbol{\eta}_2$ 属于特征值 $\lambda_2=1/2$;　(3) $\frac{1}{10}\begin{pmatrix} 8-\frac{3}{2^n} \\ 2+\frac{3}{2^n} \end{pmatrix}$.

27. $\begin{pmatrix} -1 & 1 & 0 \\ -2 & 2 & 0 \\ 4 & -2 & 1 \end{pmatrix}$.　28. $a^2(a-2^n)$.　29. (1) $\boldsymbol{\beta}=2\xi_1+\xi_2+\xi_3$; (2) $\begin{pmatrix} 2(-1)^n+1 \\ 2(-1)^{n+1}+3^n-1 \\ 1-3^n \end{pmatrix}$.

30. $-288, -72$.　31. $\boldsymbol{P}=\begin{pmatrix} 1 & 1 & -1 \\ 1 & 0 & 1 \\ 0 & 1 & 1 \end{pmatrix}$, $|\boldsymbol{A}-\boldsymbol{E}|=a^2(a-3)$.　32. $\boldsymbol{P}=\begin{pmatrix} 0 & 1 & 1 \\ 0 & 2 & -2 \\ 1 & 0 & 0 \end{pmatrix}$.

33. (1) $\lambda_1=\lambda_2=2$, $\lambda_3=6$; (2) $\boldsymbol{P}=\begin{pmatrix} 1 & 1 & 1 \\ -1 & 0 & -2 \\ 0 & 1 & 3 \end{pmatrix}$, $\boldsymbol{C}=\begin{pmatrix} 2 & 0 & 0 \\ 0 & 2 & 0 \\ 0 & 0 & 6 \end{pmatrix}$.　34. 相似, $\boldsymbol{P}=\begin{pmatrix} 1 & -1 & 1 \\ 1 & 0 & 1 \\ 0 & 1 & 2 \end{pmatrix}$.

35. (1) 特征值依次为 $\lambda_1=1$, $\lambda_2=2$, $\lambda_3=4$, 对应的特征向量依次为

$$\xi_1=(1,-1,-1)^{\mathrm{T}},\ \xi_2=(0,1,-1)^{\mathrm{T}},\ \xi_3=(2,1,1)^{\mathrm{T}};$$

(2) 矩阵 $\boldsymbol{A}$ 可以对角化, $\boldsymbol{P}=\begin{pmatrix} 1 & 0 & 2 \\ -1 & 1 & 1 \\ -1 & -1 & 1 \end{pmatrix}$;

(3) $\begin{pmatrix} 1 \\ -1 \\ -1 \end{pmatrix}$, $\begin{pmatrix} -1+2^{201} \\ 1+2^{200} \\ 1+2^{200} \end{pmatrix}$, $\frac{1}{6}\begin{pmatrix} 2+2^{2m+2} & -2+2^{2m+1} & -2+2^{2m+1} \\ -2+2^{2m+1} & 2+3\cdot 2^m+2^{2m} & 2-3\cdot 2^m+2^{2m} \\ -2+2^{2m+1} & 2-3\cdot 2^m+2^{2m} & 2+3\cdot 2^m+2^{2m} \end{pmatrix}$.

36. $\boldsymbol{P}=(\xi_1, \xi_2, \cdots, \xi_n)$, 其中

$\xi_1=(1, 1, \cdots, 1)^{\mathrm{T}}$, $\xi_2=(1, -1, 0, \cdots, 0)^{\mathrm{T}}$, $\xi_3=(1, 0, -1, \cdots, 0)^{\mathrm{T}}$, $\cdots$, $\xi_n=(1, 0, 0, \cdots, -1)^{\mathrm{T}}$.

第 5 章　答案

习题 5-1

1. D.

2. (1) $f=(x,y,z)\begin{pmatrix}1&2&1\\2&4&2\\1&2&1\end{pmatrix}\begin{pmatrix}x\\y\\z\end{pmatrix}$;　(2) $f=(x,y,z)\begin{pmatrix}1&-1&-2\\-1&1&-2\\-2&-2&-7\end{pmatrix}\begin{pmatrix}x\\y\\z\end{pmatrix}$;

(3) $f=(x_1,x_2,x_3,x_4)\begin{pmatrix}1&-1&2&-1\\-1&1&3&-2\\2&3&1&0\\-1&-2&0&1\end{pmatrix}\begin{pmatrix}x_1\\x_2\\x_3\\x_4\end{pmatrix}$;

(4) $f=(x_1,x_2,x_3)\begin{pmatrix}1&\frac{1}{2}&-\frac{1}{2}\\\frac{1}{2}&0&1\\-\frac{1}{2}&1&0\end{pmatrix}\begin{pmatrix}x_1\\x_2\\x_3\end{pmatrix}$;

(5) $f=(x_1,x_2,x_3)\begin{pmatrix}1&2&0\\2&-3&-9\\0&-9&5\end{pmatrix}\begin{pmatrix}x_1\\x_2\\x_3\end{pmatrix}$;　(6) $f=(x_1,x_2,x_3)\begin{pmatrix}1&a&a\\a&1&a\\a&a&1\end{pmatrix}\begin{pmatrix}x_1\\x_2\\x_3\end{pmatrix}$;

(7) $f=(x_1,x_2)\begin{pmatrix}1&-2\\-2&4\end{pmatrix}\begin{pmatrix}x_1\\x_2\end{pmatrix}$;　(8) $f=(y_1,y_2)\begin{pmatrix}a&2\\2&b\end{pmatrix}\begin{pmatrix}y_1\\y_2\end{pmatrix}$;

(9) $f=(x_1,x_2,x_3)\begin{pmatrix}0&2&-2\\2&4&4\\-2&4&-3\end{pmatrix}\begin{pmatrix}x_1\\x_2\\x_3\end{pmatrix}$;　(10) $f=(x_1,x_2,x_3)\begin{pmatrix}1&a&1\\a&1&\beta\\1&\beta&1\end{pmatrix}\begin{pmatrix}x_1\\x_2\\x_3\end{pmatrix}$.

3. (1) $\begin{pmatrix}1&0\\0&1\end{pmatrix}$;　(2) $\begin{pmatrix}1&-2\\-2&1\end{pmatrix}$.

4. $x_1^2-2x_1x_2-6x_1x_3+2x_1x_4-4x_2x_3+x_2x_4+\frac{1}{3}x_3^2-3x_3x_4$.

5. $f=\boldsymbol{x}^{\mathrm{T}}\boldsymbol{A}\boldsymbol{x}=x_1x_2-x_2^2-6x_2x_4-3x_4^2$.　6. $\begin{pmatrix}1&3&5\\3&5&7\\5&7&9\end{pmatrix}$.　8. $\begin{pmatrix}0&1&0\\1&0&0\\0&0&1\end{pmatrix}$.

9. 1.　10. 2.　11. (1) $f=2y_1^2-y_2^2+4y_3^2$;　(2) $f=y_1^2-y_2^2+y_3^2$.

习题 5-2

1. (1) $f=2y_1^2+5y_2^2+y_3^2$;　(2) $f=-y_1^2+3y_2^2+y_3^2+y_4^2$;　(3) $f=9y_3^2$.

2. 正交变换 $\boldsymbol{x}=\boldsymbol{Q}\boldsymbol{y}$, 其中 $\boldsymbol{Q}=\frac{1}{\sqrt{2}}\begin{pmatrix}1&-1&0\\0&0&\sqrt{2}\\1&1&0\end{pmatrix}$, 方程化为 $2y_2^2+2y_3^2=1$.

3. $\boldsymbol{x}=\begin{pmatrix}k\\-k\\0\end{pmatrix}$, 其中 k 为任意常数.

4. 经可逆线性变换 $\boldsymbol{x}=\boldsymbol{C}\boldsymbol{y}$, 其中 $\boldsymbol{C}=\begin{pmatrix}1 & -1 & -1\\ 0 & 1 & -1\\ 0 & 0 & 1\end{pmatrix}$, 题设二次型化为标准形 $f=y_1^2-y_2^2$.

5. $c=3$, $f=4y_1^2+9y_2^2$.

6. (1) $f=y_1^2+y_2^2-y_3^2$, $\boldsymbol{x}=\boldsymbol{C}\boldsymbol{y}$, 其中 $\boldsymbol{C}=\begin{pmatrix}1 & 1 & -1\\ 0 & 0 & 1\\ 0 & -1 & 1\end{pmatrix}$;

(2) $f=-4y_1^2+4y_2^2+y_3^2$, $\boldsymbol{x}=\boldsymbol{C}\boldsymbol{y}$, 其中 $\boldsymbol{C}=\begin{pmatrix}1 & 1 & 1/2\\ 1 & -1 & 1/2\\ 0 & 0 & 1\end{pmatrix}$.

7. $f=y_1^2-y_2^2$.

8. 表示双叶双曲面 $z_1^2-z_2^2-z_3^2=2$.

9. 题设椭球面的标准方程为 $\dfrac{x_1^2}{4}+\dfrac{x_2^2}{9}+\dfrac{x_3^2}{36}=1$.

10. (1) 二次型的标准形为

$$f(x_1,x_2,x_3)=2y_1^2-\frac{1}{2}y_2^2+6y_3^2,$$

其可逆线性变换为 $\begin{pmatrix}1 & -1/2 & 3\\ 1 & 1/2 & -1\\ 0 & 0 & 1\end{pmatrix}$;

(2) 二次型的标准形为

$$f(x_1,x_2,x_3)=y_1^2-10y_2^2+\frac{11}{10}y_3^2,$$

其可逆线性变换为 $\begin{pmatrix}1 & -3 & 3/10\\ 0 & 1 & -1/10\\ 0 & 0 & 1\end{pmatrix}$.

11. 经可逆线性变换 $\boldsymbol{x}=\boldsymbol{Q}\boldsymbol{y}$, 其中

$$\boldsymbol{Q}=\begin{pmatrix}-\dfrac{\sqrt{3}}{3} & -\dfrac{\sqrt{2}}{2} & \dfrac{\sqrt{6}}{6}\\ -\dfrac{\sqrt{3}}{3} & \dfrac{\sqrt{2}}{2} & \dfrac{\sqrt{6}}{6}\\ \dfrac{\sqrt{3}}{3} & 0 & \dfrac{2\sqrt{6}}{6}\end{pmatrix},$$

题设二次型可化为标准形 $f=2y_1^2+6y_2^2$.

12. $a=1$.　　13. $a=2$.　　14. $f=2y_1^2-y_2^2+y_3^2$.

15. (1) 标准形为 $0.017\,6y_1^2+0.032y_2^2+0.090\,4y_3^2$.

16. (1) $f(x_1,x_2,x_3)=(x_1,x_2,x_3)\begin{pmatrix}2 & 2 & 2\\ 2 & 2 & 2\\ 2 & 2 & 2\end{pmatrix}\begin{pmatrix}x_1\\ x_2\\ x_3\end{pmatrix}$;

(2) 二次型 f 的标准形为 $f(x_1, x_2, x_3)=6y_3^2$，正交矩阵为 $\begin{pmatrix} -\frac{1}{\sqrt{2}} & -\frac{1}{\sqrt{6}} & \frac{1}{\sqrt{3}} \\ \frac{1}{\sqrt{2}} & -\frac{1}{\sqrt{6}} & \frac{1}{\sqrt{3}} \\ 0 & \sqrt{\frac{2}{3}} & \frac{1}{\sqrt{3}} \end{pmatrix}$.

17. (1) 二次型的规范形为 $y_1^2+y_2^2-y_3^2$，于是正惯性指数为 2，秩为 3；

(2) 二次型的规范形为 $y_1^2-y_2^2$，于是正惯性指数为 1，秩为 2；

(3) 二次型的规范形为 $y_1^2+y_2^2-y_3^2$，于是正惯性指数为 2，秩为 3.

习题 5-3

1. (1) 负定;　(2) 正定.　2. (1) $-0.8<a<0$；　(2) $a>2$.

3. $p=r=n$.　4. 1 个.　5. $k>2$.　6. $-3<a<1$.

7. (1) 最优资源分配为对资源 X 投入 $\frac{2}{3}m$，对资源 Y 投入 $\frac{1}{3}m$.　(2) 该二次型是正定的.

8. $-\sqrt{2}<t<\sqrt{2}$.　9. $-2<\lambda<1$.　10. $\boldsymbol{C}=\frac{1}{3}\begin{pmatrix} 5 & -1 & 1 \\ -1 & 5 & 1 \\ 1 & 1 & 5 \end{pmatrix}$.　17. 5, 4, 3.

总习题五

1. $a=-3$.　3. (1) 2;　(2) $\begin{pmatrix} 1 & 0 & 0 & 0 \\ 0 & 1 & 0 & 0 \\ 0 & 0 & 1 & -4/5 \\ 0 & 0 & 0 & 1 \end{pmatrix}$.

5. 正交矩阵为 $\begin{pmatrix} \frac{1}{\sqrt{2}} & \frac{1}{\sqrt{6+2\sqrt{3}}} & \frac{1}{\sqrt{6-2\sqrt{3}}} \\ -\frac{1}{\sqrt{2}} & \frac{1}{\sqrt{6+2\sqrt{3}}} & \frac{1}{\sqrt{6-2\sqrt{3}}} \\ 0 & \frac{1+\sqrt{3}}{\sqrt{6+2\sqrt{3}}} & \frac{1-\sqrt{3}}{\sqrt{6-2\sqrt{3}}} \end{pmatrix}$，最大值是 $2\sqrt{3}$.

6. $a=2$，正交矩阵为 $\begin{pmatrix} 0 & 1 & 0 \\ \frac{1}{\sqrt{2}} & 0 & \frac{1}{\sqrt{2}} \\ -\frac{1}{\sqrt{2}} & 0 & \frac{1}{\sqrt{2}} \end{pmatrix}$.　7. $a=b=0$.

8. $a=3$，$b=1$；$\boldsymbol{P}=\begin{pmatrix} 1/\sqrt{2} & 1/\sqrt{3} & 1/\sqrt{6} \\ 0 & -1/\sqrt{3} & 2/\sqrt{6} \\ -1/\sqrt{2} & 1/\sqrt{3} & 1/\sqrt{6} \end{pmatrix}$.　9. $\boldsymbol{P}=\begin{pmatrix} 2/\sqrt{5} & 1/\sqrt{30} & 1/\sqrt{6} \\ 0 & 5/\sqrt{30} & -1/\sqrt{6} \\ -1/\sqrt{5} & 2/\sqrt{30} & 2/\sqrt{6} \end{pmatrix}$.

10. $\boldsymbol{A}=\begin{pmatrix} 1/2 & 0 & -1/2 \\ 0 & 1 & 0 \\ -1/2 & 0 & 1/2 \end{pmatrix}$.　　11. $2y_1^2+2y_2^2+2y_3^2$.　　13. f 不是正定二次型.

14. 该二次型正定.　　15. 正、负惯性指数分别为 2 、0，$f=1$ 表示椭圆柱面.

16. 当 $-1<k<0$ 时，f 为正定二次型.

17. $\boldsymbol{\Lambda}=\mathrm{diag}\{(k+2)^2, (k+2)^2, k^2\}$；当 $k\neq-2$ 且 $k\neq 0$ 时，$\boldsymbol{B}$ 为正定矩阵.

22. $a=2$, 正交矩阵为 $\boldsymbol{Q}=\begin{pmatrix} -\frac{\sqrt{2}}{2} & \frac{\sqrt{6}}{6} & \frac{\sqrt{3}}{3} \\ 0 & \frac{\sqrt{6}}{3} & -\frac{\sqrt{3}}{3} \\ \frac{\sqrt{2}}{2} & \frac{\sqrt{6}}{6} & \frac{\sqrt{3}}{3} \end{pmatrix}$.

23. (1) $a=-1$；　　(2) 二次型对应的矩阵为 $\begin{pmatrix} 2 & 0 & 2 \\ 0 & 2 & 2 \\ 2 & 2 & 4 \end{pmatrix}$，标准形为 $f=2y_2^2+6y_3^2$.

24. $\boldsymbol{P}=\begin{pmatrix} 1 & 2 & 2\sqrt{3}\big/\sqrt{3} \\ 0 & 1 & 4\sqrt{3}\big/\sqrt{3} \\ 0 & 1 & 0 \end{pmatrix}$.　　26. $a_1a_2\cdots a_n\neq(-1)^n$.

大学数学立体化教材　书目

主版

1. 《高等数学》（第6版）(上下册)　　配学习辅导与习题解答
2. 《线性代数》（理工类・第6版）　　配学习辅导与习题解答
3. 《概率论与数理统计》（理工类・第6版）　　配学习辅导与习题解答
4. 《微积分》（第6版）(上下册)　　配学习辅导与习题解答
5. 《线性代数》（经管类・第6版）　　配学习辅导与习题解答
6. 《概率论与数理统计》（经管类・第6版）　　配学习辅导与习题解答
7. 《大学文科数学》（第5版）　　配学习辅导与习题解答

简明版

1. 《高等数学》（简明版・第6版）(上下册)
2. 《线性代数》（理工类・简明版・第6版）
3. 《概率论与数理统计》（理工类・简明版・第6版）
4. 《微积分》（简明版・第6版）
5. 《线性代数》（经管类・简明版・第6版）
6. 《概率论与数理统计》（经管类・简明版・第6版）

高职高专版

1. 《高等数学》（高职高专版・第5版）　　配学习辅导与习题解答
2. 《线性代数》（理工类・高职高专版・第5版）
3. 《概率论与数理统计》（理工类・高职高专版・第5版）
4. 《微积分》（高职高专版・第5版）
5. 《线性代数和概率统计》（经管类・高职高专版・第5版）
6. 《应用数学基础》（高职高专版・第4版）
7. 《实用高等数学》（高职高专版・第4版）

图书在版编目（CIP）数据

线性代数：经管类/吴赣昌，数苑团队主编.
6版. --北京：中国人民大学出版社，2025.8.
(21世纪数学教育信息化精品教材). --ISBN 978-7-300-
34044-9

Ⅰ.O151.2

中国国家版本馆CIP数据核字第2025UJ0167号

21世纪数学教育信息化精品教材
大学数学立体化教材
线性代数（经管类·第6版）
主编　吴赣昌　数苑团队
Xianxing Daishu

出版发行	中国人民大学出版社		
社　　址	北京中关村大街31号	**邮政编码**	100080
电　　话	010－62511242（总编室）		010－62511770（质管部）
	010－82501766（邮购部）		010－62514148（门市部）
	010－62511173（发行公司）		010－62515275（盗版举报）
网　　址	http://www.crup.com.cn		
经　　销	新华书店		
印　　刷	北京昌联印刷有限公司	**版　　次**	2006年4月第1版
开　　本	787 mm×1092 mm　1/16		2025年8月第6版
印　　张	25.25插页1	**印　　次**	2025年8月第1次印刷
字　　数	590 000	**定　　价**	56.00元

版权所有　侵权必究　　印装差错　负责调换